科学出版社"十四五"普通高等教育本科规划教材

药物合成反应

主　编　李念光　南京中医药大学　　　杨　烨　南京中医药大学
　　　　张大同　齐鲁工业大学（山东省科学院）

副主编　（按姓氏笔画排序）
　　　　叶连宝　广东药科大学　　　　刘宗亮　烟台大学
　　　　孙敬勇　山东第一医科大学　　牟　伊　泰州学院
　　　　李环球　苏州大学　　　　　　沈美华　常州大学
　　　　张　震　济宁医学院　　　　　陈冬寅　南京医科大学
　　　　孟江平　重庆文理学院　　　　凌　勇　南通大学
　　　　彭成松　安徽理工大学　　　　薛洪宝　蚌埠医科大学

编　委　（按姓氏笔画排序）
　　　　马金龙　山东第二医科大学　　王　涛　长治医学院
　　　　王秀军　江苏海洋大学　　　　王佳扬　湖州师范学院
　　　　白著双　山东第一医科大学　　朱亦龙　南京工业大学
　　　　孙凌志　盐城师范学院　　　　孙善亮　南京中医药大学
　　　　杨飞飞　济南大学　　　　　　肖　华　合肥工业大学
　　　　陈　功　广东药科大学　　　　武善超　海军军医大学
　　　　施志浩　中国药科大学　　　　姜正羽　中国药科大学
　　　　娄亚洲　安徽医科大学　　　　袁　君　淮阴工学院
　　　　曹守莹　蚌埠医科大学　　　　彭孝鹏　赣南医科大学
　　　　韩亚平　河北工业大学　　　　戴炜辰　江苏农牧科技职业学院

科学出版社

北　京

U0228107

内 容 简 介

本教材为科学出版社"十四五"普通高等教育本科规划教材之一,内容共计 12 章。本教材对药物合成中常用的有机反应进行了详细阐述,包括卤化、硝化及重氮化、烃化、酰化、氧化、还原、重排和缩合等基本单元反应类型,对药物合成路线的设计及药物合成新技术的发展也有详细的描述。各章列举大量药物或药物中间体合成实例,内容紧密联系药物合成实际。

本教材主要供全国高等院校药学类、制药工程、药物制剂类等专业教学使用,也可供有机合成、应用化学等相关专业的本科生、研究生学习参考,还可作为相关专业的研究人员、企业技术人员及从事精细化工领域的专业技术人员的参考书。

图书在版编目(CIP)数据

药物合成反应 / 李念光,杨烨,张大同主编 . 北京:科学出版社,2025.3. -- (科学出版社"十四五"普通高等教育本科规划教材). -- ISBN 978-7-03-081098-4

Ⅰ . TQ460.31

中国国家版本馆 CIP 数据核字第 2025GS2800 号

责任编辑:刘 亚 / 责任校对:刘 芳
责任印制:徐晓晨 / 封面设计:蓝正设计

科 学 出 版 社 出版

北京东黄城根北街 16 号
邮政编码:100717
http://www.sciencep.com

固安县铭成印刷有限公司印刷

科学出版社发行 各地新华书店经销

*

2025 年 3 月第 一 版 开本:787×1092 1/16
2025 年 3 月第一次印刷 印张:24 1/4
字数:667 000

定价:98.00 元

编 写 说 明

　　有机药物及其被筛选过程中涉及的有机化合物种类繁多、结构复杂、数量巨大，其化学合成需要采用各种各样的基本单元合成反应，有机合成中发现的新反应、新试剂等对于促进有机药物的发展发挥了重要作用。

　　药物合成反应是药学、制药工程、药物制剂等专业的重要专业基础课程之一。20世纪80年代以来，国内医药院校先后开设药物合成反应相关课程，为培养药学、制药工程、药物制剂等专业人才做出了应有的贡献。

　　药物的有机合成反应主要有三种分类方法：①按照新生成化学键的类型分类，可以分为C—C键形成反应、C—O键形成反应等；②按照反应机理来分类，可以分为亲电反应、亲核反应、自由基反应、重排反应等；③按照引入原子或基团进行分类，可以分为卤化反应、酰化反应等。

　　《药物合成反应》在编写过程中，全面贯彻落实党的二十大精神，推动教材内容与科技创新、社会发展需求紧密结合，增强教材的时代性和实践性。同时，根据各编写单位的教学计划和课程学时安排，参考并借鉴国内外已经出版的相关教材，明确药物合成在新药研究与开发过程中的重要作用，通过阐述药物合成的实例及所涉及的相关反应类型，使读者更好地理解合成路线设计的依据。药学类专业和制药工程类专业的人才培养目标不同，对药物合成理论和实践的侧重点存在差别，因此在编写本教材时尽量在内容上有所兼顾。

　　本教材为科学出版社"十四五"普通高等教育本科规划教材，内容共计12章。第一章为绪论，主要介绍了药物合成反应的研究内容和任务；第二章至第九章介绍了药物合成常用的卤化、硝化、重氮化、烃化、酰化、氧化、还原、重排和缩合等反应类型的反应机理、反应底物结构、反应条件与反应方向、反应物之间的关系、反应的主要影响因素、试剂特点、应用范围与限制等。第十章综合前面的基本单元反应，介绍了逆向合成分析方法。为适应现代药物合成的发展趋势，在第十一章介绍了合成路线设计及国内外科学家完成的若干天然药物的全合成，在第十二章介绍了组合化学、固相合成、光化学合成、流动化学、微波促进合成、绿色合成、相转移催化和生物催化等药物合成新技术。

　　本教材建议学时数为48～60学时，主要供全国高等院校药学类、制药工程类、药物制剂类等专业教学使用，也可供全国高等院校有机合成、应用化学等相关专业的本科生、研究生学习参考，各教学单位可根据各自实际情况对内容进行取舍。同时本教材还可作为相关专业的研究人员、企业技术人员及从事精细化工领域的专业技术人员的参考书。

参与本教材编写的人员全部是在教学一线讲授药物合成反应的高校教师，绝大多数教师都有国外留学的经历。本教材的编写分工如下：李念光、李环球负责编写第一章，沈美华、陈冬寅、曹守莹负责编写第二章，张大同、朱亦龙、姜正羽负责编写第三章，杨烨、武善超、杨飞飞负责编写第四章，孟江平、王佳扬、彭成松负责编写第五章，凌勇、彭孝鹏、孙善亮负责编写第六章，叶连宝、陈功、施志浩负责编写第七章，孙敬勇、白著双、马金龙负责编写第八章，薛洪宝、娄亚洲、袁君负责编写第九章，张震、王涛、戴炜辰负责编写第十章，牟伊、王秀军、韩亚平负责编写第十一章，刘宗亮、肖华、孙凌志负责编写第十二章。李念光、杨烨、张大同审核了全部内容，最后由李念光统改定稿。

本教材在编写过程中得到很多同事的支持与帮助，很多编者的学生参与了部分文献资料搜集、文字录入、图表绘制、数字化资源建设等工作，在此一并向他们表示衷心的感谢。

由于学科的发展，药物合成反应的知识丰富且发展迅速，同时由于编者的知识水平和时间所限，本教材难免存在疏漏和不足之处，诚望广大师生在使用过程中提出宝贵意见，以便再版时修订提高。

李念光
2024 年 4 月于南京

目　录

第一章 绪 论

本 章 要 点

掌握 构成碳骨架的化学反应，极性反应、自由基反应和协同反应；官能团转换的化学反应，卤化反应、硝化反应、重氮化反应、烃化反应、酰化反应、氧化反应、还原反应等。

理解 化学选择性控制、区域选择性控制和立体选择性控制。

了解 现代药物合成反应的发展趋势。

第一节 药物合成反应的概念与研究内容

目前大多数临床使用的药物为有机化合物，如从结构简单的阿司匹林到结构复杂的万古霉素，均可作为药物使用，能用于合成药物的所有化学反应称为药物合成反应。药物合成反应在药物研发中的作用非常重要，要合成结构复杂的药物，需要很多的合成步骤，涉及各种各样的化学合成反应。从事药物合成的研究人员要在充分理解复杂药物的结构基础上，设计合理的化学合成路线，并通过具体反应条件，合成目标药物分子。

药物合成学是药学教育及其相关领域的核心课程，作为连接有机化学、药物化学和化学药品生产工艺课程的纽带，其在药学类本科教育体系中占有重要位置。该课程对于培养学生对相关专业领域的核心理论和基本概念的理解、实验操作技巧及科学研究能力至关重要。药物合成反应以有机化学、无机化学、物理化学为基础，主要任务是研究小分子药物合成中反应底物内在的结构因素与反应条件之间的辩证关系，探讨药物合成反应条件，用来指导合成方法，最终实现小分子药物的化学合成。本课程以化学小分子合成药物作为研究对象，对常用的有机单元反应和特殊反应进行比较深入的讨论，着重讨论各单元反应发生的条件、反应的微观过程及影响反应的结构因素和反应条件因素，并用以指导药物合成方法的选择和工艺条件的优化。

药物合成是药物研究与开发的核心环节，早期药物开发阶段涉及筛选具有潜在生物活性的候选分子，同时对其药效学、药代动力学和毒理学性质进行评估，确保所选择的化合物具备高水平的药物属性。这一过程通常包括对大量有机化合物的筛选，合成结构创新的潜在活性分子，以及通过结构与活性关系研究来选出最有优势的化学框架。因此，为了加快获取目标药物分子的进程，需要对传统的药物研发技术和合成方法进行革新，寻求更加高效和便捷的化学合成路径来生产大批结构多样、功能性强的潜在药物分子。

药物研发工作对于提升人类健康状况和生活品质做出了显著的贡献，主要涉及天然药物、化学合成药及生物制品。在制药行业中，化学合成药物占据核心地位，并且一直是全球领先制药公司新药开发的焦点。现在市面上已有超过2000种不同的化学原料药物，而且全球制药市场一直保持着持续增长的势头，近些年来，市场规模更是呈现出接近10%的年均增长率。

化学合成药物不仅在我国药品市场占据主导地位，而且在全球范围内也是药品生产和消费的主要部分，其在市场中的占比超过50%。在全球销量最高的前50种药品中，有80%依赖化学合成制造。因此，药物化学的创新、新药的开发及生产技术的进步，是药物研究领域面临的重要任务，并直接关系着医药产业的整体进步。同时，化学合成方法与中国传统医学的结合推动了中药的现代化进程。青蒿素的全合成及基于其的新药研发成功，展现了继承和发展中医药传统的重要性。

随着人类迈向可持续发展的明显趋势，绿色化学方面的工作受到了广泛关注。基于原子经济性原理的化学合成方法，特别是高选择性的化学调控反应技术，日益受到科学界的重视。新颖的化学概念和方法层出不穷，突破了传统合成化学的范畴，为药物合成领域的进步提供了强大动力。

第二节　药物合成反应的类型和重要问题

在新药研发领域，有机合成扮演着关键角色。在新药探索的初期阶段，需要合成众多化学实体以构建化合物库，这为针对特定靶点进行活性分子的筛选奠定了基础。确认了一种分子结构在活性强度、副作用最小化及药物代谢动力学属性平衡方面表现出色之后，便需制定出生产该化合物最经济、安全且环境友好的合成途径。临床使用药物种类繁多，拥有多样化的结构特征，这使得药物的合成方法学涵盖了广泛的有机反应类型。

药物分子主要由碳结构组成，所以药物合成可以分为两大类：构建碳骨架的反应和官能团转换的反应。

1. 构建碳骨架的反应　关注的是形成碳-碳和碳-杂原子键的反应类型，根据其成键方式和反应性质，进一步分解为极性反应、自由基反应和协同反应。

1）极性反应：基本上是离子类型的反应，涉及亲核试剂和亲电试剂之间的作用，其中，反应中的键合电子（电子对）由亲核试剂传递给亲电试剂，从而有助于构建和组装分子的框架。在药物合成中，涉及的具体反应类型包括亲电取代反应、亲核取代反应、亲电加成反应和亲核加成反应等。

2）自由基反应：指涉及未成对电子的原子或基团的化学反应，这些自由基通常在外部条件如光照、热量或过氧化物作用下由分子中的共价键均裂产生。这类反应以自由基中间体参与，并遵循链引发、链增长和链终止的反应机制。自由基反应通常依赖外界条件如光照或热量激发，而不受溶剂或酸碱影响。常见的自由基反应涵盖了取代、加成、聚合和分子结构的重排等类型。

3）协同反应：是同时发生键的断裂和新键的形成的一类反应，常通过环状的过渡态（周环反应）进行。这种反应不受传统的溶剂或催化剂影响，且无中间体生成，具有较高的立体选择性，并坚持分子轨道对称守恒原则，从而提供了反应的高选择性、专一性和高收率。

2. 官能团转换的反应　在药物合成中至关重要，涉及接合或改造分子的氧化反应、还原反应、取代反应、加成反应、消除反应、重排等过程。有机合成领域还得益于大量有机金属及非金属试剂的开发和应用，这不仅促进了合成方法学的创新，也扩展了可行的合成路径。在药物合成的实践中，合成策略的选择依赖于目标分子的结构特性。如何准确地构筑或连接这些特征及其数量往往决定了所需合成步骤的复杂程度。药物合成的目标是利用简单且易于获取的起始物料，按照精心设计的合成路径构建出目标药物分子。

药物分子的基本框架或构建片段对其分子的形态和尺寸起决定性作用，这些结构特质对药物能否与目标蛋白的结合部位有效互动至关重要。例如，一些化合物的骨架可能包含以桥联方式连接的多环系统，赋予了这些分子明确的刚性构型。以天然产物吗啡为例，它拥有一个五环的结构，其中两环与其他三环近乎垂直，形成了"T"形的三维构型。如果这种刚性结构适合靶蛋白的结合位点，那么该分子往往能展现出优秀的生物活性。不过，合成具有多环系统的分子通常较为复杂且挑战性较大。在有些情形下，从经济角度出发，人工构建这种类型的分子框架可能并不现实，寻找自然界中已存在所需框架的天然产物可能是更佳的选择。因而，通过对天然产物进行改造，简化它们的复杂结构，成为一条可行的道路。例如，后来发现的镇痛药哌替啶，虽然其化学结构大为简化，却保留了和吗啡相类似的空间构型，展现了相似的药理效果。

吗啡　　　　　吗啡的五环体系　　　　吗啡的"T"形结构　　　　哌替啶

有些药物在其结构中虽含若干个环，但仍可视为线型分子，是柔性的。例如，抗病毒药物利托那韦（ritonavir）结构中含四个环，这些环并不具有桥连的结构，而是由一个线形柔性骨架连接在一起，因此利托那韦相较吗啡的桥连结构更易于合成。

利托那韦

其他的大部分药物是线形骨架（用粗线表示），分子中具有若干个可旋转键，这些分子是柔性的，并且能够采取多种不同的形状或构象，如普萘洛尔和雷尼替丁，这样的分子易于合成，但是活性可能不如刚性分子。

普萘洛尔　　　　　　　　　　　　　雷尼替丁

药物分子的核心结构对其药物动力学属性具有显著作用。举例来说，与那些包含非平面饱和环系统的药物相比，含有平面芳香环或杂环的药物往往水溶性较差。此外，具有多个自由旋转键的药物可能在消化道中的吸收效率不佳。在药物化学中，尽管官能团的种类繁多，但实际应用于药物分子中的官能团仅限于一小部分，常见的如醇、酚、胺、酰胺、酯和芳环等官能团，它们在决定药物的活性和作用方式方面起着至关重要的作用。一个药物分子中含有官能团的数量和类型各异，通常情况下，官能团越多，其合成过程所面临的难度也越大。与此同时，连接到药物分子骨架上的取代基的多样性同样影响着合成的复杂性。取代基，包括环绕分子骨架的所有类型的基团，如醇、酚、腈、卤素、烷基和侧链等。一个经验法则是，分子上取代基的数量越多，合成这一分子的过程通常越具有挑战性。

当今市面上的药物有约**30%**是手性药物。手性药物的特性在于它们的分子结构不对称，它们有镜像对称的同分异构体，但这些异构体是不能够互相重叠的。因为生物体中药物作用的靶点也显示手性，它们通常能够区分对映异构体，导致两个镜像分子可能表现出不同的生理活性。例如，可能其中一个对映体比另一个更有效或者导致相反的生理效应。又如，镇静药沙利度胺，其S型异构体具有镇静和抗呕作用，而其R型异构体则有可能导致胚胎发育异常。又如，左旋多巴用于治疗帕金森病，而其对映体右旋多巴则无此效果。因此，手性药物有时需要以纯净的对映异构体形式投放市场，而合成纯对映异构体则为合成过程带来了额外的挑战。

R型　　　　　　　　　　　S型

沙利度胺　　　　　　　　　　　　左旋多巴

大多数手性药物都含有不对称中心，通常药物含的不对称中心越多，合成起来就越复杂。同时，不对称中心也可以是非碳原子，如抗溃疡药物奥美拉唑（omeprazole）的不对称中心是硫原子。

奥美拉唑

制备药物时存在多条潜在的合成路径，每条路径各有其特点和局限性。在药物合成领域，选择最合适的合成路线和反应试剂是一个关键研究领域，它涉及调控化学反应的选择性，包括化学选择性、区域选择性和立体选择性等多个方面。

理想的化学合成过程倾向在特定官能团上进行反应，从而产出单一的产物，而不是混合物，这就是化学选择性的原则。化学选择性确保在具有多个官能团的分子中，只有目标官能团发生反应，其他官能团保持不变。另一种选择性为区域选择性，指在存在多个潜在反应点的官能团上选定单一反应点进行反应的能力，而忽略其他点。区域选择性的典型官能团包括但不限于双键、芳环、芳杂环及 α, β- 不饱和酮等。

立体选择性反应则是指在反应过程中生成一个立体异构体的比例远超过其他可能的立体异构体。这种选择性反应往往与反应物的空间位阻、过渡状态的立体需求及具体的反应条件息息相关。

将药物合成分解为根据有机官能团演变的一系列标准步骤，可以将反应分门别类为若干基本单元，如卤化、烃化、酰化、缩合、氧化、还原和重排等反应类型。通过这种方式，每个单元的反应类别、性质和应用可被系统地阐释和理解。

第三节　现代药物合成的发展趋势

在人类的医疗史上，草药和自然界中提取的物质一直扮演着治疗各类病症的重要角色。19世纪，化学家们开始从天然物质中分离并提纯出具有临床疗效的活性成分，如吗啡（1816年）、古柯碱（1860年）和奎宁（1820年）。这些建立在天然产物基础上的活性成分大多含有碱性的氨基官能团，使它们能够与酸结合形成水溶性的盐类。其他众多生物碱类的活性分子，如秋水仙碱（1820年）、咖啡因（1821年）、阿托品（1833年）、毒扁豆碱（1864年）、东莨菪碱（1881年）和茶碱（1888年），这些成分在临床上需要通过注射来给药，并伴有多种副作用，有些副作用甚至严重到威胁患者生命，为此，化学家们开始合成与天然活性成分相似的化合物，意图改进它们的临床特性，以研发新的药物。这类含有部分天然产物结构的化合物被称为半合成药物，它们不是完全通过简单原料的全合成得到的。这个过程催生了"先导化合物"这一概念。而在19世纪，化学家们还尝试将全合成化合物作为潜在药物的实验，并成功发现了全身麻醉药和巴比妥类药物，证明了天然产物并非药物唯一的来源。在过去的一个多世纪中，合成化学在药物发现领域扮演了至关重要的角色。

20世纪初期，将研究人造合成化合物和自然产物作为起始点，成功合成了众多新增的类似物质。特别是在局部麻醉药和阿片类药物的合成领域取得了显著的成就。关键的神经递质和激素，如肾上腺素、甲状腺素、雌酚酮、雌二醇、孕酮、可的松、组胺及胰岛素等被发现，并作为内源性活性先导化合物被深入研究。借助这些内源性化合物的发现，新的医药领域得以突破，如抗哮喘药、避孕药、抗炎药和抗组胺药等。在此时期，抗菌药的开发成就尤为杰出，标志性的进展是磺胺药物的上市，它起源于商用合成染料百浪多息。20世纪40年代，青霉素这种来自真菌代谢物的抗生素经过纯化后被临床实践证明比磺胺药物更有效。这个发现激励了对真菌的广泛研究，以期在其中发现有价值的抗生素资源。因此，全球范围内的真菌培养液研究带来了许多在临床上有益的抗微生物药物，使得20世纪中叶成为抗生素研究的黄金时代。自20世纪60年代开始，随着对药物与其靶标之间相互作用的深入认识，以及跨越化学和生物学等领域的科技革命，药物的发现和开发有了飞跃。这个阶段被标识为合理化药物设计时期，极大地推动了药物设计和合成技术的进步。在此背景下，多个药物分别实现了显著的发展，包括抗溃疡药、肾上腺素 β 受体阻滞剂和抗过敏药。这些成就与对药物在分子层面如何发挥作用的理解紧密相关。同时，这也涉及分析为何某些化合物显示出疗效而另一些则不显示疗效，这种推测在此时期逐渐明确。药物的分子靶向性合成策略开始变得更为关键，并在药物发展过程中占据显著位置。

随着分子遗传学的飞速进展，人类对基因组序列的分析能力得到极大提升，这促进了对蛋白质结构和功能更深入的理解，并识别出新的、重要的潜在药物靶标。例如，酪氨酸蛋白激酶最近被确认为抗肿瘤治疗的关键靶标。同理，对病毒的基因组绘图和测序进一步揭示了特异性病毒蛋白的结构和性质，为抗病毒药物提供了新的攻击点。新一代筛选技术，如高通量筛选和高内涵筛选，为快速发现潜在药物增加了动力。在化学领域，X射线晶体学和核磁共振波谱等技术使得科学家们可深入研究药物的分子结构及其与靶标的相互作用。分子模拟软件的应用增强了对药物与靶标绑定位点相互作用方式的认识。此外，现代合成化学家面临的挑战是不仅要开发创新的合成方法以方便地制备小分子药物，还要确保这些方法在药物放大生产时经济可行，即合成过程须能通过成本效益的考验。

优异的药物合成反应常展现以下特性：反应条件温和、操作简单、收率高。所谓温和的反应条件，指的是合成过程可以在常温、常压和标准溶剂条件下顺利进行。

绿色化学，又名环境友善化学或清洁化学等，反映的是相同的核心理念。这个领域侧重于通过化学技术与方法的运用，减少或消除对人类健康、公共安全及自然环境有害的物质，如原材料、溶剂、催化剂、试剂和它们产生的产品及副产品。绿色化学的实践原则强调避免使用有毒的物质，减少废料和废水的产生，并且不依赖于传统的环境污染处理方法，而是通过在化学操作的最初阶段规避污染源头，以达到环保的目的。实施绿色化学不但能够从根本上减少环境问题，而且有助于提升经济效益和资源节约，符合人类社会可持续发展的追求。具体来说，绿色化学的原则和方法涵盖了原子经济性、手性合成及运用环保型"清洁"的反应介质等概念。

在有机合成领域，已经较为详细地研究了超过千种合成反应，它们是药物合成不可或缺的基础，其中被广泛采用的有200多种。即便是同一反应，也可能存在多种合成技术。通常情况下，有机合成的研究流程包括查询相关文献、规划合成路径、进行实验操作及总结结果。在药物合成过程中，文献调研是一个不可或缺的初步步骤。审慎而详尽的文献搜索能够明确目标分子的已知与未知情况，了解当前的研究方法和趋势，为科研工作提供明确的方向。这种做法不仅有助于合成路线的规划，而且可减少不必要的迂回，吸取前人的经验，创新而高效地达成研究目标，同时节约资源。合成路线的设计建立在充分的文献检索基础之上。综合分析所收集的信息，并根据实验条件拟定一个可行的合成策略。合理的路线规划不仅需要深厚的有机化学理论和反应知识，还要考量实施的可行性，如原材料的可获取性和反应的安全性。采用逆向合成分析是药物合成设计中的重要技巧，对复杂分子结构的合成尤其有效。实验环节是验证合成路线可靠性的重要手段，若能达到理想结果，则证实路线的有效性。进行实验时，应致力于遵循"绿色合成"原则，运用先进的技术和方法，以提升产率并降低成本。优秀的化学合成实践者通常也是杰出的合成路线规划者。实验过程耗时且繁杂，在无科学精神和奋斗意志的情况下是无法完成的。实验的总结是对结果进行科学分析，并以文字形式呈现，其中包括使用的合成路线、实验过程中应注意的问题、成功和创新之处，以及尚待解决的问题。这样的总结可为未来研究者提供宝贵经验，因为有机合成是一个不断演进的领域。本教材内容分为十二章，章节安排根据药物合成中反应类型的逻辑顺序，如官能团的引入与转化、碳骨架的构建与变换，以及逆向合成分析等。教学的焦点在于反应机理的理解及其在药物合成中的实际应用。

思维导图

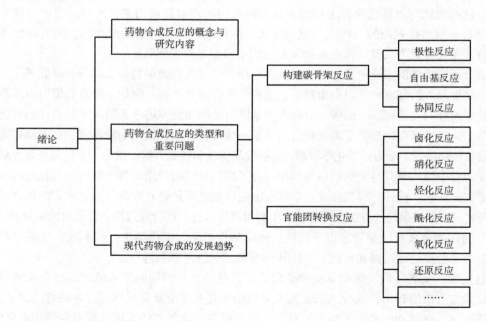

第二章 卤化反应

本章要点

掌握 饱和烃、烯丙位和苄位氢、芳烃及羧基 α-位氢的卤取代反应；卤化氢、卤素、N-卤代酰胺、次卤酸（酯）与不饱和烃的加成反应；醇羟基、酚羟基、羧羟基及卤化物的卤置换反应。

理解 卤化反应中亲电取代、亲核取代、亲电加成及自由基反应的机理；卤素、氢卤酸、次卤酸（酯）、卤代酰胺、磷卤化物及硫卤化物等卤化试剂的性质及应用。

了解 新型卤化试剂及其在卤化反应中的应用。

卤化反应（halogenation reaction）是指在有机分子中引入卤素原子（氟、氯、溴、碘）形成新的有机分子的反应。卤化反应在药物合成中用途广泛，通过引入卤原子形成的卤化物中间体可以进一步官能团化，而药物分子中引入卤素原子可以改善理化性质或提高药理活性。很多药物分子中含有卤素原子，如抗肿瘤药物氟尿嘧啶（fluorouracil）、广谱抗生素氯霉素（chloramphenicol）、化痰止咳药氨溴索（ambroxol）等。

氟尿嘧啶　　　　　　　　　氯霉素　　　　　　　　　　氨溴索

根据反应机理的不同，卤化反应主要有三种类型，即卤原子与反应底物氢原子之间的取代反应、卤原子与不饱和烃的加成反应，以及卤原子与其他原子或基团的置换反应。根据引入卤原子的不同，卤化反应又可分为氟化反应、氯化反应、溴化反应和碘化反应；其中，氯化反应和溴化反应最常用。

常见的卤化试剂有卤素（氯、溴、碘）、N-卤代亚酰胺[N-溴代丁二酰亚胺（NBS）、N-氯代丁二酰亚胺（NCS）、N-碘代丁二酰亚胺（NIS）]、含磷卤化物（POX_3、PX_3、PX_5）、氢卤酸、次卤酸盐、磺酰氯、亚硫酰氯等。其中，可提供卤素负离子的卤化剂有卤素、氢卤酸、含磷卤化物、磺酰氯和亚硫酰氯等，可提供卤素正离子的卤化剂有卤素、N-卤代亚酰胺、次卤酸等，可提供自由基的卤化剂有卤素、次卤酸等。

第一节　卤取代反应

一、烃类化合物的卤取代反应

（一）饱和烃的卤取代反应

在光照、加热（250～400℃）或自由基引发剂存在时，饱和烷烃会发生自由基卤取代反应，但副产物较多，收率较低，应用有限。

1. 反应通式及机理

$$RCH_3 \ + \ Cl_2 \ \xrightarrow[\text{or heat}]{hv} \ RCH_2Cl \ + \ HCl$$

　　饱和烃的卤化反应遵循典型的自由基反应机理。在光照、加热或自由基诱发剂等条件下，首先生成卤素自由基，并进攻不饱和链的一个碳原子，生成C—X键和碳自由基，接着碳自由基和卤化剂反应，最终生成卤代产物。

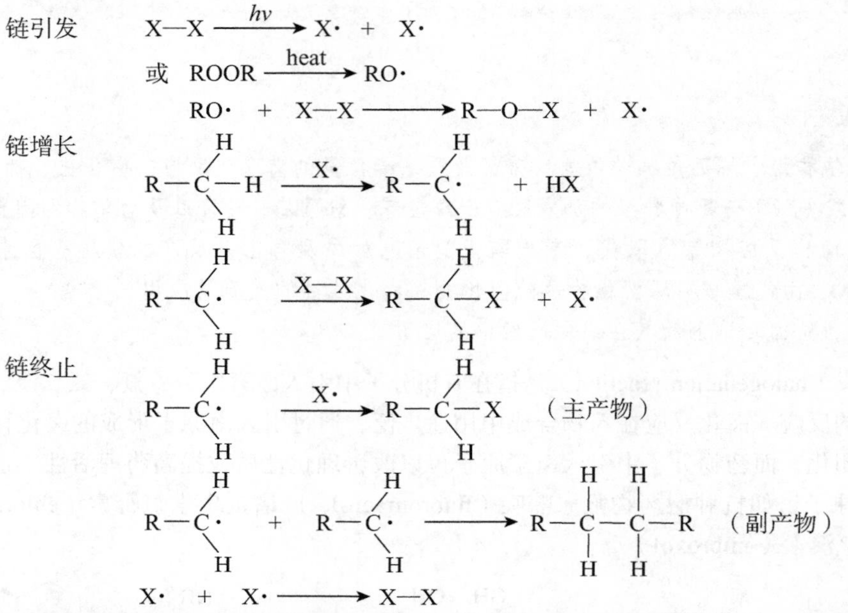

链引发　　$X—X \xrightarrow{hv} X· + X·$

　　或　$ROOR \xrightarrow{heat} RO·$

　　　　　$RO· + X—X \longrightarrow R—O—X + X·$

链增长

链终止

　　2. 反应影响因素及应用实例　　饱和烃的卤取代反应的常用自由基引发剂有过氧化苯甲酰（BPO）、偶氮二异丁腈（AIBN）等。常用溶剂是四氯化碳等惰性溶剂，若反应物为液体，也可不使用其他溶剂。一般情况下，升高温度有利于自由基产生及反应的进行，但也会产生大量副产物。溶剂对反应影响较大，选用非极性的惰性溶剂对反应有利，而与自由基发生溶剂化的溶剂会降低自由基的活性。

　　卤化时，饱和烷烃的氢原子的反应活性次序是叔氢＞仲氢＞伯氢；卤素的反应活性次序是F＞Cl＞Br＞I，卤素的活性越大，反应的选择性越差。饱和烷烃的卤取代反应中，溴化反应最多。例如，在光照下，金刚烷的溴代反应主要发生在桥头碳原子上。

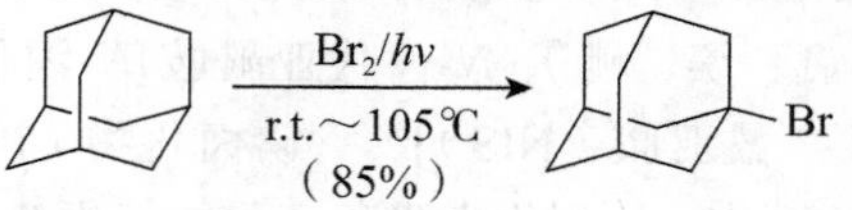

（二）不饱和烃的卤取代反应

　　烯烃键上氢原子的活性较低，卤取代反应比较困难。共轭多烯或杂环化合物的双键碳上的氢可以用NCS、NBS等卤化试剂卤取代。例如，小分子免疫调节剂咪喹莫特（imiquimod）中间体在NBS作用下可实现烯烃键上氢的溴取代。

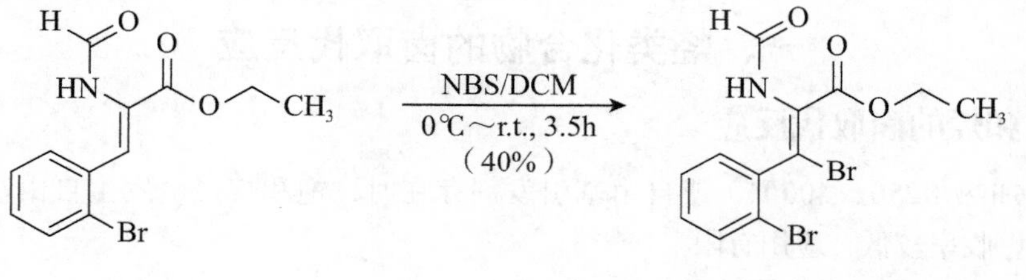

炔烃末端碳上氢原子具有一定的酸性，反应活性较高。在碱性条件下，与卤素反应生成卤代炔烃。例如，4-叔丁基苯乙炔与溴反应生成溴代产物。

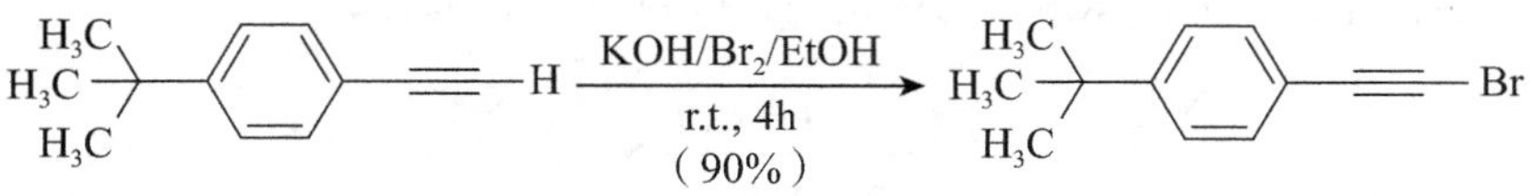

（三）烯丙位和苄位的卤取代反应

在卤素或 N-卤代亚酰胺的条件下，烯丙位和苄基的氢原子发生卤取代反应。

1. 反应通式及机理

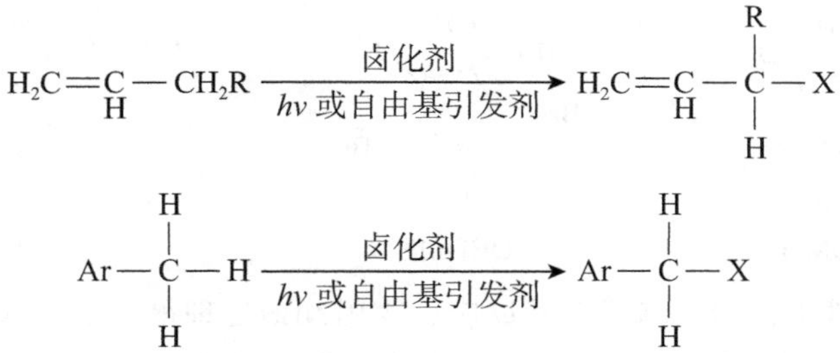

烯丙位和苄基氢原子上的卤取代反应属于自由基反应机理，分为链引发、链增长和链终止三个阶段。在自由基引发条件下，卤素或 N-卤代亚酰胺首先均裂成卤素自由基或琥珀酰亚胺自由基，该自由基夺取烯丙位或苄位上的氢原子，生成相应的碳自由基，该自由基与卤素或 NXS（N-卤代亚酰胺）反应得到 α-卤代烯烃或 α-卤代芳烃。

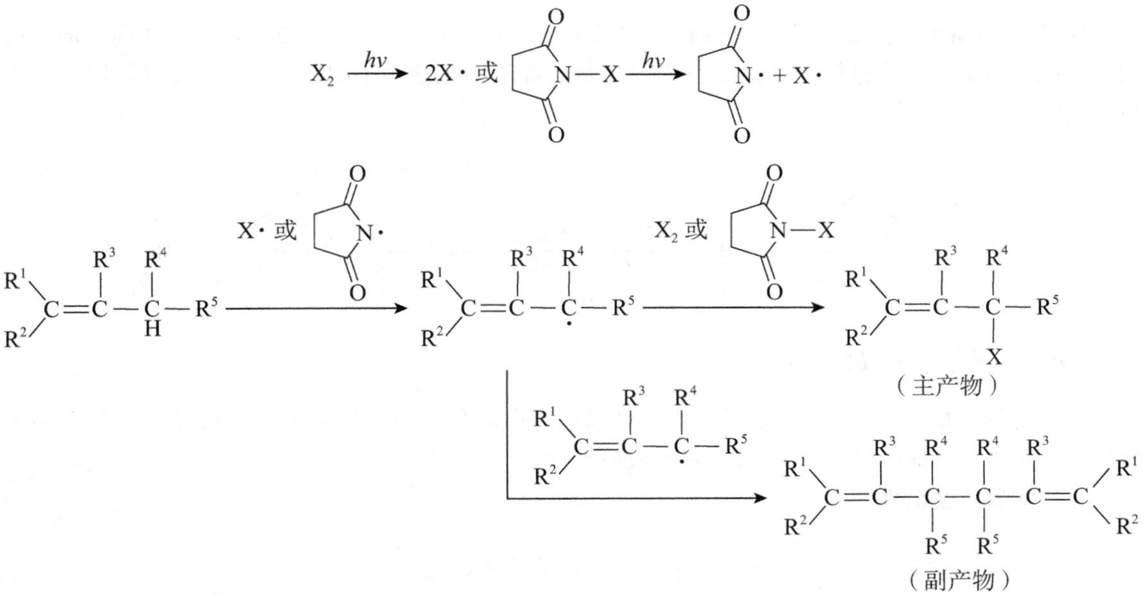

（主产物）

（副产物）

2. 反应影响因素及应用实例 烯丙位的卤代反应在高温下进行，低温容易发生苯环上的取代和烯键加成反应。控制反应物浓度和光强度可以调节自由基产生的速率，从而控制反应进程。一般情况下，选择非极性的惰性溶剂作为反应溶剂，如四氯化碳、苯、石油醚等。这是因为 NBS、NCS 等 N-卤代亚酰胺溶于四氯化碳，而生成的丁二酰亚胺不溶于四氯化碳，容易去除。

苄位的卤代反应的难易与芳环上取代基的性质有关，含吸电子基团则反应较难，而含给电子基团有利于反应。芳杂环化合物的侧链也可以发生与苄位类似的卤代反应。例如，2-甲基吡嗪为原料，BPO作为自由基引发剂，NCS作为卤化剂，得到2-氯甲基吡嗪。

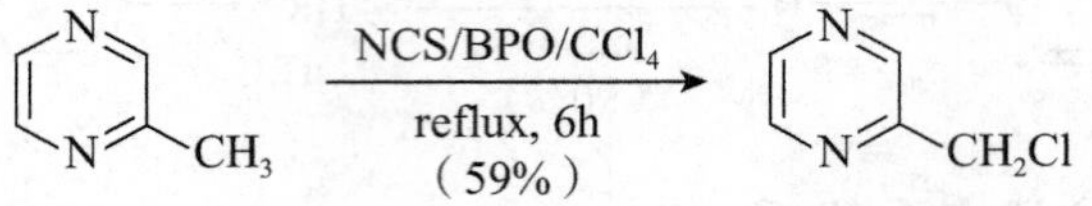

当烯丙位和苄位氢原子活性较低时，可提高卤素浓度和反应温度以促进反应；或选用活性更高的卤化剂反应，如一氧化二氯（Cl_2O）、1,3-二氯-5,5-二甲基-2,4-咪唑烷二酮（DCDMH）、1,3-二溴-5,5-二甲基-2,4-咪唑啉二酮（DBDMH）和N-氟苯磺酰亚胺（NFSI）等。

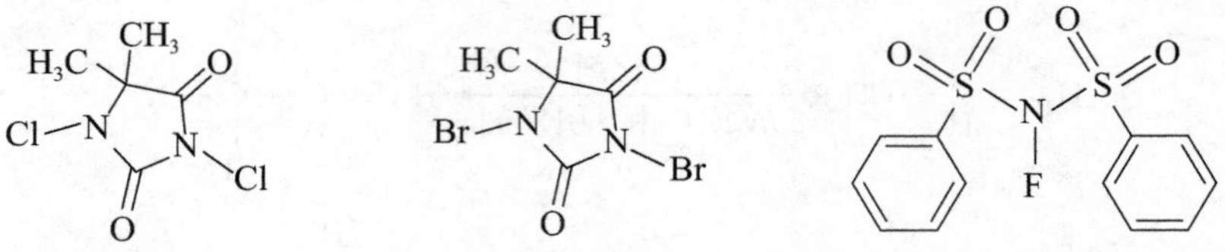

DCDMH　　　　　　DBDMH　　　　　　NFSI

在自由基引发条件下，烯丙基或苄基反应底物用NBS处理得到烯丙基或苄基溴化物的反应称为Wohl-Ziegler溴化反应。以AIBN作为自由基引发剂，DBDMH作为溴化剂，可以发生Wohl-Ziegler反应，生成α-溴代产物。例如，抗糖尿病药物曲格列汀（trelagliptin）中间体的合成。

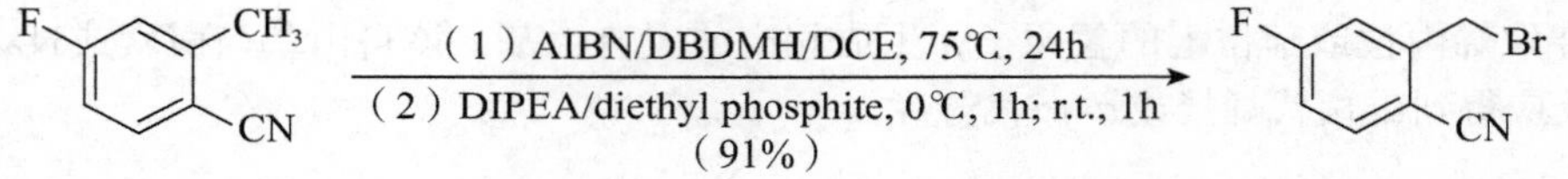

NFSI可对富电子芳香化合物进行有效的氟化反应。例如，在丙型肝炎病毒NS5A抑制剂雷迪帕韦（ledipasvir）合成过程中，使用双（三甲基硅烷基）氨基钾（KHMDS）和NFSI可以得到苄位二氟取代产物。

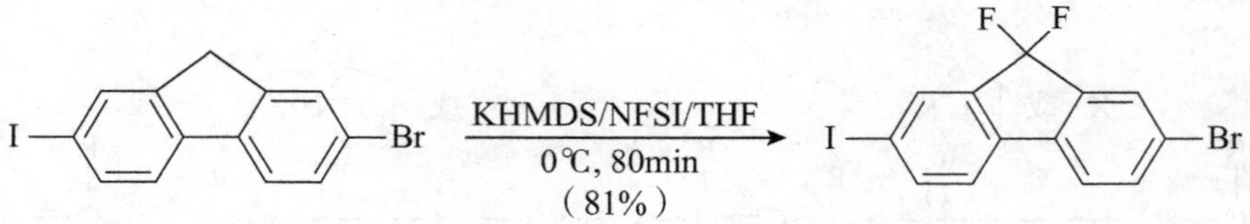

（四）芳烃的卤取代反应

在路易斯（Lewis）酸的催化下，芳烃可以进行卤取代反应。反应通常在稀醋酸（稀乙酸）、稀盐酸、氯仿或其他卤代烷烃等极性溶剂中进行。

1. 反应通式及机理

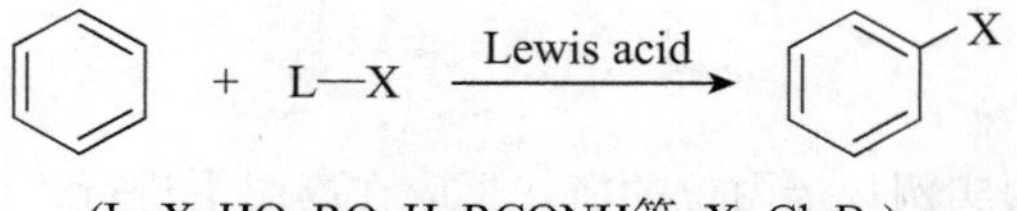

（L=X, HO, RO, H, RCONH等；X=Cl, Br）

芳烃的卤取代反应属于芳环的亲电取代反应。首先，芳烃进攻Lewis酸催化剂极化的卤素分子或卤素正离子等亲电试剂，形成σ-络合物中间体；随后，σ-络合物很快脱去一个质子，得到卤代芳烃。

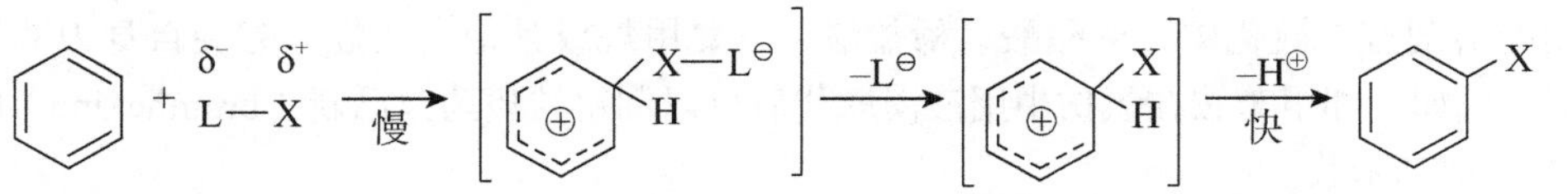

2. 反应影响因素及应用实例 芳烃的卤取代反应需要加入Lewis酸作催化剂，如AlCl₃、FeCl₃、FeBr₃、SnCl₄、TiCl₄、ZnCl₂等。芳环上有强给电子基团（如—OH、—NH₂等）或使用较强的卤化剂时，不用催化剂反应也能顺利进行。

芳环上有给电子基团时，使芳环活化，卤代反应容易进行，甚至发生多卤化反应，产物以邻位、对位为主；芳环上有吸电子基团时，使芳环钝化，以间位产物为主。例如，在喹诺酮类抗菌药非那沙星（finafloxacin）中间体的合成中，3,5-二甲基氟苯用氯气作为卤化试剂，在FeCl₃催化下制备其二氯代物。

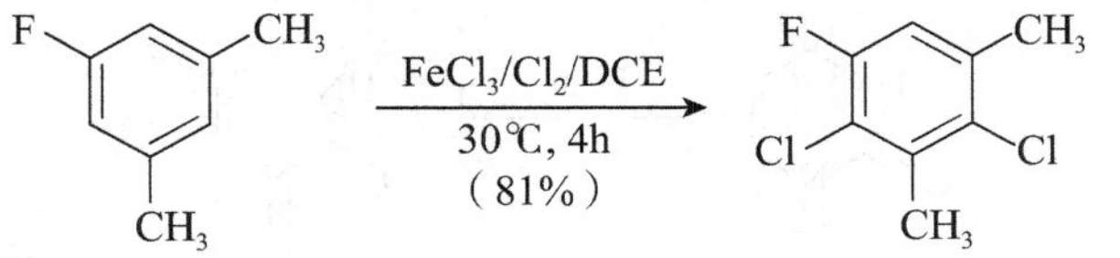

富电子的吡咯、噻吩、呋喃等芳杂环的卤取代反应非常容易，但不同的五元杂环化合物卤代时异构体的比例差别很大，其反应活性次序为吡咯＞呋喃＞噻吩＞苯，且2位比3位更容易发生卤取代反应。例如，在抗癌药瑞卡帕布（rucaparib）中间体的合成中，用三溴化吡啶进行吡咯环的亲电取代实现吲哚环2位的溴化。

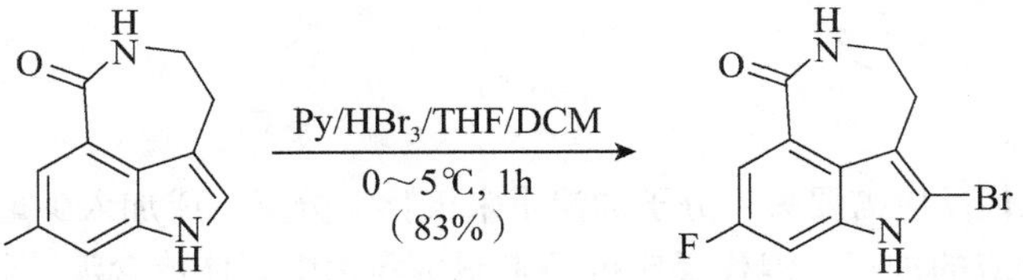

缺电子芳杂环的卤取代反应比较困难。吡啶卤代时，由于生成的卤化氢和加入的催化剂均能与吡啶环上的氮原子成盐，降低了环上的电子云密度，反应难以进行。但选择适当的反应条件后，仍能获得较好的效果。例如，在抗癫痫药吡仑帕奈（perampanel）中间体的合成过程中，使用液溴可以实现2-甲氧基吡啶的5-位氢的溴取代。

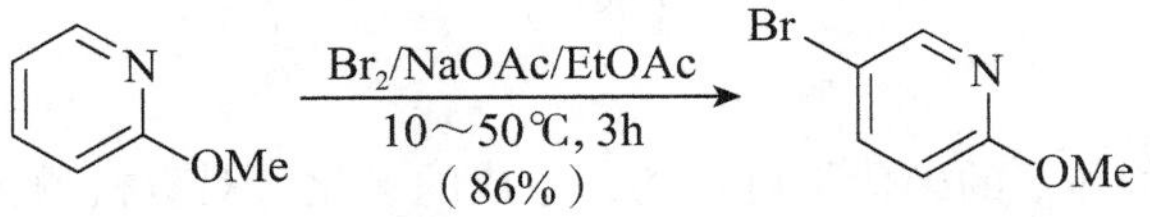

温度对反应有一定影响，可影响卤原子的引入位置和引入卤原子的数目。例如，萘与溴反应，低温时主要生成1-溴萘，高温时主要生成2-溴萘。

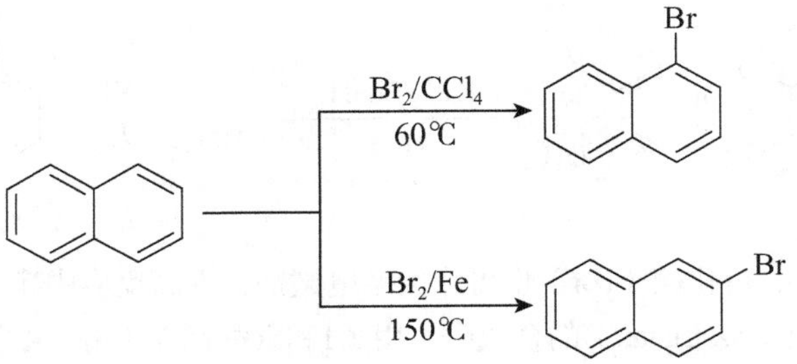

　　常用的溶剂有二硫化碳、稀醋酸、稀盐酸、三氯甲烷或其他卤代烃，芳烃自身为液体时也可兼作溶剂。例如，邻甲苯胺在氯仿中用液溴取代后可以制得祛痰药溴己新（bromhexine）的中间体2,4-二溴-6-甲基苯胺。

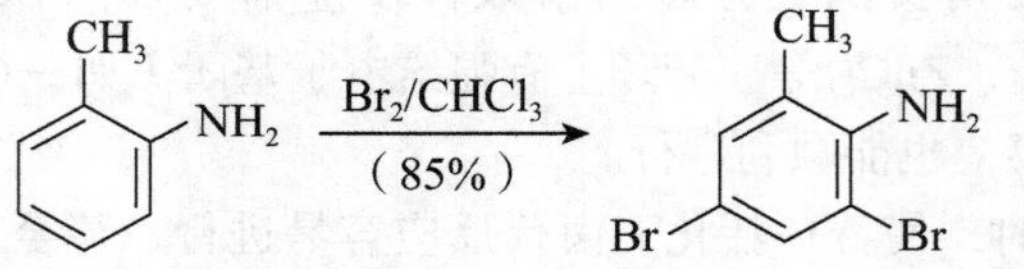

　　氟气化学性质十分活泼，难以控制，但少数芳杂环底物可以进行氟代反应。例如，使用氮气将氟稀释，再与尿嘧啶发生氟化反应，生成抗肿瘤药氟尿嘧啶。

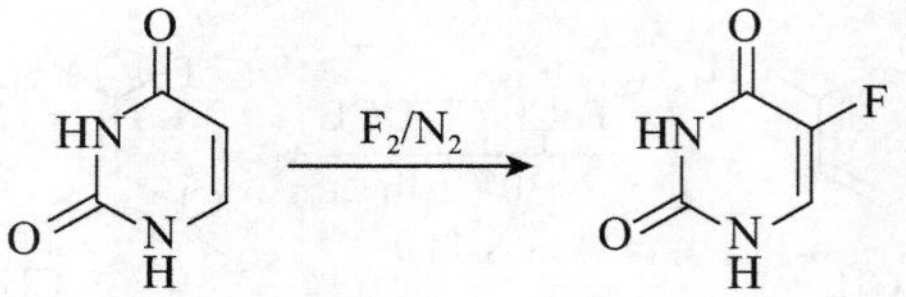

　　氯气廉价易得，具有较高的反应活性，故氯化反应应用广泛。例如，水杨酸的氯化可制备驱虫药氯硝柳胺（niclosamide）的中间体5-氯水杨酸。

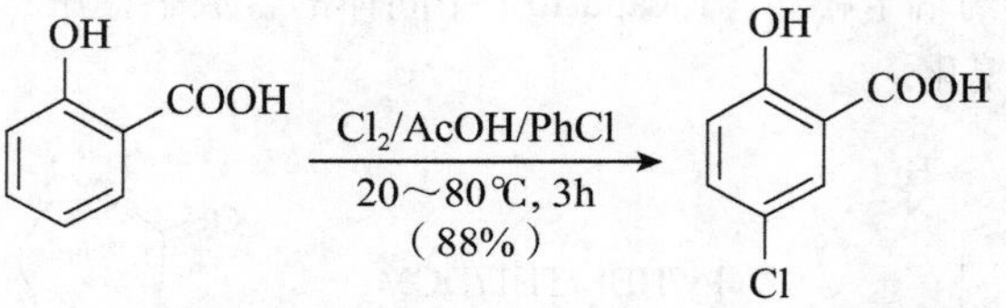

　　液溴对芳烃的取代反应需要另一分子的溴素来极化溴分子，或加入少量的碘来促进溴的极化，或用电解法以加速反应的进行。溴代反应可用来制备药物中间体或含溴药物如镇痛药对溴乙酰苯胺（bromoacetanilide）的制备。

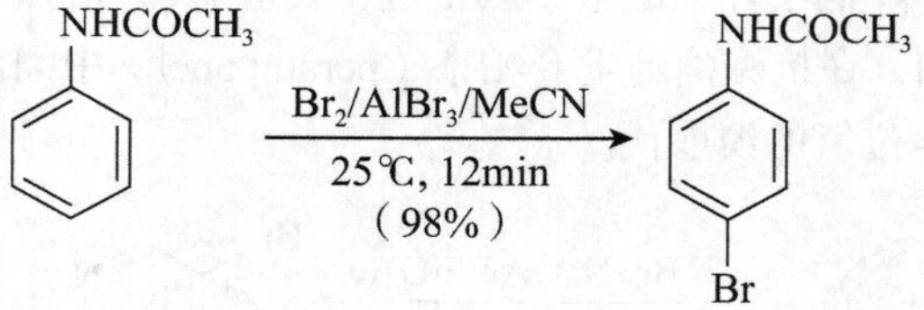

　　碘的活性低，而且苯环上的碘代是可逆的，生成的碘化氢对有机碘化物有脱碘作用，只有不断除去碘化氢才能使反应顺利进行。除去碘化氢最常用的方法是加入氧化剂或碱性物质中和。例如，甲状腺素（thyroxine）的合成中应用了碘代反应。

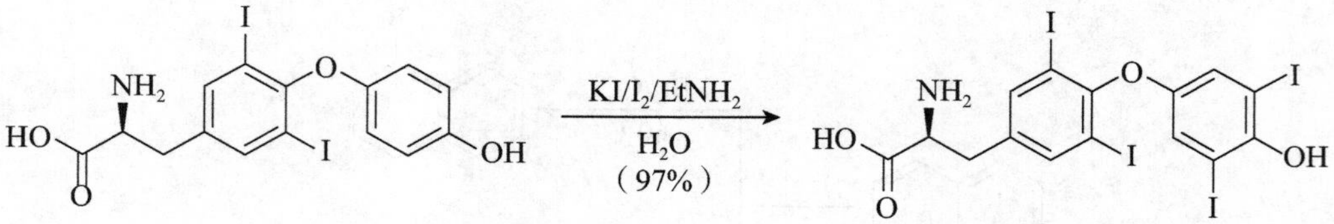

　　此外，氯化碘（ICl）、溴化碘（IBr）也可作为亲电试剂，提高反应中碘正离子的浓度。例如，在治疗偏头痛药物利扎曲坦（rizatriptan）的合成中，用ICl和碳酸钙在甲醇-水溶液中实现碘取代反应。

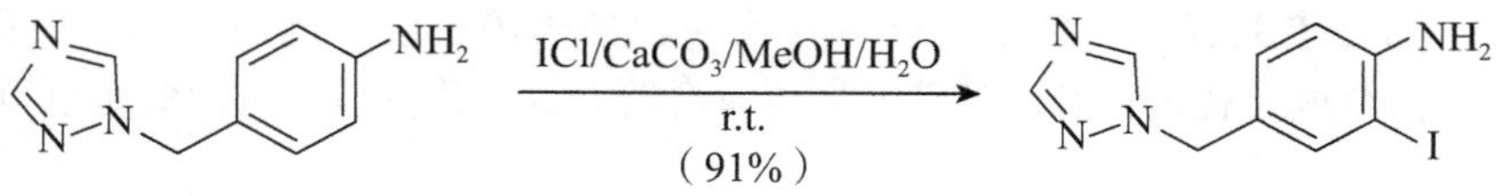

二、羰基 α- 位的卤取代反应

（一）醛、酮 α- 位的卤取代反应

由于酮羰基的诱导效应，其 α- 氢具有一定的酸性，用卤素、N- 卤代酰胺、次卤酸酯、硫酰卤化物等卤化试剂在四氯化碳、氯仿、乙醚和乙酸等溶剂中发生 α- 卤取代反应，生成相应的 α- 卤代酮。

1. 反应通式及机理

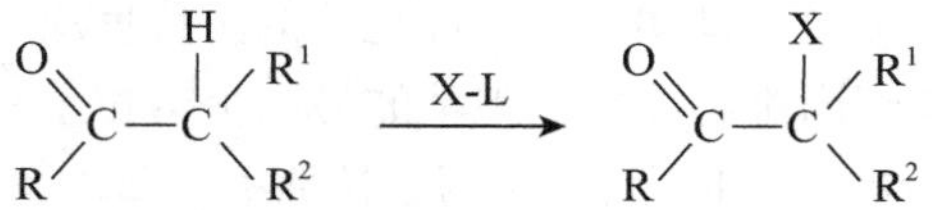

醛、酮 α- 位的卤取代反应属于亲电取代反应，具体为羰基化合物在酸（包括 Lewis 酸）或碱（无机碱或有机碱）的催化下转化为烯醇形式，再与亲电卤化剂进行亲电取代反应。

（1）酸催化机理

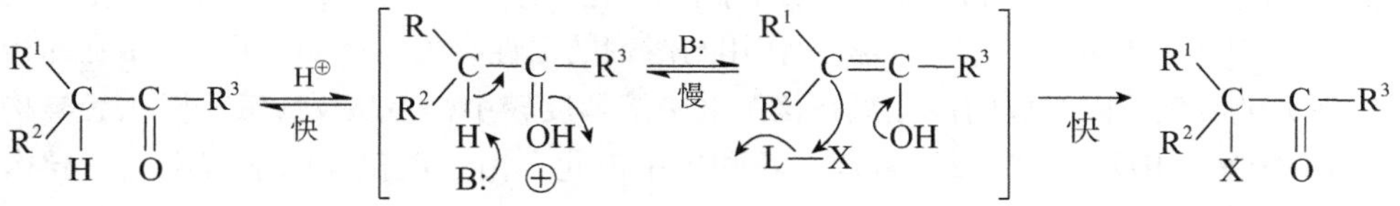

（2）碱催化机理

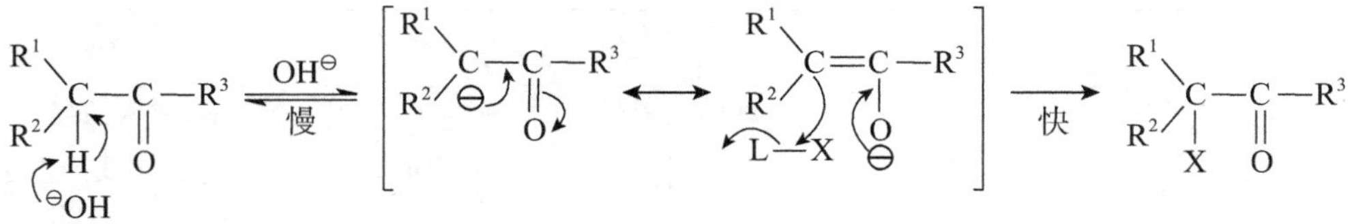

2. 反应影响因素及应用实例　酸催化剂可以是质子酸，也可以是 Lewis 酸。反应开始时烯醇化速率较慢，随着反应的进行，卤化氢浓度增大，烯醇化速率加快，反应也相应加快。反应初期可加入少量氢卤酸以缩短诱导期，光照也常常起到明显的催化效果。例如，抗病毒药阿那匹韦（asunaprevir）中间体的合成。

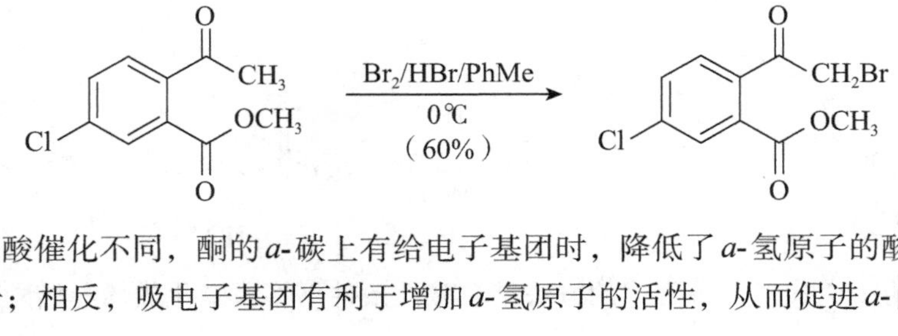

碱性催化与酸催化不同，酮的 α- 碳上有给电子基团时，降低了 α- 氢原子的酸性，不利于碱性条件下失去质子；相反，吸电子基团有利于增加 α- 氢原子的活性，从而促进 α- 卤代反应。所以，

在碱性条件下，同一碳上容易发生多元卤取代反应，如卤仿反应。例如，二肽基肽酶Ⅳ抑制剂 DBPR108 中间体的合成，就是在碱性条件下先与溴素发生 a-卤代反应，进而酸水解得到。

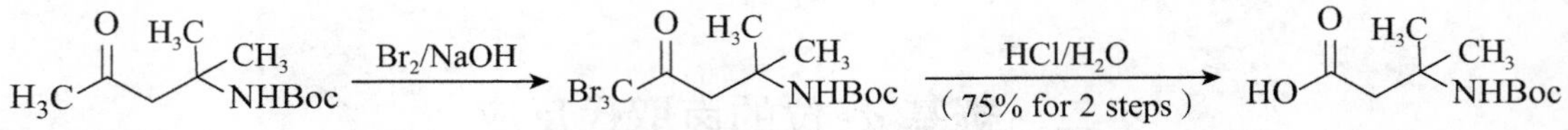

不对称酮中，羰基的 a-位有给电子基团有利于酸催化烯醇化，可提高烯醇的稳定性，促进羰基 a-氢卤取代。例如，免疫抑制剂特立氟胺（teriflunomide）中间体的合成就是在 KBr/H$_2$O$_2$ 体系中生成的溴素与原料反应得到的亚甲基溴代产物。

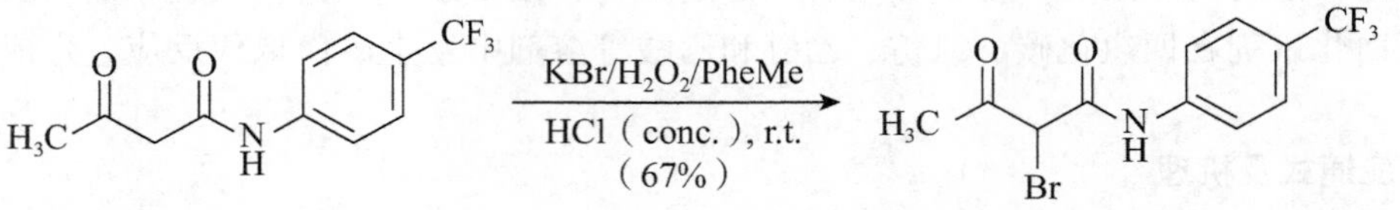

若羰基 a-位上具有卤素等吸电子基团，在酸催化下的卤代反应则受到阻滞，故在同一碳原子上欲引入第二个卤原子相对比较困难。如果在羰基的另一个 a-位上具有活性氢，则第二个卤素原子优先取代另一侧的 a-位氢原子。例如，抗病毒药达拉他韦（daclatasvir）中间体的合成。

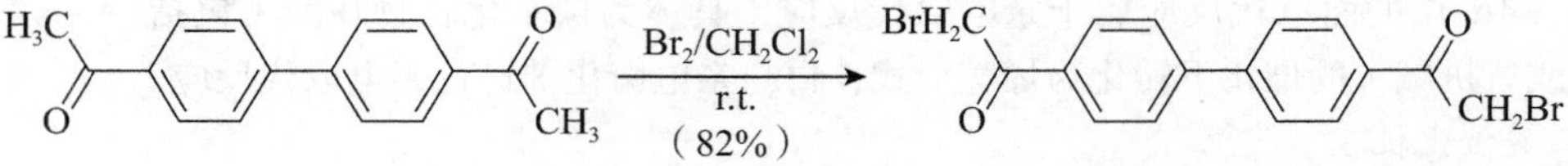

溴化氢对 a-位溴代反应的可逆性可使某些脂肪酮的溴化产物中的溴原子构型转化或发生位置异构，从而得到比较稳定的异构体。异构化作用与溶剂的极性有关。例如，化合物 a 在非极性溶剂（如四氯化碳）中溴化，因生成的溴化氢在该溶剂中溶解度较小，易从反应液中除去，异构化倾向小，而得到产物 b。相反，若在极性溶剂（乙酸）中溴化，由于溴化氢的溶解度大，异构化能力强，生成的溴取代产物 b 经异构而得较稳定的产物 c。

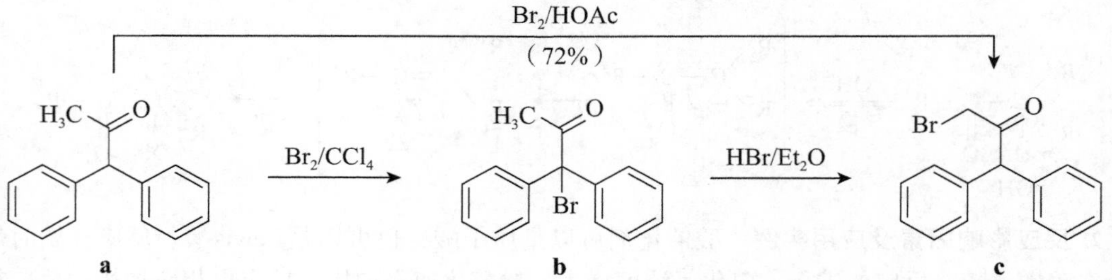

在酸或碱催化下，脂肪醛的 a-氢和醛基氢都可被卤素原子取代，生成 a-卤代醛和酰卤。例如，在用于治疗恶性胸膜间皮瘤的药物培美曲塞（pemetrexed）的合成过程中，用溴取代醛 α-位的氢，产物不经纯化可直接用于下一步反应。

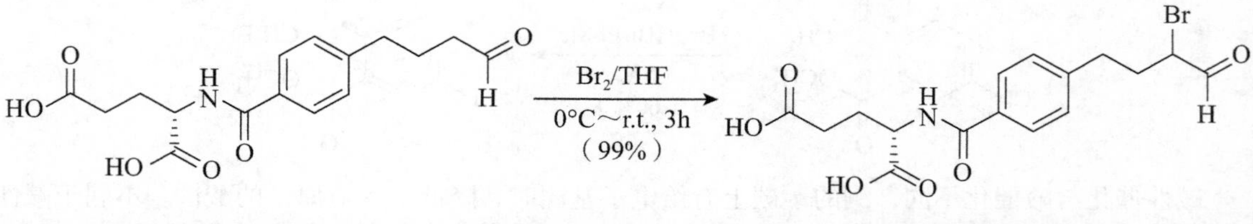

要得到预期的 α-卤代醛，最常用的方法是在碱性条件下将醛转化成烯醇醋酸酯，或与三甲基

氯硅烷形成三甲基硅醚，或与 N-甲酰吡咯烷盐酸盐形成亚胺，然后再进行卤代反应，可高收率地生成 a-卤代醛。

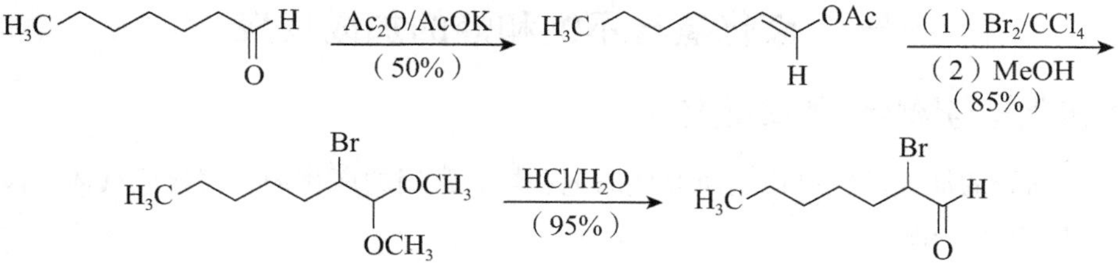

（二）羧酸衍生物羰基 α-位的卤取代反应

羧酸及其衍生物（羧酸酯、酰卤、酸酐、腈等）的羰基 a-位上的氢原子受羰基吸电子作用的影响，具有一定的活性，可与卤素发生 a-位氢的卤代反应。

1. 反应通式及机理

反应机理与醛酮的 a-卤取代反应机理相似，属于亲电取代机理。

2. 反应影响因素及应用实例　羧酸及其酯的 a-氢原子活性较差，a-卤代反应较为困难，而酰卤、酸酐和腈等的 a-位卤代则较容易。若需要制备 a-卤代羧酸，可将酸先转化成其酰卤或酸酐，然后再进行 a-卤代反应。在实际操作中，制备酰卤和卤代两步反应常同时进行，即在反应中加入催化量的三卤化磷或磷，反应结束后经水解或醇解而制得相应的卤代羧酸或卤代羧酸酯，该反应称为 Hell-Volhard-Zelinsky 反应。

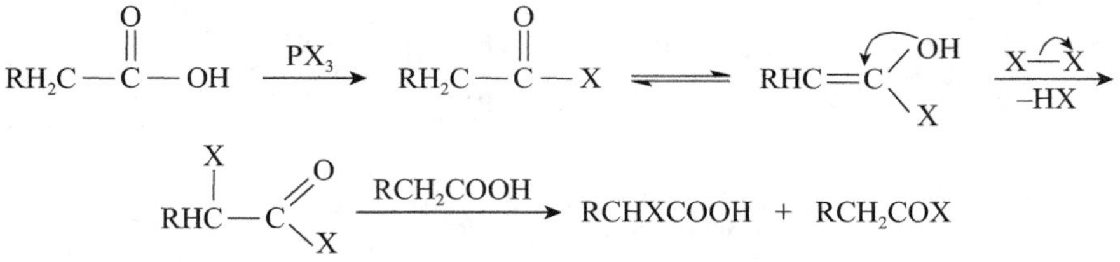

红磷与卤素反应生成三卤化磷，发挥催化作用。此外，三氯氧磷、五氯化磷、氯化亚砜等也能作催化剂。

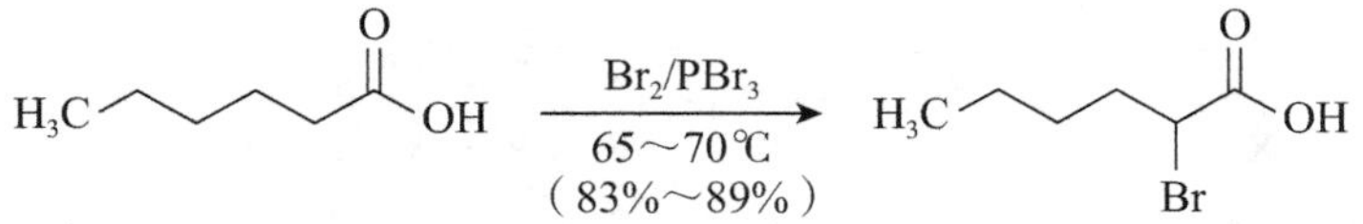

酰氯、酸酐、腈、丙二酸及其衍生物的 a-氢活泼，可直接用卤素等各种卤化剂进行 a-卤代反应。例如，取代的丙二酸被卤素取代后，经加热脱羧，可得 a-卤代羧酸。

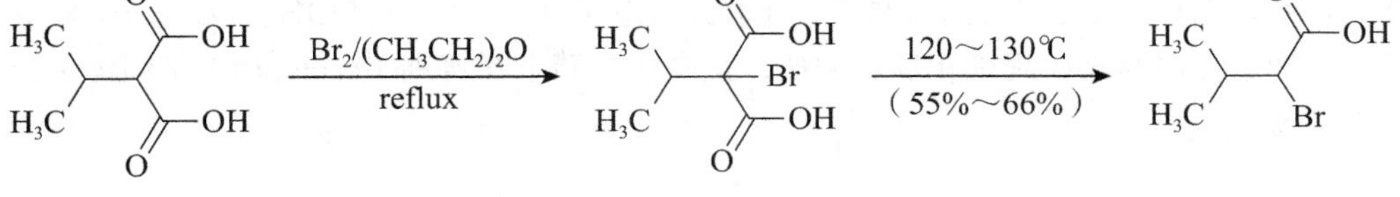

第二节　卤加成反应

一、卤化氢与不饱和烃的加成反应

（一）卤化氢与烯烃的加成反应

卤化氢与烯烃的加成反应可得到卤取代的饱和烃。常用的卤化剂有卤化氢气体、卤化氢有机溶剂溶液、卤化氢水溶液等。

1. 反应通式及机理

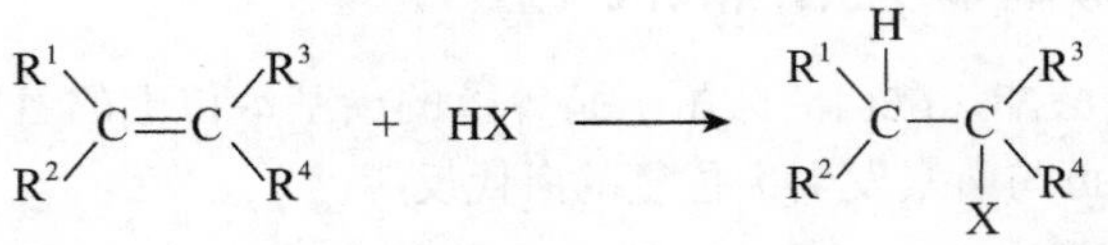

反应机理有两种：经历碳正离子过渡态的亲电加成反应机理，以及自由基加成机理。

亲电加成反应机理：首先质子对双键进行亲电加成，形成碳正离子，然后卤负离子与碳正离子结合生成卤化物。

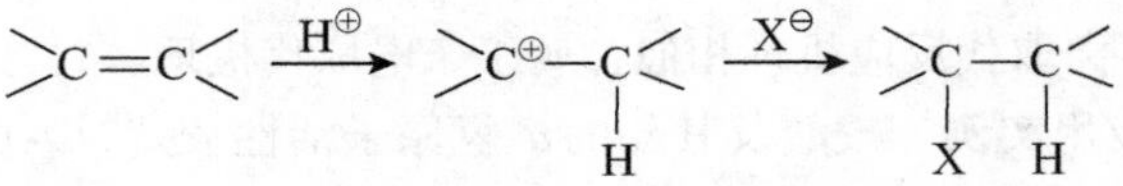

自由基加成机理：在光照或加热等条件下，卤化氢首先生成卤素自由基，并进攻不饱和链的一个碳原子，生成 C—X 键和碳自由基，接着碳自由基和卤化剂 HX 反应，最终生成卤加成产物。

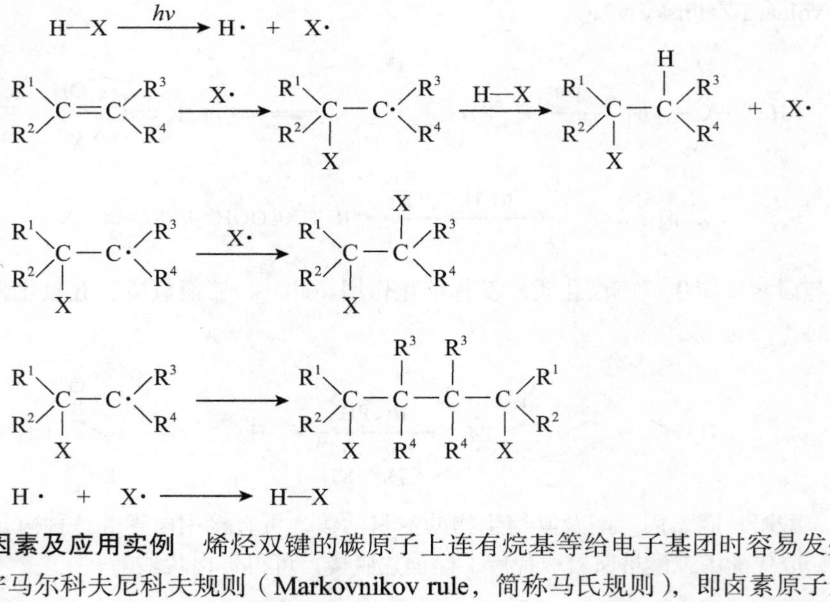

2. 反应影响因素及应用实例　烯烃双键的碳原子上连有烷基等给电子基团时容易发生亲电加成，加成产物遵守马尔科夫尼科夫规则（Markovnikov rule，简称马氏规则），即卤素原子连接在取代基较多的碳原子上。烯烃双键的碳原子上连有强吸电子基团（如—COOH、—CN、—CF$_3$ 等）时，与卤化氢的加成方向与马氏规则相反。例如，抗高血压药卡托普利（captopril）中间体 3- 氯 -2- 甲基丙酸的合成。

$$H_2C=\overset{CH_3}{\underset{COOH}{}} \xrightarrow[\text{r.t., 3d}]{\text{HCl/Et}_2\text{O}} ClH_2C-\overset{CH_3}{\underset{COOH}{}}$$
$$(93\%)$$

卤化氢气体作为卤化剂时，可将气体直接通入不饱和烃中，或在中等极性溶剂（如乙酸乙酯或醚）中进行反应。卤化氢的活性顺序为 HI > HBr > HCl，使用氯化氢时常加入三氯化铝、氯化锌、三氯化铁等 Lewis 酸作催化剂。在反应中为了防止水与烯烃的加成反应，通常加入含卤负离子的试剂以提高卤代烃的收率。

碘化氢与烯烃反应时，若碘化氢过量，由于其具有还原性，将会还原碘代烃为烷烃。若用碘化钾和95%的磷酸与烯烃回流，可顺利地实现碘化氢的加成。例如，抗帕金森病药苯海索（benzhexol）中间体碘代环己烷的合成。

$$\text{环己烯} \xrightarrow[\text{reflux}]{\text{KI/H}_3\text{PO}_4} \text{碘代环己烷}$$
$$(90\%)$$

氟化氢与双键的加成宜采用铜或镀镍的压力容器，使烯烃与无水氟化氢在低温下反应，温度高时易生成多聚物。若用氟化氢与吡啶的络合物作氟化剂，可提高氟化效果。但加入 NBS，而后还原除溴，反应要温和得多。

$$\text{环己烯} \xrightarrow[\text{0℃，1h}]{\text{HF/NBS/C}_5\text{H}_5\text{N/THF}} \overset{F}{\underset{Br}{}} \xrightarrow[\text{50℃，1h}]{\text{BuSnH}_3} \overset{F}{}$$
$$(90\%) \qquad\qquad (73\%)$$

对于溴化氢参与的自由基加成反应，溴自由基首先进攻取代基较少的碳，得反马氏规则的产物。例如，在降血脂药吉非贝齐（gemfibrozil）制备过程中，3-氯-1-丙烯在自由基诱导剂的存在下，与溴化氢反应生成1-氯-3-溴丙烷。

$$H_2C=\overset{}{}-Cl \xrightarrow[\text{20~100℃，6h}]{\text{HBr/(PhCO}_2)_2/\text{PhH}} Br-\overset{}{}-Cl$$
$$(92\%)$$

（二）卤化氢与炔烃的加成反应

炔烃也能与卤化氢进行加成反应，但反应活性比烯烃低，加成方向符合马氏规则。

$$R^1-C\equiv C-R^2 + HX \longrightarrow \overset{R^1}{\underset{X}{}}C=C\overset{H}{\underset{R^2}{}}$$

三键上连有吸电子基团的炔类化合物在乙酸中与金属卤化物反应，可以生成顺式加成产物，特别适用于3-卤代丙烯酸（酯）等的制备。

$$HC\equiv C-CO_2CH_2CH_3 \xrightarrow[\text{70℃，12h}]{\text{NaI/HOAc}} \overset{H}{\underset{I}{}}C=C\overset{H}{\underset{CO_2CH_2CH_3}{}}$$
$$(88\%)$$

二、卤素与不饱和烃的加成反应

（一）卤素与烯烃的加成反应

烯烃与卤素在四氯化碳或三氯甲烷等溶剂中进行反应，生成邻二卤代烷。

1. 反应通式及机理

$$R^1R^2C{=}CR^3R^4 + X_2 \longrightarrow R^1R^2C(X){-}C(X)R^3R^4$$

反应机理有两种，一种是亲电加成机理，即卤素作为亲电试剂对烯烃双键的加成，首先形成卤鎓离子过渡态，然后体系中的负离子（卤负离子或其他阴离子）对过渡态进行反向加成，形成反式构象的二卤代烷烃；另一种是自由基加成机理，即在自由基引发剂的存在下，不饱和碳-碳键可以与卤素进行自由基加成。

2. 反应影响因素及应用实例　烯烃的反应能力与中间体碳正离子的稳定性有关，其活性次序为 $RCH{=}CH_2 > CH_2{=}CH_2 > CH_2{=}CHX$。卤负离子的进攻位置取决于该碳原子上取代基的性质，卤素负离子一般向能够形成较稳定的碳正离子的碳原子进行亲核加成，形成1,2-二卤化物。例如，在抗选择性D1样受体激动剂非诺多泮（fenoldopam）的合成过程中，对甲氧基苯乙烯与溴反应得加成产物1-（1,2-二溴乙基）-4-甲氧基苯。

由于脂环烯具有刚性，不能自由扭转，卤素对脂环烯的加成产物中邻二卤原子处于反式直立键；如果两个直立键卤素原子有1,3-位位阻，常可转化成稳定的反式双平伏键产物。例如，脱氢表雄酮（dehydroepiandrosterone）的溴化。

卤素的反应活性次序为 $F_2 > Cl_2 > Br_2 > I_2$。氟很活泼，在卤加成时易发生取代、聚合等副反应，难以得到单纯的加成产物，因此在药物合成中应用较少。而碘由烯烃加成得到的二碘化物对光极为敏感，易在室温下发生消除反应。因此，烯烃的卤加成反应主要是指氯或溴对烯烃的加成反应，氟化物和碘化物则更多的是通过卤置换反应来制备。

烯烃的溴加成反应在药物合成中有比较广泛的应用，如特效神经阻滞剂樟磺咪芬（trimetaphan camsilate）中间体的合成。

卤素不仅影响反应的难易程度，而且影响产物的构型。极化能力较强的溴，容易与双键生成溴鎓离子，溴负离子从鎓离子的背面进攻，生成反式加成产物。与之相比，氯不容易形成氯鎓离子，新生成的氯负离子来不及完全离去及参与反应，有利于生成顺式产物。例如，苊烯用溴和氯反应时，分别得到其反式加成的二溴代物和顺式加成的二氯代物。

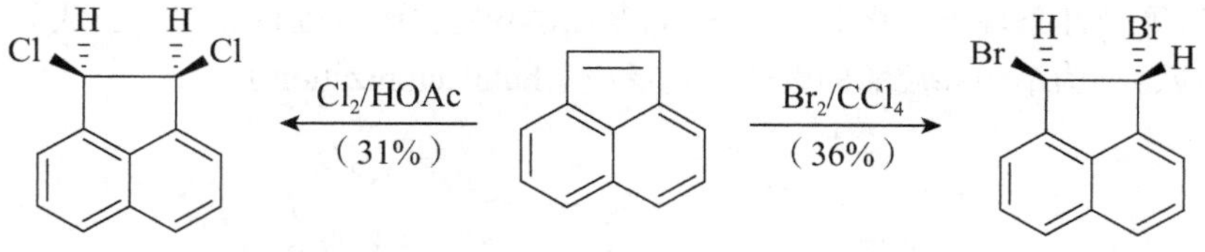

在上述反应中，用吡啶氢溴酸盐（PyHBr$_3$）稳定单质溴，或用亚硝酸原位氧化氢溴酸生成溴的方法，可将反式二溴化物的收率分别提高至93%和96%。此类溴化剂还有四丁基三溴化铵（TBABr$_3$）、苄基三甲基三溴化铵（BTMABr$_3$）等，它们均可与烯烃在温和的条件下反应生成二溴代物。

卤素对烯烃的加成反应一般在四氯化碳、三氯甲烷、二硫化碳、二氯甲烷等非质子性溶剂中进行。若以醇、水或乙酸作反应溶剂，其离解产生的亲核性基团也可以进攻π-络合物过渡态。因此，反应得到1,2-二卤化物的同时，还会有亲核基团（RO—、HO—、ROO—）参与反应产生β-溴醇或相应醚等副产物。

根据这种性质，将烯烃和溴（或碘）加在惰性溶剂中，并加入有机酸盐一起进行回流，即可制得相应的β-溴醇或β-碘醇的羧酸酯。例如，环己烯、乙酸银和碘在乙醚中回流，可得到89%的β-碘代环己醇乙酸酯。

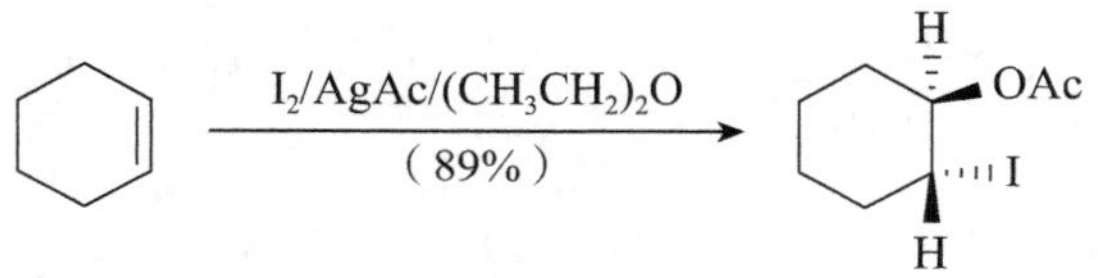

实际反应中可根据需要，通过调控反应的条件来提高需要产物的比例。一般通过加入无机卤化物来提高卤负离子浓度，提高1,2-二卤化物的收率。

温度对烯烃卤化反应的反应机理和反应方向都有影响。在低温时通常是亲电加成反应，而在高温无催化剂存在时，则为自由基加成反应或自由基取代反应。在低温时，卤素对共轭双烯的加成主要是动力学控制的1,2-加成产物；温度较高时，1,2-加成产物长时间放置，则生成热力学控制的1,4-加成产物。

卤素与烯烃发生加成反应的温度不宜过高，否则生成的邻二卤代物有脱去卤化氢的可能，并可能发生取代反应。双键上有叔碳取代的烯烃与卤素反应时，除了生成反式加成产物外，还可发生重排和消除反应。

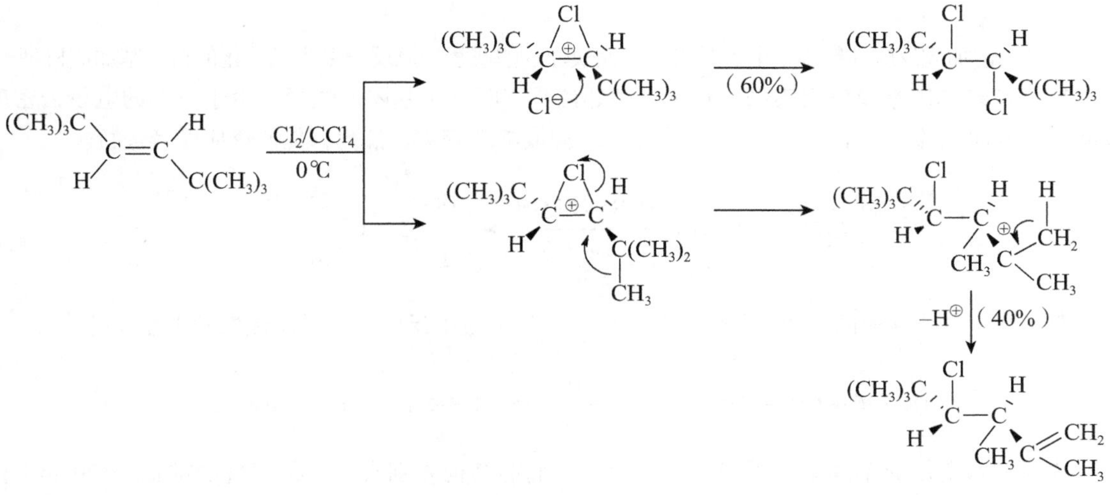

在$NaHCO_3$等碱性条件下，卤素（如溴或碘）对不饱和羧酸进行加成，生成五元环或六元环卤代内酯的反应，称为不饱和羧酸的卤内酯化反应（halolactonization）。

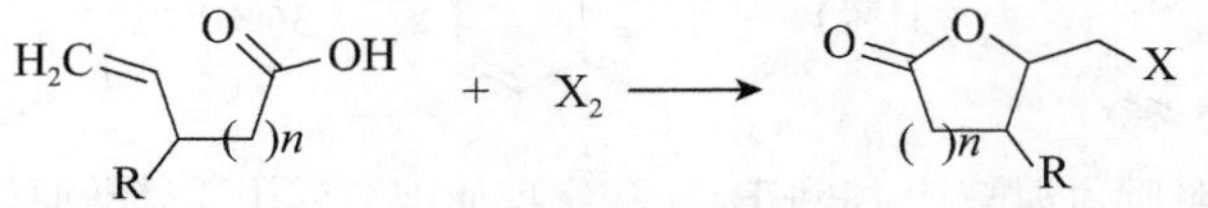

反应过程可理解为卤素与双键形成的卤鎓离子受到亲核性的羧酸负离子的进攻，进而生成稳定的卤代五元环内酯。

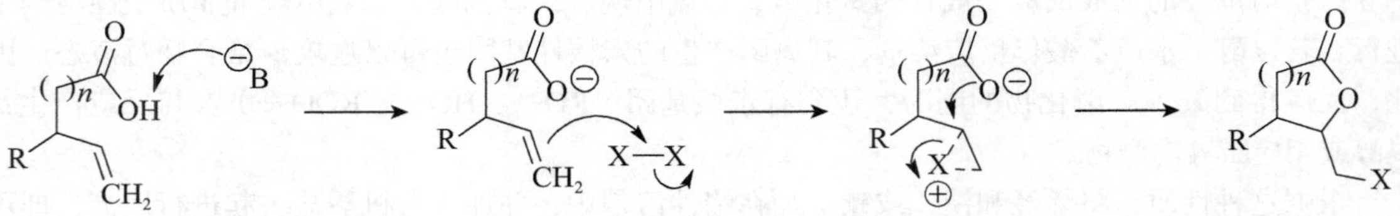

例如，在具有抗肿瘤活性的天然分子（+）-pancratistatin的合成过程中，中间体在弱碱性条件下发生不饱和羧酸的卤内酯化反应。

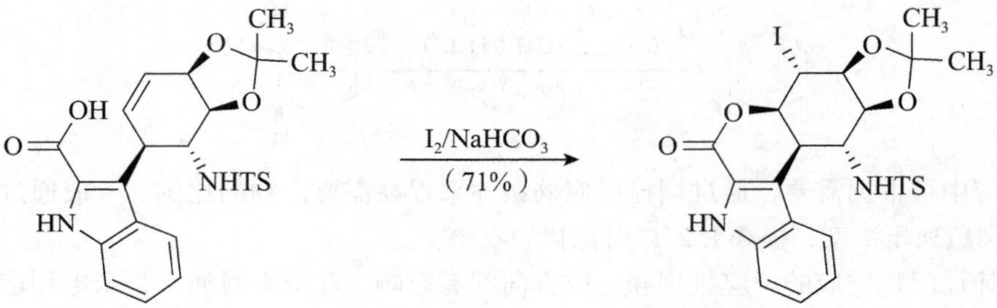

（二）卤素与炔烃的加成反应

卤素对炔烃的加成反应主要生成反式二卤代烯烃。

1. 反应通式及机理

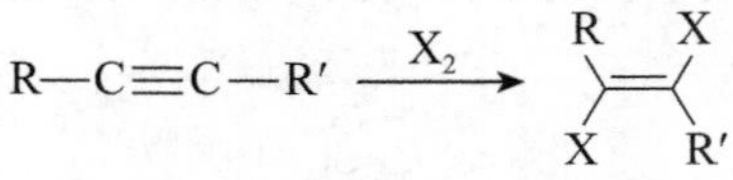

炔烃的溴加成反应一般为亲电加成机理，而炔烃的碘或氯加成反应多为光催化的自由基加成机理。

2. 反应影响因素及应用实例 对于三键邻位具有吸电子基团的炔烃，由于三键的电子云密度降低，卤素加成的活性下降，可加入少量Lewis酸或叔胺等进行催化，促使反应顺利进行。

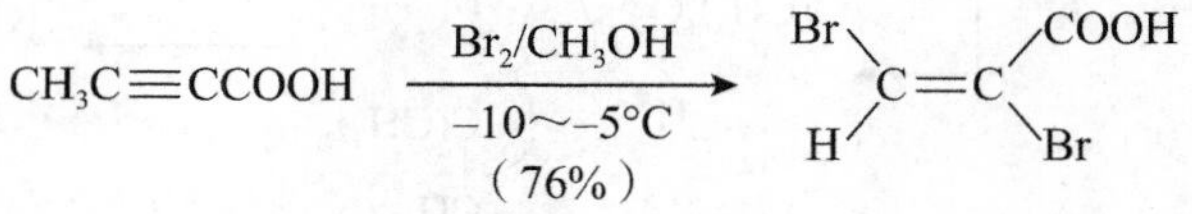

双键和三键非共轭的烯炔与等物质的量卤素（氯或溴）反应时，反应优先发生在双键上。

$$HC{\equiv}C{-}CH_2{-}CH{=}CH_2 \xrightarrow[(90\%)]{Br_2} CH{\equiv}C{-}CH_2{-}CHBrCH_2Br$$

炔烃的亲电加成不如烯烃活泼，其原因与它们的结构差别有关。①三键的键长（120pm）比双键（134pm）短，炔烃的π键更牢固，不易断裂；②sp杂化的三键碳原子比sp²杂化的双键碳原子电负性大，前者对π电子的束缚能力大，相应的键不易极化和断裂；③三键不易生成卤鎓离子，生成的碳正离子稳定性也较差。

三、其他卤化剂与不饱和烃的加成反应

（一）N-卤代酰胺与不饱和烃的加成反应

N-卤代酰胺对烯烃的加成反应是指在质子酸（乙酸、高氯酸、溴氢酸）催化下，于不同亲核性溶剂中反应，生成β-卤醇或β-卤醇衍生物。

1. 反应通式及机理

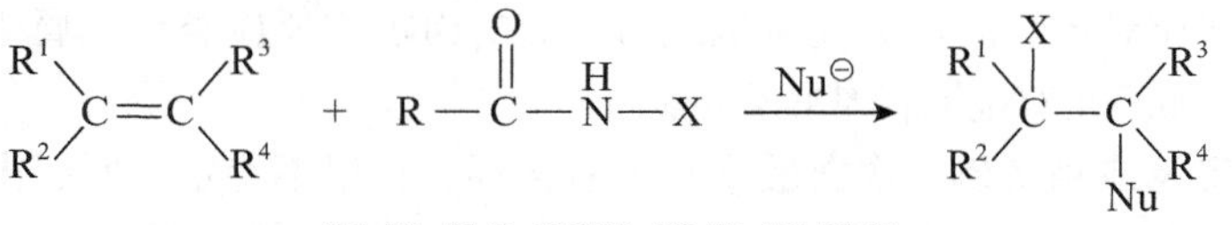

(NuH=H₂O, ROH, DMF, DMSO)

N-卤代酰胺对烯烃的加成反应类似于烯烃的卤加成反应，属于亲电加成反应。

2. 反应影响因素及应用实例 常用的N-卤代酰胺类卤化剂有N-溴（氯）代丁二酰亚胺（NBS，NCS）和N-溴（氯）代乙酰胺（NBA，NCA）等，其中NCS活性较弱，但是在NaHCO₃存在时，可由NCS和NaI原位生成活性较高的NIS进行反应。例如，在抗病毒药茚地那韦（indinavir）中间体的合成过程中，在该条件下可高收率得邻羟基碘化物。

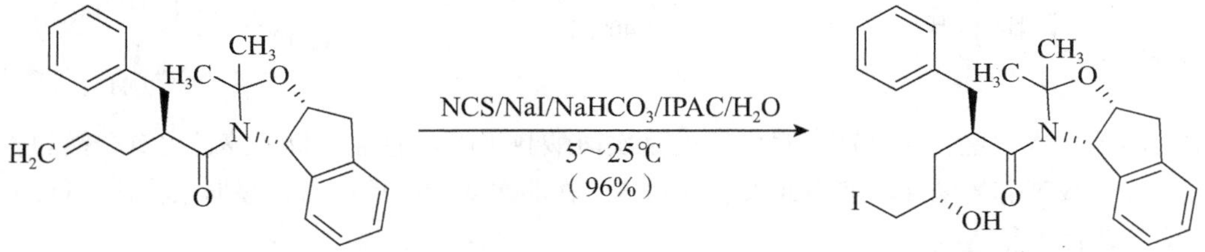

NBA或NBS在含水二甲基亚砜中与烯烃反应，生成高收率、高选择性的反式加成产物，此反应称为Dalton反应。若在干燥的二甲基亚砜中反应，则发生β-消除，生成α-溴代酮，这是由烯烃制备α-溴代酮的简便方法，可能的反应机理如下：

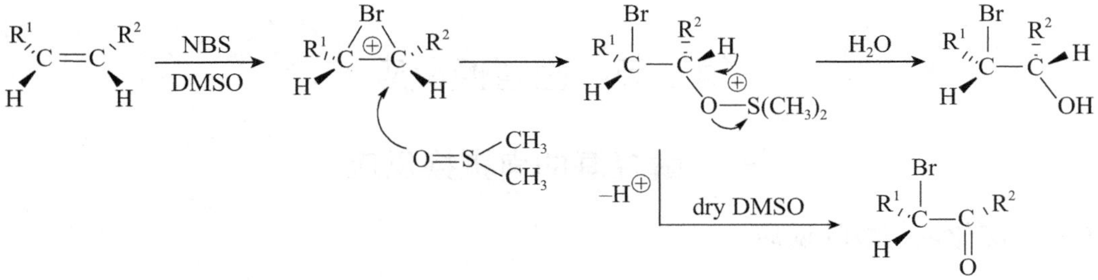

（二）次卤酸、次卤酸盐（酯）与不饱和烃的加成反应

次卤酸（HOX）与烯烃发生加成反应生成β-卤醇。

1. 反应通式及机理

$$R^1R^2C{=}CR^3R^4 + HOX \longrightarrow \underset{\underset{OH}{|}}{\overset{\overset{X}{|}}{C}}$$

次卤酸酯（ROX）对烯烃加成在亲核性溶剂 NuH（H_2O、ROH、DMF、DMSO 等）中发生时，$Nu^{\ominus}$ 参与反应而生成 β-卤醇或 β-卤醇衍生物。

$$R^1R^2C{=}CR^3R^4 + ROX \xrightarrow{Nu^{\ominus}}$$

次卤酸或次卤酸酯对烯烃的加成反应机理与烯烃的卤加成反应类似，属于亲电加成机理，遵循马氏规则，即卤素加成在双键取代基较少的碳上。

2. 反应影响因素及应用实例　次卤酸本身为氧化剂，且很不稳定，所以次氯酸和次溴酸常用氯气或溴和中性或含汞盐的碱性水溶液反应新鲜制备。而用此法制备次碘酸时，则必须添加碘酸（盐）、氧化汞等氧化剂，以除去还原性较强的碘负离子。例如，在抗孕激素米非司酮（mifepristone）的合成过程中，3β-乙酰基脱氢表雄酮在次氯酸钙的乙酸体系中生成其次氯酸加成产物。

$$\xrightarrow[\substack{\text{r.t., 20 min} \\ （40\%）}]{Ca(ClO)_2/Et_2O\text{-}CH_3COOH}$$

次卤酸酯比次卤酸稳定性高，最常用的是次卤酸叔丁酯。通常由叔丁醇、次氯酸钠和乙酸反应制成，或在叔丁醇的碱性溶液中通入氯气制备。在非水溶液中反应时，根据亲核性溶剂的不同，生成相应的 β-卤醇衍生物。

$$HC{=}CH_2 \xrightarrow[\substack{<25℃, 15min \\ （92\%）}]{t\text{-}BuOCl/HOAc/H_2O} HOHC{-}CH_2Cl$$

第三节　卤置换反应

一、醇羟基的卤置换反应

（一）卤化氢与醇的反应

卤化氢与醇发生卤置换反应，醇羟基被卤原子取代生成卤代烃。

1. 反应通式及机理

$$R{-}OH + HX \xrightarrow{H^{\oplus}} R{-}X + H_2O$$

醇羟基的卤置换反应属于亲核取代反应，其反应历程主要有单分子亲核取代反应（S_N1）和双分子亲核取代反应（S_N2）。

（1）单分子亲核取代反应（S_N1）　在酸性条件下，醇异裂为碳正离子，与卤负离子迅速反应生成卤化产物。其中，第一步稳定碳正离子的形成是限速步骤，形成的碳正离子越稳定，反应越容易进行。叔醇、烯丙醇和苄醇主要按S_N1反应机理发生反应。

$$R^2-\underset{\underset{R^3}{|}}{\overset{\overset{R^1}{|}}{C}}-OH \underset{S_N1}{\overset{-OH^{\ominus}}{\rightleftharpoons}} R^2-\underset{\underset{R^3}{|}}{\overset{\overset{R^1}{|}}{C^{\oplus}}} \overset{X^{\ominus}}{\rightleftharpoons} R^2-\underset{\underset{R^3}{|}}{\overset{\overset{R^1}{|}}{C}}-X$$

（2）双分子亲核取代反应（S_N2）　旧键的断裂与新键的形成同时发生。卤素基团从醇羟基的反面进攻形成δ络合物，然后醇羟基带着一对电子离去，生成构型反转的卤代产物。伯醇主要按S_N2反应机理发生反应，仲醇则介于S_N1与S_N2之间。

$$R^2-\underset{\underset{R^3}{|}}{\overset{\overset{R^1}{|}}{C}}-OH \underset{S_N2}{\overset{X^{\ominus}}{\rightleftharpoons}} \left[\overset{\delta^-}{X}--\overset{R^2}{C}--\overset{\delta^-}{OH}\right] \overset{-OH^{\ominus}}{\longrightarrow} X-\underset{\underset{R^3}{|}}{\overset{\overset{R^1}{|}}{C}}-R^2$$

2. 反应影响因素及应用实例　反应的难易程度取决于醇和氢卤酸的活性，醇羟基的活性顺序为叔（苄基、烯丙基）醇＞仲醇＞伯醇，氢卤酸的活性顺序为 HI ＞ HBr ＞ HCl。由于反应属于可逆反应，增加醇和卤化氢的浓度，以及不断移去产物和生成的水均有利于加速反应和提高收率。

在醇与氢氟酸的置换反应中，加入吡啶可得到较好的反应效果。醇与氯化氢的置换反应中，叔醇和苄醇等反应活性较高的醇，一般使用浓盐酸或氯化氢气体进行反应。对于伯醇等反应活性较弱的醇，一般用浓盐酸并加入氯化锌作催化剂，即 Lucas 试剂。锌原子与醇羟基形成配位键，醇中的 C—O 键变弱，羟基容易被取代。例如，使用 Lucas 试剂，薄荷醇在室温下能快速反应得到高收率的薄荷氯产物，并且构型保持不变。

醇与氢溴酸反应，可以直接用 **HBr** 的乙酸溶液进行溴置换反应。例如，抗凝剂利伐沙班（**rivaroxaban**）中间体的合成。

利用溴化钠/硫酸或溴化铵/硫酸作为反应试剂，可以提高氢溴酸浓度，更有效地进行溴置换反应。例如，镇痛药阿尔维林（**alverine**）中间体 γ-溴代苯的合成。

在碘置换反应中，常将碘代烷蒸馏移出反应系统，以避免还原成烷烃。常用的碘化剂有碘化钾和95%磷酸、碘和红磷等。一般情况下，醇的碘置换需要先将醇转化为氯化物、溴化物或磺酸酯，再用碘化钠进行置换。

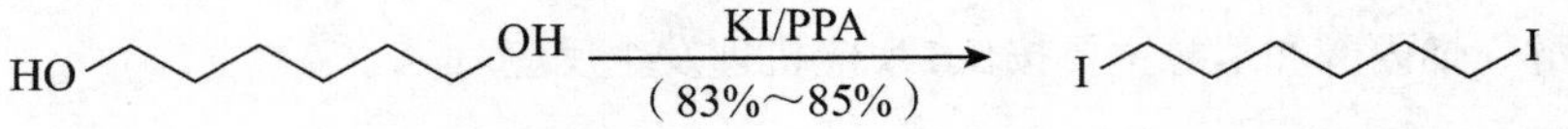

$$HO\!-\!\!\!\diagdown\!\!\!\diagup\!\!\!\diagdown\!\!\!\diagup\!\!\!-\!OH \xrightarrow[\text{（83\%～85\%）}]{KI/PPA} I\!-\!\!\!\diagdown\!\!\!\diagup\!\!\!\diagdown\!\!\!\diagup\!\!\!-\!I$$

氢卤酸作为卤化试剂，与仲醇、叔醇和β-碳原子为叔碳的伯醇进行卤取代反应时，可能产生重排、异构和脱卤等副反应。例如，2-戊醇在氢溴酸中与硫酸共热，除得到2-溴戊烷外，还能得到28%收率的3-溴戊烷。若在-10℃左右时通入溴化氢气体，则仅可得到2-溴戊烷。

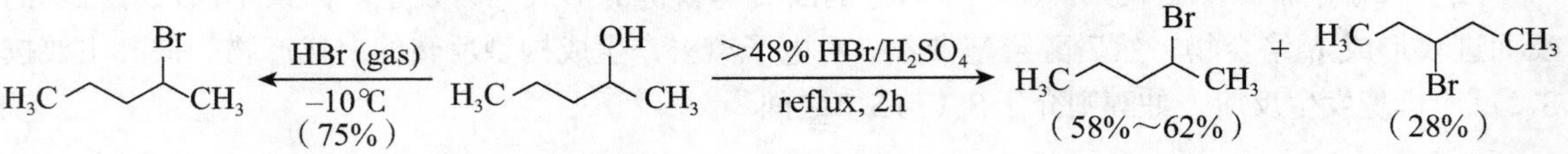

此外，烯丙醇的α-位上有苯基、苯乙烯基、乙烯基等基团时，由于这些基团能与烯丙基形成共轭体系，几乎完全生成重排产物。

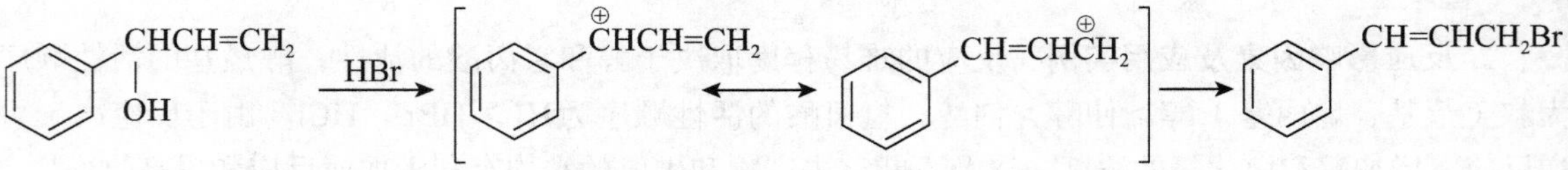

（二）亚硫酰氯与醇的反应

氯化亚砜与醇反应生成相应的氯化烃。

1. 反应通式及机理

$$ROH + SOCl_2 \rightleftharpoons RCl + HCl + SO_2$$

氯化亚砜首先与醇形成氯化亚硫酸酯，然后氯化亚硫酸酯分解释放出二氧化硫。氯化亚硫酸酯的分解方式与溶剂极性有关：在乙醚或二氧六环等醚类溶剂中反应，发生分子内亲核取代（$S_N i$），产物的构型保持不变；在吡啶中反应，则属于$S_N 2$反应机理，发生瓦尔登（Walden）反转，产物的构型与醇相反。若无溶剂时，一般按$S_N 1$反应机理反应而得外消旋产物。

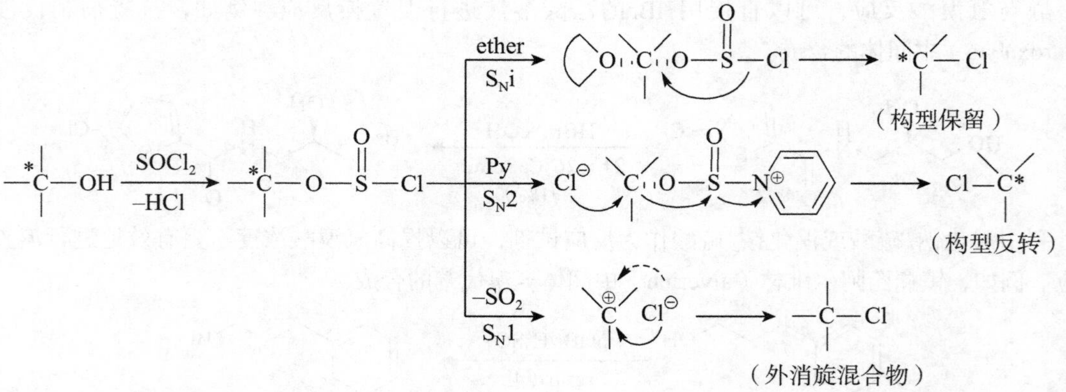

2. 反应影响因素及应用实例 在反应体系中加入有机碱，或醇分子内存在氨基等碱性基团时，有利于提高氯代反应的速率。该法也适用于一些对酸敏感的醇的氯置换反应。例如，抗胃溃疡药奥美拉唑（omeprazole）中间体2-氯甲基-3,5-二甲基-4-甲氧基吡啶的合成。

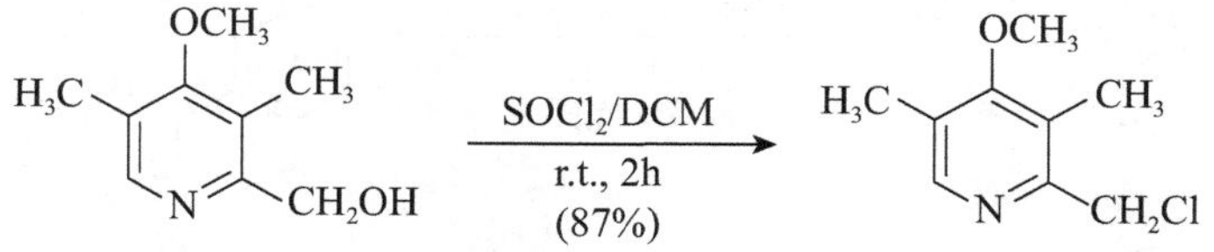

若采用吡啶为催化剂，往往引起消除副反应，但加入 N,N-二甲基甲酰胺（DMF）、六甲基磷酰三胺（HMPT）等作催化剂，可得到较好的反应效果。

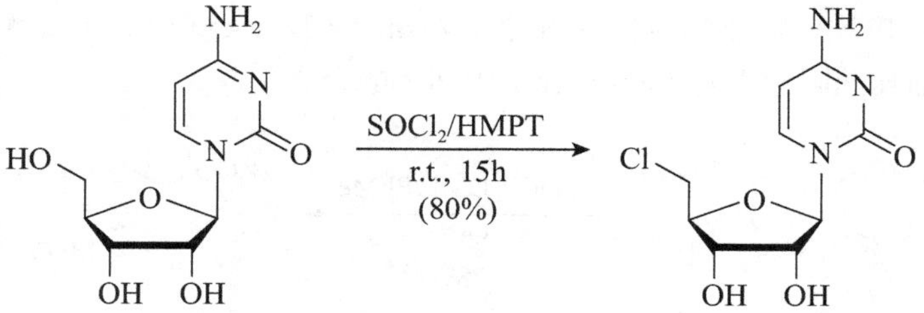

此外，应用溴化亚砜可进行醇的溴置换反应。溴化亚砜的制备是在0℃的氯化亚砜中通入溴化氢气体，然后分馏得到。

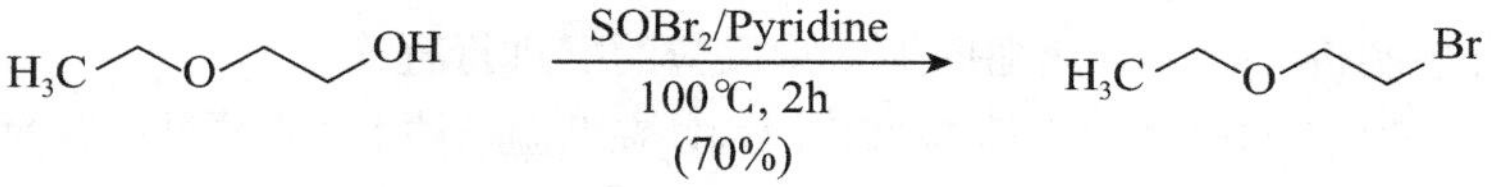

（三）含磷卤化物与醇的反应

醇与卤化磷反应生成卤代烃和磷酸（酯）。

1. 反应通式及机理

$$R-OH \xrightarrow{PX_3/PX_5} R-X$$

含磷卤化物和醇羟基反应的过程中，醇与三卤化磷生成二卤代亚磷酸酯和卤化氢，前者立即被质子化，卤负离子按两种途径取代亚磷酰氧基生成卤代烃。一般情况下，叔醇按 S_N1 反应机理反应，伯醇和仲醇按 S_N2 反应机理反应。

2. 反应影响因素及应用实例 含磷卤化试剂主要有五氯化磷、三氯化磷、三溴化磷、三碘化磷、三氯氧磷等。由于红磷和溴或碘能迅速反应生成三溴化磷或三碘化磷，通常用红磷和溴或碘代替三溴化磷或三碘化磷。

三氯化磷与伯醇反应产率较低，而采用三溴化磷时效果较理想。例如，巴比妥类药物美索比妥（methohexital）中间体的合成。

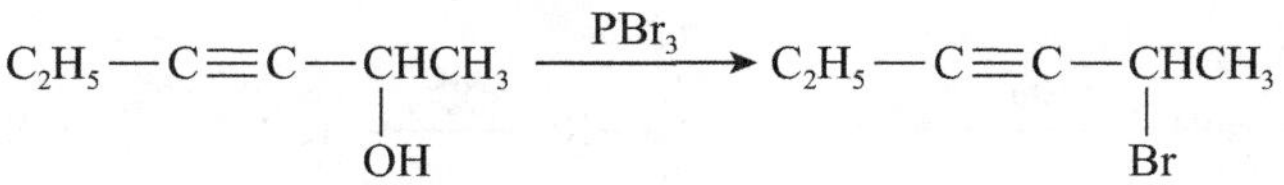

光学活性醇与三卤化磷反应得到构型翻转的卤化物。例如，治疗阿尔茨海默病药物卡巴拉汀

（rivastigmine）中间体的合成。

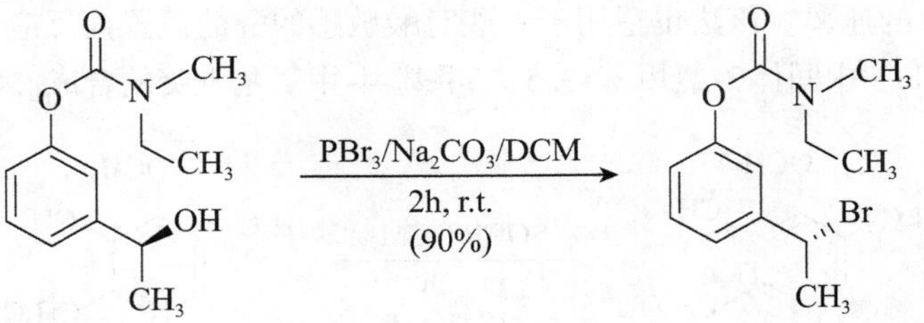

PCl$_5$受热易分解为PCl$_3$和氯气，氯可发生取代或不饱和键的加成等副反应，所以使用PCl$_5$时温度不宜太高。POCl$_3$的氯取代能力比PCl$_3$和PCl$_5$弱，且分子中的3个氯原子只有第一个氯原子的置换能力强。因此，反应时需要加入过量的POCl$_3$，同时需要加入催化剂吡啶、DMF、N,N-二甲苯胺等。POCl$_3$与DMF反应形成的氯代亚胺盐（Vilsmeier-Haack试剂）在氯置换反应中具有重要用途。例如，抗高血压药阿利吉仑（aliskiren）中间体的合成。

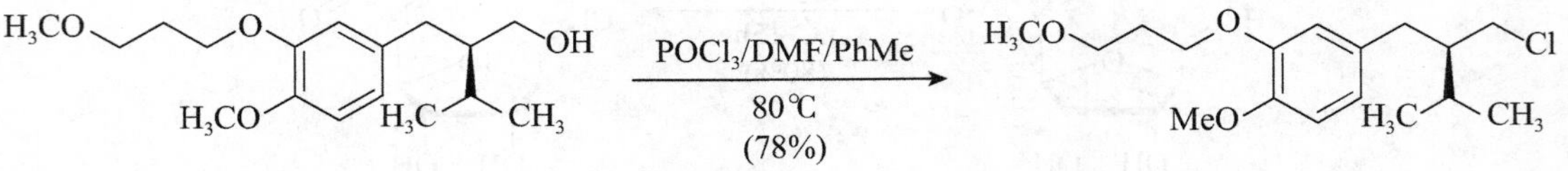

新型的有机磷卤化物试剂反应条件温和、选择性良好，如Ph$_3$PX$_2$、Ph$_3$P$^{\oplus}$CX$_3$X$^{\ominus}$、(PhO)$_3$PX$_2$和(PhO)$_3$P$^{\oplus}$RX$^{\ominus}$等苯膦卤化物和亚磷酸三苯酯卤化物等。三苯膦二卤化物和三苯膦的四卤化碳复合物可由三苯膦和卤素或四卤化碳制备。亚磷酸三苯酯卤代烷及其二卤化物均可由亚磷酸三苯酯与卤代烷或卤素直接制得，不须分离随即加入待反应的醇进行置换。

三苯膦二溴化物常用DMF、六甲基磷酰胺作溶剂，在低温条件下可选择性地置换伯羟基成溴化物。

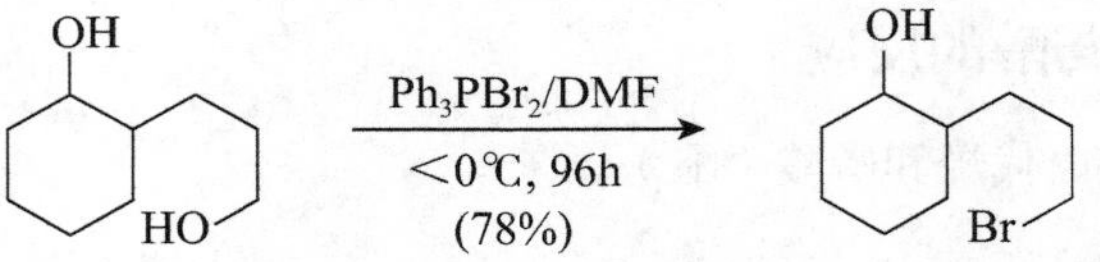

另外，可以选择碘和三苯基膦作为碘化剂。例如，抗病毒药物来迪派韦（ledipasvir）中间体的合成。

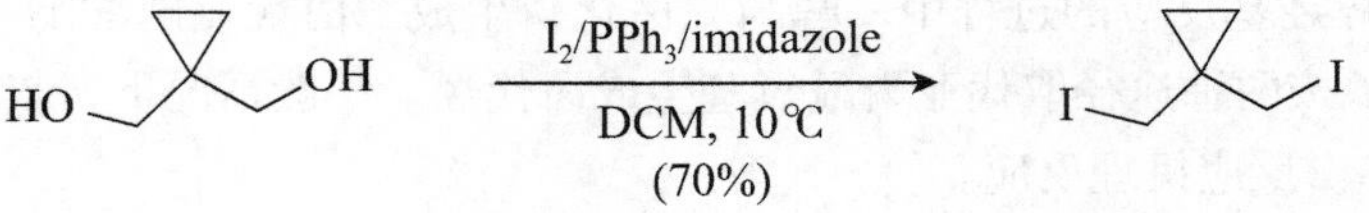

（四）醇的间接卤化

对于反应活性弱的醇，若无合适的卤化试剂直接卤化，可将醇羟基先用磺酰氯（TsCl或MsCl）制备成磺酸酯，再与碱金属的卤化物作为卤化试剂置换得到卤代烃。这主要原理为卤负离子是亲核试剂，而磺酸基是很好的离去基团。

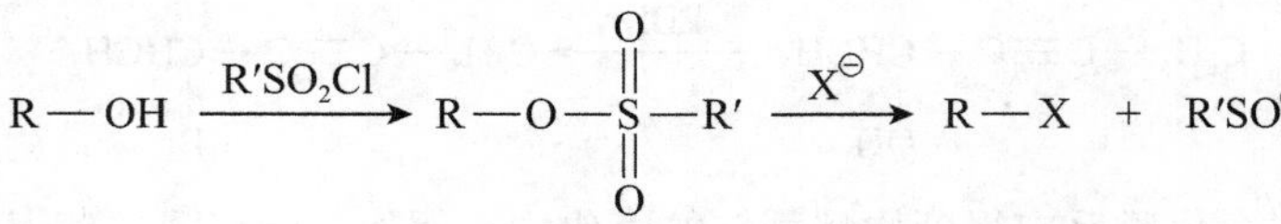

　　磺酸酯与亲核性卤化剂反应，通常在丙酮、醇、DMF等溶剂中用钠盐、钾盐或锂盐等卤化剂反应。例如，在抗丙型肝炎病毒药物索磷布韦（sofosbuvir）中间体的合成过程中，先磺酰化，再用溴化锂取代得到其溴化物。

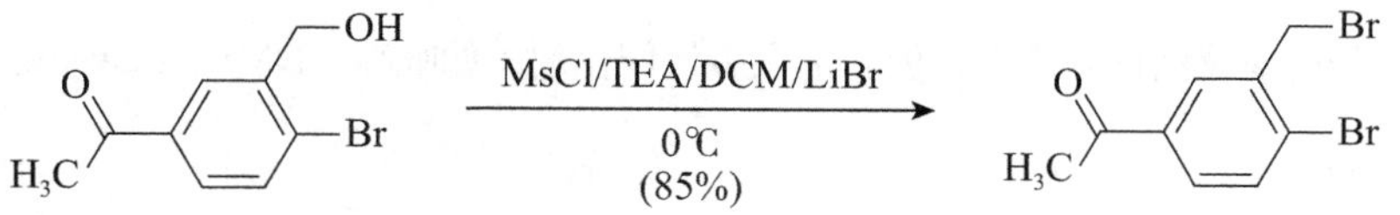

二、酚羟基的卤置换反应

　　酚羟基活性较小，一般须采用活性更高的五卤化磷，或与氧卤化磷合用才能反应。

1. 反应通式及机理

$$Ar—OH \xrightarrow{PX_5/POX_3} Ar—X$$

　　酚与卤化磷的反应机理与醇羟基的卤置换机理相似，首先含磷卤化剂和酚形成亚磷酸酯，以削弱酚的C—O键，然后卤素负离子对酚碳原子进行亲核进攻而得到卤置换产物。

　　2. 反应影响因素及应用实例　五卤化磷受热易解离成三卤化磷和卤素，反应温度越高，解离度越大，置换能力亦随之降低。例如，抗血栓药双嘧达莫（dipyridamole）中间体的合成。

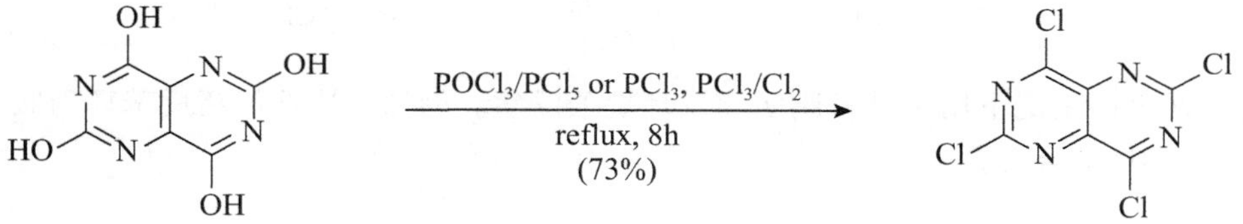

　　三氯氧磷的氧化能力相对较弱，可直接用于芳环上羟基的氯代。杂芳香环上的羟基相对比较容易被置换，反应时常加入吡啶、DMF、N,N-二甲基苯胺等作催化剂。例如，抗肿瘤药凡德他尼（vandetanib）中间体的合成。

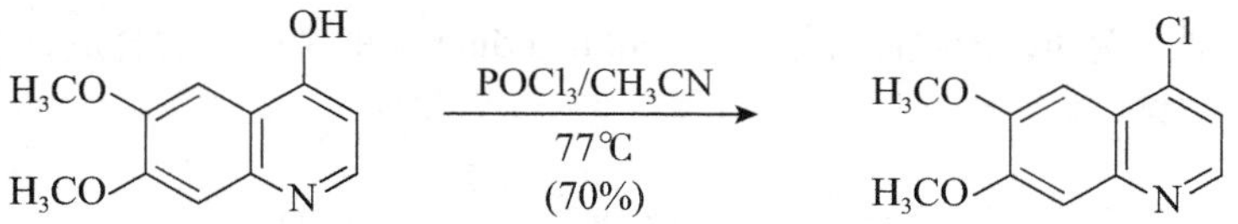

芳环上有强吸电子基团时，酚羟基容易被取代。

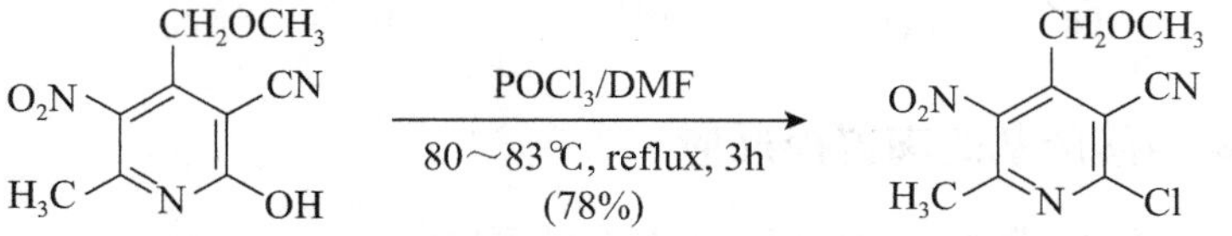

三、羧羟基的卤置换反应

（一）氯化亚砜与羧羟基的卤置换反应

　　氯化亚砜与羧羟基发生氯置换反应可以制备有机酰氯化合物。

1. 反应通式及机理

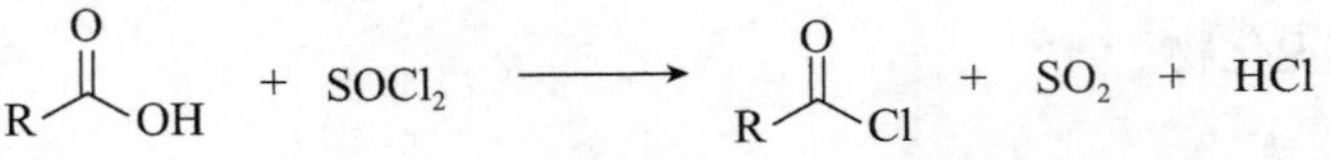

$$R-C(=O)-OH + SOCl_2 \longrightarrow R-C(=O)-Cl + SO_2 + HCl$$

氯化亚砜本身的氯化活性并不大，但若加入少量催化剂（如吡啶、DMF、Lewis酸）则活性增大。

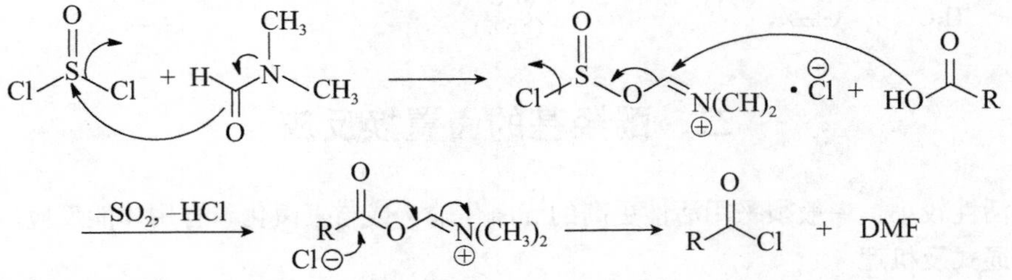

$$\xrightarrow{-SO_2, -HCl} \quad R-C(=O)-O-\overset{+}{N}(CH_3)_2 \ Cl^{-} \longrightarrow R-C(=O)-Cl + DMF$$

2. 反应影响因素及应用实例 羧酸的反应活性顺序为脂肪酸＞带有给电子取代基的芳香羧酸＞无取代基的芳香羧酸＞带有吸电子取代基的芳香羧酸。加入少量的DMF作催化剂可加快反应的进行，反应结束后蒸除多余的氯化亚砜，可得到纯度较高的酰氯。例如，氯胺酮（ketamine）和氯苯达诺（chlophedianol）等药物的中间体邻氯苯甲酰氯的合成。

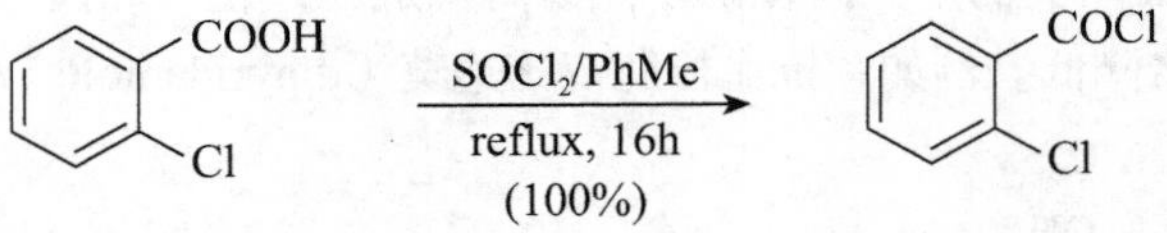

氯化亚砜更多情况下用于制备脂肪族及环烷酸酰氯。例如，抗抑郁药反苯环丙胺（tranylcypromine）中间体的合成。

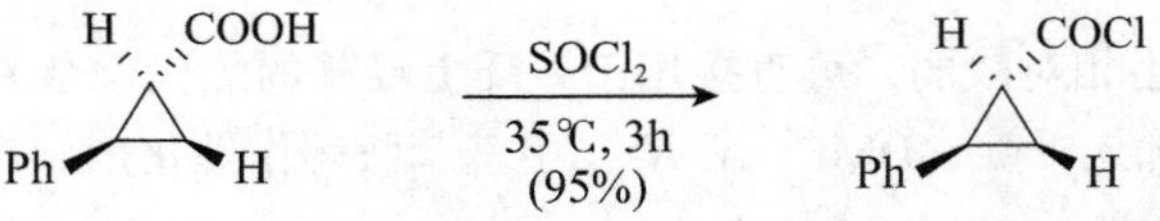

除了DMF，也可用 *N*, *N*-二乙基乙酰胺、己内酰胺等作催化剂。若底物本身含有叔氮原子，则可以不外加催化剂。例如，苯唑西林钠（oxacillin sodium）的中间体的合成，仅用氯化亚砜就可以得到较为满意的结果。

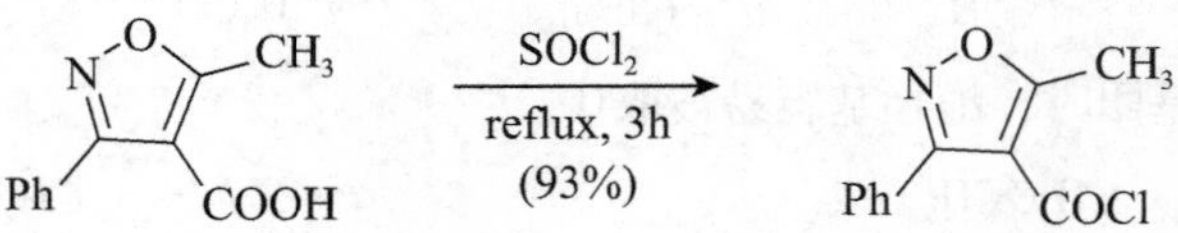

（二）卤化磷与羧羟基的卤置换反应

卤化磷与羧羟基发生卤置换反应可以制备有机酰卤化合物。

1. 反应通式及机理

$$RCOOH \xrightarrow{PX_3/PX_5/POX_3} RCOX$$

三氯化磷、三溴化磷、三碘化磷、五氯化磷及三氯氧磷等卤化磷均可与羧酸反应生成酰卤。反应机理与氯化亚砜类似，属于亲电取代反应。

2. 反应影响因素及应用实例 酰卤化反应中，羧酸的活性顺序为脂肪酸＞芳香酸，供电子基团取代的芳酸＞未取代的芳酸＞吸电子基团取代的芳酸。

不同磷卤化剂对羧酸置换反应的活性顺序为 PCl_5＞PBr_3（PCl_3）＞POX_3。PCl_5 活性最高，生成的产品质量及外观较好，但反应中容易生成焦磷酸，使分离变得困难。PCl_5 适用于具有吸电子取代基的芳香羧酸或芳香多元羧酸的卤置换反应，反应后生成的 $POCl_3$ 可借助分馏法除去。例如，抗生素苯唑西林（oxacillin）中间体的合成。

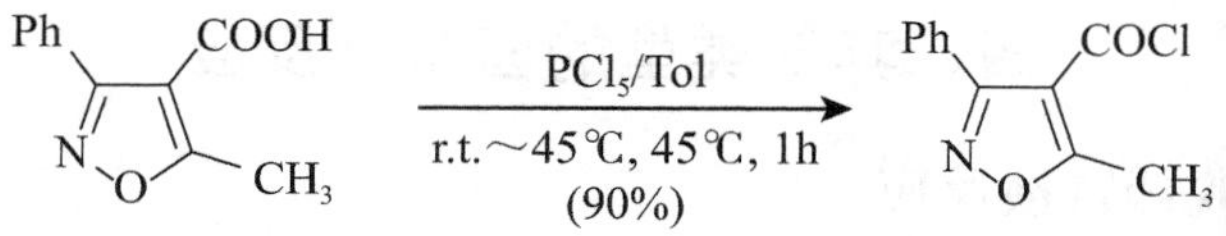

PCl_3 和 PBr_3 适用于脂肪羧酸的卤置换反应；活性最弱的 POX_3 适用于羧酸盐的卤置换反应。例如，止咳药卡拉美芬（caramiphen）中间体的制备。

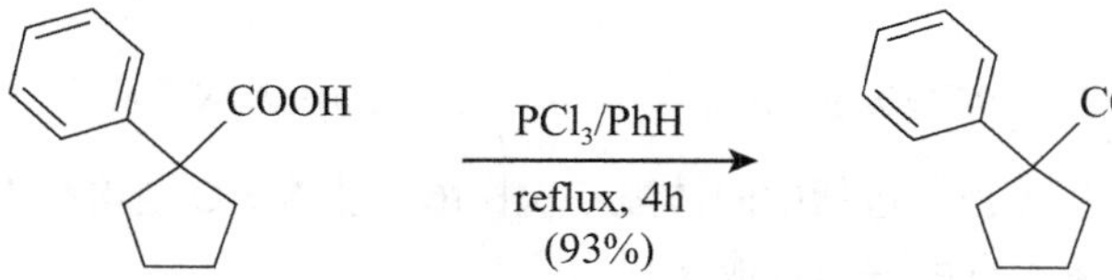

三氯氧磷与羧酸作用较弱，但容易与羧酸盐反应而得相应的酰氯。由于反应中不生成氯化氢，尤其适用于制备不饱和酸的酰氯衍生物。

三氯氧磷也可将磺酸或磺酸盐转化为磺酰氯。

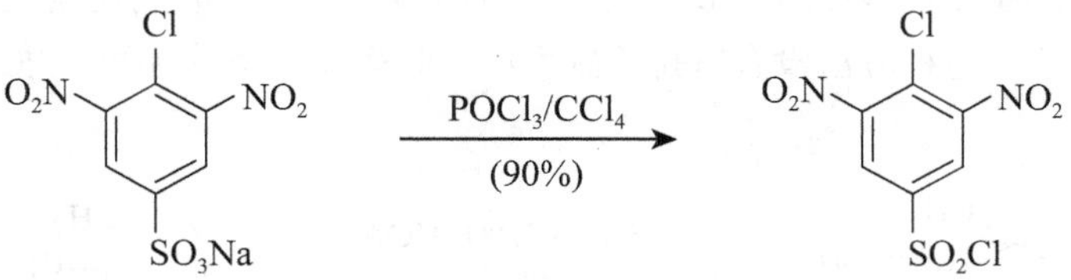

（三）其他卤化试剂与羧羟基的卤置换反应

1. 草酰氯与羧羟基的卤置换反应 草酰氯是一种温和的羧羟基氯化试剂，须加入少量的 DMF 作催化剂。对于分子中具有对酸敏感的官能团或在酸性条件下易发生构型转化的羧酸而言，草酰氯可有效地将其转化为相应的酰氯，而分子中其他基团、不饱和键和高张力的桥环等不受影响。例如，在广谱抗真菌药艾沙康唑（isavuconazonium）的合成过程中，2-氯烟酸在 DMF 催化量下用草酰氯制备其酰氯。

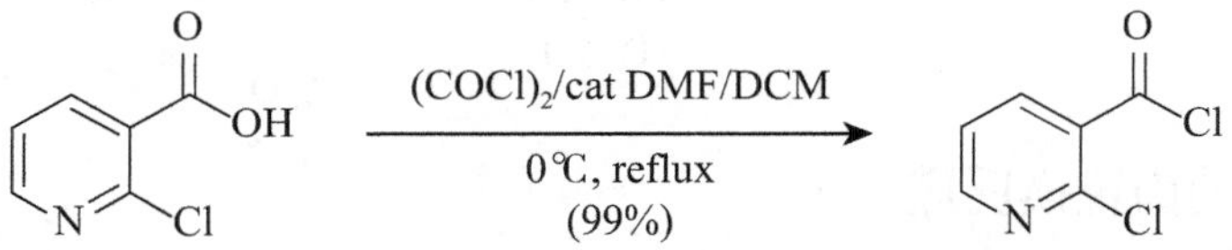

2. 光气与羧羟基的卤置换反应 光气（$COCl_2$）是一种很高效的酰化试剂，但毒性较大。实验

室通常用三光气 [CO(OCCl$_3$)$_2$] 固体来代替。例如，抗菌药哌拉西林（piperacillin）中间体的合成。

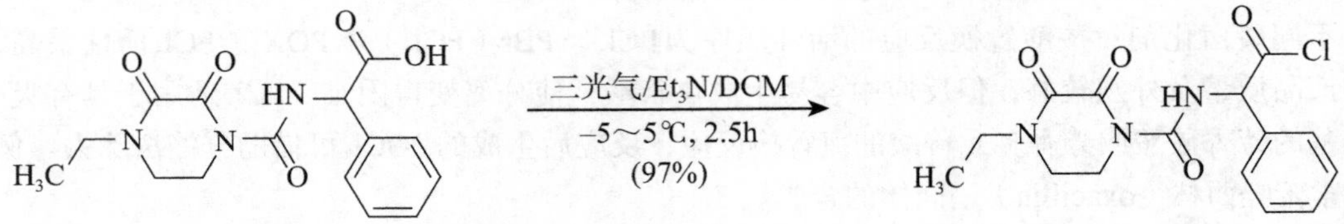

四、其他类型的卤置换反应

（一）羧酸盐的脱羧置换反应

羧酸银与溴素或碘单质反应脱去二氧化碳，生成比原反应物少一个碳原子的卤代烃，即 Hunsdiecker 反应。

1. 反应通式及机理

$$RCOOAg + X_2 \longrightarrow RX + CO_2 + AgX$$

该反应机理属于自由基历程，包括中间体酰基次卤酸发生 X—O 键均裂生成酰氧自由基，然后脱羧成烷基自由基，再和卤素自由基结合成卤化物。

2. 反应影响因素及应用实例　Hunsdiecker 反应过程中要严格无水，否则收率很低，甚至得不到产物，这是由于银盐很不稳定，用氧化汞代替银盐可解决此问题，一般是由羧酸、过量氧化汞和卤素直接反应。例如，喹诺酮类药物环丙沙星（ciprofloxacin）中间体溴代环丙烷的合成。

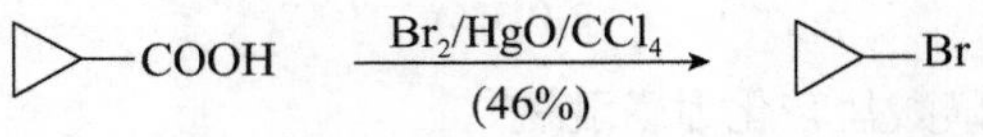

在 DMF-AcOH 中加入 NCS 和四乙酸铅反应，可由羧酸衍生物顺利地脱羧而得相应的氯化物，此法称为 Kochi 改良法。这种方法没有重排等副反应，收率高，条件温和，适用于由羧酸制备仲氯化物、叔氯化物。

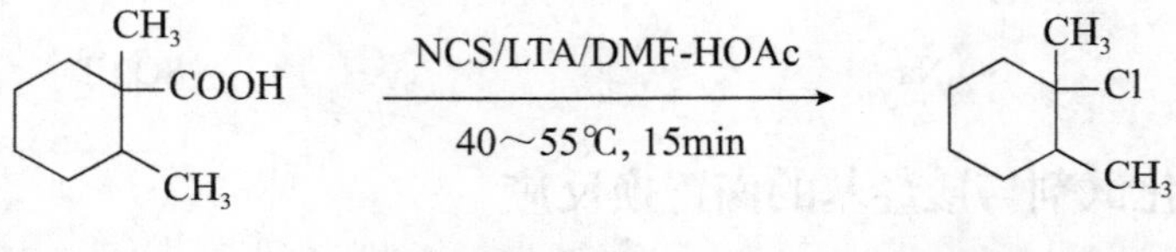

羧酸在光照条件下用碘、四乙酸铅在四氯化碳中反应，也可进行脱羧，生成碘代烃，称为 Barton 改良法，此法适用于在惰性溶剂中由羧酸制备伯碘化物、仲碘化物。

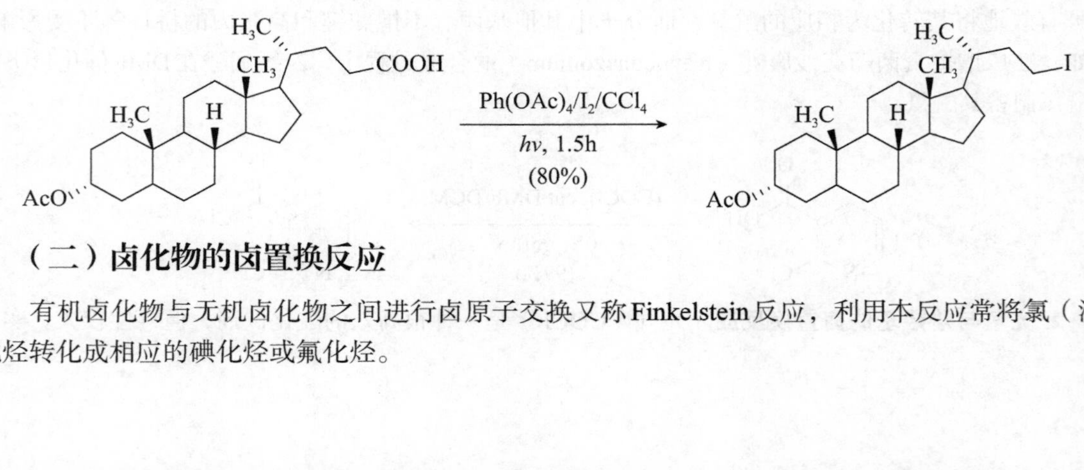

（二）卤化物的卤置换反应

有机卤化物与无机卤化物之间进行卤原子交换又称 Finkelstein 反应，利用本反应常将氯（溴）化烃转化成相应的碘化烃或氟化烃。

1. 反应通式及机理

$$RX + X'^{\ominus} \longrightarrow RX' + X^{\ominus} \quad (X = Cl, Br; X' = I, F)$$

Finkelstein反应属于S_N2反应机理。

2. 反应影响因素及应用实例　卤化物的卤置换反应难易程度取决于被交换卤素原子的活性。通常选用的无机卤化物具有较大的溶解度，而生成的无机卤化物溶解度甚小或几乎不溶解。常用的溶剂有DMF、丙酮、CCl_4或2-丁酮等非质子极性溶剂。碘化钠在丙酮中的溶解度较大（25℃时为39.9g/100ml），而生成的氯化钠溶解度很小。例如，免疫调节剂瑞喹莫德（resiquimod）中间体1H-咪唑并[4, 5-c]喹啉的合成。

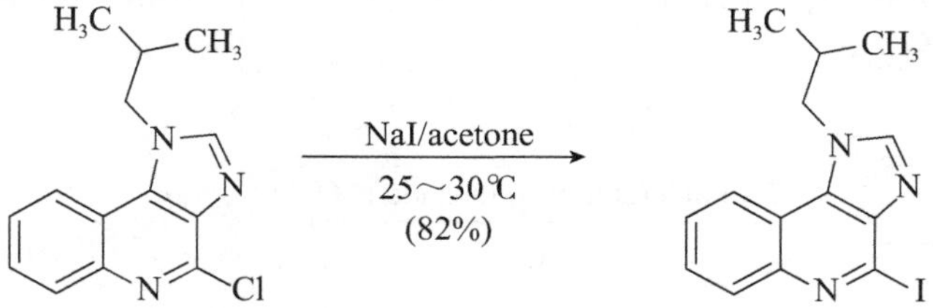

关于氟原子的交换，采用的氟化试剂有氟化钾、氟化银、氟化锑（SbF_3，或SbF_5）、氟化氢等。氟化锑能选择性地取代同一碳原子上的多个卤原子，常用于三氟甲基化合物的制备，在药物合成中应用较多。

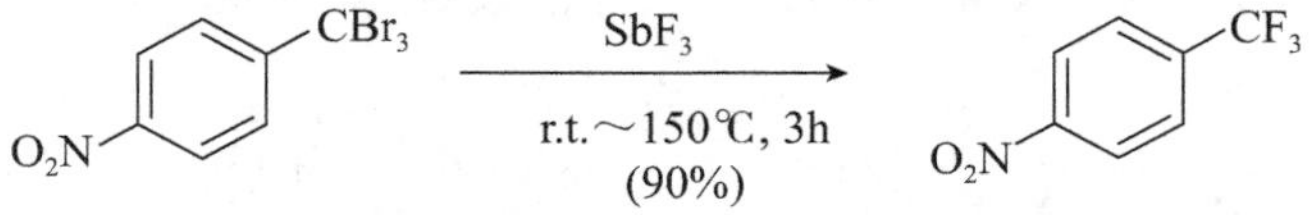

氟罗沙星（fleroxacin）中间体1-溴-2-氟乙烷的合成可以通过1, 2-二溴乙烷在乙腈中用KF进行卤素交换氟化得到。

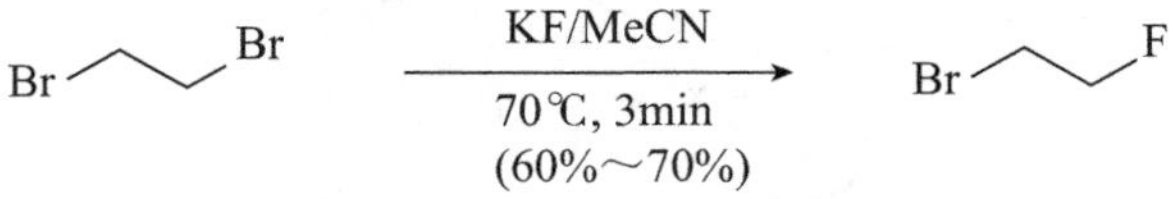

芳香重氮盐化合物也可与提供卤素负离子的卤化剂反应，生成相应的卤代芳烃，将卤素原子引入到难以引入的芳烃位置上，此法是制备卤代芳烃方法的重要补充形式。

用氯化亚铜或溴化亚铜在相应的氢卤酸存在下，将芳香重氮盐转化为卤代芳烃的反应，称为Sandmeyer反应。利用该反应可高效地制备氯代芳烃和溴代芳烃，例如，喹诺酮类抗菌药环丙沙星（ciprofloxacin）中间体的合成。

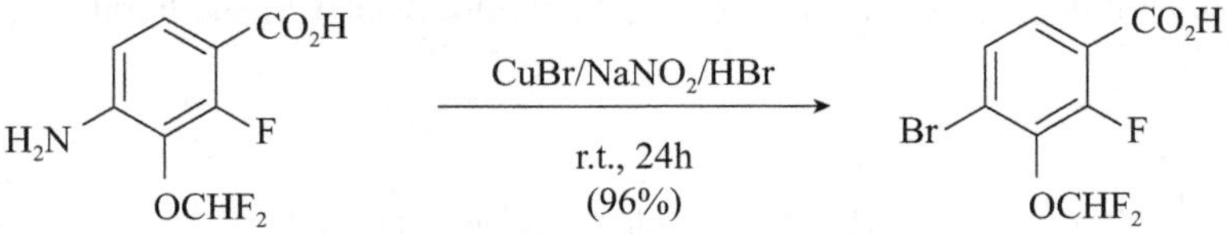

第四节　卤化反应新进展

尽管传统的卤化反应在药物合成中已经得到广泛的应用，但这些卤化方法也存在着一定的局限性，如反应条件苛刻、缺乏区域选择性等。因此，发展新的卤化方法和新的卤化试剂具有重要的意义和价值。近年来，过渡金属催化的碳-氢键卤化反应已成为传统卤化反应的有效补充，其中钯催化的惰性碳-氢键卤化反应较为成熟。新的卤化试剂主要集中在有效的新型氟化试剂。

一、过渡金属催化的碳-氢键卤化反应

1970年，Fahey小组报道了钯催化偶氮苯与氯气的卤化反应，该反应可得到邻位单氯代的产物，同时也可得到一系列双氯代物、三氯代物和四氯代物等混合物。表明氯气可以作为氧化剂和卤化试剂，用于过渡金属催化的惰性碳-氢键的卤化，但是苛刻的反应条件和较差的产物选择性限制了其在药物合成中的应用。

直到21世纪初，以I$_2$/PhI(OAc)$_2$和NXS为氧化剂和卤化试剂，实现了Pd(Ⅱ)催化的导向邻位碳-氢键的卤化反应。其反应机理是导向基团与二价钯催化剂配位，从而导向活化邻位碳-氢键，形成环靶中间体Ⅰ，然后在氧化剂的作用下，氧化Pd(Ⅱ)为Pd(Ⅳ)，得到中间体Ⅱ。最后，分子内直接还原消除或者是外源的X$^-$离子进行S$_N$2类型的亲核进攻得到卤代产物。

2004年，Sanford小组首先报道了以NCS或NBS为卤源，7, 8-苯并喹啉的氯代或者溴代反应，此反应无须严格无水无氧条件且可以达到较高的产率。相较于氯气作为氯源的钯金属催化反应，NXS参与的钯催化卤化反应条件更加温和，且选择性更高。但该反应需要导向基团，如吡啶、肟醚、异喹啉、异噁啉、甲基四氮唑、吡唑、二亚胺、酰胺等都被证实可以与钯金属发生螯合，从而导向芳香环邻位的C—H键卤化反应。对甲苯磺酸、三氟甲磺酸、三氟乙酸、乙酸等添加剂均可使反应在温和的条件下进行。例如，天然化合物paucifloral F和*iso*-paucifloral F前体的合成就可采用此法。

在钯催化的卤代反应中，也发现了一些碘单质、乙酸碘（碘与乙酸碘苯在反应中原位生成）为碘源的碘代反应。这些芳基碳-氢键的碘代反应需要异噁啉羧基、三氟甲磺酰胺（NHTf）、单齿

配位酰胺（CONHArF）等为导向基团。

除了钯催化的卤化反应外，近年来还发展了铜、铑和钌等过渡金属催化的卤化反应。

二、新型氟化试剂

在有机药物分子中引入氟原子，可调节药物的亲脂性、增加药物代谢稳定性等，但是常规的卤化试剂中，有效的氟试剂较少，因此发现高效的新型氟化试剂在药物合成中具有重要的意义。有效地将醇类化合物转化为相应氟化物是合成氟化物的重要途径之一，为此开发了一些脱氧氟化剂。

DAST　　　　　　PhenoFluor　　　　　　PyFluor

SF$_4$是第一个脱氧氟化试剂，能选择性地将羧基和羟基氟化，但遇水反应剧烈，吸入有极高毒性。N, N-二乙胺基三氟化硫 [N, N-（diethylamino）sulfur trifluoride，DAST] 是 SF$_4$ 的替代氟化剂，性质较稳定，常温下是液体，干燥情况下于室温或冰箱内能长期保存。DAST 与醇反应得到相应的氟代烷，与酰氯作用得到相应的酰氟，与醛或酮作用得到偕二氟化合物。但同样遇水会分解，通常在无水无氧条件下使用非质子或非极性溶液作为溶剂进行反应。例如，吉西他滨（gemcitabine）的中间体 2, 2-二氟丙酸乙酯的合成。

PhenoFluor[1, 3-bis（2, 6-diisopropylphenyl）-2, 2-difluoro-2, 3-dihydro-1H-imidazole] 是另一种有效的脱氧氟化试剂，能选择性地将各种含羟基化合物转化为相应的氟化物，同时反应中多种取代基，包括醛、酮、酯、苯胺和腈类都不会参与反应。特别的是，PhenoFluor 可直接用于药物合成后期的脱氧氟化反应，如表雄酮（epiandrosterone）可以高收率转化为 3-氟代雄酮。

为了克服 PhenoFluor 类氟化试剂对水敏感的缺陷，芳基磺酰氟化物 PyFluor（benzenesulfonyl fluoride）能够高效地将各种烷基醇转化为烷基氟化物，且不需要特别的预防措施来排除空气或水分。可与 PyFluor 反应的烷基醇类化合物包括碳水化合物、氨基酸和类固醇，碱性官能团如胺和邻苯二甲酰亚胺的耐受性较好，反应中需要加入布朗斯特碱（如 DBU 或 MTBD）。PyFluor 参与的氟化反应具有较好的转化率、选择性及经济性，但反应时间一般都较长，且会使含有酯基的分子发生严重的消除副反应。

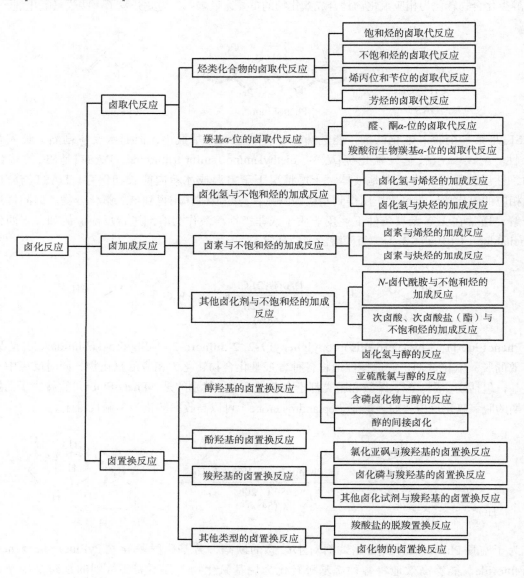

第三章 硝化反应、重氮化反应和叠氮化反应

本章要点

　　掌握 硝化反应分类，硝酸、硝硫混酸、硝酸/乙酸酐等硝化剂的特性与适用范围；芳香族化合物硝化反应的影响因素、区域选择性及应用；Victor-Meyer 反应；重氮盐反应及其 Sandmeyer 反应、Schiemann 反应等；Mitsunobu 反应。

　　理解 芳烃亲电硝化反应的机理。

　　了解 氧化法制备硝基化合物、N-硝化反应、亚硝化反应；重氮盐的偶合反应；其他叠氮化反应；绿色硝化。

　　硝基化合物在医药、农药、染料、香料、炸药等领域有着广泛的应用。在有机分子中引入硝基（—NO_2）的主要目的体现在以下四个方面。

　　1）硝基化合物是一种重要的中间体，可以通过还原反应转化为胺、羟胺、亚硝基及偶氮类化合物等。

　　2）硝基的强吸电子作用对有机分子的化学反应性产生影响，使得硝基化合物在有机合成中具有重要的应用价值。例如，硝基可以使芳环上的其他取代基活化，从而易于发生芳香亲核取代反应。另外，硝基的强吸电子作用可以活化 α-H，使硝基烷烃能够与羰基化合物发生缩合反应。

　　3）硝基是一种强极性基团，会对有机化合物的物理性质产生影响，常常赋予化合物某种特性。例如，多硝基化合物容易受热分解而发生爆炸，硝基可以加深染料的颜色，某些苯系多硝基化合物还具有麝香香味。

　　4）硝基能够影响药物的生物活性。众多药物分子中都含有硝基，如镇静催眠药氯硝西泮（clonazepam）、降血压的钙通道阻滞剂尼群地平（nitrendipine）、治疗心绞痛的血管扩张剂硝酸异山梨酯（isosorbide dinitrate），以及硝基咪唑类抗菌药甲硝唑（metronidazole）等。

氯硝西泮　　　　　　尼群地平　　　　　　硝酸异山梨酯　　　　甲硝唑

　　常见的亚硝基化合物包括含有亚硝基的芳环或芳杂环化合物、亚硝酸酯类、亚硝胺等。亚硝基化合物与硝基化合物相比，亚硝基（—NO）显示不饱和键的性质，可进行还原、氧化、加成、缩合等反应。一些药物分子中含有亚硝基，如亚硝基脲类抗肿瘤药尼莫司汀（nimustine）和链佐星（streptozotocin）。

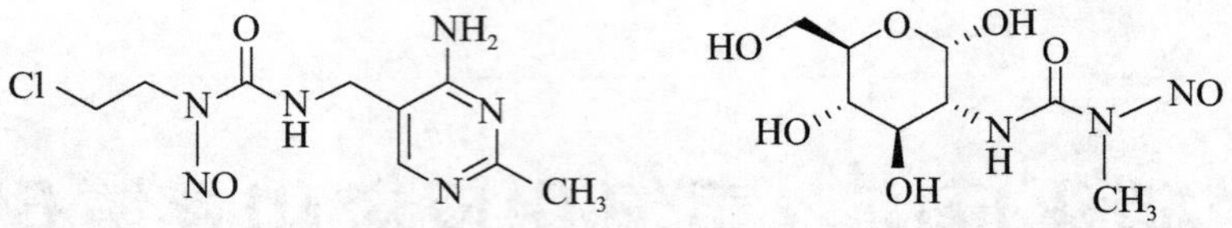

尼莫司汀

链佐星

重氮化合物是德国化学家 Griess 在 1858 年首先发现的。脂肪族重氮盐很不稳定，能迅速自发分解；相对而言，芳香族重氮盐较为稳定，而且重氮基反应活性较大，可以发生多种反应，如取代、还原、偶合、水解反应等，从而转化成多种类型的产物，所以重氮化反应及重氮盐的后续反应在药物合成上具有非常重要的意义。

第一例有机叠氮化合物是由德国化学家 Griess 于 1864 年制得的。叠氮化合物具有一定的毒性及潜在爆炸性。近年来，随着人们对叠氮化物性质的全面认识及实验安全技术的提高，该类化合物重新获得研究者的重视。有机叠氮化合物在药物合成中有很多应用，如叠氮基团易于被还原成伯胺、酰基叠氮化合物可经重排反应转化成伯胺、叠氮化合物常用于合成含氮杂环化合物等。含叠氮基的药物有治疗艾滋病的胸苷类抗病毒药物齐多夫定（zidovudine）及抗菌药阿度西林（azidocillin）。

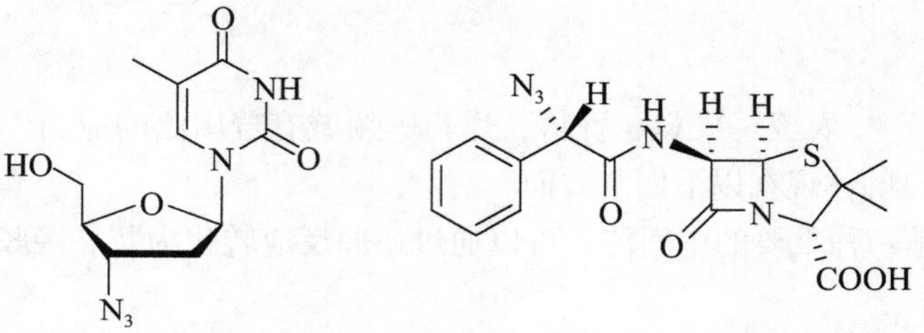

齐多夫定

阿度西林

21 世纪初，Sharpless 等将叠氮化合物与端炔的 1, 3-偶极环加成发展成"点击反应"（又称点击化学，click chemistry）以来，有机叠氮化合物在合成 1, 2, 3-三氮唑类化合物等众多相关领域的应用发展尤为迅速。点击化学是一种高效的化学反应，现在被广泛应用于多个领域，包括有机合成、药物开发、DNA 定位和先进材料开发等。例如，丁炔二酸二乙酯与双叠氮化合物在水中经 1, 3-偶极环加成以几乎定量的收率生成双三氮唑化合物，后者经碱催化的内酯化反应以高收率得到一个三元并环产物。

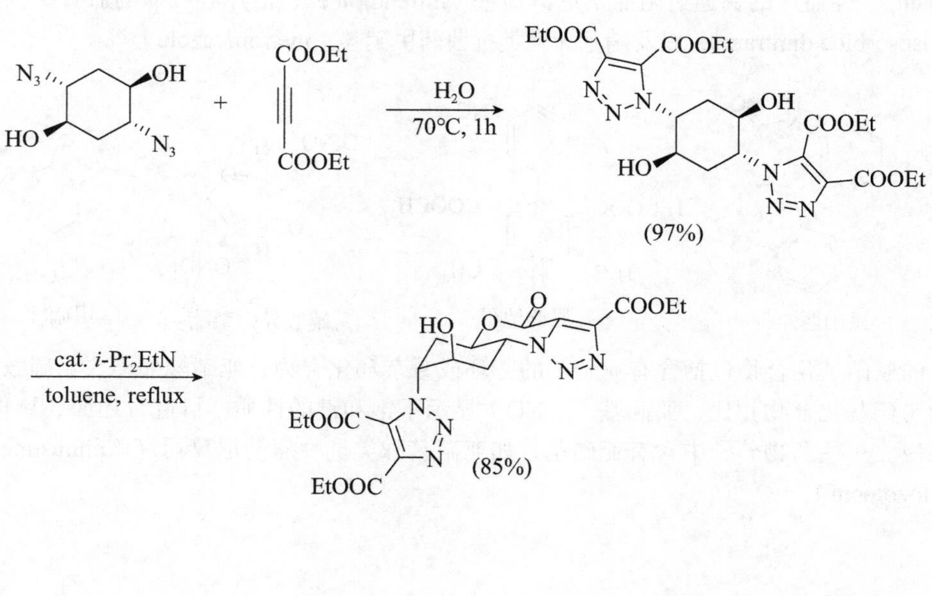

硝基、亚硝基、重氮盐及叠氮基官能团常见于药物中间体及原料药分子结构中。本章将学习在有机分子中引入上述含氮官能团的一些反应，包括硝化反应、亚硝化反应、重氮化反应、叠氮化反应等。

第一节 硝化反应概述

硝化反应是较早发现的重要有机反应之一，1834 年人们就能利用苯的硝化反应制备硝基苯。

一、硝化反应分类

硝化反应（nitration reaction）是指向有机化合物分子中引入硝基（—NO$_2$）的反应。根据硝化反应过程中新生成共价键的不同，硝化反应可以分为 C-硝化、N-硝化和 O-硝化等反应类型，对应产物分别为硝基化合物、硝胺和硝酸酯。

硝化反应分为直接硝化法和间接硝化法。直接硝化法是指有机物分子中的氢原子被硝基取代的反应。间接硝化法是指有机物分子中除氢原子以外的其他原子或基团（包括卤素原子、重氮基、磺酸基、羧基、硼酸基等）被硝基取代的反应，以及通过氨基氧化、双键加成等方式生成硝基的反应。

在药物合成过程中，应用较多的是芳烃的硝化反应。

二、芳烃的硝化反应机理

在反应动力学研究、稳定中间体分离等基础上，芳烃的 C—H 键在硝化剂的作用下断裂并生成 C—NO$_2$ 键的反应机理已形成共识。硝化剂中的活性物种是硝基正离子 NO$_2^{\oplus}$（nitroniumion，亦称硝鎓阳离子或硝酰阳离子）。芳烃的硝化反应属于亲电取代反应。以苯在浓硝酸和浓硫酸的混合物作用下生成硝基苯的反应为例，硝化反应机理包括硝基正离子的生成和硝基正离子与苯的反应两个过程。在硝基正离子与苯的反应过程中，缺电子的硝基正离子先与富电子芳环形成 π-络合物，然后硝基正离子与苯环上的一个碳原子相连形成 C—N 键，得到 σ-络合物（也称为 Wheland 中间体、芳基 σ-正离子），该碳原子成键轨道杂化方式由 sp^2 转变为 sp^3，随后经过脱质子芳构化，生成产物硝基苯。

$$HNO_3 + H_2SO_4 \rightleftharpoons H_2ONO_2^{\oplus} + HSO_4^{\ominus}$$

$$H_2ONO_2^{\oplus} + H_2SO_4 \rightleftharpoons NO_2^{\oplus} + H_3O^{\oplus} + HSO_4^{\ominus}$$

π-络合物   σ-络合物
                Wheland中间体

σ-络合物共振体

在一般情况下，π-络合物的生成速率和解离速率都很快，它们对反应速率没有大的影响。在反应过程中，脱质子芳构化过程是快反应步骤，硝化反应速率取决于形成σ-络合物的速率。在适当低温下或特殊结构中，可以分离得到稳定的σ-络合物中间体，如间三氟甲基硝基苯正离子（低于−50℃稳定）、六甲基硝基苯正离子等。

类似地，O-硝化反应、N-硝化反应也属于亲电取代反应。

三、硝化剂的种类

硝化反应中提供硝基的试剂被称为硝化剂。硝化剂包括亲电型硝化剂和亲核型硝化剂，其中亲核型硝化剂较少，常用的有 $NaNO_2$、$AgNO_3$、KNO_2 等；亲电型硝化剂则较多，常用的包括各种浓度的硝酸、硝酸/硫酸混合酸（即硝硫混酸或混酸）、硝酸/乙酸酐及氮氧化物（N_2O_5、N_2O_4）等。亲电型硝化剂的硝化能力强弱与其在亲电硝化反应条件下生成硝基正离子 $NO_2^{\oplus}$ 的难易程度有关。用通式 $Y—NO_2$ 表示硝化剂，其解离的过程如下：

$$Y—NO_2 \rightleftharpoons Y^{\ominus} + NO_2^{\oplus}$$

其中，$Y^{\ominus}$ 的吸电子能力越强，形成 $NO_2^{\oplus}$ 的倾向越大，硝化能力也就越强。表3-1列出了一些常见亲电型硝化剂的性质。在表3-1中，硝酸乙酯的硝化能力是最弱的，而氟硼酸硝酰、三氟甲磺酸硝酰等硝化剂的硝化能力最强。不同的被硝化底物往往需要采用不同的硝化剂；相同的被硝化底物，使用不同的硝化剂，也常常会得到不同的产物或产物组成。因此，有必要了解主要硝化剂的性质与应用范围。

表3-1　常用硝化剂

名称	活性硝化剂的存在形式	$Y^{\ominus}$
硝酸乙酯	$C_2H_5O—NO_2$	$C_2H_5O^{\ominus}$
HNO_3	$HO—NO_2$	$HO^{\ominus}$
硝酸/乙酸酐	$CH_3COO—NO_2$	$CH_3COO^{\ominus}$
N_2O_5	$NO_2—NO_3$	$NO_3^{\ominus}$
氯化硝酰	$Cl—NO_2$	$Cl^{\ominus}$
硝硫混酸	$H_2O—NO_2^{\oplus}$	H_2O
六氟磷酸硝酰	$[NO_2]^{\oplus}[PF_6]^{\ominus}$	$PF_6^{\ominus}$
氟硼酸硝酰	$[NO_2]^{\oplus}[BF_4]^{\ominus}$	$BF_4^{\ominus}$
三氟甲磺酸硝酰	$[NO_2]^{\oplus}[OSO_2CF_3]^{\ominus}$	$CF_3SO_2O^{\ominus}$

（一）硝酸

硝酸是一种强酸，具有强氧化性，也是一种硝化试剂。硝酸属于平面型分子结构，其中氮原子以 sp^2 杂化轨道与3个氧原子形成3个σ键，氮原子p轨道中的孤对电子与两个氧原子的单电子形成一个"三中心四电子"的离域大π键（π_3^4）。

$$HO—N \quad sp^2, \ \pi_3^4$$

　　硝酸作为硝化剂，主要用于 C-硝化和 O-硝化反应，制备芳香硝基化合物和硝酸酯类化合物，也用于硝解反应制备硝胺类炸药。硝酸的使用形式有稀硝酸、浓硝酸（68%）、发烟硝酸（98%，红硝酸）、纯硝酸（100%，白硝酸）等。

　　在纯硝酸和发烟硝酸中都存在硝酰正离子，但生成量很少。纯硝酸主要以分子状态存在，仅有约 3.4% 的硝酸经分子间质子转移并离解生成 $NO_2^{\oplus}$。硝酸的解离如下式所示：

$$HNO_3 \rightleftharpoons H^{\oplus} + NO_3^{\ominus}$$
$$H^{\oplus} + HNO_3 \rightleftharpoons H_2NO_3^{\oplus} \rightleftharpoons NO_2^{\oplus} + H_2O$$
$$\overline{\qquad\qquad\qquad\qquad\qquad\qquad}$$
$$2HNO_3 \rightleftharpoons NO_2^{\oplus} + NO_3^{\ominus} + H_2O$$

　　由上式可见，需 2 分子硝酸才能产生 1 分子可用于硝化反应的 $NO_2^{\oplus}$，而且上述反应是平衡反应，随着水量的增加，即硝酸浓度的降低，平衡向左移动，$NO_2^{\oplus}$ 逐渐减少，严重影响硝化能力。研究发现，当硝酸浓度低于 92% 时，不存在生成 $NO_2^{\oplus}$ 的电离反应；而当浓度低于 83% 时，也不存在生成 $H_2NO_3^{\oplus}$ 的电离反应；浓度继续降低，将主要进行酸式电离。

　　如果用发烟硝酸作硝化剂，则需过量较多，而过量的硝酸必须设法利用或回收，这使得发烟硝酸作为硝化剂的应用受到限制。

　　硝酸在发生硝化反应的同时，在较高温度下常常分解而具有氧化性，如下式所示：

$$2HNO_3 \underset{-H_2O}{\rightleftharpoons} N_2O_5 \rightleftharpoons N_2O_4 + [O]$$

　　随着硝酸中水分的增加，其硝化和氧化反应速度都会降低，但硝化反应速度降低更快。稀硝酸的氧化能力很强，所以硝化时芳环上的氨基等需要加以保护。稀硝酸通常用于易硝化的芳香族化合物，如酚类、酚醚类、稠环芳烃和一些 N-酰化的芳胺等。这时所用的硝酸过量 10%~65%，其反应温度宜控制在室温或更低温度，硝化反应器及相关设备应选用不锈钢或搪玻璃材质。

　　一般来说，较少使用单一的硝酸作为硝化剂。

（二）硝酸/硫酸混合酸

　　在硝酸中加入强质子酸可大大提高其生成 $NO_2^{\oplus}$ 的浓度，增强硝化能力。硫酸是最重要也是最常用的强质子酸。浓硫酸和硝酸的混合酸称为硝硫混酸或混酸，其解离反应如下。

$$HNO_3 + H_2SO_4 \rightleftharpoons H_2ONO_2^{\oplus} + HSO_4^{\ominus}$$
$$H_2ONO_2^{\oplus} + H_2SO_4 \rightleftharpoons NO_2^{\oplus} + H_3O^{\oplus} + HSO_4^{\ominus}$$
$$\overline{\qquad\qquad\qquad\qquad\qquad\qquad}$$
$$HNO_3 + 2H_2SO_4 \rightleftharpoons NO_2^{\oplus} + H_3O^{\oplus} + 2HSO_4^{\ominus}$$

　　上述反应是平衡反应，混酸中有水产生，但是硫酸有很强的吸水性，可以使水分子溶剂化。就混酸而言，在足够量的浓硫酸存在下，硝酸能 100% 地解离为 $NO_2^{\oplus}$。表 3-2 给出了不同比例的混酸中硝酸解离为 $NO_2^{\oplus}$ 的百分比。由表 3-2 可见，在 10% 的硝酸/硫酸混合物中，硝酸几乎完全解离为 $NO_2^{\oplus}$。

表 3-2　不同比例混酸中硝酸解离为 $NO_2^{\oplus}$ 的百分比（单位：%）

HNO_3/H_2SO_4	5	10	15	20	40	60	80	90	100
$NO_2^{\oplus}/HNO_3$	100	100	80	62.5	48.8	16.7	9.8	5.9	1

　　混酸的优点如下：①混酸为强硝化剂，其中浓硫酸具有较大的有机物溶解度，有利于硝化反应的进行；②比热大，有利于控制硝化反应的温度，避免"飞温"现象；③混酸中的硝酸几乎为纯硝

酸，氧化能力下降；④混酸对铸铁的腐蚀性很小，设备成本低；⑤硝酸用量少，接近理论用量。

混酸的硝化能力可以用硫酸脱水值（dehydration value of sulfuric acid，DVS，简称脱水值）来计算、评估。脱水值是指混酸硝化终了时废酸中硫酸和水的质量比。脱水值越大，混酸的硝化能力越强，适用于难硝化的底物。

除硫酸外，其他强酸性无机酸（如高氯酸、硒酸、氟磺酸）或酸酐（如 P_2O_5）与硝酸的混合物也能有效地生成硝基正离子 $NO_2^{\oplus}$。

混酸硝化法的缺点是产生大量废酸。

（三）硝酸/乙酸酐硝化法、硝酸/乙酸硝化法

硝酸与乙酸酐的混合物（也称乙酰硝酸酯）也是一种常用的硝化剂。经质子化的硝酸乙酸混酐（ $CH_3COONO_2H^+$ ）解离生成硝基正离子 $NO_2^{\oplus}$。硝酸含量较高时，质子化的硝酸乙酸混酐可以原位生成 N_2O_5（硝酐）。总方程式如下：

$$2HNO_3 + (CH_3CO)_2O \longrightarrow 2CH_3COOH + N_2O_5$$

$$2HNO_3 \rightleftharpoons H_2ONO_2^{\oplus} + NO_3^{\ominus}$$

$$(CH_3CO)_2O + NHO_3 \rightleftharpoons CH_3COONO_2 + CH_3COOH$$

$$H_2ONO_2^{\oplus} + CH_3COONO_2 \rightleftharpoons CH_3COONO_2^{\oplus}H + HNO_3$$

$$CH_3COONO_2^{\oplus}H \rightleftharpoons CH_3COOH + NO_2^{\oplus}$$

$$（或 CH_3COONO_2^{\oplus}H + NO_3^{\ominus} \rightleftharpoons CH_3COOH + N_2O_5）$$

硝酸/乙酸酐适用于芳香族化合物的 C-硝化反应及胺类化合物的 N-硝化反应，用于制备芳香硝基化合物和硝胺。使用方法是将配制好的硝酸/乙酸酐加入到底物的乙酸酐或乙酸溶液中。与混酸相比，硝酸/乙酸酐的硝化能力稍温和，具有反应混合物接近中性、不易发生氧化副反应、多数有机物易溶于乙酸酐、区域选择性优于混酸等特点。常用的硝酸/乙酸酐混合硝化剂中硝酸的含量为10%～30%，但硝酸/乙酸酐硝化剂不能存放，必须在使用前临时制备，久置容易生成具有催泪性、爆炸性的四硝基甲烷，使用时要特别注意。

硝酸/乙酸硝化法使用硝酸作硝化剂，乙酸作溶剂进行硝化反应。以硝酸作硝化剂时，有时也使用氯仿、二氯甲烷、硝基甲烷等作为溶剂进行反应，硝酸在这些溶剂中缓慢生成硝基正离子，反应条件较温和。

有时使用硝酸盐代替硝酸，如 $NaNO_3/H_2SO_4$、KNO_3/H_2SO_4、$KNO_3/$三氟乙酸酐、$NH_4NO_3/$三氟乙酸酐等硝化体系。

（四）氟硼酸硝酰

氟硼酸硝酰（ $NO_2^+BF_4^-$ ）是一种高效的硝化试剂。氟硼酸硝酰为无色结晶性固体，国内外试剂公司均有销售。氟硼酸硝酰的硝化能力极强，它可以使多种芳烃发生硝化反应，也可与烯烃发生加成反应。使用氟硼酸硝酰进行硝化反应，一般在环丁砜、二氯甲烷、硝基甲烷、乙腈中使用。对于严重钝化的芳烃化合物（如1,3-二硝基苯、三氟苯），可使用强酸（如氟磺酸、三氟甲磺酸）作溶剂来提高反应收率。

（五）硝酰氯

硝酰氯（ NO_2Cl ）是无色气体，沸点 $-15℃$，可用发烟硝酸和氯磺酸制得，或由氯气和硝酸银反应生成，制备方法危险性大而且使用不方便。现在的替代方法是使用 $NaNO_3/TMSCl/AlCl_3$ 体系。

NaNO$_3$和TMSCl反应生成硝酰氯，然后在AlCl$_3$的作用下经过类似亲电取代过程制得硝化产物。NaNO$_3$也可用KNO$_3$代替。这个硝化反应条件很温和，选择性很好。

（六）硝酸酯

在碱性条件下进行硝化反应，可以使用硝酸乙酯（C$_2$H$_5$ONO$_2$）这类的硝酸酯。MeONO$_2$/BF$_3$、Me$_3$SiONO$_2$等作为硝化试剂，能使活化的苯环发生硝化。

四、硝化反应中的副反应

目前，在芳香族化合物的硝化反应中，仍然较多地使用含硝酸的硝化剂，由此引起的主要副反应是氧化反应和多硝化反应。温度越高，发生氧化反应的可能性越大，尤其是芳环上含有易被氧化的基团时。氧化反应剧烈时，产生较多氮氧化物气体，同时急剧升温，因此应时刻注意反应过程中的放热情况，特别是使用过量的硝化剂时。操作完成后，必须将反应液处理至稳定的状态。

另外，芳香族化合物的硝化反应也可发生置换、脱羧、聚合等副反应。用硝酸/乙酸酐作硝化剂时，还有可能发生酰化反应。

第二节 硝化反应

一、*C*-硝化反应

（一）芳烃的硝化反应

1. 反应通式与机理

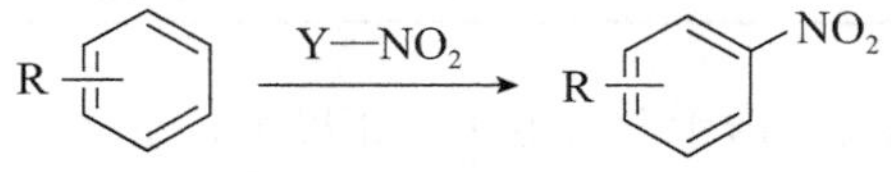

在芳香族化合物的硝化反应中，芳环上的碳原子所连的氢直接被硝基取代，属于亲电取代反应。

2. 影响因素及应用实例
在芳香化合物硝化反应中，硝化剂的反应活性、反应底物的分子结构及反应温度、加料顺序等因素，都会影响硝化反应的效率和区域选择性，还可能发生氧化、多硝化等副反应。

（1）反应底物分子结构对硝化反应的影响 芳烃硝化反应属于亲电取代反应，其硝化反应的难易程度取决于芳环上取代基的性质。取代基（第一类定位基）给电子能力越强，硝化速率越快，产物以邻、对位为主。例如，抗高血压药布那唑嗪（bunazosin）及平喘药卡布特罗（carbuterol）中间体的合成。

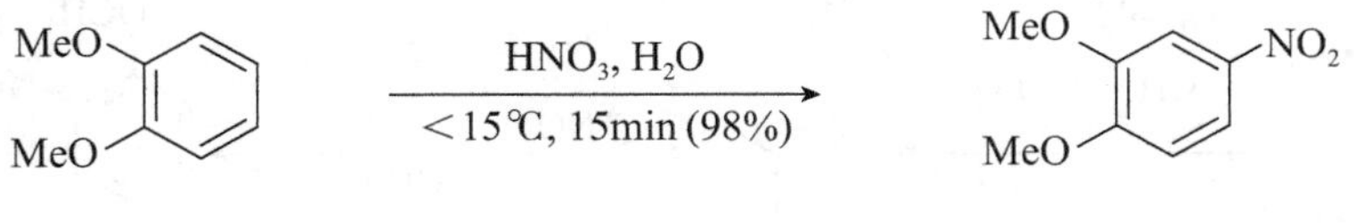

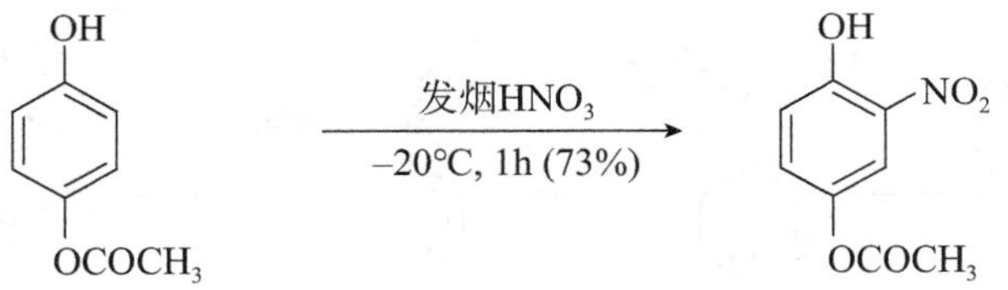

相反，取代基（第二类定位基）吸电子能力越强，硝化速率越低，产物以间位为主（单卤素取代除外），同时需要较强的硝化剂和反应条件。例如，抗高血压药硝苯地平（nifedipine）中间体间硝基苯甲醛，以及造影剂碘海醇（iohexol）中间体 5-硝基苯-1, 3-二羧酸的合成。

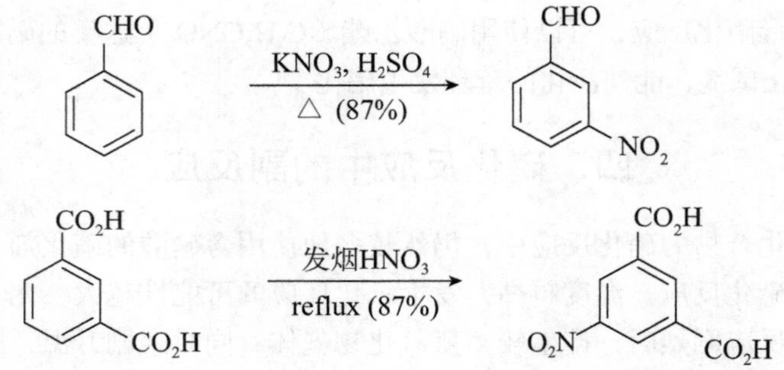

常见苯的取代基衍生物在混酸中硝化的相对速率见表 3-3。

表 3-3　苯的取代基衍生物在混酸中硝化的相对速率

取代基	相对速率	取代基	相对速率
—N(CH₃)₂	2×10^{11}	—I	0.18
—OCH₃	2×10^{5}	—F	0.15
—CH₃	24.5	—Cl	0.033
—CH(CH₃)₂	15.5	—Br	0.030
—CH₂COOC₂H₅	3.8	—NO₂	6×10^{-8}
—H	1.0	—N(CH₃)₃⁺	1.2×10^{-8}

芳环上有邻、对位定位基时，由于对位电子云密度大，空间位阻小，故对位产物的比例一般大于邻位产物。但是芳香醚、芳香胺、酰基芳胺等用硝酸/乙酸酐硝化时，质子化的乙酰硝酸酯或硝基正离子 $NO_2^⊕$ 首先与具有孤对电子的氧结合生成较稳定的中间体，容易发生邻位取代，以邻位硝基产物为主，这种现象称为邻位效应。例如，苯甲醚用硝酸/乙酸酐硝化，邻位、对位异构产物的比例是 71：28，可能的反应机理如下。

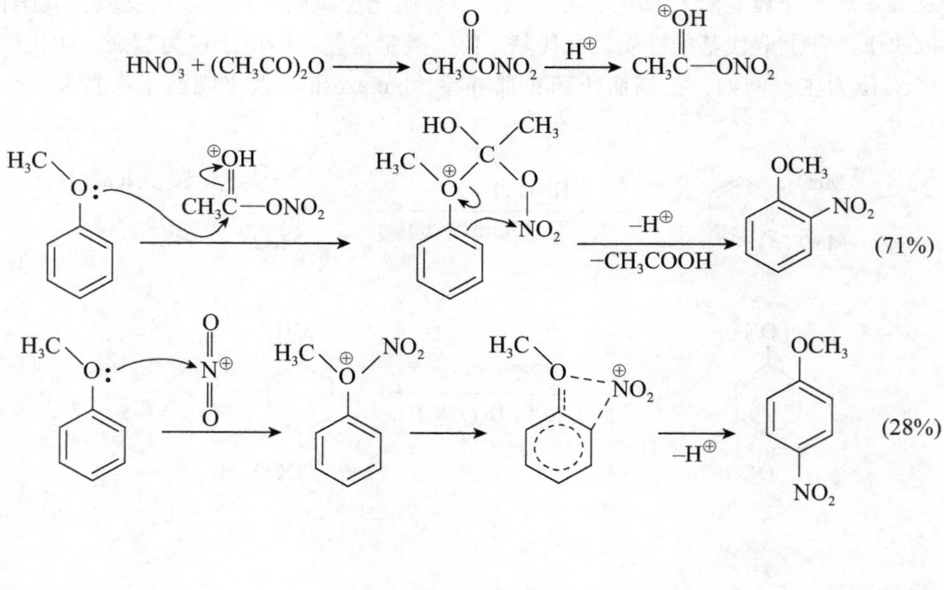

该类底物如果用硝酸/乙酸硝化，则不存在邻位效应，对位产物的比例略大。

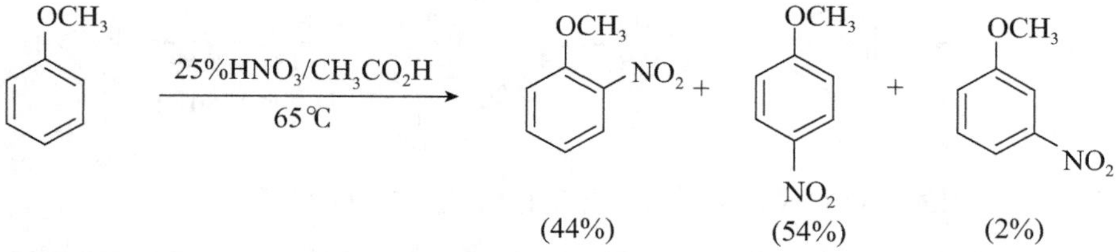

$$(44\%) \quad\quad (54\%) \quad\quad (2\%)$$

具有较大体积的邻、对位定位取代基的芳环，其硝化反应主要发生在对位。例如，甲苯硝化时邻位、对位产物的比例是 57：40；而叔丁基苯硝化时，邻位、对位产物的比例是 12：79。

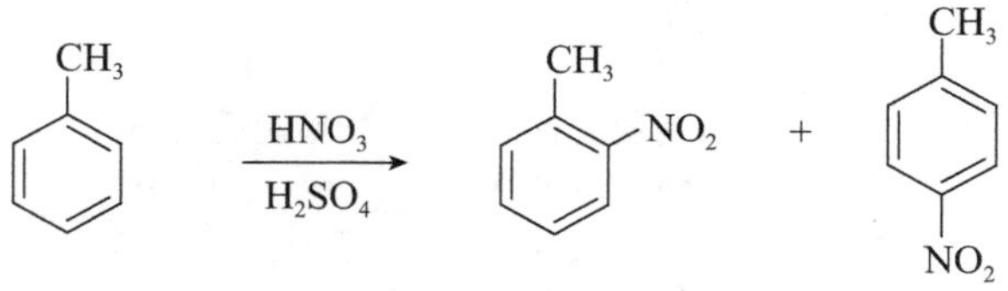

$$o：p = 57：40$$

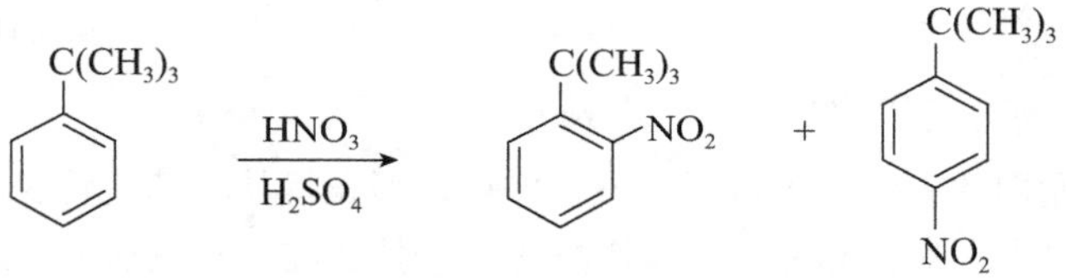

$$o：p = 12：79$$

L-苯丙氨酸在硝硫混酸中硝化，由于苯环上具有体积较大的对位定位基团，以非常高的区域选择性和较高的收率制得 *L*-4-硝基苯丙氨酸，其是合成偏头痛治疗药物佐米曲普坦（zolmitriptan）及肽核酸等的中间体。

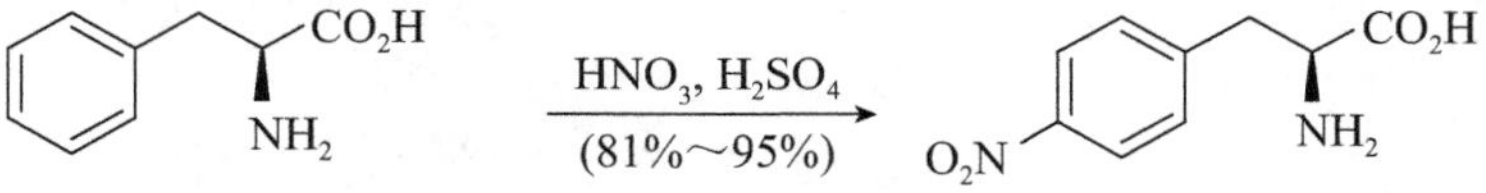

萘的单硝化反应发生在萘环的 α-位。增强硝化反应条件，可以制备 1,8-二硝基萘和 1,5-二硝基萘。

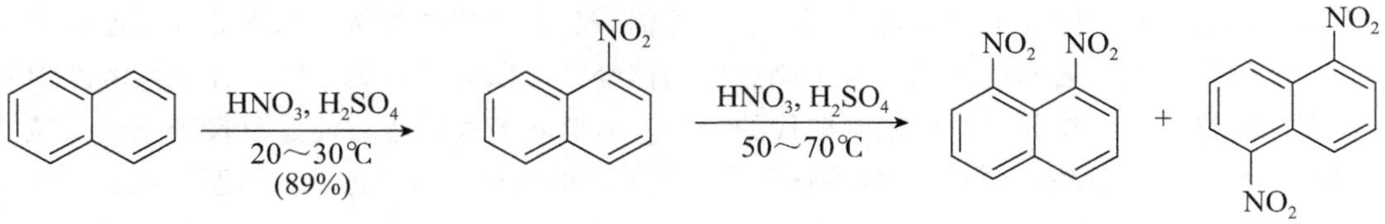

（2）芳香胺的硝化 在苯胺中，氨基活化了苯环，使之易于发生亲电取代反应，但是苯胺很容易被硝酸氧化而生成焦油状物质，因此很少直接用硝酸将苯胺硝化。用混酸硝化苯胺时，应先将苯胺溶于浓硫酸，再进行硝化。例如，苯胺在 98% 硫酸中硝化时，产物的间位、对位异构体比例为 62：38，这是因为氨基形成铵盐，也就是它的共轭酸而成为间位定位基，故硝基主要进入间位，同时硝化反应速度变慢。当苯胺在 82% 硫酸中硝化时，邻位、间位、对位异构体比例为 5：36：59，这可能是因为在 82% 硫酸中，氨基并未完全质子化，仍有一部分氨基处于游离状态，发挥邻对位定位基作用。有时可利用氨基成盐后的定位作用来制备间位硝基产物，如 4-溴-3-硝基苯胺的合成。

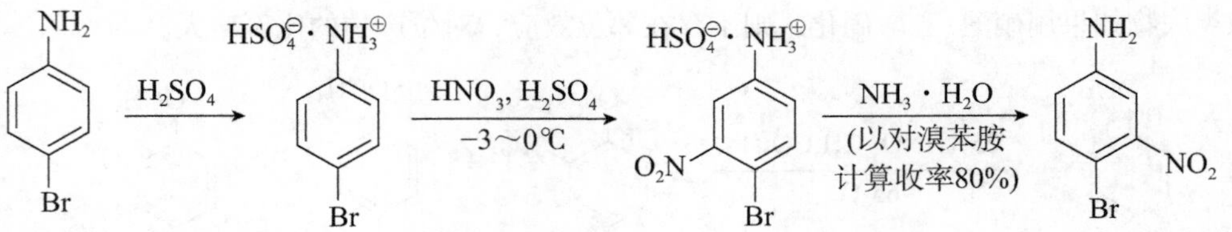

有时可以通过不同的加料方式，实现对芳环硝化区域选择性的调节。

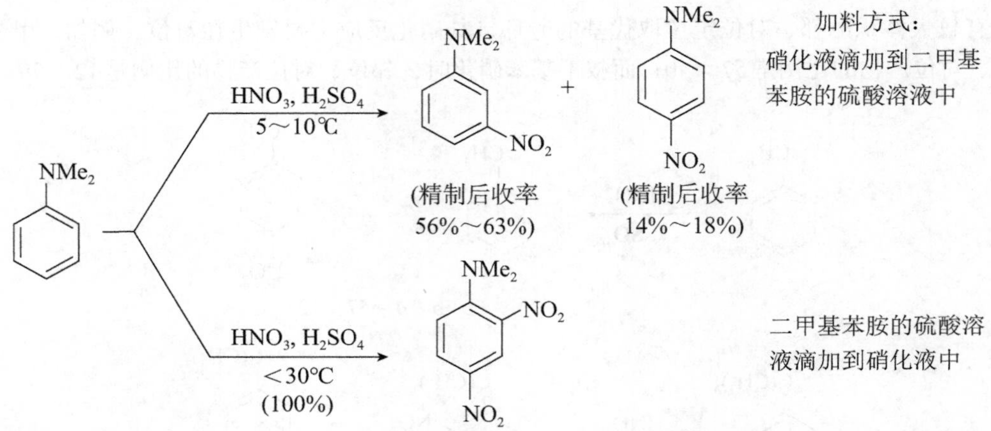

加料方式：
硝化液滴加到二甲基苯胺的硫酸溶液中

（精制后收率
56%～63%）

（精制后收率
14%～18%）

二甲基苯胺的硫酸溶液滴加到硝化液中

（100%）

对苯胺进行硝化通用的方法是先对氨基进行保护，即先将其酰基化转变为酰胺或苯磺酰胺后，再进行硝化，硝基主要进入对位和邻位。常用酰化剂包括乙酸、乙酰氯、乙酸酐和对甲苯磺酰氯。硝化反应结束后再水解脱去保护基得到相应的硝基苯胺。

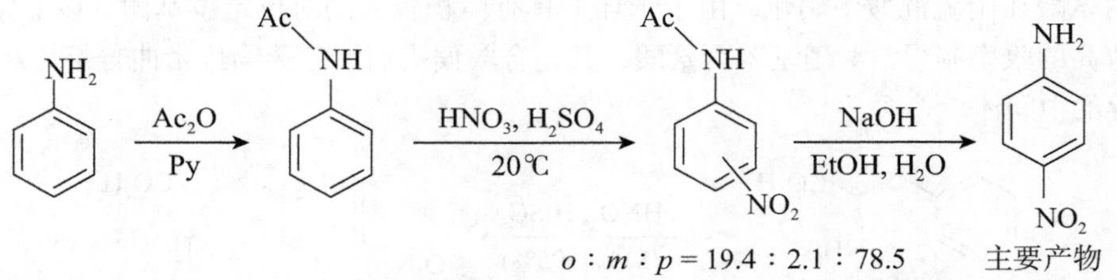

$o:m:p=19.4:2.1:78.5$ 主要产物

有证据表明，当游离的芳基伯胺或仲胺发生硝化反应时，先进攻的是氨基氮原子，生成N-硝基中间体（即硝胺），后者迅速发生分子内重排，生成邻位和对位的硝化产物，其中以邻位产物为主。不同底物的硝胺中间体的稳定性不同。对于芳伯胺、芳基烷基仲胺，如果芳环上连有卤素或硝基，可使氨基上电子云密度降低，这个硝胺中间体经常可以分离得到，将其在酸性溶液中处理后发生硝基转移，可制得邻、对位硝基取代的产物。N-硝基芳香胺也可通过直接硝化法或碱性硝化法制备。例如，N-甲基-N-硝基苯胺的制备及其酸催化的重排。研究证实，芳基仲胺的硝胺比芳基伯胺的硝胺更易于重排。

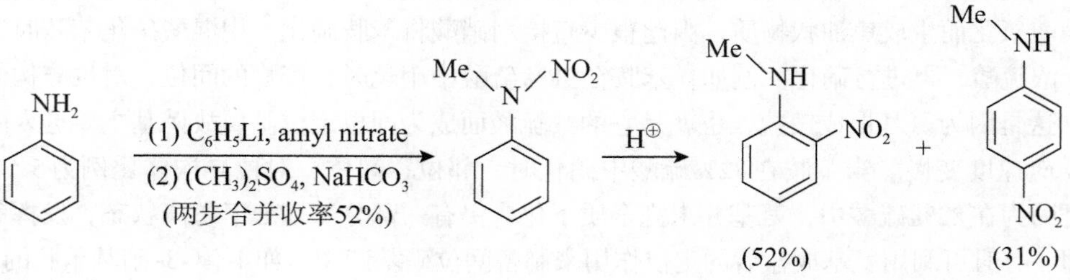

（两步合并收率52%）

（52%）   （31%）

芳香硝胺氮上的氢具有一定酸性，可以成盐，也可以发生烷基化、酰基化反应。有些芳香硝胺衍生物可作为植物生长调节剂或除草剂，如双效素-Ⅱ。在乙酸溶液中，使用硝酸乙酸酐可将2,4,6-三氯苯胺的氮原子硝化，得到2,4,6-三氯-N-硝基苯胺，它是制备双效素-Ⅱ的关键中间体。

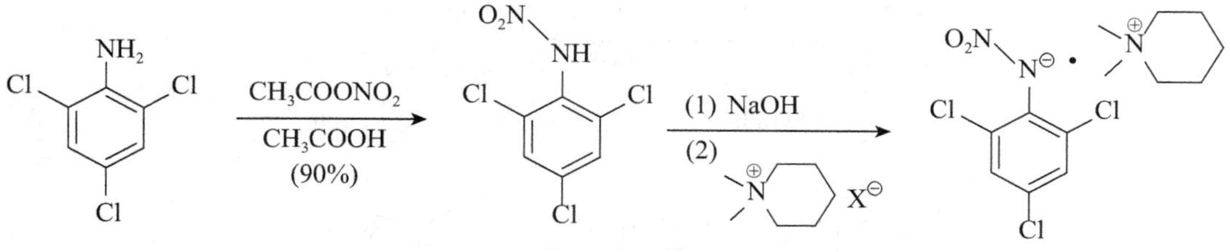

双效素-Ⅱ

多硝基芳香硝胺类化合物是含能化合物，经常作为炸药使用，如2,4,6-三硝基苯甲硝胺，其制备过程的硝胺中间体具有较好的稳定性，可以分离出来，继续进行反应制得目标产物。

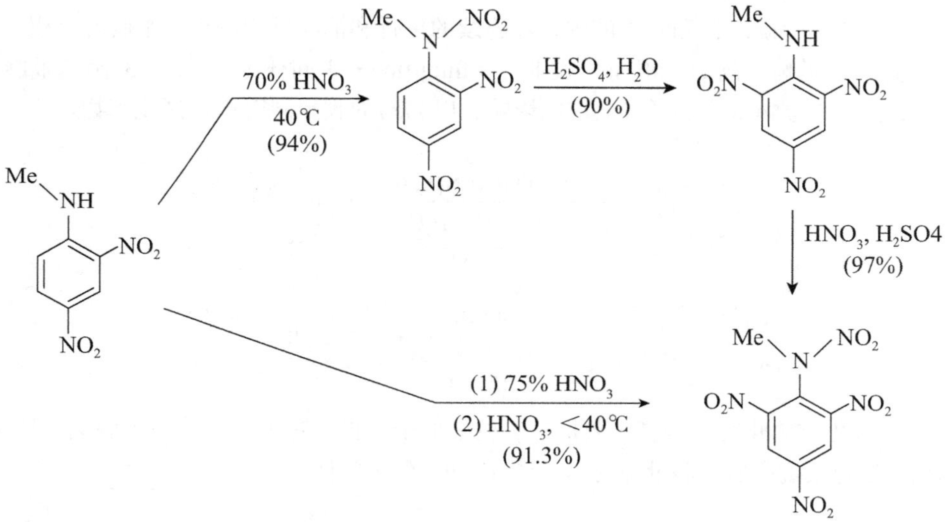

（3）芳杂环化合物的硝化 吡咯、呋喃、噻吩等五元芳香杂环化合物在硝硫混酸中容易发生分解等副反应，可采用硝酸/乙酸酐的条件硝化，硝基进入电子密度较高的α-位。例如，抗癌药物雷替曲塞重要中间体5-硝基-2-噻吩甲酸的合成。

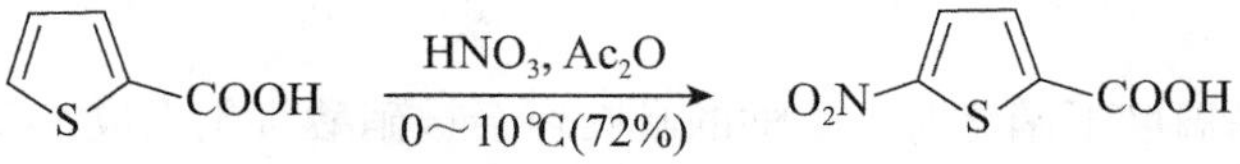

含两个杂原子的五元芳香杂环化合物如咪唑、噻唑等，用硝硫混酸硝化时，硝基进入4-位或5-位；若该位置已有取代基，则不发生反应。例如，硝基咪唑类抗菌药甲硝唑（metronidazole）等的中间体2-甲基-5-硝基咪唑的合成。

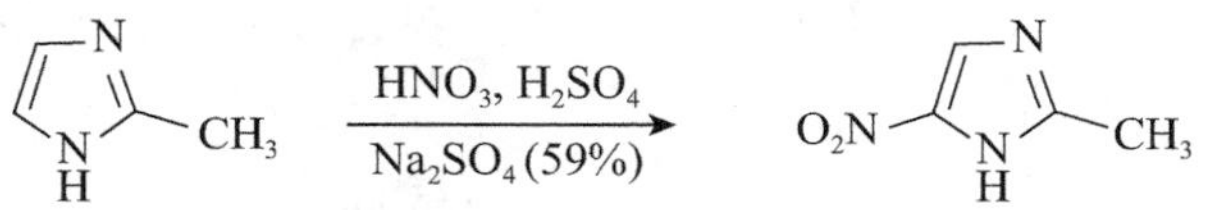

3-硝基吲哚衍生物是重要的有机合成与药物合成中间体。在硝硫混酸中，吲哚会发生酸催化的聚合。在低温下，N-烷基或N-磺酰基吲哚可用浓硝酸/乙酸酐进行硝化，得到N-取代的3-硝基吲哚。使用非酸性硝化剂硝基苯甲酰（由苯甲酰氯和硝酸银原位反应生成）可以61%的收率制得

3-硝基吲哚。使用 NBS/AgNO$_3$ 组合，原位生成的亲电性的硝酰试剂与吲哚反应，在近中性条件下生成 3-硝基吲哚。此反应操作简单，收率很好。

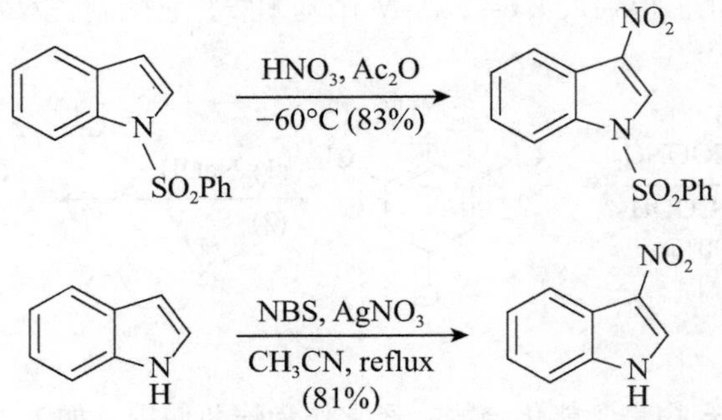

由于氮原子的吸电子效应，吡啶环难以硝化。采用混酸硝化，在 300℃ 的反应温度下，3-硝基吡啶的收率极低。3-硝基吡啶及其衍生物可通过吡啶与 N$_2$O$_5$ 首先生成 N-硝基吡啶的硝酸盐，然后将反应液加入到二氧化硫的饱和水溶液中，经连续的重排和消除反应制得。吡啶环上引入取代基，会对硝化反应产生影响。例如，镇痛药氟吡汀（flupirtine）中间体 2, 6-二氯 -3-硝基吡啶的合成，因为 2, 6-位氯原子的立体效应和诱导效应的影响，以 77% 的收率制得 β-位硝化产物。

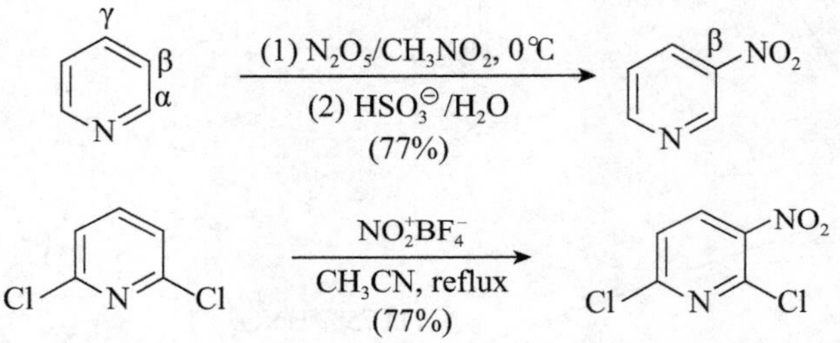

吡啶的 N-氧化物硝化时，硝基主要取代 γ-位氢原子，再经 PCl$_3$ 或三苯基膦脱去氧原子，得到的 4-硝基吡啶是合成抗高血压药吡那地尔（pinacidil）的中间体。

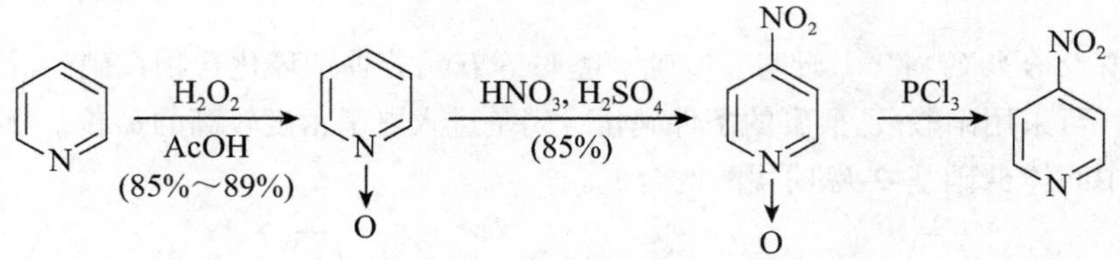

喹啉用硝酸在较高温度下硝化时，喹啉的吡啶环会被硝酸氧化生成 N-氧化物；室温下用硝硫混酸硝化时，强酸性介质导致 N-原子的完全质子化，硝基取代反应发生在喹啉环的 5-位和 8-位。

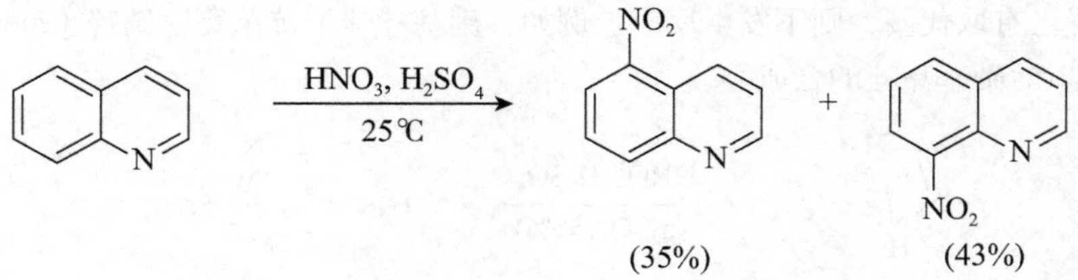

（二）芳伯胺氧化为硝基

1. 反应通式与机理　芳伯胺在氧化剂作用下，可直接转化为硝基化合物。

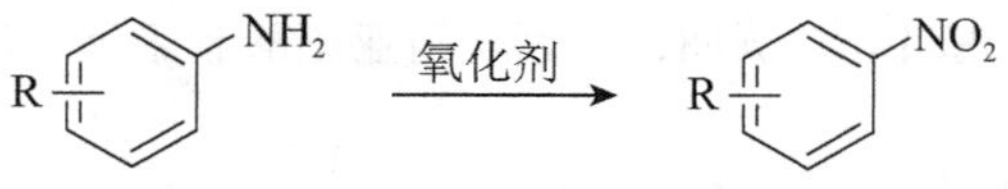

采用适当氧化剂，氨基、羟胺、亚硝基、肟基可被氧化为相应的硝基化合物。

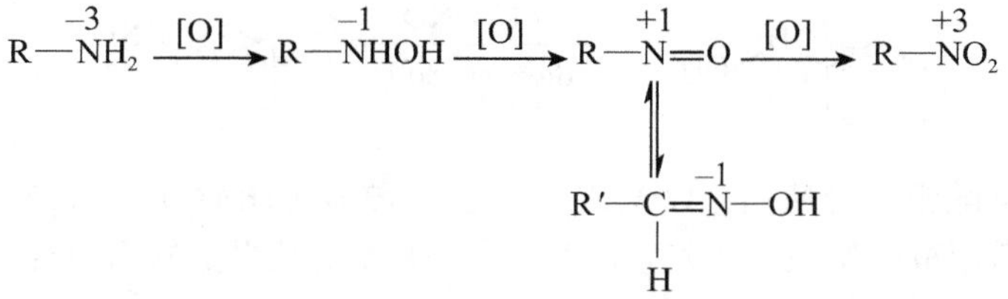

2. 影响因素及应用实例　伯胺直接氧化成相应的硝基化合物对基础研究和工业应用都是十分有用的，因为其制得的硝基化合物往往用直接硝化法难以获得。氧化法制备硝基化合物，氧化剂的氧化能力是关键因素，氧化能力不强的氧化剂有可能将胺氧化到氮的中间氧化态。

芳伯胺能被过氧酸氧化成硝基化合物，使用的过氧酸有过氧乙酸和过氧三氟乙酸（CF_3CO_3H）等。过氧乙酸适用于强供电子基团取代的芳胺。对于强吸电子基团取代的芳胺，用氧化能力强的过氧三氟乙酸可以获得很高的收率。例如，2,6-二氯硝基苯可以通过CF_3CO_3H氧化相应的胺来制备。由于本法所用的无水过氧酸是以90%的过氧化氢配制的，使用不便且具有危险性，因此难以推广。如使用30%含量的H_2O_2，可生成2,6-二氯亚硝基苯。

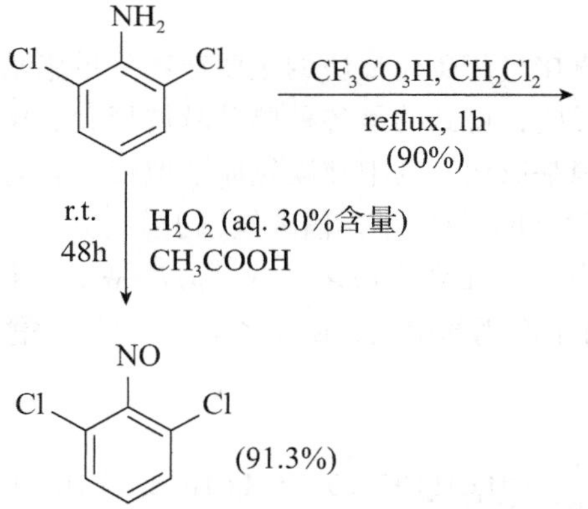

芳伯胺还可使用二甲基二氧杂环丙烷（DMDO，又称过氧丙酮）氧化，各种类型的芳伯胺都取得了很好的收率。本法可用于合成特殊取代位置的芳香族硝基化合物。例如，对二硝基苯不能由直接硝化法制备，可由对硝基苯胺经DMDO氧化制得。

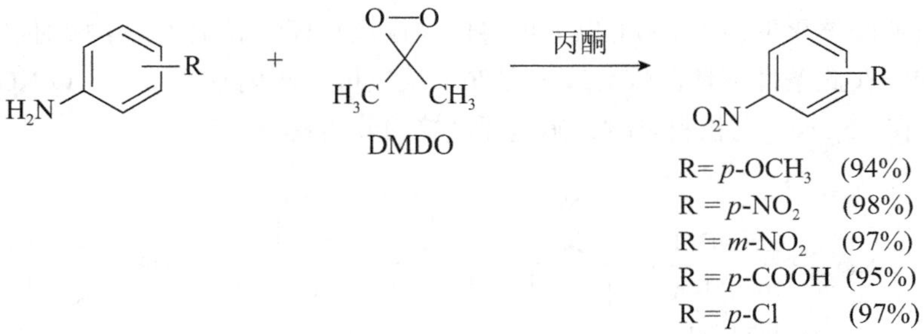

R= p-OCH$_3$　（94%）
R = p-NO$_2$　（98%）
R = m-NO$_2$　（97%）
R = p-COOH　（95%）
R = p-Cl　　（97%）

（三）其他方法制备硝基芳烃

芳基硼酸可与多个试剂反应生成硝基化合物，这些试剂包括亚硝酸叔丁酯、$NH_4NO_3/(CF_3CO)_2O$、

NH$_4$NO$_3$/TMSCl、AgNO$_3$/TMSCl等。例如,苯硼酸与亚硝酸叔丁酯反应,硼酸被硝基取代生成相应的硝基化合物。

氟硼酸硝酰与碳酸银组合使用,以N,N-二甲基乙酰胺(DMA)为溶剂,可将羧基置换为硝基。此反应的底物适用范围特别广,芳基羧酸、杂环羧酸、脂肪族羧酸都能顺利反应,分离收率较好或很好。此反应的官能团兼容性非常优秀,醛、酮、醚、酯、卤代烃、氰基等都能耐受。分子中的双羧基可以同时发生硝基化,得到双硝基产物。

芳基重氮盐与NaNO$_2$发生置换反应,可生成对应的硝基化合物。具体实例见本章第四节。

有些芳基磺酸可以发生硝基置换反应,生成对应的硝基化合物。

(四)烷烃的硝化反应

1. 烷烃的直接硝化法 烷烃进行直接气相硝化反应的主要产物是单硝基化合物,但高温硝化反应容易引起碳碳键断键、氧化等副反应,得到的是各种单硝基烷烃和氧化产物的混合物。气相硝化时,烷烃中的每个氢原子都能被硝基取代,其中叔碳氢原子取代最容易。此反应是按自由基型机理进行的,硝化速度是叔碳氢原子>仲碳氢原子>伯碳氢原子。

气相中的硝化反应从20世纪30年代已在工业中应用,这种方法是工业上制备低碳硝基烷烃的重要方法,如正丙烷的气相硝化工艺可生产硝基甲烷、硝基乙烷、1-硝基丙烷、2-硝基丙烷4种硝基烷烃。

$$4CH_3CH_2CH_3 + 4HNO_3 \xrightarrow[0.8\sim1.2MPa]{350\sim450℃} CH_3CH_2CH_2NO_2 + \underset{\underset{NO_2}{|}}{CH_3CHCH_3} + CH_3CH_2NO_2 + CH_3NO_2$$

$$20\% \qquad\qquad 40\%$$

环己烷与硝酸的气相硝化反应是工业化生产硝基环己烷的主要方法。二氧化氮(NO$_2$)在N-羟基邻苯二甲酰亚胺催化下,于100℃以下可将低碳烷烃和环烷烃硝化,生成对应的单硝基烷烃,收率中等。例如,在此条件下环己烷与NO$_2$在70℃反应可生成硝基环己烷,以NO$_2$投料量计算反应收率为70%。在1.5g NO$_2$的投料量时,硝基环己烷的分离收率是53%。

1-硝基金刚烷是重要的有机中间体,还原后得到重要的医药、农药及染料中间体金刚烷胺。1-硝基金刚烷通常是由金刚烷直接硝化合成。使用硝酸/乙酸体系在298℃下进行气相硝化合成

1-硝基金刚烷，是目前工业化生产的主要方法。采用二氧化氮-臭氧体系对金刚烷的桥头进行选择性硝化反应，在−78℃的低温下可以得到90%收率的1-硝基金刚烷。

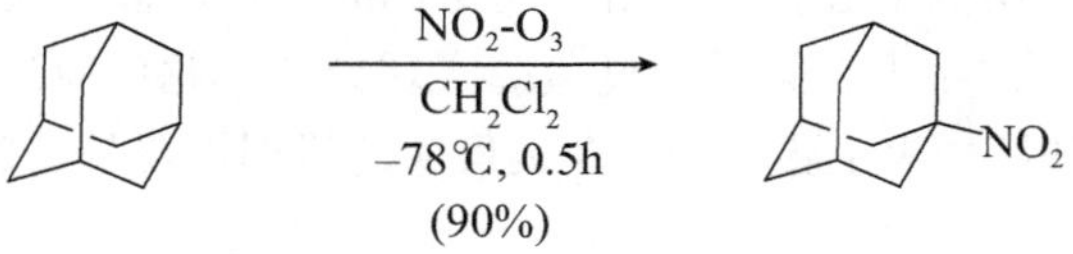

尽管气相硝化法是工业上制备硝基烷烃的重要方法，但在实验室条件下难以实现。

2. 含有活性C—H键的碳原子的硝化反应 用HNO_3直接硝化酮会生成较多的氧化副产物。把酮转化为烯醇、烯醇酯或者烯醇醚，然后用硝化试剂硝化，可以得到*α*-硝基酮，这是一种重要的有机合成中间体。例如，用硝酸戊酯硝化环戊酮烯醇钾或者在浓硝酸和乙酸酐中硝化烯醇乙酸酯，可以制备*α*-硝基环酮。

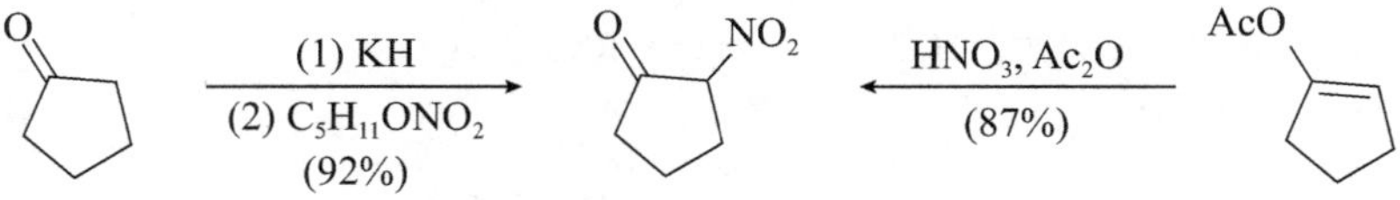

在强碱性条件下，含有*α*-活性氢的羧酸、酯、氰基化合物，其*α*-碳原子在亲电硝化剂如烷基硝酸酯作用下发生硝化反应，生成相应的*α*-硝基产物。含*α*-硝基的脂肪族羧酸不稳定，在酸处理过程中即发生脱羧得到硝基烷烃，收率中等。

$$R—CH_2COOH \xrightarrow[(2)\ C_3H_7ONO_2]{(1)\ 2\ LDA} R—CH_2NO_2$$

$$[R = n\text{–}C_7H_{15}\ (68\%),\ n\text{–}C_{10}H_{21}\ (66\%)]$$

含有给电子基团的苯乙酸，通过其双负离子与硝酸甲酯的反应，可以经一步操作制备芳基硝基甲烷，收率较好。

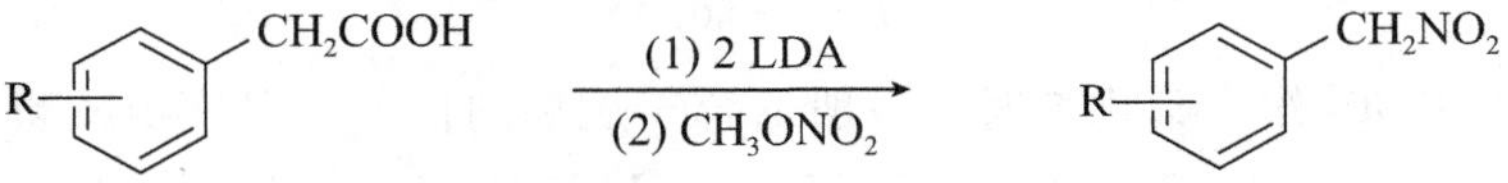

R = H(72%); *o*-MeO(83%); *m*-MeO(72%); *p*-MeO(77%)

苯乙酸乙酯在KNH_2/液氨条件下用硝酸乙酯硝化，分离纯化后得到*α*-硝基苯乙酸乙酯和硝基苄。相同条件下，*α*-硝基-对甲氧基苯乙酸乙酯的分离收率有72%，而脂肪族羧酸乙酯的*α*-硝基产物的收率较低。

带有吸电子基团的甲苯衍生物可在KNH_2/液氨中硝化，生成芳基硝基甲烷类化合物。

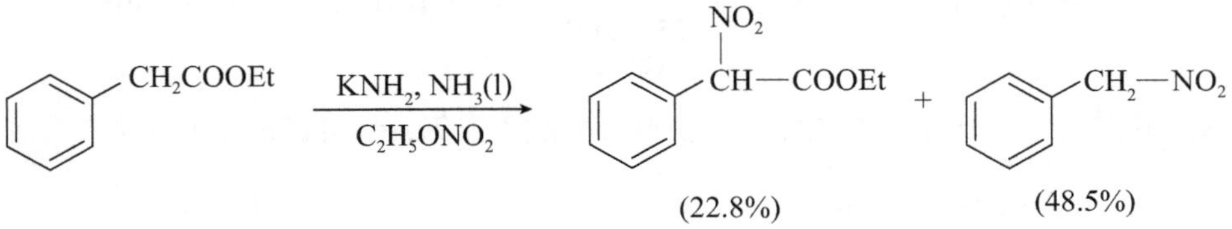

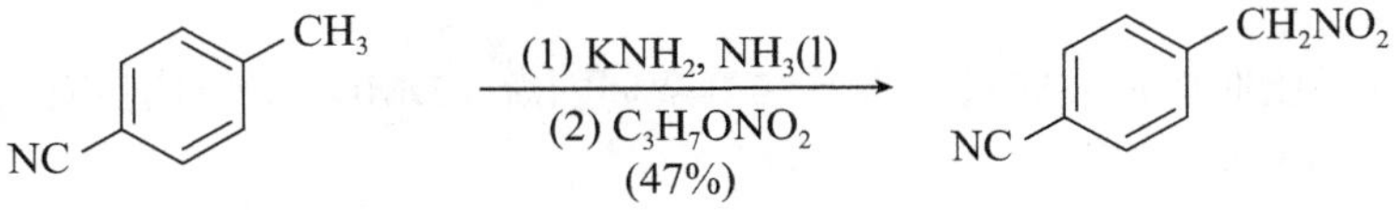

3. 卤素置换法（Victor-Meyer 反应） 烷基卤化物和金属亚硝酸盐（如 AgNO$_2$、KNO$_2$、NaNO$_2$）的反应是制备硝基烷烃的重要方法。卤代烷烃与亚硝酸盐发生亲核取代反应时，因亚硝酸根阴离子 NO$_2^{\ominus}$ 具有 O 和 N 两个亲核反应中心，产物由不同比例的硝基烷烃与烷基亚硝酸酯组成，这两个化合物是同分异构体，沸点差距大，容易通过蒸馏实现分离。此反应通常适用于烷烃的伯、仲溴化物或碘化物，产物中硝基烷烃为主要产物。此类反应的机理主要是 S$_N$2 机理，有些反应也可能是 S$_N$1 机理或混合机理。

$$2RX + 2AgNO_2 \longrightarrow RNO_2 + RONO + 2AgX$$
$$\text{主产物} \quad \text{副产物}$$

R= 伯烷基, 仲烷基
X= I, Br

使用 AgNO$_2$ 作为硝化剂时，仅适合于伯烷基溴化物或碘化物，主要用于制备伯硝基化合物，通常在 0～25℃进行，使用乙醚、石油醚、芳烃或正己烷为溶剂。

使用 NaNO$_2$ 或 KNO$_2$ 作为硝化剂时，一般适合于烷烃的伯、仲溴化物或碘化物，通常使用 DMF 或 DMSO 为溶剂。例如，1-溴辛烷与 NaNO$_2$ 在 DMF 中反应，以 60%的收率制得 1-硝基辛烷。改为相转移催化剂条件下反应后，收率略有提高。

$$CH_3(CH_2)_6CH_2-Br + NaNO_2 \xrightarrow[\text{(60%)}]{\text{DMF}} CH_3(CH_2)_6CH_2-NO_2 + NaBr$$

$$CH_3(CH_2)_6CH_2-Br + NaNO_2 \xrightarrow[\substack{25\sim40℃ \\ \text{(70%)}}]{\text{18-冠-6/CH}_3\text{CN}} CH_3(CH_2)_6CH_2-NO_2 + NaBr$$

α-硝基丙酸乙酯、α-硝基丁酸乙酯和α-硝基异丁酸乙酯等，都可通过如下方法来合成。

4. 氧化法 各种脂肪族伯胺能被二甲基二氧杂环丙烷（DMDO）较快且有效地氧化成相应的硝基化合物，收率很高。

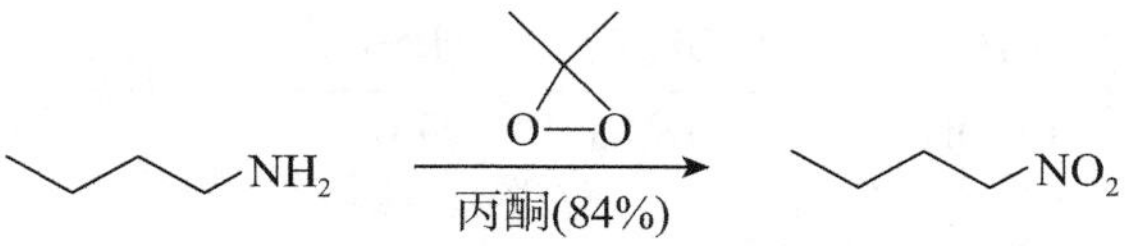

仲烷基伯胺和叔烷基伯胺可以用过氧乙酸氧化成硝基化合物。

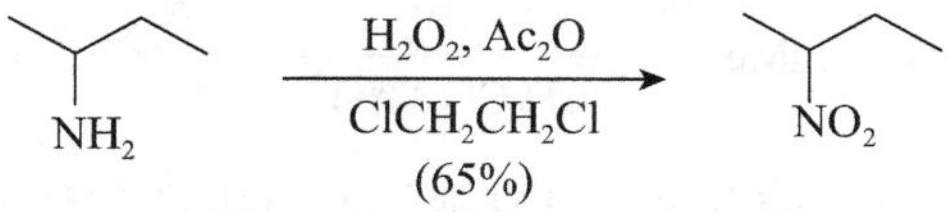

在 1, 2-二氯乙烷或氯仿中，在加热回流的条件下，*m*-CPBA 可将伯烷基和仲烷基伯胺转化成硝基化合物。该方法简单实用，便于操作而且收率较高。例如，2-氨基糖被 *m*-CPBA 氧化成 2-硝基糖衍生物。

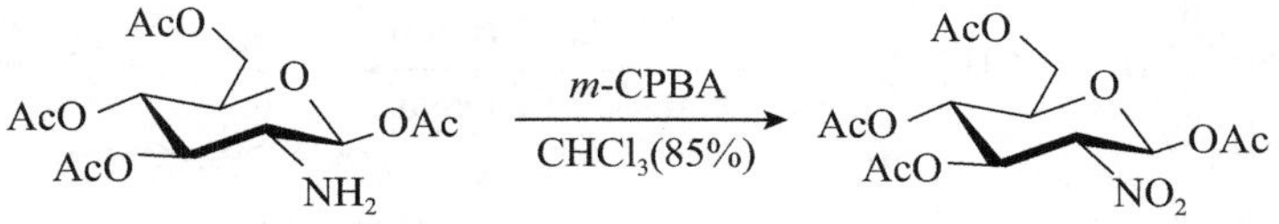

$KMnO_4$ 可将叔烷基伯胺氧化为相应的硝基化合物。例如，2-甲基-2-硝基丙烷可通过 $KMnO_4$ 氧化叔丁胺得到。

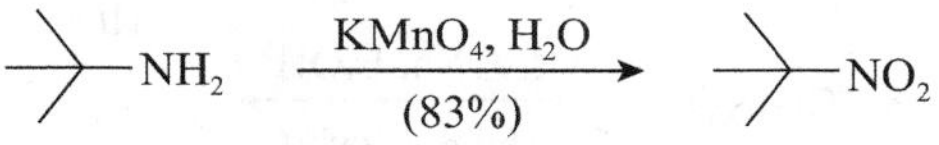

脂肪族亚硝基可被弱氧化剂氧化银氧化为相应的硝基化合物。

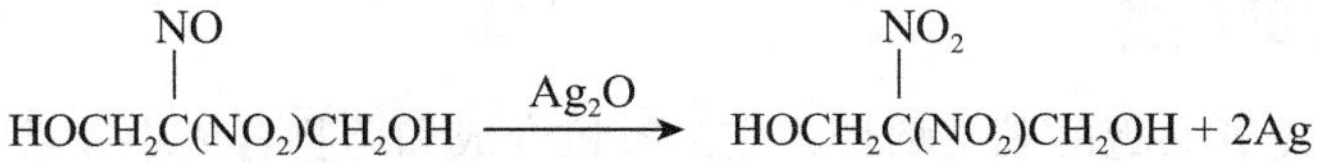

羰基转化为硝基是一种制备硝基化合物的重要方法。这种转化需要经过肟中间体，并使用强的氧化剂如 CF_3CO_3H。反应中无水的 CF_3CO_3H 很难控制，经改进，在乙腈中使用尿素-过氧化氢的混合物和三氟乙酸酐于 0℃下反应，得到过氧三氟乙酸溶液，它能氧化脂肪和芳香醛肟成硝基产物，并且产率较好。过硼酸钠在冰醋酸溶液中可将肟基氧化成硝基，此方法操作简便，可用于酮肟或醛肟的氧化。

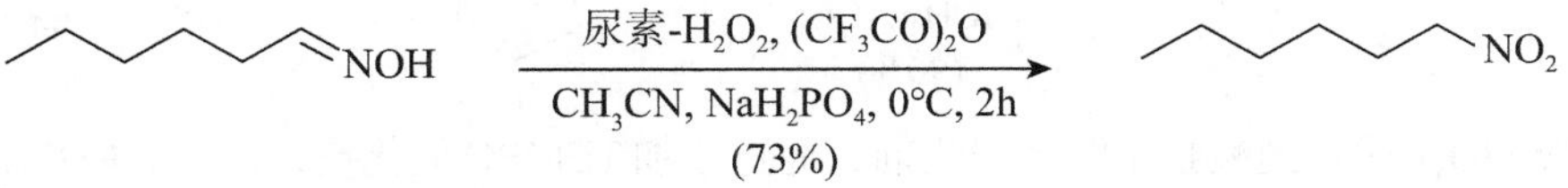

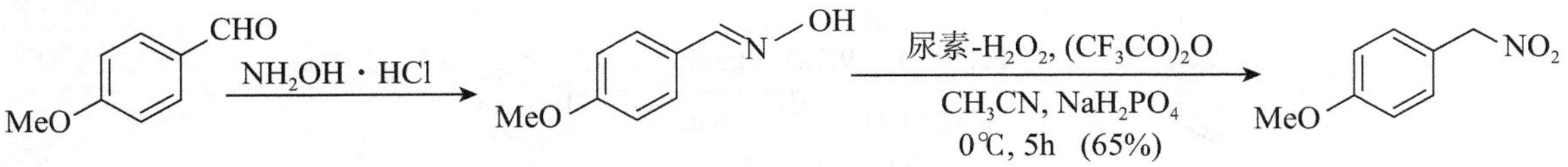

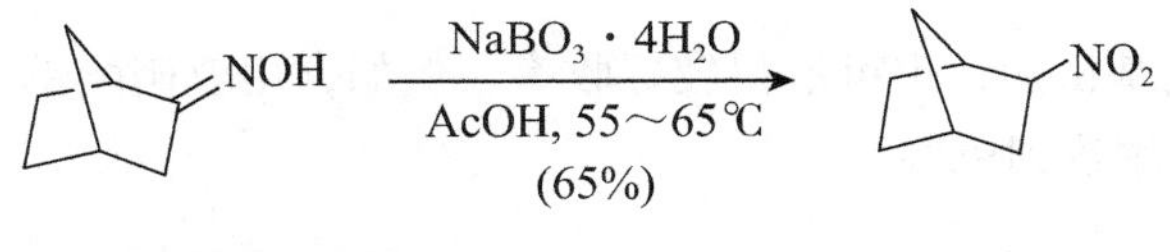

5. 其他方法　氟硼酸硝酰与碳酸银组合使用，以 *N*, *N*-二甲基乙酰胺（DMA）为溶剂，可使仲烷基和叔烷基羧酸发生脱酸硝基化反应，分离收率较好。

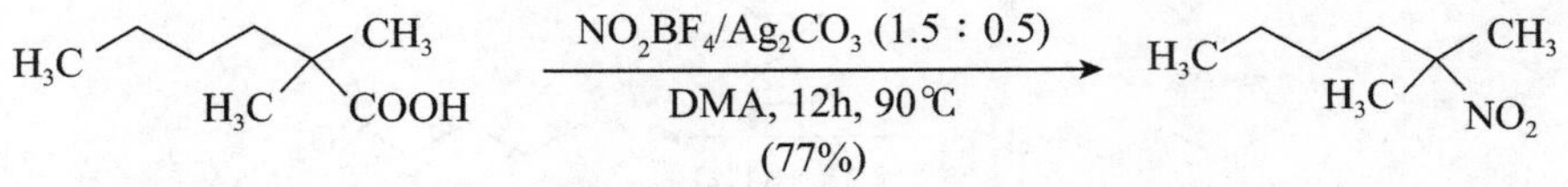

烯丙基硅烷中的硅基可以被硝基取代，是制备3-硝基丙烯的高效方法。

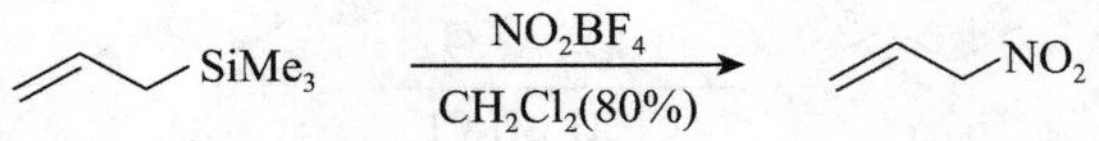

硝基烷烃和羰基化合物之间的缩合反应可以制备 β-硝基醇（Henry反应）。在催化量碱存在的条件下，脂肪醛或芳香醛与硝基烷烃反应，可以得到较高收率的 β-硝基醇，常用的碱包括四甲基胍、DBU、DBN、三乙胺、醇钠、NaOH等。

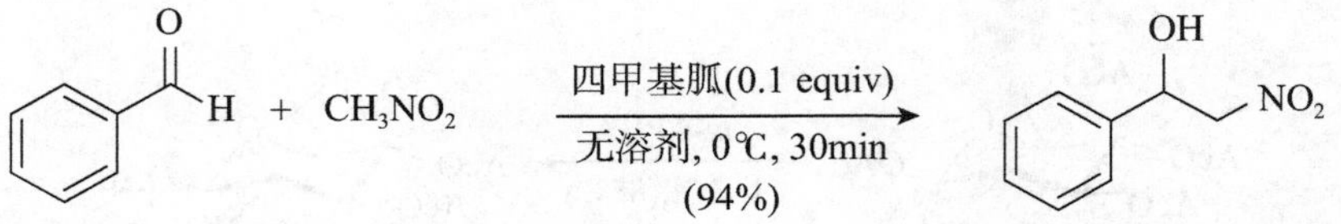

用酮作原料的Henry反应的反应速度很慢，对于空间位阻因素很敏感，并且由于反应物的摩尔比率、碱的种类、温度不同而生成混合物。硝基甲烷反应活性较强，可与酮反应生成 β-硝基醇。

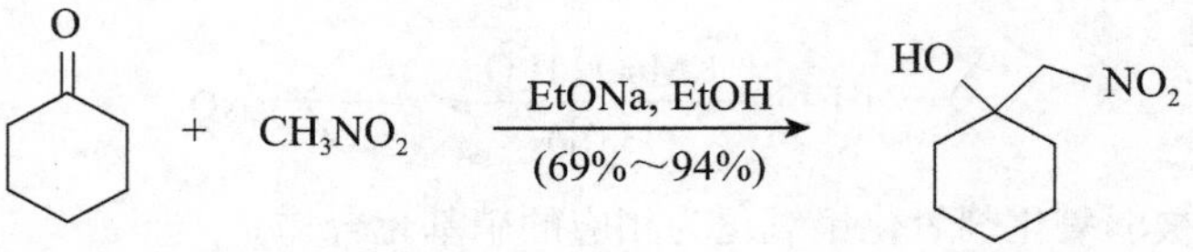

（五）硝基烯烃的制备

烯烃硝化后通常得到共轭的硝基烯烃，它是有机合成和药物合成中非常有用的中间体。烯烃可以用氮氧化物、亚硝酸铁、亚硝酸钠、亚硝酸银、亚硝酸叔丁酯等硝化剂进行硝化，反应通常是依自由基机理进行。最直接的制备硝基链烯烃的方法是通过一氧化氮（NO）与链烯烃反应。使用此方法，芳香族链烯烃和烯丙基化合物的硝化在室温下就能平稳地进行，并具有高区域选择性和较好的收率。

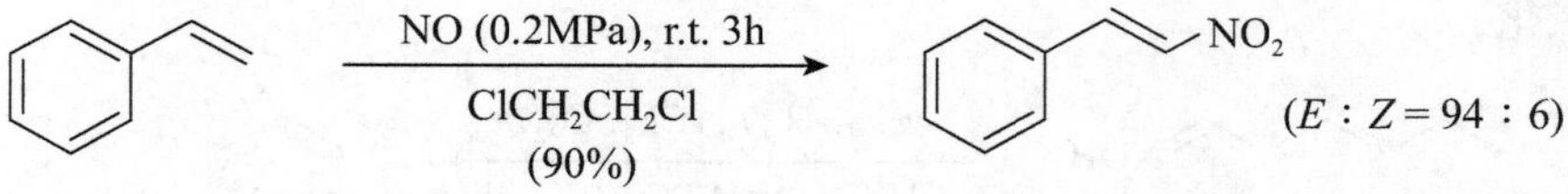

以Fe(NO₃)₃或亚硝酸叔丁酯为硝化剂，通过添加TEMPO催化剂，以较高收率制得末端硝基烯烃，适用于脂肪族和芳香族烯烃化合物。

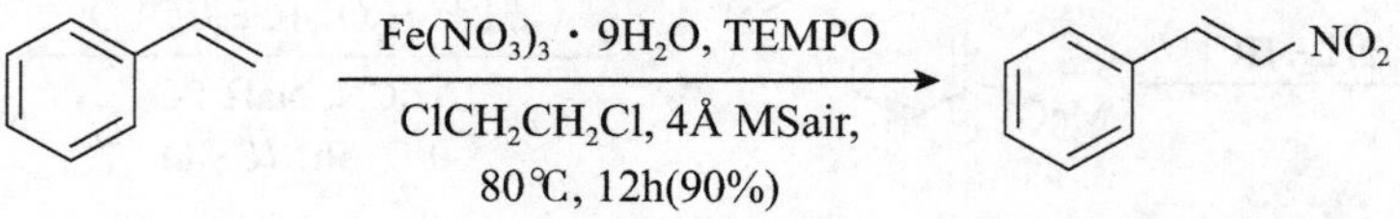

亚硝酸盐作为硝基试剂，也可取得较好收率。例如，用亚硝酸钠和硝酸铈铵可将环己烯转化为1-硝基环己烯，产率达到96%。

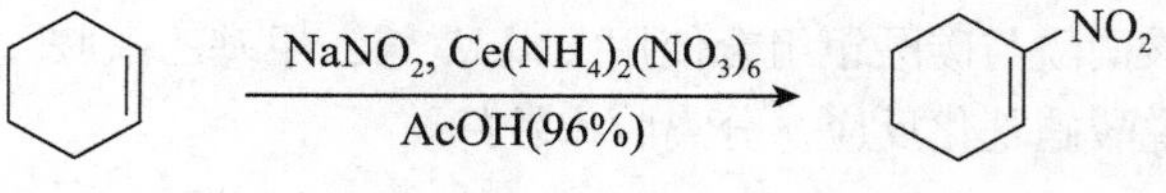

在碘存在下，丙烯酸甲酯与四氧化二氮反应，紧接着用乙酸钠处理制得共轭的硝基烯烃。

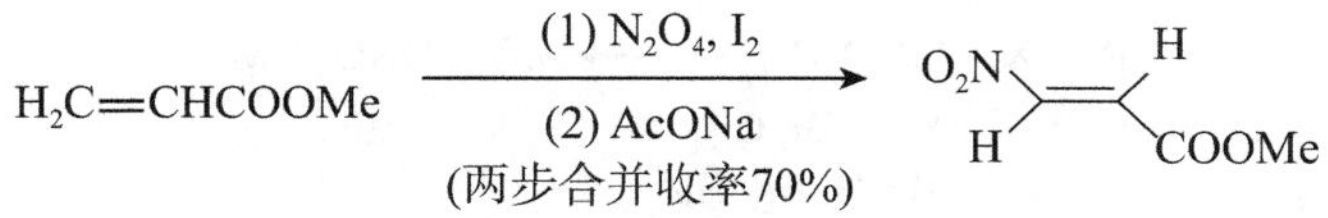

$$H_2C=CHCOOMe \xrightarrow[\substack{(2) \ AcONa \\ (两步合并收率70\%)}]{(1) \ N_2O_4, \ I_2}$$

以亚硝酸叔丁酯为硝化剂，通过添加 TEMPO 催化剂，可以发生脱羧硝化反应，以较高收率制得反式硝化芳基乙烯。

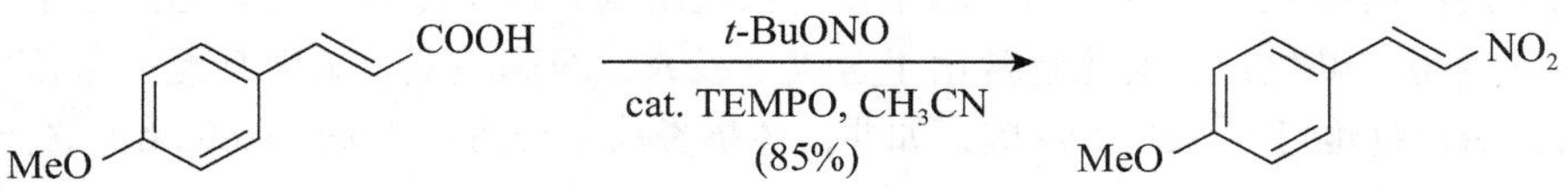

硝酸乙酸酐和环烯硅烷反应，硝酰基取代硅基得到 1-硝基环烯烃。

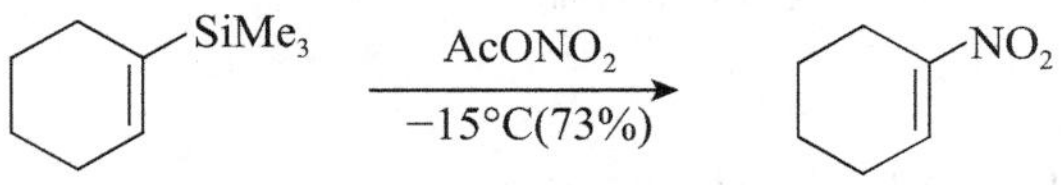

β-硝基醇的脱水是制备硝基烯烃的重要方法。

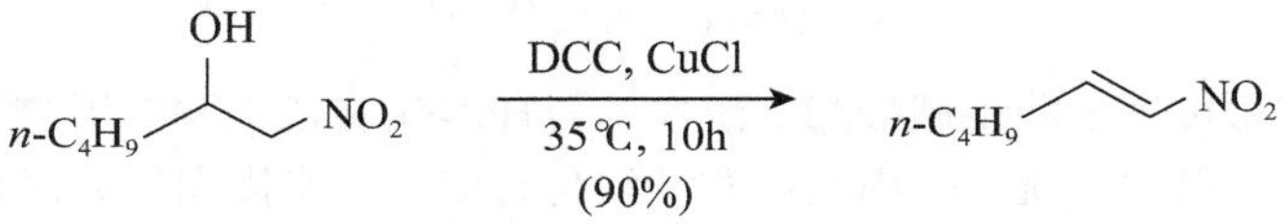

二、O-硝化反应

在有机化合物分子的氧原子上引入硝基的反应称为 O-硝化反应，得到硝基与氧相连的化合物，即硝酸酯。硝酸酯是一种重要的有机化合物，在医药、含能材料、农药、化工等领域有着广泛的用途。在医药领域，硝酸酯作为血管扩张剂来治疗心绞痛。

（一）醇的硝化

1. 反应通式与机理 硝酸参与的 O-硝化反应实质上是酯化反应，反应中脱除一分子水。

$$R-OH + HNO_3 \longrightarrow R-O-NO_2 + H_2O$$

2. 影响因素及应用实例 醇与硝酸或硝硫混酸发生 O-硝化反应，是制备硝酸酯的常用方法，可以较高收率制备一级或二级醇硝酸酯。硝酸-乙酸酐、硝酸-乙酸酐-有机溶剂也是可以选用的硝化剂体系。多元醇的多元硝酸酯也可用硝酸酯化的方法来制备。例如，硝酸异山梨酯（isosorbide dinitrate）的合成。

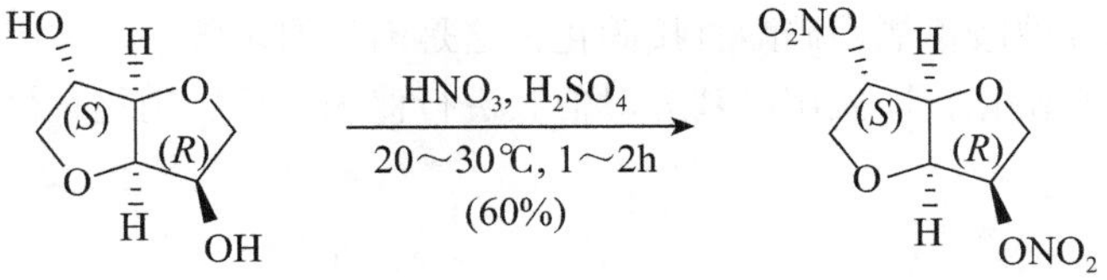

（二）卤代烃的取代反应

1. 反应通式与机理 卤代烃与硝酸根阴离子发生亲核取代反应，在底物分子中引入—ONO_2 官能团，是制备硝酸酯的经典方法。

$$nR-X + M(ONO_2)_n \longrightarrow nR-ONO_2 + MX_n$$

X= I, Br, Cl
M= H, Ag, Hg
n= 1, 2

2. 影响因素及应用实例 硝酸银与卤代烃的亲核取代反应可用来制备相应的硝酸酯。由于硝酸银在乙腈中的溶解度较大，经常选择乙腈作为反应溶剂，许多硝酸酯可以通过这个方法以中等到较好的收率制得。碘化物、溴化物常用于合成一级或二级硝酸酯，烯丙基氯或苄氯也可用于此反应。有时伯氯代物也可与AgNO$_3$反应，如非甾体抗炎药萘普西诺（naproxcinod）的合成。

硝酸亚汞或硝酸汞可用于制备硝酸酯。溴代烷与HgNO$_3$在乙二醇二甲醚中反应，生成醇的副反应被遏制，一级和二级溴代烷、烯丙基溴和苄溴化合物、α-溴代酮与α-溴代羧酸酯都能顺利反应，硝酸酯产率一般＞85%。

$$CH_3-(CH_2)_8-Br + HgNO_3 \xrightarrow[-HgBr\ (99\%)]{\text{乙二醇二甲醚}} CH_3-(CH_2)_8-ONO_2$$

三、N- 硝化反应

在有机化合物分子的氮原子上引入硝基的反应称为N-硝化反应。生成的N-硝基化合物称为硝胺。硝胺类化合物稳定性较差，常用于含能材料。芳香胺类氮原子的硝化已在本章第二节芳烃的硝化部分介绍过，本节仅讲述脂肪胺的硝化。

胺类的硝化反应与芳烃的硝化反应存在明显的差异。胺的氮原子具有未共用电子对，容易与正离子结合，因此胺类的反应活性大，容易硝化，但是也容易氧化，并且胺的硝化表现为可逆反应，即发生硝化反应的同时也发生脱硝基和水解反应，所以对于不同类型的胺，需要采用不同的硝化剂和不同的硝化条件。

（一）脂肪族伯胺的硝化

一般来讲，脂肪族伯胺不能用硝酸直接硝化，这是因为伯硝胺中间体不稳定、易分解，所以常采用间接的方法进行硝化，即先用酰基等对伯胺进行保护，然后硝化，最后水解脱除酰基，制得硝胺。

脂肪族伯胺可以采用碱性硝化法，但是只能达到中等的收率。例如，N-硝基正丁胺的合成。

$$\diagdown\diagdown\diagdown NH_2 \xrightarrow[\substack{(2)\ C_2H_5ONO_2 \\ (49\%)}]{(1)\ n\text{-BuLi, hexane}} \diagdown\diagdown\diagdown NH-NO_2$$

（二）脂肪族仲胺的硝化

因为仲硝胺在强酸介质中比伯硝胺要稳定得多，所以仲胺可以直接用硝酸/乙酸酐体系进行硝化。碱性较弱的仲胺可以直接硝化得到相应的硝胺。仲胺的碱性越强，硝化生成硝胺的得率越低。例如，亚胺基双乙腈 [HN(CH₂CN)₂] 可硝化得仲硝胺，收率为93%，而碱性较强的哌啶的硝化收率仅有22%。

因为强碱性仲胺与硝酸形成铵盐，它们不能直接硝化，但在反应体系中有氯化物存在就可以发生硝化反应。例如，哌嗪的二硝酸盐在氯化锌的催化下，可以较高收率制得1,4-二硝基哌嗪。反应机理推测是R₂NH反应生成氯胺（R₂NCl）中间体，氯胺被硝化成硝胺。

$$NO_3^{\ominus}\ H_2\overset{\oplus}{N}\diagup\diagdown\overset{\oplus}{N}H_2\ NO_3^{\ominus} \xrightarrow[ZnCl_2]{HNO_3,\ Ac_2O} O_2N-N\diagup\diagdown N-NO_2$$

氟硼酸硝酰（$NO_2^+BF_4^-$）在脂肪族仲胺的硝化中显示出较好的性能。

$$\begin{matrix} R \\ R' \end{matrix}\diagup NH \xrightarrow[EtOAc]{NO_2^+BF_4^-} \begin{matrix} R \\ R' \end{matrix}\diagup N-NO_2$$

R = R′:—CH₂CH₃ (92%)
R = R′:—(CH₂)₂CN (98%)
R = R′:—CH₂—CH—CH₃ (97%)
　　　　　　　　|
　　　　　　　NO₂
R = R′:—CH₂—C(CN)₃ (74%)

（三）硝解反应

氮原子上带有甲酰基、乙酰基、亚硝基、叔丁基、苄基等基团时均能发生硝解反应，生成硝胺。硝解反应和一般的硝化取代反应最大的不同点在于，在硝解反应进行的同时，存在C—N键的断裂。硝解反应一般在浓硝酸或硝酸/乙酸酐/乙酸介质中进行。例如，猛性炸药奥克托今（HMX，环四亚甲基四硝胺）的制备中酰胺键断裂，生成了仲硝胺。

$$\text{（结构式）} \xrightarrow[(68\%)]{HNO_3,\ SO_3} \text{（结构式）} + 4CH_3CO_2H$$

脂环族叔胺的硝解反应常用于制备硝胺类含能化合物。例如，乌洛托品的硝解反应。乌洛托品在 HNO₃/(AcO)₂O/NH₄NO₃/CH₃COOH 的试剂组合下，44℃反应1小时，主要生成奥克托今；在同样的试剂组合下，于65℃反应1小时，主要生成炸药黑索金（RDX，环三甲基三硝胺）；而在HNO₃/(AcO)₂O/CH₃COOH组合下，室温反应18小时，得到线型的单硝胺和三硝胺乙酸酯。

HMX　　RDX

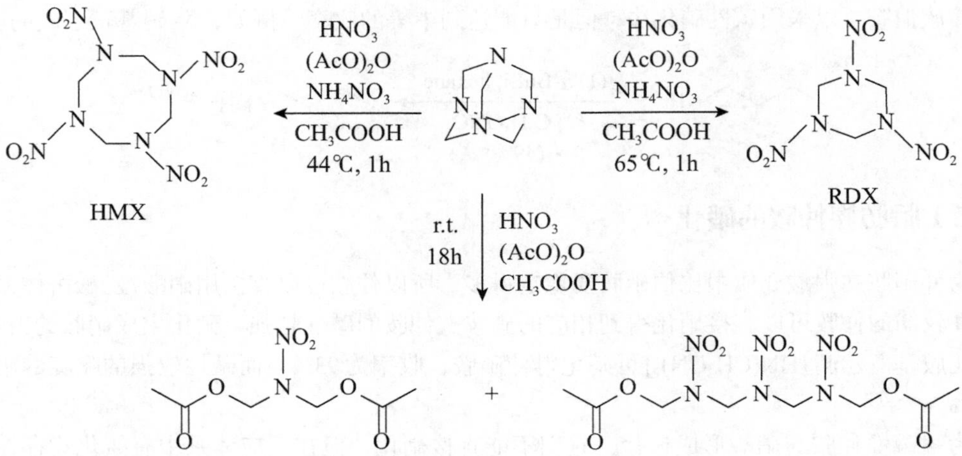

第三节　亚硝化反应

在有机化合物分子中引入亚硝基（—NO）的反应称为亚硝化反应（**nitrosation reaction**）。该反应可用于制备*C*-亚硝基化合物、亚硝胺、亚硝酸酯等。

一、*C*-亚硝化反应

1. 反应通式与机理　本节主要讲述芳香族化合物的亚硝化反应。常用的亚硝化剂有亚硝酸（亚硝酸盐与酸反应生成）和亚硝酸酯。在反应中，亚硝化剂生成活性亚硝化物种，即亚硝基正离子$NO^{\oplus}$。

$$NaNO_2 + HCl \rightleftharpoons HO{-}NO + NaCl$$

$$HO{-}NO + H^{\oplus} \rightleftharpoons H_2O + {}^{\oplus}N{=}O$$

$$R{-}O{-}NO + H^{\oplus} \rightleftharpoons R{-}\overset{\oplus}{\underset{H}{O}}{-}NO \longrightarrow ROH + {}^{\oplus}N{=}O$$

$$ArH + NaNO_2 + HCl \longrightarrow ArNO + NaCl + H_2O$$

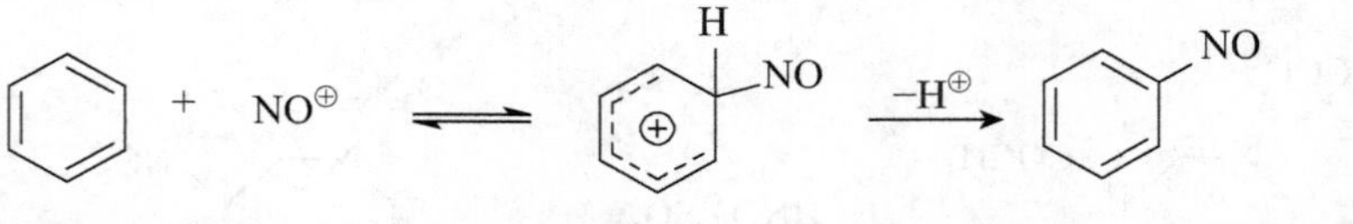

2. 影响因素及应用实例　因为亚硝酸很不稳定，受热易分解，所以亚硝化反应一般需要控制在室温或更低的温度。通常先将亚硝酸盐与亚硝化底物混合，然后加入酸液。采用的酸包括硫酸、盐酸、乙酸等。如使用亚硝酸酯，也可在有机溶剂中进行亚硝化反应。

$NO^{\oplus}$的亲电能力弱于$NO_2^{\oplus}$，它只能与含有第一类定位基的芳环或其他电子云密度大的碳原子发生反应，即主要与酚类、芳叔胺、富电子芳杂环及具有活泼氢的脂肪族化合物发生反应，生成相应的亚硝基化合物。

亚硝化底物均为电子云密度大的碳原子或负离子，如以下两个化合物可离解成相应的碳负离子，并进一步发生亚硝化反应。

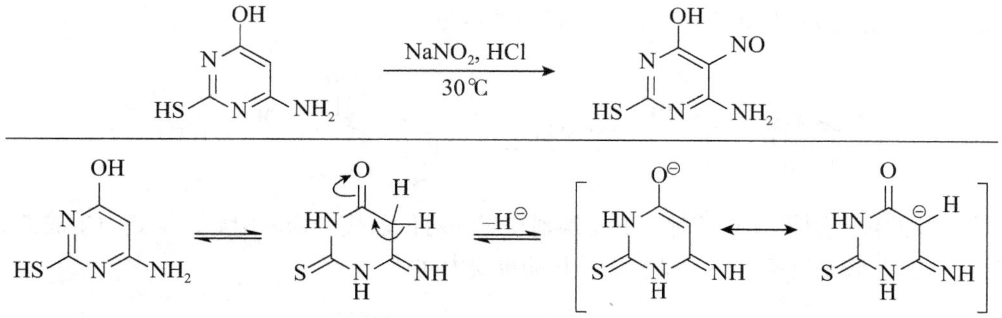

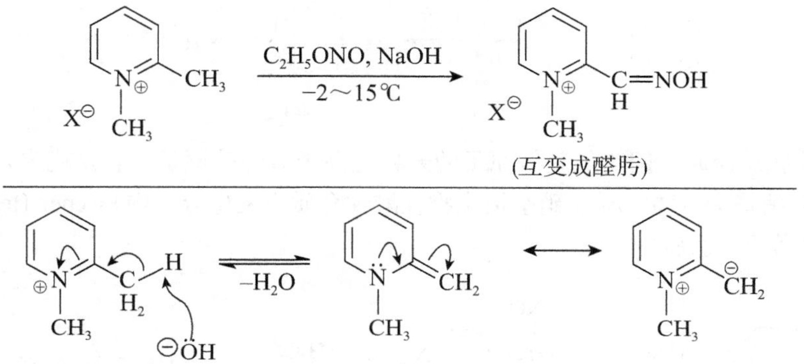

向酚类环上的碳原子引入亚硝基，主要得到对位取代产物；若对位已有取代基，也可在邻位取代。苯酚在酸性溶液中与亚硝酸反应，生成对亚硝基苯酚。对亚硝基苯酚存在亚硝基和醌肟的互变形式，其可用于合成解热镇痛药对乙酰氨基酚，也是制备硫化蓝染料的重要中间体。

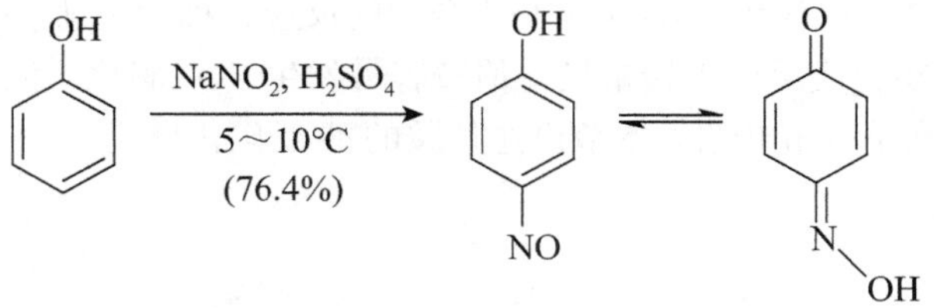

某些对位有取代基的酚在亚硝化时，加入二价重金属盐，使其形成邻亚硝基酚的配合物，有利于进行邻位亚硝化。

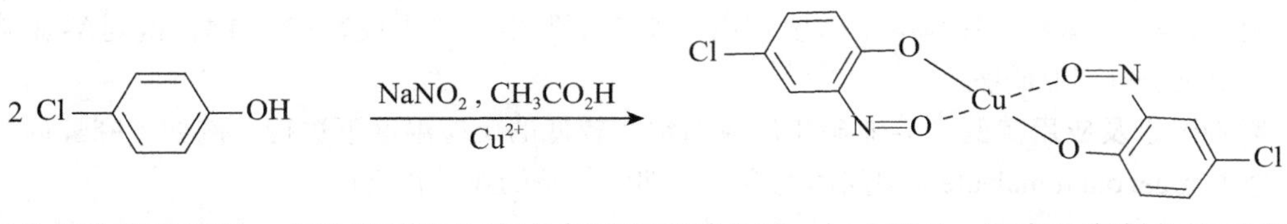

对位无取代基的酚，在采用羟胺/过氧化氢进行亚硝化时，加入铜盐，可高收率制备邻亚硝基酚。

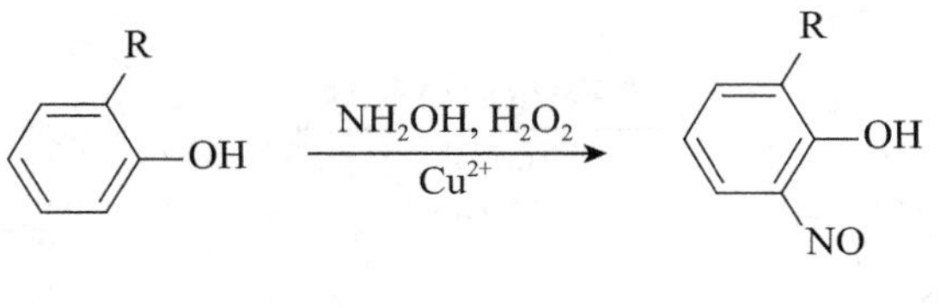

2-萘酚的亚硝化反应发生在电子云密度较高的 α-位。

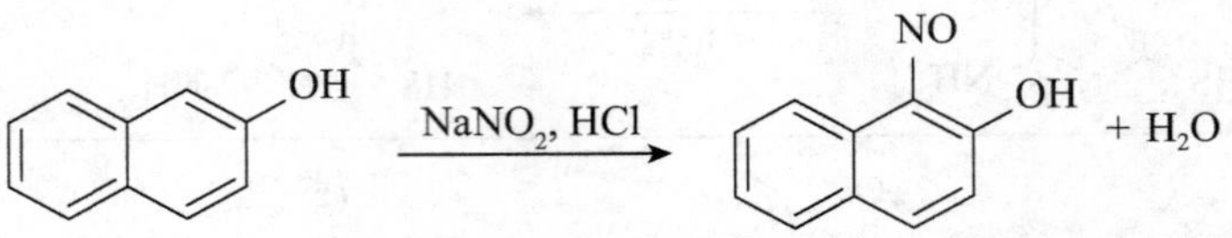

向芳叔胺的环上引入亚硝基时，主要得到相应的对位取代产物。例如，下式中生成的对亚硝基-N,N-二甲基苯胺是制备医药、染料、香料的重要中间体。

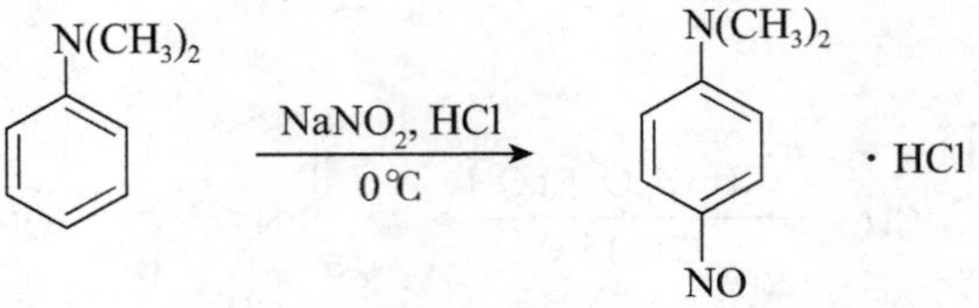

亚硝酸与芳仲胺反应时，因为氨基氮原子的亲核性高于芳环碳原子，总是优先发生 N-亚硝基化反应，生成 N-亚硝基衍生物。N-亚硝基衍生物在酸性介质中发生分子内 Fischer-Hepp 重排反应，最终生成对亚硝基芳香二级胺。

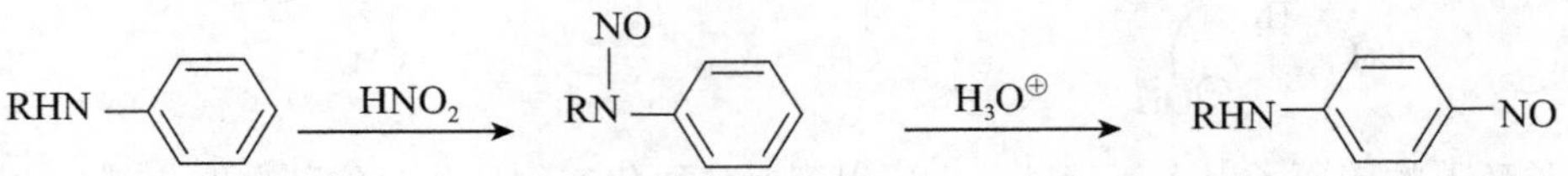

二、N-亚硝化反应

胺与亚硝化剂发生亲电取代生成 N-亚硝基化合物的反应，称为 N-亚硝化反应，其产物为亚硝胺。N-亚硝化反应在药物合成反应中较常见。伯胺容易发生 N-亚硝化，但通常会进一步反应得到重氮盐，重氮化反应将在下一节介绍。本节讲述仲胺的 N-亚硝化反应。

1. 反应通式与机理

常用的 N-亚硝化剂有亚硝酸（亚硝酸盐+酸）、亚硝酸酯、亚硝鎓盐等。在反应中，亚硝化剂生成亚硝基正离子 $NO^{\oplus}$，其与电子密度较高的氮原子发生反应生成 N—NO 键，得到 N-亚硝基铵盐，然后脱质子得到亚硝胺。

2. 影响因素及应用实例　N-亚硝化反应通常在较低的反应温度下进行。例如，麻醉剂马来酸咪达唑仑（midazolam maleate）中间体的合成，即为仲胺的亚硝化反应。

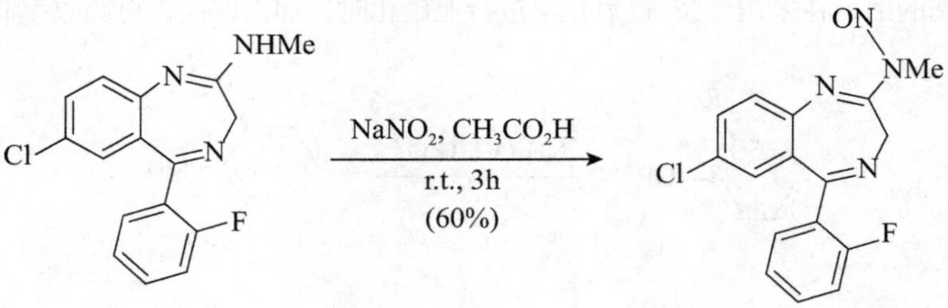

又如，抗肿瘤药盐酸尼莫司汀（nimustine hydrochloride）的 N- 亚硝基关键中间体的制备，其氨基甲酸酯原料在低于10℃的水溶液中用亚硝酸可顺利进行酰胺氮原子的亚硝化。

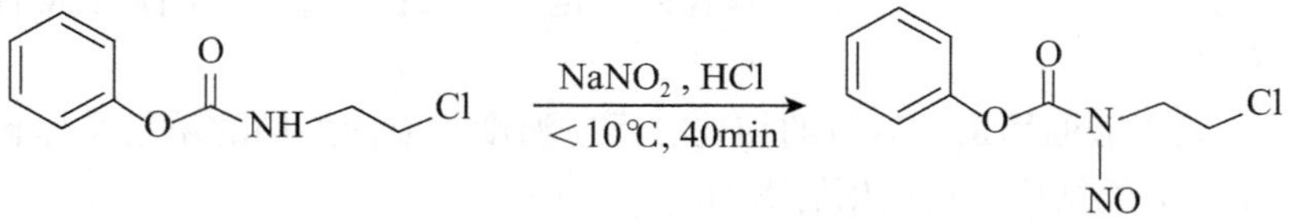

第四节　重氮化反应

重氮化反应（diazotization reaction）是指含有伯胺基的有机化合物与亚硝酸作用生成重氮盐的反应。本节主要学习芳香重氮盐的制备及芳香重氮盐的后续反应。

一、重氮盐的制备和性质

芳香族和芳杂环的伯胺都可进行重氮化反应。

1. 反应通式与机理　重氮化的反应方程式如下：

$$R—NH_2 + NaNO_2 + 2HCl \longrightarrow R—N_2^{\oplus}Cl^{\ominus} + NaCl + 2H_2O$$

质子化的亚硝酸解离生成的亚硝基正离子是重氮化反应的活性物种，重氮盐通过共振体稳定，其反应机理如下：

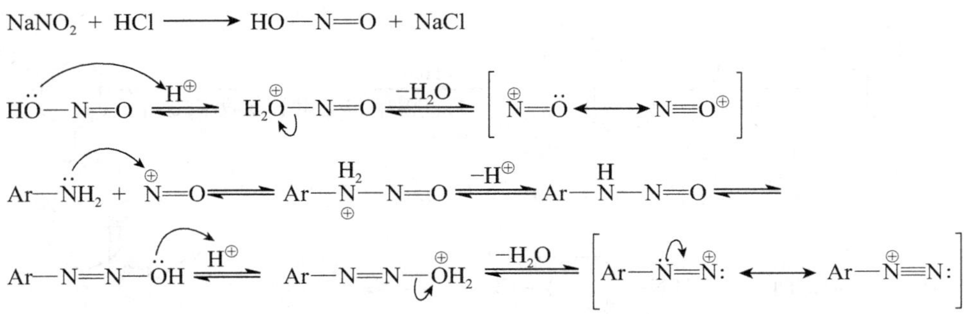

从上面反应式可以看出，理论上1mol芳香胺重氮化时需要消耗2mol一元酸，其中1mol酸与亚硝酸钠反应生成亚硝酸，另外1mol酸要参与反应生成重氮盐，同时酸还要与芳香胺成盐，增大其在水中的溶解度，以便于形成均相反应，因此实际反应时酸的用量远大于理论量，最少不低于2.5mol，经常要达到3～4mol。如果酸度不够，生成的重氮盐很容易与芳香胺反应生成重氮氨基副产物。

2. 影响因素与应用实例　重氮化试剂在一般情况下是由亚硝酸钠与盐酸作用产生的亚硝酸。除盐酸外，也可使用硫酸、高氯酸、氟硼酸、六氟磷酸等。绝大多数的重氮盐易溶于水，不溶于有机溶剂，其水溶液能导电，但氟硼酸盐、氟磷酸盐及含有1个磺酸基的重氮化合物在水中的溶解度很低。有时也使用亚硝酸酯作为重氮化试剂，如亚硝酸叔丁酯、亚硝酸异戊酯等，该法通常是将芳伯胺盐溶于醇、冰醋酸、DMF等中，再以亚硝酸酯进行重氮化。

芳环上取代基不同，其重氮盐的制备方法会有所区别，所生成的芳基重氮盐性质也不同。芳胺的碱性越强，越容易重氮化，其重氮盐也比较不稳定。温度高时重氮化反应速度快。在水溶液中进行的重氮化一般控制在5℃以下进行，操作时间也不宜太长。重氮盐制备后应保持在低温的水溶液中，并尽快使用。

重氮化反应受无机酸的用量、芳胺的结构、反应温度、亚硝酸钠的用量及加料顺序等因素的影响。本节主要讲述芳胺结构对重氮化的影响。

（1）芳伯胺碱性强弱对重氮化反应的影响　碱性较强的芳伯胺，包括芳环上含有甲基、甲氧基等供电子基团的芳伯胺、单卤素取代的芳伯胺及富电子芳杂环伯胺，其重氮化方法通常是先在室温将芳伯胺溶解于稍过量的稀盐酸或稀硫酸中，冷却至一定温度，然后向酸溶液中慢慢加入亚硝酸钠水溶液，直到亚硝酸钠稍微过量为止，此法通常称为正重氮化法。

碱性较弱的芳伯胺，包括芳环上连有1个强吸电子基团（如硝基、氰基、羰基、羧基等）的芳伯胺及芳环上含有2个以上卤素原子的芳伯胺等，其重氮化方法通常是先将这类芳伯胺溶解于过量、浓度较高的无机酸中（可加热促进溶解），然后降温至一定温度，使大部分铵盐以很细的沉淀析出，随后迅速加入稍过量的亚硝酸钠水溶液进行重氮化，以避免新生成的重氮盐与尚未重氮化的游离芳伯胺相作用生成重氮氨基化合物。另一种重氮化方法是将碱性较弱的芳伯胺与浓盐酸或浓硫酸（通常用量为2～2.5mol）一起研磨成糊状，向其中加入碎冰，然后立即加入稍过量的亚硝酸钠水溶液，搅拌至反应结束。例如，2, 4-二氯苯胺的重氮化-氟代反应即采用第二种方法。

副产物

碱性很弱的芳伯胺，包括芳环上连有2个或2个以上的强吸电子基团的芳伯胺，如2, 4-二硝基苯胺、2, 4-二溴-4-硝基苯胺、2, 4, 6-三溴苯胺等，其碱性很弱，在稀酸中不溶，但是可溶于浓酸。此类芳伯胺可在浓硫酸、浓硫酸/磷酸混酸或者乙酸中进行重氮化，并经常使用亚硝酰硫酸作为重氮化试剂。例如，2, 4-二硝基苯胺的重氮化是将其加入到微过量的亚硝酸钠的浓硫酸溶液中进行，此时的重氮化试剂是亚硝酰硫酸。对于2, 4-二溴-4-硝基苯胺，先将其溶于浓硫酸中，冷却至一定温度，在低温下向胺溶液中加入亚硝酸钠的浓硫酸溶液，然后加入浓磷酸促进重氮化反应进行。

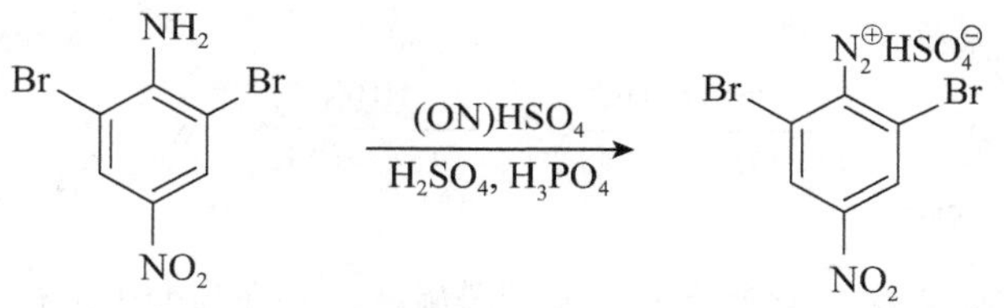

（2）芳环上磺酸基或者羧基取代对芳伯胺重氮化反应的影响　芳环上连有磺酸基的芳胺，包括苯系和萘系的单氨基单磺酸、二氨基二磺酸等。对氨基苯磺酸的重氮化方法是先将对氨基苯磺酸的钠盐与微过量的亚硝酸钠配成混合水溶液，然后将此碱性溶液加入到冷的稀无机酸中，这种重氮化方法称为反重氮化法。生成的苯磺酸重氮盐不溶于水，可以过滤出来。

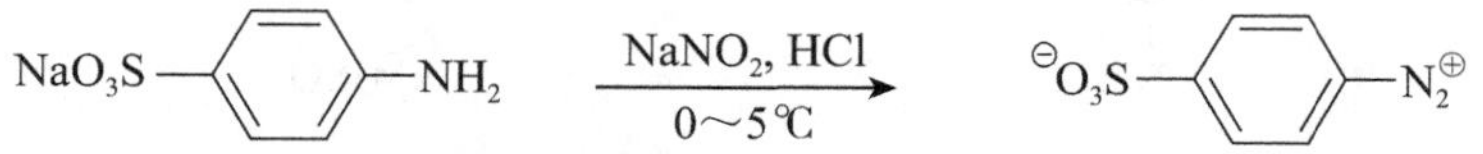

芳环上连有卤素的一些氨基芳酸，如3,5-二氯-2-氨基苯甲酸、5-溴-2-氨基苯甲酸、2-氨基-5-碘苯甲酸等的重氮化也采用反重氮化法。例如，2-氨基-5-碘苯甲酸的重氮化-氢置换反应。

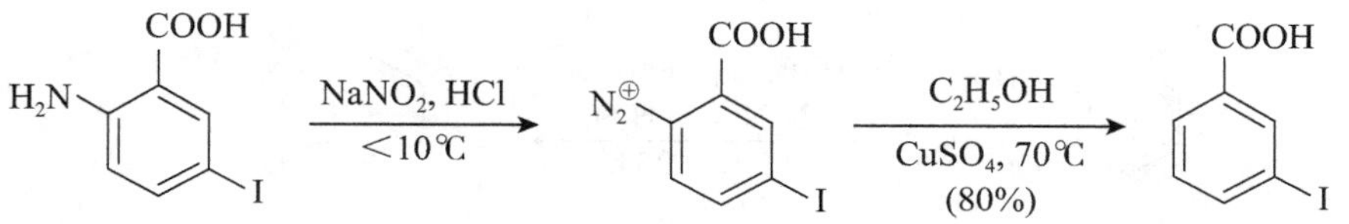

4-氨基甲苯-3-磺酸的重氮化方法是先将其与水混合，加入微过量的氢氧化钠使其转变成钠盐而溶解，然后冷却下加入稀硫酸使4-氨基甲苯-3-磺酸成细小结晶析出，接着加入冷的过量的稀硫酸，再加入微过量的亚硝酸钠水溶液，反应结束后滤出重氮盐结晶，备用。2-萘胺-1-磺酸的重氮化也采用这种方法。

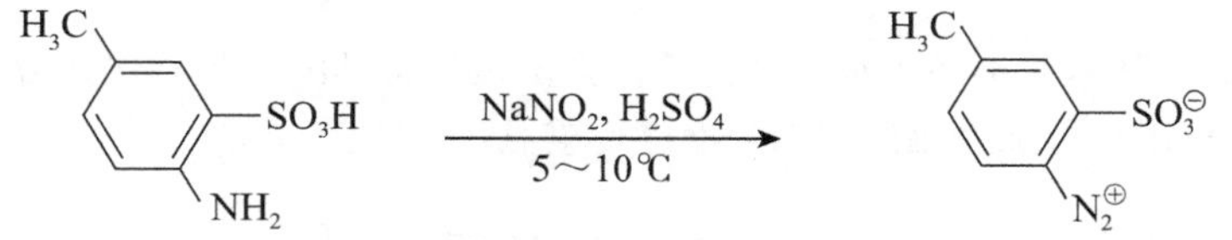

（3）二元芳伯胺的重氮化反应　二元芳伯胺是指在芳环上有两个氨基的化合物，包括邻苯二胺、间苯二胺和对苯二胺等。在一般重氮化反应条件下，邻苯二胺在一个氨基重氮化后，分子内第二个氨基的偶合速度比其重氮化快，因此生成的产物主要是苯并三氮唑化合物。而在乙酸中，邻苯二胺与亚硝酰硫酸可发生双重氮化反应。

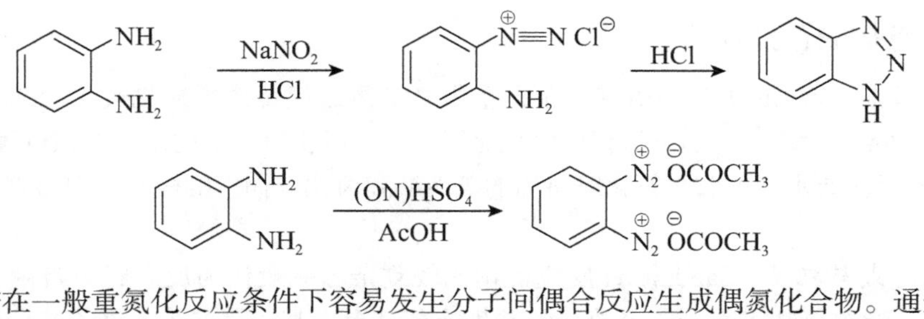

间苯二胺在一般重氮化反应条件下容易发生分子间偶合反应生成偶氮化合物。通过控制反应温度（−15～−12℃）及使用氟硼酸，可降低偶合副反应的发生，以较高收率实现间苯二胺的双重氮化。

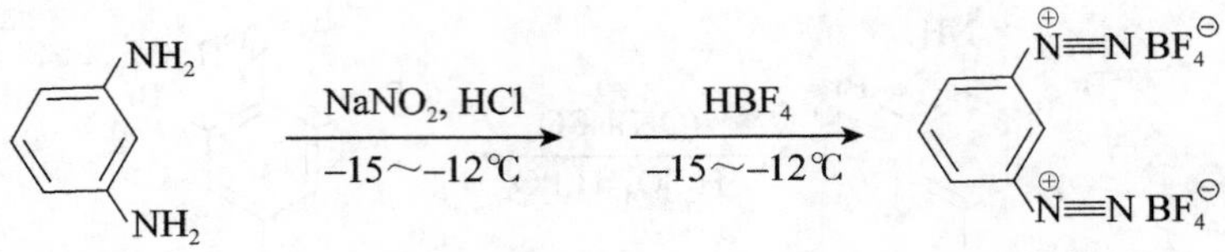

对苯二胺类化合物的双重氮化通常使用亚硝酰硫酸，并在强酸中进行。例如，对苯二胺在磷酸和硫酸混合物中，用亚硝酰硫酸处理可生成双重氮化产物。

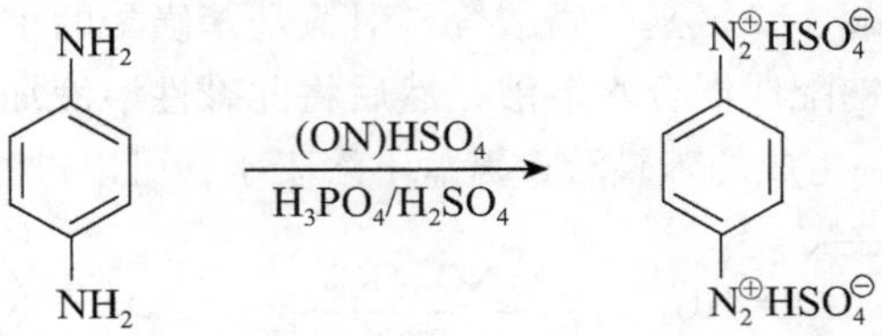

（4）氨基酚类化合物的重氮化　含邻位酚羟基的芳伯胺在重氮化时会发生分子内环化反应，常规的重氮化方法不能制得邻氨基苯酚的重氮盐。在六氟磷酸溶液中进行重氮化，各种氨基苯酚都可取得较好的效果，如邻氨基苯酚的重氮盐收率可达67%。

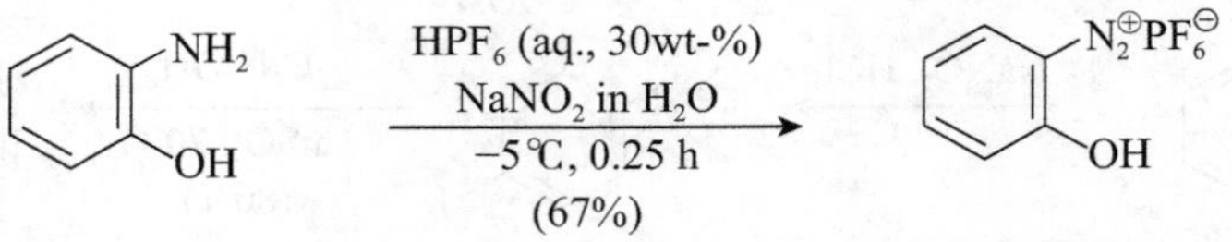

对氨基苯酚经重氮化-卤代反应或水解反应，可制得对碘苯酚、对氟苯酚、对苯二酚等，收率中等到较好。

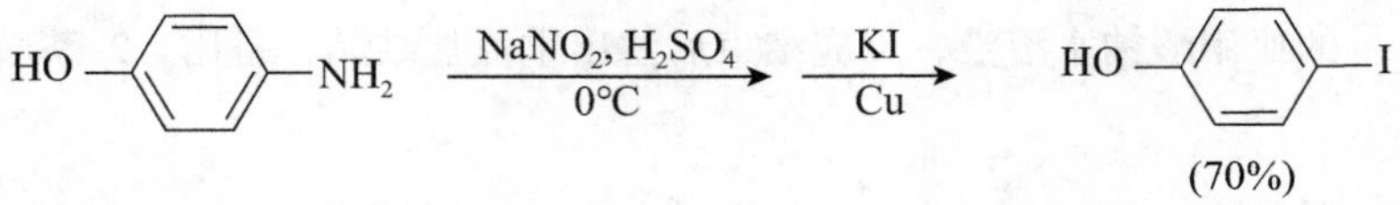

2-氨基-4,6-二硝基苯酚不溶于水，其重氮化方法是先将其溶于氢氧化钠溶液，然后加入盐酸使其以极细的颗粒析出，再加入亚硝酸钠溶液进行重氮化。

二、重氮盐的应用

重氮盐不稳定，具有很高的反应活性，可发生取代、还原、偶联、水解等反应。其中重要的反应有两类：一类是重氮基被其他官能团置换，同时放出氮气；另一类是经偶合、还原反应，重氮盐转化为偶氮化物或肼。

（一）重氮盐的置换反应

1. 卤置换反应　在CuCl或CuBr促进下，重氮基被氯或溴置换生成氯代芳烃或溴代芳烃的反应，被称为Sandmeyer反应。以Cu粉替换卤化亚铜，也可以获得类似的结果，该过程被称为Gattermann反应，此反应要求芳伯胺重氮化时所用的氢卤酸和卤化亚铜中的卤原子都与将要引入芳环上的卤原子相同。

（1）反应通式与机理　Sandmeyer反应机理比较复杂，一般认为反应经历自由基历程。第一步，亚铜离子还原重氮盐正离子，释放氮气并生成芳基自由基；第二步，该芳基自由基夺取卤化铜中的卤原子生成卤代芳烃，并使卤化铜还原再生。

$$ArN_2^{\oplus} Cl^{\ominus} \xrightarrow{CuCl} ArCl + N_2 \uparrow$$

自由基历程

$$ArN_2^{\oplus}X^{\ominus} + CuX \longrightarrow Ar \cdot + N_2 + CuX_2$$

$$Ar \cdot + CuX_2 \longrightarrow ArX + CuX$$

（2）影响因素及应用实例　芳环上的吸电子取代基有利于反应进行。芳基重氮盐发生 Sandmeyer 反应生成氯代芳烃、溴代芳烃的反应速率随取代基由快到慢的顺序如下：—O_2N＞—Cl ＞—H＞—CH_3＞—CH_3O。

例如，对氯甲苯由对甲基苯胺经重氮化、氯代反应制得，其是治疗精神紧张的药物氯美扎酮的中间体。

使用碘化钾、碘化钠作为碘化试剂，在无促进剂的情况下，重氮基被碘置换生成碘代芳烃，收率较好。其反应历程可能是兼有离子型和自由基型的亲核置换反应过程，碘负离子亲核能力很强，但是真正的进攻试剂可能是原位生成的 I_3^-。

芳伯胺形成的四氟硼酸重氮盐水溶性很小，在反应液中会沉淀析出。将生成的沉淀过滤收集后，水洗、醇洗，真空干燥后再经高温加热，其重氮基被氟置换得到氟代芳烃，此反应称为希曼反应（Schiemann 反应）。反应中的氟硼酸盐也可以被六氟磷酸盐代替。例如，非甾体抗炎药二氟尼柳中间体间二氟苯的合成。

2. 氢置换反应　重氮盐与适当的还原剂反应，可将重氮基置换为氢并释放出氮气，常用的氢源包括乙醇、丙醇、次磷酸。该反应也被称为脱氨基反应。该反应属于自由基反应，Cu^{2+} 和 Cu^+ 对脱氨基反应有促进作用。在加热条件下，重氮盐分解释放氮气和芳基自由基，然后被醇或次磷酸还原。

$$Ar—N_2^{\oplus}X^{\ominus} + CH_3CH_2OH \longrightarrow Ar—H + CH_3CHO_3 + HX + N_2 \uparrow$$

$$Ar—N_2^{\oplus}X^{\ominus} + H_3PO_2 + H_2O \longrightarrow Ar—H + H_3PO_3 + HX + N_2 \uparrow$$

3. 羟基置换反应　当将重氮盐在酸性水溶液中加热时，重氮基被羟基置换生成酚，该反应也被称为重氮盐的水解反应。重氮盐的水解属于 S_N1 反应机理。

（1）反应通式与机理　首先重氮盐分解为芳基正离子，然后与 H_2O 发生亲核取代反应，快速生成质子化的酚，最后脱质子完成反应。

$$Ar—N_2^{\oplus}X^{\ominus} \xrightarrow{\text{慢}} Ar^{\oplus} + X^{\ominus} + N_2\uparrow$$

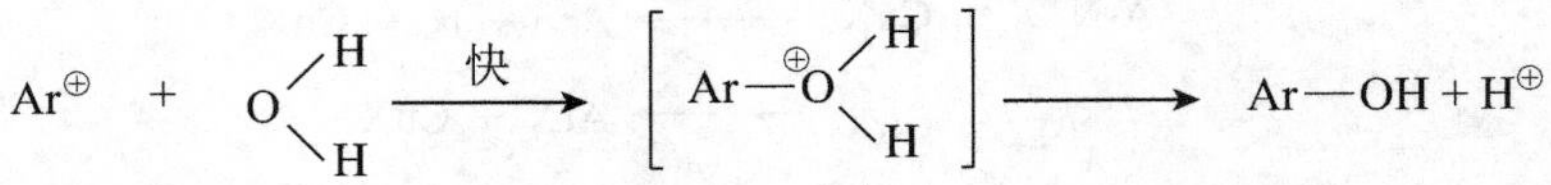

$$Ar^{\oplus} + \underset{H}{\overset{H}{O}} \xrightarrow{\text{快}} \left[Ar—\overset{\oplus}{\underset{H}{O}}\overset{H}{} \right] \longrightarrow Ar—OH + H^{\oplus}$$

（2）影响因素及应用实例   为避免芳基正离子与卤负离子反应生成卤化副产物，芳伯胺的重氮化要在稀硫酸溶液中进行。

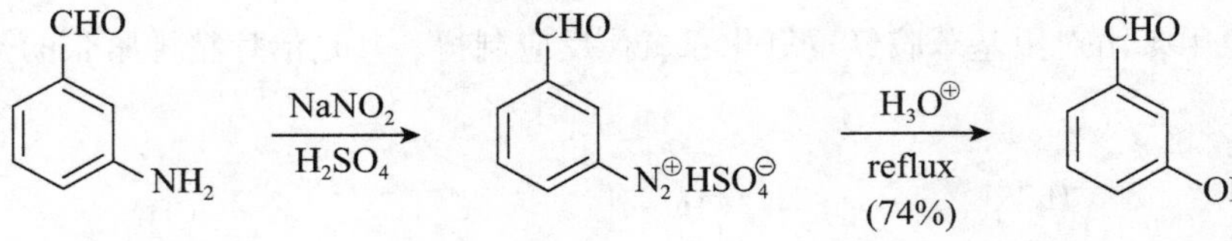

4. 其他置换反应

（1）制备含硫化合物   重氮盐与一些低价含硫化合物反应，重氮基被置换生成相应的硫酚、硫醚、磺酰类化合物。

将冷的重氮盐酸盐水溶液倒入冷的 $Na_2S_2/NaOH$ 水溶液中，然后将生成的二硫化物还原，可制得相应的硫酚，如硫代水杨酸的合成。

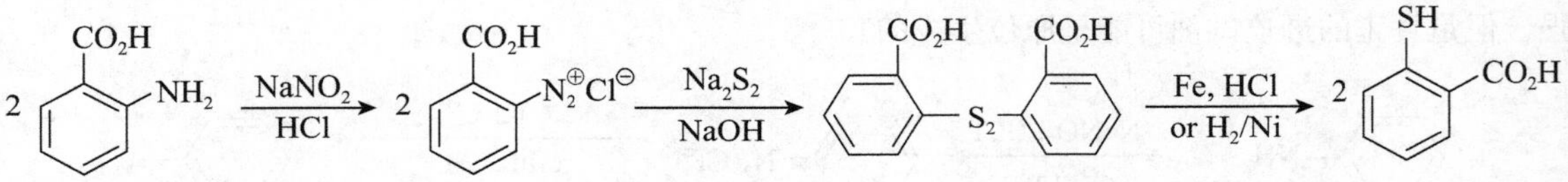

将苯胺重氮盐水溶液慢慢倒入30℃以下的甲硫醇钠水溶液中，即得到苯基甲硫醚。

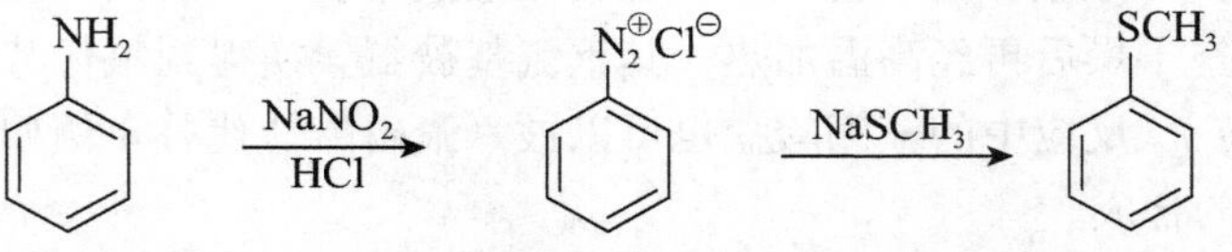

（2）制备硝基化合物 $NaNO_2$ 的亲核性较强，重氮盐在铜盐催化下可与 $NaNO_2$ 发生置换反应，生成硝基化合物。本法适用于合成特殊取代位置的芳香族硝基化合物。例如，对二硝基苯、邻二硝基苯、1,4-二硝基萘的制备。

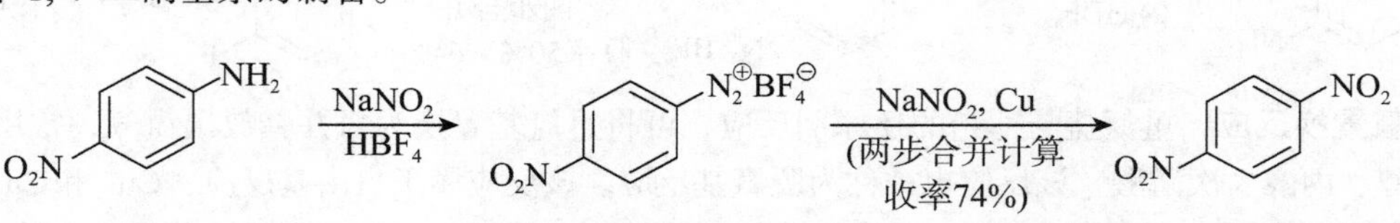

（3）制备芳甲腈类化合物   将重氮盐与氰化亚铜配合物在水中反应，可制备芳甲腈类化合物。

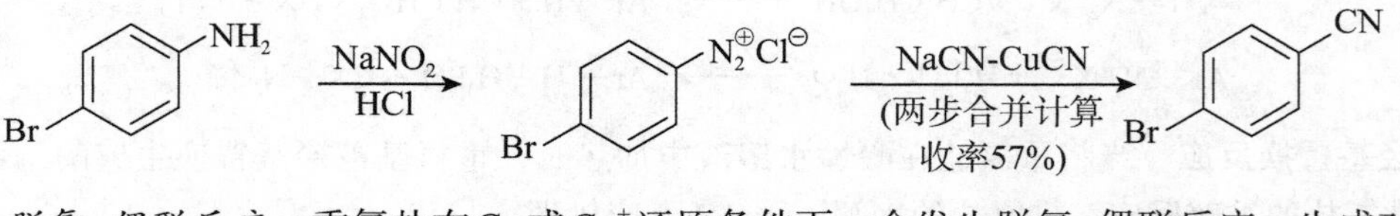

（4）脱氮-偶联反应   重氮盐在 Cu 或 Cu^+ 还原条件下，会发生脱氮-偶联反应，生成对称的联芳基化合物。

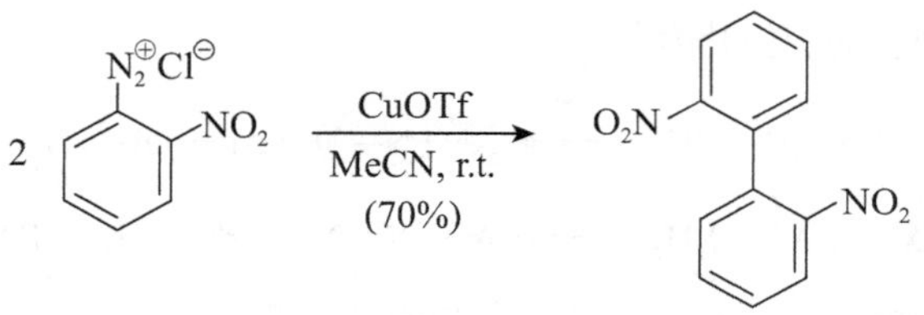

当存在其他富电子芳烃时，也可以制备不对称联芳基化合物，属于重氮盐的偶联反应。

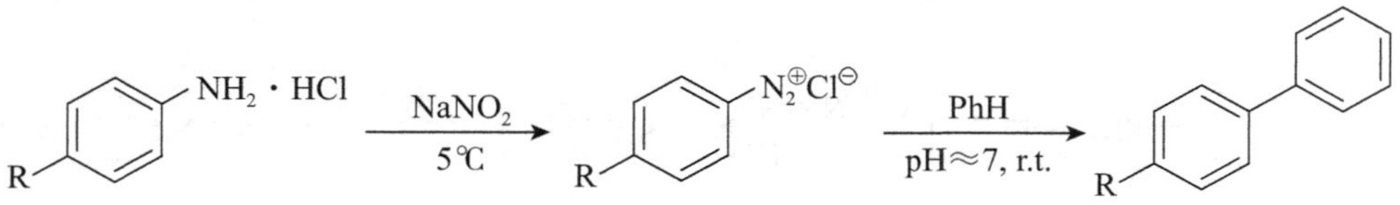

（二）重氮盐的还原反应

1. 反应通式与机理　重氮盐在盐酸介质中与强还原剂（氯化亚锡或锌粉）反应，可以合成芳肼。

$$\mathrm{Ar{-}\overset{\oplus}{N}{\equiv}N\ Cl^{\ominus}} \xrightarrow[\text{or Zn}]{\mathrm{SnCl_2}} \mathrm{Ar{-}\overset{H}{N}{-}NH_2 \cdot HCl}$$

工业上常用的还原剂是Na_2SO_3和$NaHSO_3$。其反应历程是先发生*N*-加成磺化反应，再发生水解反应脱磺酸基而得到芳肼盐酸盐。

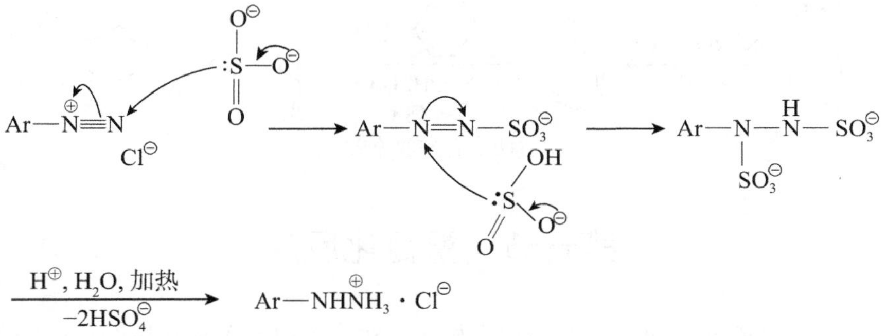

2. 影响因素及应用实例　一般情况下，使用Na_2SO_3和$NaHSO_3$（1∶1）混合物，重氮盐可以顺利还原，如芳环上有磺酸基，则生成芳肼磺酸内盐。

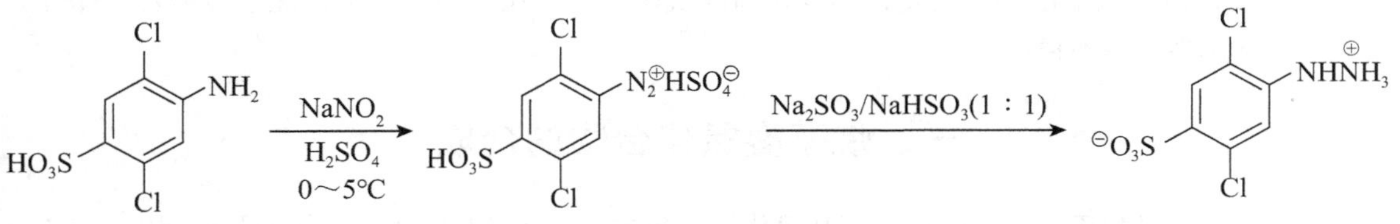

（三）重氮盐的偶合反应

重氮盐与富电子芳环、芳杂环生成偶氮化合物的反应，称为重氮盐的偶合反应。参与偶合反应的重氮盐称为重氮组分，与重氮盐发生反应的酚类、胺类、活泼亚甲基化合物称为偶合组分。

1. 反应通式及机理　在进行偶合反应时，重氮盐以亲电试剂的形式对酚类或芳胺类芳环上的氢进行亲电取代，生成相应的偶氮化合物。

$$Ar—N_2^{\oplus}X^{\ominus} + Ar'—OH \longrightarrow Ar—N=N—Ar'—OH + HX$$

$$Ar—N_2^{\oplus}X^{\ominus} + Ar'—NH_2 \longrightarrow Ar—N=N—Ar'—NH_2 + HX$$

2. 影响因素及应用实例 重氮盐的芳环上有吸电子取代基时，能使重氮基上的正电性增加，偶合能力增强；反之，芳环上的给电子取代基使重氮盐的偶合能力减弱。一般而言，重氮盐的亲电能力较弱，所以重氮盐只与酚、酚醚、芳胺类组分发生偶合反应。偶合时偶氮基一般进入偶合组分中—OH、—NH₂、—NHR、—NR₂等基团的对位；当对位被占时，可进入邻位。

偶合组分与重氮盐发生反应的活性，按顺序逐渐降低，即 $ArO^{\ominus} > ArNR_2 > ArNHR > ArNH_2 > ArOR > ArNH_3^{\oplus}$。

胺类偶合组分一般在pH 4～7的弱酸性介质中进行；酚类偶合组分一般在pH 7～10的弱碱性介质中进行。例如，苯胺重氮盐与苯酚在弱碱性条件下的偶合反应可制得羟基保泰松等的中间体。

（两步合并收率93%）

第五节　叠氮化反应

叠氮化反应（azidation reaction）是指向有机化合物分子中引入叠氮基（—N₃）的反应。叠氮化合物主要用于合成胺类及含氮杂环化合物。常用的叠氮化试剂有叠氮化钠（NaN₃）、叠氮三甲基硅烷[(CH₃)₃SiN₃]、叠氮磷酸二苯酯（DPPA）等。

叠氮化合物的稳定性普遍较差，具有较高的机械感度，在受热或撞击情况下容易发生爆炸分解。叠氮基越多，越不稳定。

一、烷基叠氮化合物的合成

1. 反应通式及机理 卤代烷烃、苄基卤代烃、醇的活性酯可与阴离子性叠氮基试剂发生 S_N1 或 S_N2 反应，生成相应的叠氮化合物。

$$R—X + Y—N_3 \longrightarrow R—N_3$$

R = alkyl, Bn

X = Cl, Br, I, OTf, 等

Y = Na, (CH₃)₃Si, 等

2. 影响因素及应用实例 卤代烃与 NaN_3 的亲核取代反应可在 DMSO、DMF、丙酮、乙醇等溶剂中进行，收率较高，伯卤代烃、仲卤代烃及一些叔卤代烃都可反应。此反应也可在水基混合溶剂中进行，加入季铵盐等有助于反应进行。如下式中，仲溴代烃与 NaN_3 经过 S_N2 历程得到构型翻转的叠氮衍生物。

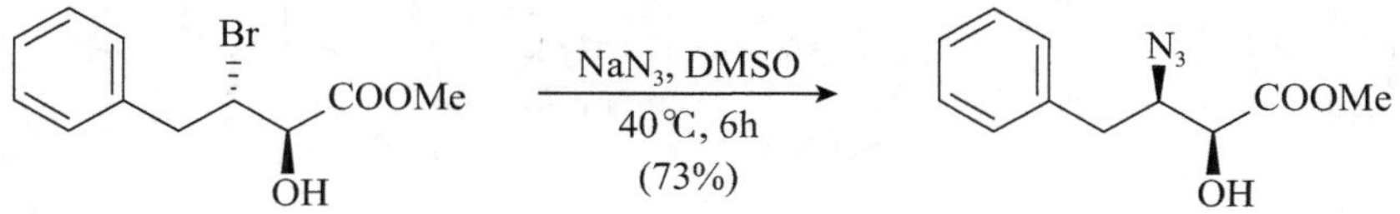

将醇先转化成活性较高的磺酸酯，然后与 NaN_3 反应可制得叠氮化合物。例如，在治疗肥胖症的 CB1 受体反向激动剂泰伦那班（taranabant）中间体的合成中，先将仲醇转换成甲磺酸酯，再与 NaN_3 反应得到构型翻转的叠氮衍生物。

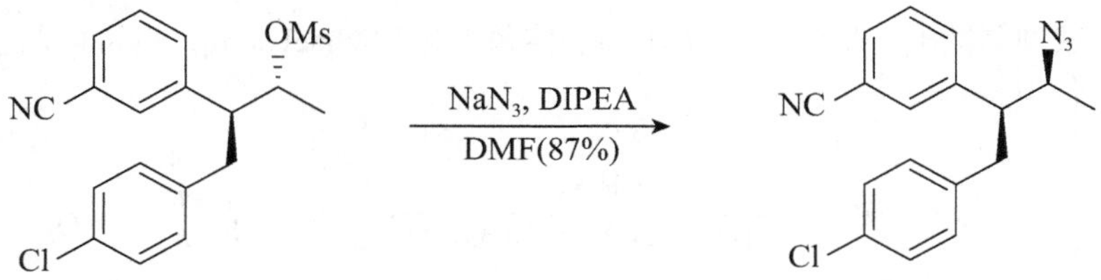

可通过 Mitsunobu 反应直接将醇转化为叠氮。Mitsunobu 反应适用于伯醇和仲醇，往往能够得到较高的收率，但副产物较多，给纯化带来一定困难。通过 DPPA/DBU 方法替换，可以避免较多副产物的生成。在下式的 Mitsunobu 反应中，仲醇转化为构型翻转的叠氮衍生物。

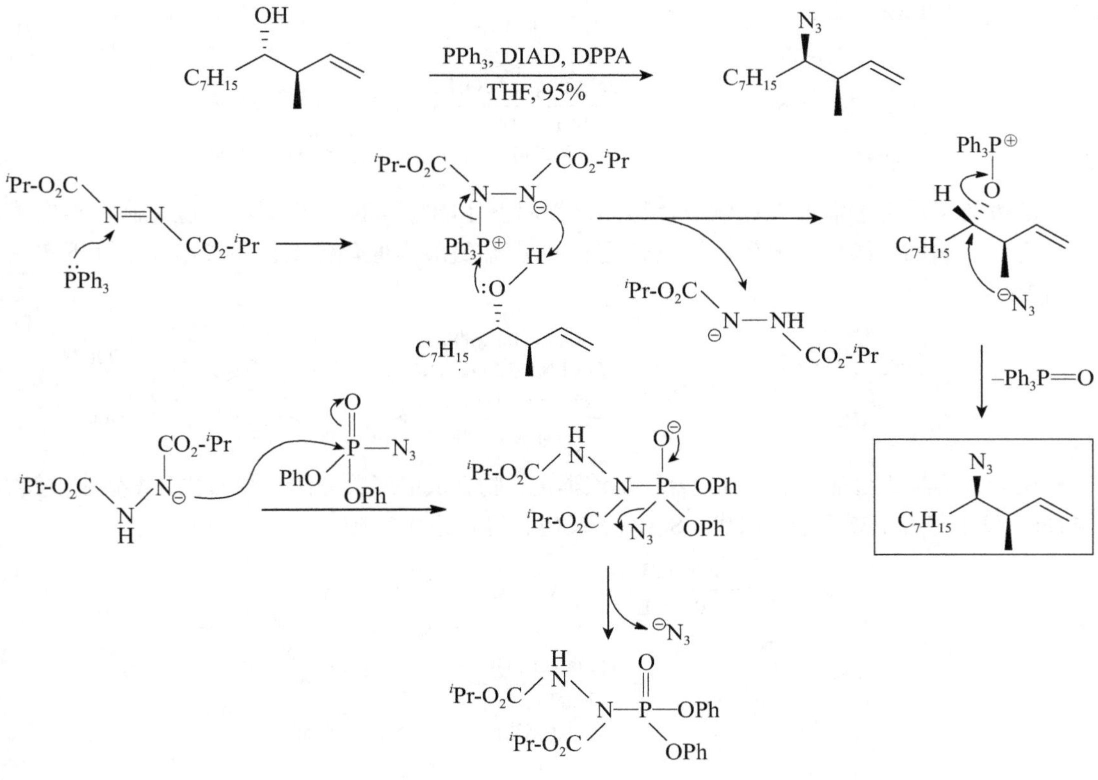

伯胺直接转化为叠氮化合物的反应称为重氮转移反应（diazo transfer reaction）。在CuSO₄催化作用下，苯并三唑-1-磺酰基叠氮或全氟丁磺酰基叠氮试剂将伯胺直接转化为叠氮化合物，该法适用于芳胺及脂肪胺。

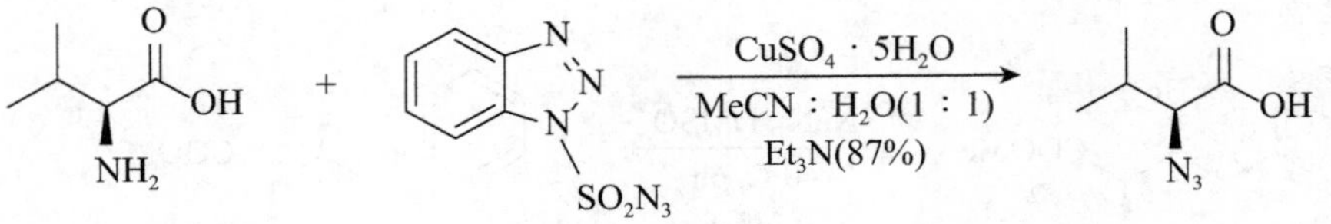

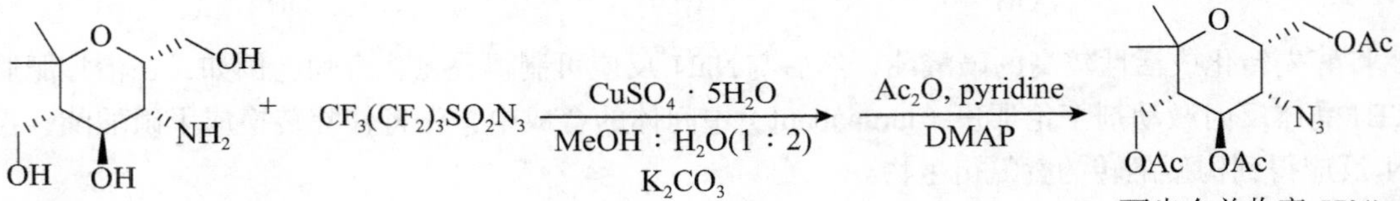

另外，叠氮试剂与缺电子烯烃如 α, β-不饱和体系发生Michael加成，也可以制备相应的叠氮基化合物。

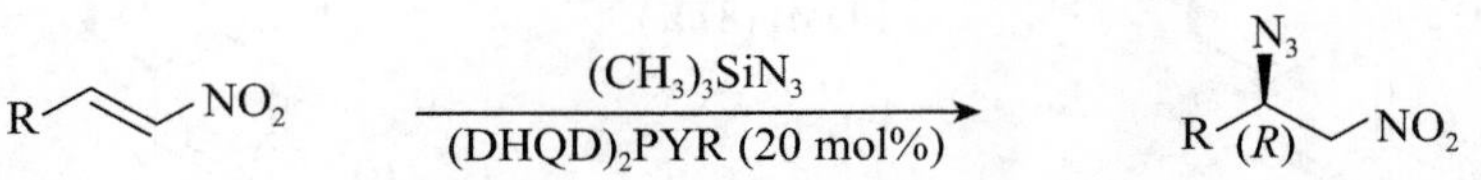

二、芳基叠氮化合物的合成

缺电子卤代芳烃的芳卤键被活化，可与NaN₃发生芳香亲核取代（S_NAr）反应，生成芳基叠氮化合物，产物极敏感、易爆炸。

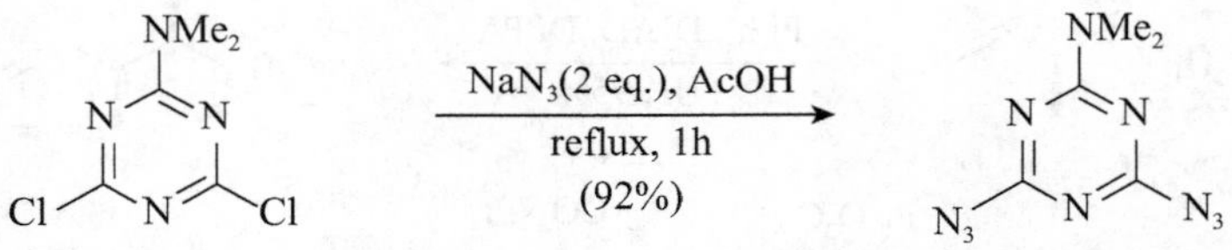

不活泼的卤代芳烃需要在亚铜络合物催化作用下才能与NaN₃发生偶联反应，制备相应芳基叠氮化合物。例如，碘代或溴代芳烃以碘化亚铜/L-脯氨酸为催化体系，在较温和条件下实现了碳-氮偶联。

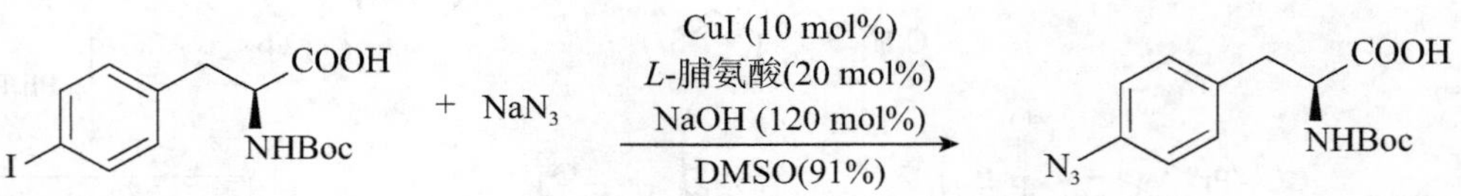

利用芳基重氮盐制备芳基叠氮化合物是该类化合物合成的经典方法。芳伯胺首先生成重氮盐，再与NaN₃发生芳香正离子亲核取代（S_N1Ar）反应，得到芳基叠氮。

$$ArNH_2 \xrightarrow[0\sim5\,℃]{NaNO_2,\ HCl} ArN_2^{\oplus}Cl^{\ominus} \xrightarrow{NaN_3} ArN_3$$

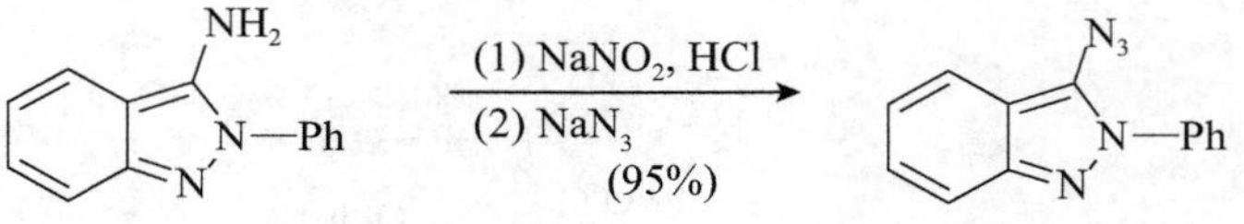

芳伯胺也可以通过重氮转移反应直接转化为芳香叠氮化合物。

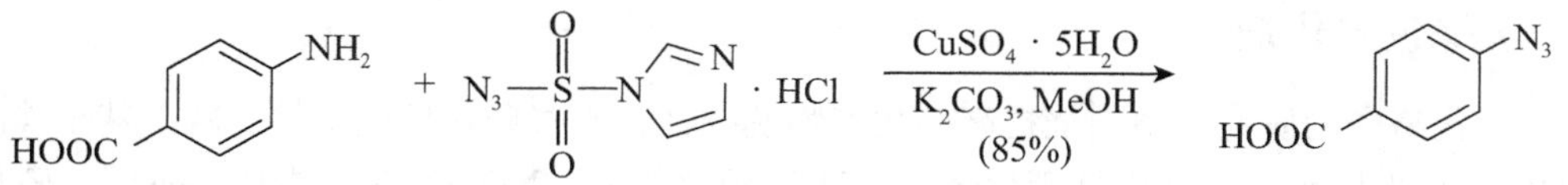

三、酰基叠氮化合物的合成

活性较高的酰氯、酸酐可以直接与 NaN_3 发生亲核取代反应，制备酰基叠氮化合物。羧酸须经苯并三唑、三聚氯氰等活化，才能与 NaN_3 发生反应；羧酸酯则需要以 $(C_2H_5)_2AlN_3$ 作为亲核试剂。酰基叠氮不稳定，在受热或酸性条件下分解释放氮气并经 Curtius 重排生成活泼的异氰酸酯。

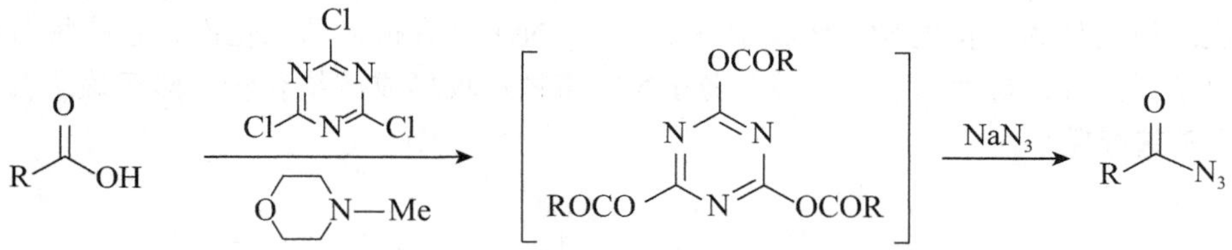

酰肼与亚硝酸发生 N-亚硝化脱水反应，生成酰基叠氮。

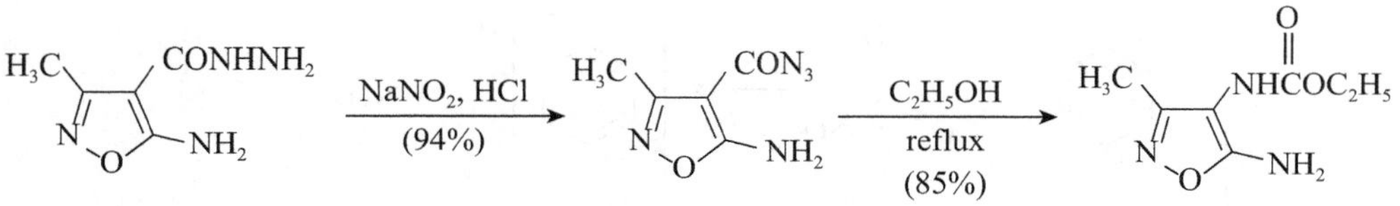

第六节 硝化反应新进展

硝化反应是一类重要的有机反应。目前，工业上普遍采用的硝硫混酸硝化法具有工艺成熟、收率高、成本低等优点，但它仍存在一些缺陷。

1）反应温度、HNO_3 浓度和混酸组成等条件的变化对产物异构体的分配影响较小，缺乏位置选择性，导致邻位产物过剩积压，而高价值的对位和间位产物却相对短缺。

2）混酸硝化过程中易发生氧化、多硝化、羟基化等副反应，导致原子经济性差，并且产生的酚类副产物具有爆炸危险。

3）混酸体系具有强烈的酸性和腐蚀性，从而导致设备受到腐蚀。

4）硝化过程会产生大量的硝烟、废酸、含酚废水、焦油等污染物，这些污染物的治理非常困难，严重污染环境。

随着国家对环境保护要求的不断提高及绿色化学的发展，开发绿色硝化工艺、提高硝化位置的选择性和原子利用率、减少环境污染、实现清洁安全生产，成为硝化研究的重要目标。目前，国内外研究的新型绿色硝化工艺主要有新型硝化剂体系、绿色硝化反应介质、固体酸催化剂体系、负载催化剂体系等。本节将从新原理、新方法、新技术在硝化反应中的发展与应用角度，简单介绍硝化反应的新进展。

一、绿色硝化

（一）绿色硝化剂

　　绿色硝化路径的研究主要围绕提高硝化产物选择性、改善硝化反应条件、减少甚至消除反应引起的环境污染开展。氮氧化物硝化体系（N_2O_5硝化体系、NO_2/O_3硝化体系、NO_2/O_2硝化体系等）被认为是一种易于工业化生产和应用的绿色硝化剂。氮的氧化物主要包括N_2O_5、N_2O_4、N_2O_3、NO_2等。低氧化态的氮氧化物对芳香族化合物几乎没有硝化能力，通常需要在一定的体系中被活化后才具有硝化能力。对氮氧化物的活化，一般采用O_3或O_2氧化，有的也采用空气氧化。这些氮氧化物体系中比较有应用前景的新型硝化技术是Kyodai硝化法和采用N_2O_5作硝化剂的新工艺。

　　1. Kyodai硝化法　是一种新型的非酸绿色硝化技术，以NO_2/O_3作为硝化剂体系。该技术由日本学者铃木仁美在20世纪80年代开发，适用于多种底物，具有反应条件温和、反应体系腐蚀性小、可用于硝化对酸敏感的底物及具有很强的位置选择性等优点。

　　反应机理研究认为，首先NO_2被O_3氧化成NO_3，NO_3具有很强的氧化性，它能将芳环氧化成自由基正离子，接着，自由基正离子被一分子NO_2亲核进攻形成σ-络合物，然后该络合物失去一个质子形成硝基芳烃。

σ-络合物

　　当芳烃不易被氧化时，生成的NO_3被另一分子NO_2捕获形成N_2O_5，N_2O_5在酸催化剂作用下成为一种强硝化剂，则芳环的硝化以亲电取代方式进行。体系在极性条件下（加入金属盐或质子酸），反应平衡向右移动，如式（3.1）所示，有利于亲电取代反应机理；而在非极性条件下，有利于向左移动，所以电子转移机理占优势，如式（3.2）所示。具体哪一种机理占优势取决于反应体系的极性和芳烃的氧化性。

$$NO_3 + NO_2 \rightleftharpoons N_2O_5 \xrightarrow{H^+} NO_2^+ + HNO_3 \qquad (3.1)$$

$$NO_3 + NO_2 \rightleftharpoons N_2O_5 \rightleftharpoons NO_2^+ + NO_3^- \qquad (3.2)$$

　　2. N_2O_4/O_3硝化法　室温下，纯N_2O_4是无色液体，但由于其与NO_2存在可逆平衡，N_2O_4成品通常是黄褐色的高密度液体混合物，性质稳定，可以长时间储存。其分子量为92.011，熔点为$-11.23℃$，沸点为$21.5℃$，蒸气压为96kPa（20℃），密度为$1.443g/cm^3$。N_2O_4可以解离为硝基正离子和亚硝酸根阴离子（其氮和氧都是亲核反应位点），与烯烃、炔烃可发生亲电加成反应，生成1, 2-二硝基烃类化合物，与炔烃的加成反应还存在硝基-硝酸酯类产物，与芳烃可发生亲电硝化反应。N_2O_4的硝化能力低于混酸，而且液态温度区域较窄。在氧气或催化剂存在下，非活泼芳烃也可以被N_2O_4直接硝化。以臭氧作为氧化剂可以大大提高N_2O_4对芳环的硝化能力。

π-络合物   电子转移络合物   σ-络合物

3. N_2O_5硝化法 N_2O_5作为一种新型硝化剂的代表,自1840年Devill首次发现其以来,一直备受化学家们的广泛关注。N_2O_5纯品为白色固体结晶物,易升华,X光谱和拉曼光谱证明,N_2O_5固体为离子结构($NO_2^+ + NO_3^-$)。随着温度上升,白色晶体逐渐变为浅黄色直至棕褐色,在室温下容易分解。

$$2N_2O_5 \longrightarrow 2N_2O_4 + O_2$$

$$2N_2O_4 \rightleftharpoons 4NO_2$$

对Kyodai硝化法的深入研究发现,低价态氮氧化物NO、NO_2、N_2O_4在被氧化为NO_3后,能与NO_2结合生成活性硝化剂N_2O_5,这也促进了N_2O_5作为绿色硝化剂的研究与发展。通过拉曼光谱(无1400cm^{-1}吸收峰)的研究证明,N_2O_5在有机溶剂(如二氯甲烷)中以共价结构存在,其硝化反应经过了以电子转移络合物为中间体的自由基历程。

(二)绿色硝化反应介质

1. 离子液体   是由体积较大的有机阳离子和无机或有机阴离子通过离子键结合构成,在室温下为液体,具有挥发性低、热稳定性好、溶解能力强和功能可设计等优点。其高极性、低蒸气压、较大溶解度、较宽液体温度范围的特点,使离子液体成为可重复使用的绿色反应介质。

以离子液体作催化剂或溶剂,与合适的硝化试剂(硝酸、硝酸酯、氮氧化物等)联用即可有效实现芳烃的硝化。该法通过简单的静置分层即可实现硝化产物和催化体系的分离,蒸馏或干燥后可实现催化剂的回收。此外,酸性离子液体不仅能作为反应介质,还可以通过对硝化剂的质子化促进硝基正离子的生成,进而有利于硝化反应。

2. 氟两相体系   氢原子完全被氟取代的烷烃、醚类、胺类有机溶剂称为全氟溶剂,或氟溶剂、全氟碳。氟原子的强电负性使得氟溶剂具有低折射率、低表面张力、低介电常数和高度热稳定性。在常温下,氟溶剂与大多数有机溶剂几乎不互溶,随着温度提高,互溶度增大,直至均相。反应结束后,降温可实现反应混合物与氟溶剂的自动分离,即氟两相体系。以全氟化烷基侧链修饰的催化剂易溶于全氟溶剂,还可实现催化剂在氟溶剂相的自动回收和重复使用。

(三)固体酸催化硝化

固体酸是具有给出质子或接受电子对能力的固体,包括Brönsted固体酸、Lewis固体酸和混合型固体酸等类型。固体超强酸的表观酸度可以超过100%硫酸。使用固体酸催化或促进的硝化反应降低了液体酸的腐蚀性和废水排放,简化了产物分离过程,还可能实现选择性硝化反应。常见的固体酸有沸石、皂土、杂多酸(盐)、负载型固体酸、固体超强酸、固体铌酸等。

二、选择性硝化

（一）传统釜式选择性硝化

前文内容中提到，在离子液体、固体酸、氟两相催化剂等条件下，以及催化的 N_2O_4、N_2O_5 等硝化剂参与的硝化反应中，对催化剂的性质、溶剂、温度等因素的调控可以在芳烃的硝化反应中获得一定程度的区域选择性结果。例如，氯苯在沸石作为固体酸催化剂时用 N_2O_4 作为硝化剂，可以获得占绝对优势的对位产物，邻/对硝基氯苯的比例可达 1：12。

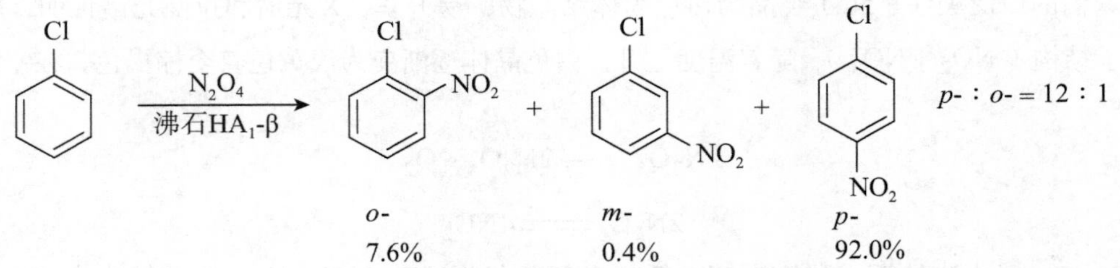

$$o- \atop 7.6\% \qquad m- \atop 0.4\% \qquad p- \atop 92.0\% \qquad p- ： o- = 12：1$$

此外，部分硝化反应采用分子印迹技术也可实现芳烃的区域选择性硝化反应。

（二）连续流选择性硝化

连续流反应技术是近年来快速发展的一种新兴技术，其优异的性能引起了广泛关注，被有效应用于药物合成、精细化工等领域。相较于传统的釜式反应过程，这项技术具有以下优势：①反应设备尺寸小、物料混合快、传质传热效率高，易于实现过程强化；②停留时间分布窄、系统响应迅速、过程重复性好，产品质量稳定；③参数控制精确（包括浓度、温度和压力的分布等），易于实现自动化控制；④几乎无放大效应，可快速放大生产；⑤在线物料量少，适于非常规反应条件（如高温高压），过程本质安全；⑥连续化操作，时空效率高，节省劳动力。

采用连续流反应装置，有利于强化反应传质，降低在线物料量，提高硝化反应过程的安全性、环保效益与生产效率。例如，2-硝基-4-（三氟甲基）甲苯的合成。传统硝化模式下的批量反应不可避免地会得到一定量的二硝化产物，而以流动化学模式设计硝化过程则能以优异的产率和选择性获取单硝基取代的产物，反应规模可达 10 千克量级。

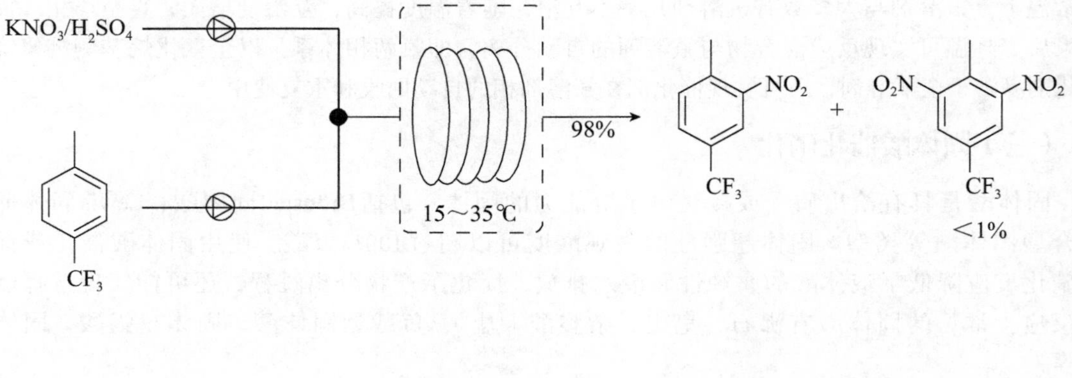

思 维 导 图

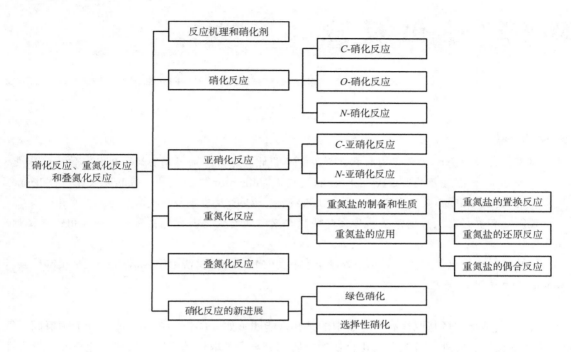

第四章 烃化反应

本章要点

掌握 醇和酚的 *O*-烃化，脂肪胺、芳胺的 *N*-烃化，芳烃、烯烃、炔烃和羰基 *α*-位的 *C*-烃化反应特点、影响因素及应用；Friedel-Crafts 反应、Williamson 成醚反应、Gabriel 反应、Delépine 反应、Leuckart-Wallach 反应、Eschweiler-Clarke 反应、Heck 反应等经典人名反应及其应用。

理解 各类烃化反应的反应机理；硫酸酯和磺酸酯类烃化剂在烃化反应中的应用；选择性烃化方法。

了解 烃化反应的分类；烃化剂的种类和特点；Mitsunobu 反应、Suzuki 反应、Negishi 反应、Sonogashira 反应的特点及其应用。

烃化反应是指用烃基取代有机分子中的某些官能团（如—OH、—NH$_2$）或是碳上的氢原子得到烃化物的反应。此外，有机金属化合物的金属部分被烃基取代的反应亦属于烃化范畴。发生烃化反应的化合物称为被烃化物，常见的被烃化物包括醇、酚、胺、不饱和烃、芳烃等，可引入的烃基有饱和烃基、不饱和烃基及芳烃基等。通过烃化反应可以制备种类繁多的药物中间体或药物。

第一节 概　　述

一、反应分类

按烃化反应中烃基引入被烃化物部位的不同，可将烃化反应分为氧原子上的烃化反应、氮原子上的烃化反应和碳原子上的烃化反应。

1. 氧原子上的烃化反应　是指在醇或酚的氧原子上引入烃基的反应，是构筑 C—O 键的方法。碱性条件下，酚羟基易被拔氢形成酚氧负离子，相比中性醇羟基更容易发生 *O*-烃化反应。

2. 氮原子上的烃化反应　是指在氨、脂肪胺及芳香胺类结构的氮原子上引入烃基的反应，是构筑 C—N 键的方法。氮原子的亲核能力较强，同等条件下，*N*-烃化比 *O*-烃化反应更容易进行。

3. 碳原子上的烃化反应　主要指在芳环、烯烃、炔烃及羰基化合物 *α*-位碳原子上引入烃基的反应，是构筑 C—C 键的方法。C—C 键是有机化合物的基本骨架，研究如何高效构筑 C—C 键是有机化学永恒的主题。

二、烃化剂的种类

烃化反应通过烃化剂实现。烃化剂的种类繁多，常用的烃化剂种类有卤代烃类、酯类、烯烃和炔烃类、环氧乙烷类、有机金属类、重氮甲烷、醇类等。一种烃化剂可以对几种不同的基团发生烃化反应，用于氧原子烃化反应的试剂大部分可用于氮原子上的烃化反应；反之，一种基团也可被数种烃化剂烃化。

（一）卤代烃类烃化剂

卤代烃结构对烃化反应的活性有较大的影响。当卤代烃中的烃基相同时，不同卤素会影响C–X键之间的极化度，一般卤原子的半径越大，所成键的极化度也越大，不同卤素的卤代烃活性次序为RI ＞ RBr ＞ RCl ≫ RF。

氯苄和溴苄的活性较大，易于进行烃化反应；而氯苯和溴苯由于p-π共轭，活性很差，烃化反应较难进行，一般要在强烈的反应条件下或芳环上有其他活化基团（强吸电子基团）存在时，才能顺利进行反应。

（二）酯类烃化剂

酯类烃化剂主要有硫酸酯和磺酸酯，对羟基、氨基、活泼亚甲基和巯基的烃化反应机理与卤代烃相同，因为硫酸根或磺酸根的离去能力比卤原子强，所以酯类烃化剂活性较高，反应条件较卤代烃温和，烃化活性次序为$ROSO_2OR$ ＞ $ArSO_2OR$ ＞ RX。此外，原甲酸酯、氯甲酸酯、多聚磷酸酯和烷基乙酸酯等均可作烃化剂。

常用的硫酸酯类烃化剂有硫酸二甲酯和硫酸二乙酯。它们常用于羟基、氨基的甲基化或乙基化反应，硫酸二酯虽有两个烃基，但一般只有一个烃基参加反应。硫酸酯类与活性较大的醇羟基（如苄醇、烯丙醇和α-氰基醇等）易发生烃化反应；而活性小的醇羟基如甲醇、乙醇等则不发生烃化反应，故甲醇、乙醇可作为烃化反应的溶剂。硫酸二甲酯毒性大，能通过呼吸道及接触皮肤使人体中毒，操作时应注意安全。

硫酸二甲酯　　　　　　　　　　　硫酸二乙酯

常用的磺酸酯类烃化剂包括对甲苯磺酸酯、甲磺酸酯、三氟甲磺酸酯等。磺酰氧基（RSO_3^-）是很好的离去基团，因此磺酸酯类烃化剂反应活性较强，应用范围比硫酸酯烃化剂广泛，常用于引入分子量较大的烃基。

对甲基苯磺酸酯　　　　　　甲磺酸酯　　　　　　三氟甲磺酸酯

（三）烯烃和炔烃类烃化剂

不饱和烃类烃化剂包括乙烯、丙烯、丙烯腈、丙烯酸甲酯和乙炔等。烯烃类烃化剂能与羟基、氨基和活泼亚甲基进行烃化反应，主要用于醚类、胺类等衍生物的合成。烯烃作为烃化剂时通常使用酸作催化剂，促使烯烃形成碳正离子。炔类烃化剂通常指末端炔，在碱性条件下形成炔基负离子，以亲核试剂的形式反应。

（四）环氧乙烷类烃化剂

环氧乙烷属于活性较大的环烃醚，为三元环，有较大的环张力，易发生开环反应，可在O、N、C、S等原子上引入羟乙基，因此环氧乙烷又称为羟乙基化试剂。由于环氧乙烷类烃化剂活性强且易于制备，广泛用于氧、氮和碳原子的羟乙基化。常用的有环氧乙烷和2-甲基环氧乙烷。

$$H_2C \overset{\displaystyle O}{-\!\!\!\triangle\!\!\!-} CH_2 \qquad H_2C \overset{\displaystyle O}{-\!\!\!\triangle\!\!\!-} \overset{H}{C} CH_3$$

环氧乙烷   2-甲基环氧乙烷

（五）有机金属类烃化剂

低价金属M与卤代烃R–X可发生氧化加成反应，生成R–M–X。在R–X中，R带正电荷或部分正电荷，接受亲核试剂的进攻；而在R–M–X中，金属M带正电荷，R带负电荷，R反过来亲核进攻其他亲电分子。通过金属，R–X中R基团实现了极性翻转。常用的金属包括锂、钠、镁、铝、铜等，该类化合物中R基团具有强亲核性，其中以有机镁试剂和有机锂试剂应用最多，常用于*C*-烃化反应。

1. 有机镁试剂　卤代烷及活泼卤代芳烃与金属镁在无水乙醚或四氢呋喃（THF）中，于隔绝空气条件下加热反应，能生成有机镁化合物（RMgX），即格氏试剂（Grignard reagent）。R为烷基或芳基，X为卤素。当R为芳基时，X一般为碘或溴。格氏试剂属于共价化合物，性质活泼，能发生偶联、加成、取代等多种反应。

$$R—X + Mg \xrightarrow[\text{heat}]{\text{Et}_2\text{O or THF}} R—Mg—X$$

R = 烷基, 芳基; X = Cl, Br, I

2. 有机锂试剂　类似格氏试剂，卤代烃与金属锂反应可制备有机锂试剂，此外，锂氢交换反应、锂卤交换反应常用于现做现用有机锂试剂的情况。由于锂原子较小，有机锂参加反应受空间位阻的影响较小，比有机镁试剂更活泼，所以用锂试剂进行的反应要在高纯氮或氩气氛围下低温进行，制备后应立即使用。

（六）重氮甲烷

重氮甲烷（diazomethane）是最简单的重氮化合物，化学式为CH_2N_2，是一个线形分子，有多个共振式。从主要共振式可见，中间的氮原子带有部分正电荷，两端的碳原子和氮原子带有部分负电荷。重氮甲烷是一种重要的甲基化试剂，特别适用于*O*-烃化反应，可在分子中引入甲基。反应中除放出氮气外无其他副产物，后处理简单，产品纯度好，收率高。缺点是重氮甲烷易爆炸，不稳定，不适宜量大的反应。

重氮甲烷的共振结构

（七）其他烃化剂

1. 醇类烃化剂 以醇类为烃化剂可制备醚，常用甲醇、乙醇、正丁醇、十二碳醇等。活性较高的醇，如苄醇、烯丙醇、α-羟基酮等，在非常温和的条件下使用少量催化剂即可进行烃化反应。

2. 醛酮烃化剂 醛酮化合物作为烃化剂主要运用于胺的还原烃化反应。醛或酮与脂肪胺或芳胺缩合得到亚胺，亚胺被氢化还原后得到 N-烃化产物。常用甲醛、乙醛、丁醛、苯甲醛、丙酮和环己酮等小分子醛酮。

3. 三烷基氧鎓四氟硼酸盐（$R_3O^+BF_4^-$） 此类烃化剂最早由 Hans Meerwein 发现，被称为 Meerwein 试剂，是高活性的烃化剂。常见的有三甲基氧鎓四氟硼酸盐（$Me_3O^+BF_4^-$）和三乙基氧鎓四氟硼酸盐（$Et_3O^+BF_4^-$）。

药物合成中选用烃化剂应根据反应难易、操作繁简、成本高低、毒性大小及副反应、安全性等多种因素综合考虑，选择适当的烃化剂。

三、反 应 机 理

烃化反应的机理主要为亲核取代，包括单分子亲核取代（S_N1）或双分子亲核取代（S_N2），即被烃化物中带负电荷或未共用电子对的原子向烃化剂中带正电荷或部分正电荷的碳原子做亲核进攻。S_N1 机理经历明显的碳正离子中间体。S_N2 机理过程中，亲核基团进攻的同时离去基团离去，亲核基团从离去基团背面进攻，发生在手性原子上时，该手性中心构型翻转。

芳环上引入烃基在形式上为芳环上的一个氢原子被烃基取代，反应机理被称为亲电取代，可以理解为芳环上相对富电子位置的碳原子亲核进攻烃化剂中带正电荷的碳原子，脱除该位置上的氢（质子的形式）后得到烃化产物。亲电指的是卤代烃对芳烃的亲电性。

过渡金属催化的 C-烃化反应的机理主要涉及金属有机化学四大过程：低价金属对烃化剂（卤代烃为主）的氧化加成（oxidative addition）；金属加成物对反应底物（如烯烃、芳烃）的迁移插入反应（migratory insertion）；金属加成物与有机锡、有机硼、有机锌等试剂的金属交换反应（transmetallation）；过渡金属络合物中两个烃基偶联，释放低价金属的还原消除反应（reductive elimination）。

第二节 氧原子上的烃化反应

一、醇的 *O*- 烃化反应

醇的氧原子上进行烃化反应可得到醚，简单醚的制备可采用醇在酸性条件下脱水而得，混合醚可由醇与各种烃化剂制备。O-烃化反应的烃化剂主要有卤代烃、磺酸酯、环氧乙烷和烯烃等。

（一）卤代烃为烃化剂

在碱性（Na、NaH、NaOH或KOH等）条件下，卤代烃与醇羟基进行烃化反应生成醚，这一反应称为 Williamson 醚合成法，可用于制备混合醚。

1. 反应通式及机理

$$ROH + R'X \xrightarrow{\text{base}} ROR' \qquad \begin{array}{l} R' = Alkyl \\ X = Cl, Br, I \end{array}$$

该反应机理属于亲核取代反应，通常伯卤代烃按 S_N2 反应机理进行，随着烷基与卤素相连的碳原子上取代基数目的增加，反应按 S_N1 机理进行的趋势增加。

2. 反应影响因素及应用实例　不同的卤素对 C—X 键之间的极化度有影响，极化度越大，反应速率越快，反应活性顺序为 I > Br > Cl。由于卤芳烃上的卤原子与芳环产生共轭效应，其活性较卤烷烃小。若芳环上的邻位或对位有强的吸电子基团存在，则可增强卤原子的活性，并能与醇羟基顺利地进行亲核取代反应得到烃化产物。

对被烃化物醇类来说，若 ROH 的活性较弱，则在反应中加入强碱，如金属钠、NaH、NaOH、$NaOC_2H_5$ 等，以形成亲核性更强的 RO^- 离子。例如，抗真菌药物芬替康唑（fenticonazole nitrate）的制备中以 NaH 作为强碱。反应体系中加入的 KI 可增加卤代烃活性，通过卤素交换，实际参与烃化反应的为碘代烃。

（芬替康唑）

抗组胺药苯海拉明（diphenhydramine）可采用 Williamson 醚合成方法，以二苯溴甲烷或二苯氯甲烷为原料，与 β-二甲氨基乙醇在碱性条件下反应得到。使用自动化系统控制的连续流合成器，已实现了二苯氯甲烷与 β-二甲氨基乙醇在高温下直接快速高效合成苯海拉明的工艺。

（苯海拉明）

（二）磺酸酯为烃化剂

常用的磺酸酯类烃化剂有烷基磺酸酯及芳基磺酸酯，可用于引入分子量较大的烃基。

1. 反应通式及机理

$$ROH + R'OSO_2R'' \xrightarrow{\text{base}} ROR' \qquad \begin{array}{l} R' = Alkyl \\ R'' = CH_3, 4\text{—}CH_3\text{—}Ph, CF_3 \end{array}$$

磺酸酯烃化剂与醇成醚反应的机理与卤代烃相似。在强碱条件下按 S_N2 反应机理进行，烷氧负离子 $RO^{\ominus}$ 向显正电性的烷基 R' 亲核进攻，$R''SO_3^{\ominus}$ 作为负离子离去，烷氧负离子与烷基正离子形成醚。

在中性或弱碱性条件下，反应则按 S_N1 反应机理进行。

2. 应用实例　防治白细胞减少药物鲨肝醇（batilol）的合成以甘油为原料，丙酮叉保护其中两个羟基，加对甲苯磺酸十八烷酯对未被保护的伯羟基进行 O-烃化反应，再进行脱保护即可得到鲨肝醇产物。

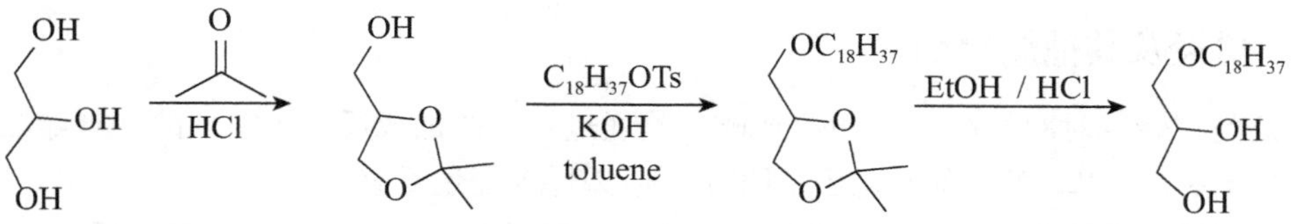

（鲨肝醇）

（三）环氧乙烷为烃化剂

环氧乙烷对氧原子的羟乙基化反应是制备醚类的方法之一。用酸或碱催化，反应条件温和，反应速率快。

1. 反应通式及机理

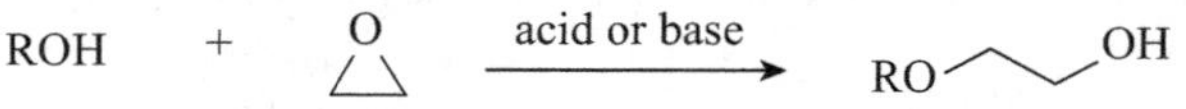

在碱催化下，进行S_N2亲核取代反应，基于空间位阻影响，$RO^{\ominus}$一般进攻环氧环中取代较少的碳原子，发生开环，反应机理如下：

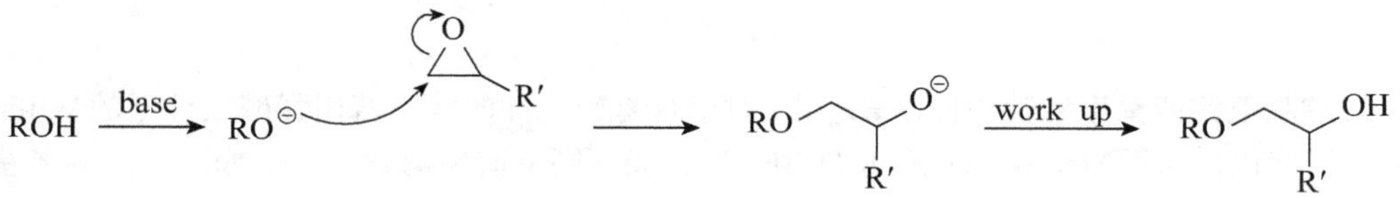

在酸催化下，发生S_N1亲核取代反应。若用取代的环氧乙烷与羟基氧原子进行羟乙基化反应，C—O键存在两种断裂方式a和b，按方式a还是按方式b断裂与取代基R′的性质有关。若R′为供电子基团（electron donating group，EDG），有利于形成稳定的仲碳正离子，以方式a断裂为主，生成以伯醇为主的产物；若R′为吸电子基团（electron withdrawing group，EWG），有利于形成稳定的伯碳正离子，以方式b断裂为主，生成以仲醇为主的产物。

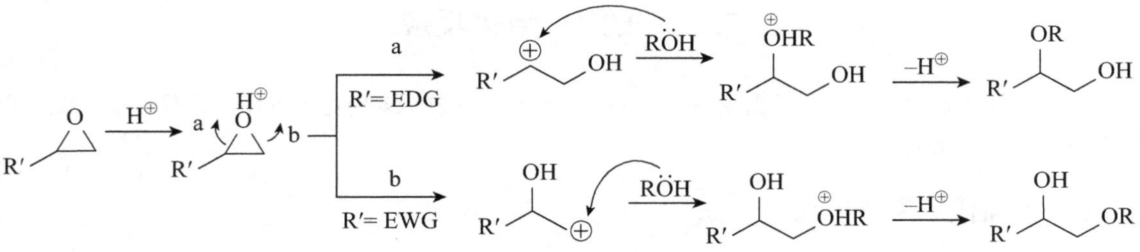

2. 应用实例

苯基环氧乙烷在酸的催化下与甲醇反应主要得到伯醇，与甲醇钠反应则主要得到仲醇。

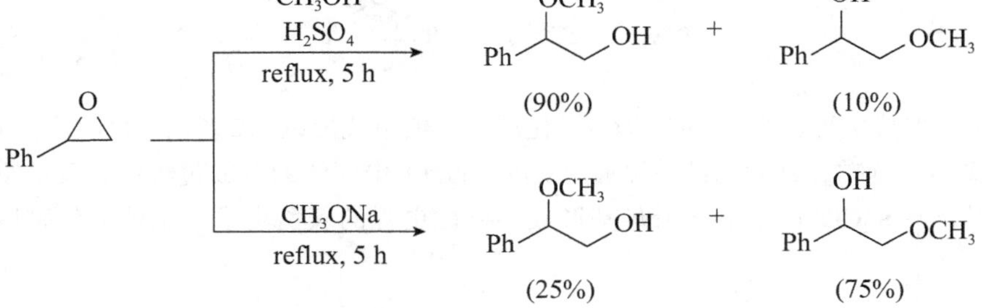

（四）烯烃及其他烃化剂

1. 烯烃类　烯烃对醇的 O-烃化可生成醚，是通过双键的加成反应来实现的。当烯烃双键的 α 位有氰基、羰基、羧基、酯基等吸电子基团时，易发生 O-烃化反应。

丙烯腈的烯键活性很高，加成后在醇分子结构中引进氰乙基，又称氰乙基化反应。此类反应可以看作是 Michael 加成反应的一种特殊形式。

$$ROH \xrightarrow{base} RO^{\ominus} \rightleftharpoons RO\diagup\diagdown CN \xrightarrow{work\ up\ (H_2O)} RO\diagup\diagdown CN$$

2. 重氮甲烷　在氟硼酸或三氟化硼催化下，重氮甲烷可将醇的 O-甲基化，反应通常在较低温度下进行，伯醇和位阻较小的仲醇可快速高产率获得甲醚化产物。

$$\begin{array}{ccc} \text{OH} & \xrightarrow[\substack{\text{diethyl ether} \\ 0\sim25\,^{\circ}\!C \\ (92\%)}]{CH_2N_2/HBF_4} & \text{OCH}_3 \end{array}$$

3. 三烷基氧鎓四氟硼酸盐（$R_3O^+BF_4^-$）　对于具有旋光性的醇，若用强碱条件下的 Williamson 法易发生消旋化，而用 Meerwein 试剂 $R_3O^+BF_4^-$ 进行烃化则可避免消旋化。例如，（R）-1-苯基丙醇使用 Meerwein 乙基化试剂 $Et_3O^+BF_4^-$ 可以很好地保留构型。

$$\begin{array}{ccc} \overset{H}{\underset{Et}{Ph\cdots\!\!\!\!\overset{|}{\underset{|}{C}}(R)}}\!\!\text{OH} & \xrightarrow[\substack{i\text{-}Pr_2NEt \\ CH_2Cl_2}]{Et_3O^{\oplus}BF_4^{\ominus}} & \overset{H}{\underset{Et}{Ph\cdots\!\!\!\!\overset{|}{\underset{|}{C}}(R)}}\!\!\text{OEt} \end{array}$$

二、酚的 O- 烃化反应

酚的酸性比醇强，因此酚比醇更易进行 O-烃化反应。酚的 O-烃化可选用卤代烃、硫酸酯、重氮甲烷和醇等烃化剂进行反应。

（一）卤代烃为烃化剂

卤代烃与酚羟基之间进行烃化反应可得到酚醚。

1. 反应通式及机理

$$R\!\!\diagdown\!\!\overset{OH}{\bigcirc} + R'X \xrightarrow{base} R\!\!\diagdown\!\!\overset{OR'}{\bigcirc} \qquad \begin{array}{l} R' = Alkyl \\ X = Cl,\ Br,\ I \end{array}$$

反应按亲核取代机理进行。同醇的 O-烃化反应，伯卤代烃以 S_N2 亲核取代反应为主。

2. 应用实例　抗帕金森病药沙芬酰胺（safinamide）中间体的合成过程中，反应物同时存在酚羟基和醇羟基，在 K_2CO_3 作用下，酚羟基形成亲核性更强的氧负离子，亲核取代碘原子，醚化优先发生在酚羟基上。

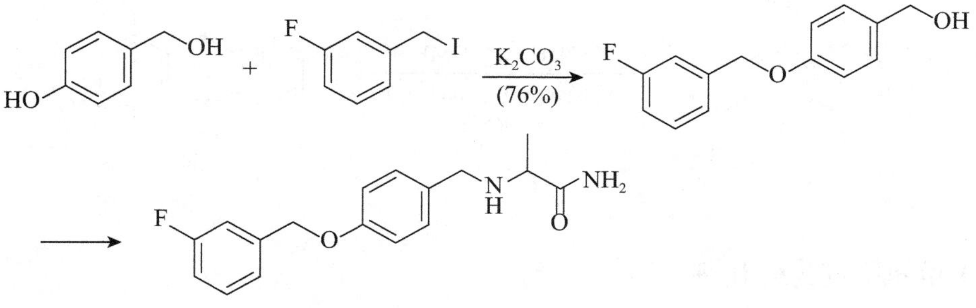

（沙芬酰胺）

降血脂药吉非贝齐（gemfibrozil）的工业化合成采用2,5-二甲基苯酚与5-氯-2,2-二甲基戊酸酯的反应，在NaOH水溶液中，使用四丁基溴化铵相转移催化剂，实现酚羟基的烃化，产率在90%左右，得到的酯水解后获得吉非贝齐。

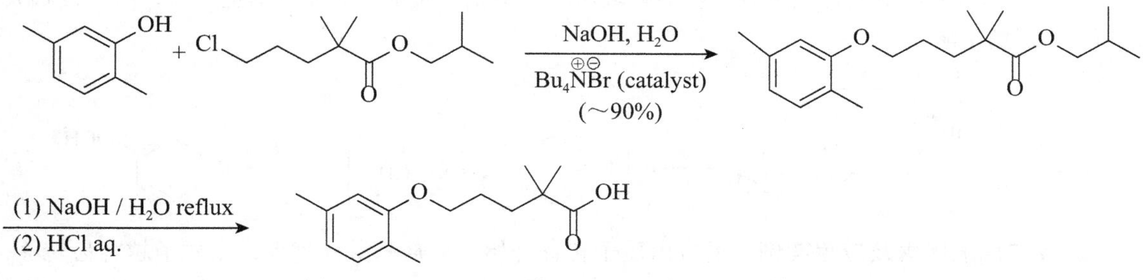

（吉非贝齐）

（二）硫酸酯为烃化剂

常用的硫酸酯类烃化剂有硫酸二甲酯、硫酸二乙酯等，最常用的是甲基化试剂硫酸二甲酯。

1. 反应通式及机理

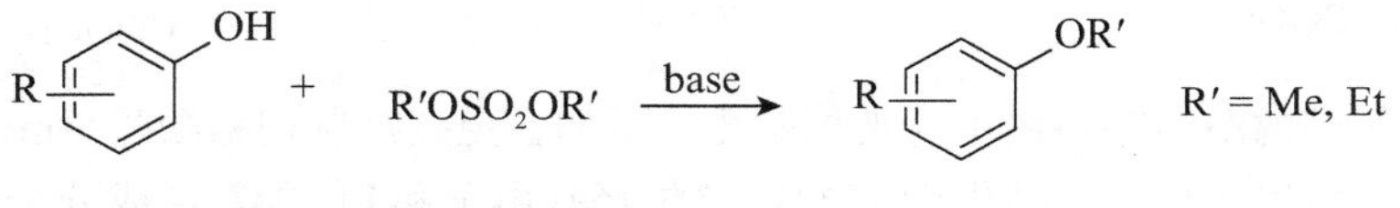

该反应通过S_N2亲核取代反应机理进行。

2. 应用实例 抗高血压药甲基多巴（methyldopa）中间体3,4-二甲氧基苯甲醛是由硫酸二甲酯与香兰素反应制得，在碱性条件下，于丙酮溶剂中回流，酚羟基的甲基化产率几乎定量。

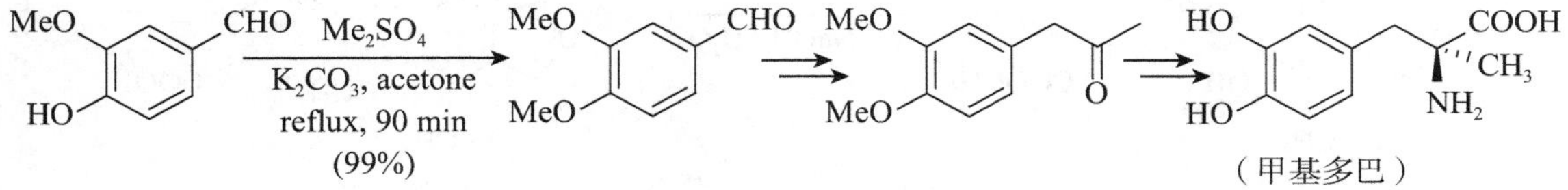

（甲基多巴）

抗肿瘤药阿克罗宁（acronycine）的合成可采用硫酸二甲酯作为最后一步烃化试剂，产率达96%。首先用NaH处理，使酚羟基转化为酚氧负离子，然后加入过量硫酸二甲酯，同时实现了酚羟基的甲基化和氮原子的甲基化。

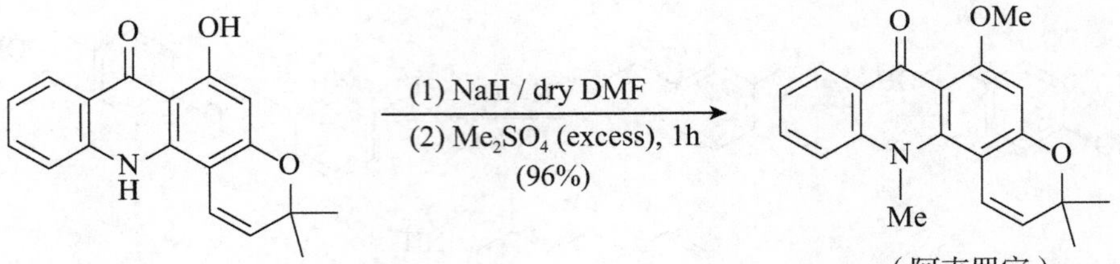

（1）NaH / dry DMF
（2）Me₂SO₄ (excess), 1h
（96%）

（阿克罗宁）

（三）重氮甲烷为烃化剂

1. 反应通式及机理

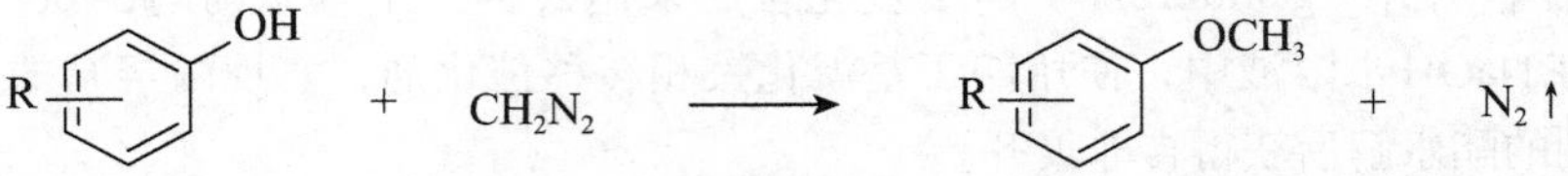

反应机理可能如下：首先重氮甲烷的碳端从酚羟基获得质子，形成甲基重氮盐，然后分解放出氮气形成酚甲醚。

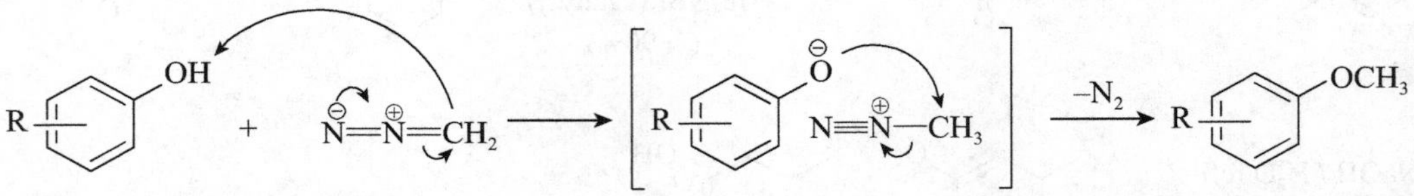

2. 反应影响因素及应用实例　　反应由质子转移开始，酚羟基酸性越大，则质子越容易转移，反应也越容易进行。例如，过量的重氮甲烷与原儿茶酸作用可生成三甲基衍生物，如果控制重氮甲烷用量至2当量，羧基被甲基化的同时，可选择性地使酸性较大的对位酚羟基甲基化。

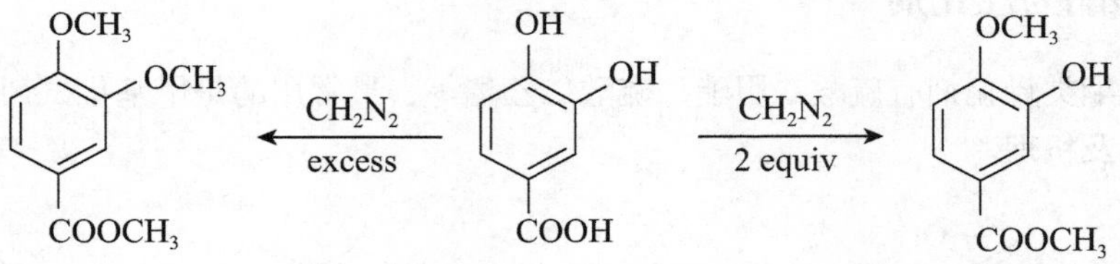

形成分子内氢键的酚羟基一般不易被烷基化。例如，免疫抑制剂霉酚酸（mycophenolic acid）的合成，可用重氮甲烷选择性甲基化5位羟基，7位羟基由于和1位羰基形成分子内氢键而未被甲基化。

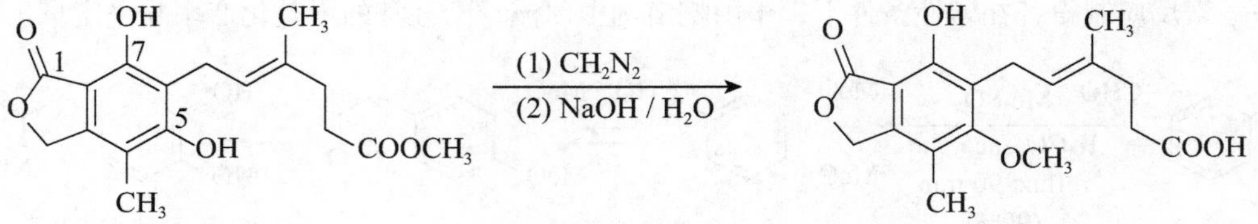

（霉酚酸）

（四）醇为烃化剂

1. 二环己基碳二亚胺（dicyclohexylcarbodiimide，DCC）缩合法　　缩合试剂DCC可促进酚和醇发生烃化反应生成醚。一般伯醇收率较好，仲醇和叔醇收率偏低。

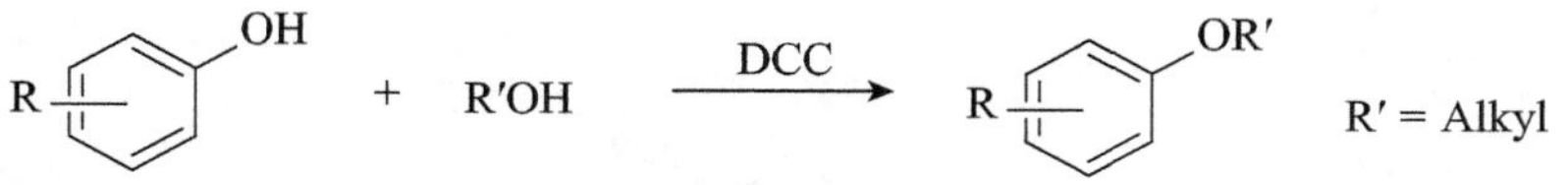

该反应机理是首先醇亲核进攻DCC中的缺电子中心碳，醇的质子转移给氮后生成活泼中间体 *O*-烷基异脲，随后酚羟基亲核进攻 *O*-烷基异脲中的烷基R′，同时酚羟基质子转移给另一个氮，生成酚醚和二环己基脲（DCU）。

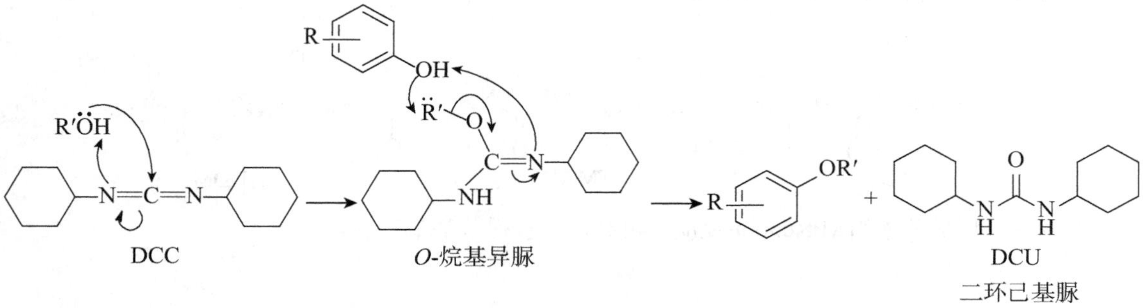

例如，苯酚和苯甲醇在DCC作用下可制备苄基苯基醚。

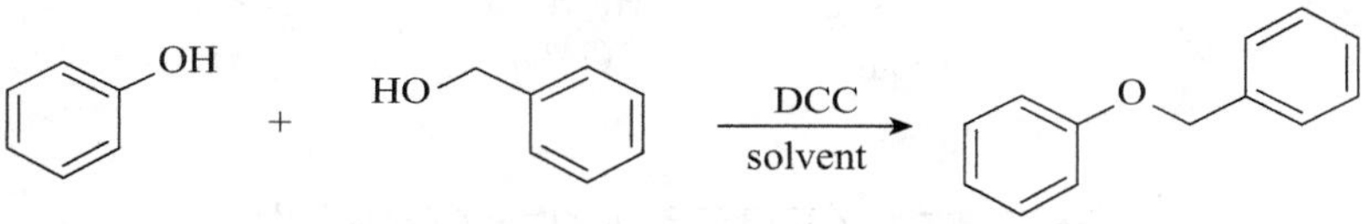

2. Mitsunobu反应 醇羟基在三苯基膦（PPh$_3$）和偶氮二甲酸乙酯（diethyl azodicarboxylate，DEAD）的作用下可被亲核试剂取代，此反应被称为Mitsunobu反应。酚可作为亲核试剂。酚和醇之间的Mitsunobu反应可看作是醇对酚的 *O*-烃化反应。

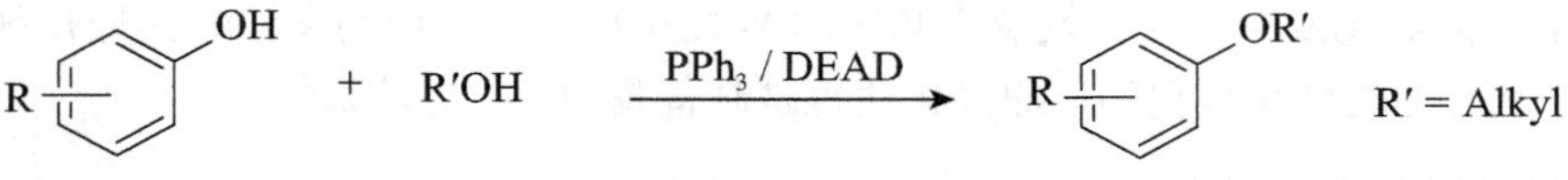

反应机理可分为4步：第1步PPh$_3$进攻DEAD形成两性离子加成物；第2步两性离子夺取酚羟基的质子形成季磷盐，同时形成酚氧负离子；第3步为季磷盐与醇反应，形成烷氧磷盐和偶氮加氢产物DEAD-H$_2$；第4步，酚氧负离子S$_N$2亲核进攻烷氧磷盐中的R′，烷氧键断裂，生成酚醚和三苯氧磷，实现醇对酚的 *O*-烃化反应。

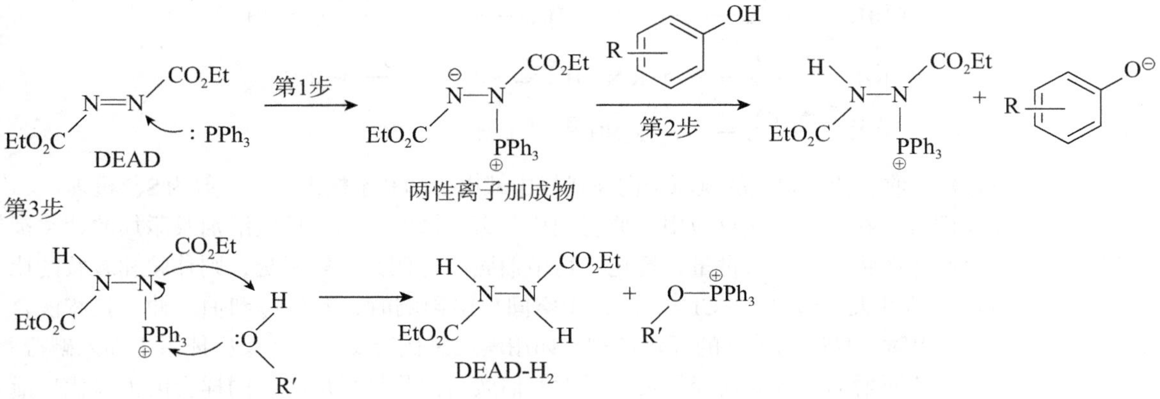

第4步

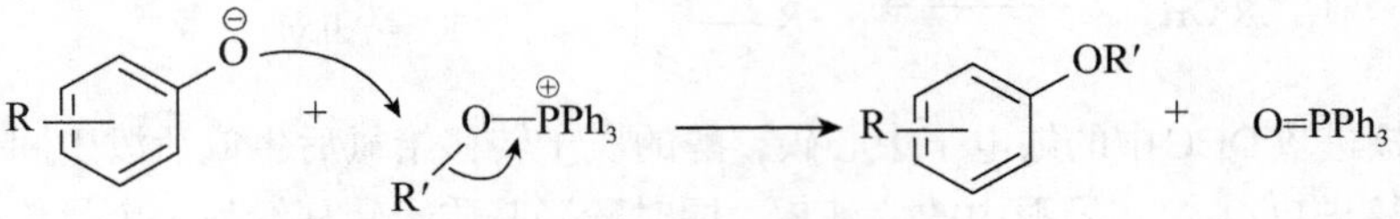

上述反应，除PPh₃外，也可用PBu₃；除DEAD外，也可使用偶氮二羧酸异丙酯（DIAD）或偶氮二酰胺类化合物（TMAD、ADDM）。

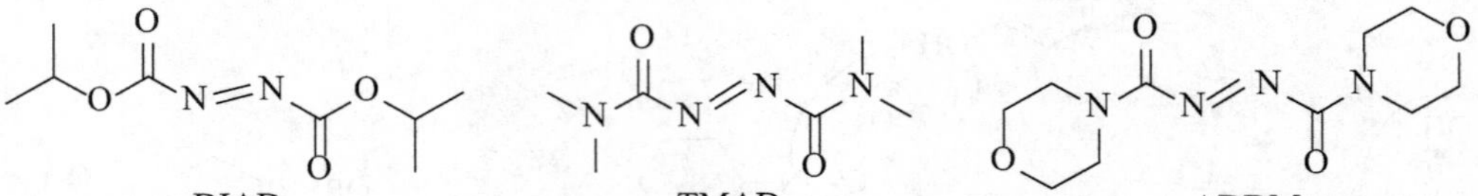

DIAD   TMAD   ADDM

苯酚和苯甲醇若采用Mitsunobu反应，可高产率获得苄基苯基醚。

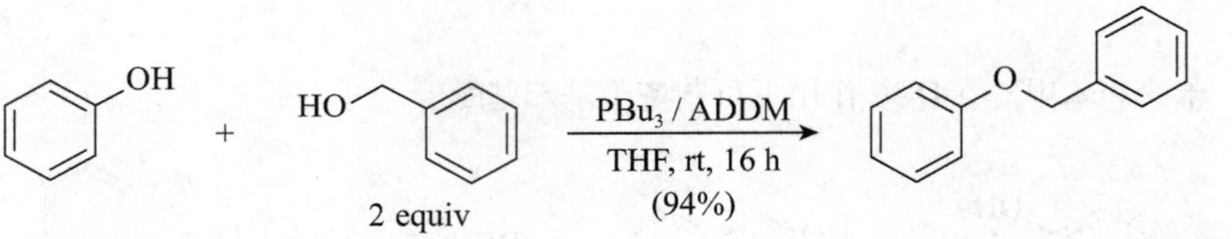

第三节 氮原子上的烃化反应

一、氨及脂肪胺的 *N*- 烃化反应

与氧原子上的烃化反应一样，氨及脂肪胺的 *N*-烃化反应主要使用卤代烃为烃化剂。此外，以醛或酮为烃化剂，通过催化氢化的还原烃化法也是制备胺的重要方法。

（一）卤代烃为烃化剂

1. 反应通式及机理

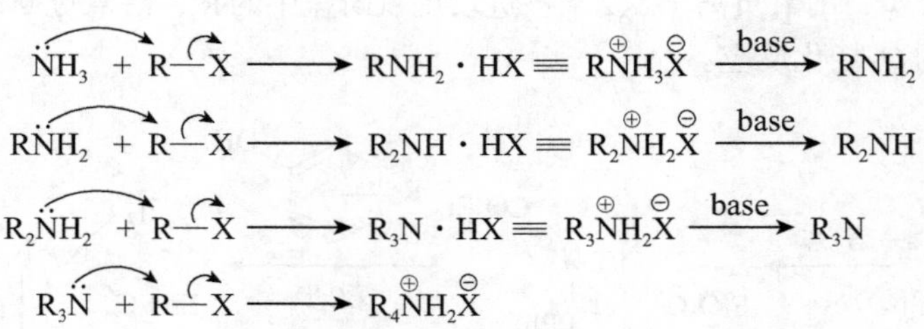

反应机理为氨或伯、仲、叔氨的氮原子向卤代烃中缺电子的R亲核进攻，一般为S_N2机理。

2. 反应影响因素 在氨的烃化反应中，原料配比、卤代烃的结构、反应溶剂及添加的盐类都可以影响反应速率或产物生成。氨过量，烃化产物中伯胺的比例大；氨不足，则仲胺和叔胺的比例较大。当卤代烃活性大（ I > Br > Cl ≫ F），无空间位阻影响时，容易得到伯、仲、叔胺混合物；当存在空间位阻时，易得到单一的烃化产物。如用溴或氯代烃反应，在反应体系中加入碘盐，可促进卤素交换，从而增加溴或氯代烃的反应活性。伯胺与卤代烃反应时，同样会因为卤代烃活性和用量的因素，导致生成仲胺和叔胺的混合物。

3. 应用实例

（1）Gabriel法合成伯胺　由于氨与卤代烃反应很难获得单一产物，早在1887年，德国化学家Siegmund Gabriel发展了一种伯胺的制备方法。使用邻苯二甲酰亚胺作为氮的来源（相当于氨的变体），受两个羰基的吸电子作用，邻苯二甲酰亚胺氮上的氢有较强的酸性，在碱作用下生成邻苯二甲酰亚胺盐，该盐与卤代烃进行亲核取代反应生成 N-烃基邻苯二甲酰亚胺，在酸或碱条件下水解或肼解后可获得高纯度的伯胺。

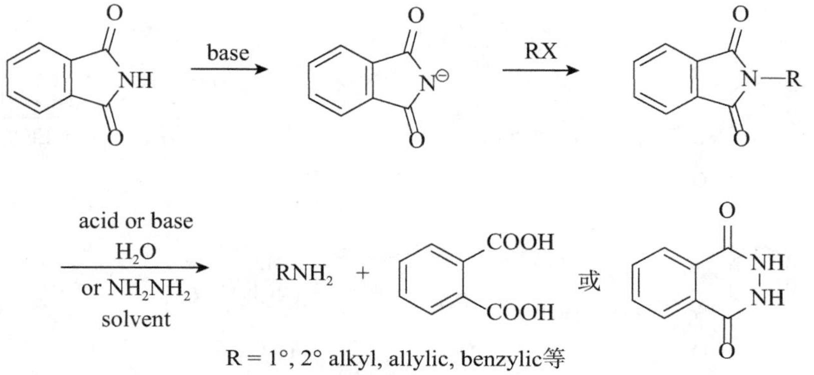

R = 1°, 2° alkyl, allylic, benzylic等

该合成方法操作方便，收率较高，可兼容各种取代基的卤代烃。例如，抗高血压药胍那决尔（guanadrel）中间体伯胺的制备，采用了Gabriel法。

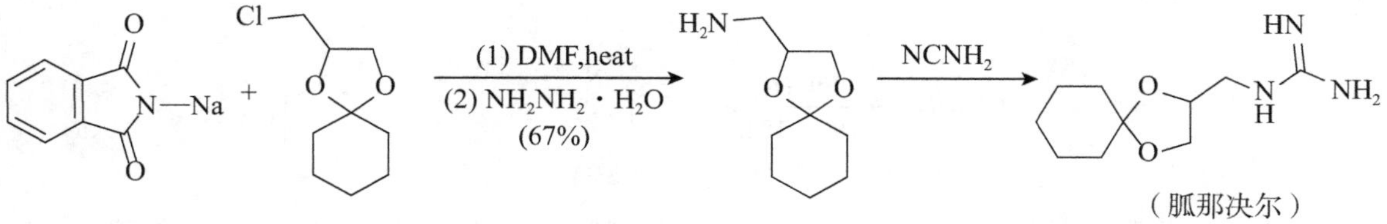

（胍那决尔）

又如，抗疟药伯氨喹（primaquine）的合成，同样采用了Gabriel法，涉及两步 N-烃化反应。

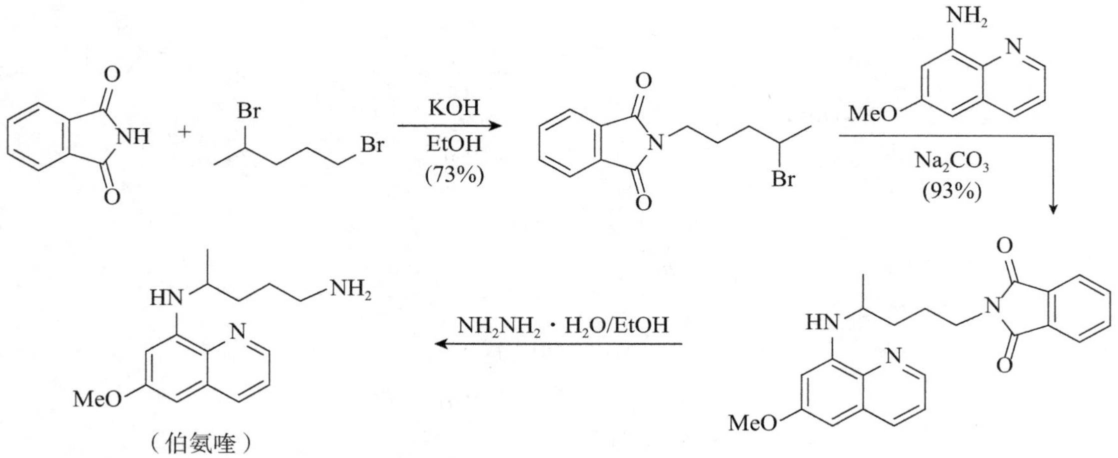

（伯氨喹）

（2）Delépine反应合成伯胺　活性卤代烃与环六亚甲基四胺（乌洛托品）反应得季铵盐，然后在乙醇中用盐酸水解得到伯胺盐酸盐，该反应称为Delépine反应。

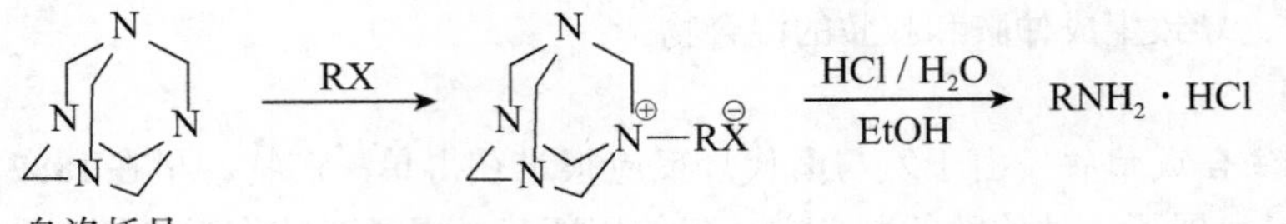

Delépine反应应用范围不如Gabriel法广泛，反应要求使用的卤代烃有较高的活性，R一般为CH_2Ar、$CH_2CH=CH_2$、$CH_2C\equiv CR$、CH_2COR等基团。氯霉素（chloramphenicol）中间体的合成可采用Delépine反应。

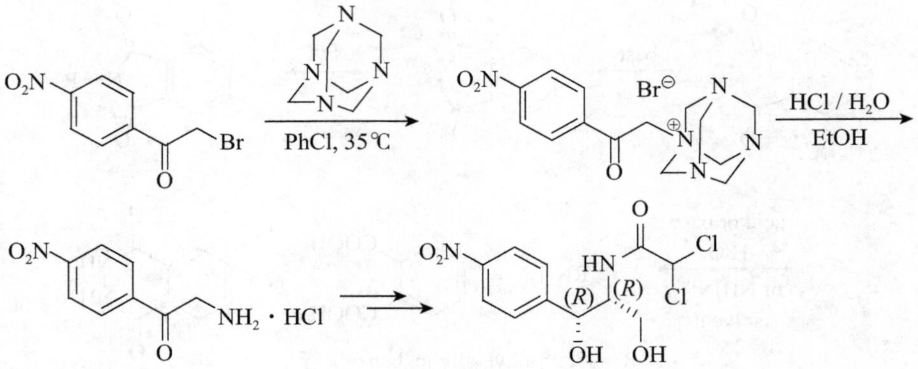

（3）仲胺的制备　伯胺与卤代烃反应，当两者之一具有一定空间位阻时，可主要得仲胺，如溴代异丙烷与甲胺反应主要获得仲胺。

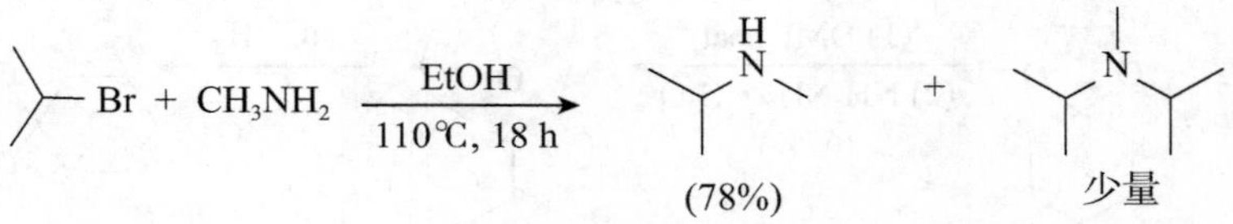

调血脂药物阿托伐他汀（atorvastatin）的仲胺中间体以3-氨基丙醛缩乙二醇（伯胺）与2-溴-2-（4-氟苯基）乙酸乙酯（二级卤代烃）的N-烃化反应制备。

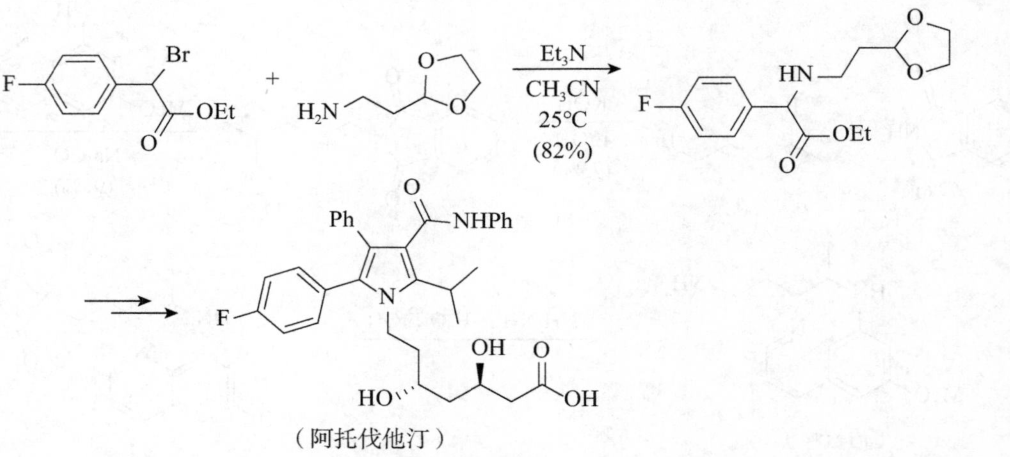

（4）叔胺的制备　可使用仲胺与卤代烃反应。例如，抗高血压药帕吉林（pargyline）是一种叔胺，可使用苄甲胺与溴丙炔反应获得。

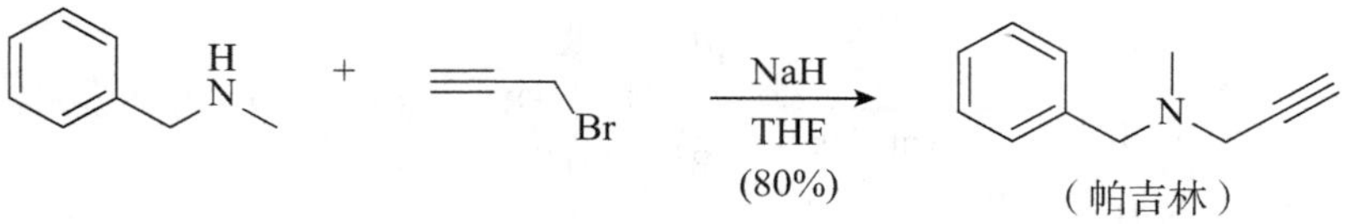

$$\text{（80%）} \qquad \text{（帕吉林）}$$

Na$^+$/Ca$^+$通道阻滞剂氟桂利嗪（flunarizine）可使用氯代烃1-苯-3-氯丙烯与哌嗪，再与二（4-氟苯基）氯甲烷发生 N-烃化反应得到。

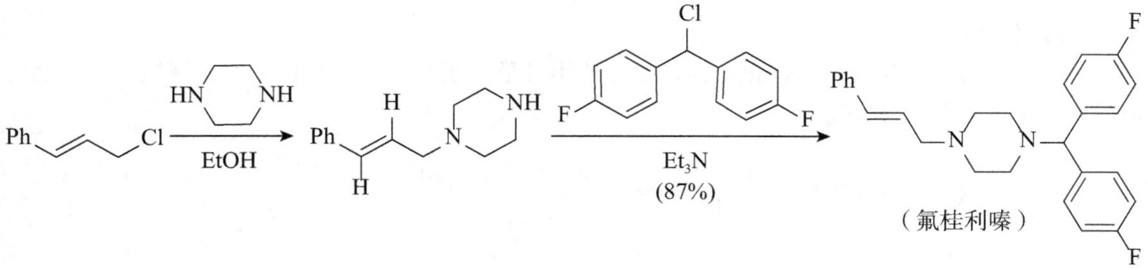

$$\text{（87%）} \qquad \text{（氟桂利嗪）}$$

（二）醛酮为烃化剂——还原烃化法

在还原剂存在下，醛酮与氨、伯胺或仲胺反应，在氮原子上引入烃基的方法称为还原烃化法，也称为还原胺化反应（reductive amination）。各种胺均可通过还原烃化法制备，相较卤代烃对胺的烃化，还原烃化不易产生多烃化副产物。可使用的还原剂很多（见第七章还原反应），最常用氢气、甲酸及其铵盐。

1. 反应机理　氨或伯胺与醛酮可直接缩合，质子转移后获得氨基醇（amino alcohol），氨基醇分子内脱水生成亚胺（imine），在催化剂作用下氢气还原获得伯胺或仲胺。通常位阻较大的伯胺、大位阻烷基酮及芳基酮催化氢化的产率较低。

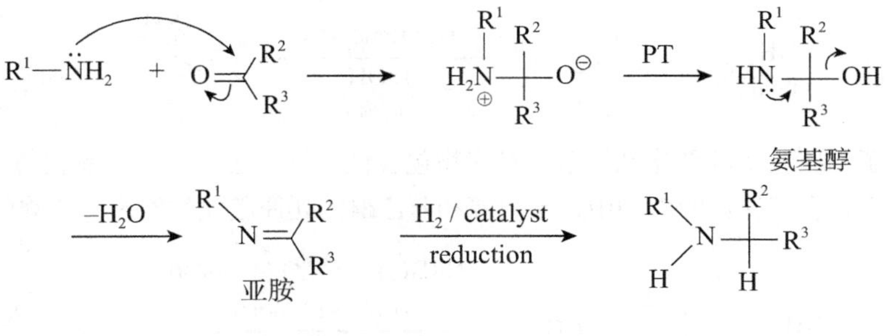

氨基醇

$$R^1 = H,\ alkyl,\ aryl等;\ R^{2,3} = H,\ alkyl$$

胺和醛酮在过量甲酸或其衍生物（甲酸铵、甲酰胺）作为还原剂的条件下进行的还原胺化反应，也被称为Leuckart-Wallach反应。代表性过程为胺亲核进攻质子化羰基，脱质子后生成氨基醇，脱水得到亚胺离子（iminiumion）中间体，甲酸提供氢负离子进攻亚胺离子的缺电子碳中心，同时释放出CO_2和质子，还原得到 N-烃化产物。该方法在采用金属催化后，反应条件温和。适用于多数烷基酮，对芳基醛及芳基酮更为适用。

Leuckart-Wallach反应

氨基醇

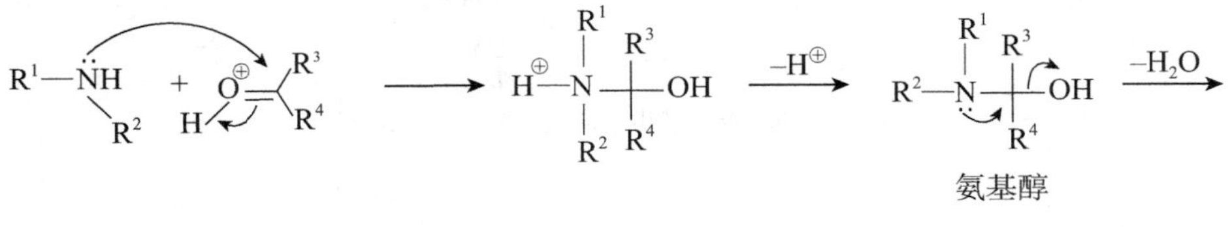

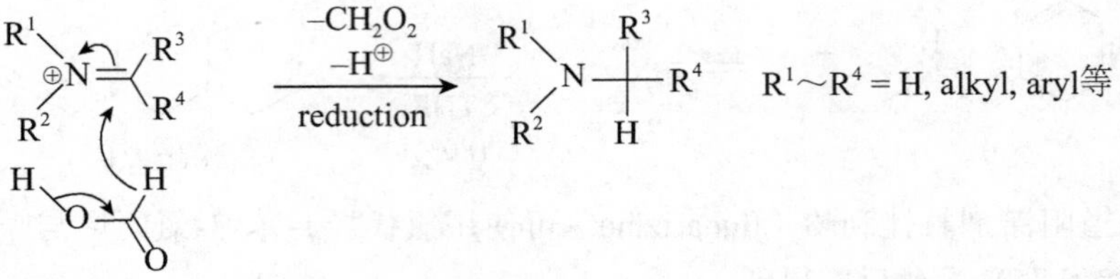

（亚胺离子）

2. 应用实例

（1）制备伯胺　为避免多烃化产物，通常使用过量的氨与醛反应制备伯胺。例如，过量氨与苯甲醛反应，主产物为苄胺。

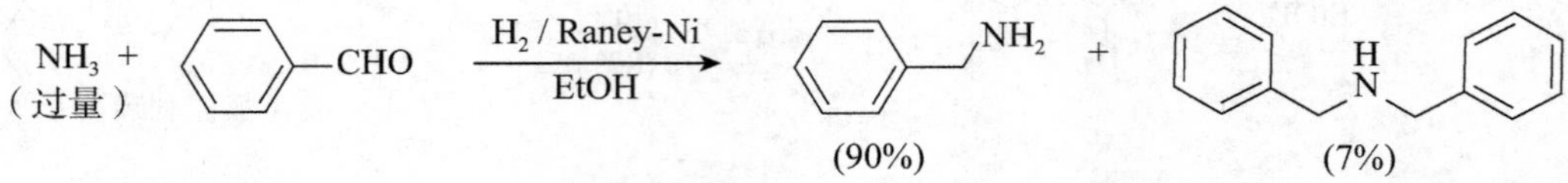

采用烷基酮与过量氨还原烃化，也可得到伯胺，其烃化产物的产率与酮的位阻有关。例如，随着 **a**、**b**、**c** 三种烷基酮的位阻逐步增大，伯胺的产率逐步降低。

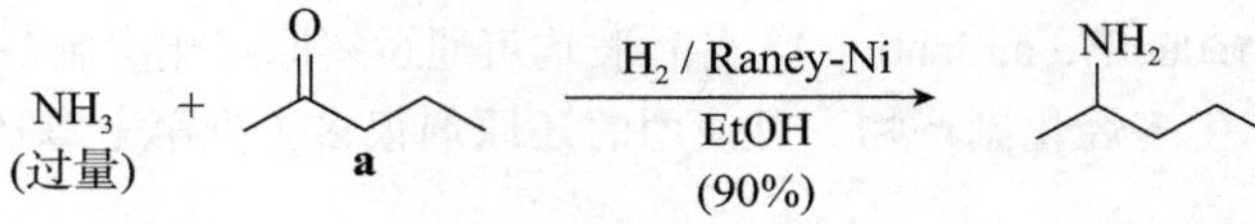

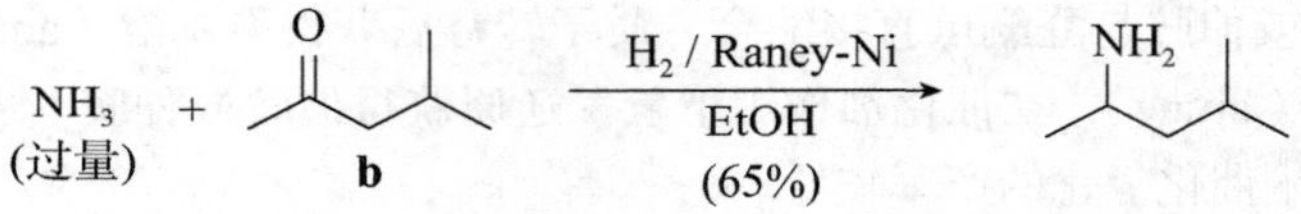

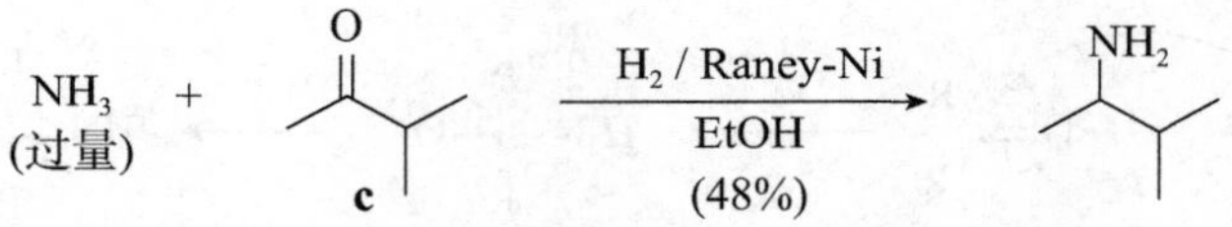

化学家发展了一些新型的催化剂体系，对底物包容性较好，还原烃化产率较高。例如，Ni(BF₄)₂/Triphos 催化氢化下，在三氟乙醇溶剂中，苯甲醛和苯乙酮的还原胺化均给出了优秀的产率。

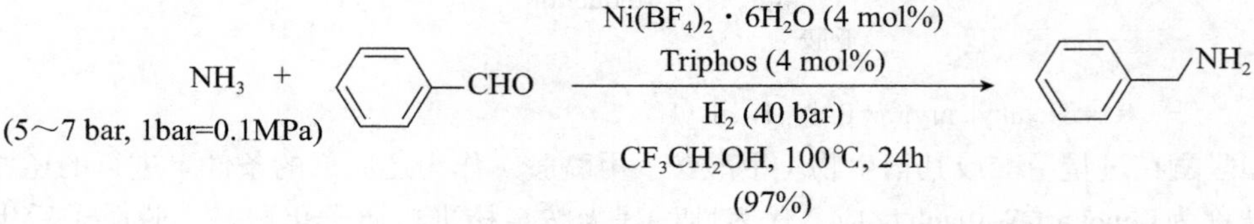

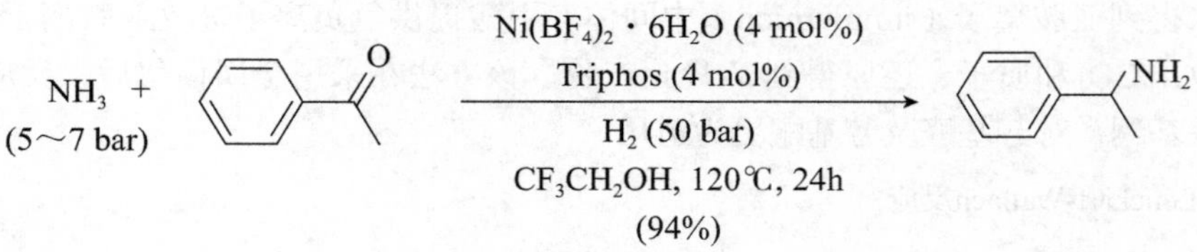

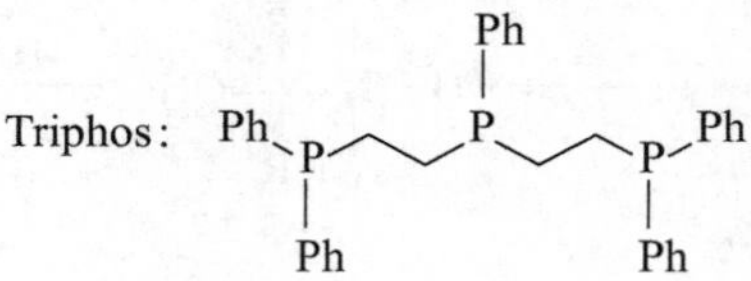

NH_3 +
（5~7 bar, 1bar=0.1MPa）

$Ni(BF_4)_2 \cdot 6H_2O$ (4 mol%)
Triphos (4 mol%)
H_2 (40 bar)
CF_3CH_2OH, 100℃, 24h
（97%）

NH_3 +
（5~7 bar）

$Ni(BF_4)_2 \cdot 6H_2O$ (4 mol%)
Triphos (4 mol%)
H_2 (50 bar)
CF_3CH_2OH, 120℃, 24h
（94%）

Triphos:

（2）**制备仲胺**　伯胺与醛还原烃化是获得仲胺较好的方法。例如，苄胺与苯甲醛在催化剂乙酸钯作用下，可定量获得还原胺化产物二苄胺。

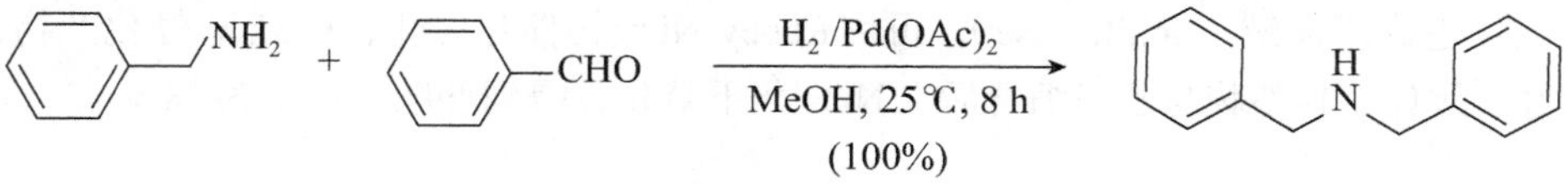

（3）**制备叔胺**　叔胺可由仲胺与醛酮的还原烃化获得。例如，采用Leuckart-Wallach反应。

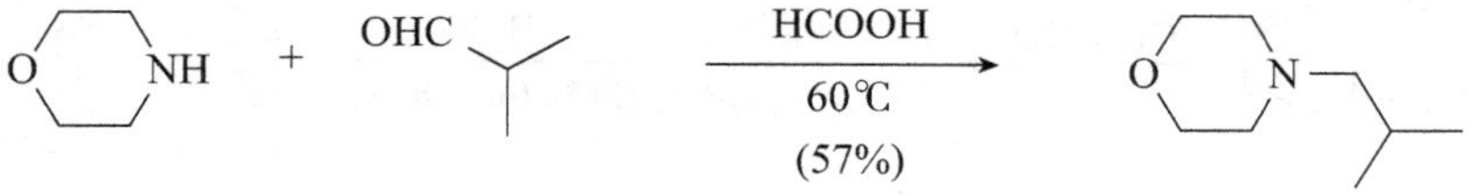

甲醛位阻小，活性大，使用甲醛进行还原甲基化产率较高。例如，4-哌啶甲酰胺与甲醛的催化氢化反应可顺利得到哌啶N-甲基化的产物。

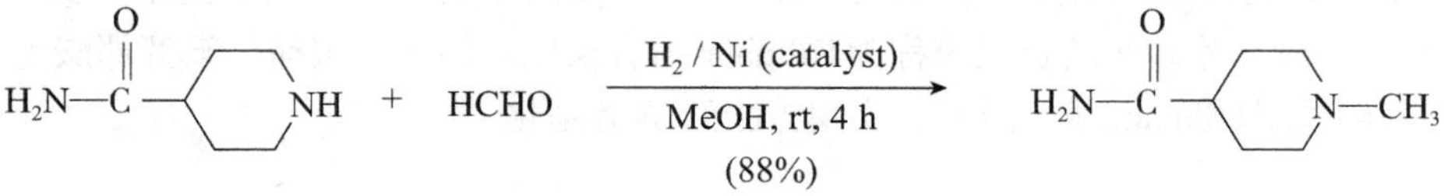

以甲醛为烃化剂，伯胺或仲胺使用过量甲酸的还原烃化反应被称为Eschweiler-Clarke反应，是Leuckart-Wallach反应的特例。伯胺采用Eschweiler-Clarke反应可高产率制备二甲基叔胺。例如，2-苯基乙胺与甲醛在甲酸作用下还原甲基化，可获得89%的二甲化产物。

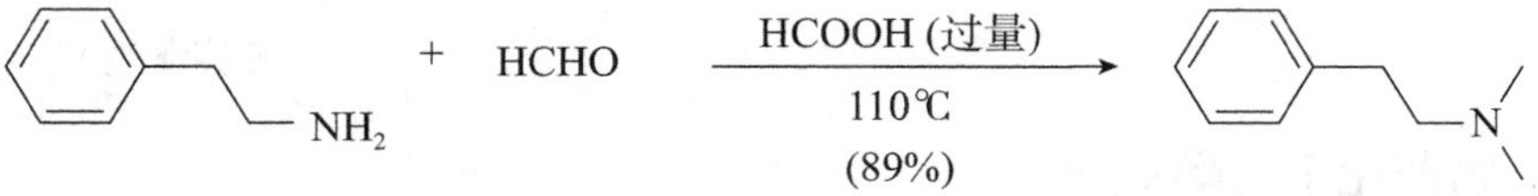

二、芳胺的 N-烃化反应

由于芳胺的氨基与苯环共轭，芳胺的亲核能力比脂肪胺弱，直接亲核进攻烃化剂实现其N-烃化反应相对不易。下文主要通过具体实例说明实现芳胺N-烃化的方法。

（一）酰化后烃化

芳伯胺与活泼卤代烃反应通常得到仲胺和叔胺的混合物，将芳伯胺先进行乙酰化或苯磺酰化，再在碱性条件下拔除氮上的活泼氢，然后再与烃化剂（卤代烃、硫酸酯、磺酸酯）反应，水解后可获得单一产物仲胺，类似Gabriel法。例如，苯胺先通过乙酰基保护，然后再与碘甲烷反应，脱除保护后可高产率获得N-甲基苯胺。若苯胺直接与碘甲烷反应，则得到N-甲基苯胺和N,N-二甲基苯胺的混合物。

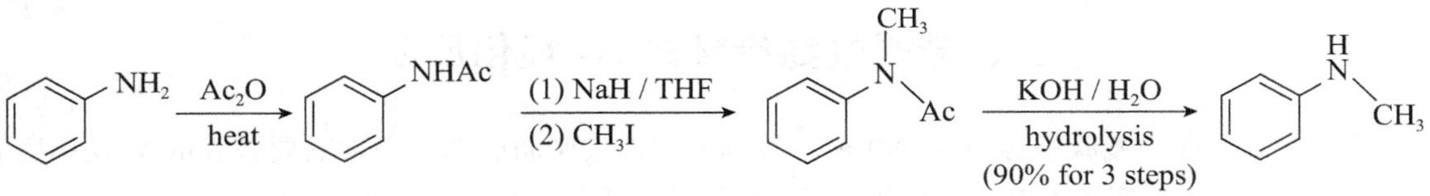

（二）亚胺还原烃化

亚胺还原烃化同脂肪胺的还原烃化，芳胺 N-烃化同样可采用还原烃化方法。芳胺与醛或酮反应生成亚胺，也称席夫碱（Schiff base），再用 Raney Ni 或铂催化氢化，得到 N-烃化产物，一般仲胺收率较好。例如，1-萘胺与乙醛缩合后在 Ni 催化下氢化，得到仲胺，产率为88%。

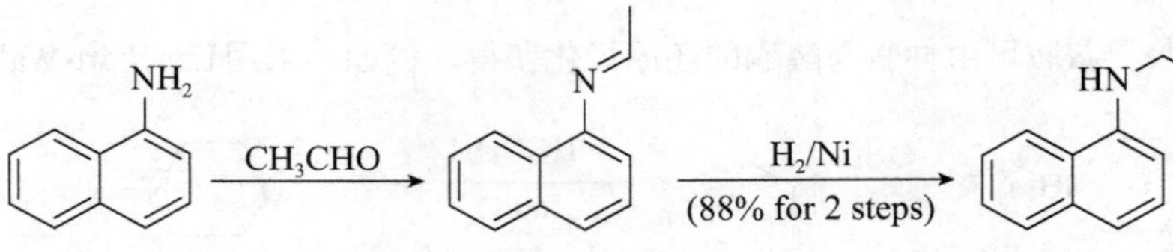

（三）Ullmann 缩合反应

1904年，Ullmann 发现在铜或铜盐作用下，芳基卤代物与苯酚可高效反应得到二芳基醚产物。1906年，Goldberg 发现采用酰胺与芳基卤代物在 CuI/K₂CO₃ 作用下可得到芳基胺产物。之后，铜介导的二芳基醚或二芳基胺的合成统称为 Ullmann 缩合反应。例如，镇痛药氟芬那酸（flufenamic acid）的制备可采用Ullmann缩合反应，实现芳胺的 N-芳基化。

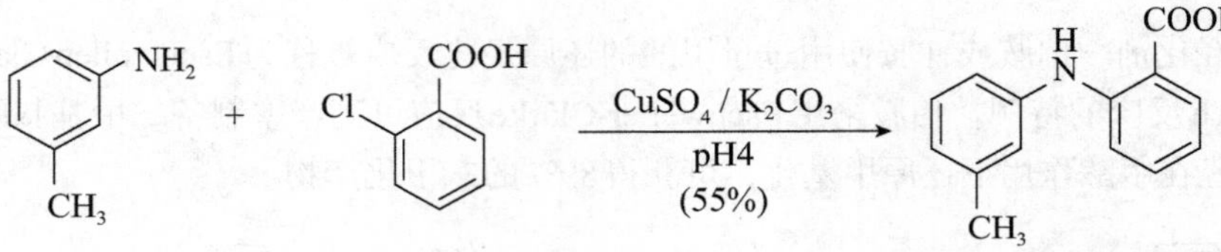

（四）金属催化下与醇烃化

金属催化下，以醇为烃化剂，也可实现芳胺的 N-烃化。例如，苯胺在乙醇溶剂中，采用金属钌催化剂和适当的配体，以85%产率得到 N-乙基苯胺。

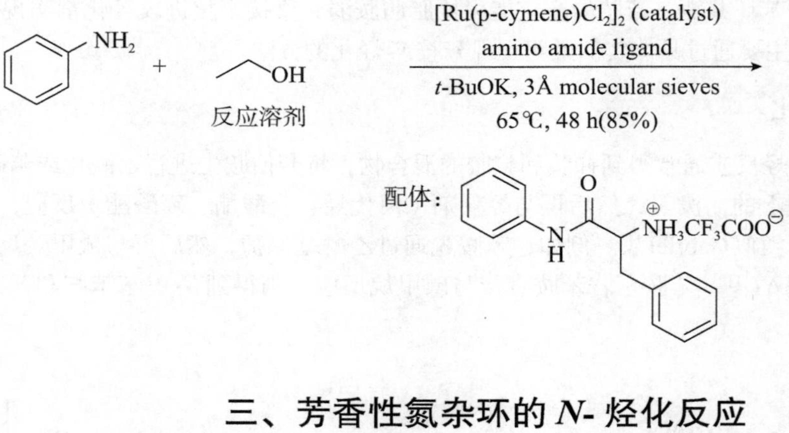

三、芳香性氮杂环的 N- 烃化反应

芳香性氮杂环的氮原子参与环的共轭，故其亲核性较脂肪胺弱，通常需要较强的 N-烃化反应条件。使用卤代烃、环氧乙烷、磺酸酯等烃化剂均能实现氮杂环的 N-烃化。

例如，1*H*-吲唑-3-羧酸*N*的甲基化，可使用碘甲烷为烃化剂，在现场制备的强碱异丙醇钠的条件下实现。

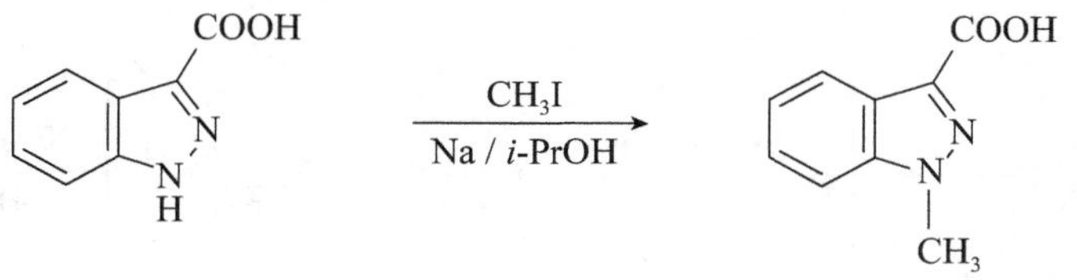

再如，抗感染药甲硝唑（metronidazole）的合成，可用环氧乙烷为烃化剂，在酸性条件下，通过氮原子的羟乙基化制得，其中甲酸起到活化环氧乙烷的作用。

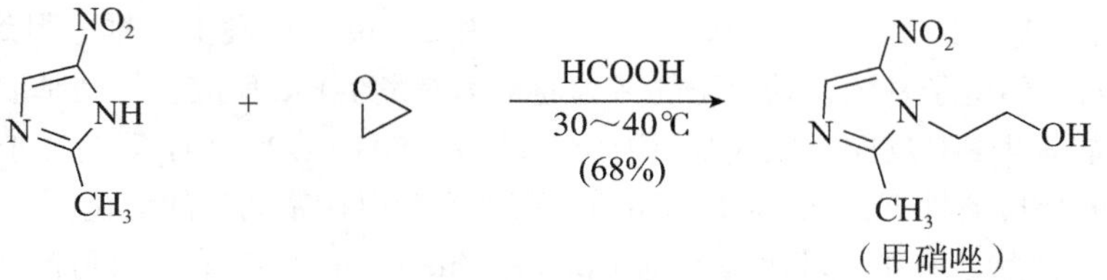

又如，吲哚*N*的甲基化反应，可采用甲磺酸酯烃化剂，强碱BuLi首先夺取吲哚*N*的质子，吲哚*N*负离子亲核进攻甲磺酸酯中偏正性的甲基，从而实现*N*-烃化。

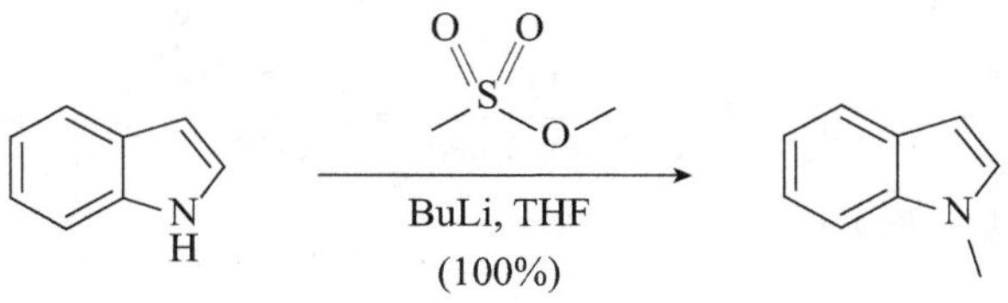

第四节　碳原子上的烃化反应

一、芳烃的 *C*-烃化反应

1877年，Friedel和Crafts发现，苯和卤代烃在AlCl₃催化下，实现了苯的烷基化。之后，人们把芳烃在各种Lewis酸或质子酸催化下与各种烷基化试剂的取代反应统称为Friedel-Crafts反应，简称F-C反应。F-C反应包括烷基化反应和酰基化反应，本部分内容只讨论芳烃的烷基化反应。

1. 反应通式及机理

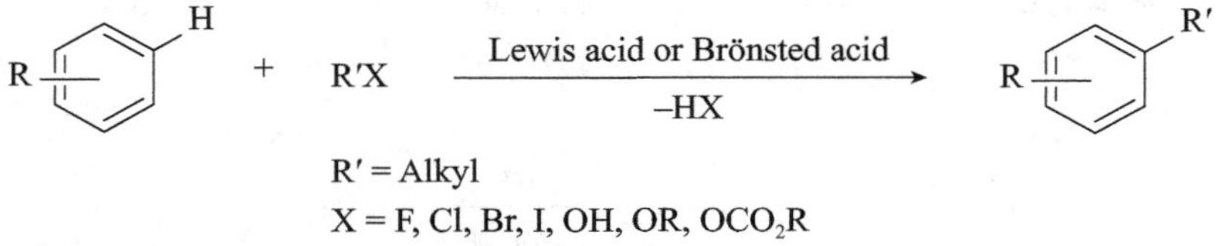

R′ = Alkyl
X = F, Cl, Br, I, OH, OR, OCO₂R

F-C反应经历亲电取代过程，如下所示，首先Lewis酸AlX₃作用于烃化试剂R′X，形成烃化剂与Lewis酸的络合物，当R′为叔丁基或苄基时，可完全解离为烷基碳正离子R′⁺。然后芳烃（通常为富电子芳烃）亲核进攻络合物中的R′⁺，此步为关键的决速步骤，得到σ-络合物，随后脱HX重构芳环，即得到芳烃的 *C*-烃化产物。

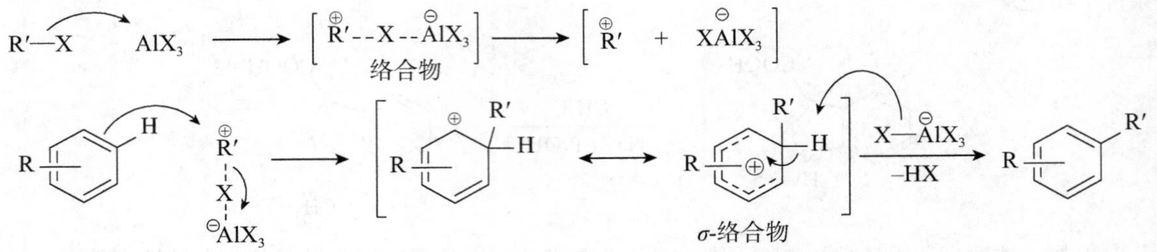

2. 反应影响因素　F-C反应常用的烃化剂为卤代烃、醇及烯烃。常用的Lewis酸催化剂为
AlCl$_3$、AlBr$_3$、BF$_3$。不同卤原子的活性顺序为F＞Cl＞Br＞I。不同烷基的活性顺序为叔烷基
（3°）、苄基＞仲烷基（2°）＞伯烷基（1°）。1°和2°烷基易发生重排，得到混合烃化产物。
芳基取代基R通常为给电子基团，缺电子的芳烃通常不易发生F-C反应，如硝基取代苯等极度缺电
子的苯环，则不能发生F-C反应。取代基具有定位效应，OH、OR、NH$_2$等给电子基团给出邻对位
烃化产物；在剧烈反应条件下，如AlCl$_3$和高温，可以实现卤代苯间位的烃化。

3. 应用实例　冠状动脉扩张药哌克昔林（perhexiline）中间体二苯酮的制备，采用AlCl$_3$催化，
CCl$_4$为烃化剂，经历两次F-C反应后得到二氯二苯基甲烷，进一步水解后获得二苯酮。

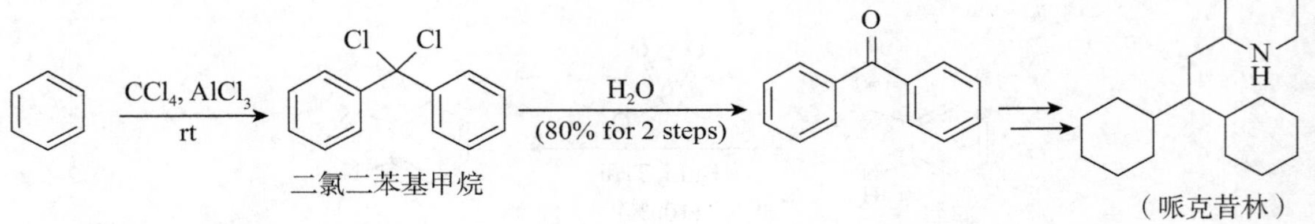

镇咳药地布酸钠（dibunate sodium）中间体的合成也可采用F-C烃化反应，在AlCl$_3$催化下，
氯代叔丁烷为烃化剂，一步实现萘环两处叔丁基化。

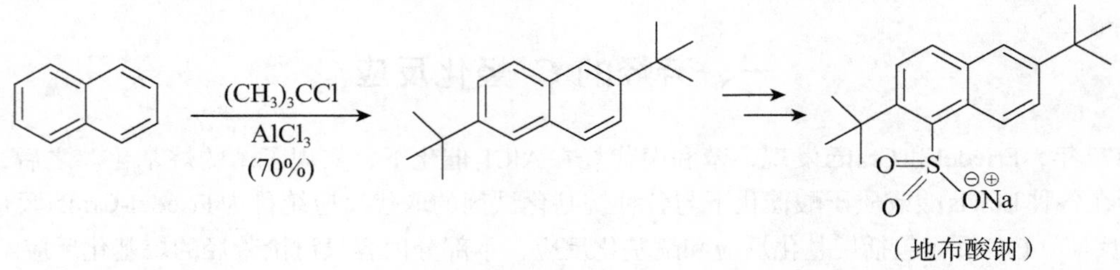

醇可作为F-C反应的烃化剂，如异丙醇在HF作用下，通过脱水形成异丙基碳正离子，可实现
对1-甲氧基-2-硝基苯的*C*-烃化，给电子甲氧基削弱了拉电子硝基的作用，烃化反应发生在甲氧基
对位。

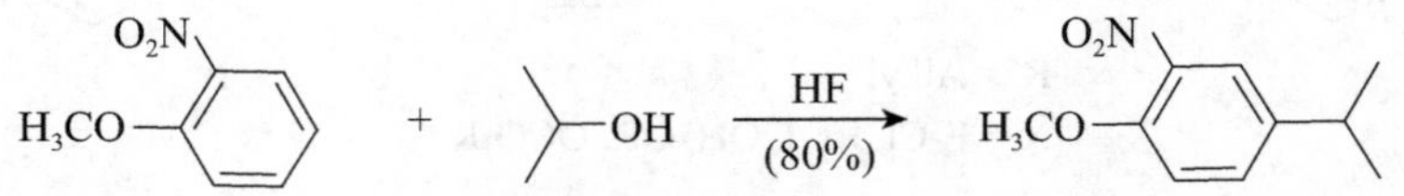

烯烃也是常见F-C反应的烃化剂。例如，肉桂酸与苯在AlCl$_3$催化下，室温即可实现苯的*C*-烃
化反应，苯同时为反应的溶剂，反应发生在丙烯酸部分的*β*-位，产率高达94%，得到的3,3-二苯
基丙酸中间体可用于抗高血压药乐卡地平（lercanidipine）的合成。

二、烯烃的 *C*- 烃化反应

通过 Heck 反应、Stille 反应可以将烯基、芳基和烷基导入到烯烃的碳上。

（一）Heck 反应

1. 反应通式及机制　烯烃与烃化剂（常见为卤代烃、磺酸酯）在钯催化下生成取代烯烃的反应，称为 Heck 反应。通常在碱性条件下，采用膦配体。X 的活性顺序为 I＞Br～OTf≫Cl。

$R^1, R^2, R^3 =$ 烷基, 芳基, 烯基; $R' =$ 芳基, 苄基, 乙烯基 (烯基), 烷基;

$X =$ Cl, Br, I, OTf, OTs;

ligand = 三烷基膦, 三芳基膦, 手性膦;

base = 2° or 3° amine, KOAc, NaOAc, NaHCO$_3$

Heck 反应的机理是围绕 Pd 催化中心而展开的循环过程：首先是 Pd（0）配合物与 R'X 氧化加成，即 Pd（0）插入 C—X 键中形成 Pd（Ⅱ）配合物。然后，Pd（Ⅱ）配合物与烯烃顺式加成，也称为插入反应，即烯烃插入到 Pd（Ⅱ）—C 键中，通常 Pd（Ⅱ）加成到烯烃取代基较多的一端，R' 则加成到取代基较少的一端。最后 C—C 单键旋转后 β-H 消除，即得烯烃 *C*- 烃化产物；同时产生的 Pd（Ⅱ）在碱作用下发生还原消除，再生 Pd（0）催化物种。

2. 应用实例　抗肿瘤药（*S*）-喜树碱（camptothecin）的合成过程中，溴代中间体在 Pd(OAc)$_2$ 催化及相转移试剂 Bu$_4$N$^+$Br$^-$ 存在下发生 Heck 反应，得到光学纯度较高的（*S*）-喜树碱。

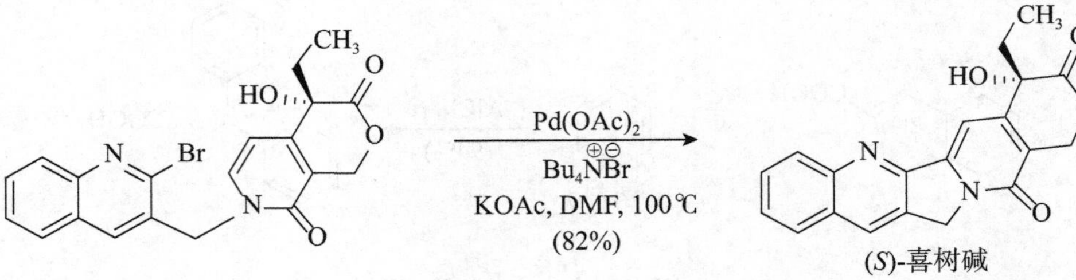

（二）Stille 偶联反应

Stille 偶联反应是有机锡化合物和不含 β-氢的卤代烃或磺酸酯在钯催化下发生的交叉偶联反应，可实现芳基、烯基 C-烃化。

1. 反应通式及机理

$$R—Sn(alkyl)_3 \ + \ R'X \ \xrightarrow[\text{ligand}]{\text{Pd(0) (catalytic)}} \ R—R' \ + \ XSn(alkyl)_3$$

R = 烯丙基, 烯基, 芳基; R' = 烯基, 芳基, 酰基;
X = Cl, Br, I, OTf等

Stille 反应机理的第一步与 Heck 反应类似，Pd（0）配合物与 R'X 氧化加成得到 Pd（Ⅱ）配合物，第二步 Pd（Ⅱ）配合物与有机锡化合物金属交换，R 基团从 Sn 转移到 Pd，形成新的 Pd（Ⅱ）配合物，该配合物还原消除给出偶联产物 R-R'，同时再生 Pd（0）催化剂。

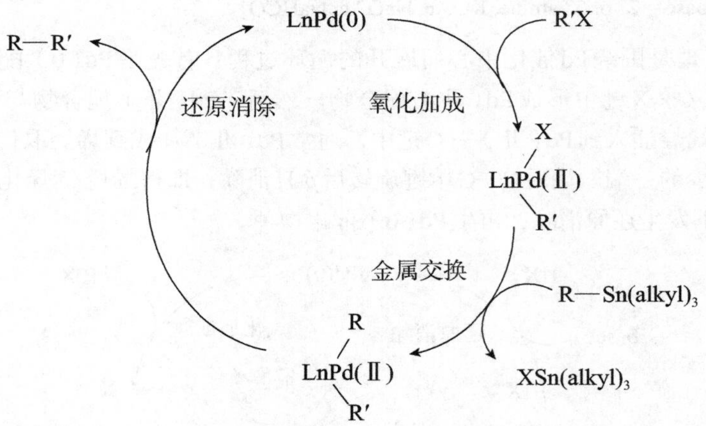

2. 应用实例 　Stille 偶联反应一般在无水无氧的惰性环境中进行，反应条件较温和。常用的钯催化剂有 Pd(PPh₃)₄、Pd₂(dba)₃ 和 Pd(MeCN)₂Cl₂ 等。例如，抗生素枝三烯菌素 [（+）-mycotrienol] 的合成，通过 Stille 偶联反应，借助二（三丁基锡）乙烯试剂与两个碘代双键反应，实现了最后的环合。

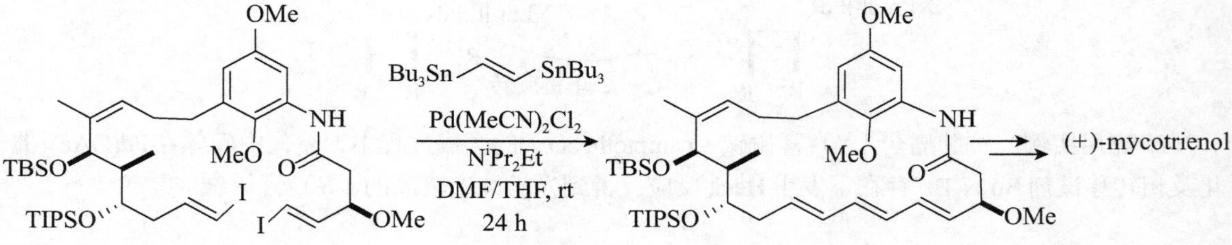

三、炔烃的 *C*- 烃化反应

末端炔烃在碱性条件下可与烃化试剂反应,实现炔烃的 *C*-烃化反应。

1. 反应通式及机理

$$R\!\!=\!\!=\!\!H \xrightarrow{base} R\!\!=\!\!=\!\!\overset{\ominus}{} \xrightarrow{R'\!-\!X} R\!\!=\!\!=\!\!R'$$

2. 应用举例 用二卤代物与过量乙炔钠在液氨中反应,可得到双炔。例如,1,5-二溴戊烷与乙炔钠可获得1,8-壬二炔。

$$Br\!\!\frown\!\!\frown\!\!Br \xrightarrow[\substack{液态NH_3 \\ (84\%)}]{HC\!\equiv\!CNa(过量)} \text{(双炔产物)}$$

制备中等分子量的不对称炔,可采用以下方法,乙炔钠与等当量RX烃化反应,得到单烃化产物,接着直接向反应体系中加入现做的NaNH₂,得到单烃化产物的炔钠,然后加入第二种烃化剂R'X,即可获得双烃化产物不对称炔。

$$HC\!\equiv\!CNa \xrightarrow{RX / 液态NH_3} HC\!\equiv\!C\!-\!R$$

$$HC\!\equiv\!C\!-\!R \xrightarrow{NaNH_2 / 液态NH_3} NaC\!\equiv\!C\!-\!R$$

$$NaC\!\equiv\!C\!-\!R \xrightarrow{R'X / 液态NH_3} R'\!-\!C\!\equiv\!C\!-\!R$$

四、羰基 *α*- 位的 *C*- 烃化反应

(一)活泼亚甲基化合物的 *C*- 烃化

亚甲基连有一个或两个吸电子基团时,亚甲基上的氢活性增大,具有一定的酸性,称为活泼亚甲基。在碱性条件下,活泼亚甲基可被烃基化。常见的活泼亚甲基化合物有乙酰乙酸乙酯、丙二酸酯、氰乙酸乙酯、丙二腈、苯乙腈、*β*-二酮等。

1. 反应通式及机理

$$R^1\!-\!CH_2\!-\!R^2 + R'\!-\!X \xrightarrow{base} R^1\!-\!\underset{\underset{R'}{|}}{CH}\!-\!R^2$$

R¹, R² = 吸电子基团; R' = 烷基; X = Cl, Br, I, OTs等

活泼亚甲基碳原子的烃化反应属于S_N2反应,碱性条件下亚甲基被拔氢得到C负离子,该C负离子亲核进攻烃化试剂R'X,X带电子离去,得到亚甲基的*C*-烃化产物。

2. 反应影响因素及应用实例 该反应多在强碱性条件下进行,一般常用醇类和碱金属所成的盐类,其中醇钠最常用。它们的碱性强弱次序为 *t*-BuOK > *i*-PrONa > C₂H₅ONa > CH₃ONa。伯卤代烃和卤甲烷是较好的烃化剂;仲卤代烃存在自身消除反应和烃化反应的竞争,烃化收率较低;叔卤代烃在这种条件下通常发生自身消除反应。通过控制反应物比例和具体反应条件可获得单烃化或双烃化产物。

双烷基取代的丙二酸二酯是合成巴比妥类催眠药的重要中间体，可由丙二酸二酯或氰乙酸酯依次与不同的卤代烃进行烃化反应制得。通常先引入体积较大的烷基，后引入体积较小的烷基。例如，异戊巴比妥（amobarbital）的合成采用丙二酸二酯合成法，乙醇钠为碱，在乙醇溶液中，首先在丙二酸二乙酯活泼亚甲基上导入异戊基，再导入体积较小的乙基，最后与脲缩合环化。

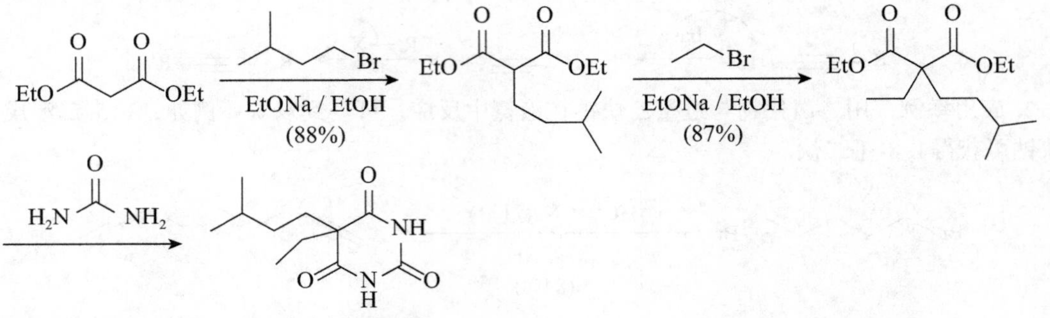

（异戊巴比妥）

抗惊厥药格鲁米特（glutethimide）中间体 α-乙基苯乙腈的合成，采用苯乙腈为原料，在碱性催化剂 KF/Al$_2$O$_3$ 的作用下与溴乙烷发生亲核取代反应获得。

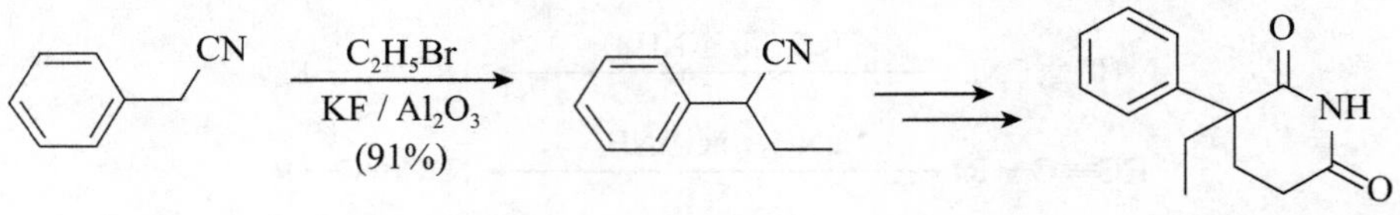

（格鲁米特）

用二卤化物作烃化剂可得环状化合物。例如，镇咳药喷托维林（pentoxyverine）中间体 1-苯基环戊腈是由苯乙腈与二溴丁烷在 NaOH 作用下反应得到的，经历了活泼亚甲基与单烃化产物分子内二次烃化环合的历程。

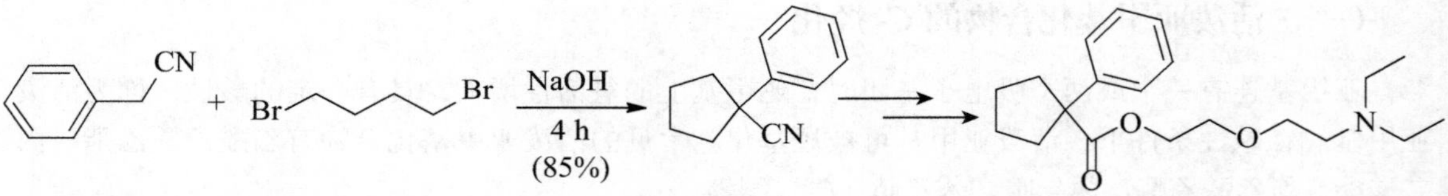

镇痛药哌替啶（pethidine，俗称度冷丁）中间体的合成，同样采用苯乙腈与二卤代物反应获得。

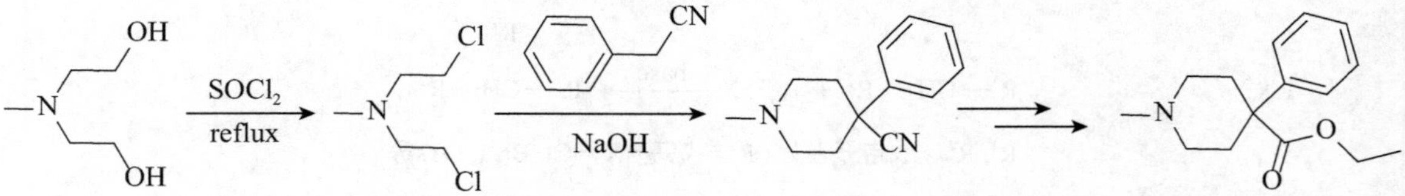

（哌替啶）

某些仲卤烃或叔卤烃进行烃化反应时，容易发生脱卤化氢的副反应。例如，溴代环己烷与丙二酸二乙酯反应时，生成了脱溴化氢副产物环己烯。

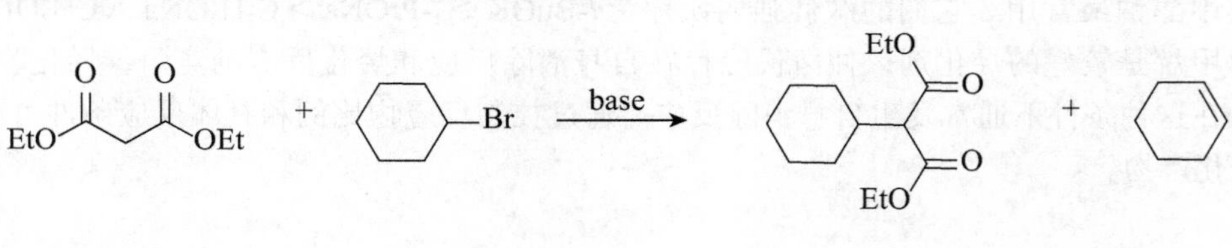

（二）醛、酮、酯α-位的 C-烃化

醛在碱作用下发生α-位的C-烃化较少，更容易发生羟醛缩合反应（Aldol缩合）。不对称酮有两个α-位，若两个α-位均有质子，在碱性条件下夺质子后可生成A和B两种烯醇，其组成由动力学因素或热力学因素决定。若产物组成取决于两个α-位夺取质子的相对速率 k_A 和 k_B，则反应为动力学控制；若烯醇A和B能互相迅速转变，达到平衡，以更稳定烯醇为主，则反应为热力学控制。

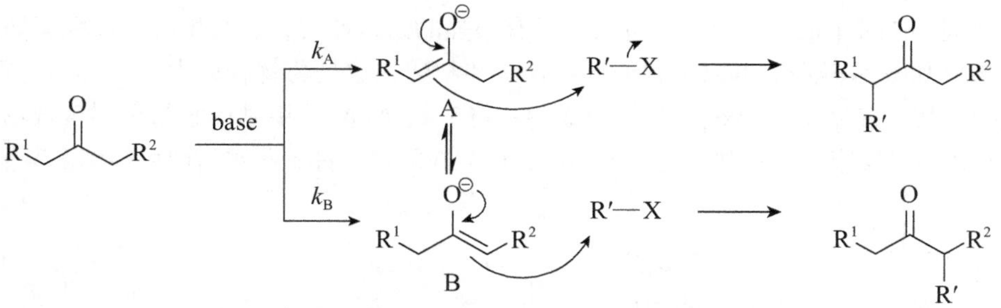

烯醇A和B的转变通过酮α-位的质子转移实现，当选用非质子溶剂且酮不过量时，烯醇互相转化速度变慢，反应为动力学控制，特别是采用如三苯甲基锂等强碱时，体积小的锂离子与烯醇离子的氧结合紧密，从而降低质子转移反应的速率，可以更高产率获得动力学产物。若选用质子溶剂且酮过量时，通过生成的烯醇间质子转移达到平衡，这时为热力学控制。

为了高选择性获得酮单边烃化产物，可将酮转化为烯胺后烃化，完成烃化后再水解为酮。例如，α-甲基环己酮与四氢吡咯缩合，得到的主产物为少取代的烯胺。受双键平面构型影响，在多取代烯胺结构中，四氢吡咯上氢与甲基氢之间存在空间位阻（非键排斥），而少取代的烯胺则规避了该位阻。利用该方法，可实现不对称酮位阻较小α-位的烃化反应。

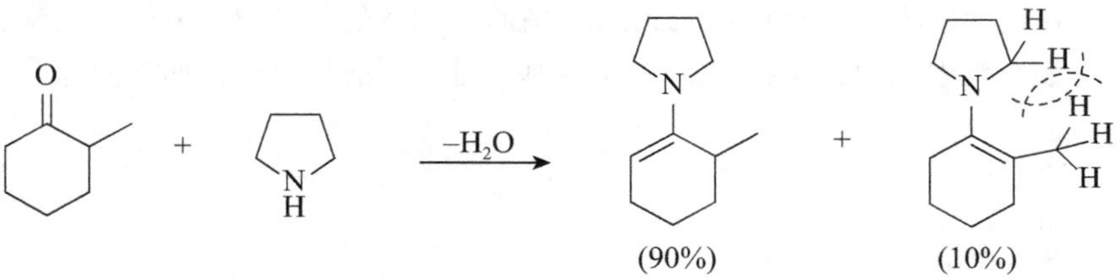

例如，将不对称环戊酮首先转化为烯胺，然后再与α-溴代丙酸酯反应，水解后主要得到位阻较小α-位烃化的产物，而α'-位烃化产物较少。但此方法会同时发生烯胺的N-烃化副反应，导致产率不高。

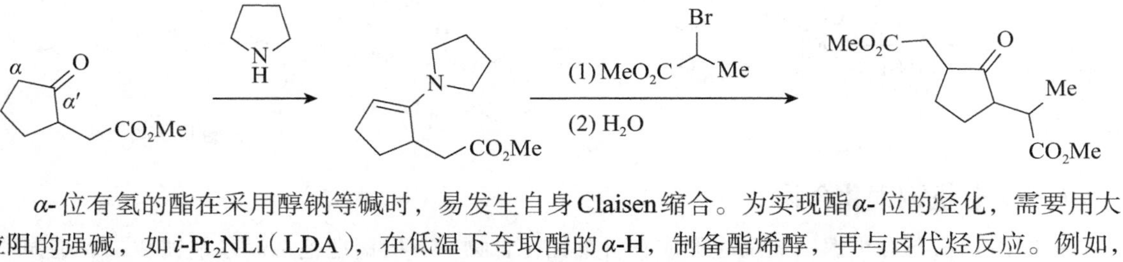

α-位有氢的酯在采用醇钠等碱时，易发生自身Claisen缩合。为实现酯α-位的烃化，需要用大位阻的强碱，如 i-Pr$_2$NLi（LDA），在低温下夺取酯的α-H，制备酯烯醇，再与卤代烃反应。例如，己酸乙酯经LDA拔氢得到酯烯醇，然后与碘甲烷反应可高产率得到α-位甲基化产物。

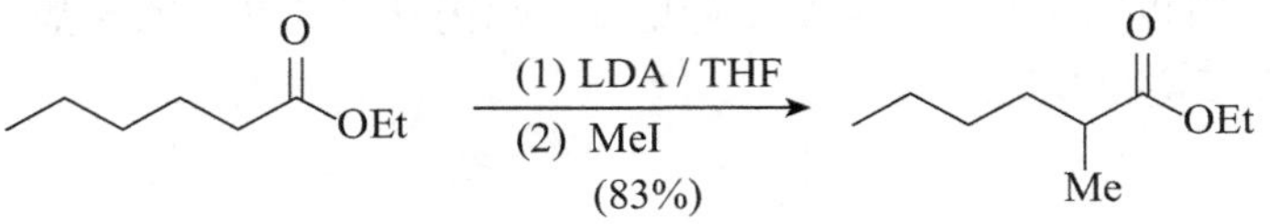

五、有机金属化合物参与的 *C*- 烃化反应

有机金属化合物可用于制备烃类、醇类、酸类及其他有机金属化合物，特别是在 *C*-烃化反应中占有重要地位，是构筑 C—C 键的重要手段。

（一）有机镁化合物

格氏试剂 RMgX 中的 R 基团带负电荷，具有很强的亲核能力，它与甲醛、高级脂肪醛、酮和酯的羰基亲核加成后再水解可以得到伯醇、仲醇和叔醇，这是药物合成中制备醇类的重要方法。例如，抗抑郁症药多塞平（doxepin）的合成中，将 3- 氯 -*N*, *N*- 二甲基丙胺与金属镁现场制备格氏试剂，与底物环酮反应，可顺利得到醇中间体，该醇在酸性条件下脱水后即可得到多塞平。

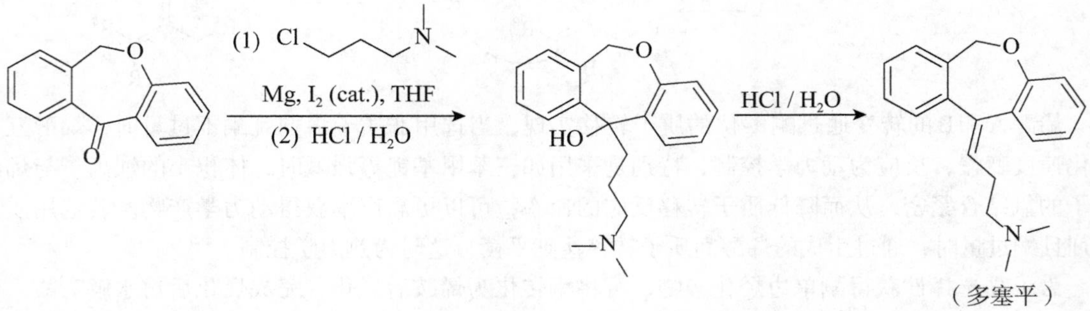

（多塞平）

（二）有机锂化合物

有机锂化合物 RLi 的活性比相应的格氏试剂更强，能与格氏试剂反应的底物均可与有机锂试剂反应。例如，在抗肿瘤药达沙替尼（dasatinib）酰胺中间体的制备中，采用 2- 氯噻唑首先在丁基锂作用下现场生成有机锂试剂，然后与 2- 氯 -6- 甲基苯基异氰酸酯反应，加水处理后可顺利得到酰胺中间体。

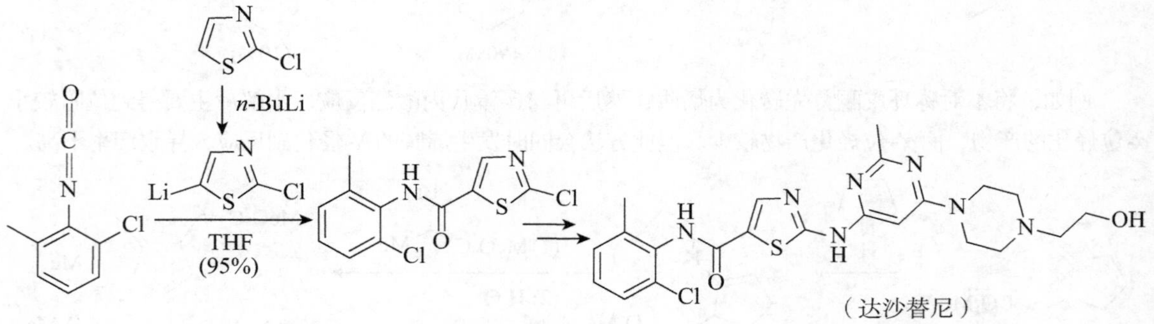

（达沙替尼）

（三）有机铜锂化合物

铜的卤化物与有机锂试剂反应形成有机铜锂化合物。有机铜锂包括烃基铜锂和二烃基铜锂。卤化亚铜与烃基锂在乙醚或四氢呋喃溶液中，于低温、氮气或氩气保护下反应生成二烃基铜锂。二烃基铜锂中的烃基可以是甲基、伯烷基、仲烷基、烯丙基、苄基、乙烯基、芳基等，二烃基铜锂与卤代烃发生偶联反应得到烃。

$$2RLi + CuX \xrightarrow{Et_2O} R_2CuLi + LiX$$

$$R_2CuLi + R'X \xrightarrow{Et_2O} R-R' + RCu + LiX$$

二烃基铜锂只适合与卤代烃偶联及与 α, β-不饱和酮发生 1, 4-加成,与羰基、羧基、酯基化合物不发生反应。例如,α-卤代酮与二烃基铜锂反应只在 α-位发生偶联烃化而羰基不受影响。

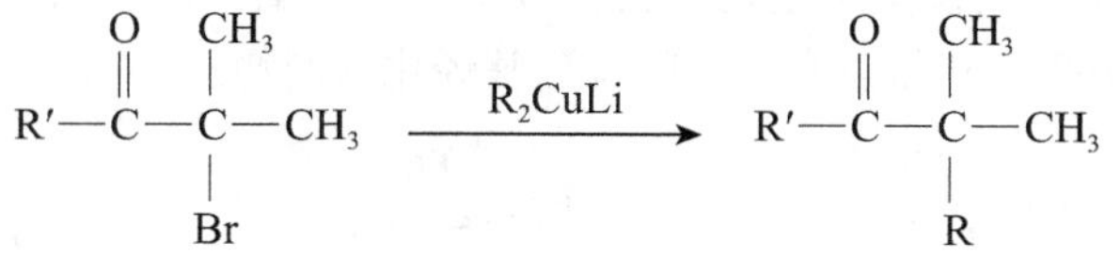

第五节　选择性烃化与基团保护

一、选择性烃化反应

在复杂合成反应中,有时可能存在反应活性相近的多个官能团或反应部位,要选择性地在某一官能团或部位发生反应,而其他官能团不受影响,最好的方法是采用高选择性的有机反应试剂或反应条件。例如,多酚羟基化合物容易发生多烃化反应,可通过考虑羟基在结构中所处的位置、芳环上其他取代基对羟基的影响(包括电子效应和立体效应)等多种影响因素,采用不同的反应条件进行选择性烃化。

例如,间苯二酚在过量 NaOH 水溶液中,与硫酸二甲酯反应,得到双甲基化产物。若加入硝基苯,调节溶液 pH 8～9 后再加入硫酸二甲酯反应,由于单甲基化产物生成后即溶于硝基苯中,避免了其继续烃化,使得主产物为单烃化物。

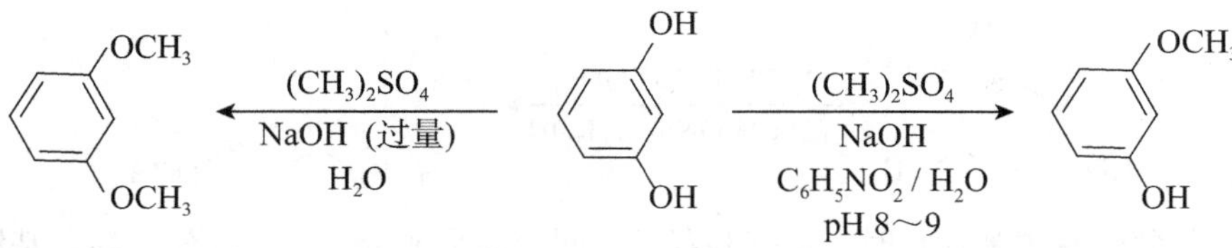

没食子酸甲酯含有 3 个羟基,用不同的反应条件烃化可得到不同的产物。由于酯基的吸电子效应,使对位羟基的酸性较强、活性较大。因此,在较温和的反应条件下,如以苄氯或碘甲烷为烃化剂,对位羟基可被选择性烃化。

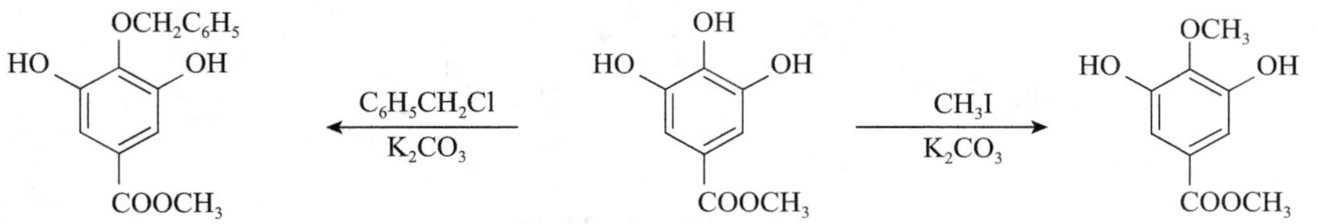

若需使没食子酸甲酯间位羟基烃化而对位羟基保留,则须先保护对位羟基,然后再进行间位的烃化。例如,用苄氯先与对位羟基反应,然后加入碘甲烷反应,最后催化氢解脱掉苄基保护,可得到间位二甲化产物。

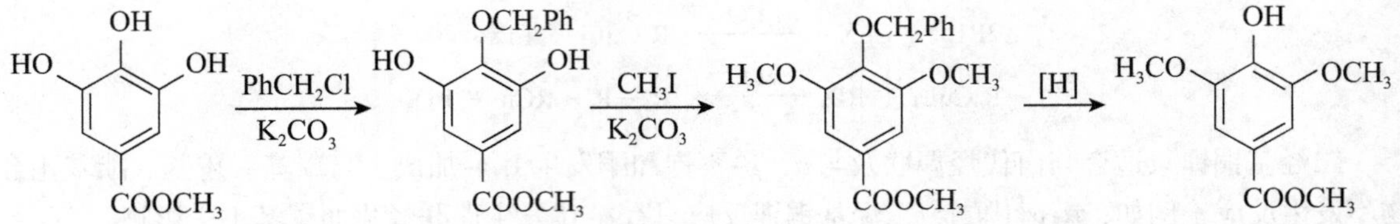

若需得到没食子酸甲酯间位单甲基化产物，可用二苯甲酮保护邻二羟基，然后再与碘甲烷反应，最后乙酸脱除二苯甲酮，获得只有一个间位羟基烃化的产物。

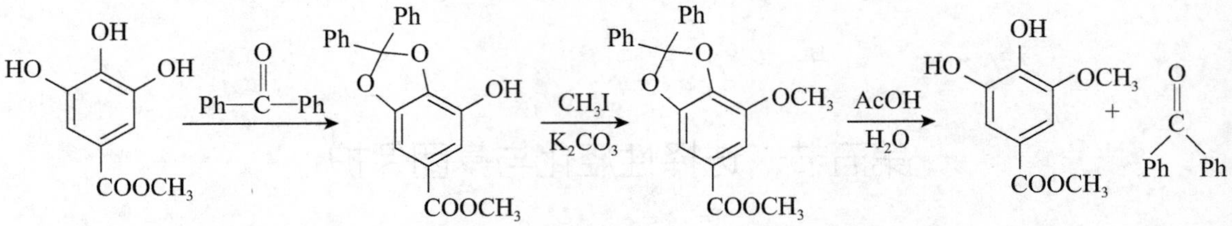

有些多羟基化合物存在酮式-烯醇式互变异构现象，使得羰基α-位的氢原子非常活泼。例如，间苯三酚与环己三酮为互变异构体，先用CH_3ONa处理间苯三酚，然后加入碘甲烷反应，得到碳原子上甲基化为主的产物。

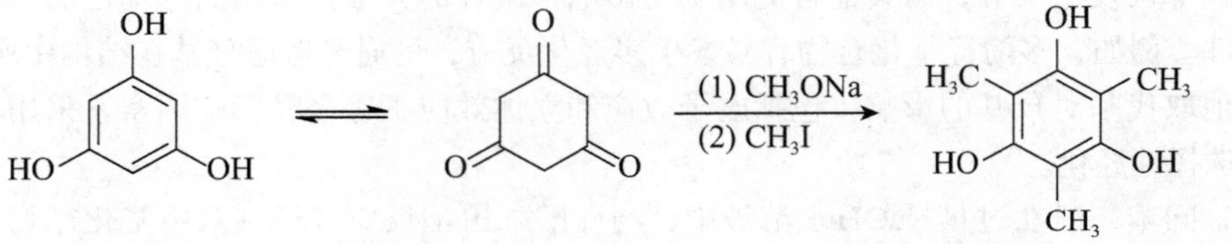

如果将间苯三酚与碘甲烷预先溶于甲醇中，在加热条件下滴加甲醇钠/甲醇溶液，则得到的是以氧原子甲基化为主的产物。

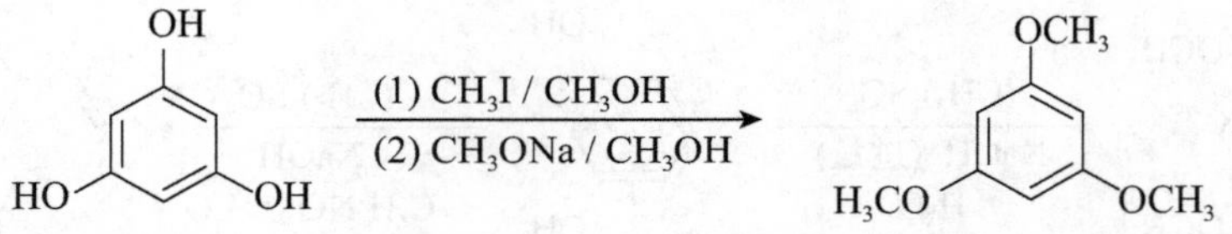

当酚羟基的邻位有羰基存在时，羰基和羟基之间容易形成分子内氢键使该酚羟基钝化，从而使其他位置的羟基更易发生烃化反应。例如，2,4-二羟基苯乙酮以碘甲烷进行甲基化反应时，得到的是对位甲氧基化产物丹皮酚（paeonol），而不是邻甲氧基产物。

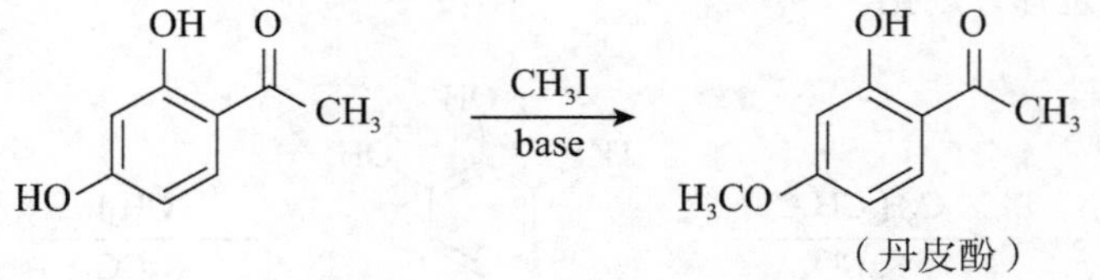

（丹皮酚）

二、羟基保护

由于醇羟基、酚羟基能与烃化剂及其他的亲电试剂反应，伯醇和仲醇可以被氧化，叔醇对酸敏感易脱水等问题，要使分子的其他位置单独发生化学反应，而不影响结构中的羟基，经常需要保护醇羟基、酚羟基。最常用的羟基保护基有醚类、缩醛（酮）类和酯类等，某些情况下为了实现特定的反应，还需要专门设计一些保护基。以下介绍几种与烃化反应有关的羟基保护基。

1. 甲醚类保护基　羟基甲基化是羟基保护的常用方法，一般采用硫酸二甲酯/NaOH水溶液，或者是用碘甲烷/氧化银。酚甲醚的水解条件很温和，容易制备，对一般试剂的稳定性高。因此，甲基醚常用来保护酚羟基，常用质子酸和Lewis酸水解酚甲醚脱保护，如48% HBr和HI。例如，镇痛药依他佐辛（eptazocine）的合成过程中用到该类保护基，最后用48% HBr脱除甲基。

（依他佐辛）

三溴化硼的脱甲基效果较好，反应温和，可以在温室下进行，且副产物少，实验室应用较多。例如，抗氧化剂白藜芦醇（resveratrol）的制备过程中使用三溴化硼脱保护。

（白藜芦醇）

2. 叔丁醚类保护基　多应用于多肽，主要用来保护氨基酸的醇羟基。制备叔丁醚采用异丁烯为烃化剂，酸性条件下与相应的醇反应。通常在室温下即可反应。

$$ROH + (CH_3)_2C=CH_2 \underset{}{\overset{H^\oplus}{\rightleftharpoons}} ROC(CH_3)_3$$

叔丁醚对碱和催化氢解很稳定，遇酸则裂解，脱保护试剂一般选用无水CF₃COOH（1～16小时，0～20℃）或者HBr/AcOH。由于除去保护基所用的酸性条件比较强，分子中其他官能团在强酸条件下是否稳定的问题限制了叔丁醚保护基的适用范围。

3. 苄醚类保护基　苄醚类的稳定性与甲基醚相似，对于多数酸和碱都非常稳定。一般醇羟基用苄醚保护时需要用强碱，但酚羟基的苄醚保护一般只用碳酸钾在乙腈或丙酮中回流即可，也可用DMF作溶剂，提高反应温度或加NaI/KI催化反应。常用氢解的方法为脱去苄基，10%的Pd-C、Raney Ni和Rh-Al₂O₃是最常用的催化剂。氢源除了氢气外，还有甲酸、甲酸铵等。例如，β₂受体激动剂班布特罗（bambuterol）中间体3,5-二羟基苯丙酮的制备过程应用该法保护羟基。

（班布特罗）

4. 三苯甲基醚类保护基 三苯甲基（Tr）醚常用来保护伯醇，尤其是对于多羟基化合物。三苯甲基醚容易形成结晶，能溶于许多非烃基的有机溶剂中。三苯甲基醚对碱稳定，但在酸性介质中不稳定。常用80%AcOH、HCl/CHCl$_3$或HBr/AcOH来除去三苯甲基保护基。例如，在抗病毒药阿糖胞苷（cytarabine）中间体的制备过程中，先将尿苷的5-位伯羟基进行三苯甲基化保护，然后再与TsCl在3-位羟基上进行选择性反应。

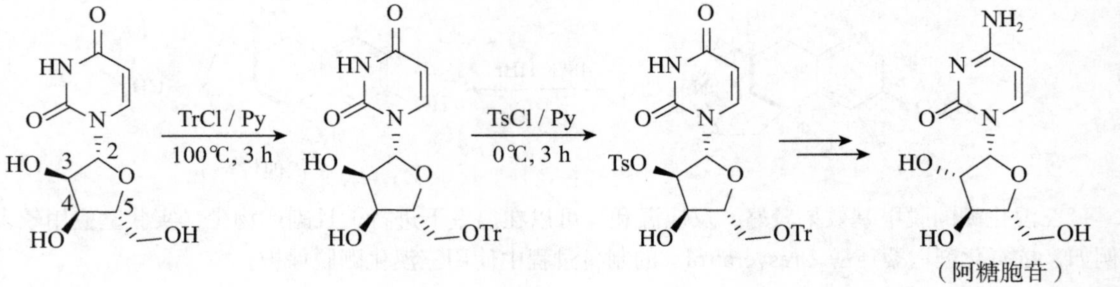

（阿糖胞苷）

三、氨基保护

氨基的氮具有较强的亲核性，易进攻卤代烃、羰基化合物或羧酸衍生物中带部分正电荷的碳。在分子其他部位反应时，为了防止氨基反应，通常需要对氨基进行保护。以下介绍几种与烃化反应有关的氨基保护基。

1. 苄基保护基 胺和氯苄在碱性条件下反应可获得单、双苄基衍生物，用选择性催化氢解法可以方便地将双苄基衍生物变成单苄基衍生物。一级胺的双苄基衍生物进行部分氢化反应是制备烷基苄胺和芳基苄胺的常用方法。苄胺衍生物对其他还原剂稳定，这是与苄醇的不同之处。苄芳胺和三级苄胺大多数能被催化加氢还原后脱苄基，或用金属钠/液氨法也可以成功除去苄基。用苄胺对目标分子进行亲核取代反应，后期脱去苄基，可在目标分子上引入一个氨基。例如，5-溴尿嘧啶与苄甲胺可快速反应得到三级胺，然后在Pd-C催化下加氢还原脱去苄基，高效得到5-甲氨基尿嘧啶。

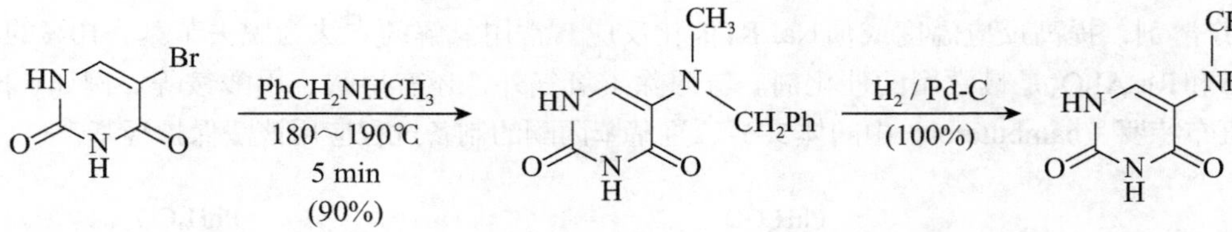

2. 二苯亚甲基保护基 二苯亚甲基保护基比苄基更容易脱除，通常在氮杂环的环合反应中用到。例如，5-酮果糖与二苯甲胺在NaCNBH$_3$作用下还原胺化并环合，得到氮被二苯亚甲基保护的四氢吡咯骨架，室温下催化氢化脱掉二苯亚甲基，即获得脱水氨基环化的葡萄糖醇衍生物。

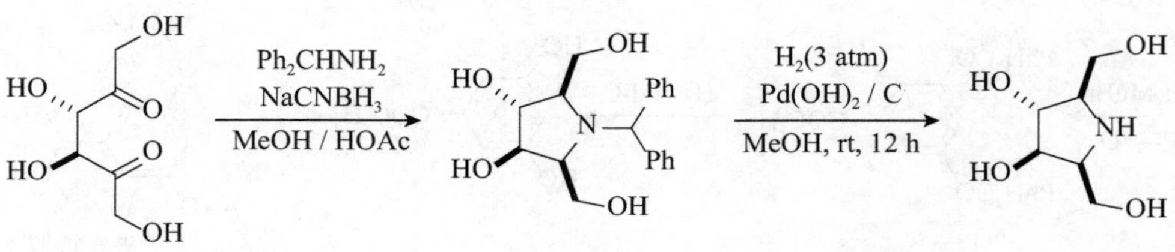

3. 三苯甲基保护基 三苯甲基具有较大的空间位阻，对氨基可以起到很好的保护作用，而且很容易除去。生成的氨基衍生物对酸敏感，但对碱稳定。引入三苯甲基的方法一般是在碱性下，以三苯基氯甲烷为烃化剂。三苯甲基同样可用催化加氢还原脱掉，也可以在温和的酸性条件下脱除，如CH₃COOH/30℃或者CF₃COOH/-5℃。在肽的合成和青霉素的合成中用三苯甲基保护氨基是很有价值的，由于它的体积大，不仅保护了氨基，还对氨基的α-位基团有一定的保护作用。例如，第三代头孢菌素头孢噻肟钠（cefotaxime sodium）的制备过程中就应用此法保护噻唑片段中的氨基，完成与7-氨基头孢烷酸（7-ACA）的缩合后，采用甲酸脱除三苯甲基。

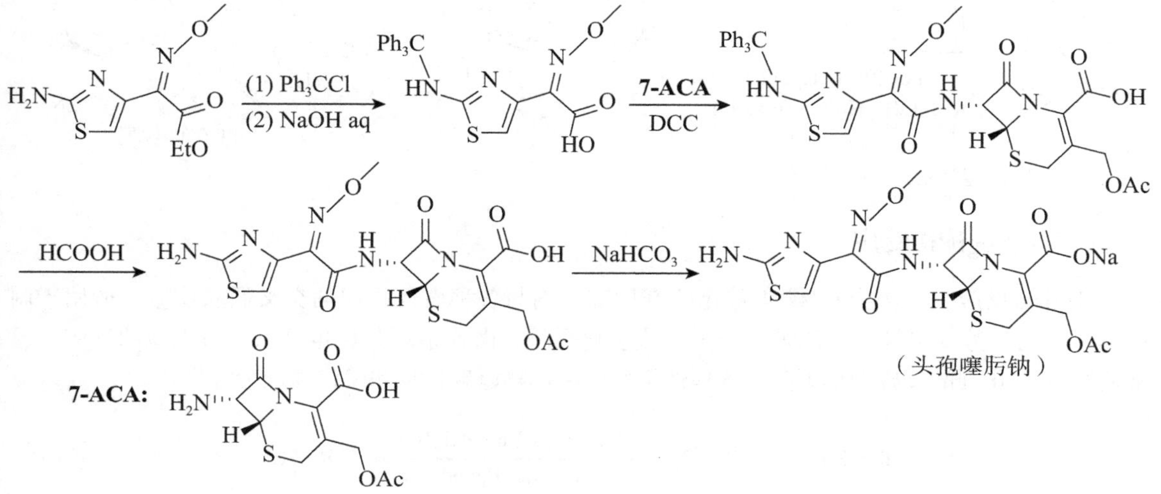

（头孢噻肟钠）

第六节 烃化反应新进展

一、钯催化的 C-C 偶联反应

过渡金属催化反应是构筑C—C键的重要方法，是实现C-烃化的主要途径之一。半个多世纪以来，化学家一直在不断探索，其中钯催化反应研究最多，发展出了几类经典的人名反应，被广泛应用在药物合成中。

（一）Suzuki 反应

Suzuki反应是指在零价钯配合物催化下，烷基、烯基、芳基硼酸或硼酸酯与卤代烃发生的交叉偶联反应。

R = 烷基, 烯丙基, 烯基, 炔基, 芳基；R'= 烯基, 芳基, 烷基；
Y = 烷基, OH, O-alkyl；X = Cl, Br,I, OTf, OPO(OR)₂

Suzuki反应条件通常较温和，底物适用范围广，官能团兼容性好，采用的硼酸或硼酸酯毒性小，反应有较好的立体选择性和区域选择性。常用于合成多烯烃、苯乙烯和联芳烃的衍生物。

非甾体抗炎药联苯乙酸的制备，可采用对溴苯乙酸与苯硼酸的Suzuki偶联反应，多种钯配合物和碱的组合均能给出理想产率，多篇文献报道获得了接近100%的产率。

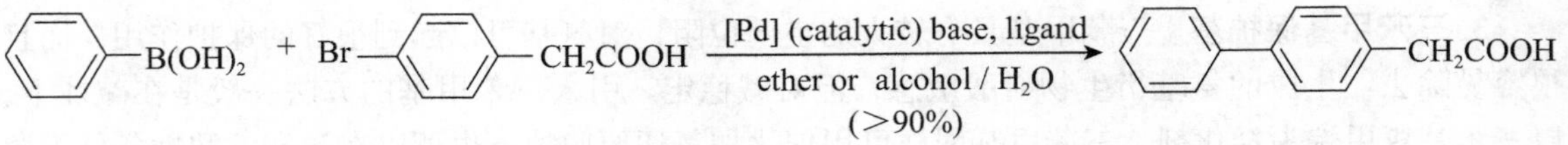

抗癌药芦可替尼（ruxolitinib）中间体合成中，通过Suzuki偶联反应在吡咯嘧啶环4-位成功引入吡唑，吡咯嘧啶环4-位氯代，吡唑片段制备成频哪醇硼酯，产率在90%以上。

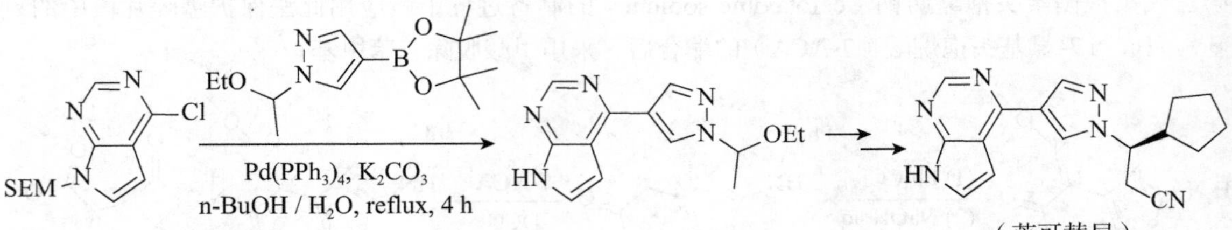

SEM: 2-(三甲基硅烷基)乙氧甲基, 保护基

（二）Negishi 反应

Negishi反应是一类由Pd或Ni催化的有机锌试剂与各种卤代物间的交叉偶联反应，适用于制备不对称的二芳基甲烷、苯乙烯型或苯乙炔型化合物，卤代杂环芳烃也可以进行类似的反应。通常使用Pd催化剂的反应产率更高，选择性更好。卤代物以碘代物和溴代物最为常见。

$$R—Zn—X + R'—X \xrightarrow[\text{solvent / ligand}]{\text{PdLn or NiLn(catalytic)}} R—R'$$

R = 芳基, 烯基, 烯丙基, 苄基;　R'= 芳基, 烯基, 炔基, 酰基;

X = Cl, Br,I, OTf, OAc

抗雌激素类抗肿瘤药他莫昔芬（tamoxifen）合成可采用Negishi偶联反应作为关键步骤，以溴化锌试剂与烯基碘化物在Pd(dba)$_2$催化下反应，加入配体PPh$_3$，THF溶剂中加热反应10小时，产率75%。

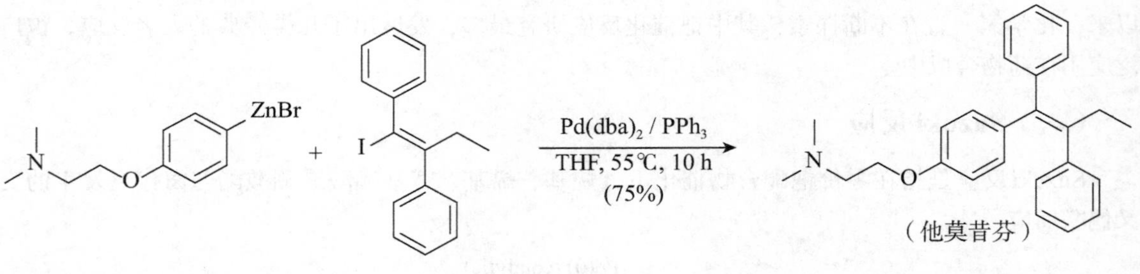

（三）Sonogashira 反应

Sonogashira反应是Pd/Cu催化的芳基或烯基卤代物和末端炔进行偶联的反应。该反应的机理涉及钯循环和铜循环。

$$R\!\!\equiv\!\! + R'—X \xrightarrow[\text{base / solvent}]{\text{PdLn and Cu(I)-salt(catalytic)}} R\!\!\equiv\!\!R'$$

R = H, 烷基, 烯基, 芳基, SiR$_3$;　R'= 芳基, 烯基, 杂芳基;

X = Cl, Br,I, OTf

反应通常在温和的碱性条件下进行，常用三乙胺、二乙胺等胺类物质作碱。一般需要两种催化剂：一种Pd络合物和一种Cu（Ⅰ）盐。Pd催化剂常用$Pd(PPh_3)_4$、$Pd(PPh_3)_2Cl_2$、$Pd(dppe)Cl_2$、$Pd(dppp)Cl_2$和$Pd(dppf)Cl_2$。Cu（Ⅰ）盐常用CuI。

具有抗病毒作用的天然产物mappicine，其化学合成可采用Sonogashira偶联反应作为关键中间体的合成方法，氯代喹啉衍生物和三甲基硅乙炔反应，在$Pd(PPh_3)_2Cl_2$/CuI共同催化下，三乙胺作碱，DMF溶剂中，室温下反应1小时，以98%的高产率给出芳基和炔基的偶联产物。

二、氢胺化反应

很多药物分子包含C—N键，因此发展构筑C—N键的方法是合成化学家长期以来研究的课题。氢胺化反应（hydroamination）是胺或酰胺与不饱和碳-碳键的加成反应，是一种直接构筑C—N键的方法，是N-烃化反应的重要类型。由于烯烃、炔烃等不饱和化合物廉价易得，氢胺化反应近年来得到了额外的关注，广泛应用在氮杂环等含氮复杂分子的合成中。

例如，在2007年，运用特殊的铵盐$NH_4^+Tfa^-$实现了二级胺对分子内非活化烯烃的5-exo加成环合反应，得到了四氢吡咯环。

运用过渡金属催化剂，人们实现了各种胺对各种烯烃的氢胺化反应，在区域选择性和立体选择性方面均有不断的突破。例如，毒芹碱[（＋）-coniine]的合成可采用氢胺化环合反应，以5, 7-二烯-1-辛胺为原料，采用镧系过渡金属钐的一种配合物，在氘代苯溶剂中室温反应7天，可以高产率获得哌啶产物，经Cbz保护氨基后测得63% e.e.的光学纯度，产率91%。Pd/C催化下氢气还原脱掉Cbz基团，同时还原双键，即获得毒芹碱。

胺对炔的氢胺化反应相比胺对烯的反应能垒低，可在较低温度和较短时间内实现，且副产物少。例如，合成阿片类生物碱番荔枝宁（xylopinine）的过程中，Sonogashira偶联反应及紧接着的酰胺水解反应给出氢胺化反应前体，然后在钛催化剂Cp_2TiMe_2作用下，分子内氨基对炔基发生氢胺化反应，获得关键中间体二氢异喹啉，产率高达98%。

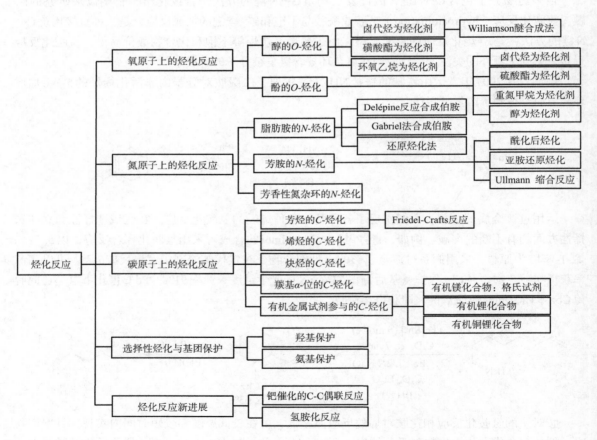

(S)-(–)-xylopinine

思维导图

第五章 酰化反应

本 章 要 点

掌握 酰化反应的分类及应用；以羧酸、羧酸酯、酸酐、酰氯和酰胺为酰化剂的各类酰化反应的特点、影响因素及其应用；Vilsmeier-Haack反应、Hoesch反应、Gattermann反应、Reimer-Tiemann反应、Claisen反应等经典人名反应及其应用。

理解 各类酰化反应的反应机理；选择性酰化与羟基、氨基的保护及其应用；间接酰化反应及应用。

了解 新型酰化技术；酰化新试剂和催化剂的种类、特点及其应用。

在化学反应中，向有机物分子结构中的碳、氮、氧等原子上导入酰基的反应称为酰化反应（acylation reaction），对应的产物分别是酮（醛）、酰胺和酯。酰化反应是有机合成中最重要、最常见的反应之一，在药物及其中间体、天然产物的合成中应用十分广泛。酰基也是药物合成中官能团转换的重要合成手段，酰基可通过氧化、还原、加成、肟化重排等反应转化成其他基团，在涉及羟基、氨基、巯基等基团保护时，将其酰化也是一个常见的保护方法。

第一节 概 述

一、反应分类

按酰基的导入方式可将酰化反应分为直接酰化和间接酰化，所谓直接酰化是指将酰基直接引入到被酰化的原子上；间接酰化是指将酰基的等价物引入到被酰化的原子上，再经处理后释放出酰基。

氧和氮原子上的酰化一般均为直接酰化反应，而碳原子上的酰化既有直接酰化反应（如Friedel-Crafts反应等），又有间接酰化反应（如Gattermann反应等）。

在直接酰化反应中，其酰化反应历程根据所用酰化剂的强弱，又可以分为单分子历程和双分子历程，但一般都属于亲电取代反应，因为作为酰化剂的羰基碳原子一般显（部分）正电性。

1. 单分子历程 一般是采用酰卤、酸酐等强酰化剂的酰化反应，趋向于按单分子历程进行。

$Y= O,\ NH,\ S,\ CH_2$; $Z= Hal,\ OCOR^2$

酰化剂在催化剂的作用下解离出酰基正离子，再与被酰化物发生亲电取代反应生成酰化产物，其中酰化剂解离过程是反应的限速步骤，酰化反应速率仅与酰化剂的浓度相关，为动力学上的一级反应，即 $V=k_1[\text{RCOZ}]$，式中，V 为反应速度，k_1 为速度常数。

2. 双分子历程　一般是羧酸、羧酸酯和酰胺等为酰化剂的酰化反应，趋向于按双分子历程进行。

$$Y= O,\ NH,\ S,\ CH_2;\quad Z= OH,\ OR^2,\ NHR^2$$

酰化剂的羰基与被酰化物结构中的羟基、氨基等进行亲电反应，生成中间过渡态，此步是反应的限速步骤，再解离出离去基团 Z 负离子，脱去质子生成酰化产物。另外一种可能的机制是被酰化物与酰化剂的羰基加成生成四面体过渡态，再脱去 Z 负离子，脱去质子生成酰化产物。双分子历程中的酰化速度与酰化剂和被酰化物的浓度均相关，为动力学上的二级反应，即 $V=k_1[\text{R}^1\text{COZ}][\text{R-YH}]$。

从上述反应机理可以看出，无论是单分子历程还是双分子历程，对于酰化剂而言，当其结构中的 R 相同时，其酰化能力与离去基团 Z 的电负性和离去能力有关，Z 的电负性越大，离去能力越强，酰化能力越强。一般情况下，酰化剂的活性顺序为

$$\overset{\oplus}{\text{RCOClO}_4} > \overset{\oplus}{\text{RCOBF}_4^{\ominus}} > \text{RCOX} > \text{RCO}_2\text{COR}^1 > \text{RCO}_2\text{R}^1,\ \text{RCO}_2\text{H} > \text{RCONHR}^1$$

上述强弱顺序不是绝对的，有些情况下会有所不同，如某些活性酯或活性酰胺的活性不但比羧酸强，甚至还比酸酐、酰氯等强酰化剂强。

而对被酰化物而言，无疑是亲核能力越强，越容易被酰化。当其结构中的 R 相同时，不同结构的被酰化物亲核能力的一般规律为

$$\text{R}\overset{\ominus}{\text{CH}_2} > \text{R}\overset{\ominus}{\text{NH}} > \text{R}\overset{\ominus}{\text{O}} > \text{RNH}_2 > \text{ROH}$$

R 为芳基时，由于芳基与氮原子或氧原子的共轭效应，氮原子或氧原子上的电子云密度降低，导致反应活性下降，所以 $\text{RNH}_2 > \text{ArNH}_2$、$\text{ROH} > \text{ArOH}$。另外，R 基团的立体位阻对其活性也有影响，立体位阻大的醇或胺的酰化要相对困难一些，一般选用活性较强的酰化剂。

二、酰化剂的种类及反应机理

（一）羧酸为酰化剂

羧酸是常见的酰化剂，也是比较弱的酰化剂，其所进行的酰化反应一般按 S_N2 历程进行，可以进行 *O*-酰化、*N*-酰化和 *C*-酰化，分别制得羧酸酯、酰胺和酮等。

$$Y=O,\ NH,\ CH_2$$

反应中通常加入各类催化剂以增加其反应活性，常见的催化剂包括质子酸、Lewis酸、强酸型阳离子交换树脂和二环己基碳二亚胺（DCC）等。各类催化剂的催化原理如下。

质子酸催化：

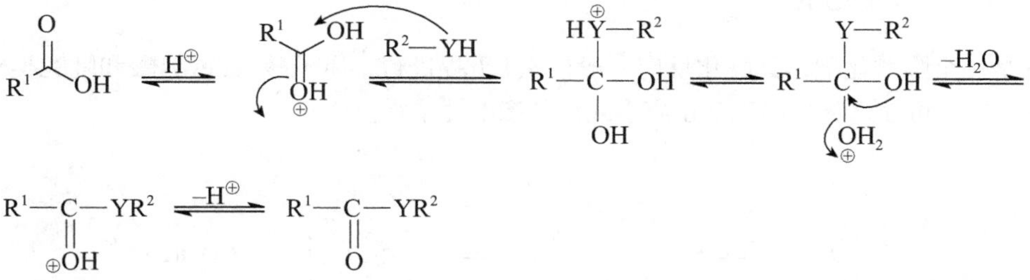

Lewis酸催化：

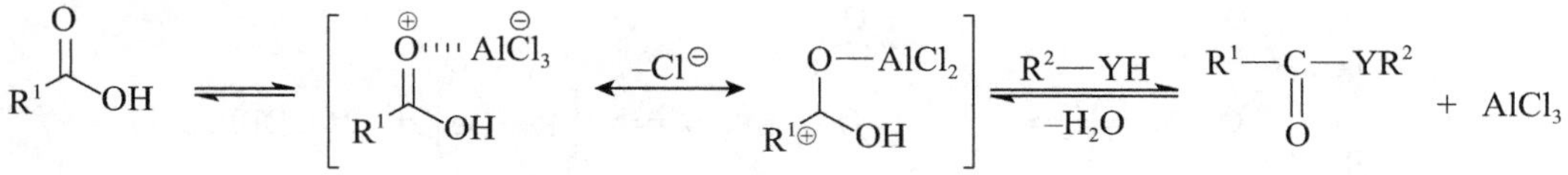

DCC催化：

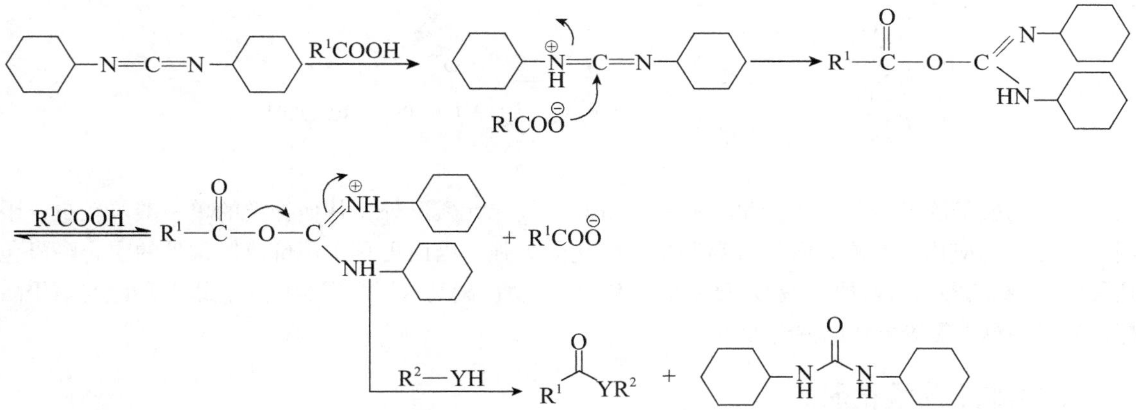

一般情况下，脂肪族羧酸活性强于芳香酸活性，羰基α-位具有吸电子基团的羧酸活性较强，立体位阻小的羧酸活性强于有立体位阻的酸。

（二）羧酸酯为酰化剂

常规的羧酸酯是一个较弱的酰化剂，其酰化反应一般按S_N2历程进行，反应是可逆的，羧酸甲酯、羧酸乙酯和羧酸苯酯是常用的酰化剂。

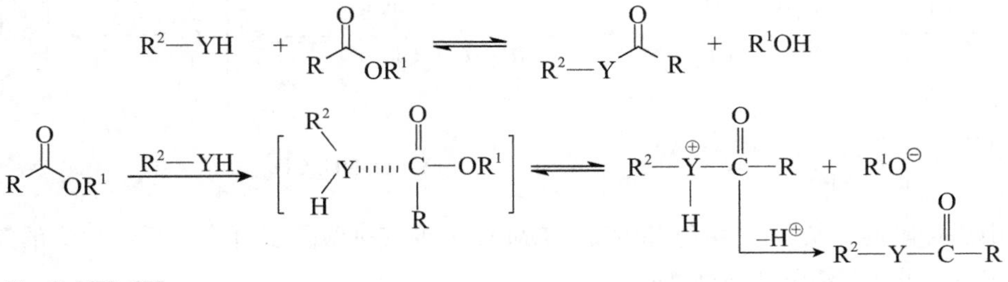

Y= O, NH, CH$_2$

如果增加酯的反应活性，则要增加R'O基团的离去能力，也就是增加R'OH的酸性，一些取代的酚酯、芳杂环酯和硫醇酯活性较强，用于活性差的醇和结构复杂的化合物的酯化反应。

（三）酸酐为酰化剂

酸酐是一个强酰化剂，其酰化反应一般按S_N1历程进行，质子酸、Lewis酸和吡啶类碱对酸酐均有催化作用，可使之释放出酰基正离子或使其亲电性增强。

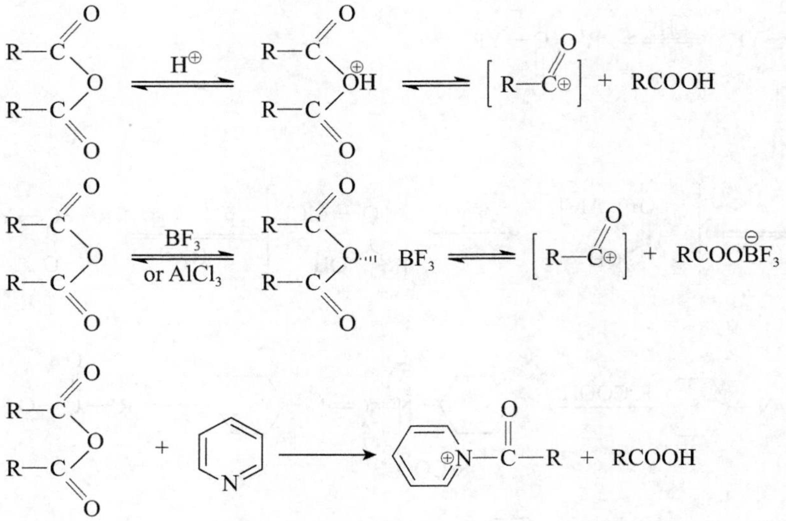

常用的酸酐除乙酸酐、丙酸酐、苯甲酸酐和一些二元酸酐外，其他种类的单一酸酐较少，限制了该方法的应用，而混合酸酐容易制备，酰化能力强，因而更具实用价值。常见的混合酸酐包括羧酸-三氟乙酸混合酸酐、羧酸-磺酸混合酸酐、羧酸-硝基苯甲酸混合酸酐，以及羧酸与氯甲酸酯、光气和草酰氯等形成的混合酸酐。

（四）酰氯为酰化剂

酰氯是一个活泼的酰化剂，酰化能力强，其参与酰化反应一般按单分子历程（S_N1）进行。反应中有氯化氢生成，所以常加入碱性缚酸剂以中和反应中生成的氯化氢。某些酰氯的性质虽然不如酸酐稳定，但其制备比较方便，所以对于某些难以获得的酸酐来说，采用酰氯为酰化剂是非常有效的。

Lewis酸类催化剂可催化酰氯生成酰基正离子中间体，从而增加酰氯的反应活性。

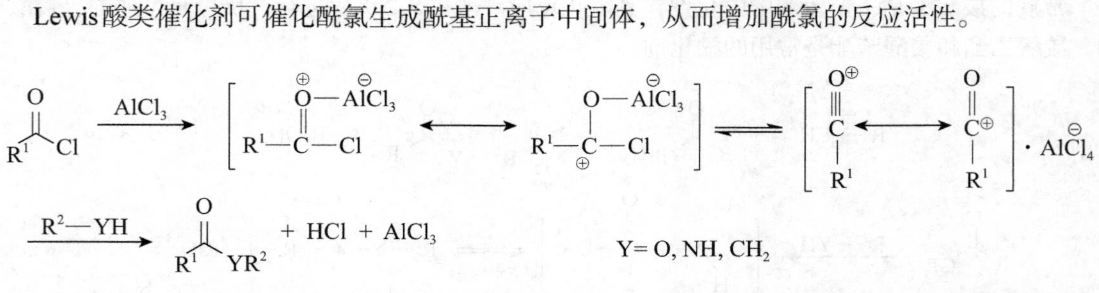

反应中添加吡啶、N,N-二甲氨基吡啶（DMAP）等有机碱除了可中和反应生成的氯化氢外，还有催化作用，可使酰氯酰化活性增强。

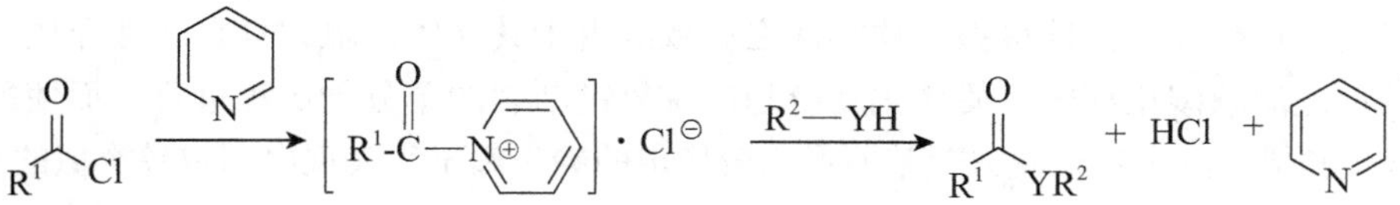

（五）酰胺为酰化剂

一般的酰胺由于其结构中N原子的供电性，酰化能力较弱，较少将其用作酰化剂，而一些具有芳杂环结构的酰胺（活性酰胺）由于酰胺键的N原子处于缺电子的芳杂环上，产生诱导效应使得羰基碳原子的亲电性增强，另外，离去基团为含氮的五元芳杂环，其也是一个非常稳定的离去基，因而使酰胺的反应活性得到加强，常用于*O*-酰化反应和*N*-酰化反应中。常见的活性酰胺结构如下：

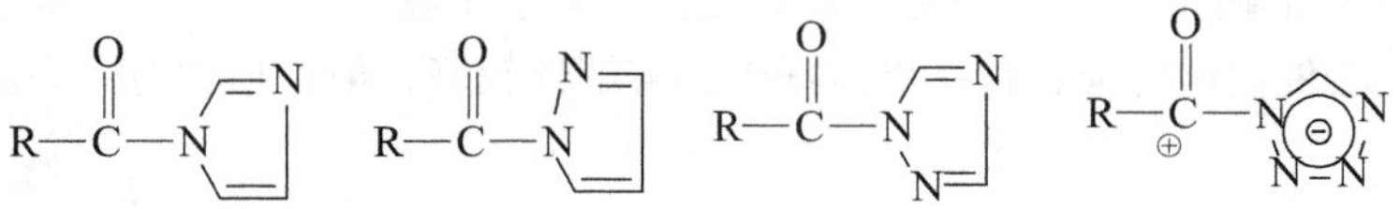

第二节　氧原子的酰化反应

氧原子的酰化反应包括醇羟基的*O*-酰化反应和酚羟基的*O*-酰化反应，是制备各类羧酸酯的经典方法，主要的酰化剂有羧酸、羧酸酯、酸酐、酰氯和酰胺等。

一、醇的*O*-酰化反应

醇羟基的*O*-酰化一般为直接亲电酰化，其酰化产物是羧酸酯。醇的*O*-酰化反应根据所采用酰化剂的种类不同，可按单分子或双分子两种反应历程进行。

（一）羧酸为酰化剂

1. 反应通式及机理

$$R^1—\underset{\underset{O}{\|}}{C}—OH + HOR^2 \rightleftharpoons R^1—\underset{\underset{O}{\|}}{C}—OR^2 + H_2O$$

以羧酸为酰化剂的醇的*O*-酰化即酯化反应，其反应过程一般为可逆反应。

2. 反应影响因素及应用实例　本反应为可逆的平衡反应，为促使平衡向生成酯的方向移动，通常可采用的方法如下：①在反应中加入过量的醇（兼作反应溶剂），反应结束再将其回收；②蒸出反应所生成的酯，但采用这种方法要求所生成酯的沸点低于反应物醇和羧酸的沸点；③除去反应中生成的水，除水的方法有直接蒸馏除水和利用共沸物除水，以及加入分子筛、无水$CaCl_2$、$CuSO_4$、$Al_2(SO_4)_3$、H_2SO_4等除（脱）水剂。例如，消炎镇痛药布洛芬吡甲酯（ibuprofen piconol）合成中采用甲苯共沸除水的方法。

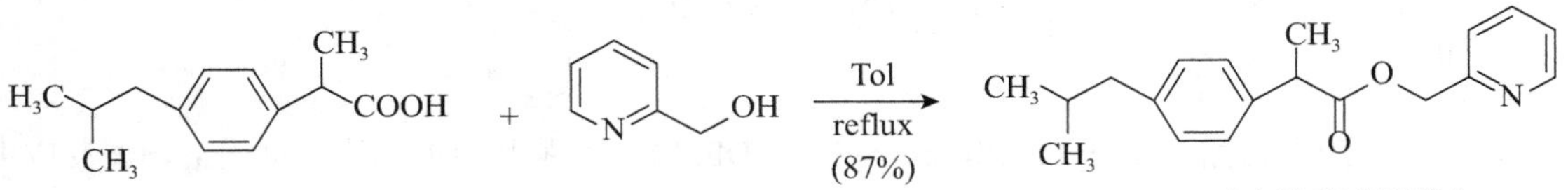

（布洛芬吡甲酯）

一般情况下伯醇反应活性最强；仲醇次之；叔醇由于其立体位阻大且在酸性介质中易脱去羟基而形成较稳定的叔碳正离子，使酰化反应趋向烷氧键断裂的单分子历程进行，而使酰化反应难以完成；苄醇和烯丙醇也易于脱去羟基而形成较稳定的碳正离子，表现出同叔醇类似的性质。

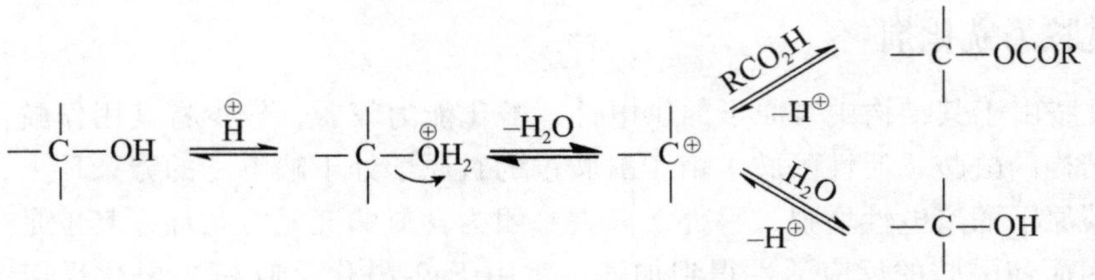

质子酸催化一般采用浓硫酸或在反应体系中通入无水氯化氢，优点是催化能力强、性质稳定、价廉等，缺点是易发生磺化、脱水、脱羧等副反应，不饱和酸（醇）易发生氯化反应；对甲苯磺酸、萘磺酸等有机酸催化能力强，在有机溶剂中的溶解性较好，但价格相对较高。

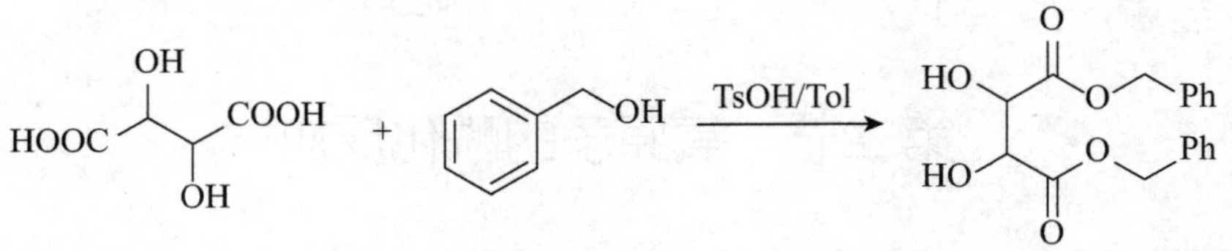

在局部麻醉药苯佐卡因（benzocaine）中间体对硝基苯甲酸乙酯的合成过程中，采用了浓硫酸为催化剂的酯化反应。

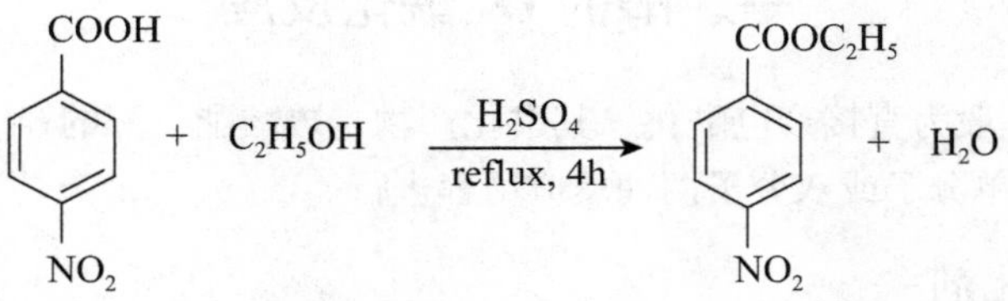

Lewis酸催化具有收率高、反应速率快、条件温和、操作简便、不发生加成和重排副反应等优点，适合于不饱和酸（醇）的酯化反应。

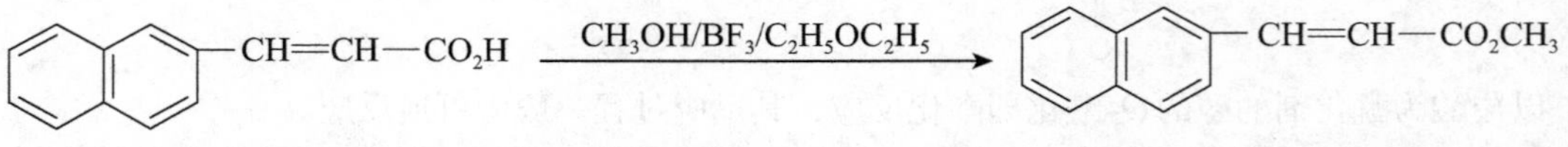

DCC催化能力强、反应条件温和，特别适合于具有敏感基团和结构较为复杂的酯的合成。例如，在抗高血压药阿折地平（azelnidipine）中间体的合成过程中，采用了以氰基乙酸为酰化剂、DCC为催化剂的O-酰化反应。

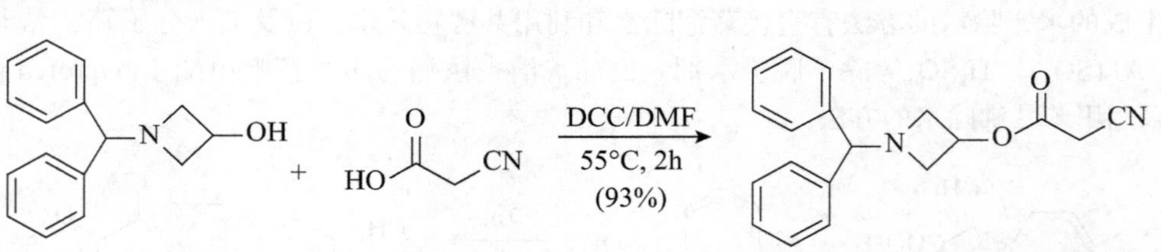

偶氮二甲酸二乙酯（diethyl azodicarboxylate，DEAD）-三苯基膦催化体系可用来增加反应中醇的活性，且反应具有一定的立体选择性，伯醇的反应活性最强，仲醇次之；反应中所生成的活

性中间体与羧酸根负离子反应时会发生构型翻转，其反应过程如下：

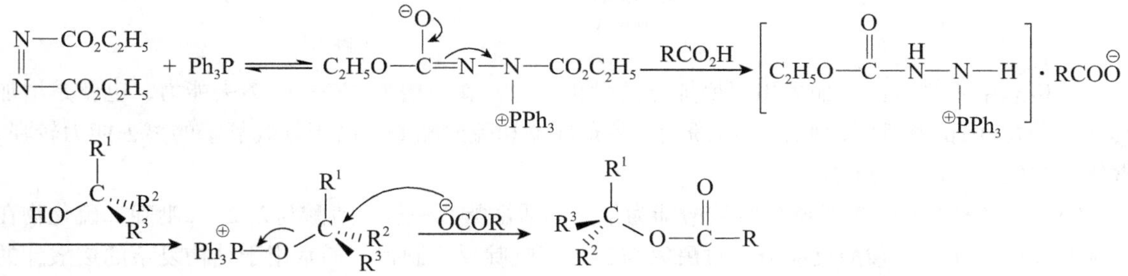

在核苷类药物 C-5′ 羟基的选择性酰化中，利用 C-3′ 和 C-5′ 两个位置的位阻差别，采用 DEAD-三苯基膦催化体系，可选择性地酰化 C-5′ 羟基。

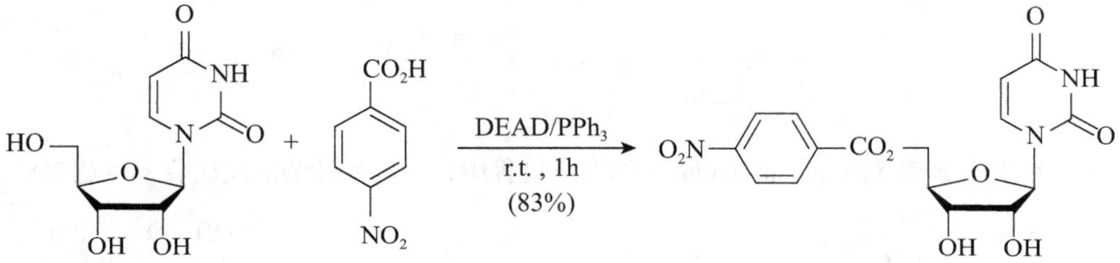

（二）羧酸酯为酰化剂

羧酸酯作为 O-酰化反应的酰化剂，其酰化过程是通过酯分子中的烷氧基交换完成的，即由一种酯转化为另一种酯，反应是可逆的，通常需要加入质子酸或醇钠等催化剂。

1. 反应通式及机理

$$RCOOR^1 + R^2OH \rightleftharpoons RCOOR^2 + R^1OH$$

2. 反应影响因素及应用实例 反应过程是可逆的，存在着两个烷氧基（$R^1O—$、$R^2O—$）的亲核竞争，在反应中可通过不断蒸出所生成的醇来打破平衡，使反应趋于完成。通常选用羧酸甲酯或羧酸乙酯等可以生成低沸点醇（甲醇或乙醇）的酯作为酰化剂。例如，M_3 受体拮抗剂索利那新（solifenacin）的合成过程中采用羧酸乙酯为酰化剂，在 NaH 的催化下，通过不断蒸出反应中生成的乙醇，使酰化反应趋于完成。

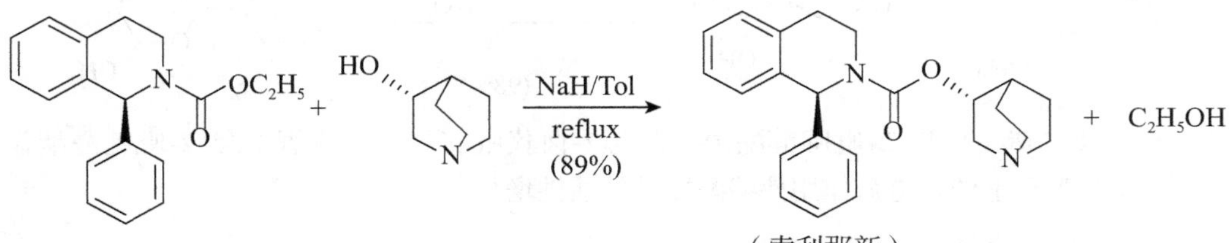

（索利那新）

含有碱性基团的醇或叔醇进行酯交换反应，一般适宜采用醇钠催化。碱为催化剂时，存在着两个烷氧基的亲核能力竞争，一般要求 $R^2O—$ 的碱性要高于 $R^1O—$ 的碱性，即其共轭酸 R^1OH 的酸性要强于 R^2OH 的酸性。活性酯的应用也是基于此原理。例如，在麻醉药普鲁卡因（procaine）的合成过程中采用对氨基苯甲酸乙酯为酰化剂的 O-酰化反应。

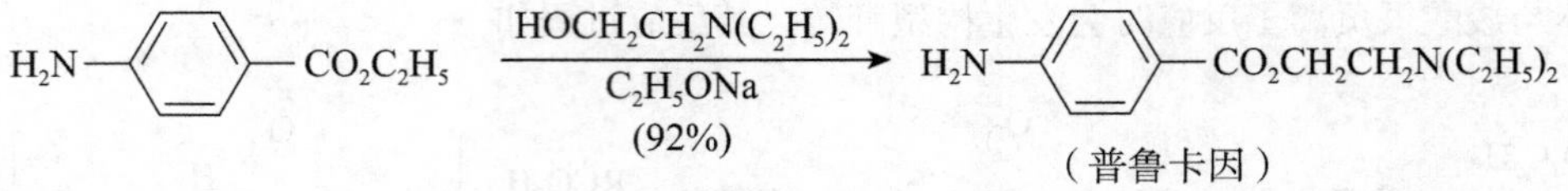

$$H_2N—\text{〈}\rangle—CO_2C_2H_5 \xrightarrow[\substack{C_2H_5ONa \\ (92\%)}]{HOCH_2CH_2N(C_2H_5)_2} H_2N—\text{〈}\rangle—CO_2CH_2CH_2N(C_2H_5)_2$$

（普鲁卡因）

从机理中不难看出，如果想要增加酯的酰化能力，就要增加 R^1O— 的离去能力，也就是增加其共轭酸 R^1OH 的酸性。因此，一些酚酯、芳杂环酯和硫醇酯等，由于其烷氧基的离去能力较强，常作为酰化剂。常见的活性酯如下。

（1）羧酸硫醇酯　2-吡啶硫醇羧酸酯为常见的活性酯，一般由羧酸与 2, 2'-二吡啶二硫化物在三苯基磷的存在下与羧酸反应或通过酰氯与 2-巯基吡啶反应制得，通常用于结构复杂的羧酸酯的制备。

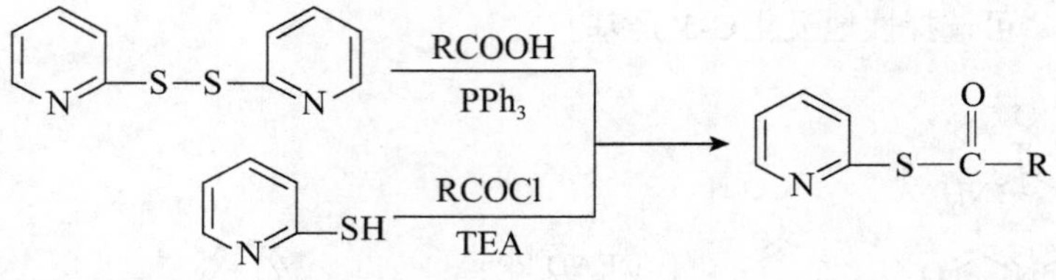

例如，在玉米赤霉烯酮（zearalenone）的合成过程中，采用活性酯法反应收率可达75%。

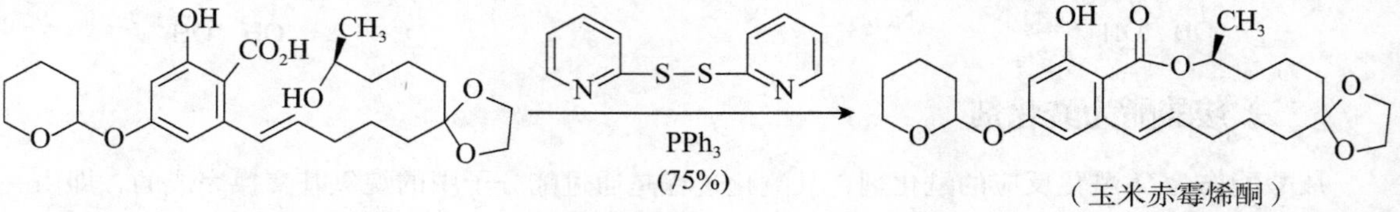

（玉米赤霉烯酮）

（2）羧酸三硝基酚酯　由于结构中存在3个强吸电子基团硝基的作用，羧酸三硝基酚酯活性较强，可以与醇进行酯交换反应制得羧酸酯。

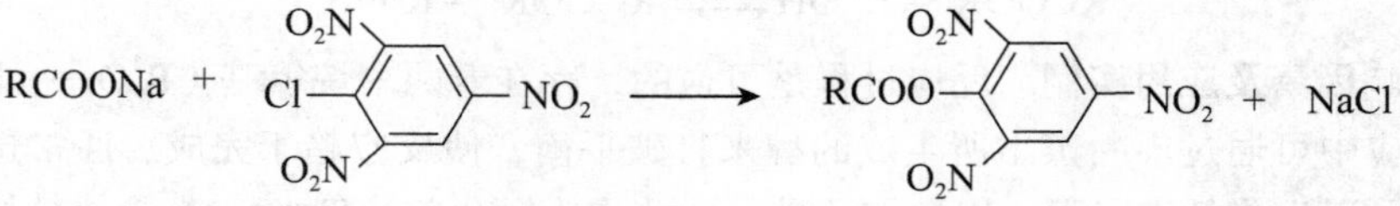

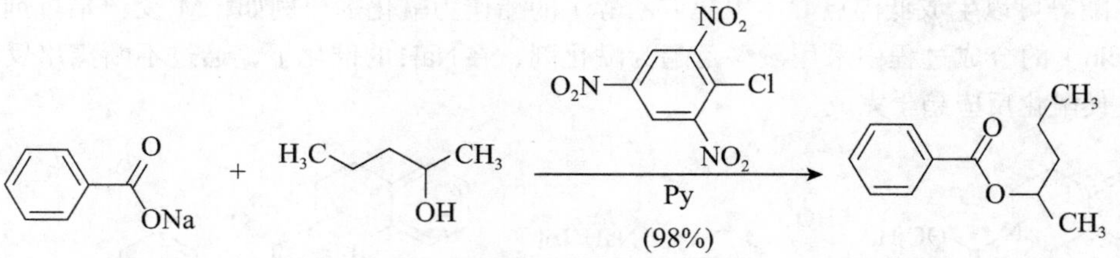

（3）羧酸吡啶酯　羧酸-2-吡啶醇酯由羧酸与2-卤代吡啶季铵盐或氯甲酸-2-吡啶醇酯作用得到，其结构中吡啶环上的正电荷作用使羧酸羰基的活性增强。

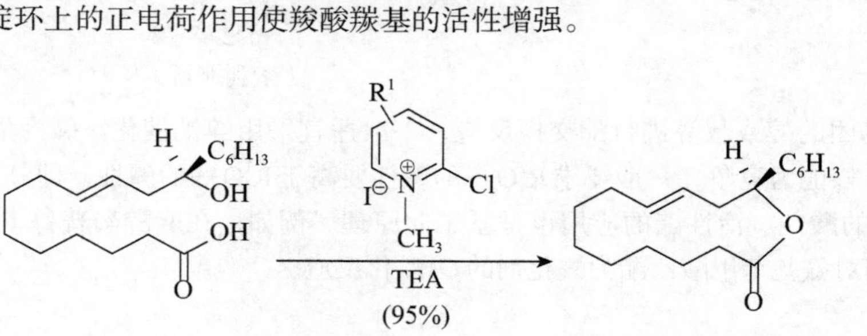

（4）其他活性酯　羧酸异丙烯酯、羧酸二甲硫基烯醇酯、羧酸-1-苯并三唑酯等均为活性较强的羧酸酯，具有反应条件温和、收率较高、对脂肪醇和伯醇有一定的选择性等特点。其结构式分别如下：

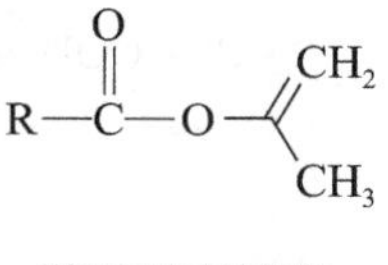

羧酸异丙烯酯 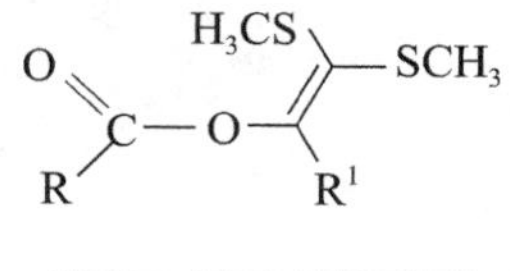　　　　　　羧酸二甲硫基烯醇酯 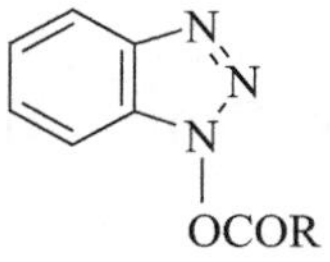　　　　　羧酸-1-苯并三唑酯

（三）酸酐为酰化剂

酸酐为强酰化剂，可用于酚羟基及立体位阻大的叔醇的酰化，常加入少量的酸或碱催化。

1. 反应通式及机理

$$(RCO)_2O + R^1OH \longrightarrow RCOOR^1 + RCOOH$$

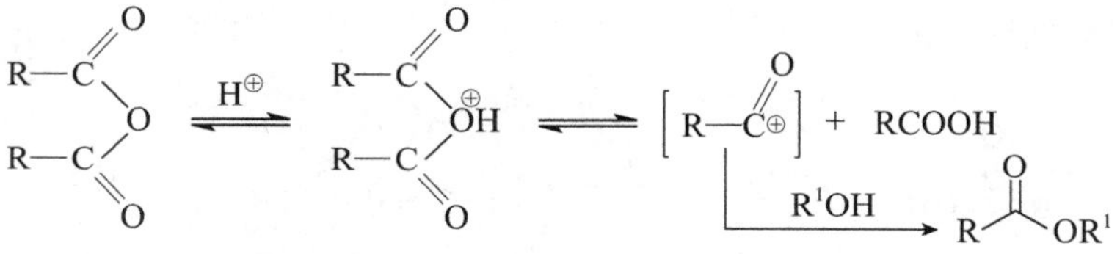

2. 反应影响因素及应用实例　反应中常加入H_2SO_4、TsOH、$HClO_4$等质子酸或BF_3、$ZnCl_2$、$AlCl_3$、$COCl_2$等Lewis酸作催化剂。例如，尿苷三乙酸酯（uridine triacetate）的制备采用Ac_2O为酰化剂、BF_3为催化剂的酰化体系。

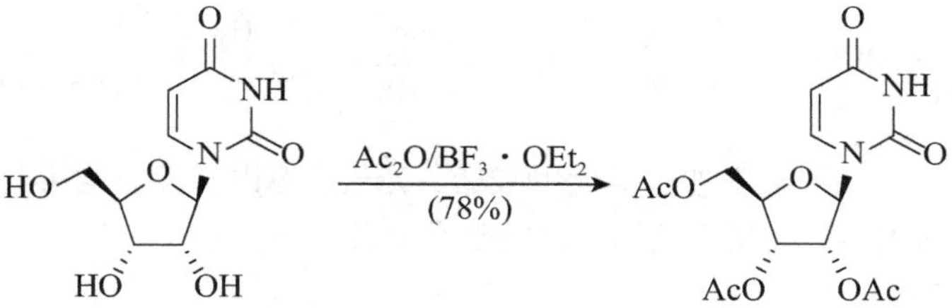

（尿苷三乙酸酯）

吡啶、4-N,N-二甲氨基吡啶（DMAP）、4-吡咯烷基吡啶（PPY）、三乙胺（TEA）及乙酸钠等碱性催化剂也用于酸酐的酰化反应。例如，抗血栓药物普拉格雷（prasugrel）在强碱性条件下将2-噻吩酮烯醇化后，通过以乙酸酐为酰化剂的酰化反应制得。

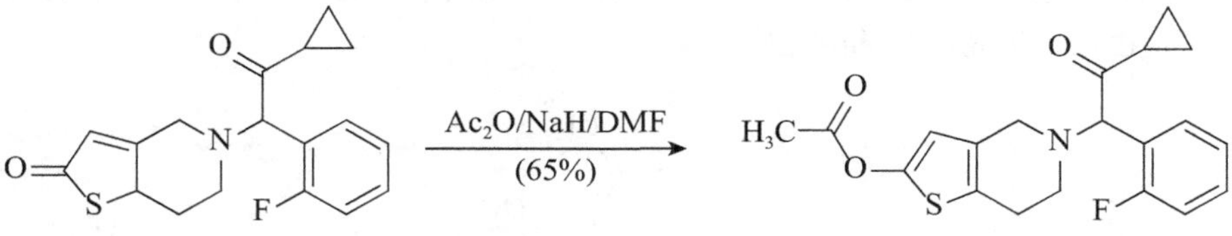

（普拉格雷）

常用的单一酸酐种类较少，除乙酸酐、丙酸酐、苯甲酸酐和一些二元酸酐外，其他种类的单一酸酐较少，限制了其作为酰化剂的应用。而混合酸酐容易制备、酰化能力强，具有更高实用价

值，常见的混合酸酐包括下列几种类型。

（1）羧酸-三氟乙酸混合酸酐

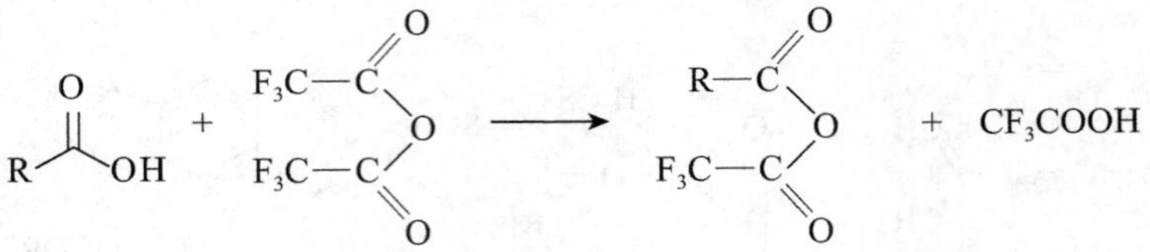

羧酸与三氟乙酸酐反应可以较方便地得到羧酸-三氟乙酸混合酸酐，不需要分离，直接参与后续的酰化反应。

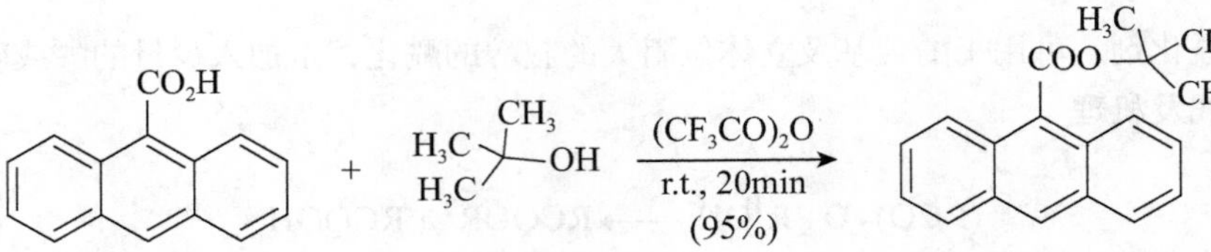

（2）羧酸-磺酸混合酸酐

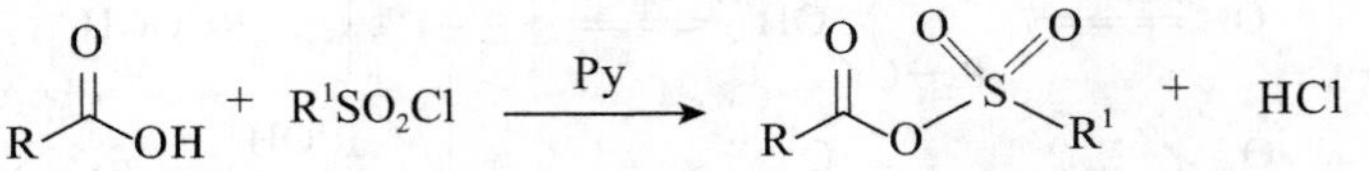

$$R^1=CF_3,\ CH_3,\ Ph,\ p\text{-}CH_3Ph$$

羧酸与磺酰氯在吡啶催化下得到羧酸-磺酸混合酸酐，也可以在反应中临时制备，适用于对酸比较敏感的叔醇、烯丙醇、炔丙醇、苄醇等的酰化。

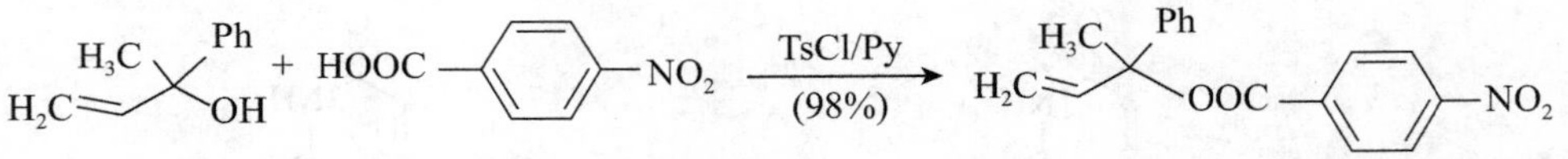

（3）其他混合酸酐　在羧酸中加入氯代甲酸酯、光气、草酰氯等，均可与羧酸形成混合酸酐，从而使羧酸的酰化能力增强，可用于结构复杂的酯类制备。

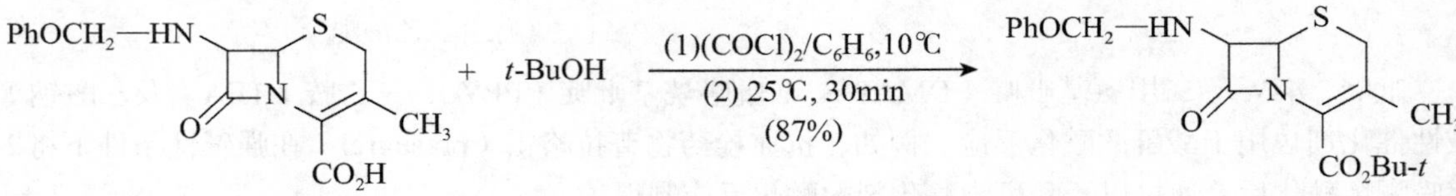

羧酸在 TEA、DMAP 等碱性催化剂的存在下与多种取代苯甲酰氯反应制得相应的羧酸-取代苯甲酸混合酸酐，也可以提高羧酸的酰化能力。

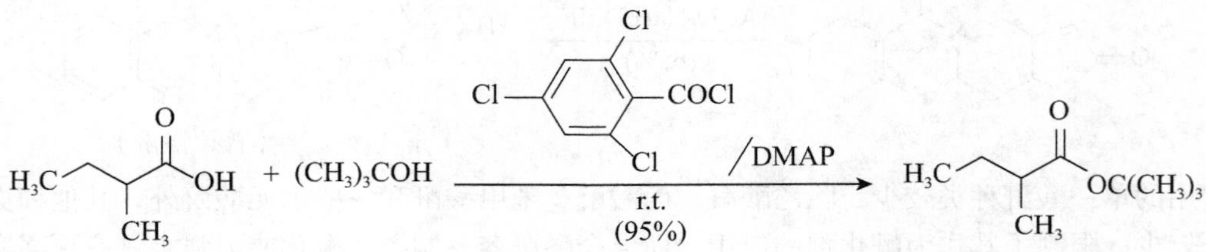

（四）酰氯为酰化剂

各种脂肪族和芳香族酰氯均可作为酰化剂与各种醇羟基进行酰化反应，其反应过程中常加入一些Lewis酸作催化剂，同时加入碱性物质作缚酸剂。

1. 反应通式及机理

$$R^1—\underset{\underset{O}{\parallel}}{C}—Cl \ + \ HOR^2 \longrightarrow R^1—\underset{\underset{O}{\parallel}}{C}—OR^2 \ + \ HCl$$

2. 反应影响因素及应用实例

酰氯为酰化剂的反应一般可选用三氯甲烷等卤代烃、乙醚、四氢呋喃、DMF和DMSO等为反应溶剂，也可以不加溶剂直接采用过量的酰氯或过量的醇。例如，激素类药物苯丙酸诺龙（nandrolone phenylpropionate）的制备是将19-去甲基睾酮以苯丙酰氯为酰化剂，吡啶为催化剂，在苯溶剂中完成的。

（苯丙酸诺龙）

酰氯的酰化反应一般在较低的温度（0℃至室温）下进行，加料方式一般是在较低的温度下将酰氯滴加到反应体系中。对于较难酰化的醇，也可以在回流温度下进行酰化反应。例如，抗寄生虫药物苯醚菊酯（phenothrin）的合成。

（苯醚菊酯）

在某些羧酸为酰化剂的反应中，加入$SOCl_2$、$POCl_3$、PCl_3和PCl_5等氯化剂，使之在反应中先生成酰氯，原位参与酰化反应，使反应过程更加简便。例如，抗血脂药烟酸肌醇酯（inositol nicotinate）的合成是在肌醇与烟酸的反应中加入氧氯化磷，使烟酸转成酰氯直接参与酰化反应。

（烟酸肌醇酯）

（五）酰胺为酰化剂

一般的酰胺由于其结构中N原子的供电性，酰化能力较弱，不能直接用于酰化反应，而酰基咪唑等一些具有芳杂环结构的酰胺活性较强，常被应用于O-酰化。酰化过程中加入醇钠、氨基钠、氢化钠等强碱可以增加反应活性。

1. 反应通式及机理

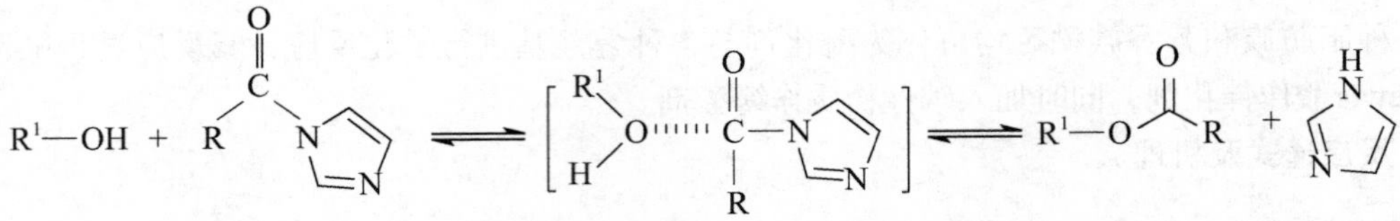

2. 反应影响因素及应用实例　酰基咪唑在反应中可以由碳酰二咪唑（CDI）与羧酸直接作用得到，反应中如果同时加入NBS，NBS可使咪唑环生成活化形式的中间体，活性更强，反应在室温下即可进行。

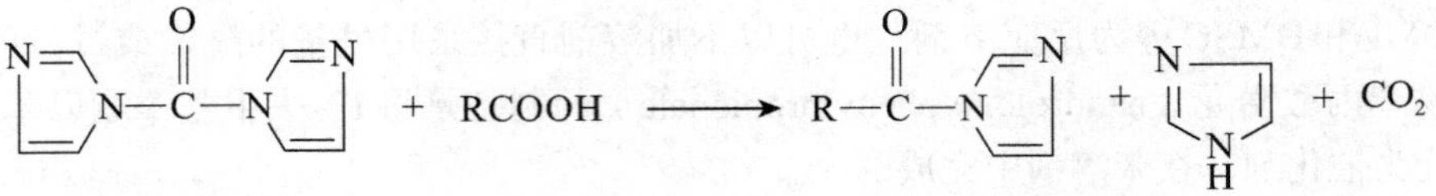

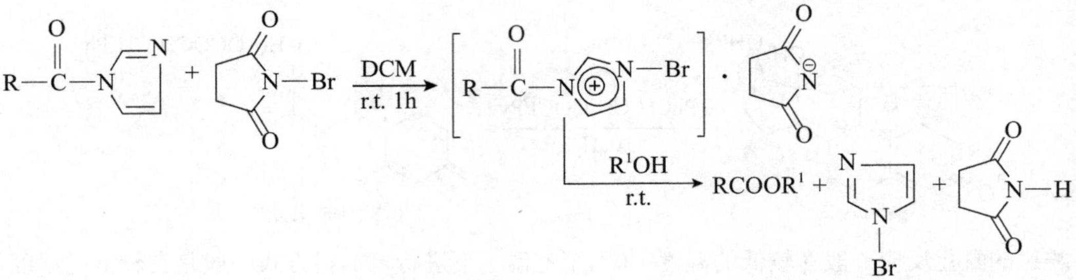

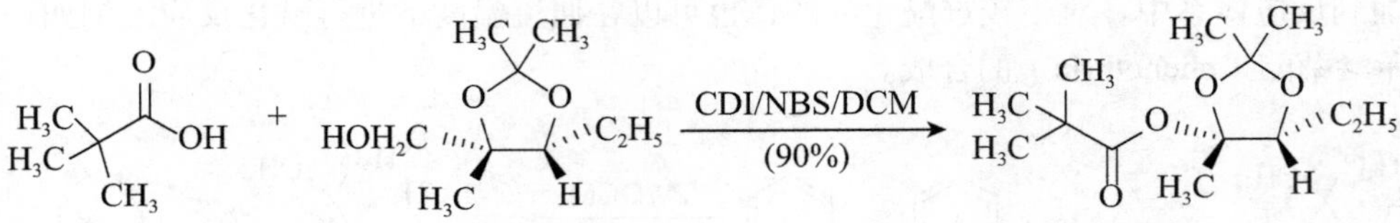

二、酚的 *O*- 酰化反应

酚羟基的 *O*-酰化反应机理与醇羟基的 *O*-酰化反应机理相同，但因为酚羟基的氧原子活性较醇羟基弱，所以一般不宜直接采用羧酸为酰化剂，而采用酰氯、酸酐和活性酯等酰化能力较强的酰化剂，下面将通过一些反应实例来说明酚的 *O*-酰化反应。

采用羧酸为酰化剂时可在反应中加入多聚磷酸（PPA）、DCC等增加羧酸的反应活性，适用于各种酚羟基的酰化。

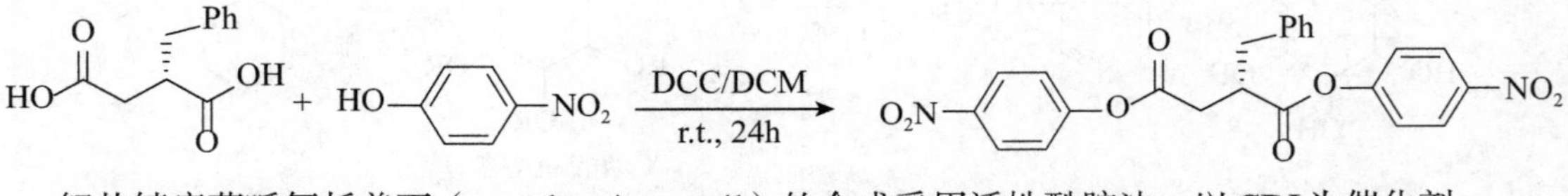

解热镇痛药呱氨托美丁（amtolmetin guacil）的合成采用活性酰胺法，以CDI为催化剂。

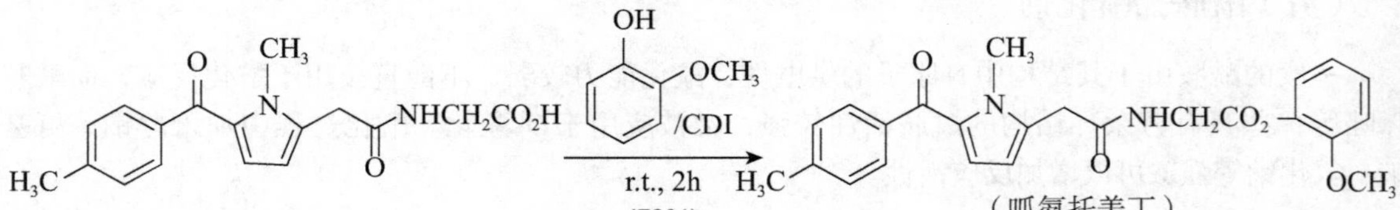

抗肿瘤药厄洛替尼（erlotinib）中间体的合成采用乙酸酐为酰化剂、吡啶存在下的酰化反应。

酰氯的酰化能力较强，是常用的酚的 *O*-酰化试剂。例如，解热镇痛药贝诺酯（benorilate）是对乙酰氨基酚（paracetamol）在碱性溶液中，以乙酰水杨酰氯酰化制得的。

（贝诺酯）

分子中同时存在醇羟基和酚羟基时，由于醇羟基的亲核能力大于酚羟基，优先酰化醇羟基。

3-乙酰基-1, 5, 5-三甲基乙内酰脲（Ac-TMH）具有活性酰胺的结构，由 1, 5, 5-三甲基乙内酰脲与乙酸酐反应制得，为选择性乙酰化试剂，当酚羟基和醇羟基共存于同一分子中时，可选择性地对酚羟基进行乙酰化。

第三节　氮原子的酰化反应

氮原子的酰化反应包括脂肪胺的 *N*-酰化反应和芳胺的 *N*-酰化反应，是制备各类酰胺的经典方法，胺的酰化一般在结构类似的情况下比醇羟基的 *O*-酰化要容易一些（胺基氮原子的亲核性比羟基氧原子略强一些），但两者所用的酰化剂的种类基本相同。就被酰化物（胺）而言，其氮原子的电子云密度越高，反应活性越强；但其空间位阻也会影响其反应活性，一般情况是伯胺＞仲胺、脂肪胺＞芳胺、无位阻的胺＞有位阻的胺。

一、脂肪胺的 *N*- 酰化反应

脂肪族的伯胺和仲胺均可以与各种酰化剂反应生成酰胺，其反应历程由于酰化剂的不同而分为单分子历程和双分子历程。

（一）羧酸为酰化剂

虽然理论上羧酸可以与各种伯胺和仲胺反应生成酰胺，但因为羧酸为弱酰化剂，且羧酸与胺成盐后会使氨基氮原子的亲核能力降低，所以一般不宜直接以羧酸为酰化剂进行胺的 *N*- 酰化反应。

1. 反应通式及机理

$$R-\overset{O}{\overset{\|}{C}}-OH + R^1R^2NH \rightleftharpoons \left[R-\overset{\overset{\ominus}{O}}{\underset{\underset{HNR^1R^2}{\oplus}}{C}}-OH \right] \rightleftharpoons \overset{O}{\overset{\|}{R}}\overset{}{C}\overset{}{NR^1R^2} + H_2O$$

2. 反应影响因素及应用实例

羧酸为酰化剂的 *N*- 酰化反应是一个可逆反应，为了加快反应进程并使之趋于完成，需要不断蒸出反应所生成的水，一般反应在较高温度下进行，因此该法不适合对热敏感的酸或胺之间的酰化反应。

羧酸为弱酰化剂，一般在反应中需要加入一些催化剂与羧酸形成一些活性中间体，在前面 *O*- 酰化内容中曾讨论过的催化剂如 DCC、CDI 及一些磷酸酯类等均有应用，这些可使羧酸的酰化能力增强。例如，在抗精神病药舒必利（sulpiride）的制备过程中，采用羧酸为酰化剂，CDI 为催化剂。

（舒必利）

腹泻治疗药物消旋卡多曲（racecadotril）的合成采用羧酸法，以 DCC 为催化剂，DMF 为溶剂在室温下反应。

r.t., 15h
(77%)

（消旋卡多曲）

在半合成抗生素氨苄西林（ampicillin）的合成过程中，可以采用 D-（*N*-三苯甲基）苯甘氨酸为酰化剂，在 DCC 的催化下与 6-APA 进行酰化反应，再在酸性环境中脱保护基制得。

(1)DCC
(2)H₂O/H⊕

（氨苄西林）

（二）羧酸酯为酰化剂

羧酸酯的反应活性虽不如酸酐、酰氯等强，但它易于制备且性质比较稳定，反应中又不像羧酸那样与胺成盐，所以在N-酰化中应用广泛。作为酰化剂的酯包括各种烷基或芳基取代的脂肪酸酯、芳香酸酯；被酰化物包括各种烷基或芳基取代的伯胺、仲胺及NH_3；反应溶剂一般是醚类、卤代烷及苯类。

1. 反应通式及机理

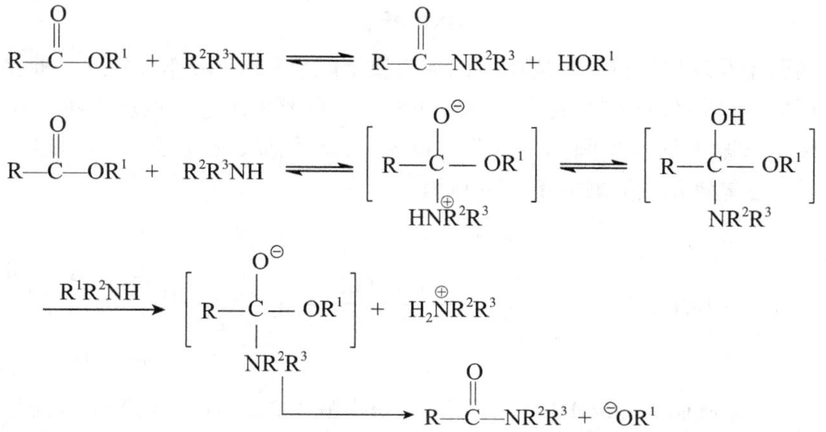

2. 反应影响因素及应用实例

反应中一般可加入金属钠、醇钠、氢化钠等强碱性催化剂以增强胺的亲核能力，反应中应用较多的酰化剂是羧酸甲酯、羧酸乙酯和羧酸苯酯。另外，还要严格控制反应体系的水分，防止催化剂分解，以及酯和酰胺的水解发生。

例如，非甾体抗炎药替诺昔康（tenoxicam）的合成中采用羧酸酯为酰化剂的反应。

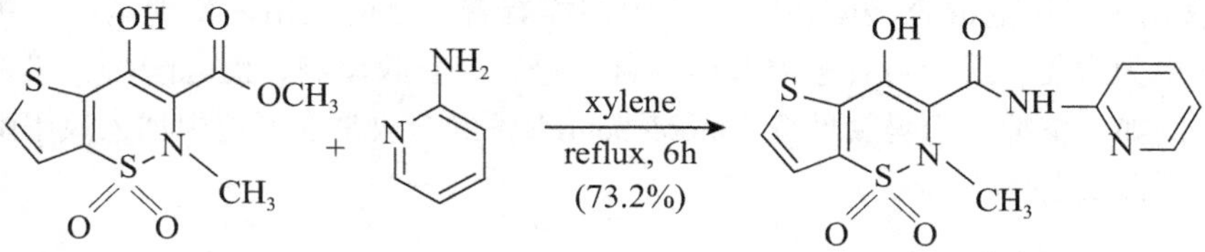

（替诺昔康）

在前述的O-酰化中曾讨论过的一些活性酯在N-酰化中也有应用，如半合成头孢菌素头孢吡肟（cefepime）的合成是采用其侧链的活性硫醇酯与头孢母核的N-酰化反应。

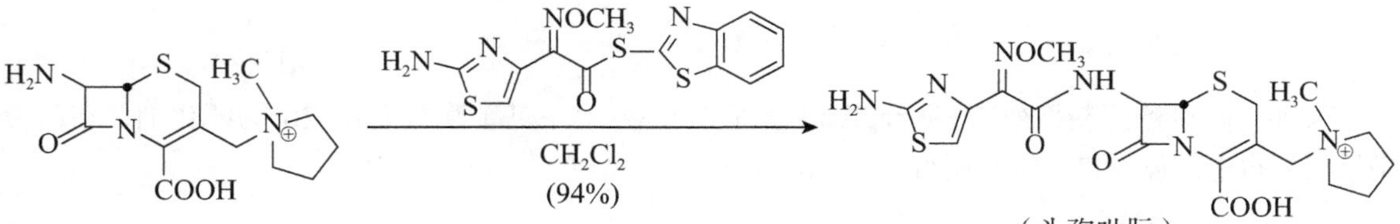

（头孢吡肟）

（三）酸酐为酰化剂

酸酐为强酰化剂，其活性虽然比相应的酰氯稍弱，但其性质比较稳定，反应中会产生羧酸，所以可以自行催化，适用于一些难以酰化的胺类，如芳胺、仲胺，尤其是芳环上带有吸电子基团的芳胺，也可以另外加入酸、碱等催化剂促进反应。

1. 反应通式及机理

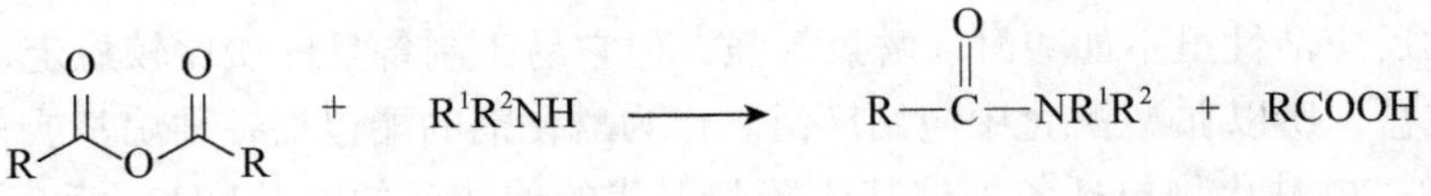

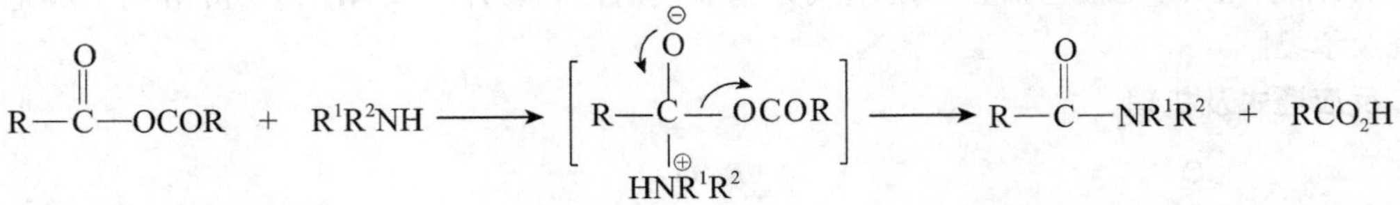

2. 反应影响因素及应用实例 反应中可以加入质子酸或 Lewis 酸作催化剂，催化酸酐生成酰基正离子而促进反应。碱性催化剂一般不需要另外加入，只要采用过量的胺即可，如果加入吡啶类碱，可生成吡啶季铵盐型活性中间体（见前述 *O*-酰化）。例如，祛痰药厄多司坦（erdosteine）采用酸酐为酰化剂，在氢氧化钠为碱的条件下制得。

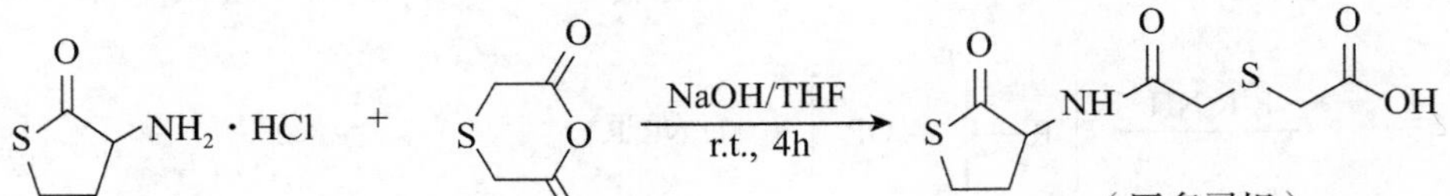

例如，抗菌药利奈唑胺（linezolid）是采用乙酸酐为酰化剂、吡啶为缚酸剂的酰化反应制得的。

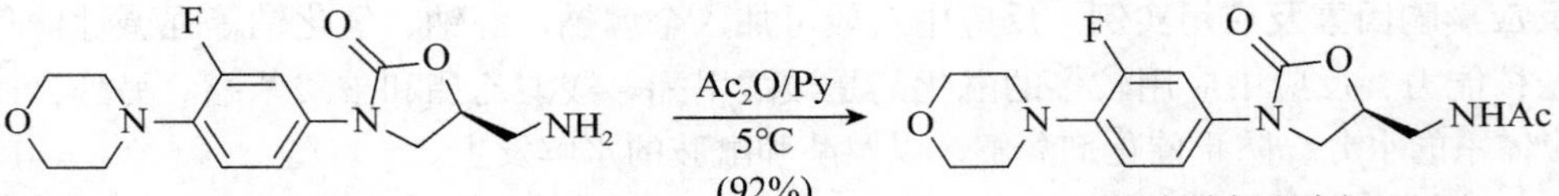

前文 *O*-酰化中讨论的混合酸酐在 *N*-酰化中同样有着广泛的应用，特别是在一些复杂结构化合物的制备中更为常见，反应可在较温和的条件下进行，且收率高，混合酸酐一般采用临时制备的方式加入。例如，抗抑郁药吗氯贝胺（moclobemide）的合成是在反应中加入氯甲酸乙酯和三乙胺，生成的混酐直接进行酰化反应。

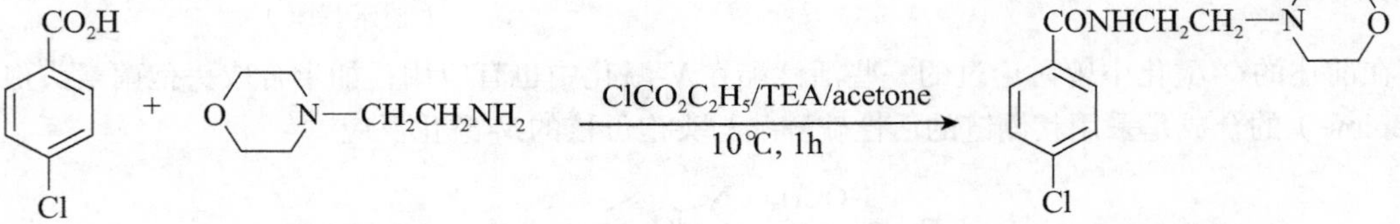

又如，降血糖药瑞格列奈（repaglinide）是以羧酸-对甲基苯磺酸混合酸酐为酰化剂，在乙腈中反应制得中间体，再经水解制得。

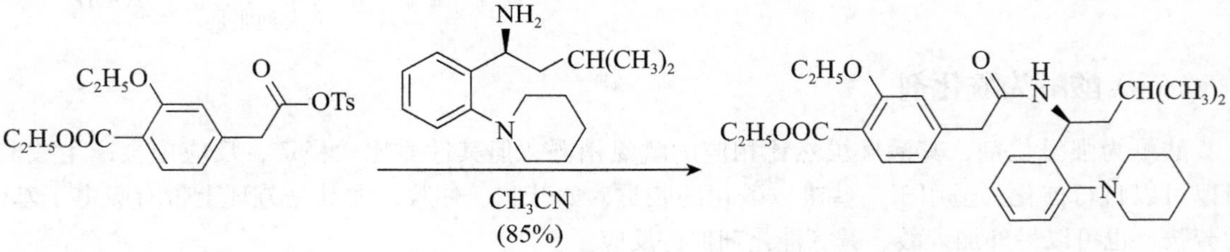

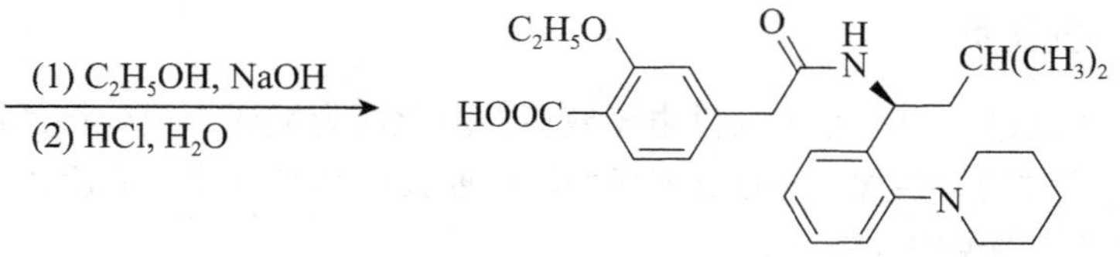

$$\xrightarrow[\text{(2) HCl, H}_2\text{O}]{\text{(1) C}_2\text{H}_5\text{OH, NaOH}}$$

（瑞格列奈）

（四）酰氯为酰化剂

酰氯酰化能力强，一般应用于位阻较大的胺、热敏性的胺及芳胺的酰化。

1. 反应通式及机理

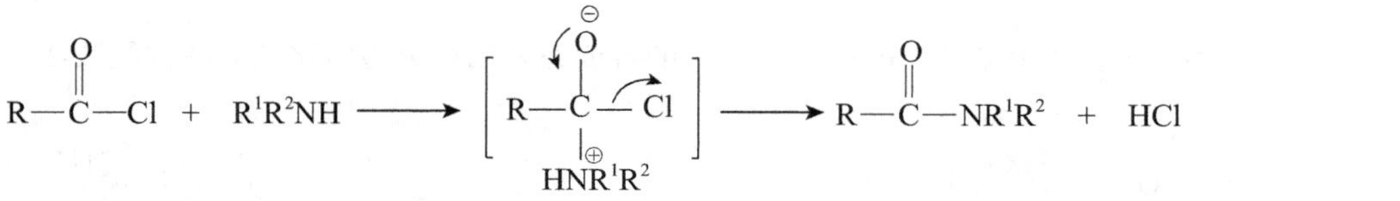

$$R-\overset{O}{\underset{}{C}}-Cl + R^1R^2NH \longrightarrow \left[R-\underset{\underset{HNR^1R^2}{\oplus}}{\overset{\overset{\ominus}{O}}{C}}-Cl \right] \longrightarrow R-\overset{O}{\underset{}{C}}-NR^1R^2 + HCl$$

2. 反应影响因素及应用实例 通常加入氢氧化钠、碳酸钠、乙酸钠等无机碱及吡啶、三乙胺等有机碱为缚酸剂，以中和反应所生成的氯化氢，防止因其与胺成盐而降低氮原子的亲核能力，也可直接采用过量的胺作为缚酸剂。例如，血管扩张药桂哌齐特（cinepazide）即是以 1-[（1-四氢吡咯羰基）甲基]哌嗪为原料，以 3, 4, 5-三甲氧基肉桂酰氯为酰化剂的酰化反应制得的。

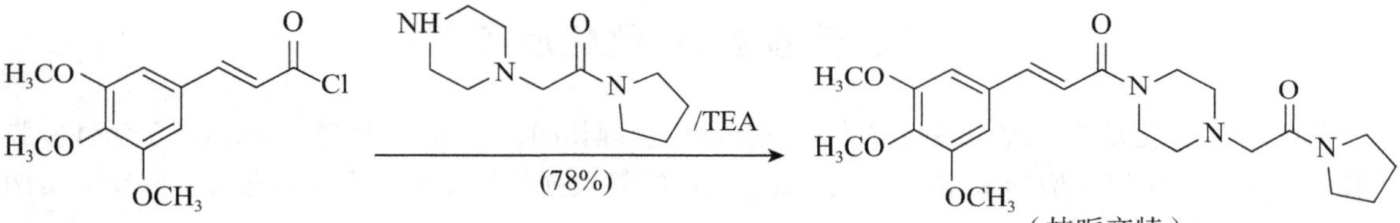

酰化中常用的有机溶剂有丙酮、二氯甲烷、三氯甲烷、乙腈、乙醚、四氢呋喃、苯、甲苯、吡啶和乙酸乙酯等。对于一些性质比较稳定的酰氯，也可以无机碱为缚酸剂，在水溶液中反应。例如，糖尿病治疗药物那格列奈（nateglinide）是在 DMF 中以氢氧化钠为缚酸剂，以 4-异丙基环己基甲酰氯酰化制得的。

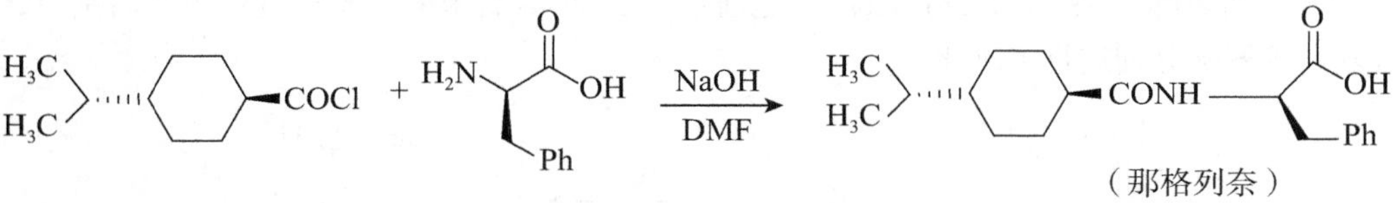

酰氯与胺的反应通常都是放热反应，因此反应在室温或更低的温度下进行。例如，镇咳药莫吉司坦（moguisteine）是以酰氯为酰化剂，在 0～5℃的反应温度下制得的。

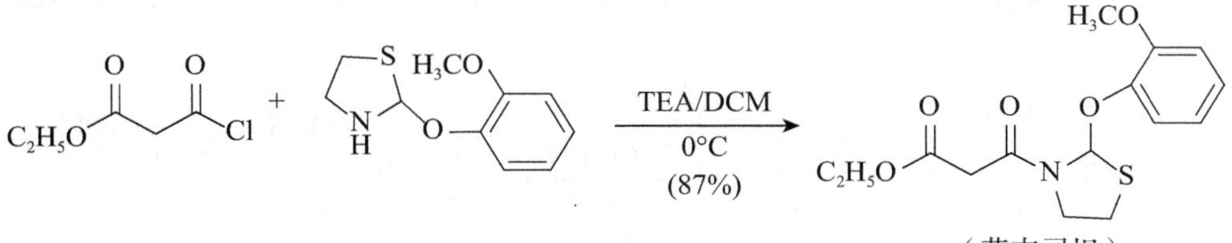

（五）酰胺为酰化剂

一般的酰胺由于其结构中氮原子的供电子效应，酰化能力减弱，很少将其用作酰化剂，在上一节 O-酰化中曾讨论过的一些羧酸与 CDI 形成的活性酰胺在 N-酰化中也有应用，其反应机理与 O-酰化一致。在此仅举几例说明其应用。

降血糖药米格列奈（mitiglinide）的合成采用此活性酰胺法。

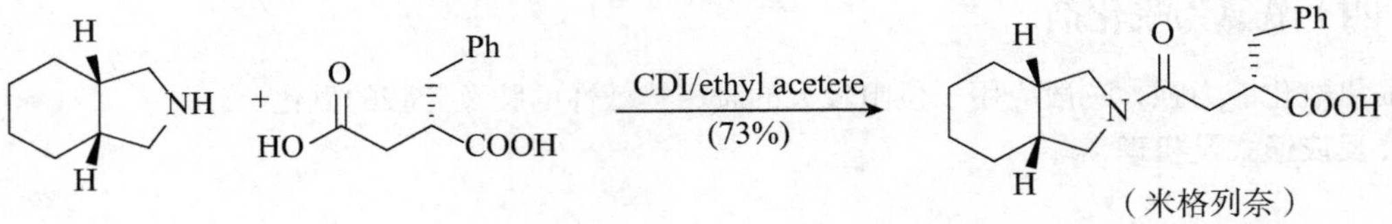

（米格列奈）

促肠动力药普芦卡必利（prucalopride）的合成亦采用 CDI 为活化剂的活性酰胺法。

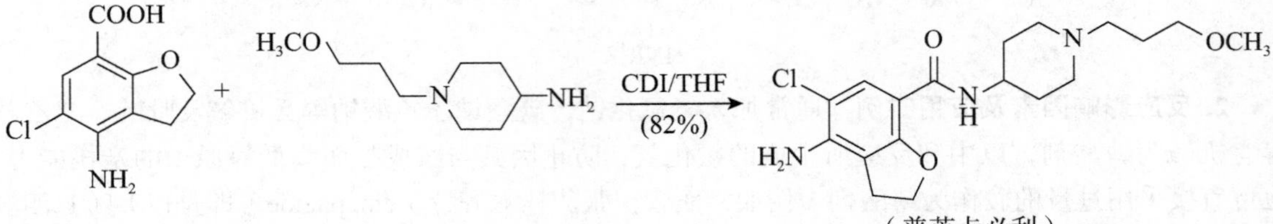

（普芦卡必利）

二、芳胺的 N-酰化反应

芳胺的 N-酰化反应机理与脂肪胺的 N-酰化反应机理相同，但因为芳胺氨基的氮原子活性较脂肪胺的氨基弱，所以一般均采用酸酐、酰氯和活性酯等较强的酰化剂，下面将通过一些反应实例来说明芳胺的 N-酰化反应。

乙酰苯胺采用乙酸酐为酰化剂、水为溶剂，在室温条件下通过苯胺的酰化反应制备。

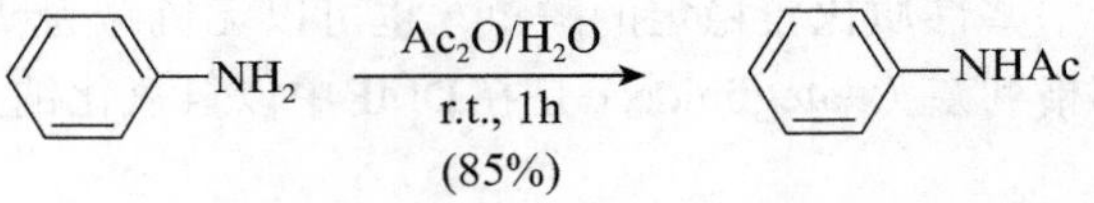

肌肉松弛药氯唑沙宗（chlorzoxazone）是通过 2-氨基-4-氯苯酚与光气酰化环合而制得，反应中酚羟基和芳氨基分别进行了酰化。

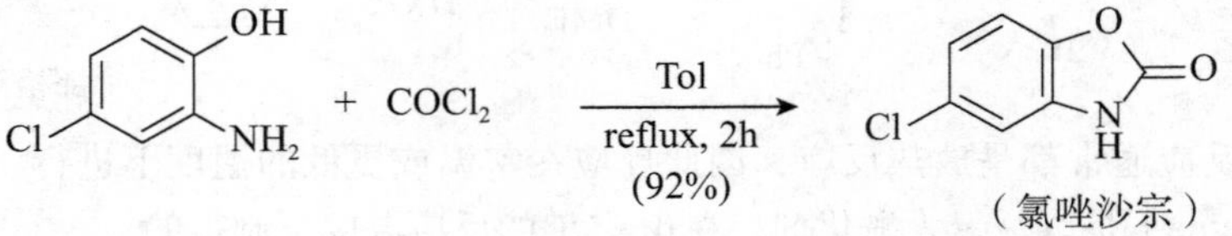

（氯唑沙宗）

非甾体抗炎药来氟米特（leflunomide）的合成采用酰氯为酰化剂，与 4-三氟甲基苯胺在乙腈中反应制得。

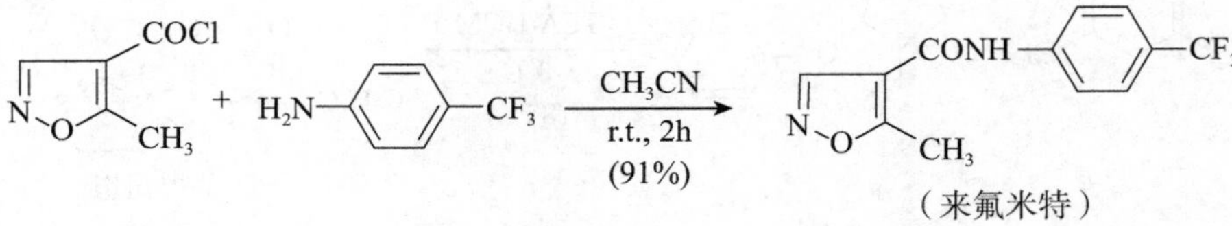

（来氟米特）

非甾体抗炎药美洛昔康（meloxicam）采用羧酸异丙酯为酰化剂，与2-氨基-5-甲基噻唑在二甲苯中回流反应制得。

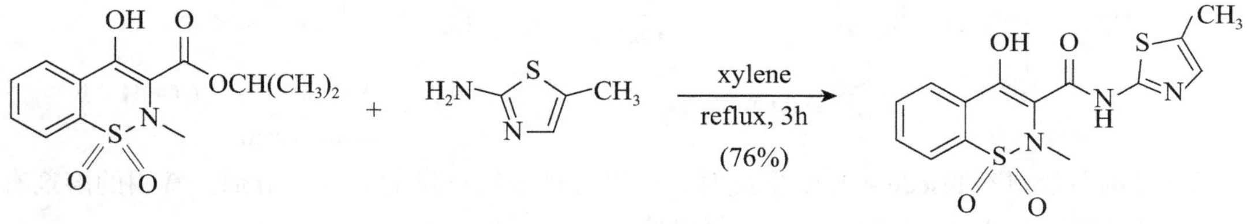

（美洛昔康）

某些芳胺的氮原子也可以用羧酸酰化，如镇静催眠药氯硝西泮（clonazepam）的关键中间体是以苄氧羰基甘氨酸为酰化剂，DCC为催化剂，在二氯甲烷中对2-氨基-5-硝基-2-氯-联二苯酮进行N-酰化制得的。

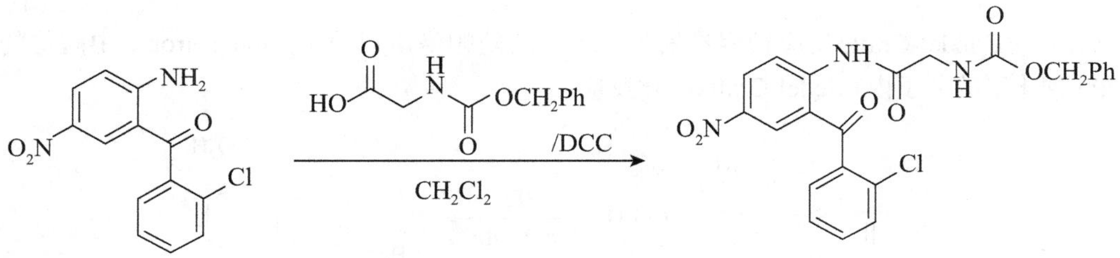

第四节　碳原子的酰化反应

碳原子的酰化反应既有直接酰化又有间接酰化，直接酰化包括Friedel-Crafts（酰化）反应、烯烃的C-酰化反应、羰基α位的C-酰化反应；间接酰化包括Hoesch反应、Gattermann反应、Vilsmeier-Haack反应和Reimer-Tiemann反应等，碳酰化产物一般为酮类化合物。

一、芳烃的 C- 酰化反应

（一）Friedel-Crafts 反应

羧酸或羧酸衍生物在质子酸或Lewis酸的催化下，对芳烃进行亲电取代反应，生成芳酮，此反应称为Friedel-Crafts酰化反应。

1. 羧酸为酰化剂　羧酸在质子酸的催化下，对芳烃进行亲电取代反应生成芳酮，其反应机理的实质为芳香环上的亲电取代反应。

（1）反应通式及机理

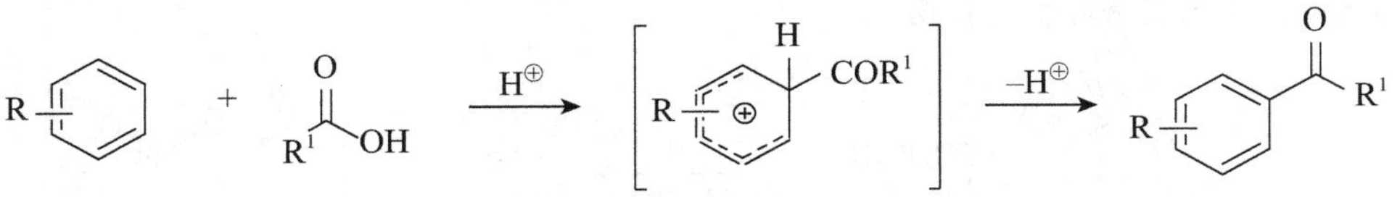

（2）反应影响因素及应用实例　反应中作为催化剂的质子酸有HF、HCl、H_2SO_4、H_3BO_3、$HClO_4$、PPA等无机酸，以及CF_3COOH、CH_3SO_3H、CF_3SO_3H等有机酸。例如，肿瘤血管破坏剂vadimezan的合成即为分子内的Friedel-Crafts（酰化）反应。

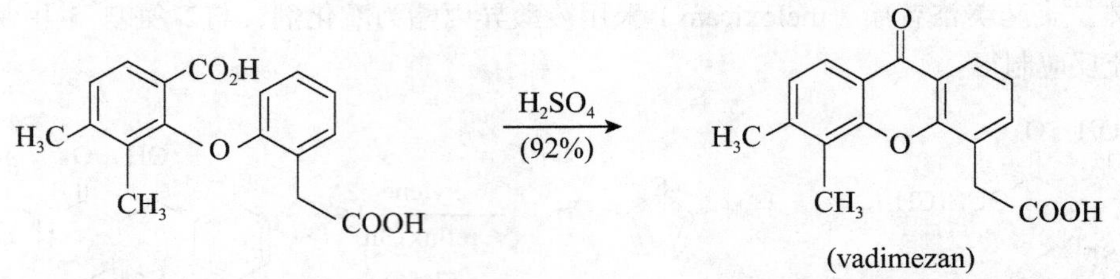

低沸点的芳烃进行 Friedel-Crafts 反应时，可以直接采用过量的芳烃作溶剂，常用的溶剂有二硫化碳、硝基苯、石油醚、二氯乙烷、三氯甲烷等。

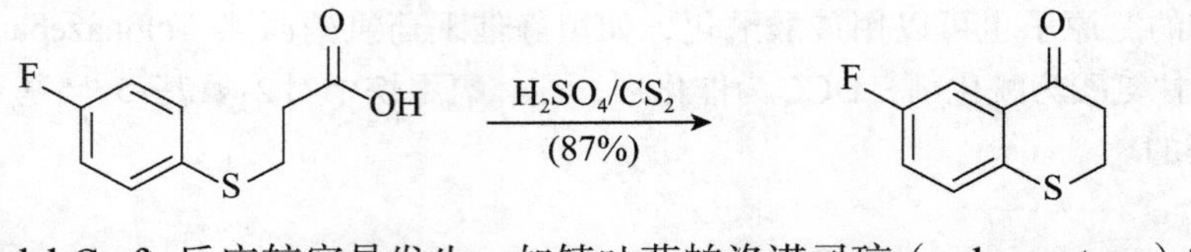

分子内的 Friedel-Crafts 反应较容易发生，如镇吐药帕洛诺司琼（palonosetron）中间体的合成即为 PPA 催化下的分子内 Friedel-Crafts 酰化反应。

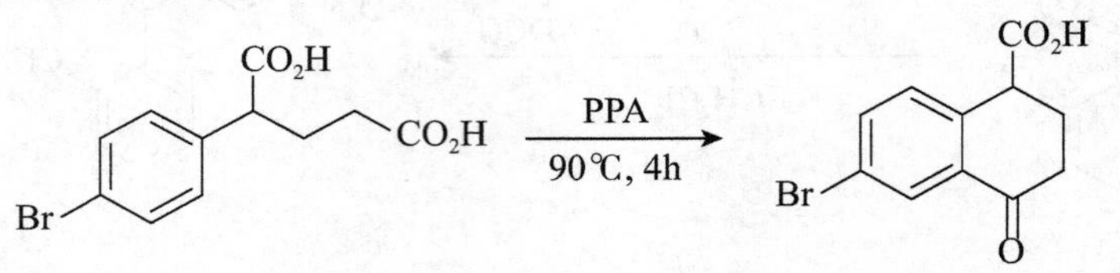

抗抑郁症药盐酸度硫平（dosulepin hydrochloride）中间体的合成亦为分子内的 Friedel-Crafts 酰化反应。

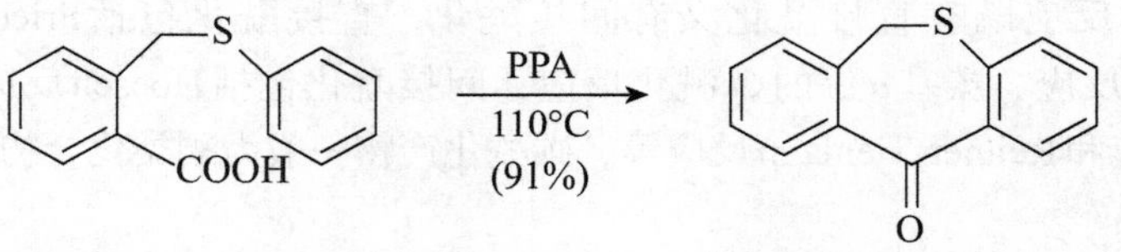

2. 羧酸酯为酰化剂　以羧酸酯作为酰化剂，对芳烃的 C- 酰化反应也是制备脂芳酮的重要方法，反应中一般以 Lewis 酸为催化剂。

（1）反应通式及机理

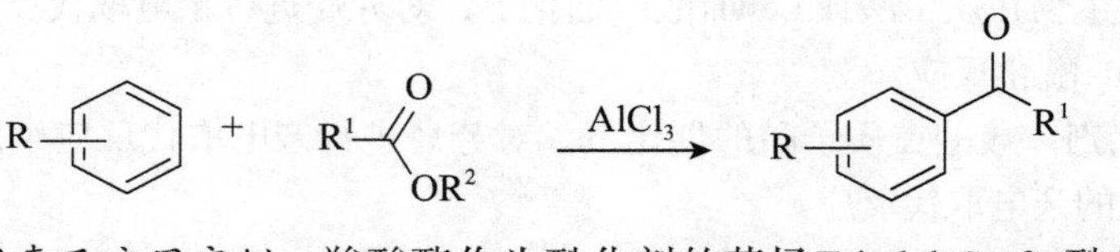

（2）反应影响因素及应用实例　羧酸酯作为酰化剂的芳烃 Friedel-Crafts 酰化反应，以分子内酰化较为普遍，用来制备环状化合物。

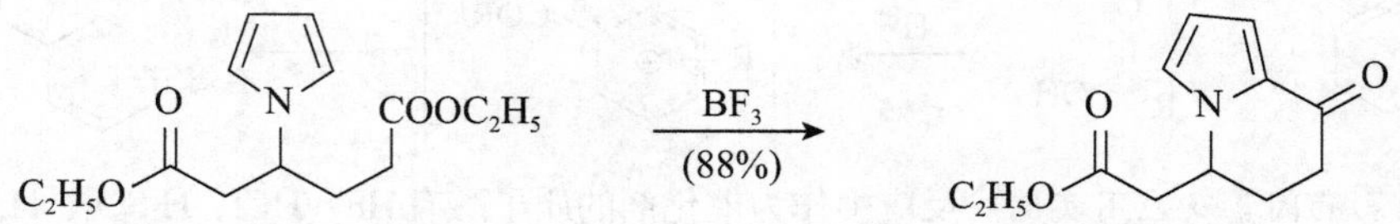

例如，在喹诺酮类抗菌药的基本母核苯并喹啉 -4- 酮 -3- 羧酸的合成过程中，一般均采用羧酸酯为酰化剂的分子内 Friedel-Crafts 酰化反应。

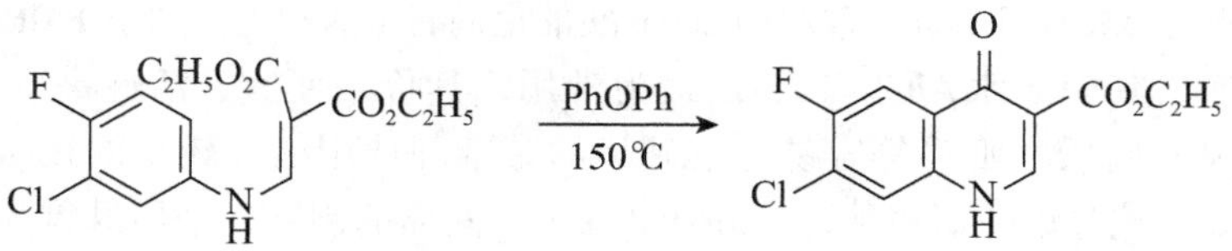

3. 酸酐为酰化剂 酸酐作为强酰化剂可与芳烃进行 Friedel-Crafts 酰化反应，酰化产物为芳基酮，反应中一般以 Lewis 酸作为催化剂。

（1）反应通式及机理

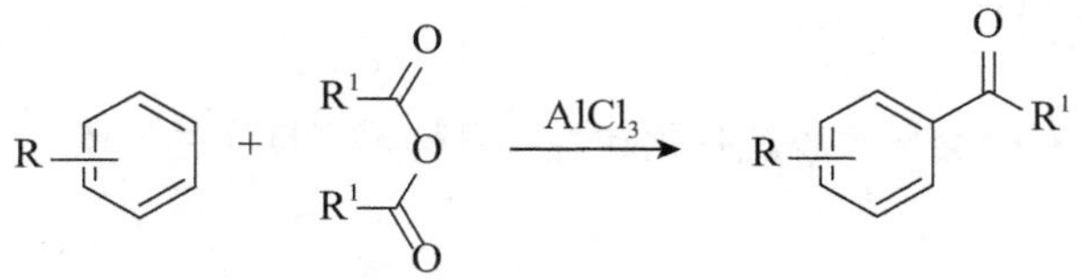

（2）反应影响因素及应用实例 以酸酐为酰化剂的 Friedel-Crafts 酰化反应，当以苯环为底物时一般多用 AlCl₃ 作催化剂；而芳杂环的活性较高，其酰化反应一般多以 BF₃ 等较弱的 Lewis 酸作为催化剂。

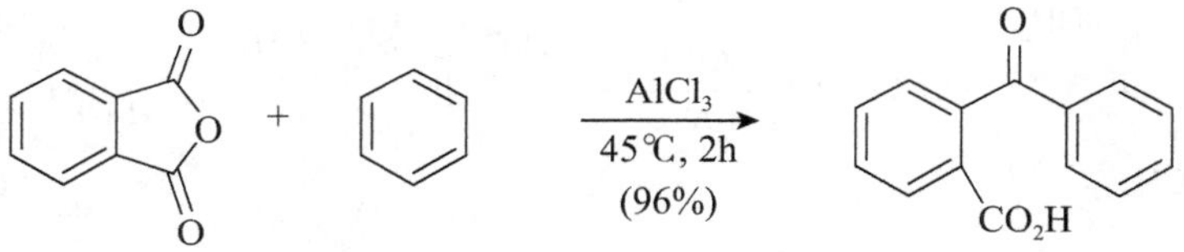

在醛糖还原酶抑制剂非达司他（fidarestat）中间体的制备过程中，采用马来酸酐为酰化剂、无水 AlCl₃ 为催化剂的反应，反应中苯环上的甲氧基同时发生脱烷基化反应。

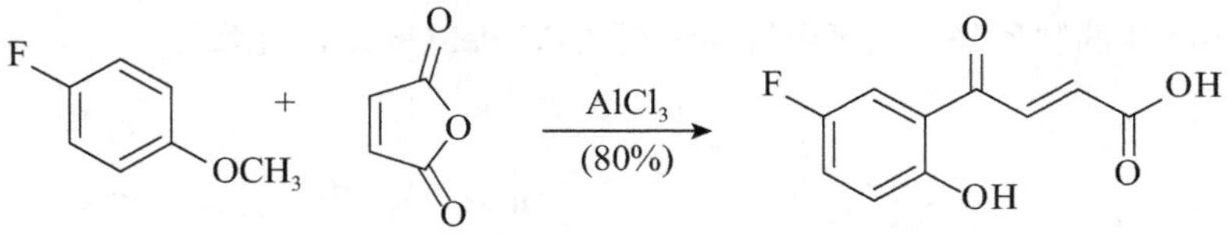

4. 酰氯为酰化剂 酰氯作为强酰化剂与芳烃间的 Friedel-Crafts 酰化反应最为常见，反应中需要加入 Lewis 酸作为催化剂。

（1）反应通式及机理

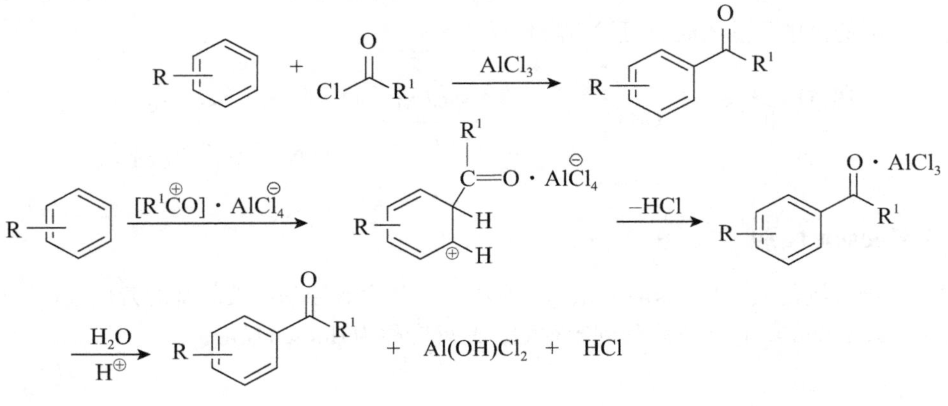

（2）反应影响因素及应用实例 常用的Lewis酸催化剂有（活性由大到小）$AlBr_3$、$AlCl_3$、$FeCl_3$、BF_3、$SnCl_4$、$ZnCl_2$，其中无水$AlCl_3$及$AlBr_3$最为常用，其价格便宜、活性高，但会产生大量的含铝盐废液。呋喃、噻吩、吡咯等容易分解破坏的芳杂环选用活性较小的BF_3、$SnCl_4$等弱催化剂较为适宜。例如，抗过敏药氯雷他定（loratadine）中间体的制备，采用酰氯为酰化剂的分子内Friedel-Crafts酰化反应。

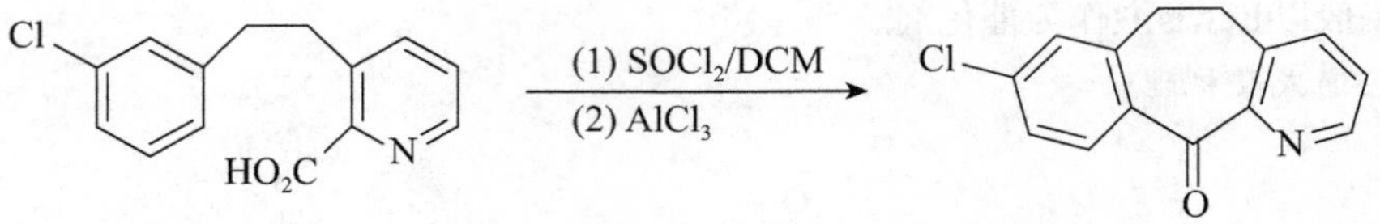

$AlCl_3$为催化剂时，有时会导致脱烷基化和烷基异构等副反应的发生。

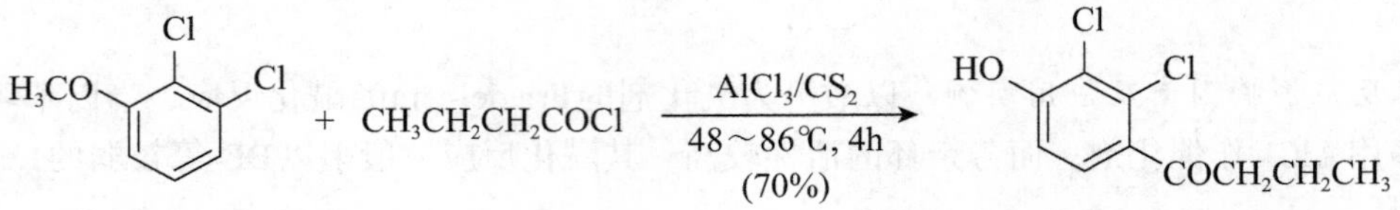

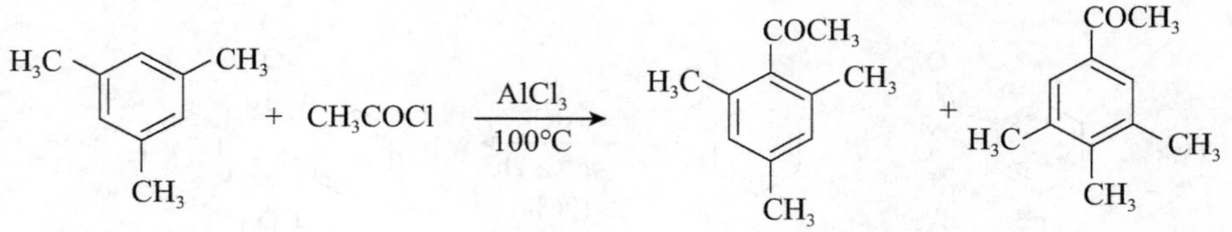

低沸点的芳烃进行Friedel-Crafts反应时，可以直接采用过量的芳烃作溶剂。当不宜选用过量的反应组分作溶剂时，常用溶剂有二硫化碳、硝基苯、石油醚、二氯甲烷、三氯甲烷等，其中硝基苯与$AlCl_3$可形成复合物，反应呈均相，极性强，应用较广。例如，降血糖药索格列净（sotagliflozin）中间体的制备采用二氯甲烷为溶剂的Friedel-Crafts酰化反应。

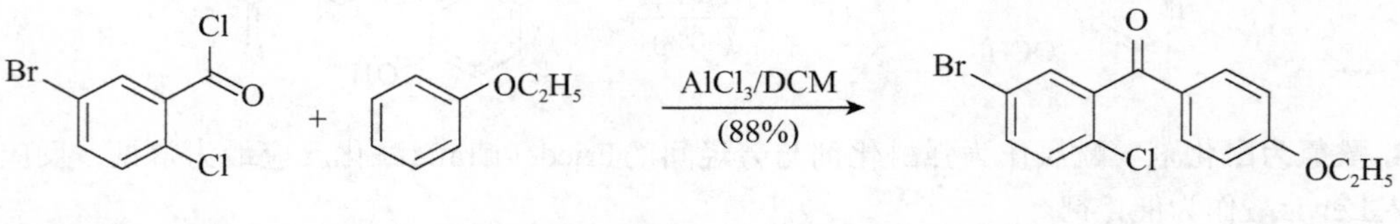

当芳环上带有邻、对位定位基（供电子基团）时，反应容易进行；反之亦然。因此，当芳环上有强吸电子基团或发生一次酰化后，一般难以通过Friedel-Crafts酰化反应引入第二个酰基，当环上同时存在强的供电子基团时，可发生酰化反应。

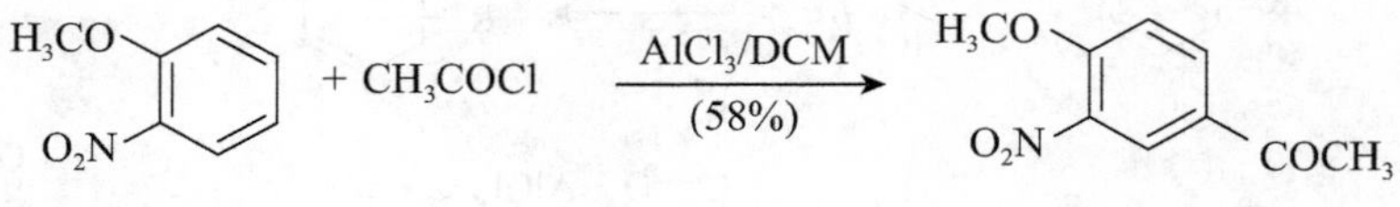

（二）Hoesch反应

腈类化合物与氯化氢在Lewis酸催化剂的存在下，与含有羟基或烷氧基的芳烃进行反应生成相应的酮亚胺（ketimine），再经水解得到芳香酮，此反应称为Hoesch反应。

1. 反应通式及机理

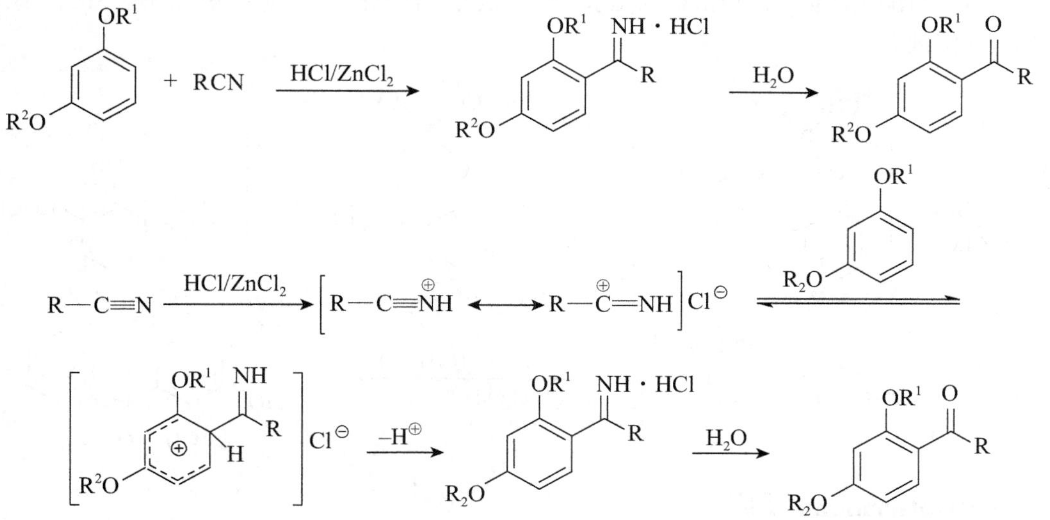

2. 反应影响因素及应用实例 该反应为芳香环上的亲电取代反应，所以被酰化物一般为间苯二酚、间苯三酚和其相应的醚类，以及某些多电子的芳杂环等，一元酚、苯胺的产物通常是O-酰化产物或N-酰化产物，而得不到酮。某些电子云密度较高的芳稠环如α-萘酚，虽然是一元酚，但也可发生Hoesch反应。烷基苯、氯苯、苯等芳烃一般可与强的卤代腈类（如Cl_2CHCN、Cl_3CCN等）发生Hoesch反应。

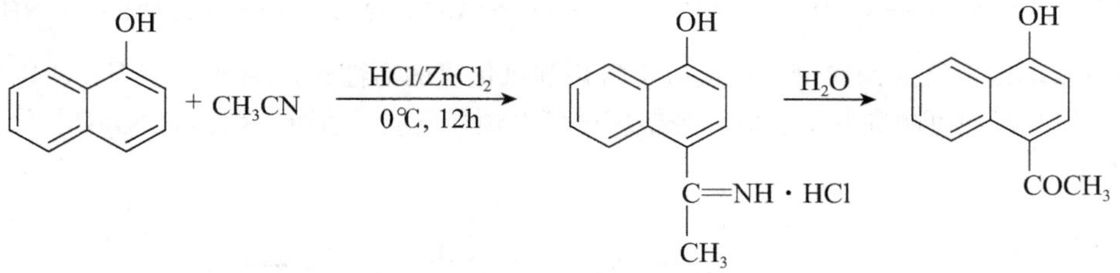

血管扩张药盐酸丁咯地尔（buflomedil hydrochloride）的合成采用4-（1-四氢吡咯烷基）丁腈与间三甲氧基苯的Hoesch反应。

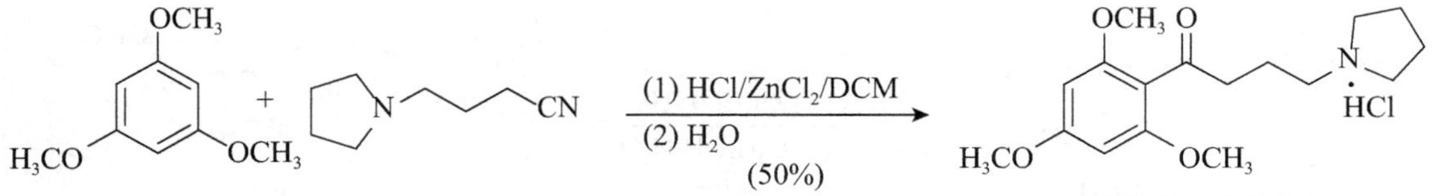

（盐酸丁咯地尔）

作为酰化剂的脂肪族腈类化合物的活性强于芳腈，反应收率较高，而脂肪族腈的结构中腈的α-位带有卤素取代时则活性增加。

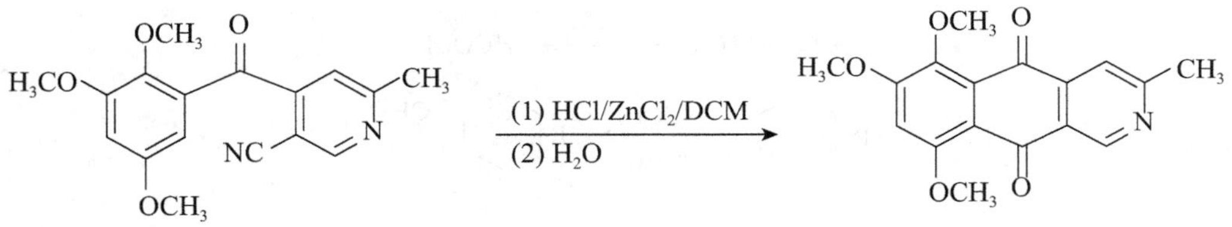

反应催化剂一般为无水$ZnCl_2$、$AlCl_3$、$FeCl_3$等Lewis酸，当采用BCl_3、BF_3为催化剂时，一元酚则可得到邻位酰化产物。反应溶剂以无水乙醚为最好，冰醋酸、三氯甲烷-乙醚、丙酮、氯苯等也可以用作溶剂。

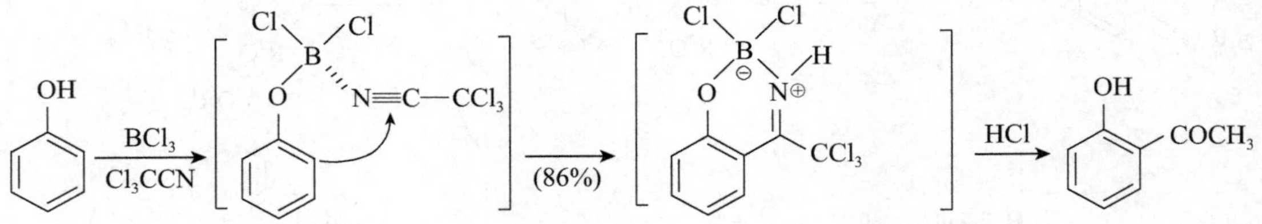

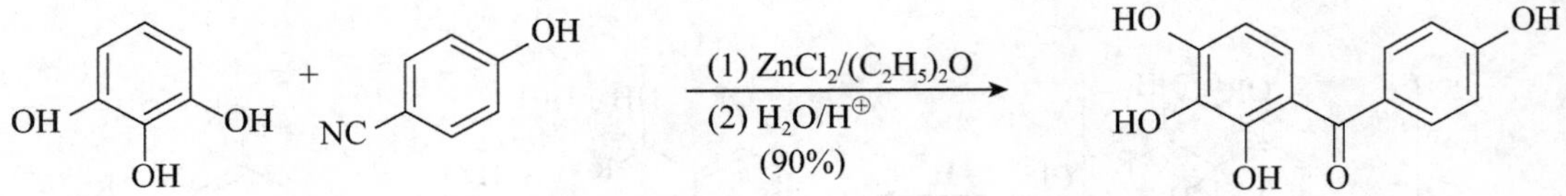

（三）Gattermann反应

以氰化氢为酰化剂，以三氯化铝和氯化氢为催化剂与酚或酚醚进行甲酰化得到芳醛的反应称为Gattermann反应，其反应机理与Hoesch反应相似，可以看作是Hoesch反应的特例。

1. 反应通式及机理

$$HCN + HCl \xrightarrow{AlCl_3} H-\overset{\overset{\large Cl}{|}}{C}=NH \xrightarrow{ArH/AlCl_3} ArCH=NH \xrightarrow{H_2O} ArCHO + NH_4Cl$$

2. 反应影响因素及应用实例 该反应中酰化剂氰化氢的活性较Hoesch反应强，所以芳环上有一个供电取代基时即可顺利发生反应，芳杂环也可以顺利反应。也可以用$Zn(CN)_2/HCl$代替毒性大的HCN/HCl。

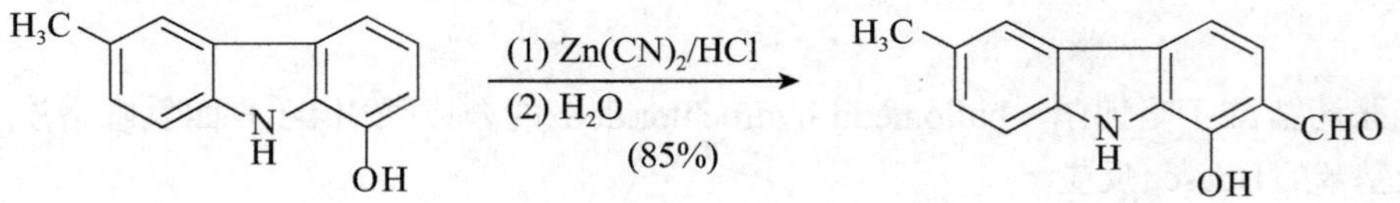

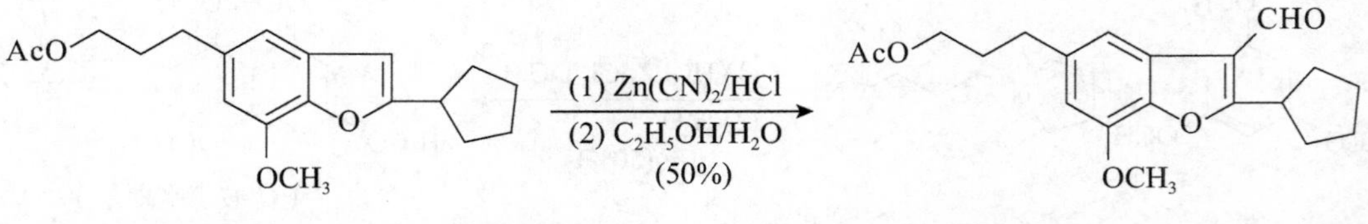

活性较低的芳环可以采用改良的Gattermann反应即Gattermann-Koch反应，反应中采用$CO/HCl/AlCl_3$为酰化剂，在氯化亚铜的存在下反应，收率较高，为工业上制备芳醛的主要方法。

$$CO + HCl \xrightarrow{Cu_2Cl_2} HCOCl$$

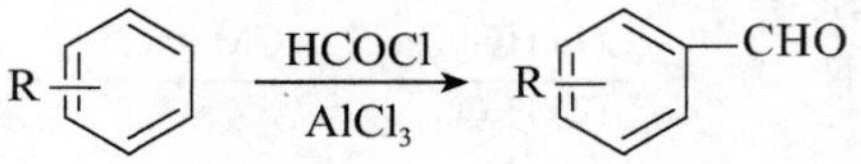

（四）Vilsmeier-Haack 反应

电子云密度较高的芳香化合物与二取代甲酰胺在三氯氧磷存在下，在芳环上引入甲酰基的反应称为 Vilsmeier-Haack 反应。

1. 反应通式及机理

（Vilsmeier 试剂）

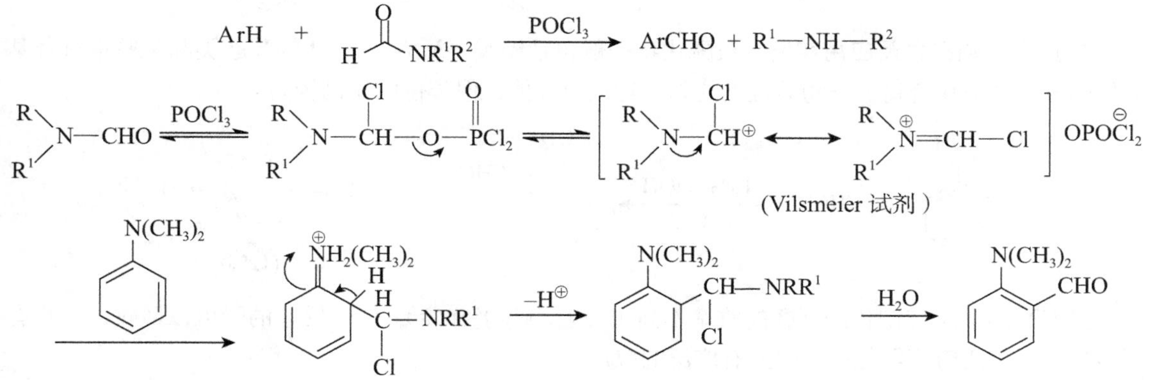

2. 反应影响因素及应用实例 该反应为芳环上的亲电取代反应，被酰化物一般为多环芳烃、酚（醚）、N,N-二甲基苯胺，以及吡咯、呋喃、噻吩、吲哚等多电子芳杂环。

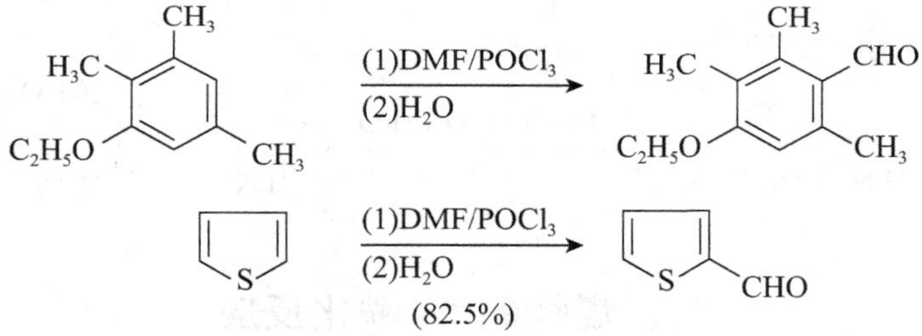

除常用的 DMF 外，其他二取代的甲酰胺也可作为酰化剂，反应如果用其他酰胺代替 DMF，则产物为芳酮。

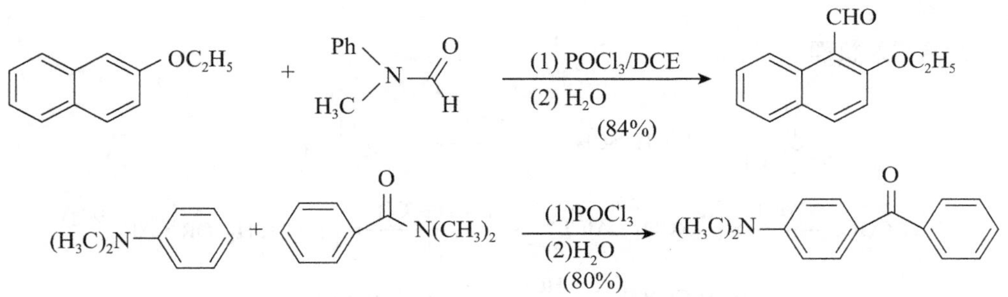

催化剂除常用的 POCl₃ 外，COCl₂、SOCl₂、ZnCl₂ 和 (COCl)₂ 等也有应用。

（五）Reimer-Tiemann 反应

苯酚和三氯甲烷在强碱性水溶液中加热，生成芳醛的反应称 Reimer-Tiemann 反应。

1. 反应通式及机理

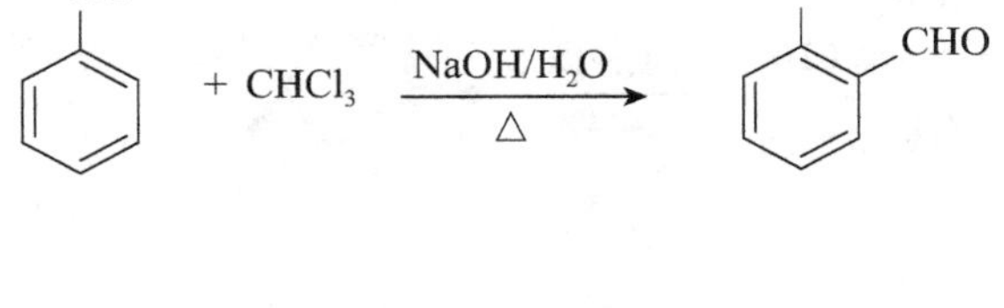

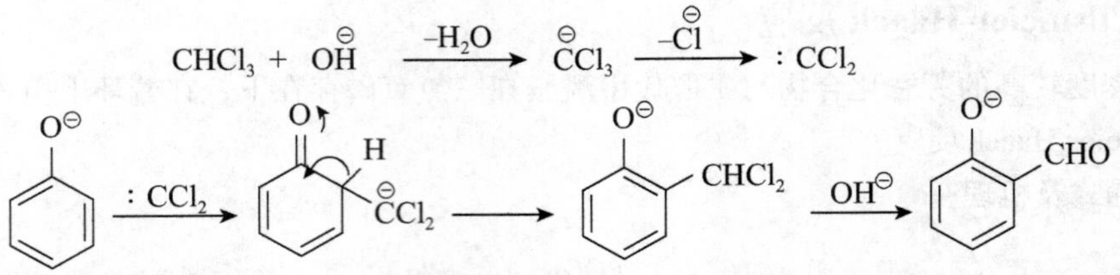

$$CHCl_3 + \overset{\ominus}{OH} \xrightarrow{-H_2O} \overset{\ominus}{CCl_3} \xrightarrow{-\overset{\ominus}{Cl}} : CCl_2$$

2. 反应影响因素及应用实例　被酰化物一般包括酚类、N, N-二取代的苯胺类和某些带有羟基取代的芳杂环类化合物，产物为羟基的邻、对位混合体，但邻位的比例较高。

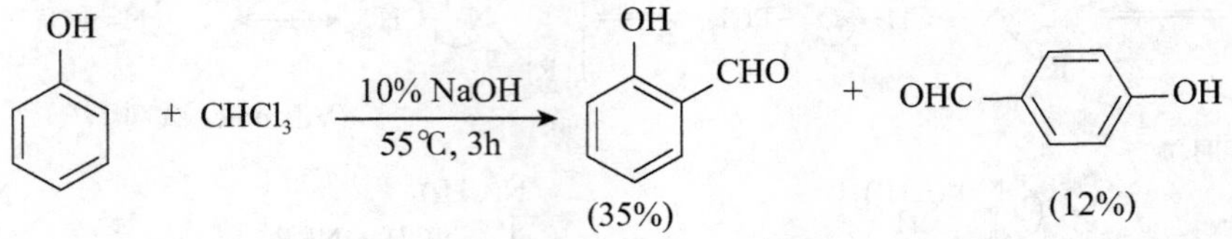

虽然采用该反应制备羟基醛的收率不高（一般均低于50%），但未反应的酚可以回收，且具有原料易得、方法简便等优势，因此有广泛的应用。

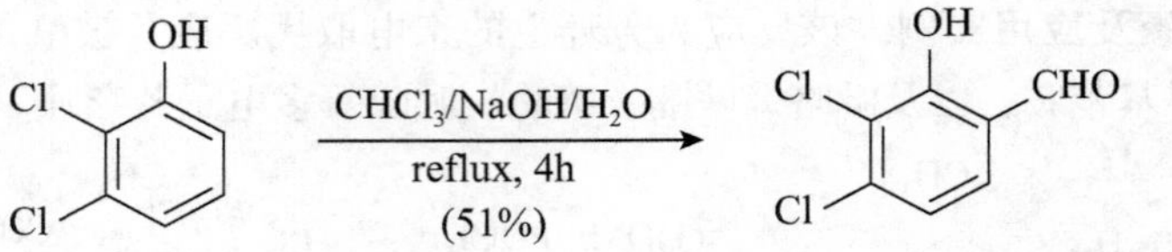

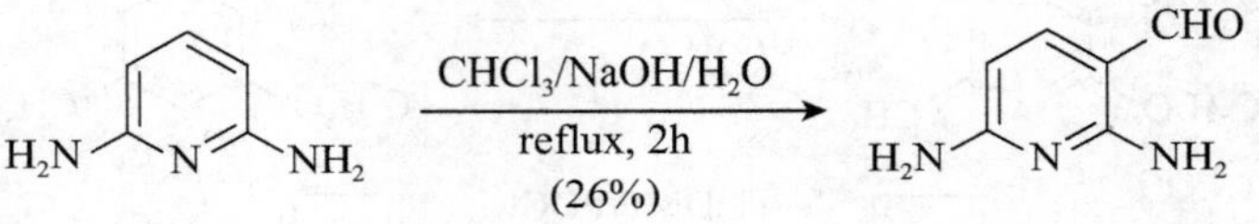

二、烯烃的 C- 酰化反应

酰氯为酰化剂的烯烃 C-酰化反应可以看作是脂肪族碳原子的Friedel-Crafts酰化反应，产物为α, β-不饱和酮。

1. 反应通式及机理

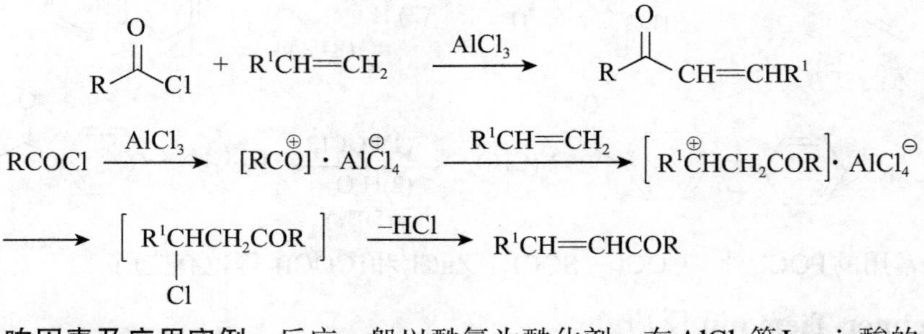

$$RCOCl \xrightarrow{AlCl_3} [R\overset{\oplus}{CO}] \cdot AlCl_4^{\ominus} \xrightarrow{R^1CH=CH_2} \left[R^1\overset{\oplus}{CH}CH_2COR \right] \cdot AlCl_4^{\ominus}$$

$$\longrightarrow \left[R^1\underset{Cl}{CH}CH_2COR \right] \xrightarrow{-HCl} R^1CH=CHCOR$$

2. 反应影响因素及应用实例　反应一般以酰氯为酰化剂，在 $AlCl_3$ 等 Lewis 酸的催化下先与烯键加成得到 β-氯代酮中间体，再消除一分子氯化氢得 C-酰化产物，反应中酰氯对烯键的加成反应符合马氏规则。

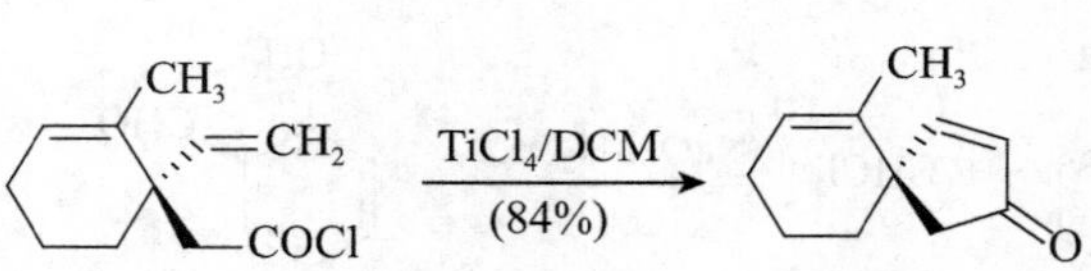

除酰氯外，酸酐、羧酸（选用HF、H_2SO_4、PPA为催化剂）等也可以用作该反应的酰化剂。

三、羰基 α- 位的 C- 酰化反应

羰基化合物α-位的氢原子由于受相邻羰基的影响而显示一定的酸性，较活泼，可与酰化剂发生C-酰化反应生成1,3-二羰基化合物。

（一）活性亚甲基 α- 位的 C- 酰化反应

1. 反应通式及机理

2. 反应影响因素及应用实例 活性亚甲基化合物包括丙二酸酯类、乙酰乙酸酯类、氰基乙酸酯类等。活性亚甲基化合物α-位的吸电能力越强，其氢原子酸性则越强，越容易发生反应，活性亚甲基化合物的酸性可以通过其pK_a值来判定，pK_a值越小，酸性越强。常见的活性亚甲基化合物pK_a值如表5-1所示。

表5-1 常见的活性亚甲基化合物 pK_a 值

化合物	pK_a值	化合物	pK_a值
$CH_2(NO_2)_2$	4.0	$CH_2(CN)_2$	12.0
$CH_2(COCH_3)_2$	8.8	$CH_2(CO_2C_2H_5)_2$	13.3
CH_3NO_2	10.2	CH_3COCH_3	20.0
$CH_3COCH_2CO_2C_2H_5$	10.7	$CH_3CO_2C_2H_5$	25.5

酰化剂包括羧酸，以及酰氯、酸酐等羧酸衍生物。反应中一般多采用酰氯为酰化剂，羧酸在氰代磷酸二乙酯（DEPC）催化下也可用于该反应，且具有条件温和、收率高的优点。

	X	Y	收率(%)
	CN	$CO_2C_2H_5$	93.4
	H	NO_2	85.5
	CN	CN	92.8

催化剂的影响：反应中作为催化剂的碱的选择与活性亚甲基化合物的活性有关，常见的碱有 $RONa$、NaH、$NaNH_2$、$NaCPh_3$、t-BuOK 等。活性亚甲基化合物的酸性越强，可以选择相对越弱的碱。

利用该反应可以获得其他方法不易制得的 β-酮酸酯、1,3-二酮、不对称酮等化合物。加替沙星（gatifloxacin）中间体的合成即采用该方法。

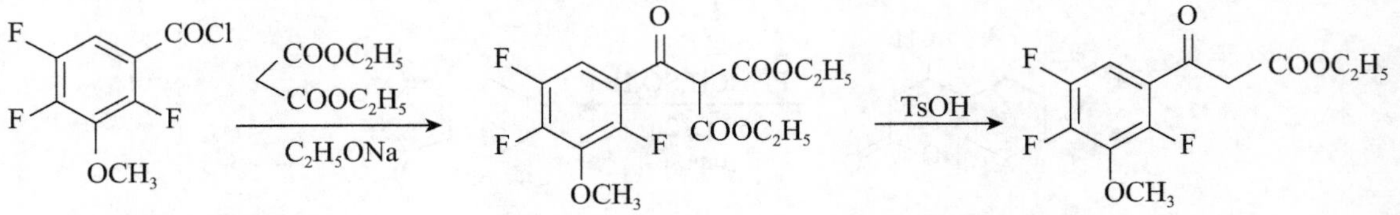

抗肿瘤辅助治疗药尼替西农（nitisinone）采用4-三氟甲基-2-硝基苯甲酰氯为酰化剂，与1,3-环己二酮在碱性条件下发生 C-酰化反应制得。

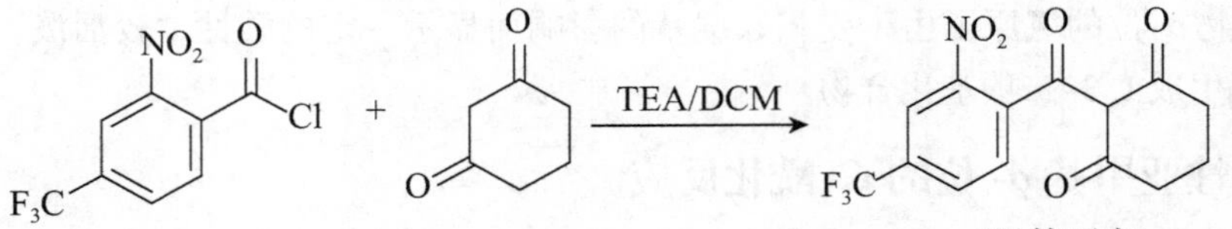

（尼替西农）

（二）Claisen 反应和 Dieckmann 反应

羧酸酯与另一分子具有 α-活泼氢的酯进行缩合得到 β-酮酸酯的反应称为Claisen反应，亦称Claisen缩合，Dieckmann反应为发生在同一分子内的Claisen反应。

1. 反应通式及机理

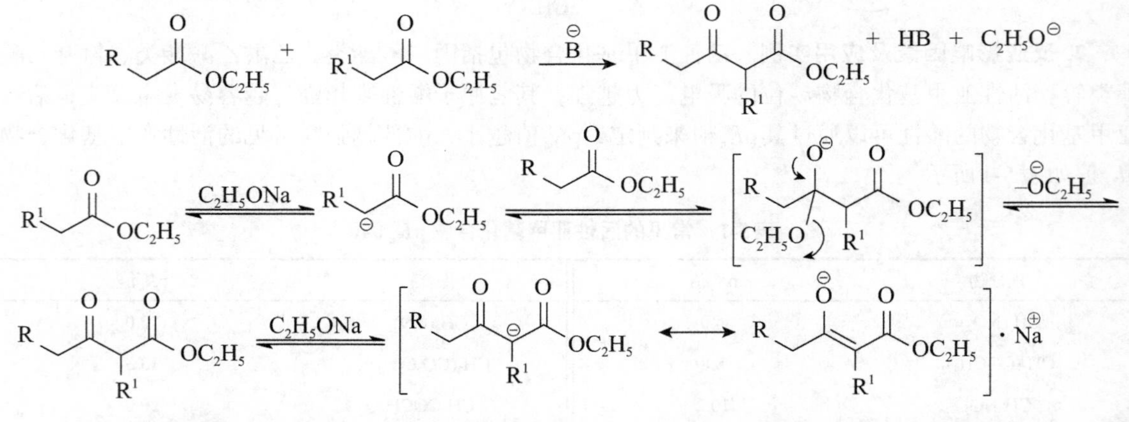

2. 反应影响因素及应用实例　Claisen反应为可逆平衡反应，当催化剂的用量在等摩尔以上时，可使产物全部转化为稳定的 β-酮酸酯，使反应平衡右移。

两种含 α-活泼氢的酯进行缩合时，理论上应该有4种产物生成，缺乏实用价值。相同酯之间的Claisen反应产物单一，有实用价值。例如，利用乙酸乙酯的自身Claisen反应可以制备乙酰乙酸乙酯。

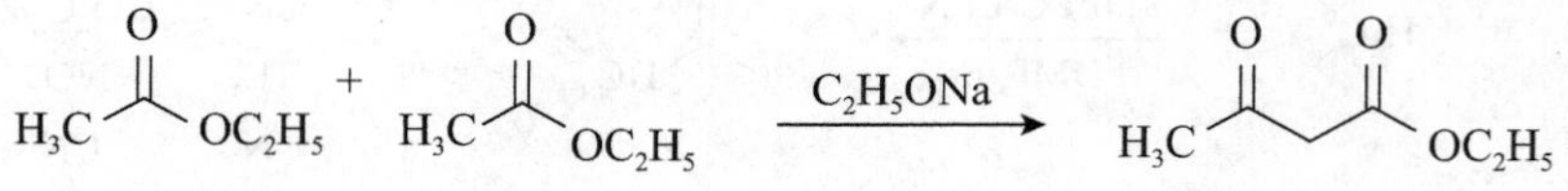

甲酸酯、苯甲酸酯、草酸酯及碳酸酯等不含 α-活泼氢的酯与另外一分子的含 α-活泼氢的酯进行Claisen反应时，通过适当控制反应条件可以得到单一的产物。

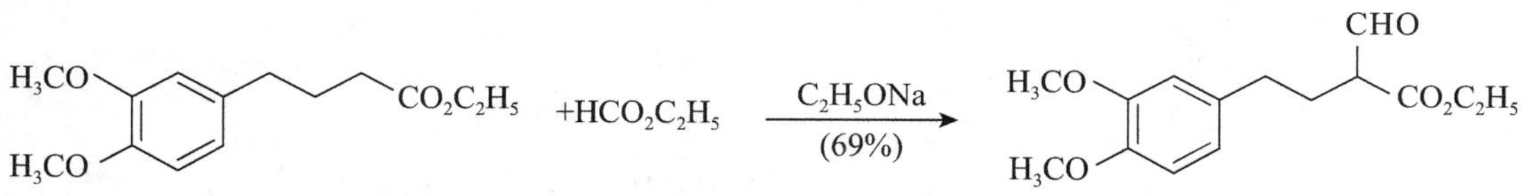

若两个酯羰基在同一分子内，可以发生分子内的Claisen反应，得到单一的环状 β-酮酸酯，此反应称为Dieckmann反应。

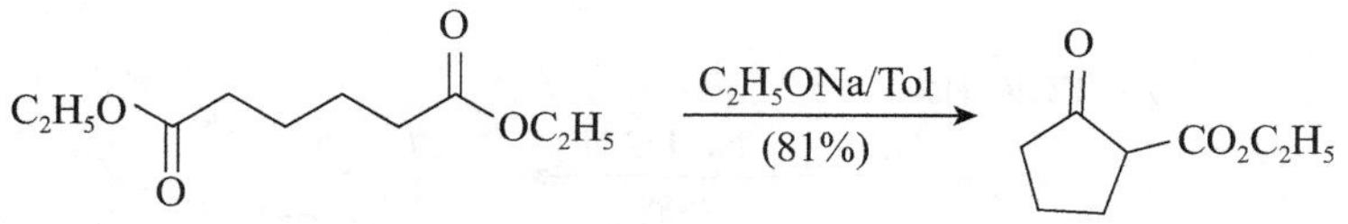

反应常见的碱有醇钠、氨基钠、氢化钠和三苯甲基钠等，反应溶剂一般采用乙醚、四氢呋喃、乙二醇二甲醚、芳烃、煤油、DMSO和DMF等非质子溶剂。

（三）酮、腈 α-位的 C-酰化反应

与Claisen反应类似，酮羰基 α-位和腈基 α-位均可以与羧酸酯发生 C-酰化反应，反应产物为 β-二酮或 β-羰基腈。

1. 反应通式及机理

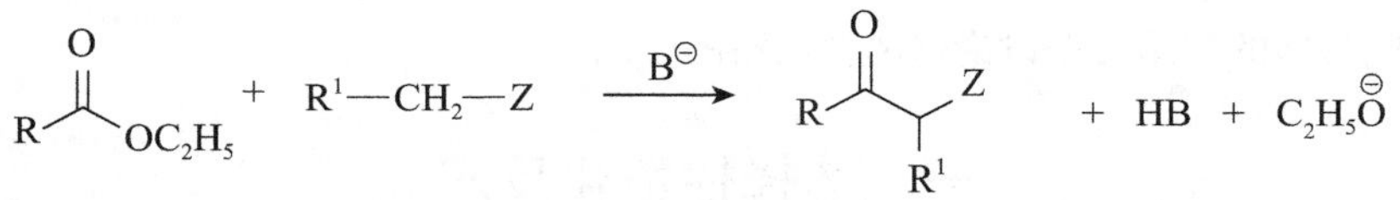

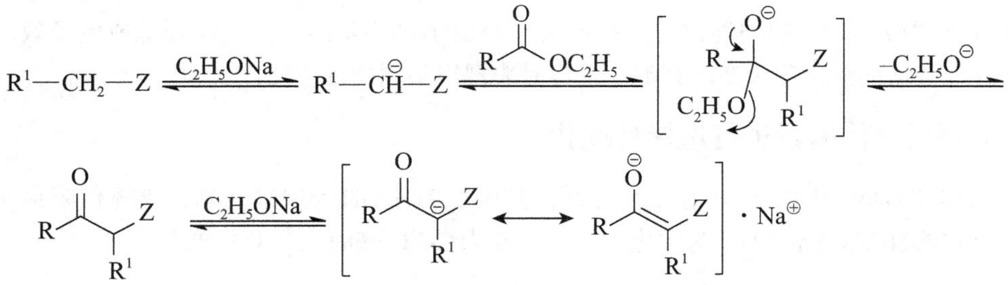

2. 反应影响因素及应用实例 不对称酮进行反应时，一般情况下酮的 α-位活性顺序为 $CH_3CO—>RCH_2CO—>R_2CHCO—$，即甲基酮优先被酰化。

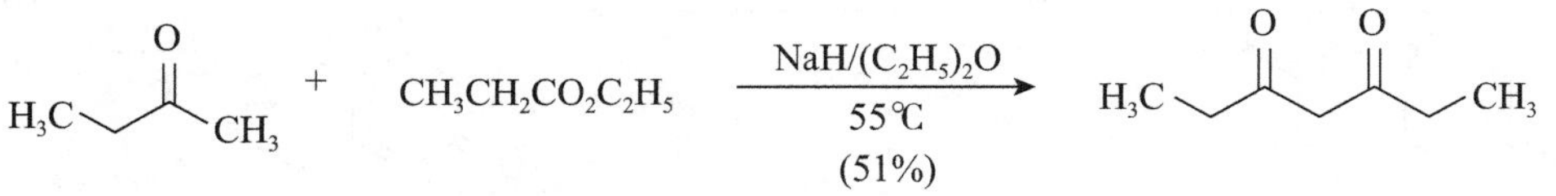

酮与含 α-活泼氢酯反应时，由于酮的 α-活泼氢酸性较强，容易与碱作用形成碳负离子，所以反应趋于发生酮羰基 α-位 C-酰化反应。不含 α-活泼氢的酯为酰化剂时，副产物少，产物较单纯。

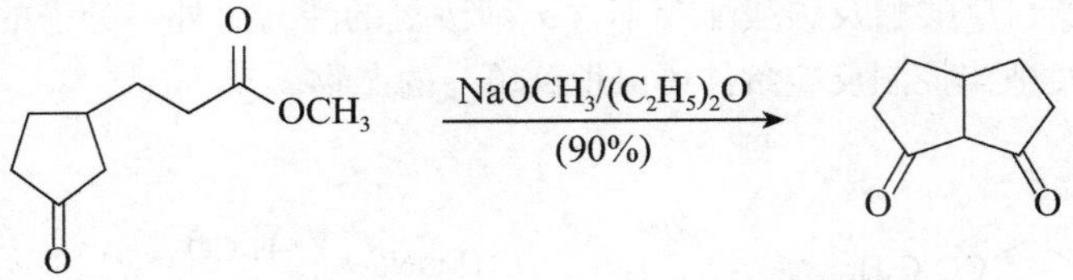

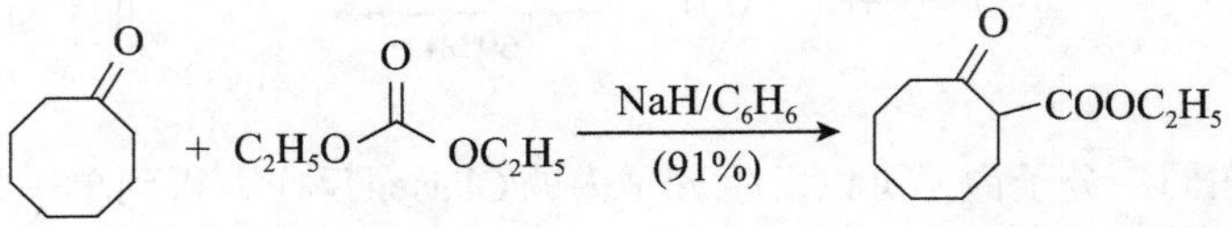

腈类化合物与酮一样，其 *α*- 位也可以与酯发生 *C*-酰化反应。

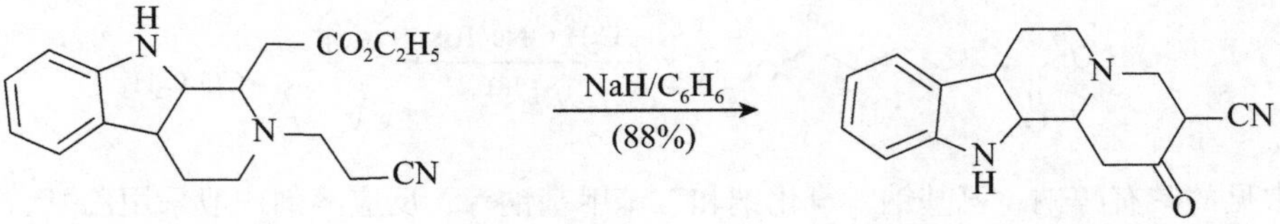

第五节　选择性酰化与基团保护

　　某些化合物的结构中存在着两个或两个以上可酰化的部位（基团），如果只需要酰化其中的部分基团，一般可采取两种方式：①利用基团间立体位阻或电子效应的差别，通过选择合适的酰化剂进行选择性酰化；②采用基团保护策略，将其中的部分基团先行保护起来，再进行酰化反应。本节将通过一些具体的应用实例讨论这两种策略的应用。

一、选择性酰化反应

　　在相同基团或不同基团间能进行选择性酰化是由于这些基团存在立体环境或电子效应方面的差异，因此与合适的酰化剂（亲电试剂）反应时表现出不同的反应活性。

（一）利用立体因素进行选择性酰化

　　下例甾体化合物中同时存在着多个羟基，其中C-21—OH为伯醇羟基，立体位阻最小，因此当选择较温和的 HOAc/Ba(OAc)$_2$ 为酰化剂时，主要为C-21—OH乙酰化的产物。

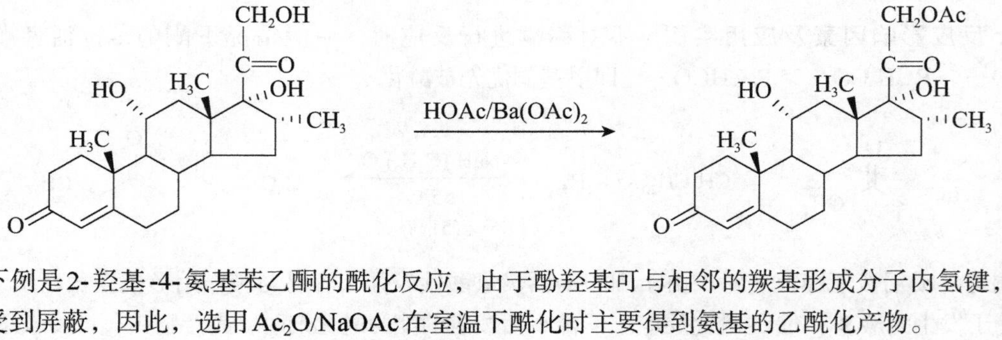

　　下例是2-羟基-4-氨基苯乙酮的酰化反应，由于酚羟基可与相邻的羰基形成分子内氢键，使该羟基受到屏蔽，因此，选用 Ac$_2$O/NaOAc 在室温下酰化时主要得到氨基的乙酰化产物。

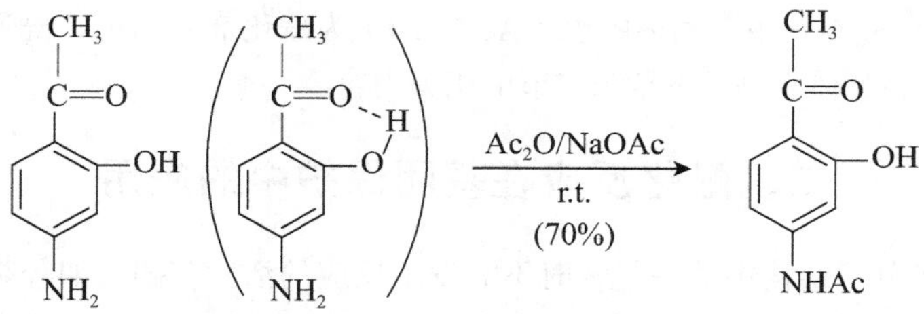

（二）利用电子效应进行选择性酰化

同一分子中若同时存在氨基、羟基，由于羟基氧原子的亲核能力较氨基的氮原子弱，酰化时一般优先酰化氨基的氮原子。

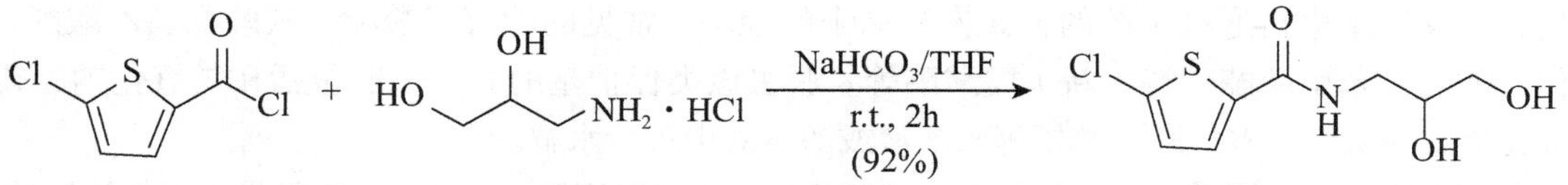

下例中苯环的2-位氨基由于受吸电子的磺酸基影响，其电子云密度较5-位氨基更低，所以酰化反应主要发生在5-位的氨基上。

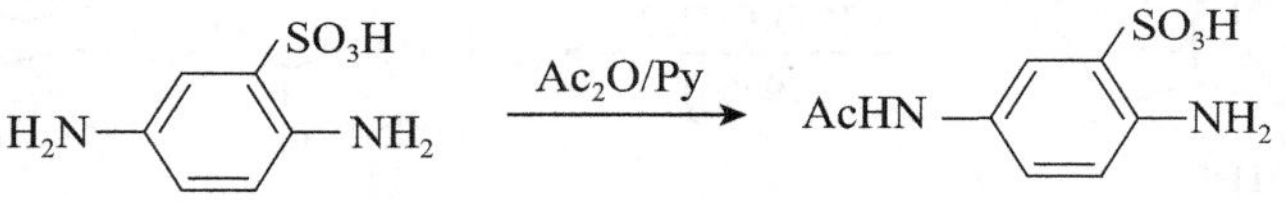

酰胺的氮原子受到吸电羰基的影响，其电子云密度较低，一般不容易发生酰化反应。

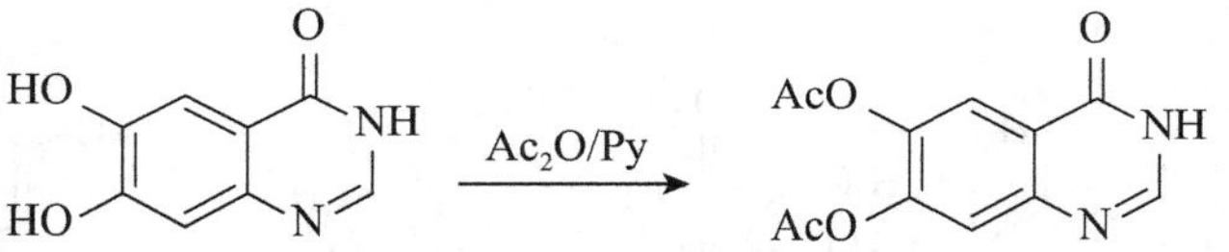

反应温度也会影响酰化的选择性，在下例中，相同的酰化剂，在低温下反应以酚羟基的O-酰化产物为主；如在室温下反应，则会得到O-酰化和C-酰化的混合物。

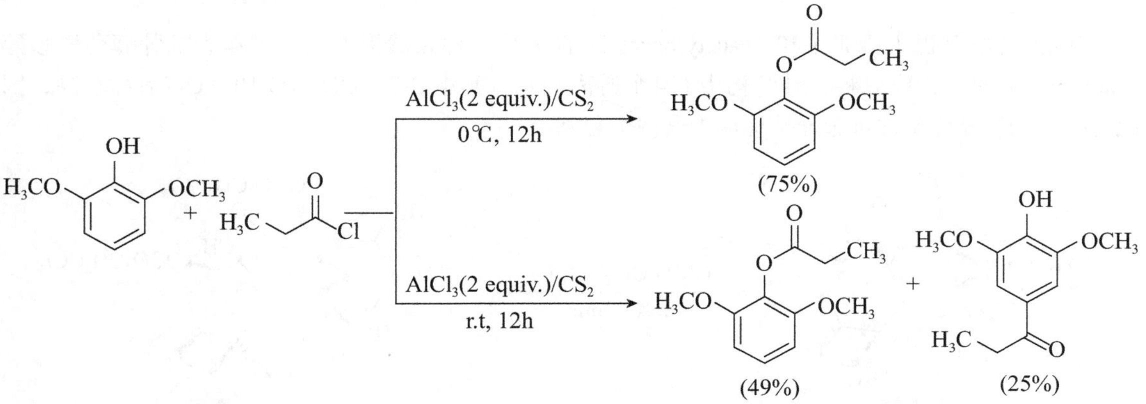

分子中同时有酚羟基和醇羟基时，醇羟基的亲核性大于酚羟基，一般情况下醇羟基优先酰化。

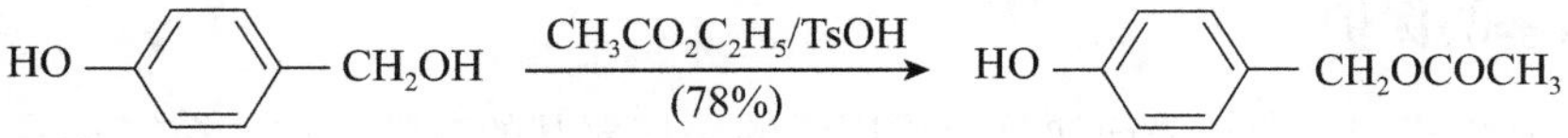

当以3-乙酰基-1, 5, 5-三甲基乙内酰脲（Ac-TMH）为酰化剂时则正好得到相反的结果，主要为酚羟基的酰化产物，具体实例见本章第二节的相关内容。

二、酰化反应在基团保护中的应用

基团保护是指将分子结构中的一些暂时不需发生反应的活性基团（如羟基、氨基、巯基、羰基、羧基和活泼C—H键等）加以"屏蔽"，使之不受后续反应的影响，待反应结束后再恢复原来的基团。在本节主要讨论酰化反应在羟基、氨基保护中的应用。

（一）羟基的保护

酯结构具有一定的稳定性，且容易制备，因此可以通过将其转化成适当的羧酸酯的方法加以保护，待反应结束再通过水解的方式恢复原来的羟基。常见的酯有甲酸酯、碳酸酯、乙酸酯、α-卤代乙酸酯、苯甲酸酯、特（新）戊酸酯等。脱去该类保护基的方法一般包括在氢氧化钠、碳酸钾等无机碱或氨水、有机胺、醇钠等水溶液或醇溶液中进行水解。

下例甾体化合物的反应中，由于C-3α羟基位阻最小，采用氯甲酸乙酯可选择性地保护该羟基。

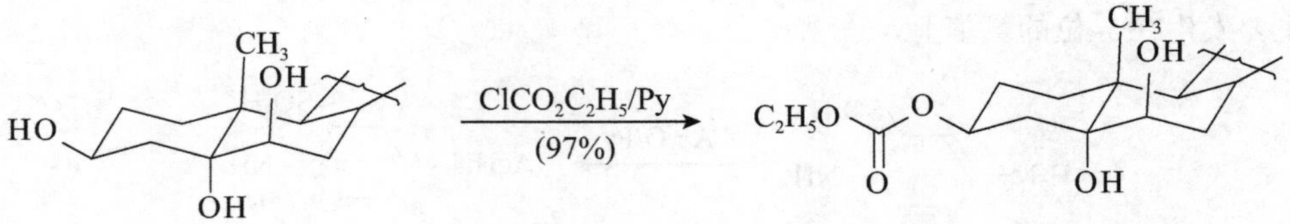

胸腺嘧啶核苷的5′-位伯醇羟基活性较大，可以用特戊酰氯-吡啶选择性地保护。

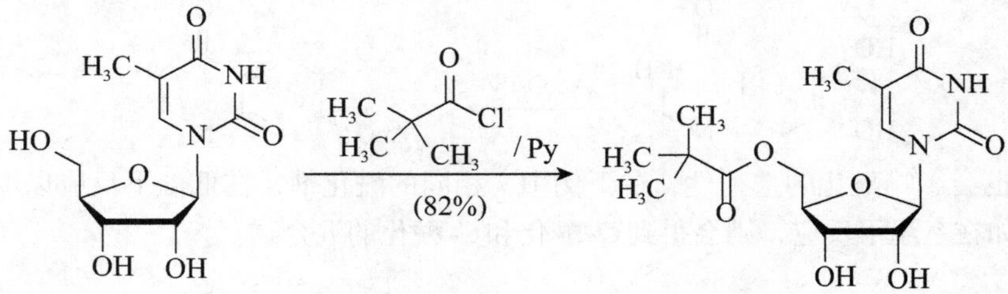

10-去乙酰基巴卡亭Ⅲ（10-deacetylbaccatin Ⅲ）是一种天然提取物，可作为抗肿瘤药紫杉醇（paclitaxel）的半合成原料，其结构中有4个游离羟基，其中C-7—OH和C-10—OH活性较高，因此选择适当的酰化条件可选择性地保护这两个羟基。

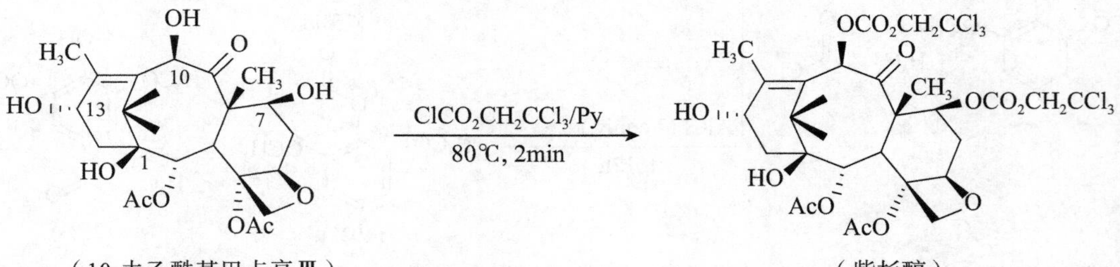

（10-去乙酰基巴卡亭Ⅲ）　　　　（紫杉醇）

（二）氨基的保护

将胺转变成酰胺是一个较为简便且应用广泛的保护氨基的有效方法，在氨基酸、肽类、核苷和生物碱等活性化合物的合成中，氨基的保护尤为普遍。通常作为氨基保护基的N-酰胺包括甲酰胺、乙酰胺、α-卤代乙酰胺、苯甲酰胺和烃氧基甲酰胺等。脱去这些保护基的传统方法是通过在强酸性或碱性溶液中加热来实现保护基的脱除。一些对强酸、强碱较敏感的化合物不宜采用这种方法脱保护，近年来发现了一些诸如肼解法、还原法、氧化法等较为温和的脱保护基方法。

甲酸、甲乙酐、甲酸乙酯和原甲酸三乙酯都是常用的保护氨基的甲酰化试剂，甲酰基可用传统的酸或碱水解的方法方便地除去，也可采用 H_2O_2 氧化法将甲酰基转化成 CO_2 而去除。

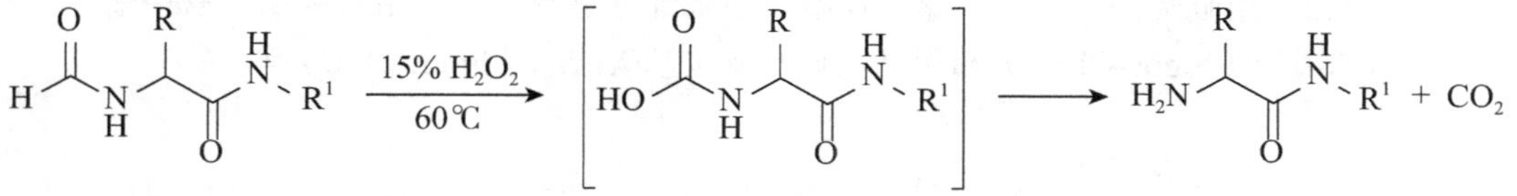

乙酰胺较甲酰胺更为稳定，也是常见的氨基保护基，如采用丙二酸二乙酯法制备α-氨基酸的反应中采用乙酰基作为氨基的保护基。

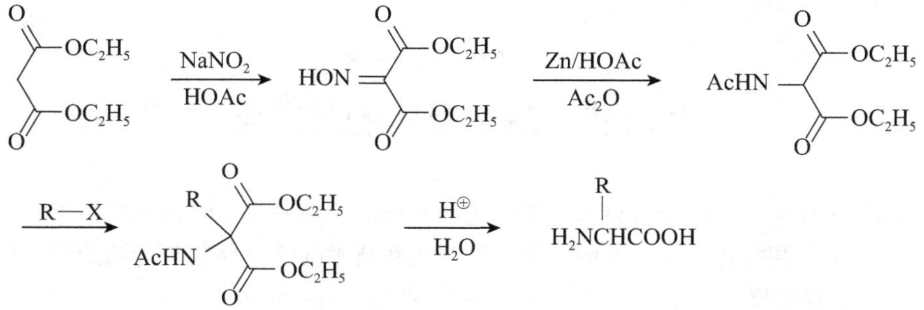

α-单卤代乙酰胺也是一个常用的氨基保护基，它较乙酰基更容易水解脱除，也可在硫脲中方便地脱去，脱除条件较为温和，适用于肽类等化合物的制备。邻苯二胺也有这种"助脱"作用，在碱性环境中可方便地脱去α-单卤代乙酰基。

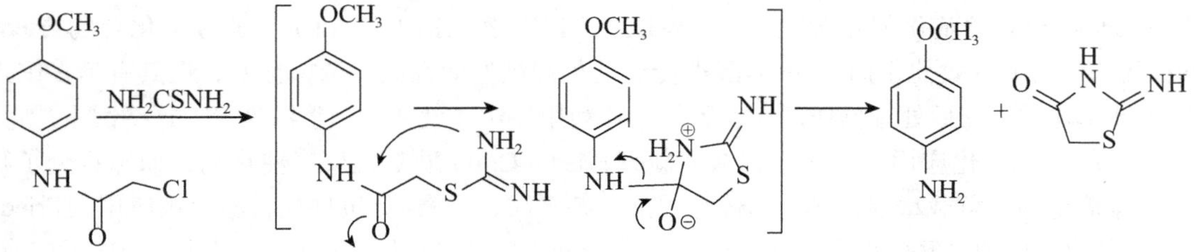

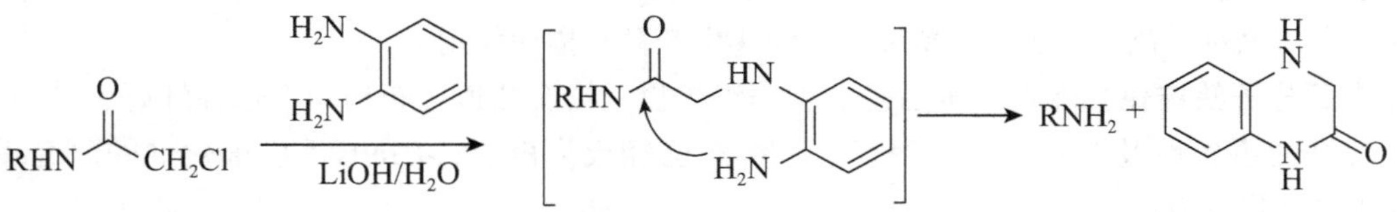

氨基的烃氧基甲酰化是近年发展起来的一类重要的氨基保护方法，特别是在肽类、半合成抗生素类药物的合成中广泛使用，具有添加保护基团反应收率高、产物稳定性好、脱保护条件温和等优势。常用的烃氧基甲酰化试剂有氯甲酸甲酯（乙酯）、氯甲酸苄酯（CbzCl）、碳酸酐二叔丁酯[(t-Boc)$_2$O]和氯甲酸-9-芴基甲酯（Fmoc-Cl）。

碳酸酐二叔丁酯[(t-Boc)$_2$O]反应活性高，能与氨基酸或肽迅速反应，生成高收率的叔丁氧羰基保护的产物，且对各类亲核试剂稳定，对于氨解、碱分解、肼解条件等比较稳定。脱除保护基可以在盐酸或三氟乙酸中进行，室温下即可完成脱保护。

通过将氨基转化为9-芴甲氧甲酰胺来保护氨基也是重要的氨基保护方法，特点是对酸稳定，其脱除反应一般选用吡啶、吗啉或哌嗪等较温和的条件分解脱除。常用的9-芴甲氧甲酰化制剂有氯甲酸-9-芴基甲酯（Fmoc-Cl）、9-芴甲基琥珀酰亚胺基碳酸酯（Fmoc-OSu）等。

(Fmoc-OSu)

第六节　酰化反应的新进展

随着有机合成技术、有机新材料和有机催化等领域的飞速发展，酰化反应中不断涌现出许多新的酰化剂、催化剂和酰化方法。这些应用新试剂或新技术的酰化反应与传统的酰化反应相比具有反应收率高、选择性好、节能环保等优点，是对经典酰化反应的有益补充。

一、Friedel-Crafts 酰基化反应的新进展

Friedel-Crafts 酰基化反应在精细化学品和药物（中间体）工业生产过程中的应用非常广泛。经典的 Friedel-Crafts 酰基化催化剂主要是 Lewis 酸，其中卤化铝（如 AlCl₃）是芳香化合物 Friedel-Crafts 酰基化的最有效催化剂，Lewis 酸类传统催化剂虽然活性高、选择性好，但其有诸多缺点，如催化剂单耗过大、后处理操作复杂、无法循环利用、对环境造成严重污染等，这些因素严重阻碍了该反应的工业化应用。近年来，众多新型 Friedel-Crafts 酰基化反应催化剂，如沸石分子筛、离子液体催化剂、负载型催化剂、固体超强酸、杂多酸、金属-有机框架材料等被应用到 Friedel-Crafts 酰基化反应中，并取得了良好效果，使得 Friedel-Crafts 酰基化反应这一经典的合成反应焕发了新的活力，也对绿色、经济、可持续的工业化生产具有推动作用。

1. 沸石分子筛催化　沸石分子筛是一类硅铝酸盐，具有孔道分布均匀、选择性好、易与产物分离、良好的再生性及对环境友好等优点。沸石已经成为 Friedel-Crafts 反应催化剂的研究重点，成功用于酰基化反应。

2. 离子液体催化　离子液体，即在室温或室温附近温度（＜100℃）下呈液态、完全由离子构成的物质，离子液体具有以下优点：①稳定、不易燃、不挥发；②溶解度大、溶解范围广；③无色无味、没有显著的蒸气压、对环境友好、符合绿色环保要求；④反应表现出Brønsted和Lewis酸性。其在Friedel-Crafts反应中的广泛应用符合绿色化学的要求，是近年来Friedel-Crafts反应的发展趋势之一。在下述Friedel-Crafts酰化反应中应用咪唑类离子液体催化，在温和的条件下使反应达到高收率和高选择性。

3. 超声辅助下的Friedel-Crafts酰基化反应　超声波作为一种新的能量形式，用于化学反应不仅使很多以往不能进行或难以进行的反应得以顺利进行，而且它作为一种方便、迅速、有效、安全的合成技术，大大优越于传统的搅拌和外加热方法。例如，在超声波催化下，以负载三氟甲基磺酸锌的聚醚砜微胶囊（polyethersulfone–microcapsule，PES-MC）为催化剂，利用超声波对催化剂的可控释放和其空化作用（cavitational effect），实现了二苯醚与乙酰溴Friedel-Crafts酰基化反应的高收率、高选择性，反应可在温和条件下于短时间内完成，催化剂可循环使用多次。

4. 杂多酸催化　杂多酸（heteropolyacid，HPA）是一类由氧原子桥联金属原子所形成的多核高分子化合物，具有强Brønsted酸性、氧化性及"假液相"特性。如果将杂多酸固载到各种多孔载体上，如二氧化硅、二氧化钛、活性炭及分子筛等，固载后的杂多酸不仅具有良好的热稳定性，还可以增加杂多酸的比表面积，提高其催化活性且可以回收套用。将其应用于Friedel-Crafts酰基化反应，由于杂多酸具有极强的Brønsted酸性，使酰化剂羧酸或酸酐更容易质子化，因而具有极好的催化性。例如，苯甲醚和正己酸的Friedel-Crafts酰基化反应采用以分子筛固载化的磷钨酸为催化剂，反应选择性可达100%，收率达89%。

二、胺的 N- 甲酰化反应新进展

胺的N-甲酰化反应产物为甲酰胺，是一类在有机合成中极为重要的中间体，也是重要的药效团。例如，亚叶酸、福莫特罗和奥利司他等多种药物的结构中均含有相应的甲酰胺官能团。近年来，通过胺类 *N*-甲酰化直接获得甲酰胺的反应因具有高原子经济性，已经引起人们的广泛关注。甲醇、甲酸、甲醛、一氧化碳或二氧化碳作为甲酰化试剂在各类 *N*-甲酰化中被广泛使用。

1. 甲醇为碳源的 *N*-甲酰化反应　甲醇作为最基本的化学物质之一，可以从再生资源和大气中的二氧化碳中获得，也是一种理想的绿色化学试剂，它可以转化成甲醛、乙酸和烯烃等，也是重要的甲酰化试剂。近年来，有多项研究工作利用甲醇为甲酰化试剂，在金属配合物类脱氢催化剂存在的条件下，直接发生 *N*-甲酰化反应，虽然在此类反应中也使用了催化量的贵重金属催化剂，但反应具有较好的原子经济性和环境安全性，因此具有较强的实用性。

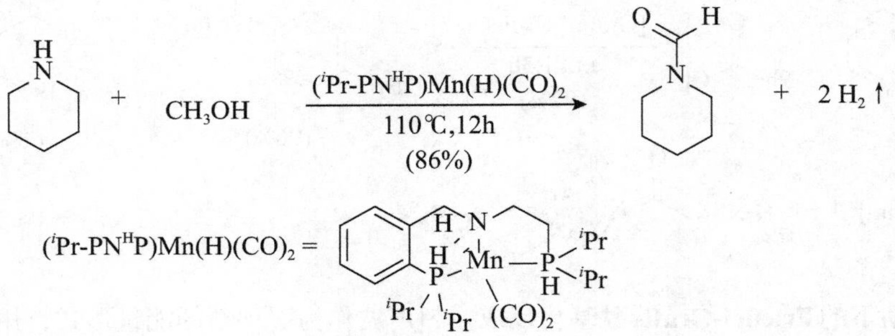

2. 甲酸为碳源的 *N*-甲酰化反应　以甲酸为 *N*-甲酰化试剂，直接 *N*-甲酰化胺是合成甲酰胺最简便、经济和有效的方法之一。研究表明，多种过渡金属及其盐、金属氧化物、金属纳米配合物等能够有效催化胺的 *N*-甲酰化反应，反应收率好，可在无溶剂条件下进行，一些反应的催化剂具有无毒、可重复使用、易于操作等特点，符合绿色化学的工艺要求。

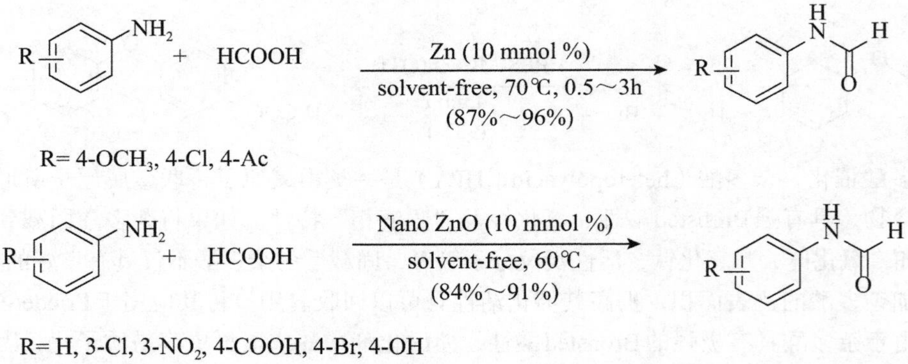

3. CO 为碳源的 *N*-甲酰化反应　以 CO 为一个碳单元对胺进行 *N*-甲酰化反应，可实现反应物中每个原子都保留在产物中，具有最好的原子经济性。因此，CO 是最有效的 *N*-甲酰化试剂。一些无机碱和过金属、金属氧化物、纳米金属配合物等能够有效地催化胺的 *N*-甲酰化反应。例如，CO 在一种高效、高选择性的双金属 $Pd_{0.88}Co_{0.12}$ 纳米颗粒催化剂存在下直接进行 *N*-甲酰化，在温和的反应条件下高收率获得甲酰胺。

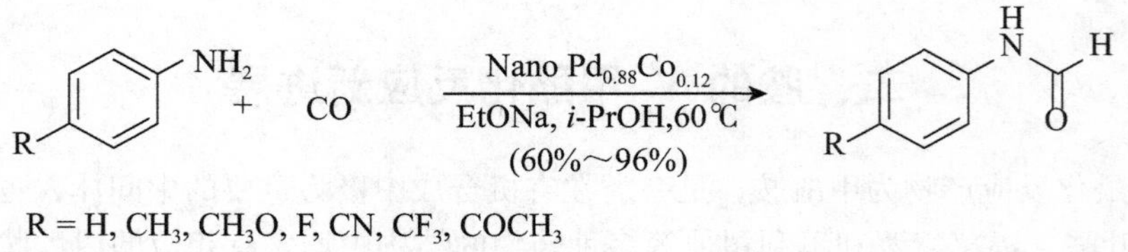

4. CO₂为碳源的 *N*- 甲酰化反应　由于CO_2是无毒、无味、来源丰富且可再生的一个碳原子的构建模块，是易于获得且对环境无害的原料，从绿色和可持续化学的角度来看，将CO_2转化为可增值的重要化学品具有巨大的经济效益和社会效益。近年来，有多项研究涉及在金属配合物催化剂和还原剂存在的条件下，将CO_2作为甲酰化试剂用于制备各类甲酰胺衍生物，反应具有高选择性、高收率、高原子经济性及催化剂可循环利用等优点。

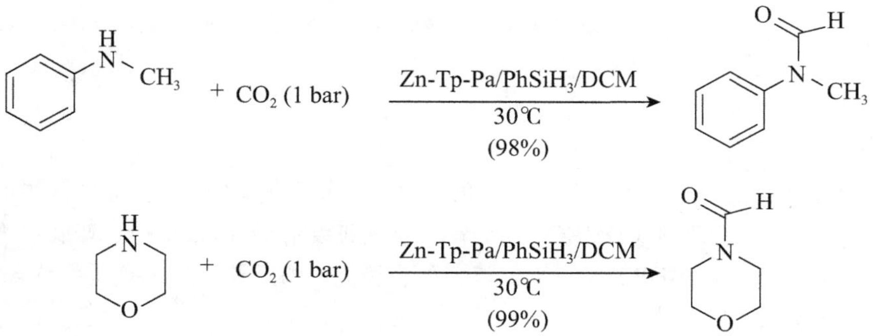

Tp=三醛基间苯三酚；Pa= 对苯二胺

另有研究报道，该反应也可以采用**ZnO-TBAB**的催化体系，反应原料来源更为便捷。

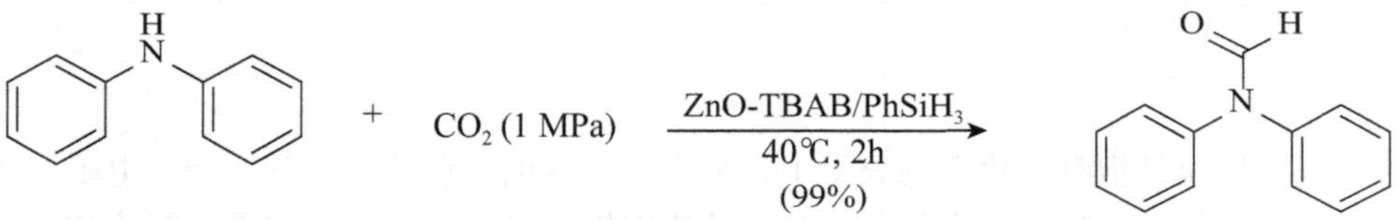

TBAB = 四丁基溴化铵

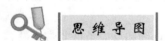

思维导图

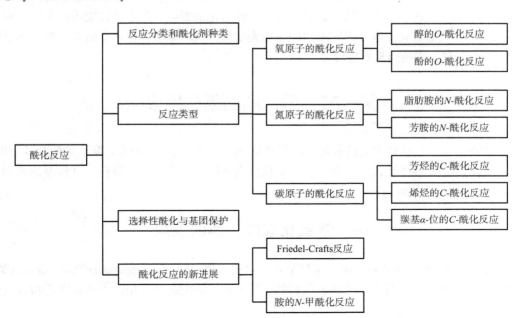

第六章 氧化反应

本章要点

掌握 常用的氧化试剂：锰化合物、铬化合物、四氧化锇（OsO_4）、硝酸铈铵（CAN）、二氧化硒（SeO_2）、二甲基亚砜（DMSO）、过氧硫酸氢钾复合盐（Oxone）、双氧水（H_2O_2）、有机过氧酸、过氧叔丁醇（TBHP）等；醇、醛、酮、烷烃、烯烃及芳烃被氧化的特点、常用氧化剂、氧化产物及氧化反应条件。

理解 主要氧化反应：Jones 氧化、Collins 氧化、Woodward 氧化、Prévost 氧化、Dess-Martin 氧化、Swern 氧化、Kornblum 氧化、Sommelet 氧化、Oppenauer 氧化和 Baeyer-Villiger 氧化等。

了解 氧化反应的概念及氧化反应类型；胺、卤化物、磺酸酯及含硫化合物的氧化特点及应用。

广义的氧化反应是指有机化合物分子中，失去电子或电子偏移，使碳原子上电子云密度降低的反应。狭义的氧化反应是指有机化合物分子结构中增加氧或失去氢，或者同时增加氧、失去氢的反应。利用氧化反应可以制备各种含氧化合物，如醇、醛、酮、羧酸、酚、酯、醌、环氧化合物、亚砜、砜、氮氧化合物和过氧化合物等；还可以制备不饱和烃、芳香化合物等只失去氢而不加氧的产物。

在药物合成反应中，氧化反应是很重要的一类反应，选择合适的氧化剂和反应条件非常关键。实际使用中，氧化剂种类繁多、特点各异，往往一种氧化剂能够氧化多种官能团；而同一种官能团也可被多种氧化剂氧化。本章以官能团的衍变为主线，从反应选择性角度出发，对氧化反应所用试剂、反应条件、影响因素等进行讨论。

第一节 醇、酚的氧化反应

在药物的合成中，选择合适的氧化剂将不同类型的醇氧化为相应的醛、酮、羧酸及其衍生物，是最常见的官能团转换反应之一。此外，酚氧化生成醌的反应在医药、染料、材料等领域具有广泛的应用。

一、醇氧化成醛、酮的反应

将醇氧化成醛或酮可以采用铬、锰类金属氧化剂，也可以应用 Oppenauer 氧化、Swern 氧化、Dess-Martin 氧化等方法。其中，金属氧化剂氧化醇生成醛或酮是最常用的方法，在药物合成中有重要应用。

（一）铬氧化剂氧化

1. 反应通式　常用的铬氧化剂有铬酸（H_2CrO_4）、三氧化铬 - 硫酸（CrO_3-H_2SO_4，Jones 试剂）、三氧化铬 - 吡啶络合物 [$CrO_3(Py)_2$，Collins 试剂]、氯铬酸吡啶鎓盐（$C_6H_5N \cdot ClCrO_3H$，PCC），它们可以将伯醇、仲醇氧化为醛和酮。反应通式如下：

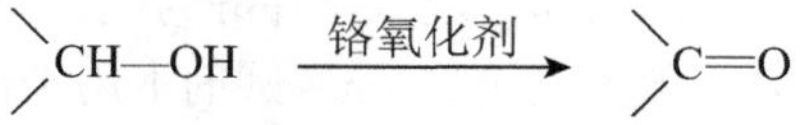

$$\text{CH—OH} \xrightarrow{\text{铬氧化剂}} \text{C=O}$$

2. 反应机理　以铬酸为例，醇和铬酸作用形成铬酸酯，随后铬酸酯发生断裂生成醛或酮。

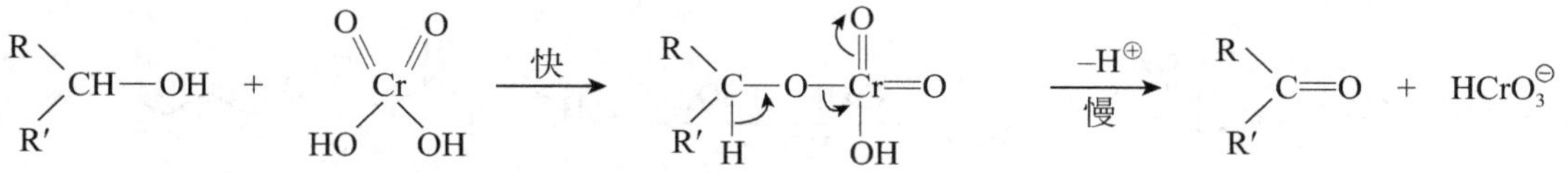

3. 反应影响因素及应用实例　一般情况下，形成铬酸酯反应快，随后发生的酯分解是控制反应速率的步骤。在环己烷系中，羟基处于直立键上比羟基处于平伏键上更易被氧化，这是由于直立键上的羟基在形成酯后的立体障碍比平伏键羟基酯大得多，而这种立体张力在酯分解生成产物（醛或酮）时能被解脱，从而加速酯的分解，故氧化反应较快。

相对氧化速率　　　　　　　3　　：　　1

在少数情况下，当羟基的空间位阻非常大时，如龙脑和异龙脑，由于受到桥甲基大的空间位阻影响，铬酸酯的形成变为控制反应速率的步骤。异龙脑中羟基处于平伏键上，形成的酯比龙脑更稳定，更容易形成，故较易被氧化。

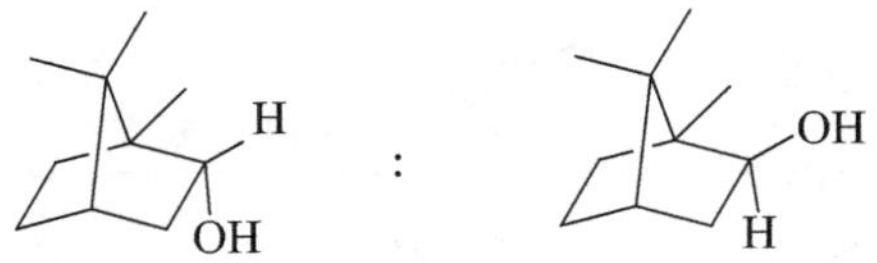

相对氧化速率　　　　　　1　　：　　2

采用铬酸（H_2CrO_4）作为氧化剂，在乙酸溶液中可以将仲醇氧化成酮。为防止产物进一步氧化，反应常在低温下进行，并加入其他有机溶剂（如乙醚、二氯甲烷或苯等）形成非均相体系。氧化生成的酮转移到有机相中，避免和水相中的氧化剂接触。此外，加入少量还原剂（如Mn^{2+}），可以除去反应生成的 Cr^{5+} 和 Cr^{4+}。由于较难控制氧化程度，一般情况下铬酸不用于伯醇氧化成醛。

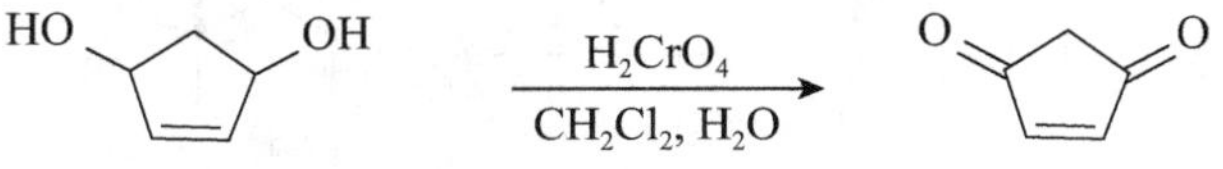

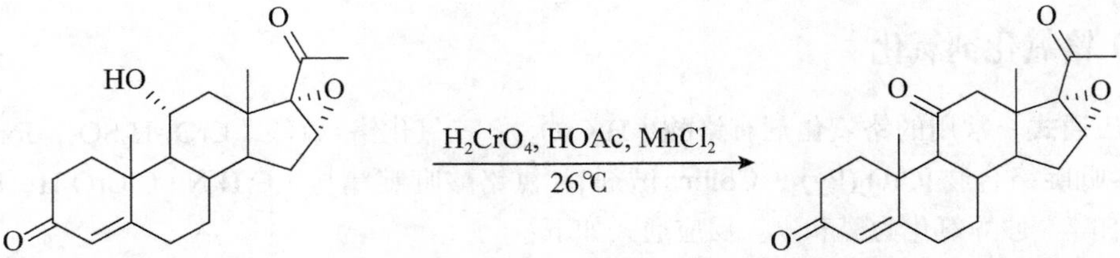

$$H_2CrO_4, HOAc, MnCl_2$$
$$26℃$$

　　三氧化铬-硫酸（Jones试剂）可以选择性地氧化仲醇为酮，而不影响其他敏感基团，如缩酮、酯、环氧基、氨基、不饱和键等。一般情况下，Jones试剂不用于伯醇氧化成醛。在抗生素拉氧头孢钠（latamoxef sodium）的制备中，采用Jones试剂氧化仲醇生成酮，而不影响结构中的内酰胺环、酰胺键和酯键，产率高达89%。

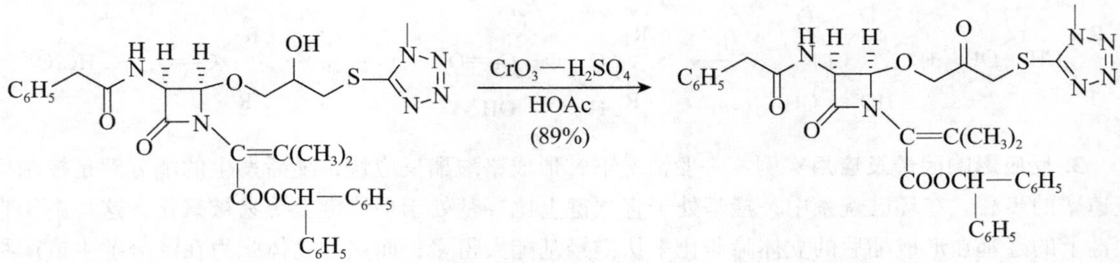

$$CrO_3—H_2SO_4$$
$$HOAc$$
$$(89\%)$$

　　Collins试剂 [CrO$_3$(Py)$_2$，三氧化铬-吡啶络合物]适合于在非水溶液中将伯醇、仲醇氧化生成醛或酮，尤其适用于对酸性敏感的醇的氧化，不会导致进一步的过氧化反应发生。Collins试剂的缺点：①性质不稳定，易吸潮，不易保存，反应需在无水条件下进行；②用量大，需用相当过量（约6倍摩尔量）的试剂才能反应完全；③配制时容易着火等。

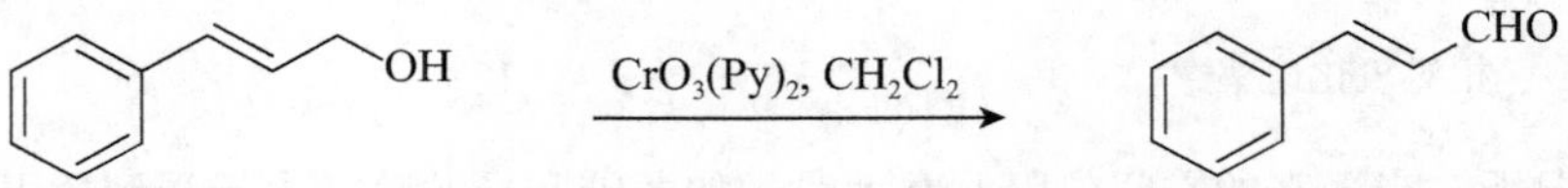

$$CrO_3(Py)_2, CH_2Cl_2$$

　　在降血脂药物氟伐他汀（fluvastatin）的合成中，采用Collins试剂可以氧化（3R, 5S）-双叔丁基二苯基硅氧基-6-羟基己酸烯丙酯，生成（3R, 5S）-双叔丁基二苯基硅氧基-6-氧代己酸烯丙酯，而不影响结构中的酯键、双键等。

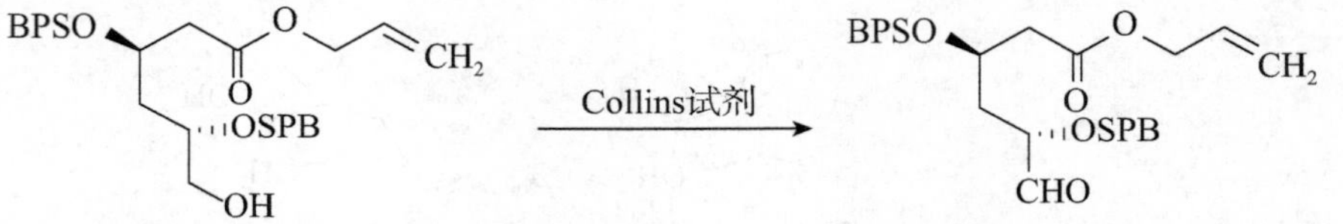

Collins试剂

　　氯铬酸吡啶鎓盐（C$_6$H$_5$N·ClCrO$_3$H，PCC）是目前使用最广泛的铬氧化剂，可以将伯醇、仲醇氧化成醛和酮，但是PCC试剂的选择性和收率不如Collins试剂。

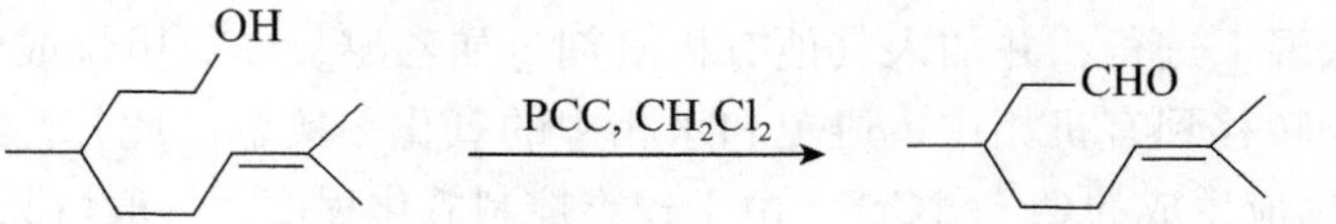

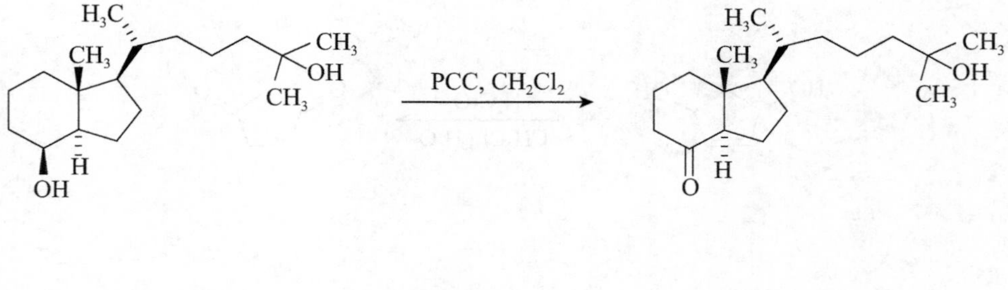

$$PCC, CH_2Cl_2$$

$$PCC, CH_2Cl_2$$

（二）锰氧化剂氧化

1. 反应通式 常用的锰氧化剂有高锰酸钾（$KMnO_4$）和二氧化锰（MnO_2），可以氧化伯醇、仲醇生成醛和酮。高锰酸钾还可以将醛进一步氧化为酸，反应通式如下：

$$\text{\textbackslash CH—OH} \xrightarrow{\text{锰氧化剂}} \text{\textbackslash C=O}$$

2. 反应机理 高锰酸钾为氧化剂时，在中性或碱性介质中，Mn^{7+}被还原为Mn^{4+}；在酸性介质中，Mn^{7+}被还原为Mn^{2+}。二氧化锰为氧化剂时，Mn^{4+}被还原为Mn^{2+}。以二氧化锰为例，氧化羟基生成羰基的反应为亲电 - 消除反应机理。

3. 反应影响因素及应用实例 高锰酸钾（$KMnO_4$）可以氧化伯醇为羧酸，氧化仲醇为酮。若氧化所生成的酮羰基α- 碳原子上含有氢，会发生烯醇化，烯醇双键进一步被高锰酸钾氧化断裂，降低酮的反应收率。若氧化所生成的酮羰基α- 碳原子上不含氢，高锰酸钾氧化仲醇，可以获得较高收率的酮。例如，高锰酸钾氧化 4- 吡啶基苯基甲醇，几乎定量地生成相应的酮。

二氧化锰（MnO_2）的氧化性能温和，选择性高。二氧化锰的活性主要取决于其制备方法和所选用溶剂。在碱存在时，高锰酸钾和硫酸锰反应，可获得高活性的含水二氧化锰。一般情况下，二氧化锰特别适合氧化烯丙醇停留在烯丙醛阶段，而不氧化伯醇、仲醇。若有氰化钠存在，产生的烯丙醛会进一步氧化成相应的羧酸。该法不仅产率高，而且在反应过程中不发生双键的氧化和顺反异构化，是α, β- 不饱和醛立体定向氧化的良好方法。

在利尿药西氯他宁（cicletanine）中间体的制备中，活性二氧化锰还可以氧化苄位羟基生成芳香醛，反应收率较高。在镇痛药物羟吗啡酮（oxymorphone）中间体的合成中，使用活性二氧化锰氧化烯丙仲醇，可以得到相应的烯丙酮。

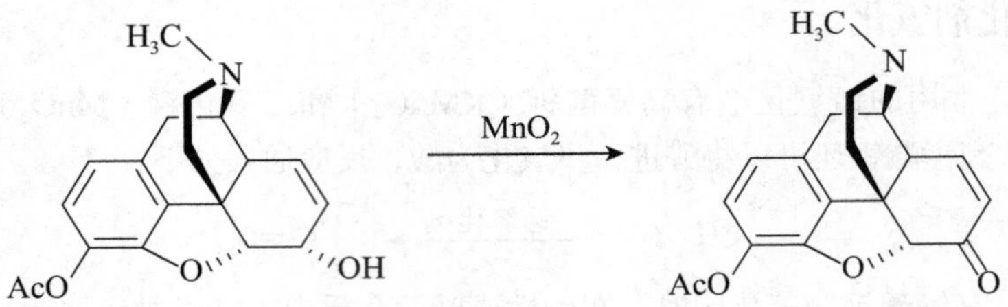

（三）Oppenauer 氧化

1. 反应通式 用丙酮或环己酮作为氧化剂，在异丙醇铝或叔丁醇铝催化作用下，可以将伯醇、仲醇氧化为醛或酮，该反应称为Oppenauer氧化法。反应通式如下：

$$>CH—OH \xrightarrow{Me_2CO,\ Al(O\text{-}^iPr)_3} >C=O$$

2. 反应机理 醇和异丙醇铝中的烷氧基发生交换；在负氢受体（丙酮）的作用下，醇脱去一个负氢，并脱离铝，生成氧化产物酮，同时丙酮转变为烷氧基与铝偶联，恢复成原来的异丙醇铝。

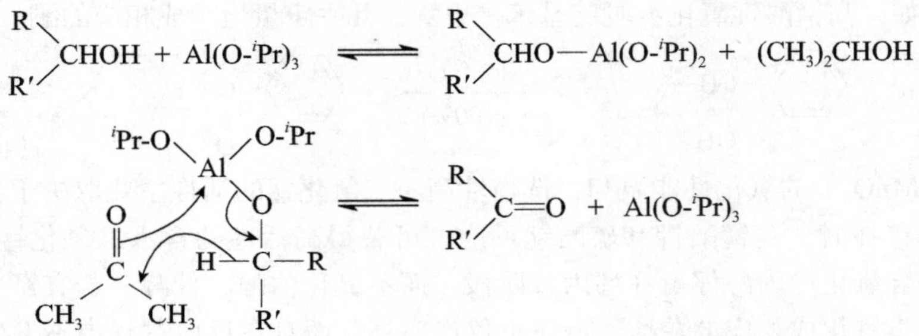

3. 反应影响因素及应用实例 Oppenauer氧化法广泛应用于甾醇的氧化，特别是仲醇的氧化，对其他基团无影响。通常情况下，β, γ-位的双键会位移到α, β-位成共轭酮。例如，在雄性激素类药物丙酸睾酮（testosterone propionate）的合成中，以去氢表雄酮为起始原料，在异丙醇铝/环己酮的作用下，氧化得到中间体雄甾-4-烯-3, 17-二酮。

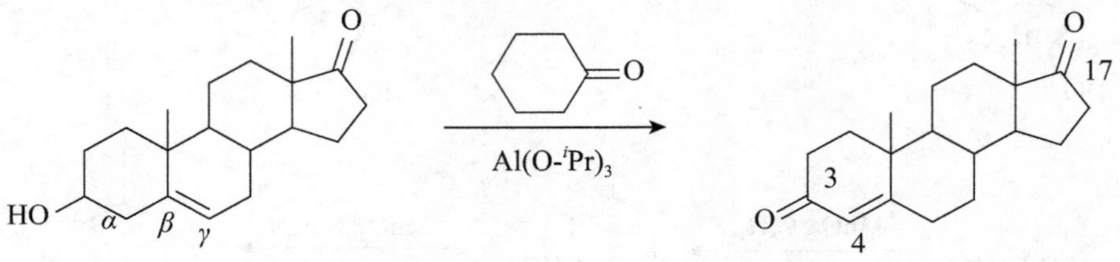

对于伯醇，一般用对苯醌代替丙酮进行氧化，避免生成的醛和氧化剂酮发生缩合反应。

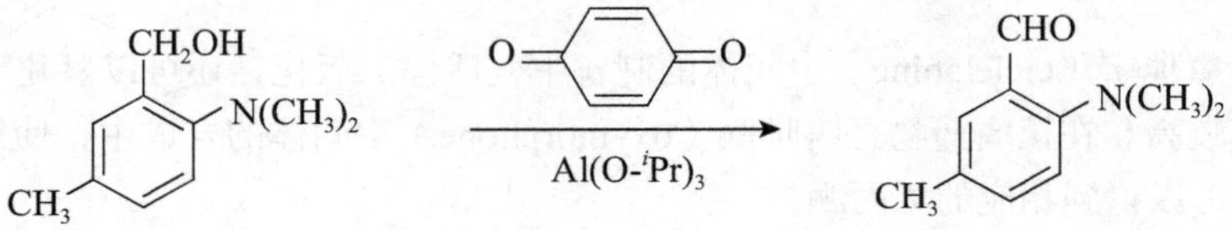

（四）DMSO 氧化

1. 反应通式 二甲基亚砜（DMSO）单独应用可以将醇氧化成醛或酮，但反应条件要求高，收率低。若加入强亲电性试剂（如二环己基碳二亚胺、乙酸酐、碳二亚胺、草酰氯、三氧化硫等），在质子供给体存在下，二甲基亚砜生成锍盐，极易和醇反应，经过烷氧基锍盐中间体生成醛或酮。该法适用于对一般氧化剂敏感化合物的氧化，如甾族、核酸、生物碱等。反应通式如下：

$$\text{CH—OH} \xrightarrow[\text{强亲电试剂}]{\text{DMSO}} \text{C=O}$$

2. 反应机理 以亲电性试剂二环己基碳二亚胺为例，二甲基亚砜氧化醇的反应属于亲核-消除反应。二甲基亚砜和二环己基碳二亚胺在质子供给体（H⁺）催化下生成活性锍盐，再和醇作用得烷氧锍盐，在碱催化下失去质子裂解得到醛或酮和二甲硫醚。

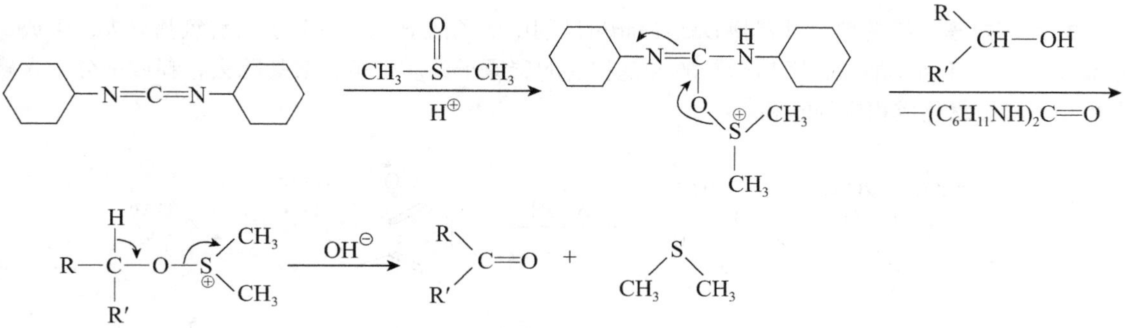

3. 反应影响因素及应用实例 在磷酸或三氟乙酸吡啶盐的作用下，二甲基亚砜-二环己基碳二亚胺（DMSO-DCC）是氧化醇的温和试剂。分子结构中的双键、酯、酰胺、叠氮、糖苷键等基团不受影响。

但该法受空间效应的影响，立体障碍大的羟基较难被氧化，如11-羟基孕甾-4-烯-3, 20-二酮结构中的11β-羟基较11α-羟基难氧化，收率明显降低。

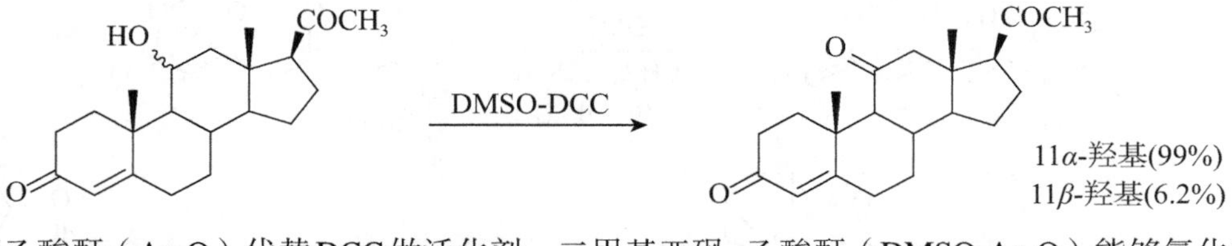

11α-羟基(99%)
11β-羟基(6.2%)

用乙酸酐（Ac₂O）代替DCC做活化剂，二甲基亚砜-乙酸酐（DMSO-Ac₂O）能够氧化选择性差、位阻大的醇，并且避免试剂毒性大、副产物难处理等缺点。

(47%)

（五）Dess-Martin 反应

1. 反应通式 Dess-Martin试剂[1, 1, 1-三(乙酰氧基)-1, 1-二氢-1, 2-苯甲氧基-3-(1H)-酮，DMP]可以将伯醇、仲醇氧化成醛或酮，该反应称为Dess-Martin氧化。该反应通常在室温下进行，

反应完成后 I^{5+} 变成 I^{3+}，后处理很简单，只需要用碳酸氢钠溶液洗去副产物即可。相比于其他氧化方法，该方法具有反应时间短、条件温和、氧化剂用量少等特点，是现代有机合成中常用的氧化反应之一。反应通式如下：

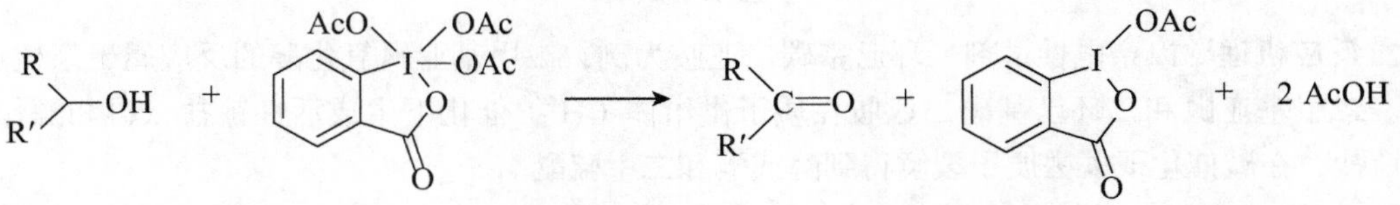

2. 反应机理 醇的烷氧基置换 Dess-Martin 试剂中的乙酰氧基，一分子乙酰氧基离去，生成二乙酰氧基烷氧基高碘酸盐；随后，与醇羟基相连的碳原子的质子被乙酸盐除去，释放一分子含碘有机物，醇被氧化成相应的醛和酮。

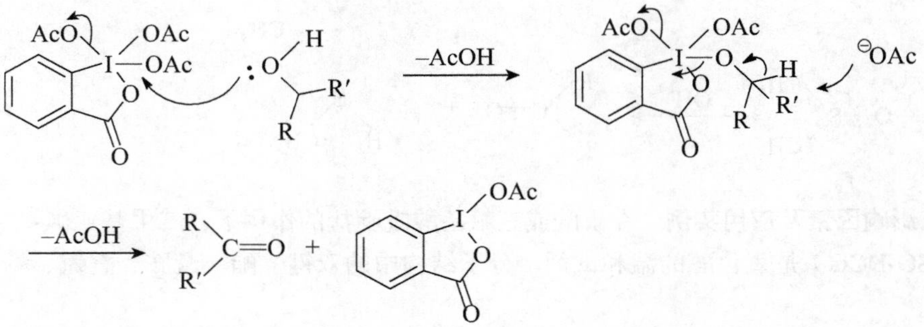

3. 反应影响因素及应用实例 Dess-Martin 氧化反应条件温和，通常在室温和微酸性或中性的溶液中进行，可以高效地将伯醇、仲醇氧化成醛或酮，具有高化学选择性，并且一些敏感官能团不受影响。

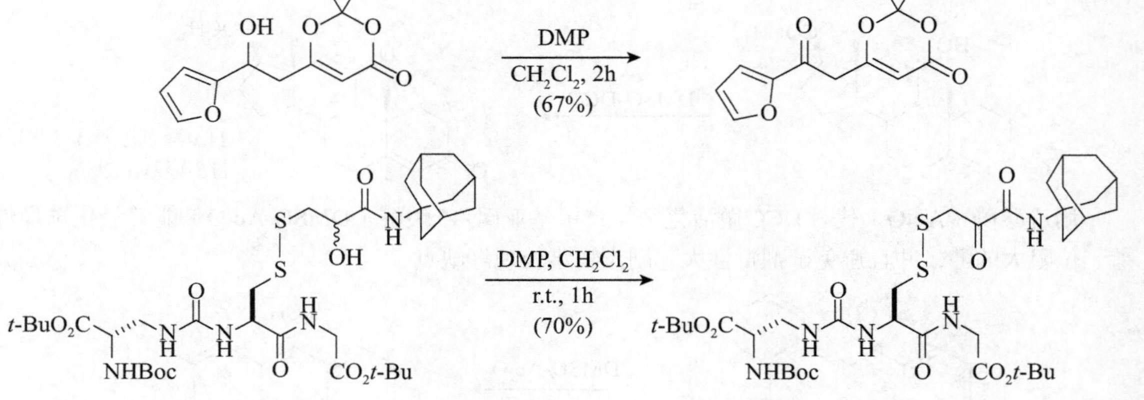

（六）其他氧化反应

1. TEMPO 氧化反应

（1）反应机理 该反应属于自由基反应机理。次氯酸盐氧化 TEMPO 生成 TEMPO$^+$，然后 TEMPO$^+$ 氧化醇生成相应的醛或酮，同时被还原成 TEMPOH，后者又被次氯酸盐重新氧化生成 TEMPO$^+$。通常，在该体系中加入 0.1 mol/L NaBr 作为助催化剂，这是由于 NaBr 可与次氯酸盐原位反应生成次溴酸盐，而次溴酸盐比次氯酸盐更易氧化 TEMPOH 生成 TEMPO$^+$。

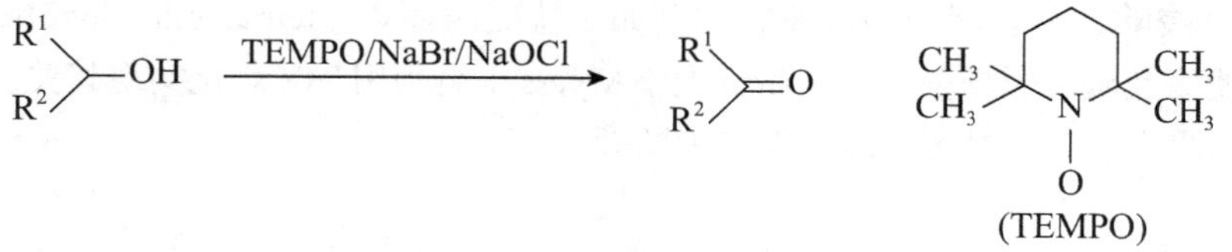

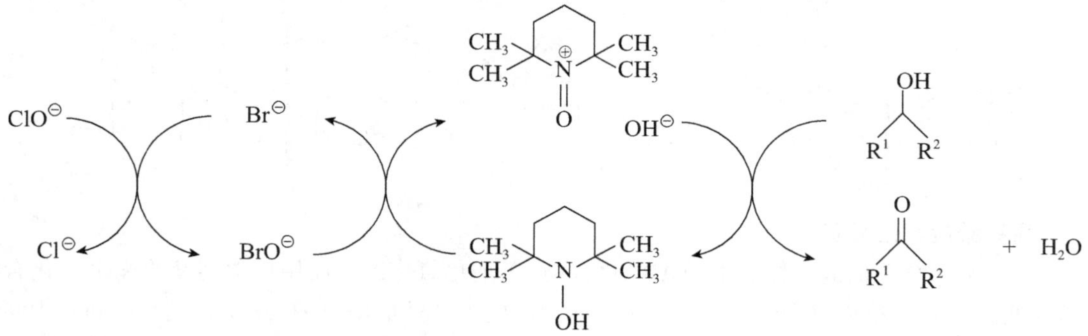

（2）反应影响因素及应用实例　TEMPO催化氧化，尤其是TEMPO/NaBr/NaClO（Anelli氧化体系）广泛应用于实验室和工业规模药物合成中醇的氧化。该氧化体系通常采用约1mol/L NaClO氧化剂在pH 6～9的有机溶剂/水混合溶剂中进行反应，条件温和、速率快、收率近乎定量。

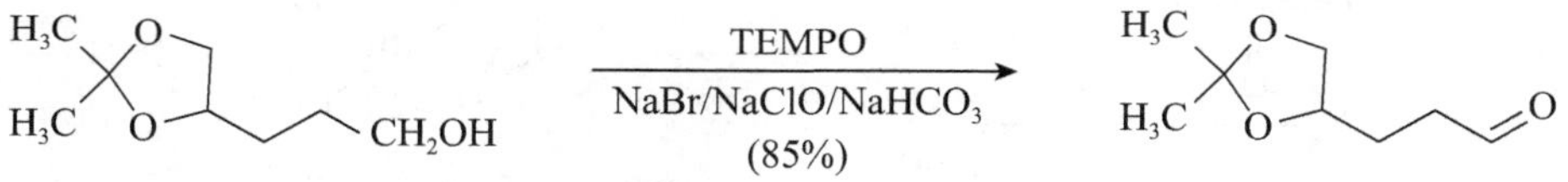

2. IBX氧化反应　随着DMP试剂的广泛应用，较早发现的IBX重回视线。IBX固体由于I-O相互作用，以复杂的聚合物形式存在，具有粉末状或大粒晶体两种状态。粉末状IBX活性更高，晶体状IBX可以用氢氧化钠和盐酸先后处理转化为粉末状IBX。以过氧硫酸氢钾（Oxone）为氧化剂，于水中氧化邻碘苯甲酸，能够方便、安全制备IBX。由于IBX聚合物结构，仅在偶极非质子溶剂二甲基亚砜中具有较高的溶解性。科学家的努力集中在升高反应温度，增加IBX在乙腈、氯仿、丙酮等溶剂中的溶解度，或者以IBX骨架为基础，进行结构衍生化。IBX氧化伯醇、仲醇，产物为醛、酮，反应溶剂为极性溶剂，如DMSO、DMF、乙腈、氯仿、乙酸乙酯等。反应通式如下：

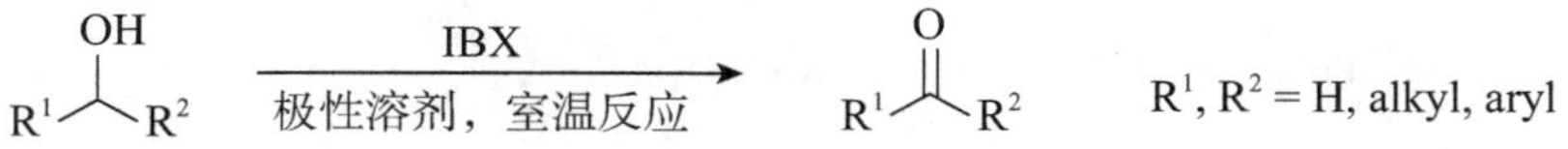

（1）反应机理　当量醇与IBX试剂反应形成烷氧基高价碘，随后分子内碘酰氧负离子攫取醇中α-位质子，形成氧化产物醛或酮，同时释放碘烷。水可以与烷氧基高价碘反应导致反应逆转。

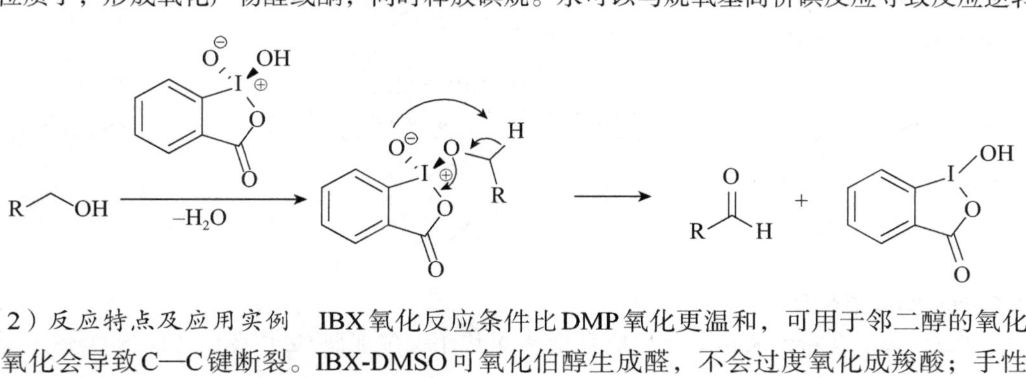

（2）反应特点及应用实例　IBX氧化反应条件比DMP氧化更温和，可用于邻二醇的氧化，而DMP氧化会导致C—C键断裂。IBX-DMSO可氧化伯醇生成醛，不会过度氧化成羧酸；手性醇氧

化不会异构；醚、胺、羧酸、酯官能团均可兼容。例如，盐酸四环素（tetracycline hydrochloride）可用于治疗十二指肠溃疡及幽门螺杆菌感染，哈佛大学Myers小组利用IBX氧化实现其关键中间体合成，收率为77%，叔醇未氧化，醚键、硫醚键均未断裂。

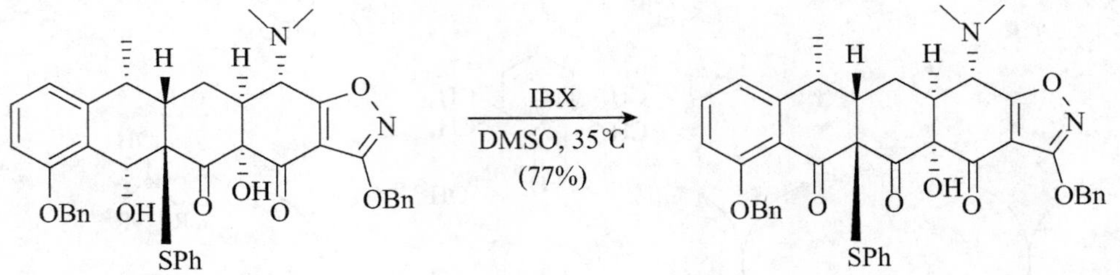

3. 高钌酸盐氧化反应

（1）反应机理　伯醇、仲醇用TPAP（化合物1）催化氧化需要使用化学剂量的NMO（化合物4）作为助氧化剂，反应过程中过钌酸负离子与醇反应（这里是R—CH$_2$OH）得到Ru（Ⅶ）中间体2，经过歧化得到Ru（Ⅴ）活性物种（化合物5）及产物醛。最终，化合物5被NMO氧化再生为化合物1中的Ru（Ⅶ）负离子，NMO随之被还原为叔胺（化合物3）。

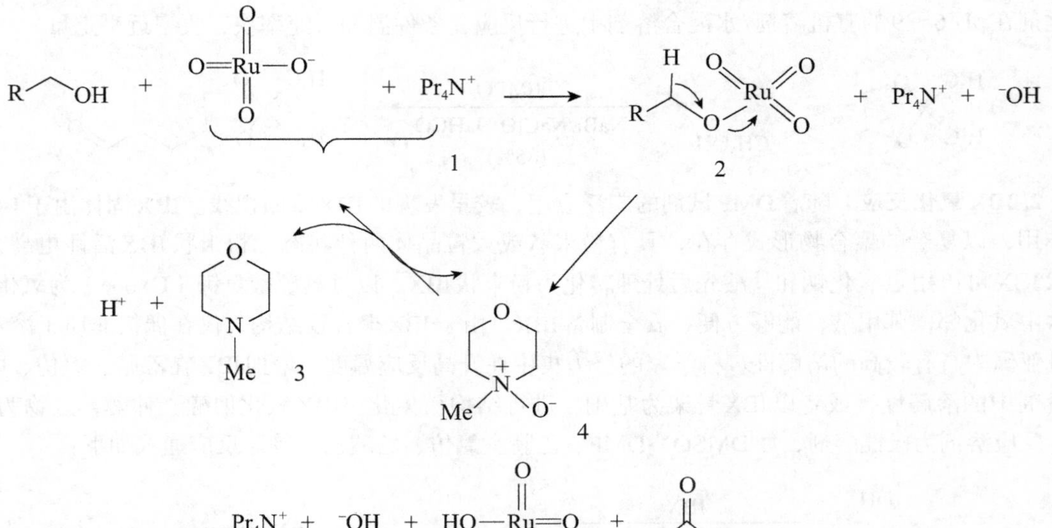

这是一个自催化反应，反应开始时速度很低，随着羰基化合物生成速度加快，随反应结束而慢慢减速。

（2）反应实例　TPAP氧化正辛醇生成正辛醛。

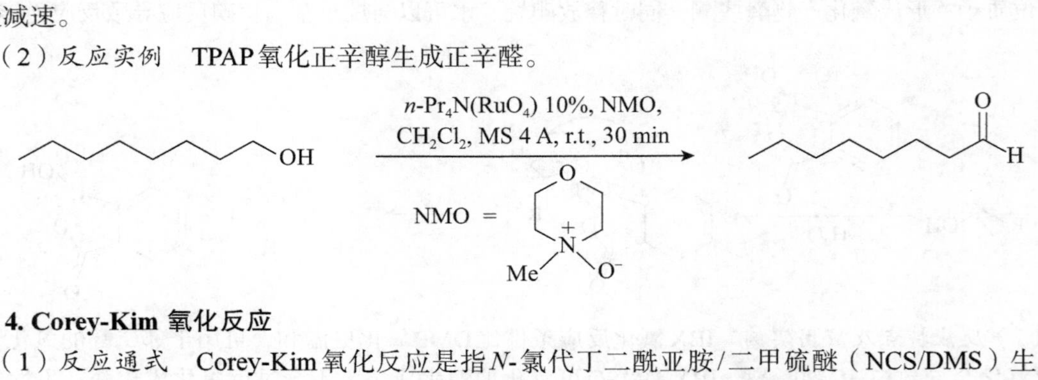

4. Corey-Kim 氧化反应

（1）反应通式　Corey-Kim氧化反应是指N-氯代丁二酰亚胺/二甲硫醚（NCS/DMS）生成的

锍鎓离子与醇作用后，再经碱处理可氧化得到醛或酮。反应通式如下：

$$R^1R^2CHOH \xrightarrow[\text{(2) Et}_3\text{N}]{\text{(1) NCS, DMS}} R^1R^2C=O$$

该反应有显著的溶剂效应，一般是在甲苯中进行反应，用更大极性的溶剂（二氯甲烷/二甲基亚砜）会导致副产物甲硫醚（$ROCH_2SCH_3$）的产生。对于烯丙醇和苄醇，该反应能高产率地获得相应的氯代物。由于所用试剂便宜易得，已在工业界得到应用，如大环内酯抗生素 cethromycin 的合成（＞300kg 规模）。

（2）反应影响因素及应用实例　Corey-Kim 氧化反应条件温和，适用于很多敏感底物，如在前列腺素合成中的应用。特别是易发生氧化断裂的邻二醇，在该条件下只是羟基选择性被氧化，如在二萜天然产物 ingenol 合成的最后阶段，利用 Corey-Kim 氧化反应区域选择性地将邻二醇中间体转化为 α-羟基酮而没有发生碳碳键断裂，最终成功实现了全合成。

5. 受载试剂氧化　助滤剂为一种硅藻土，相当于 Al_2O_3 和硅胶。Al_2O_3 是一种温和的氧化剂，Al_2O_3/助滤剂是将醇氧化成醛、酮的有效试剂，特别适用于酸碱敏感化合物的氧化，反应温和，产率高，很少产生氧化反应过度现象。

Cl_3CCHO/Al_2O_3 的氧化。用脱水的 W-200 目-N 氧化铝（即 200 目中性 Al_2O_3）吸附三氯乙醛作氧化剂，此试剂能顺利氧化仲醇（包括有张力的环和位阻大的环烷醇），而不氧化伯醇。也不触及分子中易被氧化的其他基团，如双键等。

二、伯醇氧化成羧酸的反应

1. 反应通式　伯醇在强氧化剂作用下可以直接被氧化为羧酸，常见的强氧化剂包括铬酸、高锰酸钾、硝酸等。反应通式如下：

$$R—CH_2OH \xrightarrow{[O]} R—COOH$$

2. 反应机理　以铬酸为例，伯醇首先被氧化为醛，然后铬酸进攻醛发生亲核加成，随后醛基上氢脱去酯键断裂生成羧酸。

$$R-CH_2OH + \underset{HO\quad OH}{\overset{O\quad O}{Cr}} \xrightarrow{-H_2O} R-\underset{H}{\overset{H}{\underset{|}{C}}}-O-\underset{OH}{\overset{O}{Cr}}=O \xrightarrow{-H^{\oplus}} R-CH + HCrO_3^{\ominus}$$

$$R-\overset{O}{\underset{}{CH}} + \underset{HO\quad OH}{\overset{O\quad O}{Cr}} \longrightarrow R-\underset{H}{\overset{OH}{\underset{|}{C}}}-O-\underset{OH}{\overset{O}{Cr}}=O \xrightarrow{-H^{\oplus}} R-\overset{O}{\underset{}{C}}-OH + HCrO_3^{\ominus}$$

3. 应用实例 铬酸、高锰酸钾、硝酸等作为氧化剂，可将伯醇氧化为羧酸。

$$CH_3CH_2CH_2OH \xrightarrow{H_2CrO_4} \underset{(65\%)}{CH_3CH_2CHOOH}$$

$$C_6H_5CH_2OH \xrightarrow[Me_2CO,\ H_2O]{KMnO_4} \underset{(83\%)}{C_6H_5COOH}$$

$$OHC(CH_2)_3CH_2OH \xrightarrow[10℃]{HNO_3} \underset{(75\%)}{HOOC(CH_2)_3COOH}$$

在孕激素类药物炔诺酮（norethisterone）的合成中，两次用到了铬酸氧化。首先用铬酸使3位羟基氧化为酮，再在碱性条件下脱氯化氢即生成 Δ^4-3-酮。锌粉还原开环，生成 C_{19} 甲醇，用铬酸氧化成羧酸。由于叔碳原子上的羧基极易脱羧，生成19-去甲基甾体，乙炔化后得到炔诺酮，总收率28%。

三、二元醇的氧化反应（包括多元醇的氧化反应）

1, 2-二醇的氧化常发生碳碳键的断裂，生成相应的醛或酮。常用的氧化剂有四乙酸铅和高碘酸。这一氧化反应条件温和，收率较高，故被广泛地用于醛或酮的制备，以及1, 2-二醇的结构测定和定量分析研究。反应通式如下：

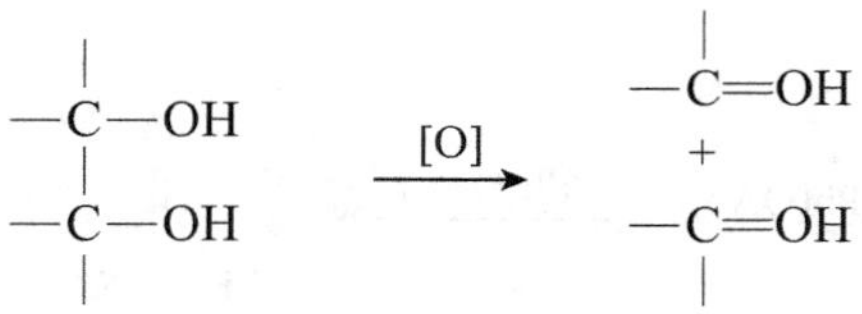

（一）HIO₄ 氧化

高碘酸氧化常以水为溶剂，在室温下进行，操作简便，收率高。特点为主要氧化顺式邻二醇，反式邻二醇很难进行，特别是刚性环状 1, 2-二醇，其反式异构体不反应。高碘酸（H_5IO_6 或 HIO_4+2H_2O）的氧化机理与四乙酸铅类似，经过环状中间体过渡态，裂解得到产物醛或酮。反应机理如下：

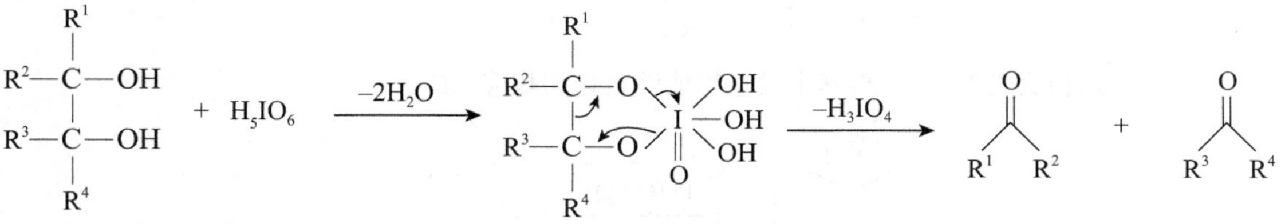

抗呕吐药多拉司琼（dolasetron）中间体的合成，以 3-环戊烯 -1-甲酸乙酯为原料，经四氧化锇氧化得到 3, 4-二羟基环戊甲酸乙酯，再经高碘酸钠氧化开环得到相应的二醛。

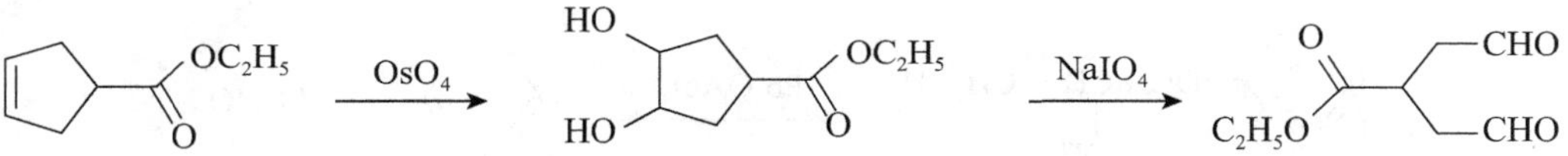

高碘酸可以选择性地断裂糖分子中连二羟基或连三羟基处，生成相应的多糖醛、甲醛或甲酸。反应定量地进行，每开裂一个碳碳键，消耗一分子高碘酸。通过测定高碘酸消耗量及甲酸的释放量，可以判断糖苷键的位置、直链多糖的聚合度、支链多糖的分支数目等。

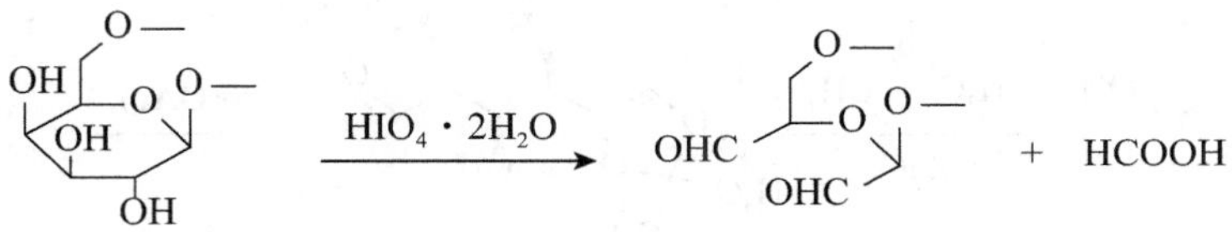

1,6-半乳糖

（二）Pb（OAc）₄ 氧化

四乙酸铅做氧化剂，顺式和反式邻二醇均能发生反应。四乙酸铅 $[Pb(OAc)_4]$ 氧化顺式 1, 2-二醇，先生成环酯的中间产物，进一步碳碳键断裂生成醛或酮。反应机理如下：

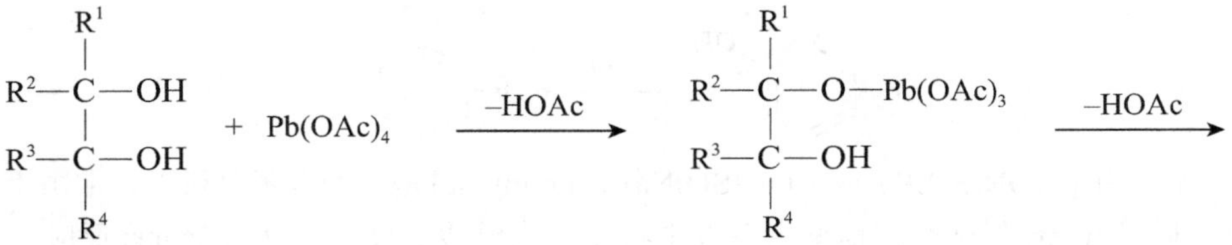

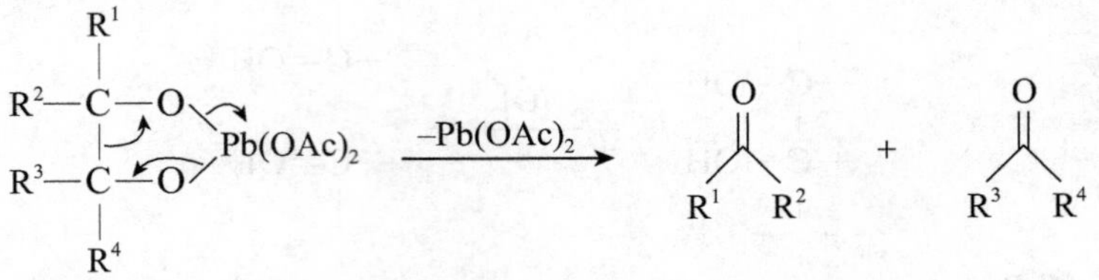

对于反式1,2-二醇的氧化，可能经历非环状中间体的酸或碱催化的消除过程。反应机理如下：

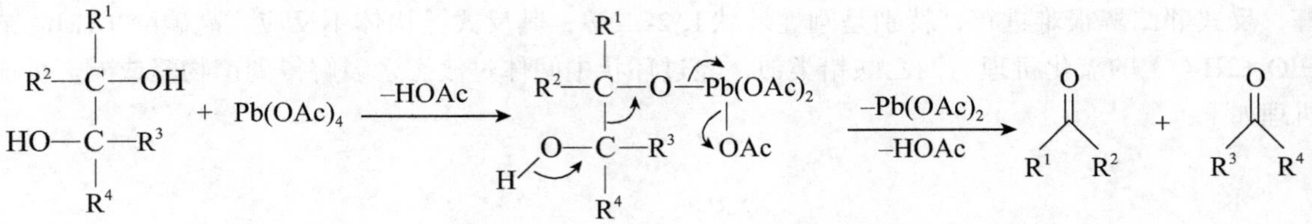

例如，顺式和反式9,10-二羟基十氢萘均能够氧化为相应的酮。

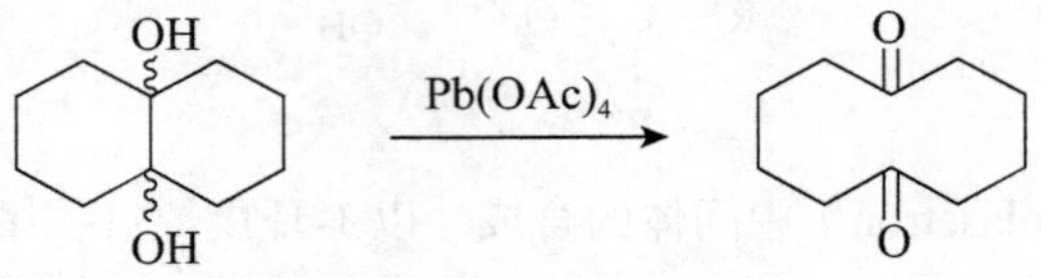

利用本法可以合成用其他方法较难制得的烷氧基乙醛。

肾上腺β受体阻滞剂噻吗洛尔（timolol）中间体 *R*-甘露醛缩丙酮的合成就是以 *D*-甘露醇为起始原料，1,2位及5,6位羟基用丙酮保护后，经四乙酸铅氧化裂解而得。

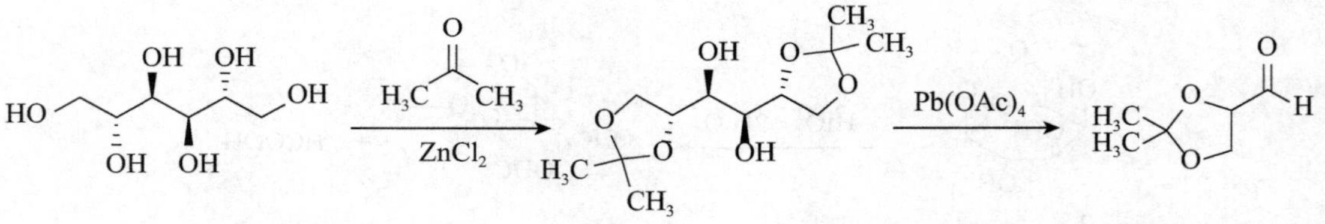

四、酚的氧化反应

酚的化学性质和稳定性较差，容易发生氧化反应，生成较为稳定的醌。酚的氧化反应在农药、药物合成、香料、染料等方面有着广泛的应用。反应通式如下：

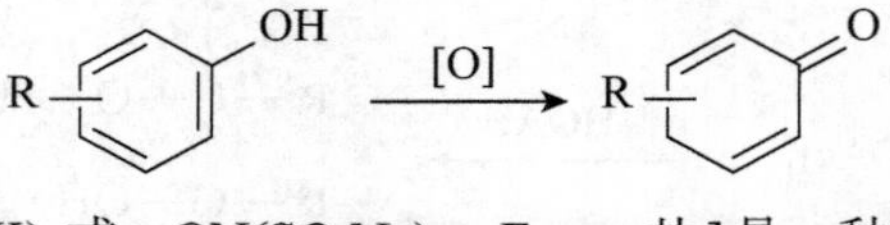

亚硝基硫酸盐 [·ON(SO$_3$K)$_2$ 或 ·ON(SO$_3$Na)$_2$，Fremy盐] 是一种橙黄色粉末，常用于氧化一元酚生成醌。利用Fremy盐试剂在稀碱水溶液中将酚氧化成醌的反应，称为Teuber反应。该反应为自由基消除机理，反应机理如下：

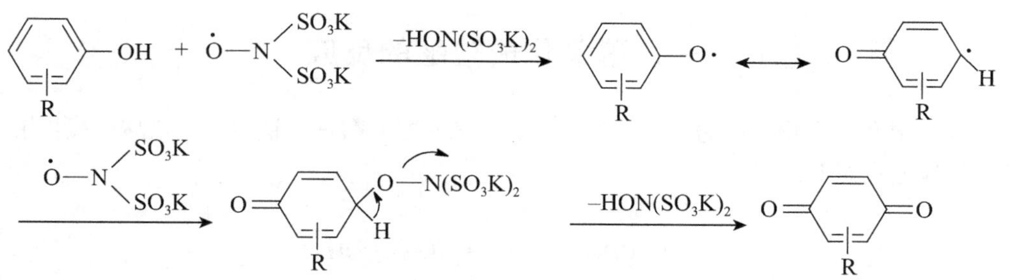

该氧化反应通常在稀碱水溶液或甲醇中进行，反应条件温和，在0℃或室温下即可发生。因此，对于分子结构中含有易氧化官能团的酚类化合物，该方法具有较高的应用价值。例如：

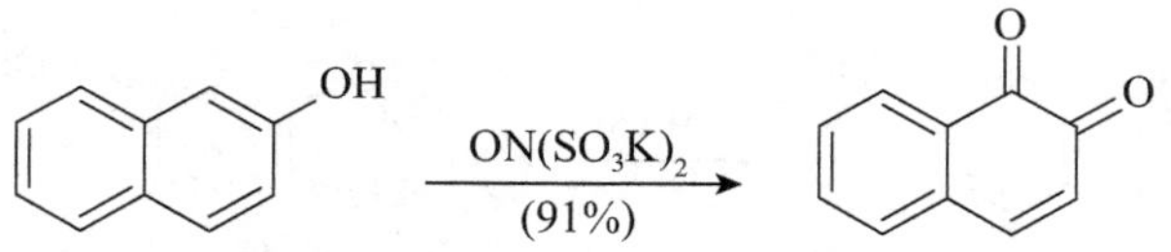

在酚氧化为醌的反应中，芳环上的取代基对反应具有显著影响，供电子基团促进反应，吸电子基团则抑制反应。当酚羟基对位无取代基时，酚被氧化生成对醌；当酚羟基对位有其他取代基团（如烷基）时则氧化得到邻醌；当对位和邻位同时有取代基时，仍可被氧化得到对醌。例如：

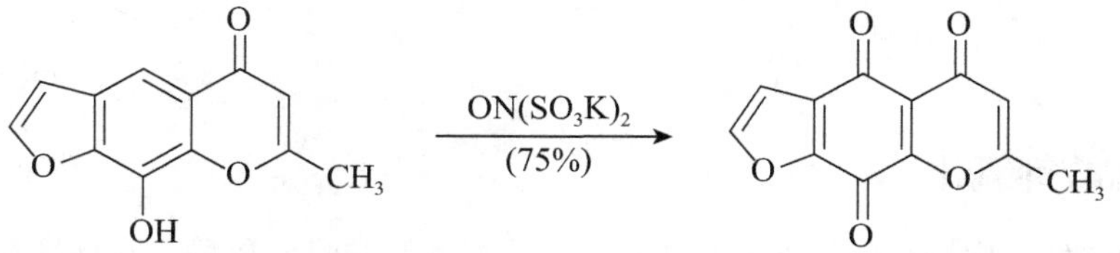

除Fremy盐外，铬酸或浓硝酸可以将二元酚氧化成对醌，反应具有收率高、产品质量好等优点。

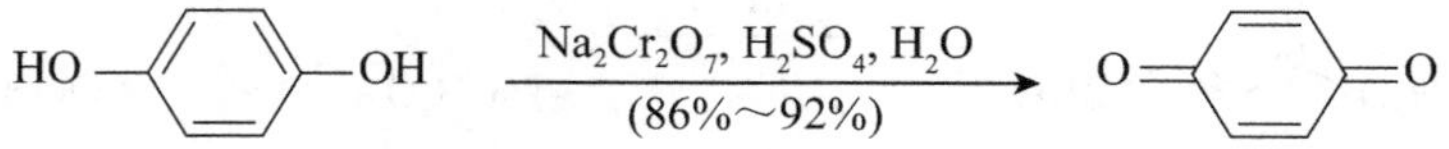

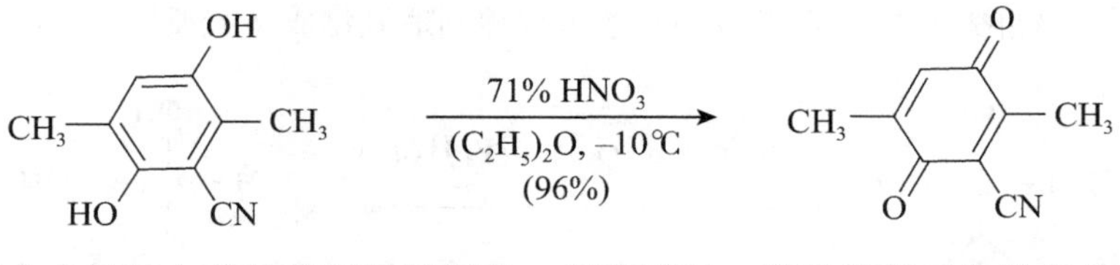

由于多羟基（或氨基）苯的苯环易被氧化，用铬酸时，铬酸的强氧化性常使反应产物中伴有进一步氧化的产物，降低了醌的收率。所以，一般改用弱氧化剂，如高价铁盐 [$FeCl_3$、$K_3Fe(CN)_6$]。氯化铁一般在酸性介质中反应，氰化铁钾一般在中性或碱性介质中反应，两者氧化多元酚时，醌的收率都较高。例如：

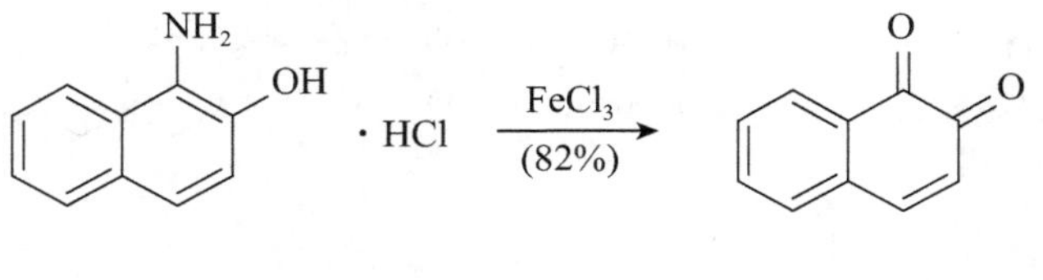

第二节　醛、酮的氧化反应

一、醛氧化成羧酸的反应

醛较易被氧化，产物一般为羧酸。常用的氧化剂有过氧酸、高锰酸钾、铬酸、氧化银、二氧化锰等。反应通式如下：

$$R—CHO \xrightarrow{[O]} R—COOH$$

（一）铬酸氧化

铬酸作为氧化剂，很容易将芳香醛和脂肪醛氧化为羧酸。例如，胡椒醛被氧化为羧酸。

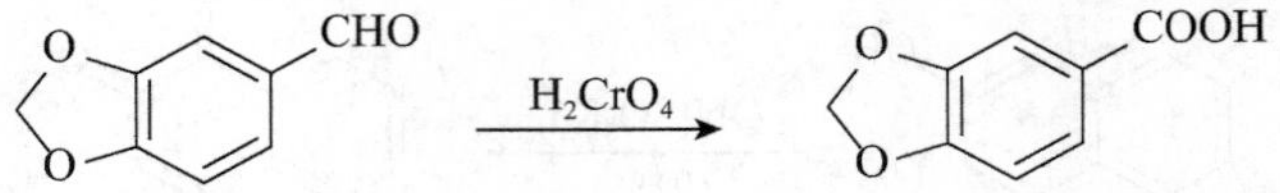

氧化铬的硫酸溶液（$CrO_3\text{-}H_2SO_4$，Jones 试剂）性能温和，选择性好，是氧化醛为羧酸的优良试剂。分子中若存在碳碳双键、三键，均不会受影响。

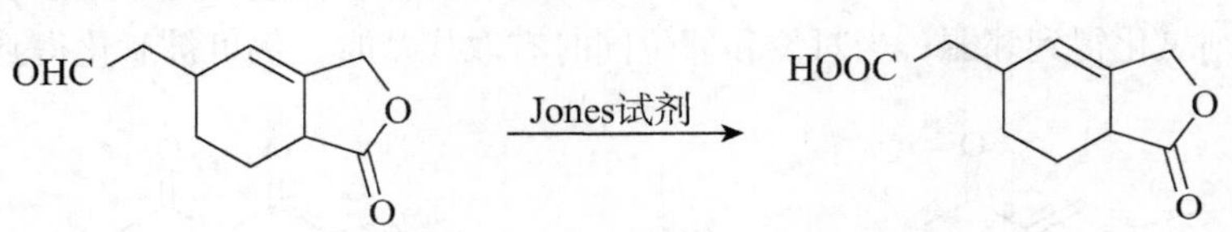

（二）高锰酸钾氧化

高锰酸钾的酸性、中性或碱性溶液都能氧化芳香醛和脂肪醛成羧酸，并且具有较高收率。

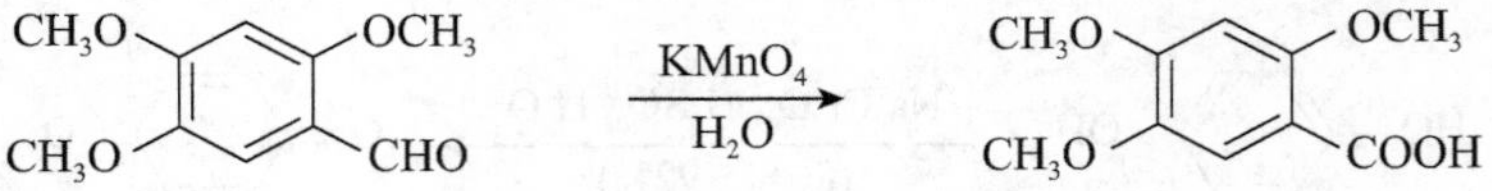

α-羟基醛可用高锰酸钾的 1,4-二氧六环/水溶液顺利地氧化成 α-羟基酸。

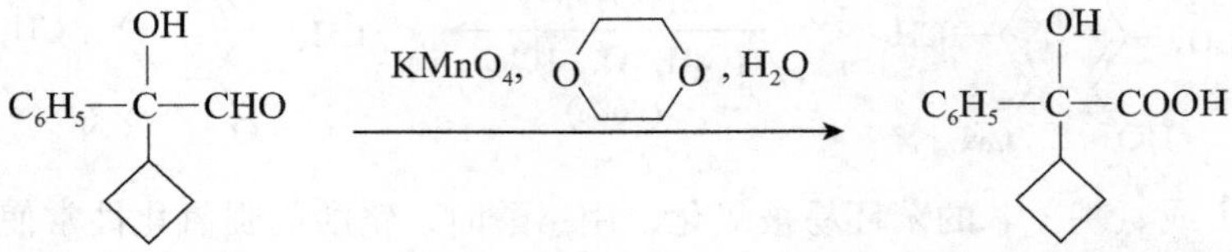

在抗过敏药物非索非那定（fexofenadine）中间体的制备中，新戊醇经二甲基亚砜氧化为醛，然后高锰酸钾氧化醛成羧酸。

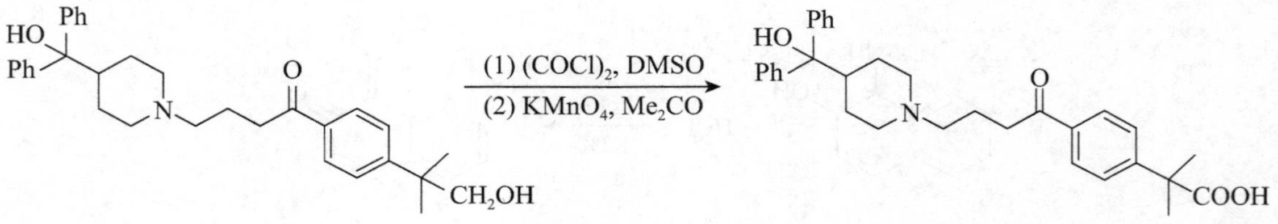

（三）氧化银氧化

氧化银（Ag_2O）氧化能力较弱，选择性较高，不影响分子中双键、酚羟基、氨基等，适用于不饱和醛及一些易氧化芳香醛的氧化。

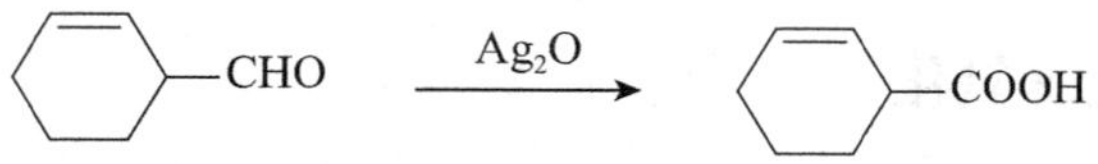

香草醛被氧化银氧化，以良好的产率（**96.8%**）生成香草酸。

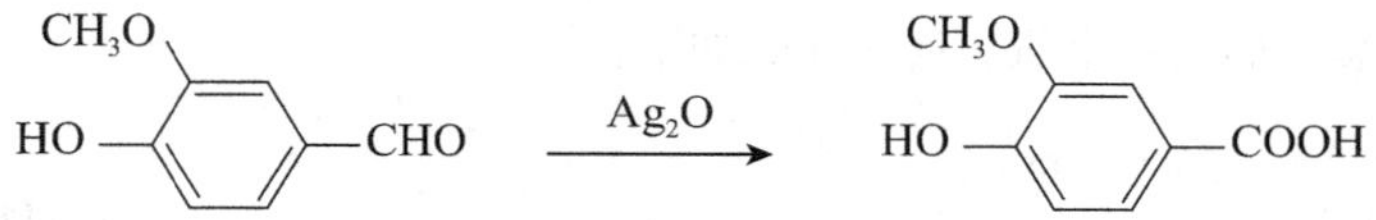

（四）有机过氧酸氧化

有机过氧酸氧化醛基邻对位有供电子基团的芳香醛，经甲酸酯中间体，得到羟基化合物，该反应称为 **Dakin** 反应。

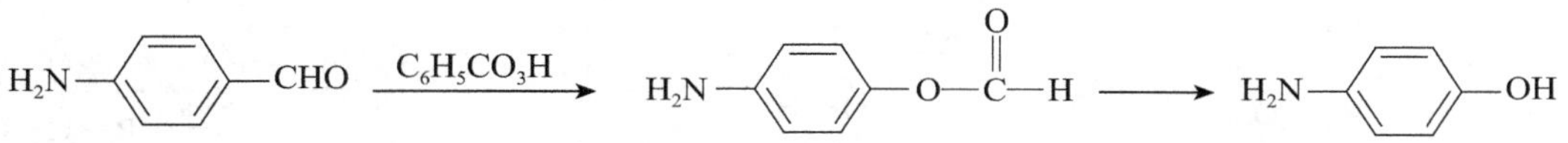

1. 反应机理 有机过氧酸首先与芳香醛进行亲核加成，然后脱去羧酸，接着发生重排得到产物羧酸或甲酸酯，后者经水解得到酚。

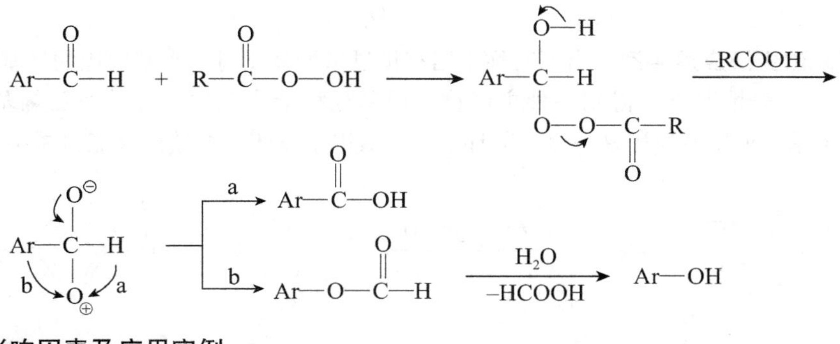

2. 反应影响因素及应用实例

1）当芳环上没有取代基或有吸电子基团或供电子基团在间位时，芳香醛与有机过氧酸反应，按上述"a"方式重排氧化为羧酸。

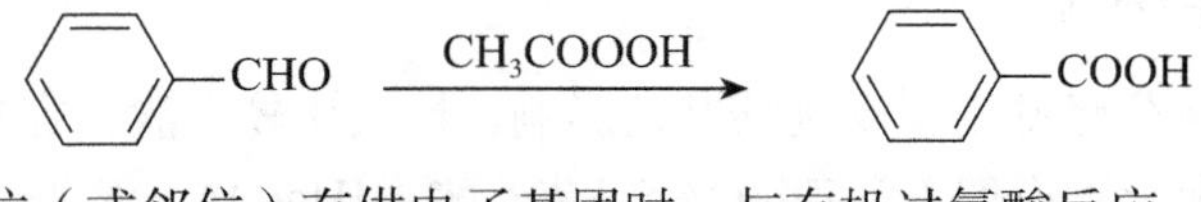

2）当芳环醛基对位（或邻位）有供电子基团时，与有机过氧酸反应，醛基经甲酸酯阶段，经过水解转换成羟基，即反应按上述"b"方式进行。

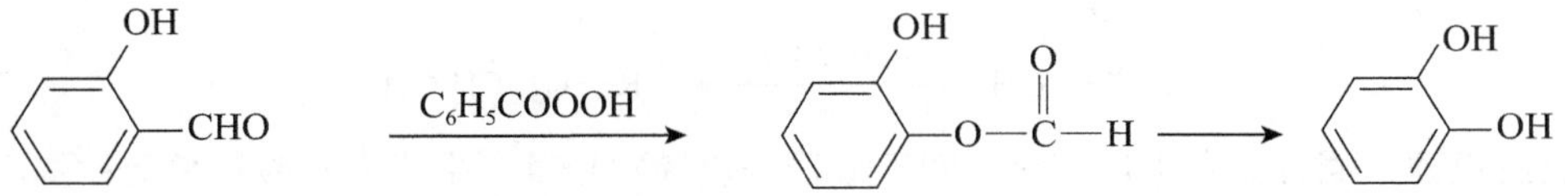

二、酮的氧化反应

氧化剂不同，酮的氧化产物不同。常见的氧化剂有有机过氧酸、二氧化硒、重铬酸盐、高锰酸钾等。

（一）Baeyer-Villiger 氧化

1. 反应通式　有机过氧酸或过氧化氢化酮发生重排，生成相应的酯类化合物的反应，称为 Baeyer-Villiger 反应。Baeyer-Villiger 反应没有生成 C—C 键断裂产物，实际反应结果是羰基碳和邻位碳间的 C—C 键断裂，插入一个氧。反应通式如下：

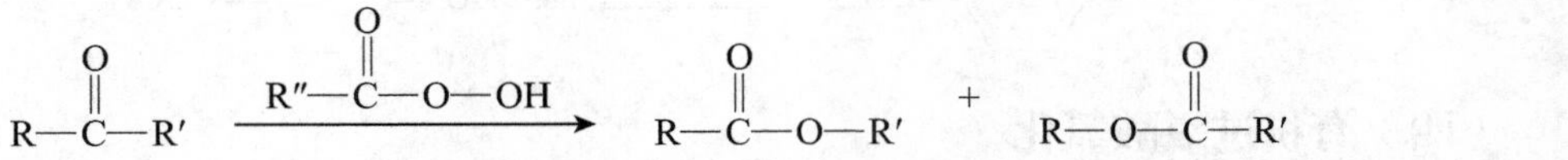

2. 反应机理　Baeyer-Villiger 反应机理为酮和过氧酸先进行加成，再发生烃基迁移重排。在酸催化下，过氧酸的羟基亲核性进攻羰基碳原子，生成偕二醇过氧酯，接着烃基由碳原子迁移重排至邻位氧，同时过氧键断裂，羧酸负离子离去，生成酯。

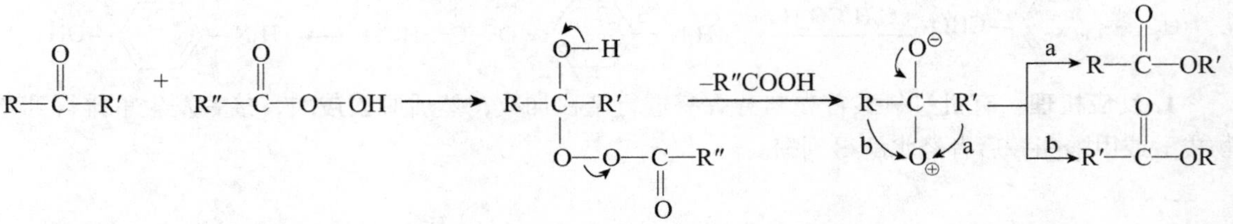

3. 反应影响因素及应用实例　当不对称酮用有机过氧酸氧化时，羰基两边的烃基均可以迁移，产物是两种酯。一般情况下，得到一种主产物，烃基迁移能力顺序：芳基＞乙烯基＞叔碳＞苯环≈环己烷≈苄基＞亚甲基＞甲基＞氢。芳环上若有吸电子基团，会使迁移能力减小。

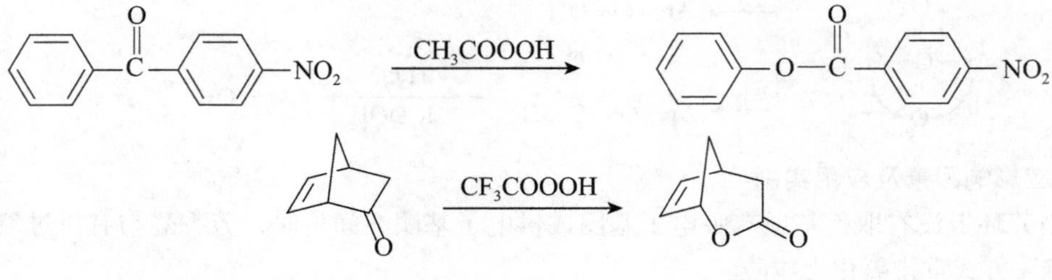

（二）氧化成 α- 羟基酮

1. 反应通式　羰基 α 位烃基由于受到羰基的影响，性质比较活泼，容易被氧化剂氧化，生成羟基酮或双酮。常用的氧化剂有四乙酸 [Pb(OAc)$_4$] 或乙酸汞 [Hg(OAc)$_2$]，其中四乙酸铅最常用。反应通式如下：

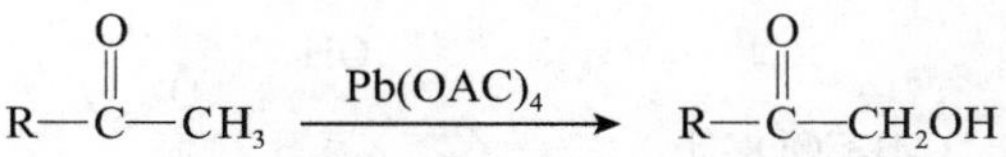

2. 反应机理　酮首先发生烯醇化，四乙酸铅进攻烯醇羟基，生成三乙酸铅烯醇；然后，乙酰

氧负离子亲核进攻 α 位，生成 α- 乙酸酯酮，再经水解得到 α- 羟基酮。

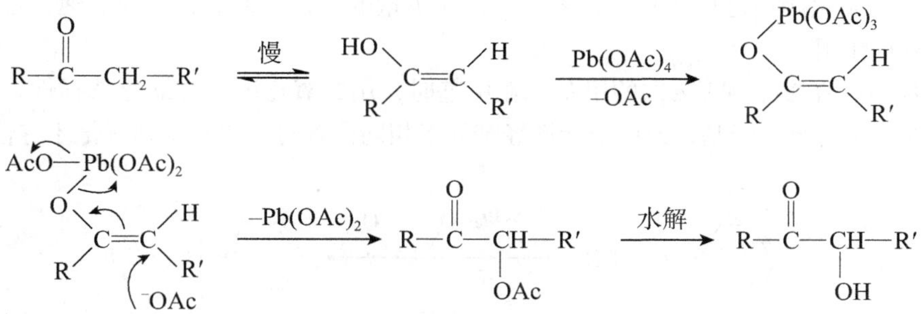

3. 反应影响因素及应用实例 决定反应速率的步骤是酮的烯醇化，烯醇化的方位决定产物的结构。反应中加入三氟化硼可以加速酮的烯醇化反应，同时对动力学控制的烯醇化作用有利，故羰基 α 位同时存在甲基、亚甲基或次甲基时，反应有利于 α 甲基的乙酰氧基化，氧化产物具有一定的选择性。

应用实例：甾体激素类药物的合成中，经常用到羰基 α 位氧化反应。例如，3- 乙酰氧基孕甾 -20- 酮，用四乙酸铅氧化，通过加入三氟化硼，主要得到 α 甲基氧化产物 3，21- 二乙酰氧基孕甾 -20- 酮，收率达到 86%。

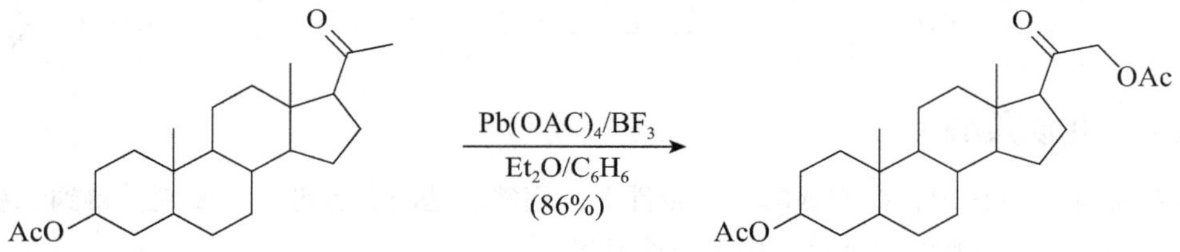

（三）氧化成 1, 2- 二酮

1. 反应通式 羰基 α 位的活性烃基可被二氧化硒（SeO_2）氧化为相应的二羰基化合物。反应通式如下：

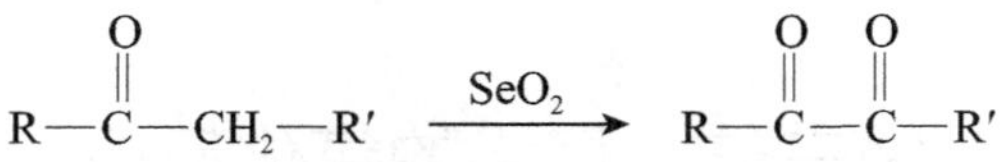

2. 反应机理 酮首先发生烯醇化，二氧化硒进攻烯醇形成烯酸酯，进而反生 [2,3]-σ 迁移重排，生成二羰基化合物，二氧化硒则被还原成单质硒。该反应机理为亲核 - 消除反应。

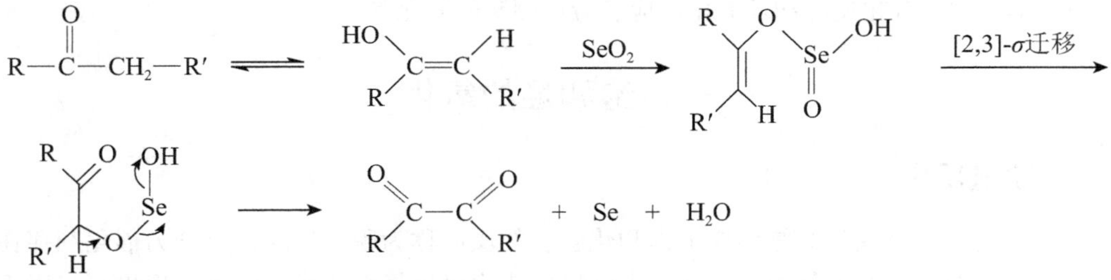

3. 反应影响因素及应用实例 二氧化硒在适当的溶剂中（如二噁烷、乙酸、乙酐、乙腈、苯等）时，温度 100℃ 左右能把活泼的甲基或亚甲基氧化为相应的羰基化合物。如果二氧化硒用量不

足，会将羰基α位的活性烃基氧化成醇，这时若以乙酐作溶剂，则生成相应的酯，使进一步氧化困难，所以一般二氧化硒稍过量为宜。若溶剂中存在少量的水，会使氧化反应加速，也可能是生成的亚硒酸起氧化作用。

当化合物中存在多个羰基α位的甲基、亚甲基时，用二氧化硒氧化缺乏选择性，所以只有羰基邻位仅存在一个可氧化烃基，或两个活性烃基处于相同位置时，二氧化硒氧化才有合成意义。

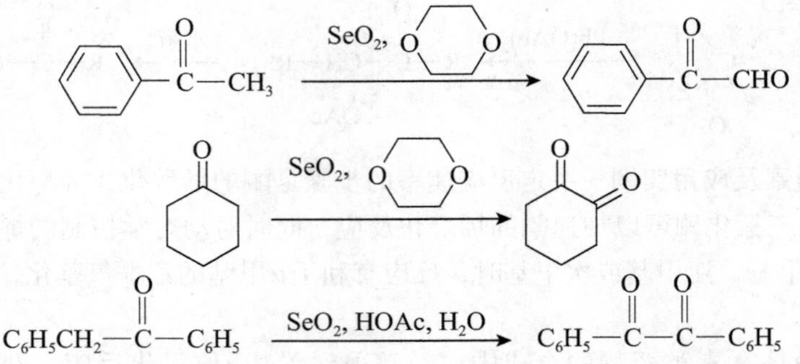

二氧化硒使酮中羰基邻位的甲基或亚甲基氧化，生成α-醛酮或α-双酮的衍生物。

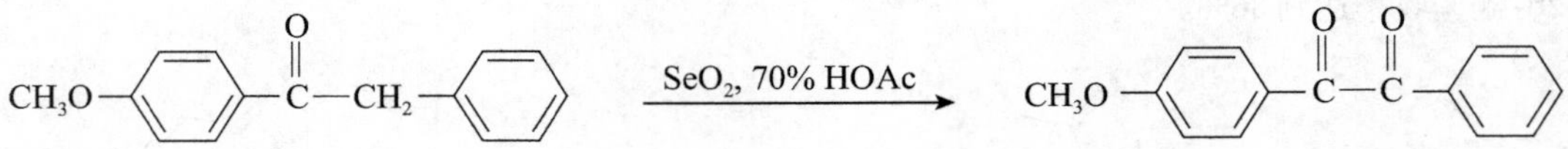

（四）氧化成羧酸

重铬酸盐作为氧化剂，在剧烈的反应条件下，相邻羰基的碳碳键发生断裂，得到二羧酸。该反应合成价值不高，少数情况下可以用于制备羧酸。

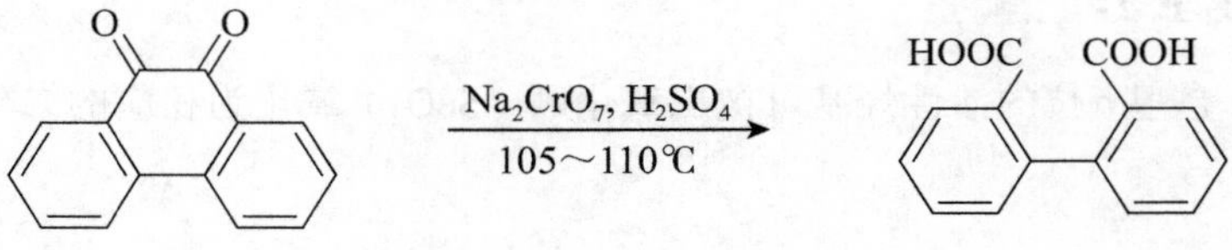

第三节 烃类的氧化反应

烃类的氧化反应一般包括饱和烃的氧化、烯烃的氧化和芳烃的氧化。本节主要介绍饱和烃的脱氢反应、烯烃的双羟化反应和环氧化反应、芳烃侧链的氧化等。

一、饱和烃的氧化

（一）脱氢反应

在分子中消除一对或几对氢形成不饱和化合物的反应称为脱氢反应，可分为催化剂存在下的催化脱氢、氧化剂参与的脱氢等。此外，先卤代后消除卤化氢而达成的脱氢过程也可归属于脱氢反应。较为重要的α, β-脱氢、脂环化合物或部分氢化的芳香化合物的脱氢芳构化，主要用于构建碳碳双键和碳-杂双键。

1. 羰基的 α, β-脱氢反应

（1）二氧化硒（SeO₂）为脱氢剂

1）反应通式：

$$R^1\!-\!CH_2\!-\!CH_2\!-\!\underset{\underset{\displaystyle O}{\|}}{C}\!-\!R^2 \xrightarrow{\ \ SeO_2\ \ } R^1\!-\!CH\!=\!CH\!-\!\underset{\underset{\displaystyle O}{\|}}{C}\!-\!R^2$$

2）反应机理：二氧化硒脱氢反应为亲电-消除反应机理。

3）反应影响因素及应用实例：脱氢反应在甾酮类衍生物的合成中有较多的应用研究，主要用于在羰基的 α, β-位引入双键。二氧化硒为脱氢剂可以发生在环状化合物和链状化合物中。例如，3-酮基和12-酮基甾体化合物，用二氧化硒脱氢，可在A环上引入1, 2-双键、4, 5-双键，或在C环上引入9, 11-双键。

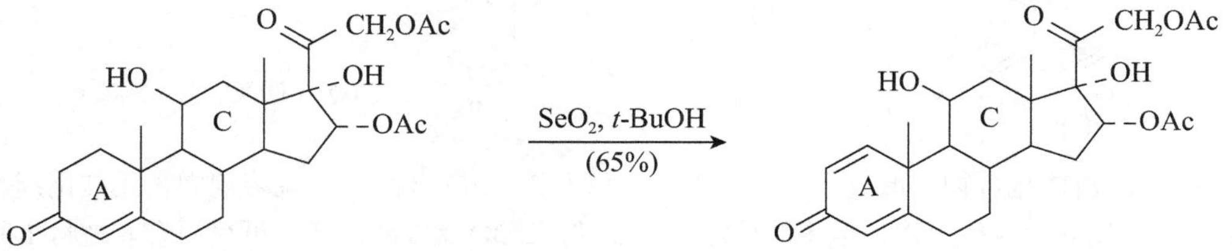

当脂环化合物在两个羰基之间存在亚（次）乙基时，用二氧化硒作脱氢剂可在两羰基间形成双键。例如：

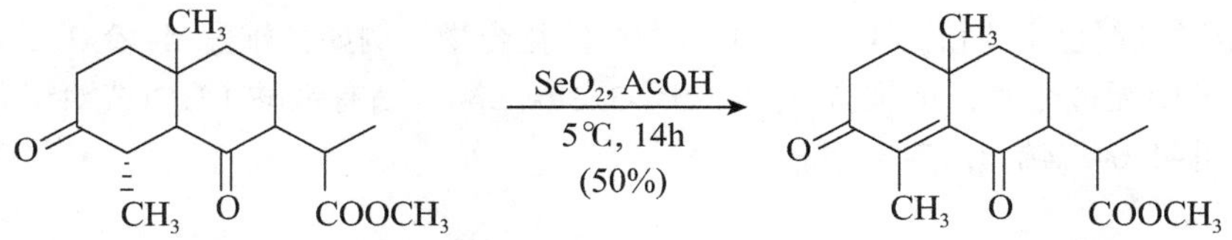

（2）醌类为氢接受体　苯醌是最早用于脱氢反应的醌类化合物，但其脱氢能力比较差。当分子中引入吸电子基团，如氯、氰基等，则脱氢能力大大增强。常用的醌类脱氢剂包括四氯-1, 4-苯醌（氯醌，chloranil）和2, 3-二氯-5, 6-二氰对苯醌（DDQ）等。

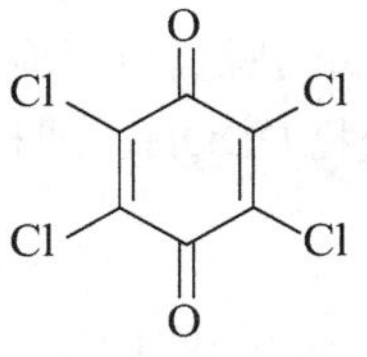

（氯醌） 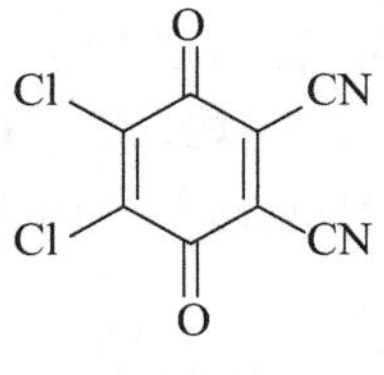　　　　　　　　　　　　（DDQ）

1）反应通式：

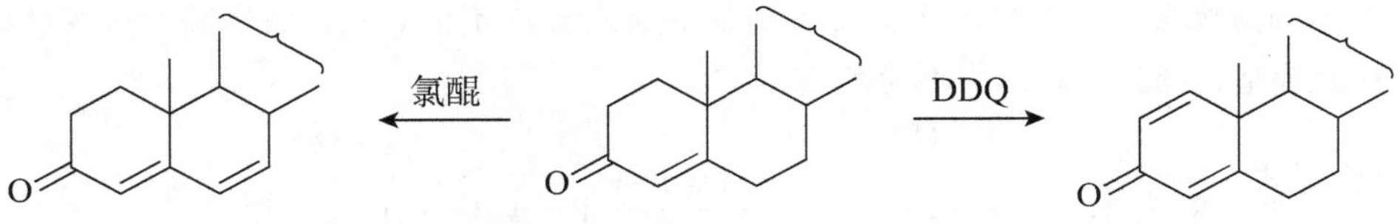

2）反应机理：苯醌脱氢反应为亲核-消除反应机理。

3）反应影响因素及应用实例：4-烯-3-酮甾体化合物用醌类脱氢，一般可生成1,4-二烯-3-酮甾体化合物和4,6-二烯-3-酮甾体化合物，若剧烈反应还可生成1,4,6-三烯-3-酮甾体化合物。脱氢的位置取决于在该反应条件下两种烯醇式形成的相对速率、稳定性和该烯醇与醌类脱氢剂的反应速率。

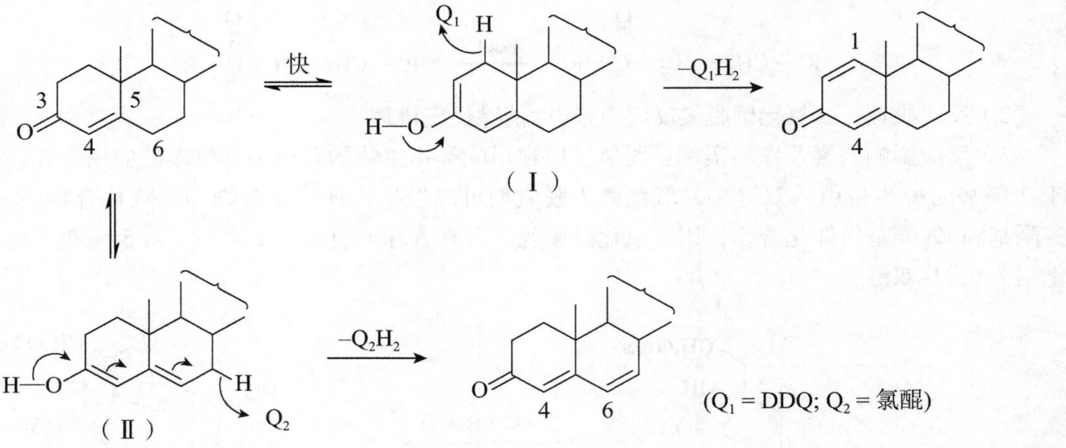

（Q_1 = DDQ; Q_2 = 氯醌）

4-烯-3-酮甾体化合物可形成两种烯醇（Ⅰ）和（Ⅱ）。在苯和二噁烷溶剂中，无催化剂存在时回流加热，Ⅰ比Ⅱ生成得更快，但Ⅰ的稳定性比Ⅱ差。DDQ反应活性高，可很快有效地将Ⅰ脱氢成1,4-二烯-3-酮甾体化合物。氯醌反应活性低，生成速率快但不稳定（存在时间短）的Ⅰ很难与之反应。相反，生成较慢但却稳定（存在时间长）的Ⅱ能和氯醌反应而生成4,6-二烯-3-酮甾体化合物。

反应中若有强酸催化，同样以二噁烷为溶剂，则Ⅱ的形成加快，且较稳定，是主要烯醇。因此，采用DDQ脱氢剂也主要得到4,6-二烯-3-酮甾体化合物。例如，雄甾-4-烯-3,17-二酮用DDQ作脱氢剂，在苯中无催化时，得雄甾-1,4-二烯-3,17-二酮；当有强酸（HCl或对甲苯磺酸）催化时，产物是雄甾-4,6-二烯-3,17-二酮。

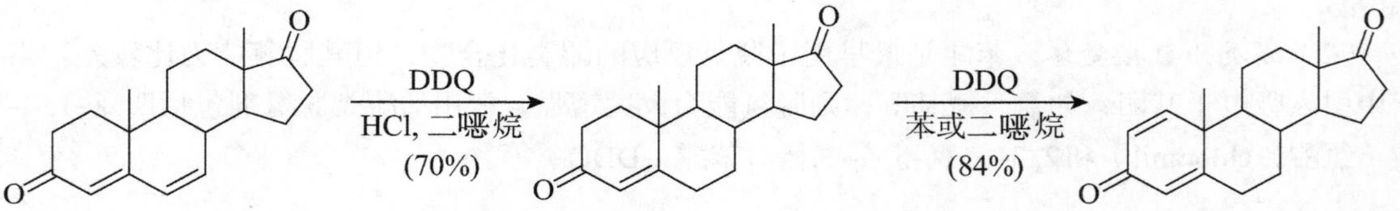

醌类和二氧化硒类似，主要用于甾酮的脱氢，其他脂环酮的脱氢也可应用。应用DDQ作脱氢剂时，常用溶剂为苯和二噁烷，因为DDQ脱氢作用后的生成物$DDQH_2$（即相应的氢醌）在上述溶剂中溶解度小，有利于反应进行。例如：

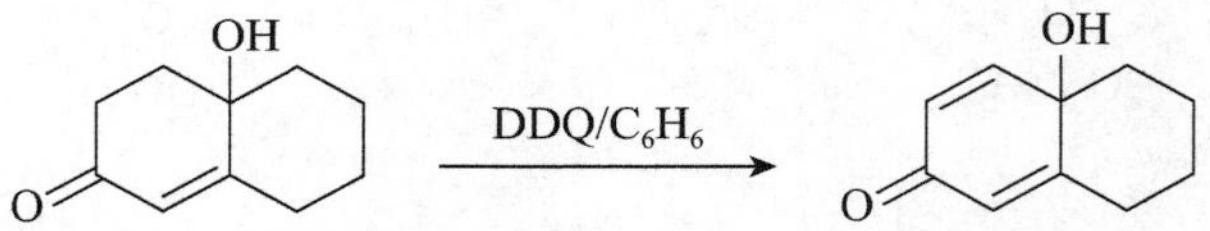

（3）有机硒为脱氢剂　有机硒作为脱氢剂制备反式α,β-不饱和酮，收率高，选择性好，分子内同时存在醇羟基、酯基和烯键均不受影响。

1）反应通式：

2）反应机理：卤化苯基硒在室温下和羰基化合物反应，以及羰基化合物相应的烯醇式盐和卤化苯基硒或者二苯基二硒于–78℃反应，都可得到α-苯硒代羰基化合物，进而用过氧化氢或高碘酸钠氧化，生成相应的氧化硒化合物，该化合物立即经顺式β消除，形成反式α,β-不饱和酮，反应为亲核消除反应机理。

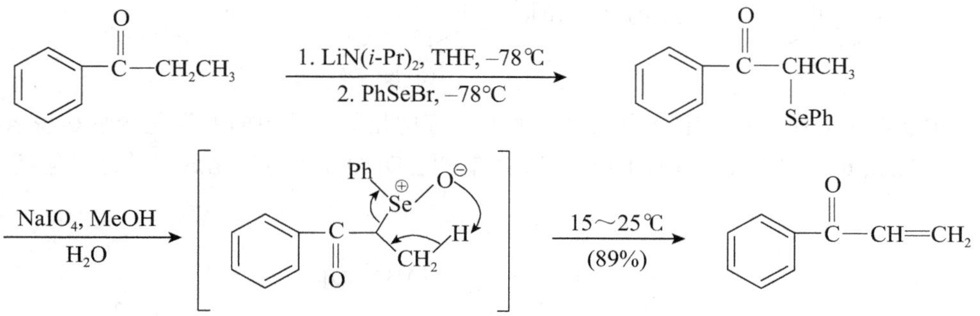

3）反应影响因素及应用实例：有机硒作为脱氢剂制备α,β-不饱和酮，若分子内同时存在醇羟基、酯基和烯键，均不受影响。这类脱氢剂常用于3-羟基甾体的脱氢，收率均较高。例如：

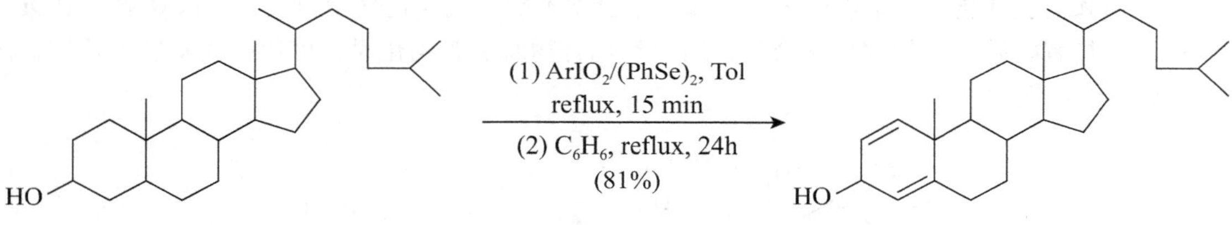

酯或内酯也可经过类似反应形成α,β-不饱和的酯或内酯。例如：

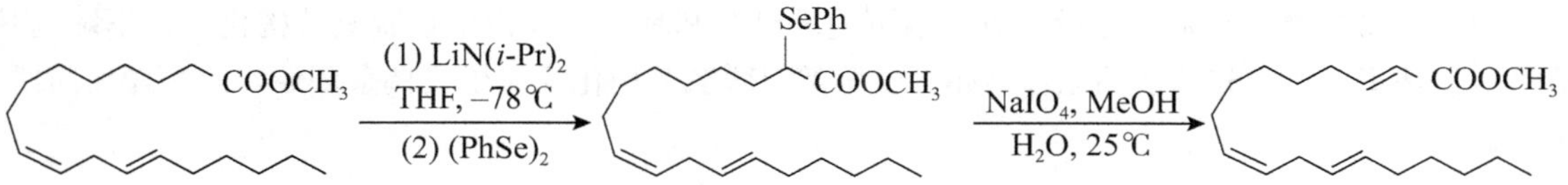

反应中加入$LiNR_2$是为了使羰基化合物形成烯醇式盐，卤化苯基硒和烯醇式盐于–78℃反应，反应很快，而且是动力学控制生成的烯醇式盐在没有重排成较稳定的异构体的情况下立即反应。

2. 脱氢芳构化　含有一个或两个双键的六元环化合物，常易于脱氢形成芳烃或芳杂环，芳构化的同时伴有氢或其他基团的消除或分子内重排，催化剂或脱氢剂可加速芳构化。

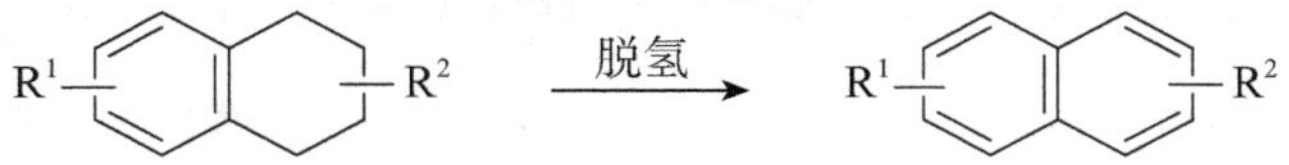

（1）催化脱氢　是催化加氢（氢化）的逆过程，用作催化加氢催化剂的贵金属，如铂、钯、铑等也可用作催化脱氢的催化剂。

已存在一个双键的六元环较易被催化脱氢芳构化，而完全饱和的环较难被芳构化。例如：

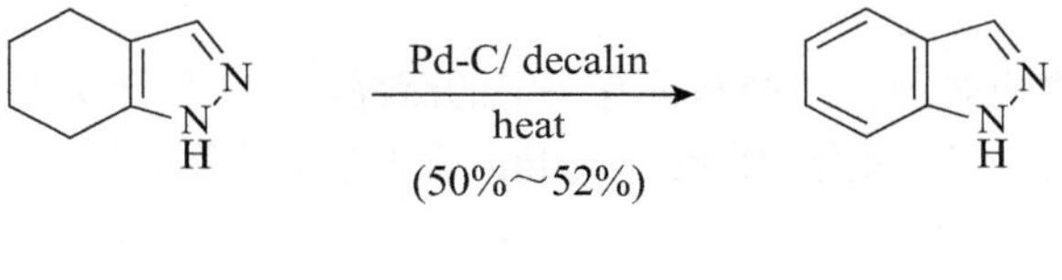

　　部分氢化的含氮杂环亦能被贵金属催化脱氢芳构化。但同时某些基团也可被氢化或氢解。例如，氮原子上的苄基常被氢解，苄位羰基被还原氢解成亚甲基，苄位双键被氢化及脱氯等。

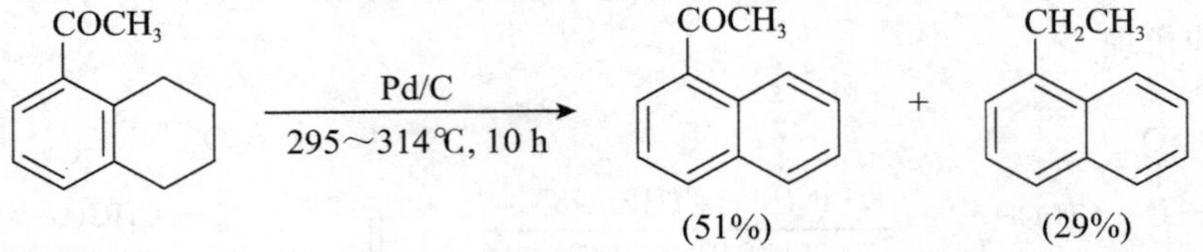

（2）DDQ为脱氢剂　醌类化合物也常作为脱氢芳构化剂，常用的醌类化合物是脱氢能力较强的2, 3-二氯-5, 6-二氰基苯醌（DDQ），较少用氯醌。DDQ作为芳构化试剂时为亲电-消除反应机理。

$$AH_2 + Q \longrightarrow [AH_2 - Q]$$

$$AH_2 + Q \xrightarrow{\text{慢}} AH^+ + QH^-$$

$$AH^+ + QH^- \xrightarrow{\text{快}} A + QH_2$$

　　完全饱和的脂环化合物不能脱氢。例如，十氢萘不能用醌类化合物脱氢，而八氢萘可用DDQ脱氢成萘。具有季碳原子的碳环化合物，用醌类化合物脱氢芳构化时，可使取代基发生移位，而不失去碳原子。例如：

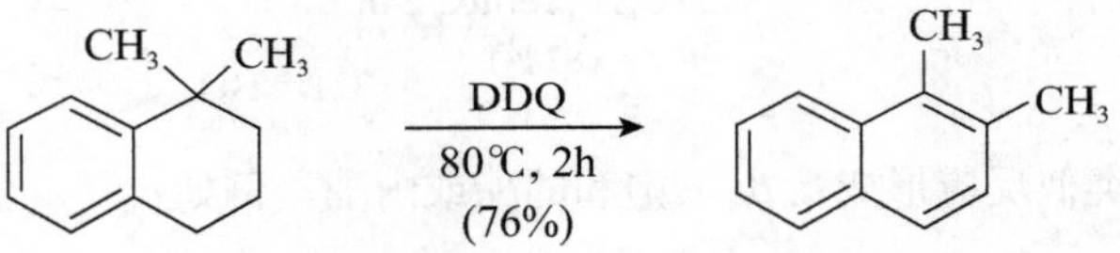

（3）氧化剂为脱氢剂　过量二氧化锰可使环己烯和环己二烯衍生物脱氢芳构化，且不影响其他易氧化基团。不饱和稠杂环化合物亦可发生类似脱氢芳构化反应生成稠杂环烃。此法操作简便。例如：

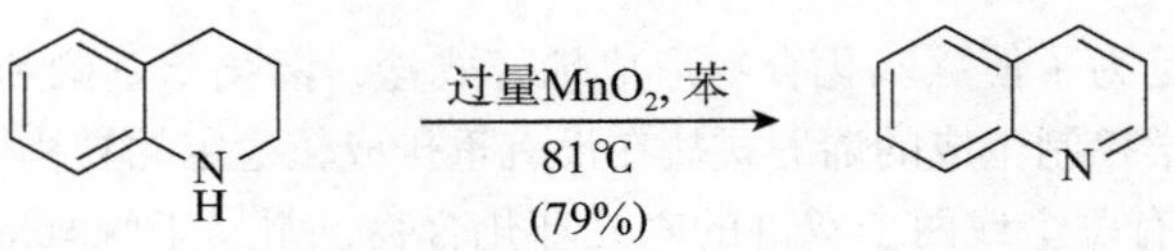

　　具有VO(OR)X$_2$形式的五价氧钒化合物是很有效的脱氢芳构化试剂，具有单电子转移氧化作用，它在温和的条件下进行反应。例如，能将下面的2-环己烯-1-酮经脱氢芳构化成相应的苯醚。

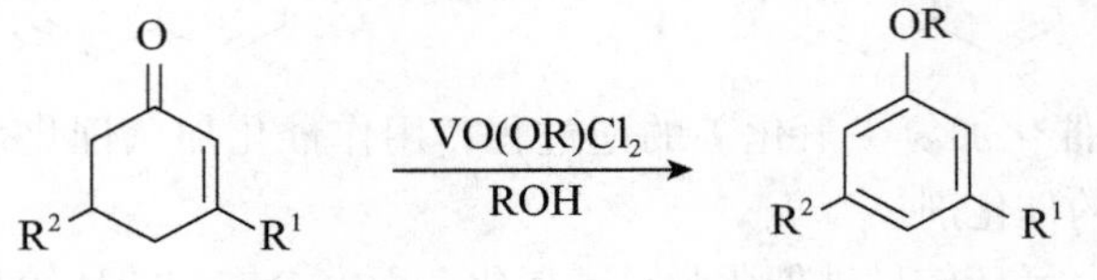

（二）加氧反应

1. 烯丙位的氧化　含有烯丙位的烃基具有一定的活性，可被氧化为醇、醛或酮而不破坏双键，常用的氧化剂有二氧化硒、三氧化铬-吡啶（Collins试剂）和过酸酯。

（1）二氧化硒为氧化剂　二氧化硒可将烯丙位甲基、亚甲基或次甲基氧化成相应的醇，正常反应条件下常发生进一步氧化，生成羰基化合物，所以产物通常是醛或酮。如果使用乙酸为反应介质，将生成的乙酸酯分离出来，经过水解则得到氧化产物醇。反应通式如下：

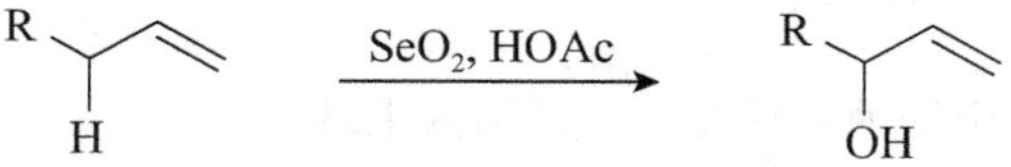

Sharpless 提出二氧化硒的氧化机理，由三个基本步骤构成：①二氧化硒作为亲烯组分和具有烯丙位氢的烯发生亲电烯反应；②脱水，同时发生 [2, 3]-σ 迁移重排；③生成的硒酯水解，得到烯丙位氧化产物。

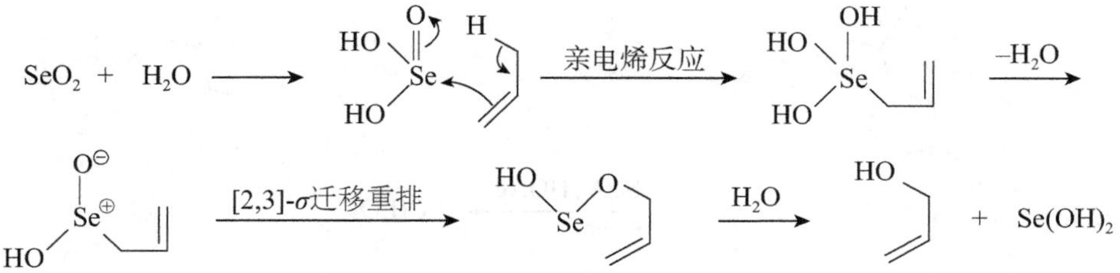

反应影响因素及应用实例：二氧化硒作为氧化剂，反应介质可影响氧化产物。一般情况下氧化产物是醛或酮。如果使用乙酸为反应介质，可得到氧化产物醇。

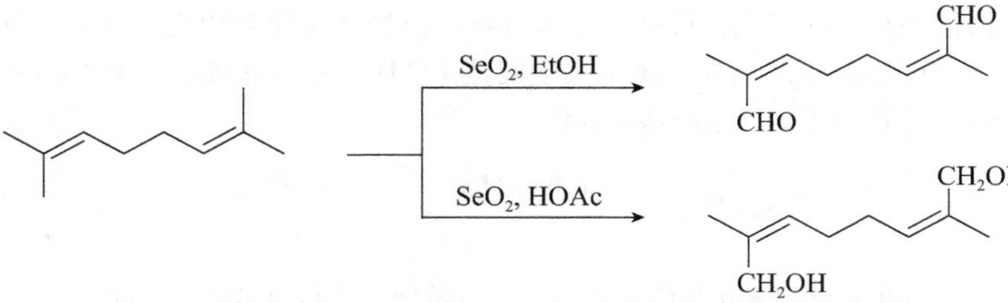

若化合物含有多个烯丙位活性位点，二氧化硒的选择性氧化规则如下。

1）优先氧化取代基多的一侧的烯丙位，产物以 *E*-式为主。

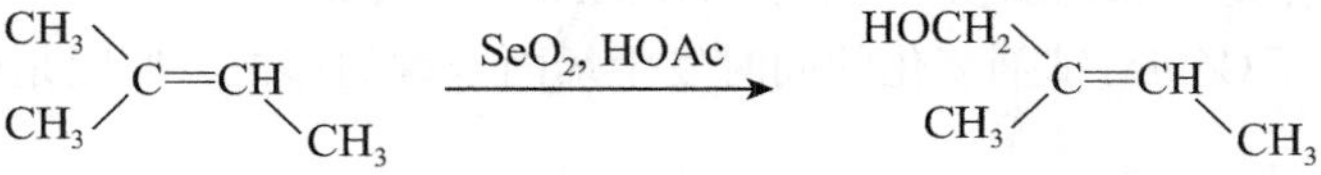

2）在不违背1）原则的情况下，氧化优先顺序为 $CH_2 > CH_3 > CH$。

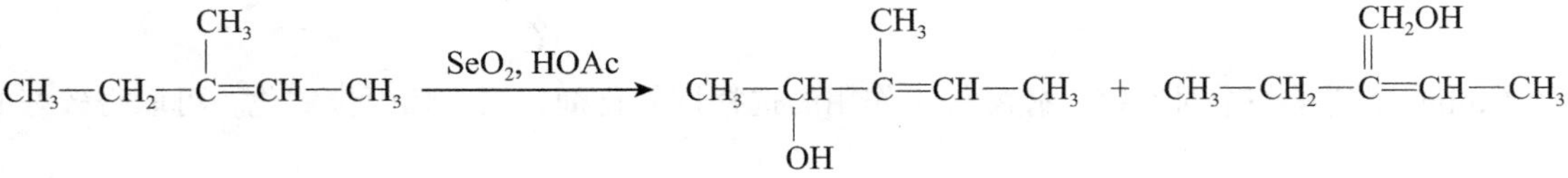

$$34 \quad : \quad 1$$

3）当1）2）相矛盾时，一般遵循规则1）。

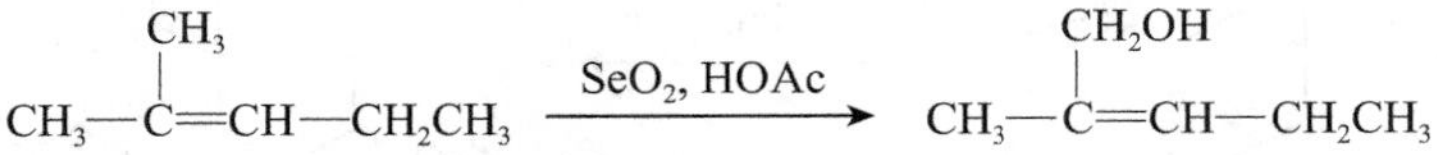

4）对于环内双键，氧化位置一般发生在双键碳上取代基较多一边的环上的烯丙位。

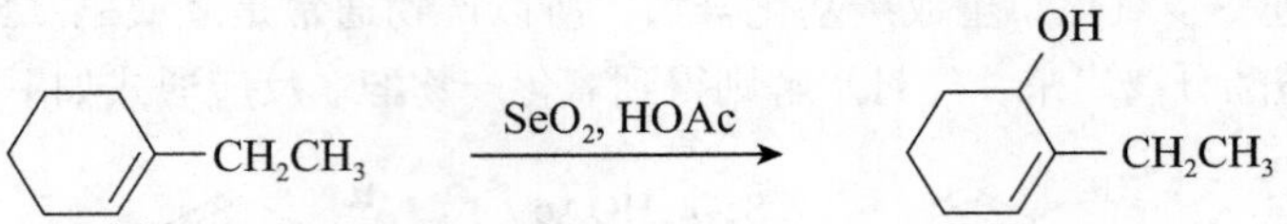

末端双键氧化，常会发生烯丙位重排，羟基引入末端。

例如，维生素类药物阿法骨化醇（alfacalcidol）中间体的合成中，用二氧化硒氧化烯丙位得到相应的醇。

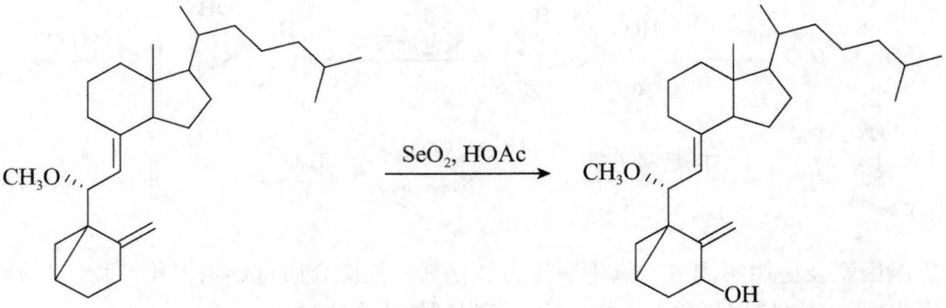

（2）氧化铬-吡啶（Collins试剂）为氧化剂　三氧化铬-吡啶络合物[CrO₃(Py)₂]溶解到二氯甲烷中形成的溶液为Collins试剂，可选择性地将烯丙位烃基氧化为相应的羰基，对双键、硫醚等不会产生影响。除Collins试剂外，氯铬酸吡啶盐（$C_6H_5N \cdot ClCrO_3H$，PCC）和铬酸叔丁醇酯{[(CH₃)₃CO]₂CrO₂}也可用于烯丙位烃基的氧化。

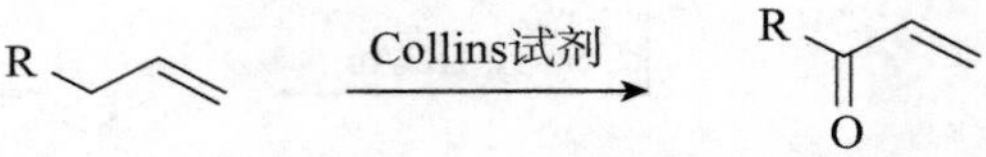

1）反应机理：Collins试剂氧化烯丙位烃基的反应机理属于自由基消除反应。

2）反应影响因素及应用实例：下面一些方法可选择性地氧化烯丙位烃基，并且产物收率较高。①在室温下用过量的Collins试剂或将PCC在二氯甲烷或苯中回流；②在硅藻土（或分子筛）存在下使用PCC；③在使用Collins试剂的同时加入3,5-二甲基吡唑。

在一些反应中，用Collins试剂氧化的同时发生烯丙双键的移位，原因是中间体烯丙基自由基转位，造成双键移位。

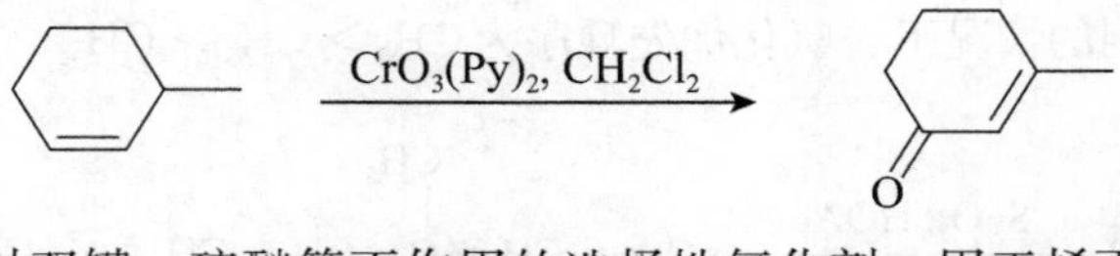

Collins试剂是一个对双键、硫醚等不作用的选择性氧化剂，用于烯丙位氧化，可取得较好的效果。

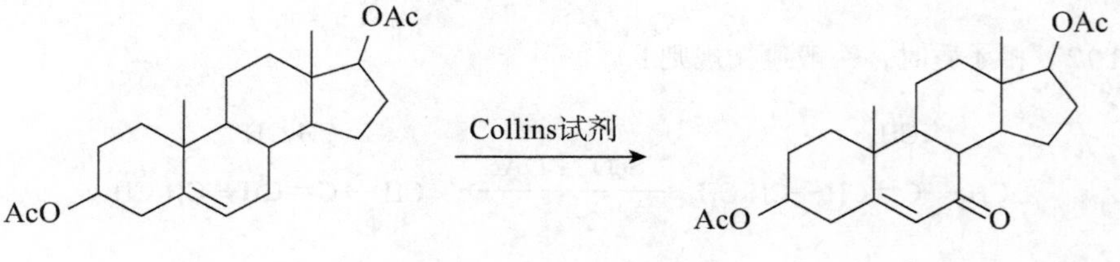

（3）有机过酸酯为氧化剂　以有机过酸酯作为氧化剂，可在烯丙位烃基上引入酰氧基，经水解得烯丙醇类。因为酰氧基不会被继续氧化，所以不存在进一步氧化产物。常用的试剂有过乙酸叔丁酯 [$CH_3COOOC(CH_3)_3$] 和过苯甲酸叔丁酯 [$C_6H_5COOOC(CH_3)_3$]。

1）反应通式如下：

$$R\diagdown\diagup\diagdown \xrightarrow{RCO_3C(CH_3)_3} \underset{OCOR}{R\diagdown\diagup\diagup} \xrightarrow{水解} \underset{OH}{R\diagdown\diagup\diagup}$$

2）反应机理：有机过酸酯氧化反应机理为自由基机理。

$$R-\overset{\overset{O}{\|}}{C}-O-O-C(CH_3)_3 \xrightarrow{Cu^{\oplus}} RCOO^{\ominus} + (CH_3)_3C\dot{O} + Cu^{2+}$$

$$\bigcirc + (CH_3)_3C\dot{O} \longrightarrow [\quad\longleftrightarrow\quad] + (CH_3)_3COH$$

$$[\quad\longleftrightarrow\quad] \xrightarrow{RCOO^{\ominus}/Cu^{2+}} [RCOO^{\ominus} + \quad\oplus\quad + Cu^{\oplus}] \longrightarrow \underset{}{\overset{OCOR}{}} + Cu^{\oplus}$$

3）反应影响因素及应用实例：环烯在溴化亚铜存在下和过苯甲酸叔丁酯反应，生成相应的酰氧基化合物，经水解得到醇。

$$\bigcirc \xrightarrow[CuBr]{C_6H_5COOOC(CH_3)_3} C_6H_5COO-\bigcirc \xrightarrow{水解} HO-\bigcirc$$

脂肪族烯烃发生此氧化反应时，常发生异构化。例如，1-丁烯和2-丁烯经过乙酸叔丁酯氧化，均得到90%的3-酰氧基-1-丁烯和10%的1-酰氧基-2-丁烯组成的混合物。原因为反应中可能存在亚铜离子和烯的配位作用，具有末端双键的烯烃和亚铜离子所形成的配位化合物比中间双键的烯烃所形成的类似配位化合物稳定，导致产物发生异构化。

$$\begin{array}{c} CH_3CH_2CH=CH_2 \\ CH_3CH=CHCH_3 \end{array} \xrightarrow[CuBr]{CH_3COOOC(CH_3)_3} \underset{\underset{(90\%)}{OCOCH_3}}{CH_3CHCH=CH_2} + \underset{\underset{(10\%)}{OCOCH_3}}{CH_3CH=CH-CH_2}$$

2. 脂肪族饱和烃的氧化　碳-氢键氧化是相当困难的，但对于叔丁烷来说，可在催化剂量的HBr作用下利用空气中的氧发生氧化，生成稳定性较好、收率较高的叔丁基过氧醇。叔丁基过氧醇是一个有着较广泛应用价值的过氧化物，可直接和醇或环类化合物发生反应，生成过氧化物。

$$(CH_3)_3CH \xrightarrow[163℃]{O_2/HBr催化} (CH_3)_3COOH$$

3. 环烷烃的氧化　叔碳原子上的碳-氢键比饱和烃中其他碳-氢键易被氧化。碳-氢键的活性：叔＞仲＞伯。具有叔碳-氢键结构的化合物，如含稠双环或多脂环族化合物，它们的桥头碳优先被氧化。氧化产物为桥头叔醇。

$$\underset{}{\overset{CH_3}{\bigcirc}} \xrightarrow[3℃. days]{PhCH_2NEt_3, MnO_4/AcOH} \underset{(72\%)}{\overset{CH_3}{\underset{OH}{\bigcirc}}} + \underset{(3\%)}{\overset{O}{\bigcirc}CH_3}$$

$$\xrightarrow[\text{35℃, 1h, r.t., 67 h}]{\text{CrO}_3/\text{Ac}_2\text{O}/\text{AcOH}}$$

$$\xrightarrow[\text{-78~60℃, 2h, r.t.,3 h}]{\text{O}_3/\text{SiO}_2}$$

二、烯烃的氧化

（一）双羟化反应

烯键可以被 KMnO_4、OsO_4、$\text{I}_2/$ 羧酸银等氧化而生成 1, 2- 二醇，即烯键的全羟基化作用在分子降解和全合成方面十分有用。所使用的氧化剂不同，产物的立体构型也不同，但都属于亲电加成机制。

1. 顺式羟基化

（1）反应通式

（2）反应机理　高锰酸钾氧化反应为亲电加成反应机理。中间生成的酯是经水解生成邻二醇还是进一步氧化，取决于反应介质的 pH。pH 在 12 以上，有利于水解生成邻二醇；pH 低于 12，则有利于进一步氧化，生成 α- 羟基酮或断键的产物。高锰酸钾过量或浓度过高都对进一步氧化有利。

四氧化锇的氧化反应亦属于亲电加成反应机理。其氧化机理与高锰酸钾类似，形成环状的锇酸酯。锇酸酯不稳定，常加入叔胺（如吡啶）组成络合物，以稳定锇酸酯，并加速反应。之后水解生成邻二醇。锇酸酯的水解是可逆反应，常加入一些还原剂，Na_2SO_3、NaHSO_3 等使锇酸还原成金属锇而沉淀析出，以打破平衡，完成反应。

（3）反应影响因素及应用实例

1）用高锰酸钾（KMnO_4）氧化烯键是烯烃全羟基化中应用较广泛的方法。用水或含水有机溶剂（丙酮、乙醇或叔丁醇）作溶剂，加计算量低浓度（1%～3%）的高锰酸钾，在碱性条件（pH > 12）下低温反应，需仔细控制反应条件，以免进一步氧化。不饱和酸在碱性溶液中溶解，该法特别适用于不饱和酸的全羟基化，收率也高，如油酸全羟基化的收率达 80%。

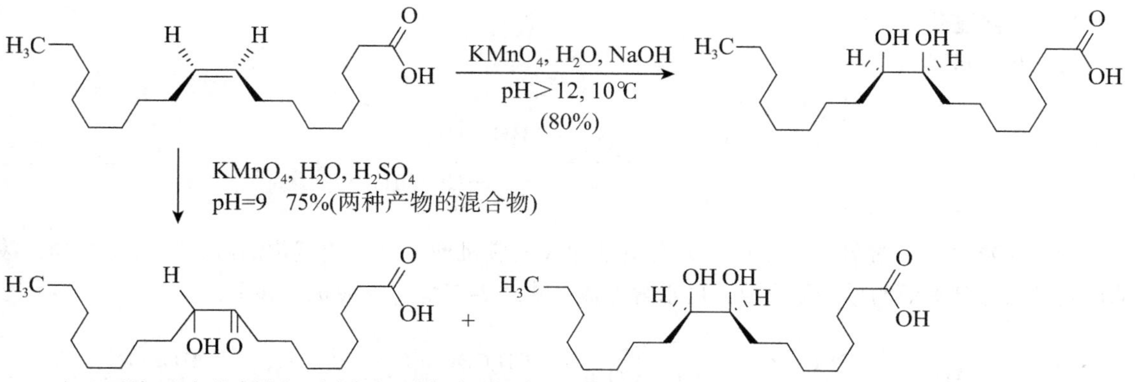

对于不溶于水的烯烃，用高锰酸钾氧化时，可加入相转移催化剂。例如，顺式环辛烯的全羟基化，在相转移催化剂存在时，收率为50%，而没有相转移催化剂时，收率仅7%。

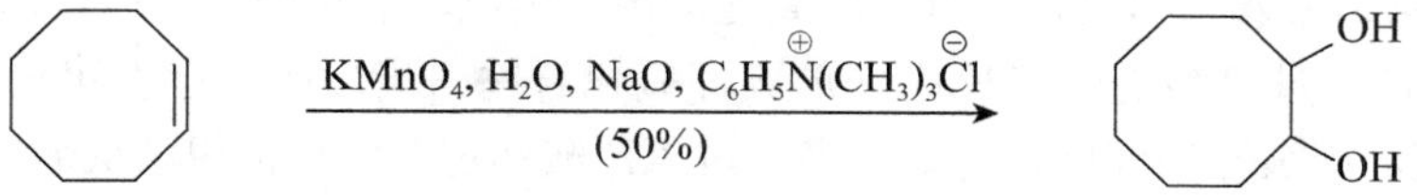

2）用四氧化锇（OsO₄）使烯烃双键全羟基化，得到顺式羟基，在位阻小的一面形成1,2-二醇，收率较高。OsO₄价贵且有毒，实验中常用催化量的OsO₄和其他氧化剂（如氯酸盐、碘酸盐、过氧化氢等）共用。反应中，催化量的OsO₄先与烯烃生成锇酸酯，进而水解成锇酸，再被共用的氧化剂氧化又生成OsO₄而参与反应。所以，和单独使用OsO₄效果一样，生成顺式1,2-二醇。并且可使三取代或四取代双键氧化成1,2-二醇，而单独用氯酸盐或过氧化氢一般是不可能的。此法优点是可以减少OsO₄的用量，缺点是可能产生进一步氧化的产物。

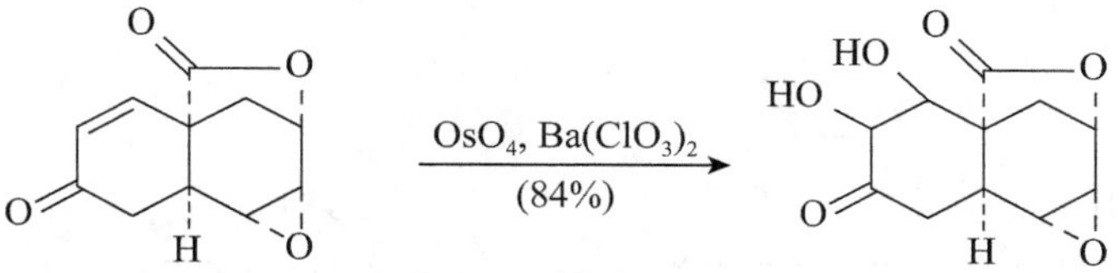

3）I₂/湿羧酸银氧化（Woodward氧化）：由1mol和2mol羧酸银（乙酸银或苯甲酸银）所组成的试剂，称为Prévost试剂。该试剂是氧化烯烃制备邻二醇的常用试剂，反应条件温和，反应专一性好，选择性和收率良好，且游离碘不会影响分子中的其他敏感基团。I₂/湿乙酸银氧化烯键的机理为亲电加成反应。比较用四氧化锇（OsO₄）及I₂/湿羧酸银作氧化剂，由于反应机理不同，二者立体化学特点正好相反，在刚性分子的双键氧化中特别有利用价值。

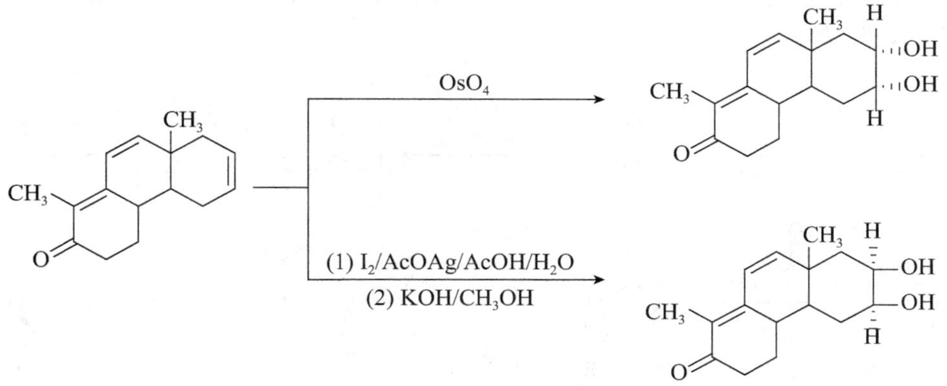

2. 反式羟基化

（1）反应通式

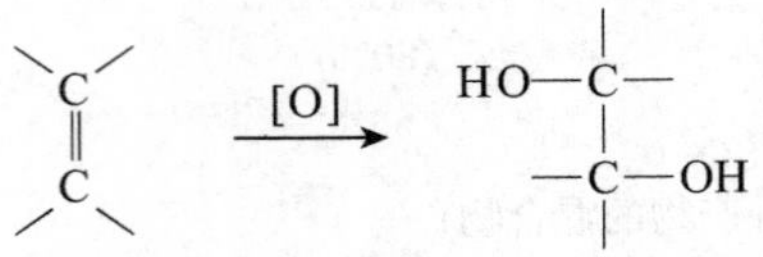

（2）反应机理　过氧酸氧化反应为自由基加成反应机理。过氧酸氧化烯键成环氧化合物，羧基负离子从烯键平面的另一侧进攻，再水解形成反式1, 2-二醇。反应机理如下：

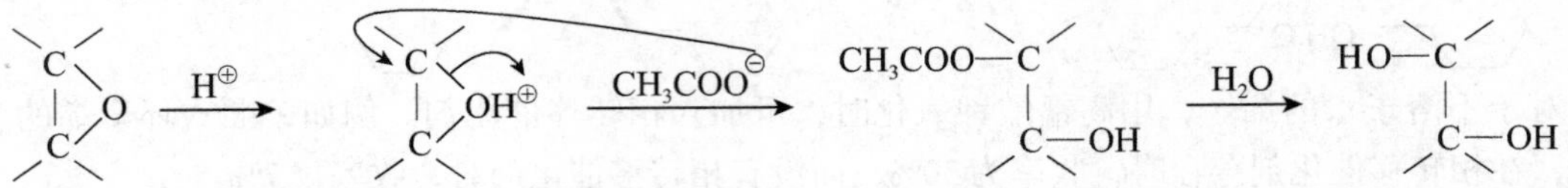

（3）反应影响因素及应用实例　过氧酸氧化烯键可生成环氧化合物，亦可形成1, 2-二醇，主要取决于反应条件。过氧酸与烯键反应先形成环氧化合物，当反应中存在可使氧环开裂的条件（如酸）时，则氧环即被开裂成反式1, 2-二醇。过氧乙酸和过氧甲酸常用于从烯烃直接制备反式1, 2-二醇。例如：

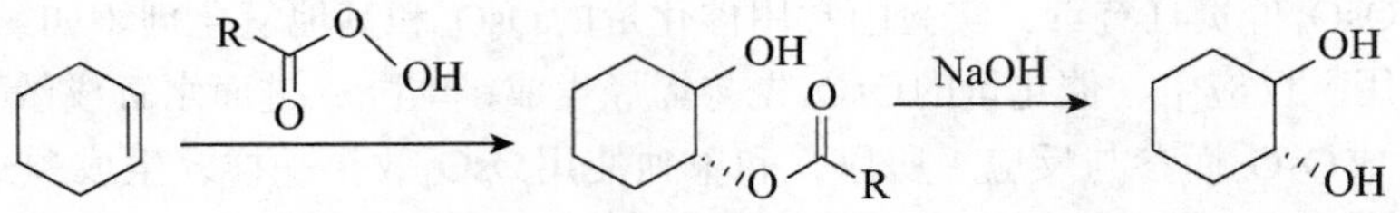

该反应也可分两步进行，先用过氧酸氧化烯键成环氧化合物，分离后加酸分解。该法较广泛地用于反式1, 2-二醇的制备。例如：

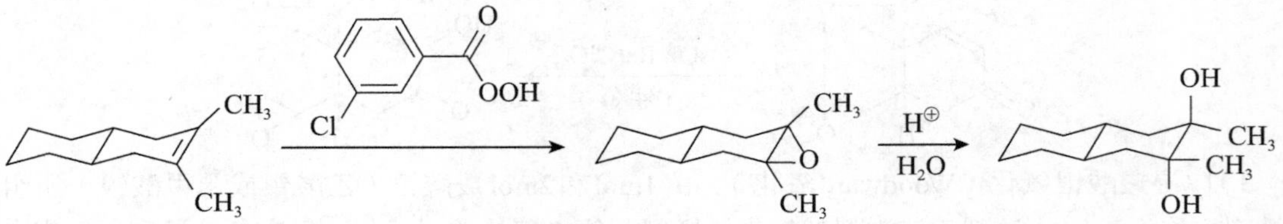

此外，I_2/无水羧酸银氧化（Prévost氧化）法，是制备反式1, 2-二醇的有效方法之一。以I_2和羧酸银试剂在无水条件下和烯键作用，可获得反式1, 2-二醇的双乙酰衍生物，进而水解得反式1, 2-二醇。Prévost氧化与Woodward氧化类似，均经历三元碘离子和五元环状中间体。唯一的差别是在无水条件下，酯氧负离子从另一面进攻五元环状中间体，形成反式邻二醇的双酯，其进一步水解即得到反式邻二醇。

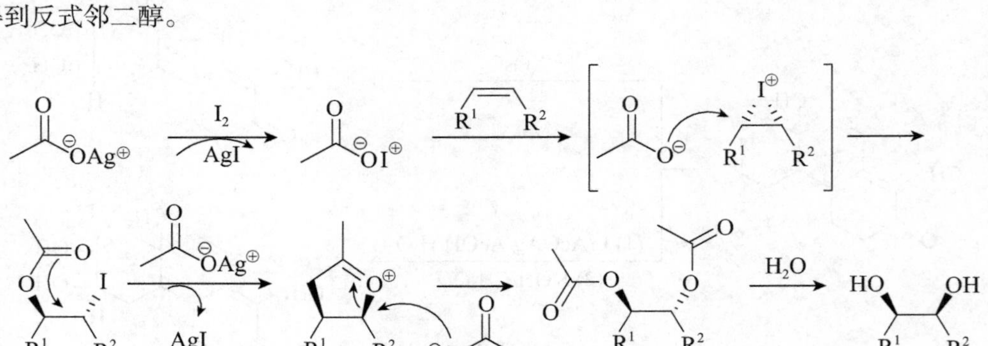

Prévost反应氧化烯烃制备反式邻二醇的反应条件温和，不会影响其他敏感基团。

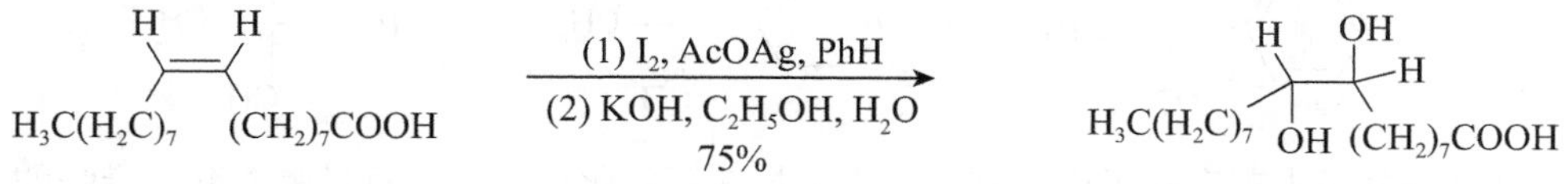

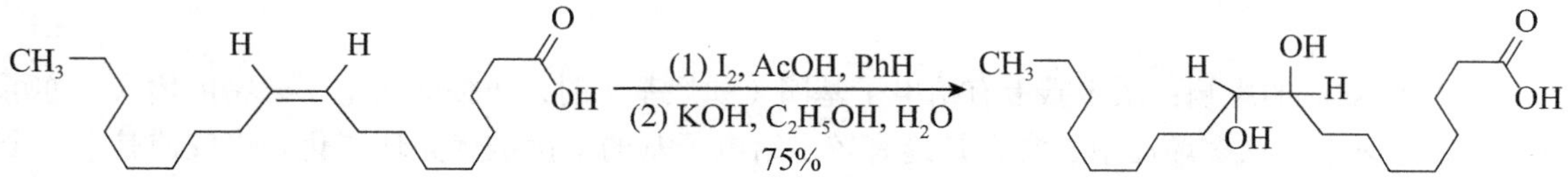

（二）环氧化反应

烯键用一定量的有机过氧酸在无水惰性的有机溶剂中低温处理，则生成1,2-环氧化合物，本反应亦称为环氧化反应。常用的过氧酸氧化剂有过氧苯甲酸、过氧邻苯二甲酸、过氧乙酸、过氧甲酸及三氟过氧乙酸，要根据烯键邻近结构的不同而选择适合的氧化剂。

氧化反应如在水溶液中进行，则生成的中间体环氧化合物将被进一步水解成1,2-二醇类。因此本方法是制备1,2-环氧化合物类或1,2-二醇类的简易方法。

1. 不与羰基共轭的烯键的环氧化 这类烯烃的电子云较丰富，它们的环氧化常具有亲电性特点。常用的氧化剂为过氧化氢、烷基过氧化氢、有机过氧酸等。

（1）反应通式

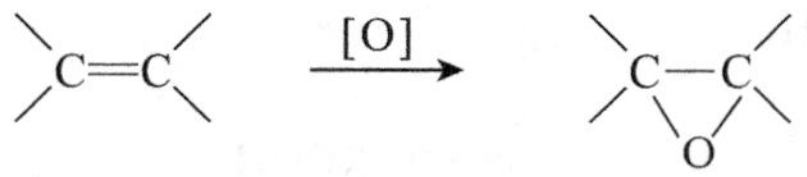

（2）反应机理 根据使用环氧化试剂的不同，反应机理也有所不同。

在腈存在时，碱性过氧化氢可使富电子双键发生环氧化。实际上，起作用的是腈和碱性过氧化氢生成的过氧亚胺酸（peroxy carboximidic acid），后者为亲电性环氧化剂。其机理如下：

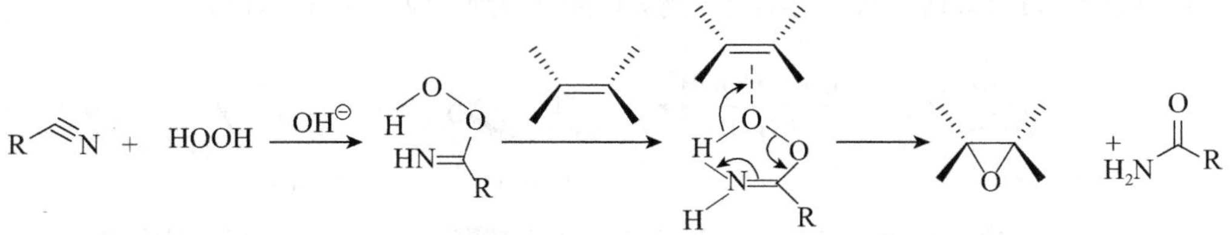

由有机过氧酸亲电性进攻双键而发生的环氧化反应机理为自由基加成反应。

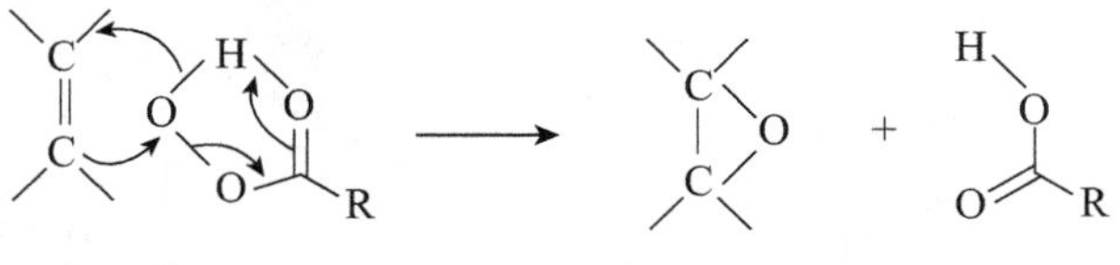

（3）反应影响因素及应用实例

1）溶剂的影响：反应通常在烃类溶剂中进行，烯烃本身也是良好的反应溶剂。醇或酮不宜作为溶剂使用，因为它们会发生氧化副反应，给产物的纯化造成困难。

2）过氧化物结构的影响：烷基过氧化氢的结构可影响反应速率，当烷基上有吸电子基团时，可增加环氧化速率。例如，用$Mo(CO)_6$作催化剂使2-辛烯环氧化时，不同的烷基过氧化氢有不同的反应速率，存在下列规律：

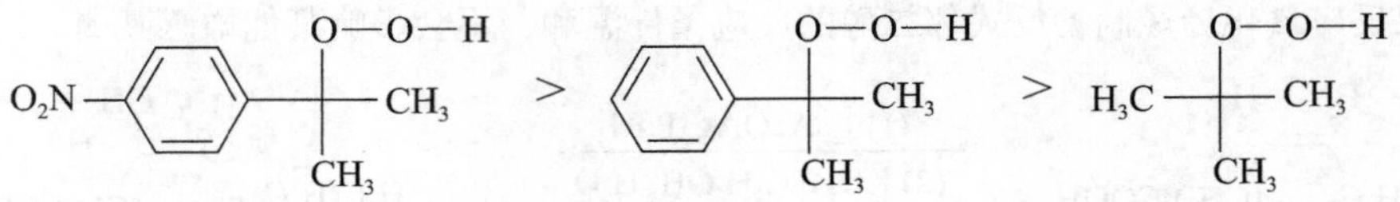

有机过氧酸分子中若存在吸电子基团，亦可加速环氧化反应。三氟过氧乙酸是最强的有机过氧酸。

3）电子效应的影响：烯键碳上有给电子基团（如烃基）时，可使烯键电子云密度增大，亦可增加环氧化速率。在多烯烃中，常常是连有较多给电子基的双键被优先环氧化。当仅使其中一个双键环氧化时，甲基取代的烯键常优先反应。例如：

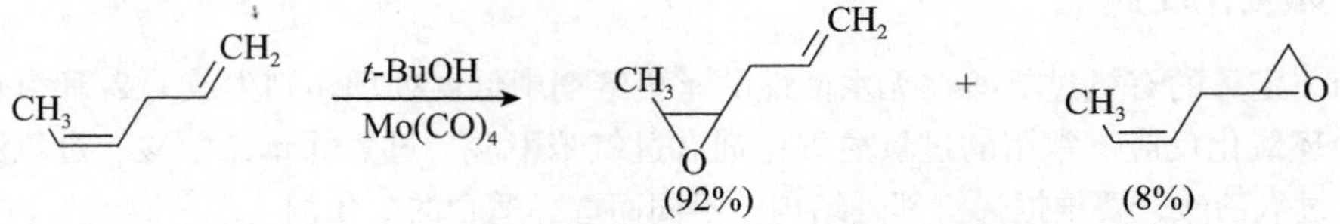

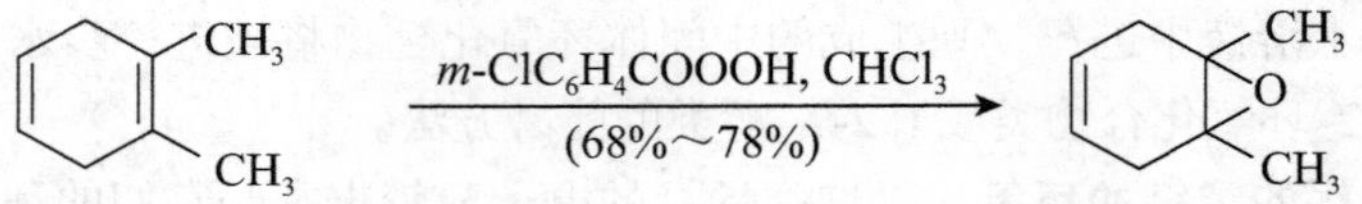

4）立体效应的影响：环烯烃的环氧化一般较易发生，当不含有复杂基团时，环烯烃环氧化的立体化学由立体因素决定。例如，1-甲基-4-异丙基环己烯被环氧化时，氧环在位阻较小的侧面形成。

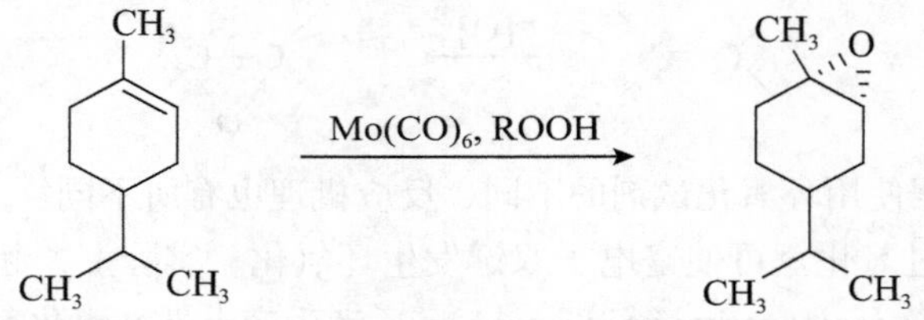

在环烯烃中，过氧酸通常从位阻小的一侧进攻烯键得到相应的环氧化合物。

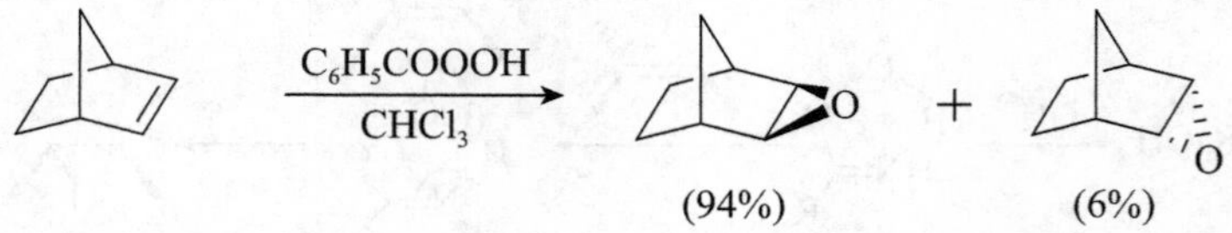

烯丙位的羟基对过氧酸的环氧化存在明显的立体化学影响，即羟基和所形成的氧环处在同侧的化合物为主产物。据此认为，在过渡态中，羟基和试剂之间形成氢键，有利于在羟基同侧环氧化。例如：

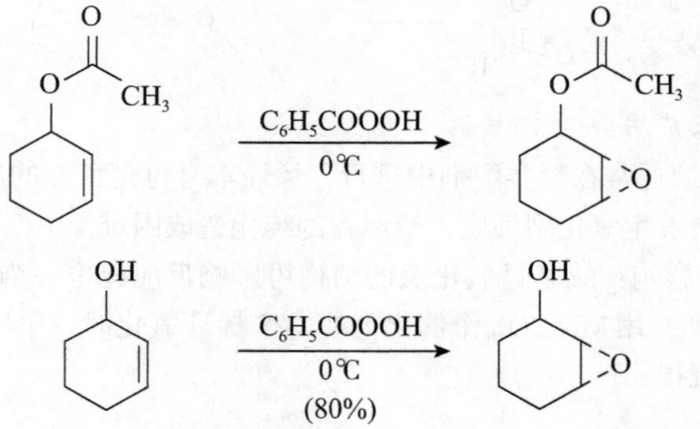

依普利酮（eplerenone）是一种选择性醛甾酮受体抑制剂，能特异性地抑制激素醛甾酮的功能，是治疗高血压和其他心血管疾病的药物。在其合成的最后步骤中，用过氧化氢作氧化剂，使前体化合物C-9位和C-11位双键发生环氧化反应，生成目标化合物依普利酮。

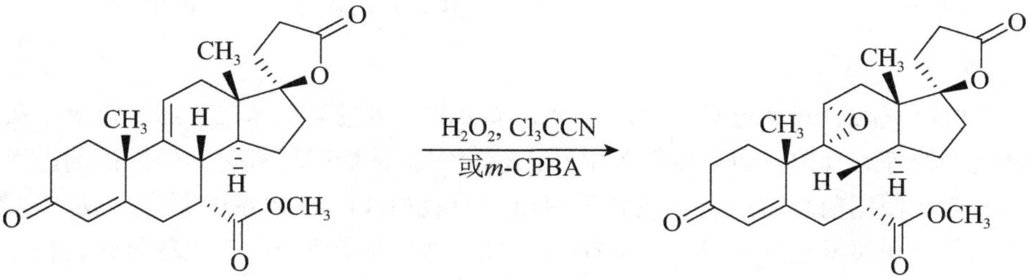

依普利酮

碱性过氧化氢在腈存在时可使富电子烯键发生环氧化。例如：

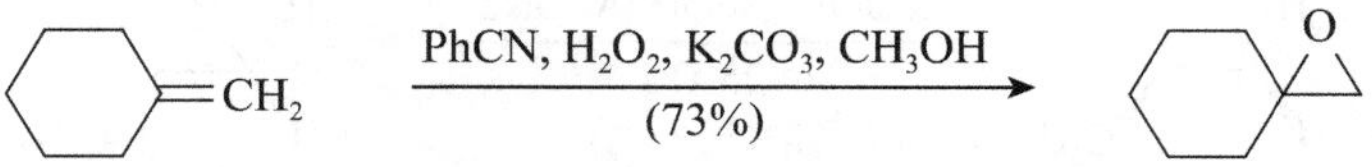

该试剂不和酮发生Baeyer-Villiger反应，常用来使非共轭不饱和酮中的烯键环氧化。在非共轭不饱和酮中，烯键富电子，碱性过氧化氢选择性作用于烯键，而不影响酮羰基；而用过氧酸时，则会发生Baeyer-Villiger氧化。

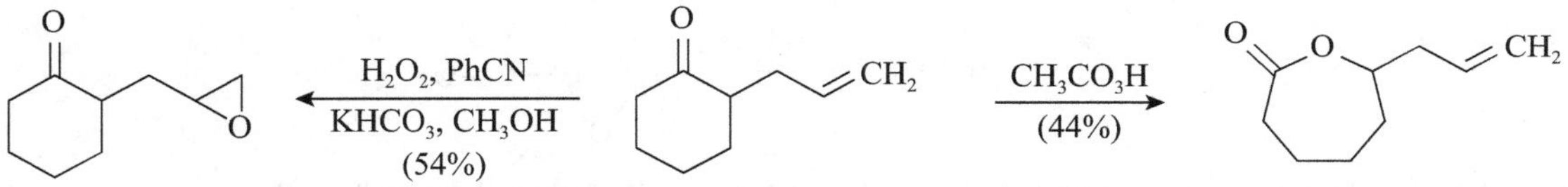

过渡金属络合物催化过氧化氢或烷基过氧化氢对烯键的环氧化反应。这类络合物包括由钒（V）、钼（Mo）、钨（W）、铬（Cr）、锰（Mn）和钛（Ti）所构成的络合物。

Mo(CO)$_6$、VO(acac)$_2$和salen-锰络合物对非官能化烯键的环氧化是最有效的催化剂。以Mo(CO)$_6$作催化剂时，常用烷基过氧化氢作氧化剂。例如：

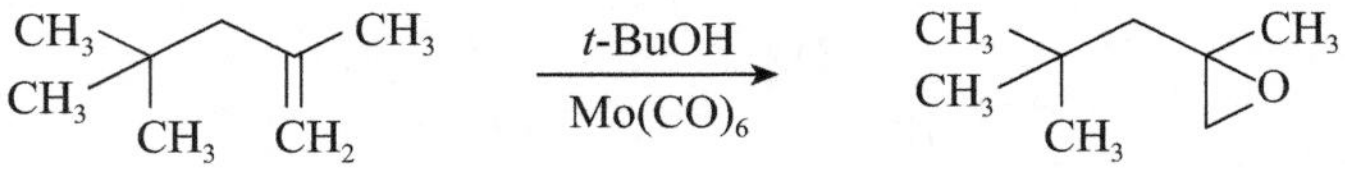

该类过渡金属络合物催化剂对烯丙醇的双键环氧化有明显的选择性。例如，下例两个烯烃中各含有两个双键，在过渡金属络合物催化下，用烷基过氧化氢作氧化剂，能选择性地环氧化烯丙醇双键。

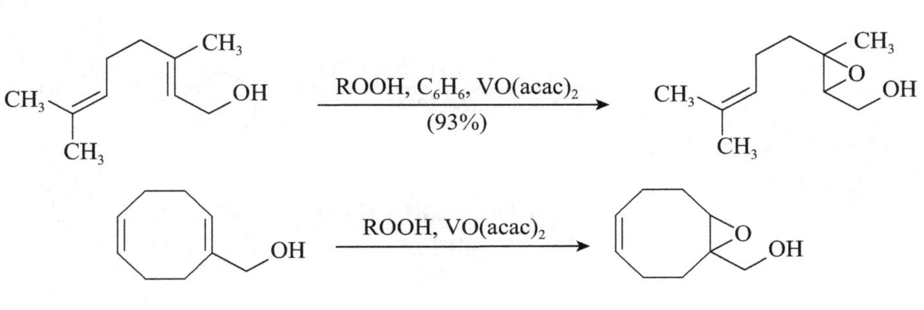

氧环合羟基处于顺式的异构体在反应产物中占绝对优势。例如：

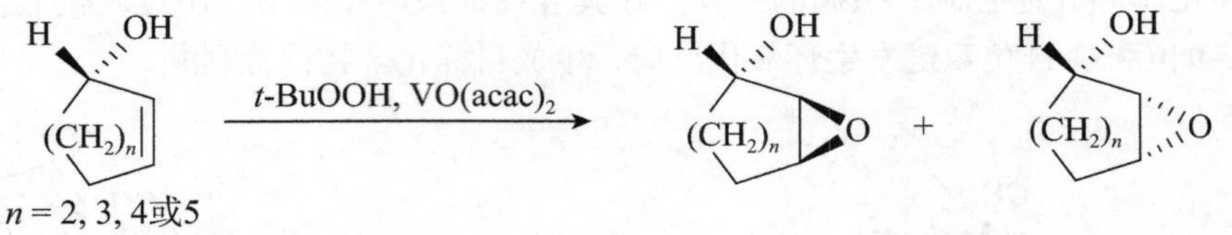

$n = 2, 3, 4 或 5$

常用的有机过氧酸有间氯过氧苯甲酸、过氧苯甲酸、单过氧邻苯二甲酸、过氧甲酸、过氧乙酸、三氟过氧乙酸等。其中，间氯过氧苯甲酸比较稳定，是烯键环氧化的较好试剂；而其余试剂不太稳定，一般在使用前新鲜制备，或者采用相应的酸和 H_2O_2 在体系中原位生成。过氧苯甲酸、单过氧邻苯二甲酸和间氯过氧苯甲酸均可在适当的溶剂中直接使用以合成环氧化合物。其他过氧酸（如过氧乙酸）需在缓冲剂（如 AcONa）存在下，才能得到环氧化合物，否则反应过程中释放的酸不断增加会破坏所生成的环氧化物，形成邻二醇的单酰基化合物或其他副产物。

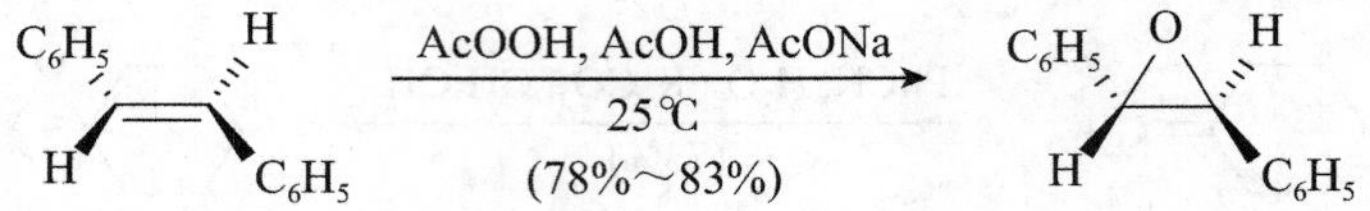

2. α, β-不饱和羰基化合物的环氧化　α, β-不饱和羰基化合物中与羰基共轭的碳碳双键一般选用过氧化氢或叔丁基过氧化氢（t-BuOOH），在碱性条件下使之环氧化，得到 α, β-环氧基羰基化合物。

（1）反应通式

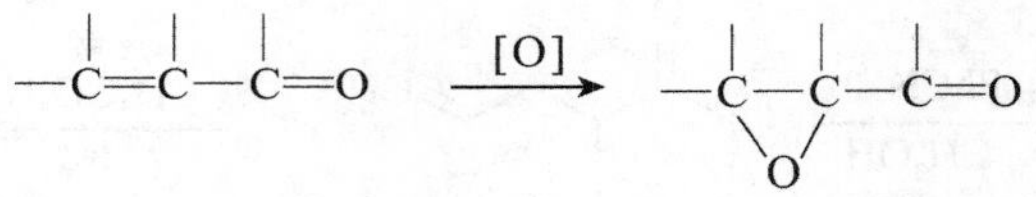

（2）反应机理　α, β-不饱和羰基化合物的环氧化反应机理属于亲核加成反应。

$HOO^{\ominus}$ 对不饱和双键亲核加成形成双键移位的氧负离子中间体，该中间体消除 $OH^{\ominus}$，即得到环氧化合物。

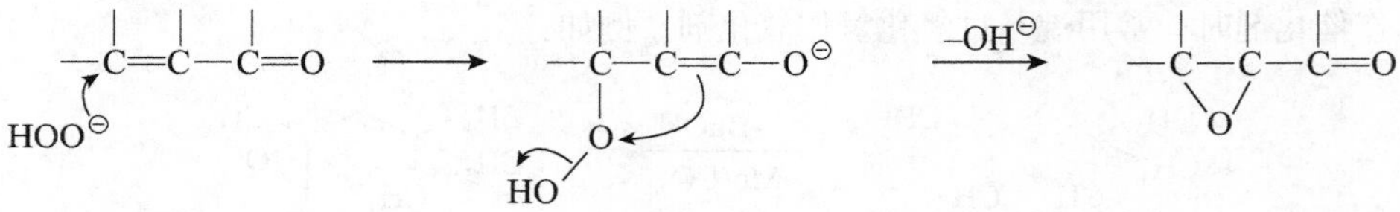

（3）反应影响因素及应用实例

1）pH 的影响：对于 α, β-不饱和醛的环氧化，pH 不同，产物的结构可能不同。例如，桂皮醛在碱性过氧化氢作用下得到环氧化的酸；而调节 pH 为 10.5，用 t-BuOOH 氧化，则生成环氧化的醛。

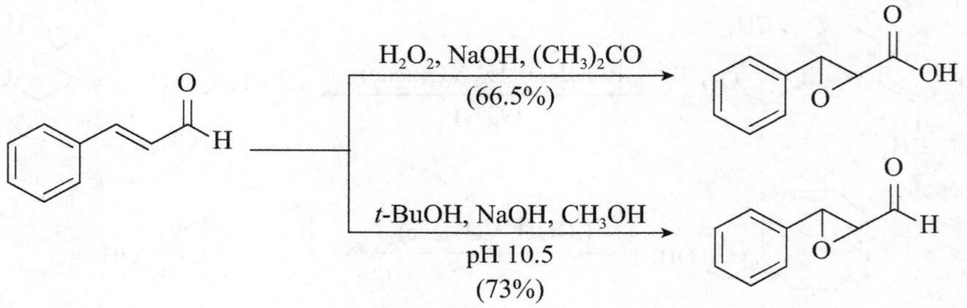

对于不饱和酯的环氧化，控制pH可使酯基不被水解。例如，下例中的酯在pH 8.5～9.0时，环氧化可得到较高收率的环氧化合物，酯基不被水解。

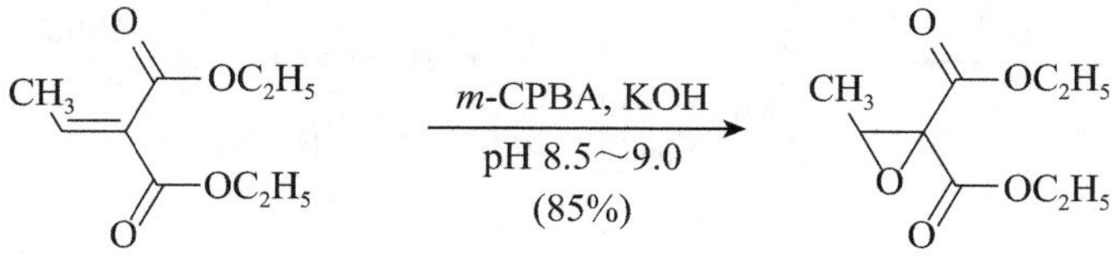

2）立体效应的影响：在环氧化反应过程中，双键的构型可能由不太稳定的构型变为稳定的构型。例如，下例中Z型和E型的3-甲基-3-烯-2-戊酮经碱性过氧化氢处理，氧化得到相同的E型环氧化合物。

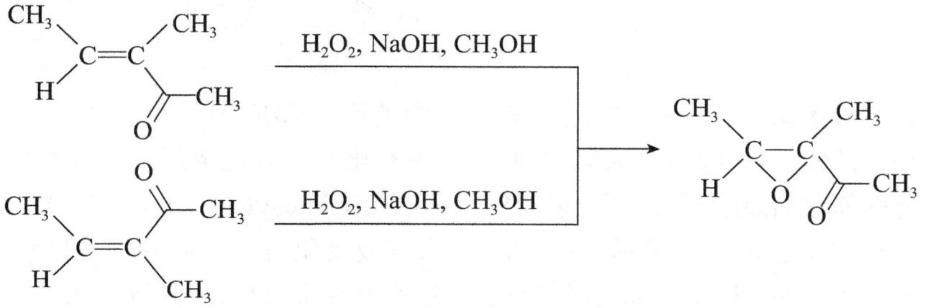

甾体抗炎药泼尼卡酯（prednicarbate）的重要中间体16α, 17β-环氧-3β-羟基孕甾-5-烯-20-酮的制备就是采用30%H_2O_2碱性溶液进行D环双键环氧化的，收率可达87.5%。

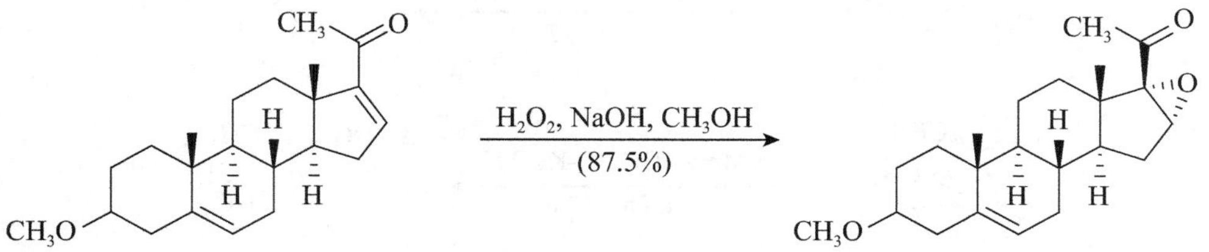

（三）氧化裂解

1. 高锰酸盐氧化　最常用、最简单的将烯键断裂氧化的方法是高锰酸钾法。在适宜条件下，高锰酸钾可直接氧化烯键使之断裂成相应的醛、酮或羧酸等羰基化合物，是药物合成中断裂碳碳双键最常用的方法。

（1）反应通式

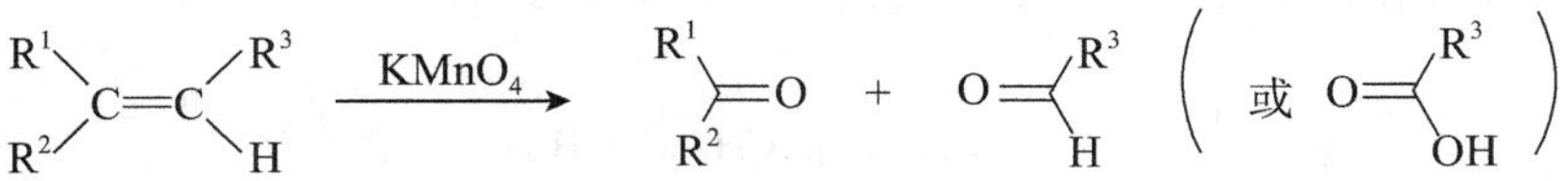

（2）反应机理　高锰酸钾氧化反应为亲电加成反应机理。

中间生成的酯经水解生成邻二醇。如果进一步氧化，取决于反应介质的pH。pH在12以上时，有利于水解生成邻二醇；pH低于12时，则有利于进一步氧化，生成α-羟基酮或断键的产物。高锰酸钾过量或浓度过高都对进一步氧化有利。

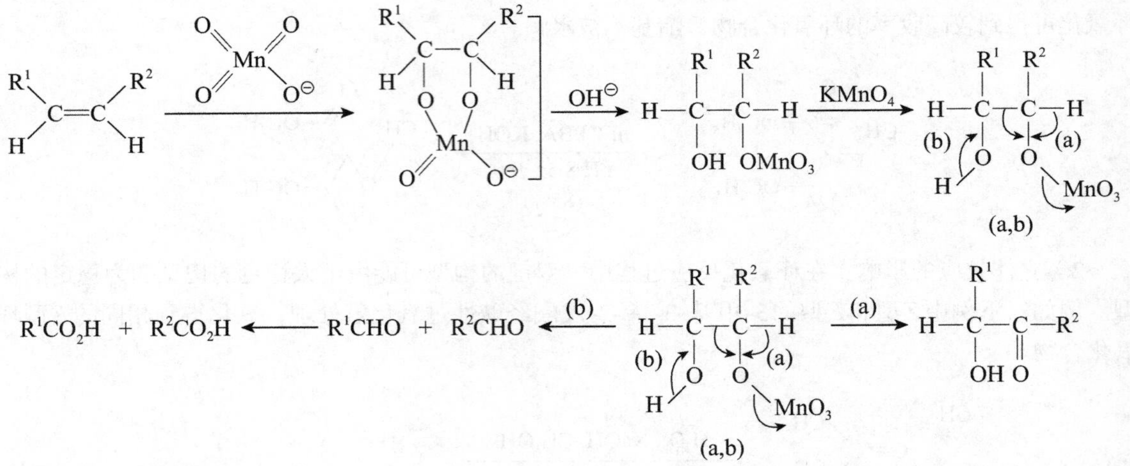

（3）反应影响因素及应用实例　反应通常在水中进行，水溶性较差或水中不太稳定的烯烃则可由四烷基铵高锰酸盐（由 R_4NX 与 $KMnO_4$ 制得）做氧化剂在有机溶剂中进行氧化，或者向反应体系中加入相转移催化剂冠醚[如二环己基-18-冠-6（dicyclohexyl-18-crown-6，$DC_{18}C_6$）]则可显著提高产品收率；如二苯乙烯或 α-蒎烯在用 $KMnO_4$ 水溶液氧化时，不加冠醚，收率为40%～60%；加入冠醚，收率提高到90%以上。加冠醚的反应一般在室温下进行，温度过高会使冠醚-高锰酸钾络合物分解。

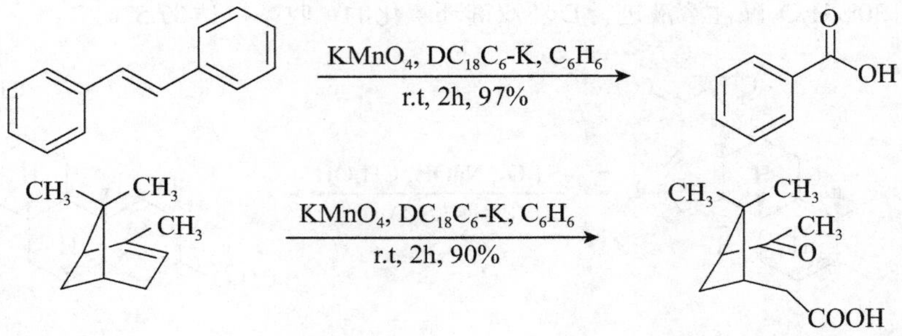

单用高锰酸钾氧化，反应选择性差（其他易氧化基团也可同时被氧化），污染大，生成大量 MnO_2，增加了后处理的困难，同时吸附大量产物，也增加了产物被进一步氧化的危险。

改用含高锰酸钾的高碘酸钠溶液作氧化剂（$NaIO_4$：$KMnO_4$=6：1，Lemieux试剂）氧化双键，使之断裂的方法称为Lemieux-von Rudloff法。此法没有单用高锰酸钾的缺点。其原理如下：高锰酸钾先氧化双键成1,2-二醇，接着高碘酸钠氧化1,2-二醇成碳碳键断裂产物，同时，高碘酸钠将+5价的锰氧化成高锰酸盐继续反应。该法条件温和，收率高。例如：

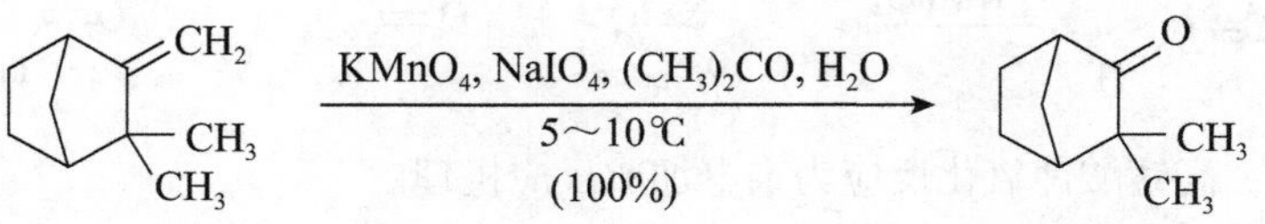

2. 四氧化锇（OsO_4）氧化　用四氧化锇（OsO_4）氧化可以断裂烯烃为酮或醛。首先是 OsO_4 将双键进行全羟基化后，再用高碘酸钠进行分解。

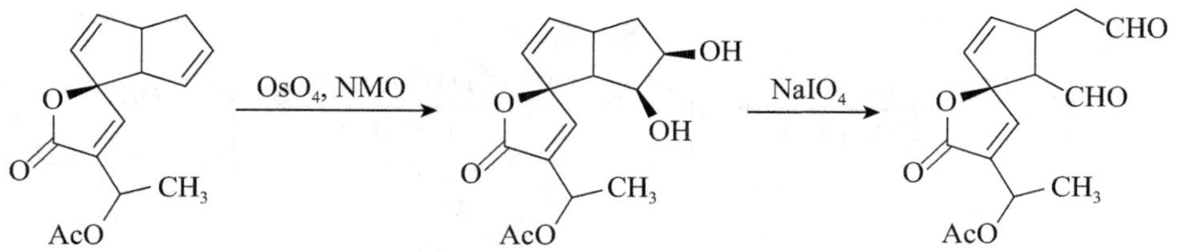

3. 臭氧分解 是烯键和臭氧反应生成臭氧化物，随后该臭氧化物分裂的过程。该法是氧化断裂烯键的常用方法。

（1）反应通式

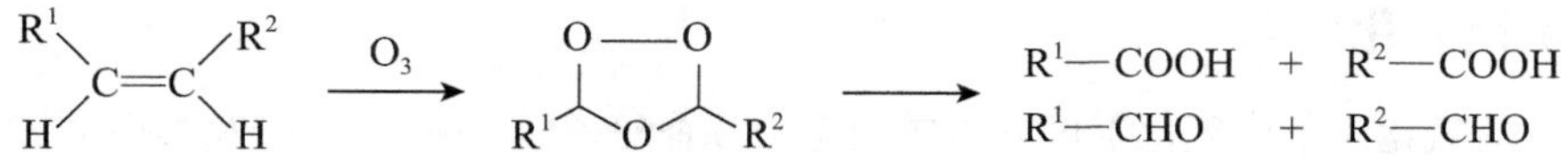

（2）反应机理 该反应机理为亲电加成反应。

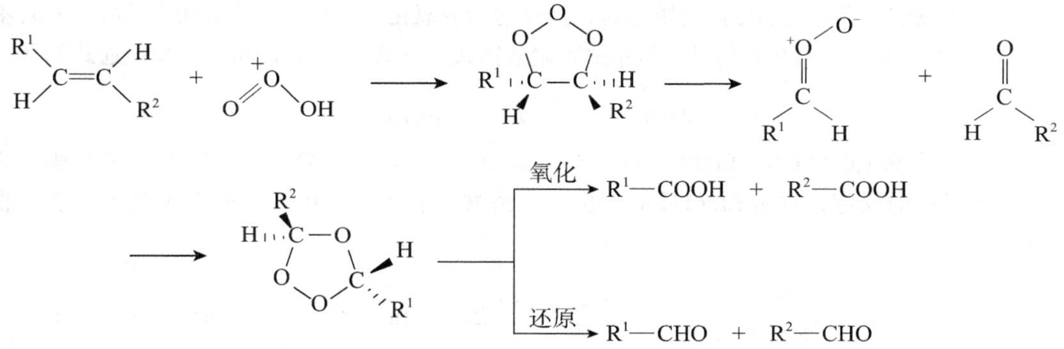

（3）反应影响因素及应用实例 臭氧是亲电试剂，和烯键反应形成臭氧化物。后者可被氧化或还原断裂成羧酸、酮或醛。产物取决于所用方法和烯烃的结构。反应常在二氯甲烷或甲醇等溶剂中低温下通入含2%～10%O$_3$的氧气中进行。生成的粗臭氧化物不经分离，直接用过氧化氢或其他试剂氧化分解成羧酸或酮。四取代烯得2分子酮，三取代烯得1分子酸和1分子酮，对称二取代烯得2分子酸。生成的粗过氧化物用还原剂还原分解可得醛和酮。常用的还原方法有催化氢化、锌粉和酸的还原、亚磷酸三甲（乙）酯还原等。用二甲硫醚在甲醇中和臭氧化物反应，也可得到很好的还原效果，反应选择性高，分子内的羰基和硝基不受影响，在中性条件下反应。例如：

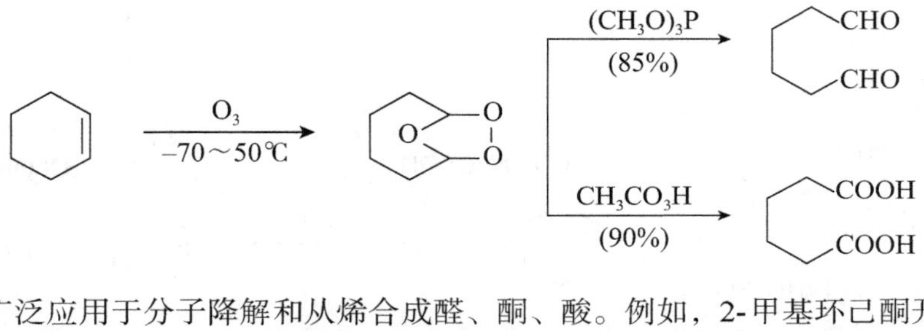

臭氧分解广泛应用于分子降解和从烯合成醛、酮、酸。例如，2-甲基环己酮开环合成2-酮庚酸：用氢化钠、三甲基氯硅烷使2-甲基环己酮变成烯醇式硅醚，进而臭氧化、还原得到目标产物。

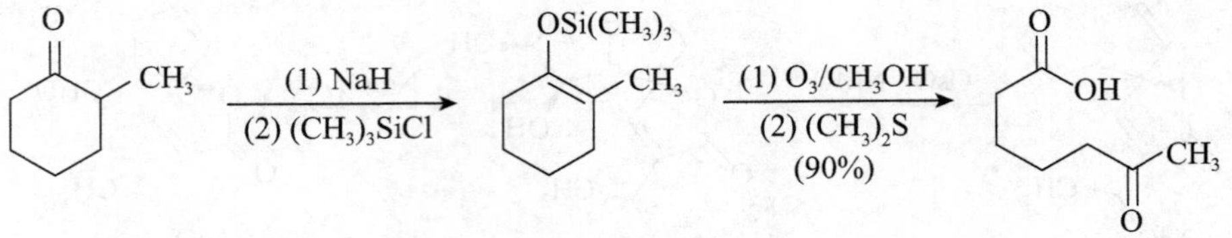

（上部为反应式：2-甲基环己酮经 (1) NaH (2) (CH₃)₃SiCl 生成烯醇硅醚，再经 (1) O₃/CH₃OH (2) (CH₃)₂S (90%) 生成开链的羧基酮化合物）

三、芳烃的氧化

芳烃的氧化包括侧链的氧化和芳香环的氧化裂解。

（一）侧链氧化

芳烃侧链的氧化（苄位氧化）可以生成相应的芳香醇、醛（酮）、羧酸及其衍生物，产率一般较高。由于反应过程中形成苄基自由基或苄基碳正离子中间体，能够与苯基产生共轭效应，使结构稳定，故芳烃侧链的氧化比较容易发生，反应收率较高。

1. 氧化生成醛　当芳烃的侧链为甲基时，选择适当的氧化剂，可以氧化成相应的醛，并且不被进一步氧化成酸。常用的氧化剂包括二氯铬酰、硝酸铈铵、三氧化铬-乙酸酐等。反应通式如下：

$$ArCH_3 \xrightarrow{[O]} ArCHO$$

（1）二氯铬酰（CrO_2Cl_2，Etard 试剂）为氧化剂　利用二氯铬酰将芳香环上的甲基（苄甲基）氧化成醛基的反应，称为 Etard 反应。例如，铬酰氯氧化 4-溴甲苯生成 4-甲基苯甲醛，收率可达 80%。

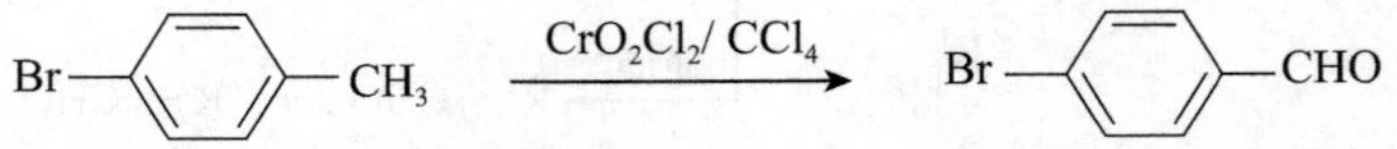

$$Br-\!\!\!\bigcirc\!\!\!-CH_3 \xrightarrow{CrO_2Cl_2/\ CCl_4} Br-\!\!\!\bigcirc\!\!\!-CHO$$

Etard 反应存在离子型和自由基型两种不同的反应机理。在上述反应中，Etard 复合体由 1 分子芳香烃和 2 分子铬酰氯组成，经水解得到芳香醛。

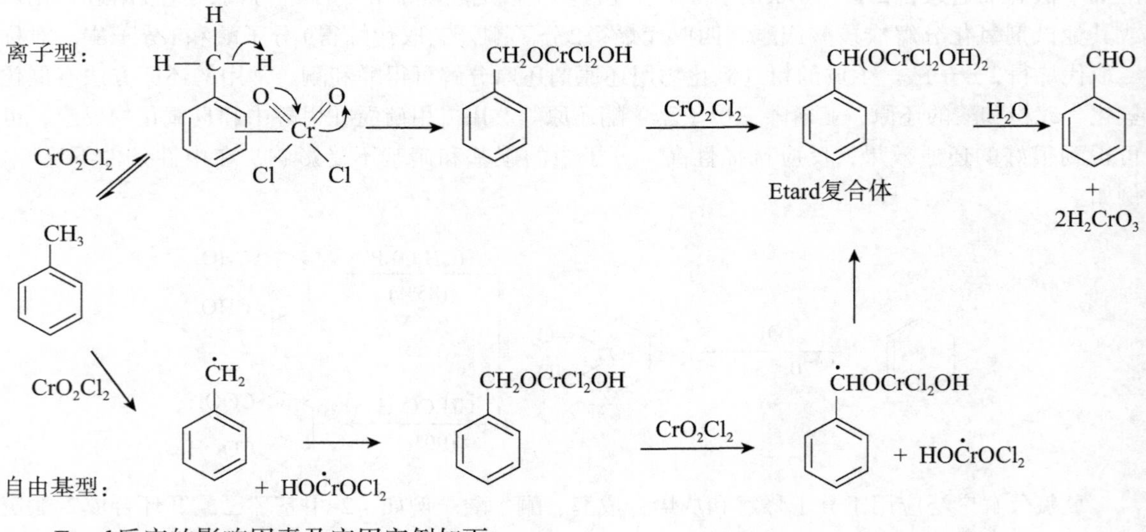

（反应机理示意图：离子型与自由基型）

Etard 反应的影响因素及应用实例如下。

1）取代基电子效应的影响：当芳香环中存在多个甲基时，只能氧化其中一个甲基为醛基。吸电子基团对氧化反应不利，收率降低。

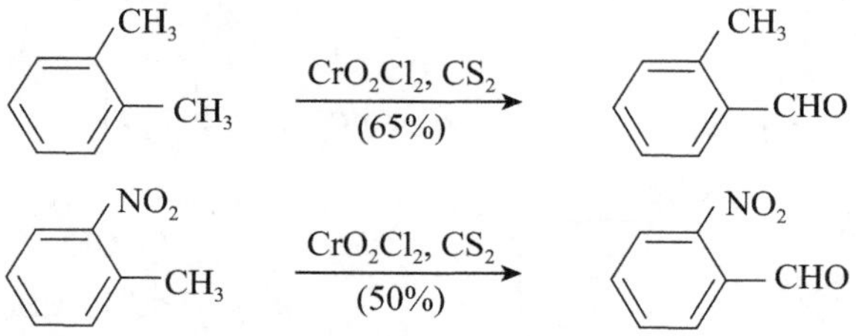

2）取代基位置的影响：当芳香环上存在其他取代基时，由于立体效应，反应收率降低，邻位影响最为明显。

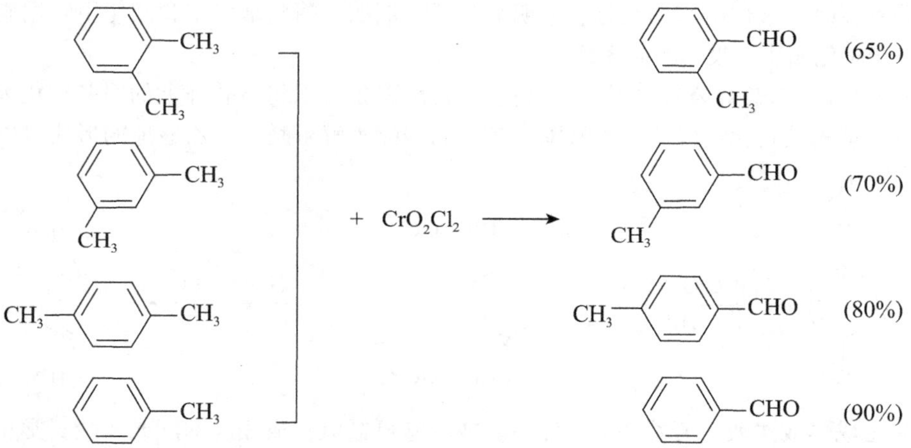

（2）硝酸铈铵 $[Ce(NH_4)_2(NO_3)_6，CAN]$ 为氧化剂 硝酸铈铵为另一个实用的氧化剂，在酸性介质（乙酸、高氯酸等）中，可以将芳香环上的甲基氧化为醛基，操作简便，选择性好，收率高。当芳香环上含有多个甲基时，仅一个甲基被氧化。例如，硝酸铈铵氧化1, 3, 5-三甲基苯得到3, 5-二甲基苯甲醛。

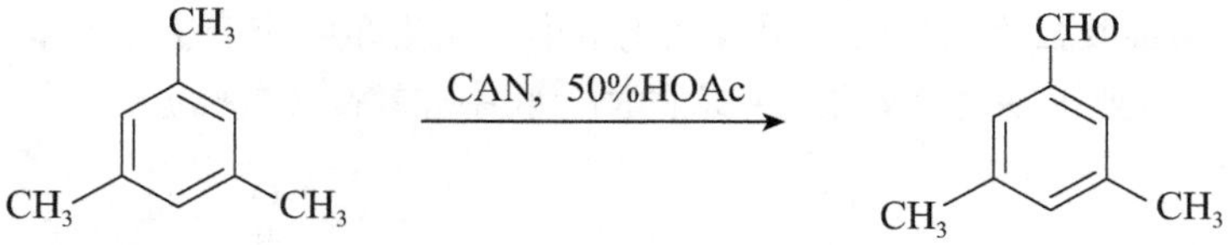

硝酸铈铵的氧化机理为单电子转移过程，经历苄醇中间体，反应需要有水参与。

$$ArCH_3 + Ce^{4+} \longrightarrow Ar\overset{\cdot}{C}H_2 + Ce^{3+} + H^+$$

$$Ar\overset{\cdot}{C}H_2 + H_2O + Ce^{4+} \longrightarrow ArCH_2OH + Ce^{3+} + H^+$$

$$ArCH_2OH + 2Ce^{4+} \longrightarrow ArCHO + Ce^{3+} + H^+$$

硝酸铈铵氧化反应的影响因素及应用实例如下。

1）反应温度的影响：在不同的反应温度下，可以得到不同的氧化产物。较低的温度对苄位甲基氧化成醛基有利。例如，在50～60℃下，邻二甲苯用硝酸铈铵氧化几乎定量地得到邻甲基苯甲醛；而在高温下反应，主要得到邻甲基苯甲酸。

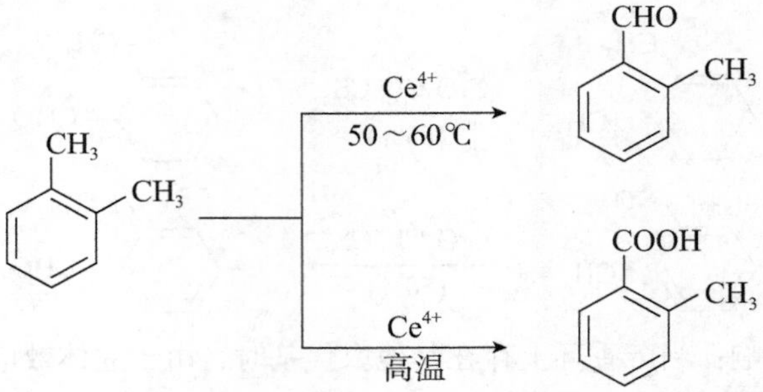

2）电子效应的影响：芳香环上取代基的性质对反应有影响，当有吸电子基团，如硝基、羧基、卤素等存在时，苄位甲基的氧化收率明显降低。例如，间硝基甲苯和间氯甲苯用硝酸铈铵氧化时，与甲苯氧化相比，收率明显降低。

（3）三氧化铬-乙酸酐为氧化剂　三氧化铬-乙酸酐也可以将芳香环上的甲基氧化为醛基。反应中，苄位甲基先被转化成醛的二乙酸酯，该二乙酸酯水解得醛。二乙酸酯的形成可以保护醛基不被进一步氧化。

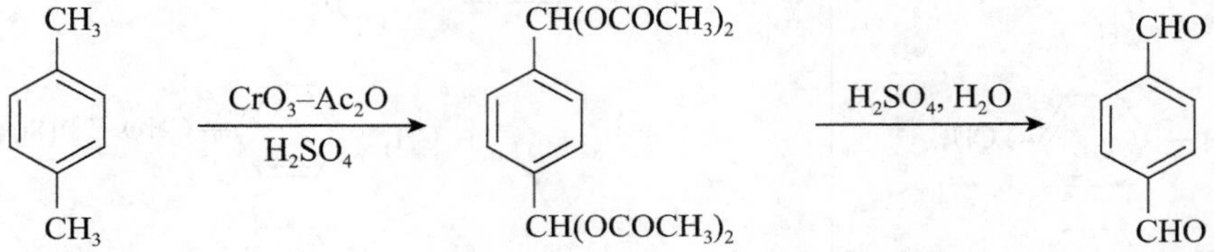

2. 氧化生成酮或羧酸　芳香环上的亚甲基或甲基可被氧化成相应的酮或羧酸。常见的氧化剂有三氧化铬、重铬酸钠、高锰酸钾、稀硝酸等。另外，硝酸铈铵也常用于芳香环上亚甲基氧化成酮的反应。反应通式如下：

$$ArCH_2CH_3 \xrightarrow{[O]} ArC(=O)CH_3$$

（1）铬氧化物或铬酸盐为氧化剂　用三氧化铬小心氧化亦可使苄位亚甲基氧化成酮。用硝酸铈铵作氧化剂时，苄位亚甲基也可氧化为相应的酮，收率亦较高（76%）。

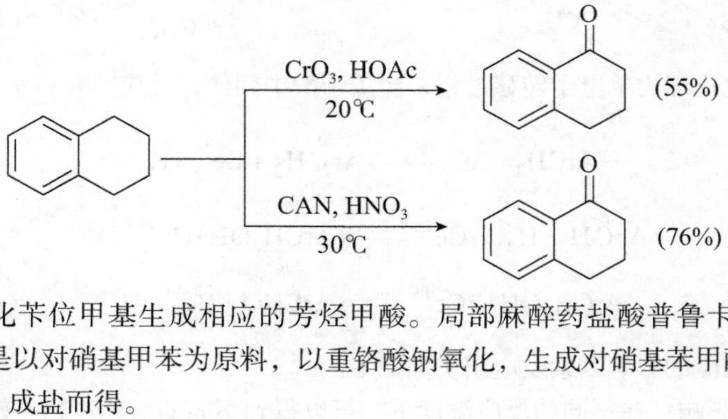

重铬酸钠可氧化苄位甲基生成相应的芳烃甲酸。局部麻醉药盐酸普鲁卡因（procaine hydrochloride）的合成就是以对硝基甲苯为原料，以重铬酸钠氧化，生成对硝基苯甲酸，再与二乙胺基乙醇酯化后，经还原、成盐而得。

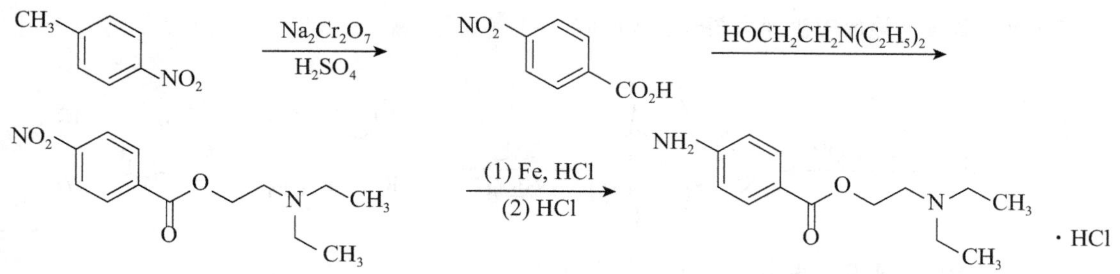

（2）高锰酸钾为氧化剂　高锰酸钾是一种强氧化剂，在不同的pH环境中，氧化反应的强度不同，其在酸性介质中氧化力最强。其氧化特点是不管芳环侧链多长，均被氧化为芳烃甲酸。

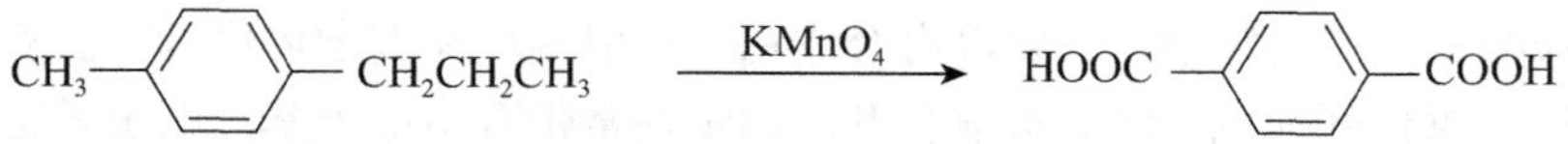

芳烃侧链的氧化一般用碱性高锰酸钾溶液，生成的羧酸钾盐易溶于水，与产物二氧化锰的分离方便。例如，髓袢利尿药阿佐塞米（azosemide）中间体4-氯-2-硝基苯甲酸的制备，由4-氯-2-硝基甲苯经碱性高锰酸钾氧化制得。

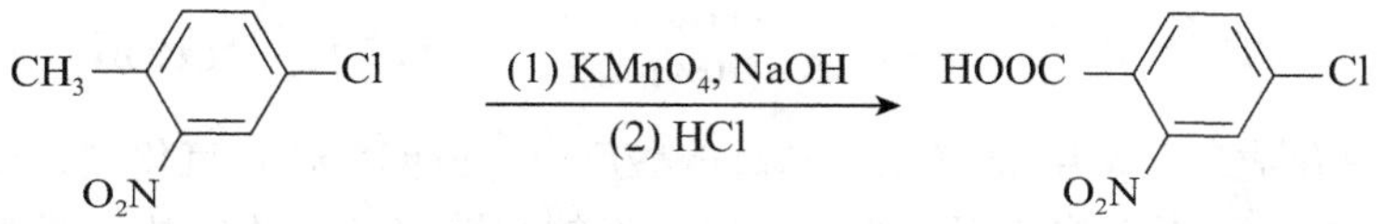

抗过敏药物卢帕他定（rupatadine）的中间体5-甲基烟酸就是以3,5-二甲基吡啶为原料经碱性高锰酸钾氧化制得。

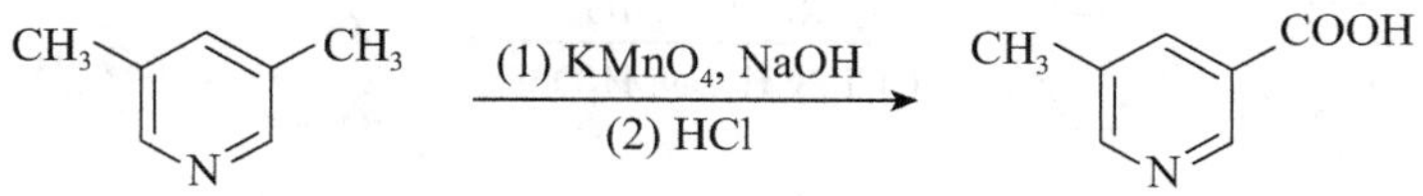

（3）稀硝酸为氧化剂　用稀硝酸作氧化剂的优点在于价廉，产生的氧化氮为气体，反应液中无残渣；缺点是腐蚀性强，反应选择性不高，副反应多。稀硝酸作氧化剂，多甲基芳烃仅一个甲基被氧化。

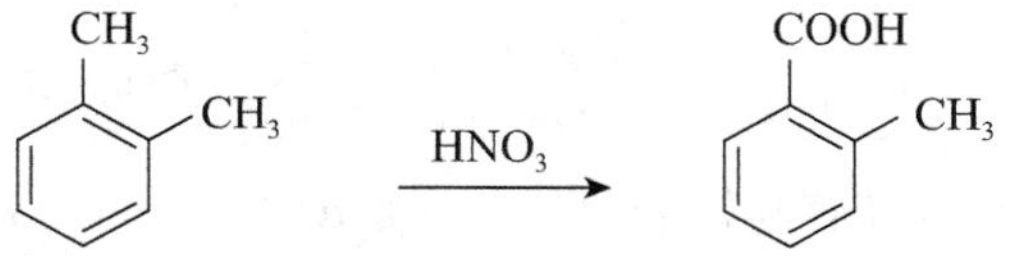

硝酸也可将芳杂环的侧链氧化。

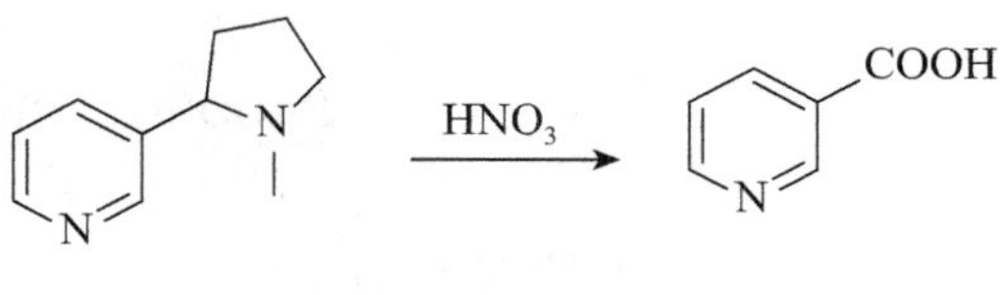

（二）芳香环的氧化裂解

在一定条件下，芳香环可以被氧化破坏，生成芳环破裂的反应产物。

（1）反应通式

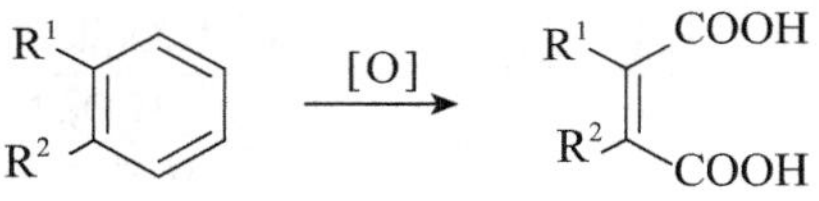

（2）反应机理　该反应机理为亲电加成反应。

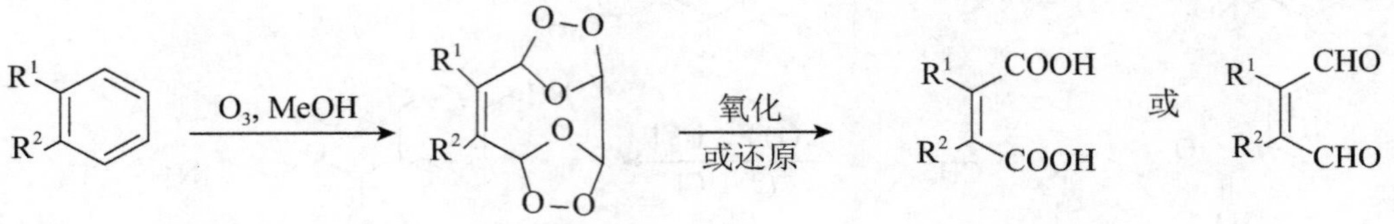

（3）反应影响因素及应用实例

1）稠环和稠杂环氧化开环——制备芳酸：苯环比较稳定，只有在高温和催化剂存在等条件下，才能氧化开环得到顺丁烯二酸酐。当芳环上连有供电子基团（如氨基、羟基）时，苯环易被氧化，不过反应激烈，产物复杂，一般没有合成意义。但稠环和稠杂环化合物被氧化时，稠环中的一个苯环可以被氧化开环成芳酸，被氧化开环的苯环常带有给电子基，电子云密度较高，可用此反应来合成某些芳酸。例如：

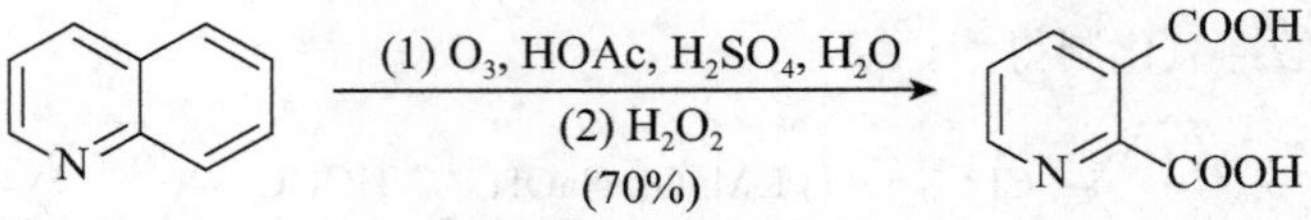

2）环己基苯氧化成环己基甲酸：$RuCl_3$ 与高碘酸反应生成四氧化钌氧化剂，可以将取代的苯环氧化生成相应的羧酸，而不影响或很少影响与之相连的侧链烷基或环烷基。例如，环己基苯的氧化产物是环己基甲酸。

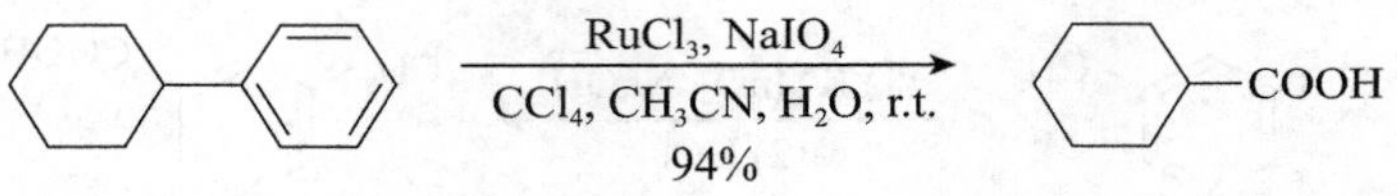

3）邻苯二酚氧化成己二烯二酸单甲酯：用氯化亚铜和吡啶组成催化剂，在甲醇溶液中经空气氧化，可使邻苯二酚、邻苯醌甚至苯酚开环成己二烯二酸单甲酯。

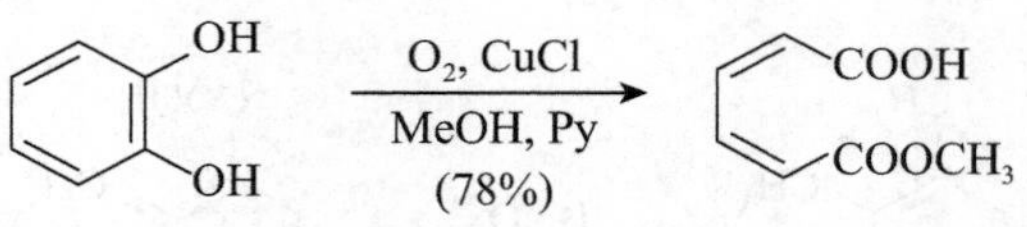

4）萘环的氧化：萘环较苯环容易被氧化，尤其是 α 位，不同的氧化条件可以生成不同的产物。例如，萘环被臭氧开环氧化，中间生成的臭氧化物经不同的处理可得到不同的氧化产物。

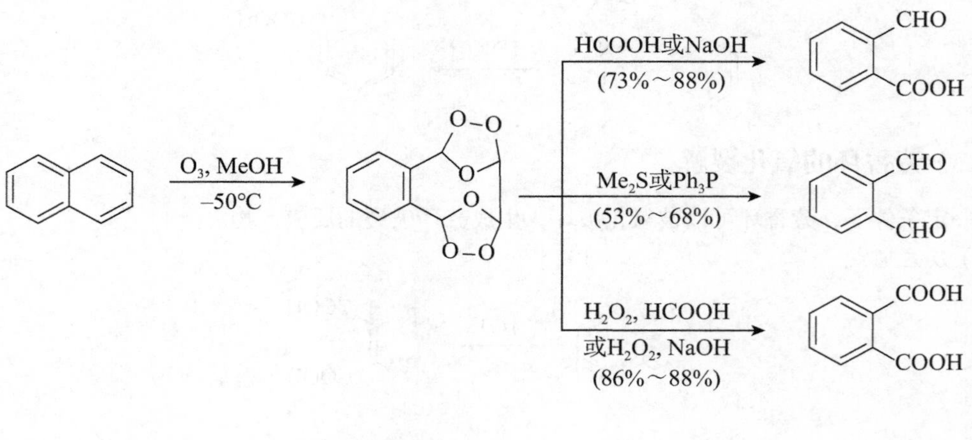

第四节 其他氧化反应

一、胺类化合物的氧化

有机胺类化合物中的氮原子呈3价，属于氮原子多变化合价中的最低价态，因此易被多数氧化剂所氧化。有机胺底物结构不同，氧化剂不同，氧化条件不同，产物也千差万别，因此在实际应用中往往需要根据底物的结构特点而选择不同的氧化剂。

（一）伯胺的氧化

1. 反应通式 伯胺可被合适的氧化剂氧化成亚硝基或硝基化合物，该反应为硝基还原的逆反应。

$$R-NH_2 \xrightarrow{[O]} R-NHOH \xrightarrow{[O]} R-CH=NOH \xrightarrow{[O]} R-N=O \xrightarrow{[O]} R-NO_2$$

2. 反应影响因素及应用实例

1）氧化剂氧化能力的强弱直接决定了产物的类型。当使用氧化能力很强的 $KMnO_4$ 做氧化剂时，伯胺将被氧化成硝基化合物。

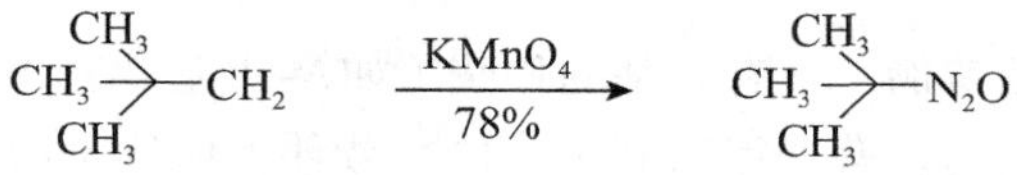

当使用氧化能力较强的过氧酸（如 CF_3CO_3H）时，伯胺将被氧化成硝基化合物；而采用氧化能力较弱的过氧酸（$PhCO_3H$）时，只能到亚硝基化合物。

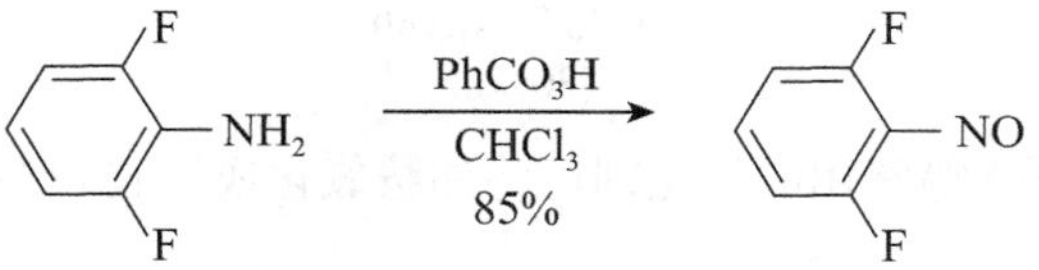

氧化剂的用量也影响产物的类型。在采用冷的过氧酸氧化苯胺的过程中，当过氧酸过量时，产物为亚硝基苯胺；当过氧酸不足时，产物为氧化偶氮苯。

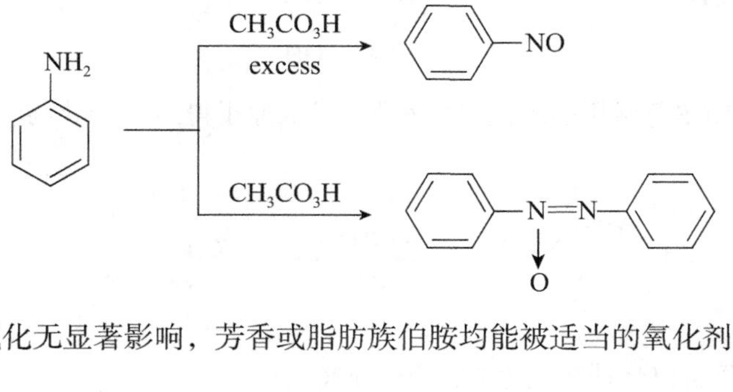

2）电子效应对氧化无显著影响，芳香或脂肪族伯胺均能被适当的氧化剂氧化。

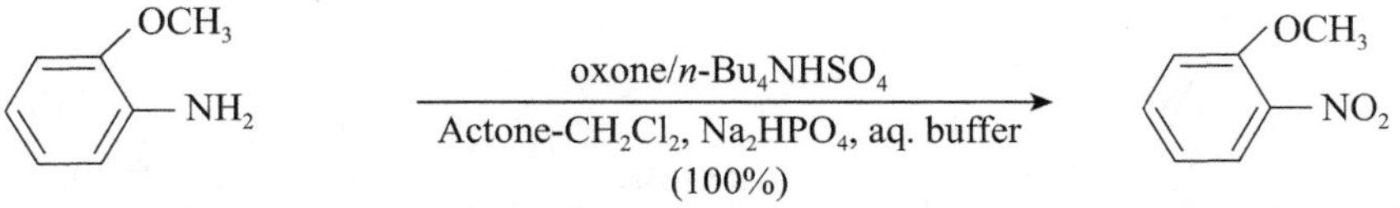

3）当反应在碱性介质中进行时，产物一般为醛亚胺、醛等；当反应在酸性介质中进行时，产

物一般为醛和酮，这是因为反应所生成的中间产物亚硝基化物在酸介质中互变异构为醛肟或酮肟，而肟可进一步水解生成相应的醛或酮。

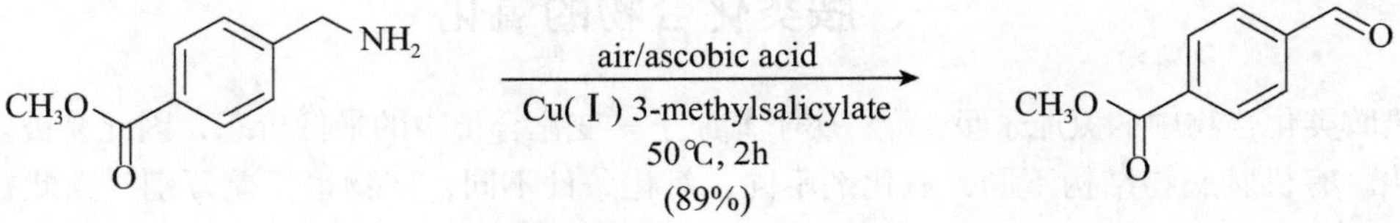

（二）仲胺的氧化

1. 反应通式　活性MnO_2、过氧化物（如H_2O_2、t-BuOOH）、过氧酸（如CF_3CO_3H、m-CPBA等）及卤素等氧化剂可以氧化仲胺生成相应的羟胺、亚胺、硝酮、N-氧化物及N-卤化合物。

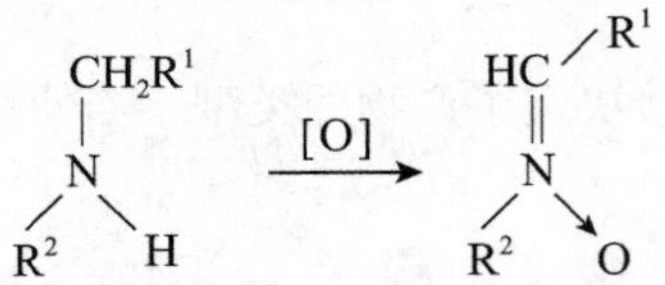

2. 反应影响因素及应用实例　含有芳基的仲胺（如N-甲基苯胺）和MnO_2反应，氧化产物为甲酰基苯胺。该反应收率较高，有一定的制备价值。芳环上取代基的电子性对反应有显著影响，供电子基团能加速反应，吸电子基团则抑制反应；当存在强吸电子基团时，甚至无法反应。

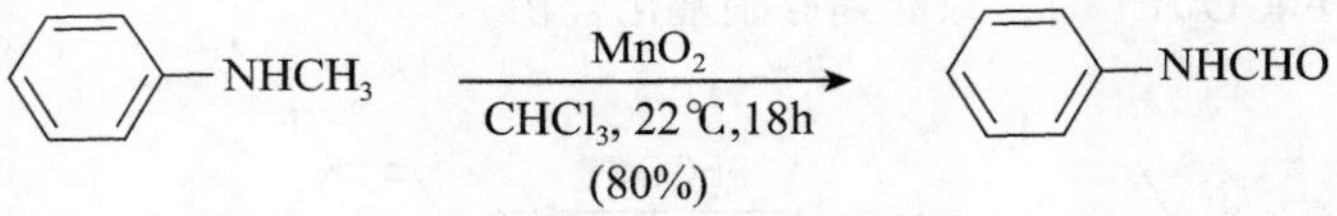

H_2O_2、过氧酸、m-CPBA等常用的氧化剂可将仲胺氧化成羟胺和N-氧化物，如2, 2, 6, 6-四甲基哌啶的氧化。

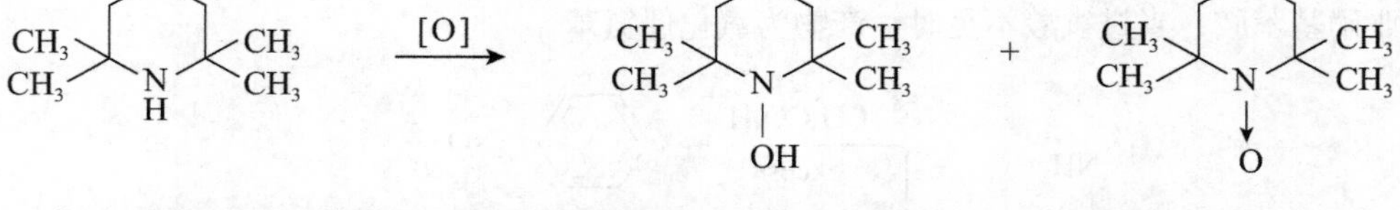

氯、溴、NBS和NCS等常用的氧化剂可氧化酰胺氮原子得到N-卤化物。

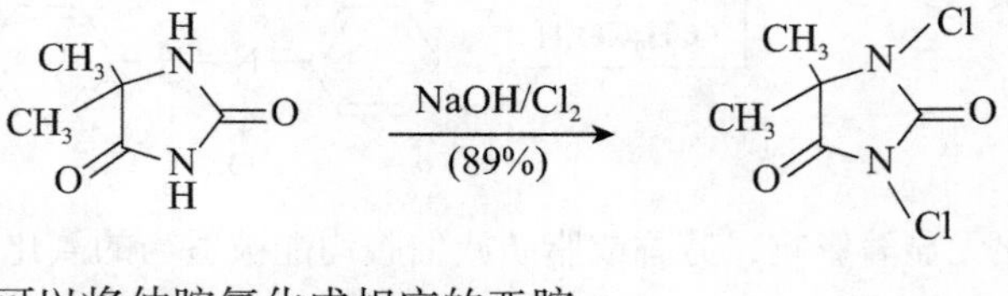

碱性条件下，溴等可以将仲胺氧化成相应的亚胺

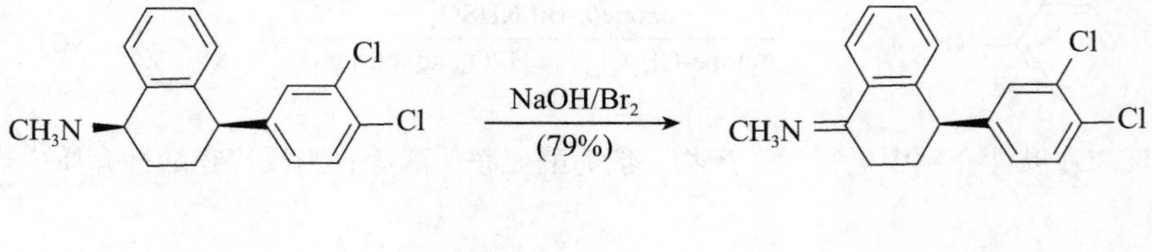

（三）叔胺的氧化

叔胺可以被 MnO_2 等氧化剂氧化成醛和氮氧化物，因氧化剂和反应条件的不同，反应产物也有较大差别。脂肪叔胺容易被过氧酸、H_2O_2 等氧化剂氧化成烃基 N-氧化物。

1. 反应通式

$$R-CH_2N\begin{matrix}CH_3\\CH_3\end{matrix} \xrightarrow{[O]} R-CHO$$

$$R^2-\underset{R^3}{\overset{R^1}{N}} \xrightarrow{[O]} R^2-\underset{R^3}{\overset{R^1}{N^+}}-O^-$$

2. 反应影响因素及应用实例 MnO_2 氧化叔胺，反应主产物是与氮直接相连的烃基被氧化而得到醛类化合物。例如：

$$\text{环己基}-CH_2N\begin{matrix}CH_3\\CH_3\end{matrix} \xrightarrow{MnO_2} \text{环己基}-CHO$$

与氮原子直接相连的烃基的反应活性顺序为仲碳 > 伯碳 > 甲基，所以反应过程中往往发生甲氨基的氧化裂解。

H_2O_2 可以氧化叔胺生成过氧化物中间体，再热裂解成叔胺氮氧化物。例如：

$$C_{12}H_{25}N\begin{matrix}CH_3\\CH_3\end{matrix} \xrightarrow{H_2O_2} C_{12}H_{25}N\begin{matrix}CH_3\\OOH\\CH_3\end{matrix} \xrightarrow{(96\%)} C_{12}H_{25}N\begin{matrix}CH_3\\CH_3\end{matrix}\to O$$

过氧叔丁醇在醇溶液中也可以很容易地将脂肪叔胺氧化，生成胺氧化物。例如：

$$CH_3(CH_2)_{11}N\begin{matrix}CH_3\\CH_3\end{matrix} \xrightarrow[\triangle\ (83\%)]{t\text{-BuOOH, VO(acac)}_2} CH_3(CH_2)_{11}N\begin{matrix}CH_3\\CH_3\end{matrix}\to O$$

在 Schiff 碱配合物的催化作用下，氧气可以作为氧化剂氧化叔胺得到 N-氧化物。

$$R-\underset{R}{\overset{R}{N}} \xrightarrow[ClCH_2CH_2Cl]{O_2/\ Co^{II}\ \text{Schiff base complex}} R-\underset{R}{\overset{R^+}{N}}-O^-$$

二、含硫化合物的氧化

在药物合成反应中，含硫化合物的氧化主要包括磺酸酯的氧化、硫醇和硫醚的氧化，氧化产物主要有亚砜、砜、磺酸、磺胺、二硫化物等。常用的氧化剂主要有卤素、过氧化氢、过氧酸、过氧醇类等。

（一）磺酸酯的氧化

伯、仲醇的磺酸酯均可以被 DMSO 等氧化剂氧化成相应的羰基化合物。该反应具有速率快、收率高等特点。

1. 反应通式

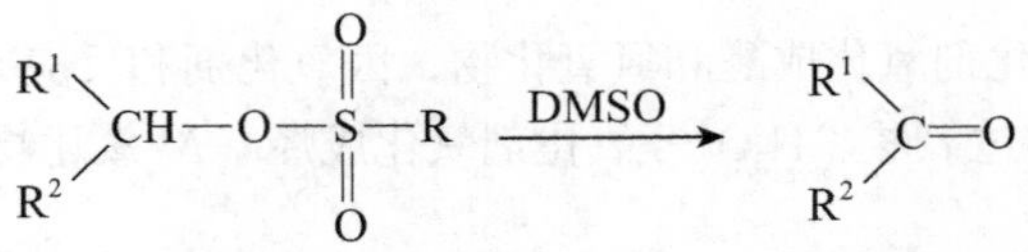

2. 反应机理　该反应的反应机理为亲核-消除反应机理，与卤代烃被DMSO氧化成醛和酮的机制类似：首先磺酸酯与DMSO形成烷氧基锍盐中间体，然后该中间体分解为羰基化合物。

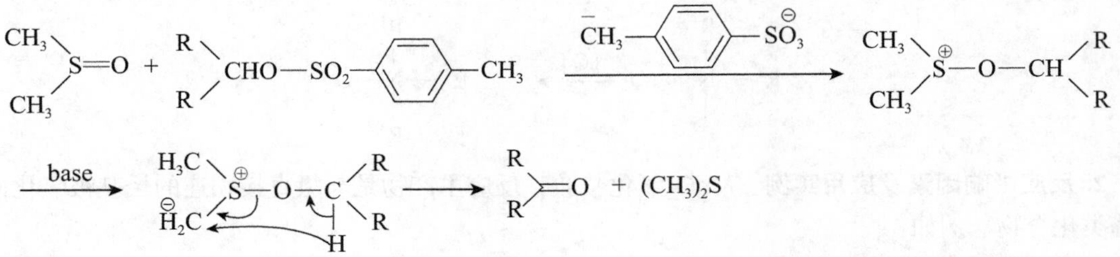

3. 反应影响因素及应用实例　某些醇类化合物在氧化成醛或酮的过程中，采用普通的氧化剂难以达到理想效果时，往往考虑将其转化为磺酸酯，然后在碱性条件下进行DMSO氧化。常用的碱有NaOH、NaHCO₃、三乙胺等。例如，在NaHCO₃存在下，利血平酸甲酯C-18上的羟基转化为磺酸酯，然后用DMSO氧化，即可得到相应的羰基化合物。

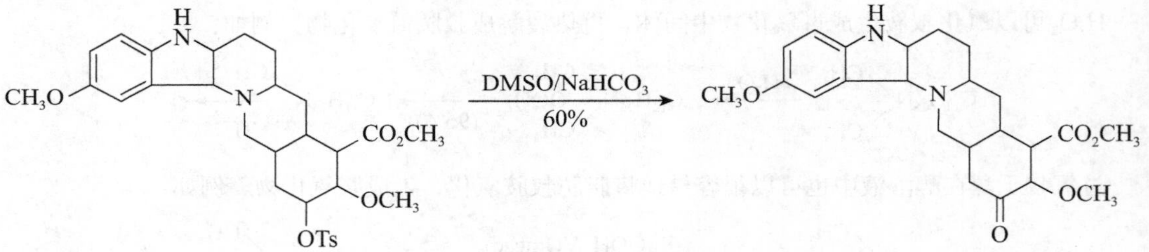

（二）硫醇的氧化

1. 氧化成二硫化物　二硫化物常被用作候选药物或者药物合成中间体，可通过合适的氧化剂氧化硫醇或硫醇盐制得。

（1）反应通式

$$2\ R{-}SH \xrightarrow{[O]} R{-}S{-}S{-}R$$

（2）反应影响因素及应用实例　氧化剂的强弱和用量是氧化硫醇（或硫醇盐）成二硫化物的主要影响因素。当使用活性中等氧化剂（如H₂O₂）时，即使过量也不会将所生成的产物进一步氧化；而使用氧化能力较强的氧化剂（如CF₃CO₃H）时，需要严格控制氧化剂的量；否则，过量的氧化剂将会使所产生的二硫化物进一步氧化生成磺酸。

H₂O₂常用于氧化硫醇（或硫醇盐）制备二硫化物。

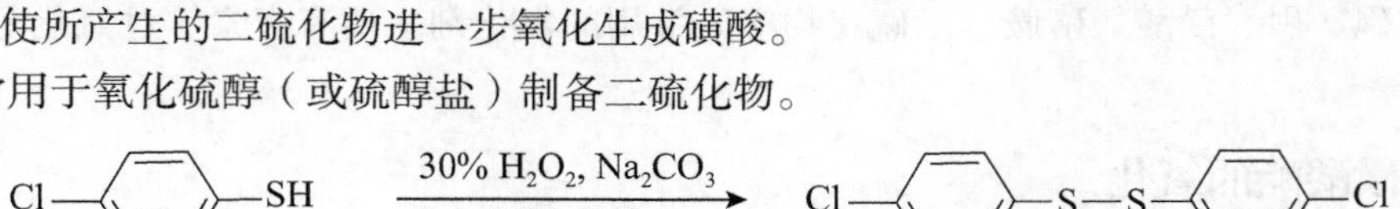

氧气也可将硫化物（或硫醇盐）氧化成二硫化物，其反应式如下：

$$R-S-R \xrightarrow{[O]} R-\overset{\overset{\displaystyle O}{\|}}{S}-R \xrightarrow{[O]} R-\overset{\overset{\displaystyle O}{\|}}{\underset{\underset{\displaystyle O}{\|}}{S}}-R$$

2. 氧化成磺酸及其衍生物 硫醇被浓硝酸等强氧化剂氧化时，往往会发生过度氧化生成磺酸及其衍生物。

（1）反应通式

$$R-CH_2SH \xrightarrow{[O]} R-CH_2SO_3H$$

（2）反应影响因素及应用实例

1）硝酸氧化低碳链脂肪硫醇高，产率制得相应的磺酸，比其他方法经济、高效。

$$\text{～～～SH} \xrightarrow[\text{(96\%)}]{HNO_3(con.)} \text{～～～SO_3H}$$

2）H_2O_2 作为氧化剂，常需要钨酸钠等催化剂参与。例如，H_2O_2 氧化 N- 苯基硫脲制备脒磺酸。

$$\underset{H_2N}{\overset{S}{\|}}NHPh \xrightarrow[\text{(80\%)}]{30\% \ H_2O_2/\ Na_2WO_4} \underset{H_2N}{\overset{SH}{\|}}NPh$$

3）氯气也可应用于硫化物的氧化，在很多情况下反应生成的磺酰氯中间体可与胺直接反应制备磺胺类药物。例如：

$$\xrightarrow[\text{(56\%)}]{\begin{array}{l}(1)\ Cl_2,\ CH_2Cl_2\\(2)\ HNR^1R^2\end{array}}$$

（三）硫醚的氧化

砜是药物活性结构中的常见基团，是硫的另一种重要且常见的形态。它可由相应的硫醚或亚砜在合适的氧化条件下氧化制得。

1. 反应通式 硫醚可以被 H_2O_2、t-BuOOH、NaClO、有机过氧酸、$KMnO_4$ 等常见氧化剂氧化而得到亚砜或砜类化合物。

$$R-S-R \xrightarrow{[O]} R-\overset{\overset{\displaystyle O}{\|}}{S}-R \xrightarrow{[O]} R-\overset{\overset{\displaystyle O}{\|}}{\underset{\underset{\displaystyle O}{\|}}{S}}-R$$

2. 反应影响因素及应用实例

（1）亚砜的制备 亚砜中硫的化合态处于硫醇、二硫化物和砜之间，是一个稳定性较差的中间体。在过量氧化剂的作用下，亚砜易被进一步氧化成砜甚至磺酸。所以，为获得较好的反应选择性，反应过程中需严格控制氧化剂的用量，避免目标产物的过度氧化。

化学计量的 H_2O_2 可顺利完成上述反应。例如，在质子泵抑制剂奥美拉唑（omeprazole）合成时，采用 H_2O_2 做氧化剂，反应具有选择性高、反应速率快、收率高等特点，避免过度氧化生成副产物砜。

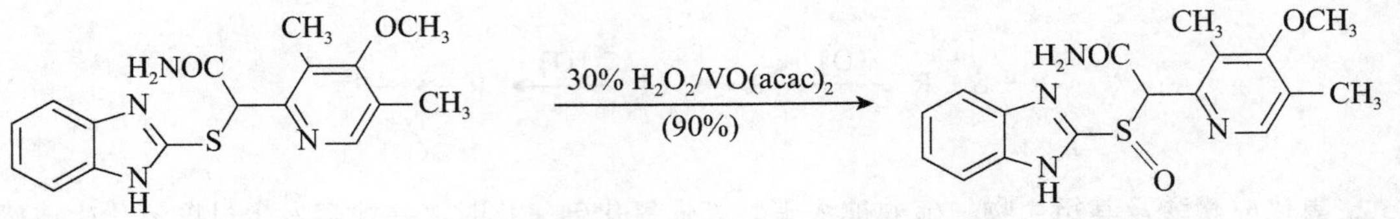

t-BuOOH（TBHP）也是常用的生成亚砜的氧化剂。例如，质子泵抑制剂兰索拉唑（lansoprazole）的合成。

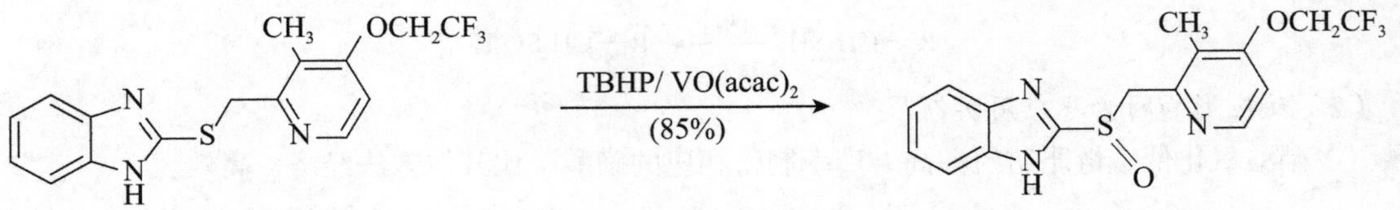

有机过氧酸作为氧化剂，广泛应用于头孢菌素类药物中间体的合成。

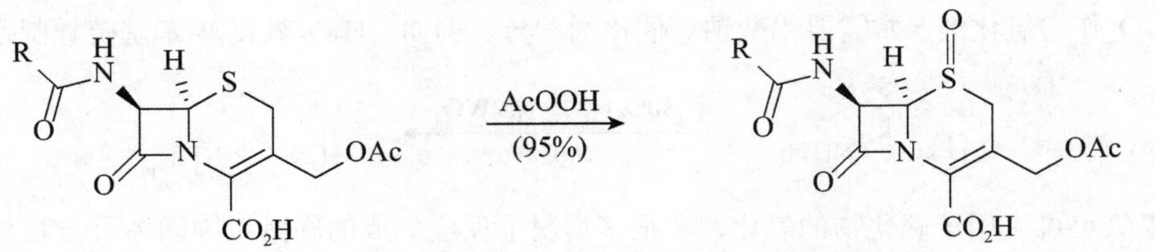

次氯酸钠、过硼酸钠等无机氧化剂具有价格便宜、无毒并且副产物易于去除等优点。

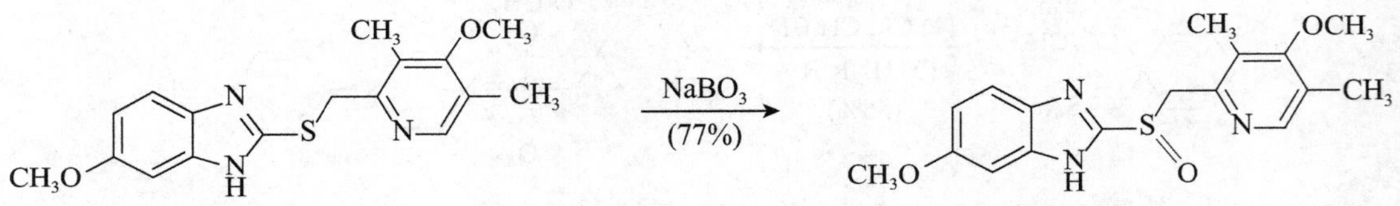

（2）砜的制备　H$_2$O$_2$氧化硫醚生成砜的过程往往需要钨酸钠等过渡金属催化剂的参与。例如，碳酸酐酶抑制剂中间体的合成。

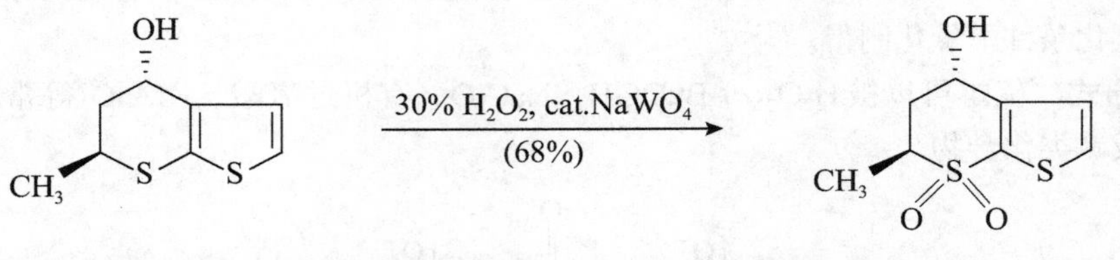

有机过氧酸也常用于氧化剂制备砜类化合物，如抗菌药氟苯尼考（florfenicol）中间体的制备。

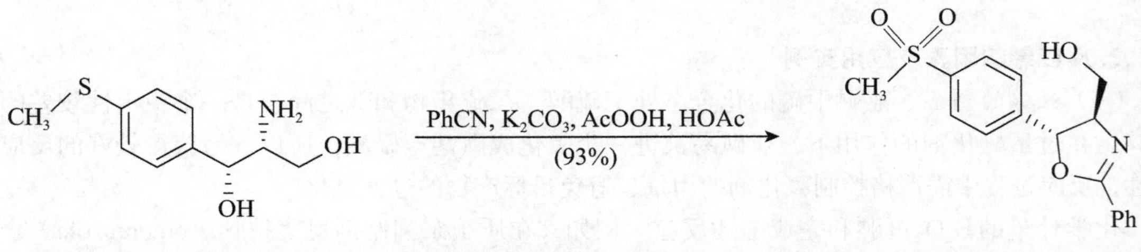

KMnO$_4$等无机强氧化剂也常用于砜类化合物的制备。例如，舒巴坦（sulbactam）的重要中间体的合成。

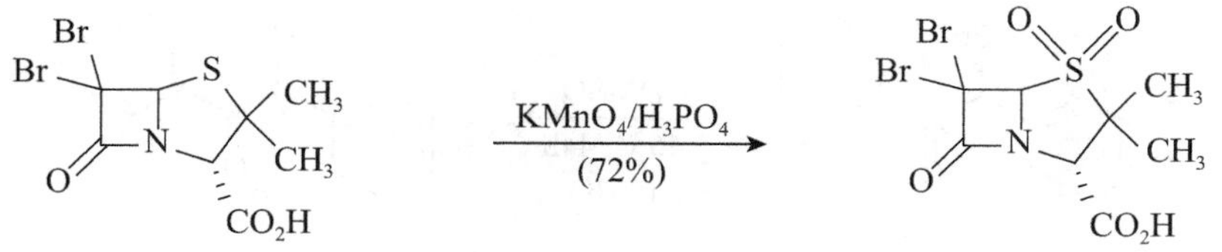

三、卤化物的氧化

卤代烃类在某些情况下比烃类易被氧化。伯、仲卤代烃可被合适的氧化剂所氧化，生成相应的醛、酮等羰基化合物，反应机理随着所使用氧化剂的不同而不同。常见的氧化剂有二甲基亚砜（DMSO）、乌洛托品、叔胺氧化物、H_2O_2 等。

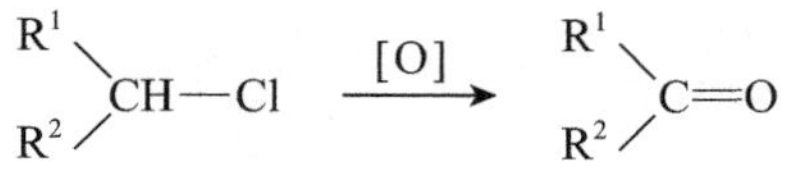

（一）DMSO 氧化

二甲基亚砜可以将某些活性卤代物高产率地氧化成羰基化合物，如 α-卤代酸及其酯、苄卤、α-卤代苯乙酮、伯碘代物等。该反应称为 Kornblum 反应，主要适用于碘代烃和溴代烃。

1. 反应机理 DMSO 是活性卤代烃的选择性氧化剂，先反应形成烷氧基锍盐中间体，然后在碱的作用下进行 β 消除得到羰基化合物，为亲核消除反应机理。

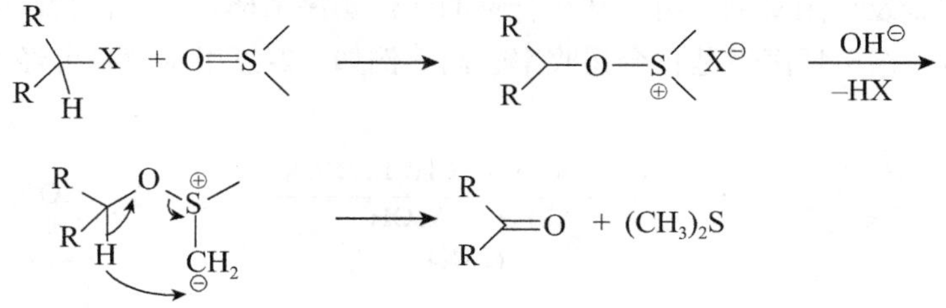

2. 反应影响因素及应用实例

1）该方法对于活性较高的伯卤代物，反应收率较高；不同卤代物的反应活性顺序为碘代物＞溴代物＞氯代物；对于活性较低的伯卤代物类，可先将其变成碘化物，然后再进行 DMSO 氧化，则可获得较高的收率。

2）对于仲卤代物，通常会发生消除反应，酮的收率相对较低。但对 α-卤代酮或 α-卤代酯等活性较高的仲卤代物，也可以获得较高的酮收率。

3）反应常在碱性条件下进行。常用的碱为 $NaHCO_3$、2-甲基-4-乙基吡啶、三甲基吡啶等。碱的作用除了中和酸以防止副反应外，也是反应本身所必需的，它夺取反应中间体烷氧基锍盐分子中甲基上的氢，促使进一步分解以完成反应。

4）α-溴代酮可被 DMSO 氧化成 α-酮醛，收率很高，一般不被进一步氧化成酮酸。其他如 α-卤代酮、α-卤代酸、苄卤等，都能被氧化成相应的羰基化合物。例如：

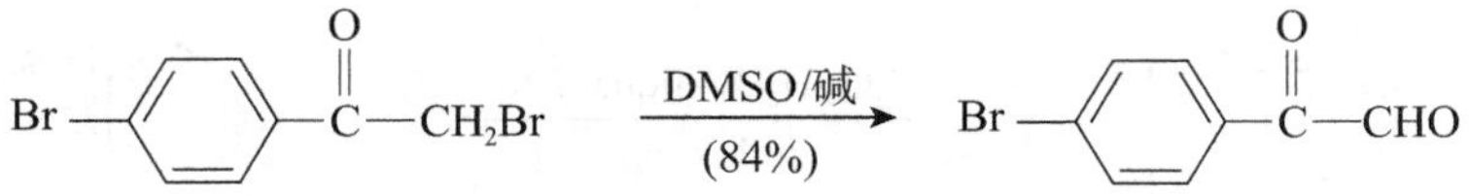

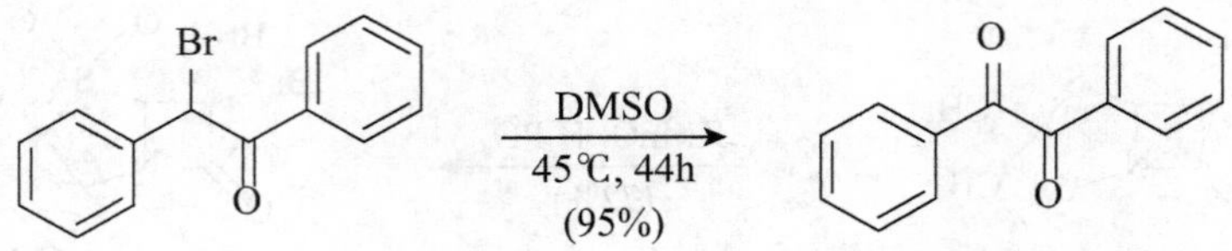

（二）乌洛托品氧化

该反应也称为Sommelet反应，即苄基卤类化合物与乌洛托品（urotropine，六亚甲基四胺，HMT）在中性或弱碱性条件下反应，首先生成铵盐，后者经加热或水解生成相应的醛。这是将芳香族卤甲基化合物氧化成芳香醛的一个有效方法。

1. 反应机理

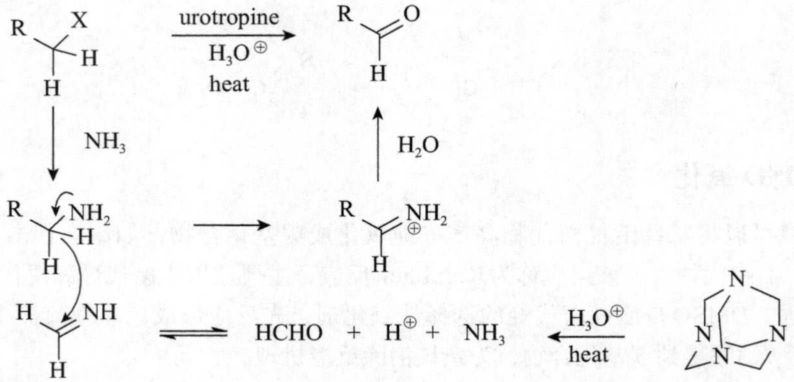

2. 反应影响因素及应用实例 卤甲基化合物的活性顺序为碘代物＞溴代物＞氯代物，该方法对具有活泼氢的芳（杂）环卤甲基化合物收率较高。例如，2-氯甲基噻吩可经本法方便制得2-噻吩甲醛。

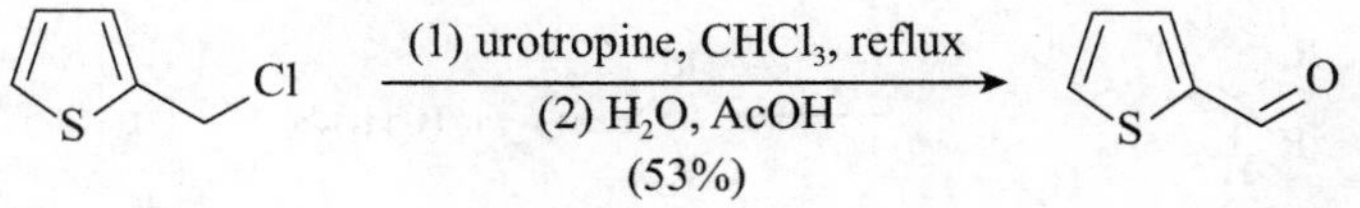

（三）H$_2$O$_2$氧化

在V$_2$O$_5$和相转移催化剂的催化下，H$_2$O$_2$可氧化苄基卤化合物生成相应的醛或酮。

1. 反应机理 卤化物先水解为相应的醇后会很快转化成碳正离子，后者迅速生成矾酸酯，并被H$_2$O$_2$氧化生成相应的醛或酮。

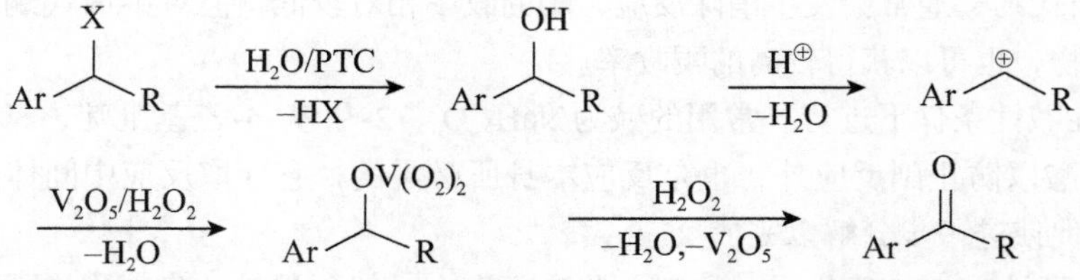

2. 反应影响因素及应用实例 该方法的优点是使用廉价易得、活性较高的苄氯化合物作为底物时也可以得到较高的产率，且还原副产物仅为水。

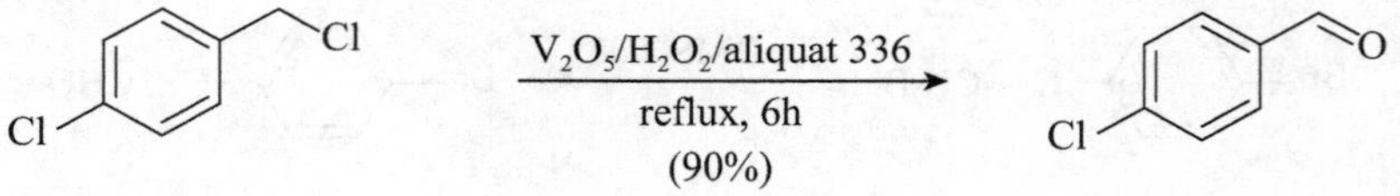

（四）叔胺氧化物氧化

叔胺氧化物也可氧化芳苄基或烯丙基卤代烃生成相应的醛或酮。

1. 反应机理 叔胺氧化物先与卤代烃反应生成季铵盐氧化物，该盐用碱处理或热分解即可得到醛或酮。

2. 反应影响因素及应用实例 常用的叔胺氧化物有吡啶氮氧化物、三甲胺氮氧化物和4-二甲基吡啶-N-氧化物，其亲核性依次增强。

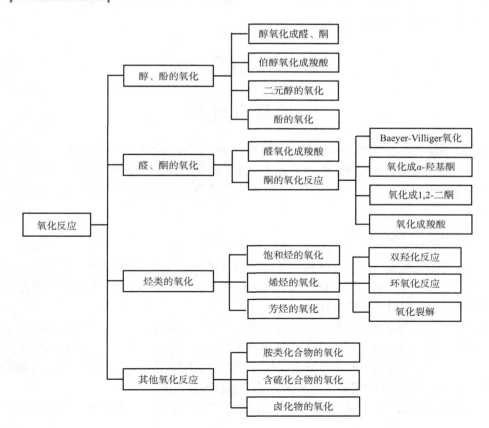

$$(95\%)$$

思维导图

第七章 还原反应

本章要点

掌握 催化氢化反应的分类、催化剂影响因素及官能团选择性；金属复氢化物、醇铝、硼烷、金属及肼还原剂介导的还原反应特点、底物适用范围、影响因素及应用；Birch反应、Meerwein-Ponndorf-Verley反应、Clemmensen反应、Wolff-Kishner-黄鸣龙反应、Rosenmund反应。

理解 各类还原反应的机制；催化氢解反应、Bouveault-Blanc反应；甲酸及其衍生物等还原剂介导的还原反应特点及应用。

了解 新型还原剂、新型催化剂及还原反应的新进展。

在化学反应中，使有机物分子整体氧化状态降低的反应称为还原反应（reduction reaction）。这类反应涉及有机分子在还原剂的影响下，接收电子或者反应中的碳原子电子密度的提升。在有机合成领域，还原反应扮演了极其关键的角色，尤其在制药和中间体的生产中被广泛应用，是药物合成过程中进行官能团转换的关键技术之一。

第一节 概 述

一、反应分类

根据还原剂及方法的不同，还原反应主要分为4类：①在催化剂存在下借助氢气或供氢体进行的催化氢化还原反应；②使用化学物质（元素、化合物等）作为还原剂的化学还原反应；③利用微生物或活性酶进行的生物还原反应；④在电解槽阴极室发生的电化学还原（生物还原反应及电化学还原本教材不做讨论）。

（一）催化氢化还原反应

催化氢化还原反应是指有机化合物在催化剂的作用下，与氢发生氢化或氢解的还原反应。氢化是指有机化合物分子中的不饱和键在催化剂的存在下，全部或部分加氢还原；氢解是指有机化合物分子中某些化学键因加氢而断裂。

催化氢化可以根据催化剂的分布特性被分为两大类型：非均相催化氢化和均相催化氢化。在非均相催化氢化中，固态催化剂参与并以分子氢作为氢的供应源。而在均相催化氢化里，催化剂则与反应介质混合，并作为一种溶解状态的配合物参与反应。另外，当使用某些化合物（通常是有机物）作为氢的来源进行还原时，这种方法称为催化转移氢化。

1. 非均相催化氢化 是目前工业生产上应用最多的还原方法，操作简单，只须在适当的溶剂

（若被还原物是液体，可不加溶剂）及一定压力氢气条件下，将反应物与催化剂一起搅拌或振荡即可进行，其优点是产品纯度及收率较高，催化剂可直接过滤除去或回收套用，污染少，符合绿色化学要求。

2. 均相催化氢化 是指催化剂与反应物同处一相，氢原子被添加到不饱和部分，没有相界存在而进行的还原反应，主要用于碳-碳、碳-氧不饱和键及硝基、氰基等的还原。均相催化剂多为过渡金属配合物[如$(Ph_3P)_3RhCl$等]，可在反应介质中分散均匀，具有反应选择性高、条件温和、不易中毒等优点，一般不伴随氢解反应和双键异构化。不足之处是催化剂价格高、热稳定性差、不易回收、处理不当会对产品及环境造成污染。

3. 催化转移氢化 主要用于碳-碳不饱和键、硝基、羰基、氰基等的还原，还可用于苄基、烯丙基及碳-卤键的氢解反应。由于供氢体可定量加入，氢化程度易于控制，该类反应选择性较好。

（二）化学还原反应

1. 负氢离子转移试剂还原 常见的负氢离子转移试剂主要有金属复氢化物、硼烷和烷氧基铝。其中，金属复氢化物适用于多种不饱和官能团的还原；硼烷是一种高效的还原剂，主要用于羧酸的还原和烯烃的硼氢化反应；烷氧基铝类还原剂主要用于Meerwein-Ponndorf-Verley还原反应，可使醛、酮还原成醇。

2. 金属还原剂还原 常见的金属还原剂主要有碱金属（锂、钠、钾）、铁、锌和锡还原剂。其中，金属钠主要用于羧酸酯和芳烃的还原；铁、锌和锡主要用于硝基等含氮化合物的还原；锌汞齐主要用于将羰基还原成亚甲基。

3. 非金属还原剂还原 除硼烷外，其他非金属还原剂如含硫化合物（硫化钠、连二亚硫酸钠等）、甲酸及其衍生物（甲酸铵、甲酰胺）、肼等亦可实现不饱和官能团的还原，多用于碳-碳不饱和键、羰基、硝基等的还原。

（三）氢解反应

氢解反应主要包括脱卤氢解、脱苄氢解、脱硫氢解和开环氢解4类，是用于制备烃基和脱保护基的重要方法之一，催化氢化和某些条件下的化学还原法均可实现氢解反应。

二、还原剂的种类

（一）催化氢化还原剂

催化氢化还原剂主要为氢气；催化转移氢化还原剂为可代替氢气的氢源（供氢体），常用的供氢体主要有氢化芳烃、不饱和萜类、醇类、肼、二氮烯、甲酸盐和磷酸盐等，如环己烯、环己二烯、四氢化萘、α-蒎烯、乙醇、异丙醇、甲酸（铵）和次磷酸钠等。

（二）化学还原剂

1. 金属复氢化物还原剂 第三主族元素硼、铝的电负性均低于氢元素，易以氢负离子的形式形成金属复氢化物。常见的金属复氢化物还原剂主要有氢化铝锂（$LiAlH_4$）、硼氢化锂（$LiBH_4$）、硼氢化钠（钾）（$NaBH_4$、KBH_4）等，其中氢化铝锂的还原活性最强，硼氢化锂次之，硼氢化钠（钾）的活性较小，但是选择性最好。金属复氢化物能够还原的基团众多，表7-1列出了各类还原剂的适用范围。

表 7-1   主要金属络合物氢化物的还原性能

原料官能团	产物官能团	LiAlH$_4$	LiBH$_4$	NaBH$_4$	KBH$_4$
C=O	CH—OH	+	+	+	+
—CHO	—CH$_2$OH	+	+	+	+
—COCl	—CH$_2$OH	+	+	—	—
环氧 (H–C–C–(CH$_3$)$_2$ / O)	H–C–C–OH	+	+	+	+
—COOR（或内酯）	—CH$_2$OH+ROH	+	+	—	—
—COOH 或 —COOLi	—CH$_2$OH	+	—	—	—
—CONR^{1}R^2	—CH$_2$NR^{1}R^2 或 —CHNR^{1}R^2 (OH) ⟶ —CHO+HNR^{1}R^2	+			
—CONHR	—CH$_2$NHR	+			
—C≡N	—CH$_2$NH$_2$ 或 —CH=NH ⟶ —CHO	+			
(肟) N—OH	—NH$_2$	+	+	+	+
—C—NO$_2$（脂肪族）	—C—NH$_2$	+			
—COSO$_2$Ph 或 —CH$_2$Br	—CH$_3$	+			
(RCO)$_2$O	RCH$_2$OH	+			
S=C—NR^{1}R^2	—CH$_2$—NR^{1}R^2	+	+	+	+
—N=C=S	—NHCH$_3$	+			
—PhNO$_2$	PhN=NPh	+			
—N→O	—N	+			
RSSR 或 RSO$_2$Cl	RSH	+			+

注：+，表示可以反应；−，表示不可以反应。

氢化铝锂是一种极为活跃的化合物，它能够在遇到水、酸和其他质子给体溶剂（如含有羟基或巯基的化合物）时迅速释放氢气，并生成相应的铝盐。因此，在使用氢化铝锂时通常会选用无水乙醚或四氢呋喃作为溶剂，并在干燥环境下进行反应。反应完成后，为分解残余的氢化铝锂和未被还原的底物，可以添加乙醇、含水乙醚或10%的氯化铵溶液，并且加水的量要接近预计用量以方便隔离操作。

尽管氢化铝锂具备强烈的还原能力，可作用于多数官能团，除了孤立碳碳双键，它的选择性通常不高。通过使用醇或氯化铝处理氢化铝锂，可以减弱其还原能力，进而得到一些具有更高选择性的还原试剂，如二异丁基氢化铝（DIBAL-H）、三（叔丁氧基）氢化铝锂（LTBA）和氢化铝锂-氯化铝复合试剂等。

在室温下，硼氢化钠（或硼氢化钾）表现出相对稳定的性质，能溶解于水和一些醇类溶剂（如甲醇和乙醇），但不溶于四氢呋喃。因此，可以在含质子的溶剂中进行反应，并且添加少量的碱性物质可以起到催化效果。与氢化铝锂相比，硼氢化钠（钾）的反应活性相对较低，经常被作为还原醛和酮为醇的优选试剂。尽管硼氢化钠（钾）单独使用时难以还原羧酸、酯和酰胺等官能团，但在Lewis酸如BF_3或$AlCl_3$的催化作用下，其还原能力显著提升，能够高效还原酯、酰胺甚至某些碳酸，其中$NaBH_4$和$AlCl_3$的反应体系能进一步将酮羰基还原为亚甲基。

此外，一些具有高度选择性的代换金属硼氢化物，如硫代硼氢化钠（$NaBH_2S_3$）、三仲丁基硼氢化锂[$LiBH(CH(CH_3)CH_2CH_3)_3$]、氰基硼氢化钠（$NaBH_3CN$）和三乙酰氧基硼氢化钠[$NaBH(CH_3COO)_3$]，也表现出很好的官能团选择性和立体选择性。

2. 硼烷及其衍生物为还原剂 硼烷的二聚体称为乙硼烷（diborane），是一种有毒气体，一般溶于醚类溶剂（如乙醚、四氢呋喃）中使用，可离解成硼烷的醚络合物（$R_2O \cdot BH_3$），用于还原反应。乙硼烷会自燃且与水迅速反应，应避免直接使用，一般将$NaBH_4$和BF_3混合生成乙硼烷用于还原反应。

$$H_2B \overset{H}{\underset{H}{\diamond}} BH_2 \quad + \quad 2\,R_2O \quad \rightleftharpoons \quad 2\,R_2\overset{\oplus}{O}\!-\!\overset{\ominus}{B}H_3$$

$$3NaBH_4 + 4BF_3 \xrightarrow{\text{THF}} 2B_2H_6 + 3NaBF_4$$

硼烷与烯烃加成可生成多种取代硼烷，如二异丁基硼烷、9-硼代双环[3.3.1]壬烷（9-BBN）和光学活性的二异蒎烯基硼烷（Ipc_2BH）等，具有更好的选择性。二异丁基硼烷与不对称烯烃加成时，以反马氏规则加成的产物为主；9-BBN可将α, β-不饱和醛、酮选择性地还原为α, β-不饱和醇，而分子中的其他基团不受影响。

二异丁基硼烷　　　　　9-BBN　　　　　　　　　Ipc_2BH

3. 烷氧基铝还原剂 常用的有乙醇铝和异丙醇铝，分别用于醛和酮的还原，须在无水条件下进行。异丙醇铝可在三氯化铝或氯化汞催化下，由金属铝和异丙醇在无水条件下反应制得。

4. 金属还原剂 包括活泼金属及其合金或盐类，常见的金属还原剂主要有碱金属（钠、钾、锂）、锌、铁、锡、镁、铝等，合金主要有钠汞齐、锌汞齐、镁汞齐、铝汞齐等，金属盐主要有$FeSO_4$、$SnCl_2$等，它们都具有向吸电子基团或不饱和基团提供电子的能力。金属还原剂应用范围较广，除了可用于羧酸酯、醛、酮、腈、肟、硝基化合物的还原之外，还可用于氢解反应和芳烃的还原。

（1）碱金属还原剂 常用的如金属钠，其在醇溶剂中可用于羧酸酯的还原，金属锂、钠、钾在液氨中可用于芳烃的还原。

（2）锌还原剂 金属锌的还原作用受介质酸碱性的影响，在酸性环境下，它展现出较强的还原能力，能够将硝基、亚硝基、肟等官能团转换为氨基，把碳碳双键还原成饱和键，将羰基和硫代羰基还原为亚甲基，以及将氯磺酰基和二硫键还原成巯基。它还能把芳香重氮基还原生成芳肼，以及将醌还原为酚。在中性条件下，锌的还原作用略弱，但仍能将硝基苯还原为苯基羟胺；在碱性环境里，锌能将酮转换为仲醇，同时把硝基苯还原为偶氮苯、氧化偶氮苯、二苯肼等双分子产物。锌汞齐是锌颗粒和氯化汞在稀盐酸中反应得到的锌汞合金，该合金主要用于在酸性条件下将羰基还原为亚甲基的反应。

（3）铁、锡还原剂　铁粉在盐类电解质的水溶液中或酸性条件下为强还原剂，可将硝基或其他含氮氧功能基（如亚硝基、羟氨基等）还原成相应的氨基，一般对卤素、双键和羰基无影响，在酸性介质中还可还原醛、磺酰氯、偶氮、叠氮化合物和醌类化合物。低价铁盐如$FeSO_4$、$FeCl_2$等也可作为还原剂选择性还原硝基。锡-盐酸还原剂主要用于将硝基还原为氨基，还可用于双键、磺酰氯、偶氮化合物等的还原。

5. 其他还原剂　包括硫化物及含硫氧化物、肼、甲酸及其衍生物等。

（1）含硫化合物还原剂　常用的硫化物有硫化钠、硫氢化钠、多硫化钠、硫化铵等；含硫氧化物如连二亚硫酸钠（$Na_2S_2O_4$，俗称保险粉）、亚硫酸盐、亚硫酸氢盐等，在特定环境下可用于硝基、亚硝基、偶氮和叠氮化合物的还原。

（2）肼还原剂　又称联氨，具有强腐蚀性和还原性，它的水合物（水合肼）常用于羰基、硝基等含氮化合物的还原，也可作为催化转移氢化反应的供氢体。

（3）甲酸及其衍生物还原剂　甲酸在伯（仲）胺存在下可还原醛或酮以制备伯胺、仲胺或叔胺，甲酸铵和甲酰胺也可用于该反应，其中甲酸铵是催化转移氢化反应的常用供氢体。

三、反 应 机 理

按照反应机理，催化氢化可以被分类为非均相催化氢化、均相催化氢化、催化转移氢化及氢解反应。在化学还原反应方面，根据其特定的机理，主要类型包括亲核加成反应（如金属复氢化物、醇铝、甲酸，以及肼还原羰基和含氮化合物）、亲电加成反应（如硼烷针对烯烃或羰基的还原）及自由基反应（通过钠、铁、锌等进行的电子转移，以及有机锡催化碳-卤键的自由基取代）。

（一）催化氢化反应

催化氢化通常涵盖三个关键步骤：首先，反应物通过物理和化学的途径吸附到催化剂的表面；其次，这些吸附后的络合物在催化剂表面发生化学转化；最后，新形成的产物从催化剂上解吸，并进一步扩散到周围的反应介质中。在这一过程中，吸附与解吸步骤是关键因素，通常决定着整个化学反应的速率。而在催化剂表面，某些特定区域表现出较高的活性，这些由少量原子构成的有序区域被称为活性中心。只有当反应物与催化剂的活性中心在几何和电性方面相匹配时，化学吸附才可能发生，催化剂的活性也因此得以显现，其中电性因素通常扮演着决定性的角色。

1. 非均相催化氢化机理　通常为催化剂加氢机理，首先氢分子在催化剂表面的活性中心上进行化学吸附，还原底物（如烯烃）也与催化剂的活性中心发生化学吸附，使π键打开形成σ-络合物，然后与活化氢进行加成，最后脱吸附而生成还原产物。因反应物立体位阻较小的一侧容易吸附在催化剂的表面，故不饱和键氢化主要得到顺式加成产物。

$$\overset{*}{\underset{|}{C}}{-}CH + \overset{*}{\underset{|}{H}} \quad \rightleftharpoons \quad \underset{|}{CH}{-}\underset{|}{CH}$$

2. 均相催化氢化机理　一般包括氢活化、底物活化、氢转移和产物生成4个基本过程。以均相催化剂M催化烯烃的加氢反应为例，过程如下：①催化剂M在溶剂（S）中离解并与溶剂（S）生成复合物，活化氢与催化剂中的过渡金属生成活泼二氢络合物；②被还原底物中碳碳双键置换溶剂分子，以配位键与中心金属原子相结合形成配合物（3）；③氢进行分子内转移发生顺式加成；④经异裂或均裂氢解得到氢化产物，离解的复合物循环参加催化反应。

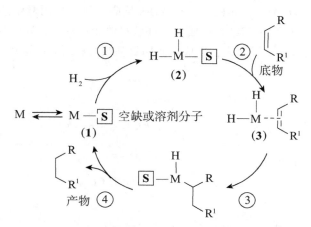

M = Rh, Ru, Ir, Co, Pt 及其络合物

3. 催化转移氢化机理　类似于气态氢作为氢源的多相催化氢化机理，首先，供氢体H_2D与催化剂的表面活性中心结合形成络合物，进而在催化剂表面发生氢的转移生成产物H_2A。需要指出的是，第2个氢的加成是通过形成五元环或六元环的过渡态实现的。

$$H_2D + Pd \longrightarrow H{-}Pd{-}DH$$

$$H{-}Pd{-}DH + A \longrightarrow H{-}\underset{\overline{A}}{Pd}{-}DH \longrightarrow HA{-}Pd{-}DH \longrightarrow H_2A + Pd + D$$

4. 氢解反应机理　各类催化氢解反应具有相似的反应机理。以脱卤氢解反应为例，卤代烃通过氧化加成机理与活性金属催化剂形成有机金属络合物，再按催化氢化机理反应得氢解产物。

$$R{-}X + Pd^0 \longrightarrow R{-}PdX \xrightarrow{H_2} R{-}\overset{H}{\underset{H}{Pd}}X \longrightarrow R{-}H + HX + Pd^0$$

（二）电子反应机理

1. 亲核反应

（1）亲核加成　以金属复氢化物、烷氧基铝、甲酸及其衍生物、水合肼等为还原剂，对羰基化合物及其衍生物、硝基化合物、肟和环氧化物等进行的化学还原及还原胺化反应均属于氢负离子的亲核加成反应。

1）金属复氢化物还原：金属复氢化物的结构中具有四氢铝离子（AlH_4^-）或四氢硼离子（BH_4^-）等亲核性复合负离子，可进攻极性不饱和键（如羰基、氰基）带正电荷的碳原子，氢负离

子转移至碳原子形成金属络合物负离子，与质子结合后完成加氢还原过程。由于四氢铝（或硼）离子有4个可供转移的氢负离子，理论上1mol氢化铝锂可还原4mol极性不饱和键。

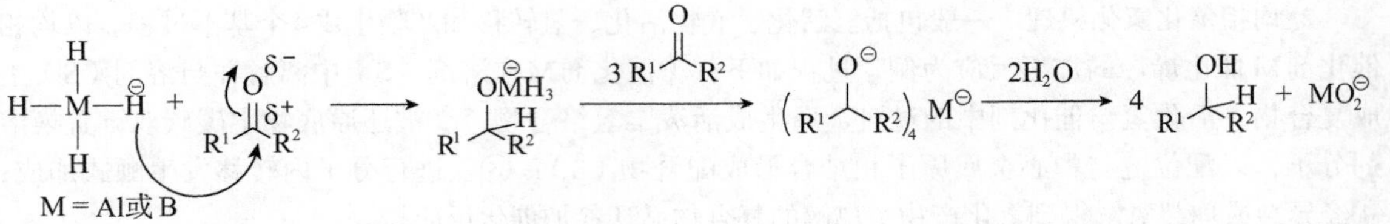

2）烷氧基铝还原：以Meerwein-Ponndorf-Verley反应为例，异丙醇铝还原羰基化合物时，首先，铝原子与羰基氧原子以配位键结合形成六元环状过渡态；然后，异丙基的氢以氢负离子的形式转移到羰基碳原子上，铝-氧键断裂，生成新的烷氧基铝盐和丙酮；铝盐经醇解后可得到还原产物醇，该步为限速步骤。

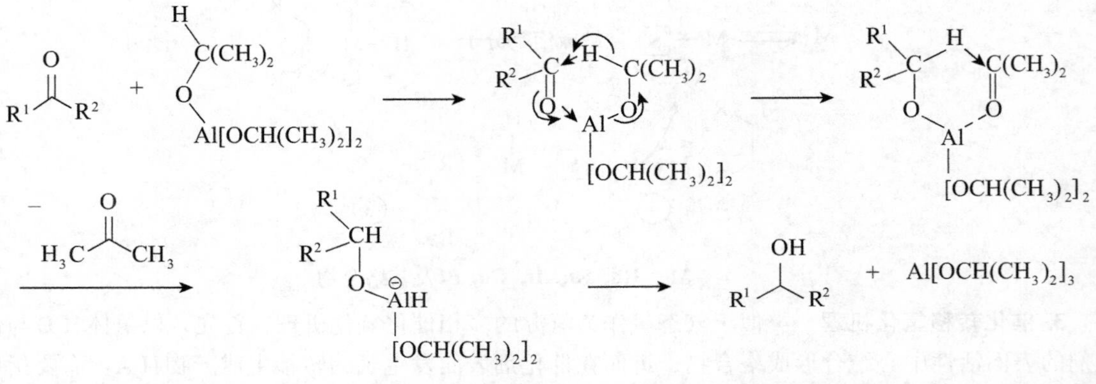

3）甲酸及其衍生物的还原胺化：羰基化合物可与氨或胺发生还原胺化反应，其机理为羰基与氨或胺作用生成中间体Schiff碱，然后经六元环过渡态将来源于甲酸的氢负离子转移至亚胺碳上，得还原胺化产物。甲酸在反应中提供氢而发挥还原剂的作用。

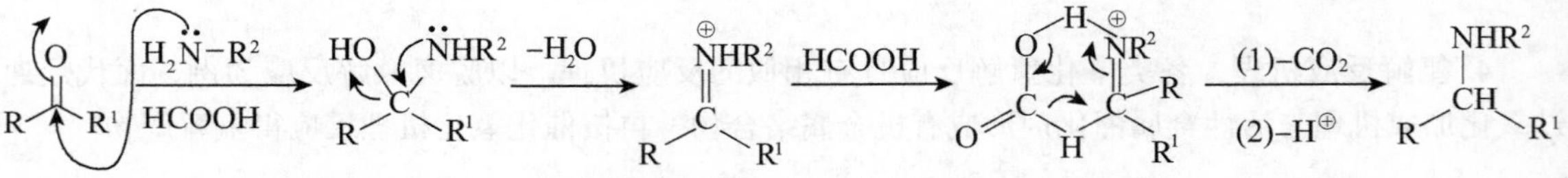

4）水合肼还原：在强碱条件下，水合肼进攻羰基成腙，形成氮负离子，电子转移后形成碳负离子，经质子转移而放氮分解，最后与质子结合转变为甲基或亚甲基化合物。

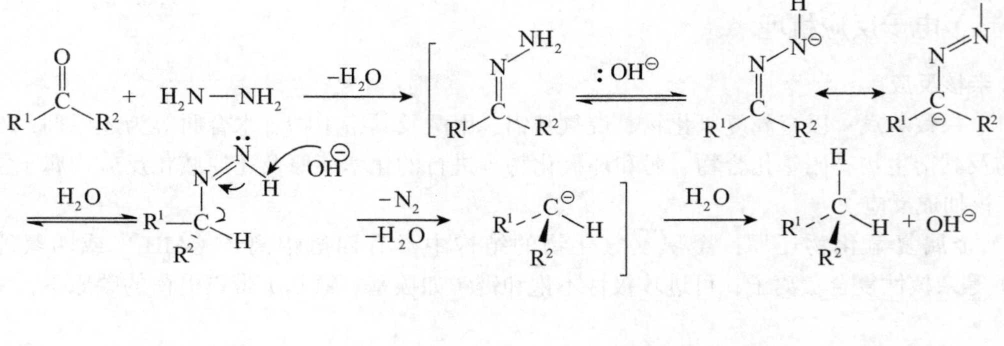

（2）**亲核取代** 以金属复氢化物进行的脱卤（硫）氢解一般属于S_N2亲核取代反应，具有亲核性的复合负离子与碳原子形成络合物后，氢负离子可进攻缺电的碳原子，最终脱去1分子硼烷或氢化铝及卤负离子得到氢解产物。

$$MH_4^{\ominus} + R^1\!-\!\overset{\overset{\displaystyle R^3}{|}}{\underset{\underset{\displaystyle R^2}{|}}{C}}\!-\!X \longrightarrow \left[\overset{\delta-}{H_3M\!-\!H}\ \overset{\overset{\displaystyle R^3}{|}}{\underset{\underset{\displaystyle R^2}{|}}{C}}\!-\!\overset{\delta-}{X}\right] \longrightarrow R^1\!-\!\overset{\overset{\displaystyle R^3}{|}}{\underset{\underset{\displaystyle R^2}{|}}{C}}\!-\!H + MH_3 + X^{\ominus}$$

M=Al, B   X= F, Cl, Br, I等

2. 亲电反应

（1）**硼烷对羰基化合物的还原** 硼烷可将羰基化合物及其衍生物（醛、酮、羧酸及其衍生物）还原为醇或胺，为氢负离子的亲电加成反应。首先，缺电子的硼原子与羰基氧原子上的未共用电子对结合；然后，硼烷上的氢以氢负离子形式转到羰基碳原子上，经水解后得醇或胺。酰卤因卤素的吸电子效应使羰基氧原子上的电子云密度降低，因此，酰卤不能被硼烷还原。

$$\overset{\displaystyle R^1}{\underset{\displaystyle R^2}{>\!\!C}}\!=\!X \xrightarrow{BH_3} \overset{\displaystyle R^1}{\underset{\displaystyle R^2}{>\!\!C}}\!=\!\overset{\oplus}{X}\text{-}-\overset{\ominus}{BH_3} \longrightarrow \cdots \xrightarrow{H_2O} \overset{XH}{\underset{}{R^1\!-\!CH\!-\!R^2}}$$

R¹= H, alkyl, OR, NR'R"；X= O, N, NOH等

（2）**硼烷对碳-碳不饱和键的还原** 以硼烷对烯烃的还原为例，硼原子因极化带部分正电荷，当与富电子烯烃反应时，硼原子与氢在双键同侧经顺式亲电加成得到烷基取代硼烷，经酸水解使碳-硼键断裂而得烷烃。反应无碳正离子中间体过程，因此分子构型保持不变。硼原子主要加成到取代基较少的碳原子上，符合反马氏规则。

（三）自由基反应机理

以活性金属（如锂、钠、钾、铁、锡、汞齐、碱金属的液氨溶液）、硫化物或含氧硫化物对含有不饱和键或硝基的化合物、羧酸、酯、酰胺的还原反应，以及对含有碳-杂键化合物的氢解反应，均属于电子转移的自由基反应。

1. Birch还原反应 芳香族化合物可以通过使用钠、锂或钾在液氨或胺溶剂中被还原为非共轭二烯。这一还原过程采用的是单电子转移的自由基机制。在这个过程中，芳香族化合物首先从活性金属获取一个电子，形成不稳定的负离子自由基，这是一种强碱性物种。它会迅速从液氨或胺中接受一个质子，转化为自由基状态。随后这个自由基又从金属表面获得另一个电子，变成负离

子，然后再次从溶剂中接收一个质子，最终被还原成非共轭二烯。

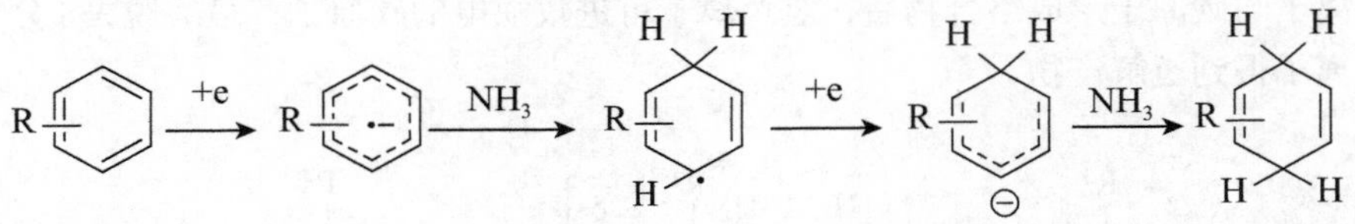

2. 活泼金属还原剂的还原　在诸如Clemmensen还原反应中，活性金属（如钠、铁、锌等）对羰基、含氮的硝基化合物，以及硫醚或含硫氧化物的还原反应，主要依赖于底物与活泼金属表面的电子转移作用，其中活泼金属充当电子的供应者。以铁粉和质子源共同还原硝基化合物为例，电子从铁粉转移到硝基上，生成阴离子自由基，该自由基进一步获得质子并脱水，最终形成还原后的产物。可用作这类反应质子供体的溶剂包括酸、醇和水。

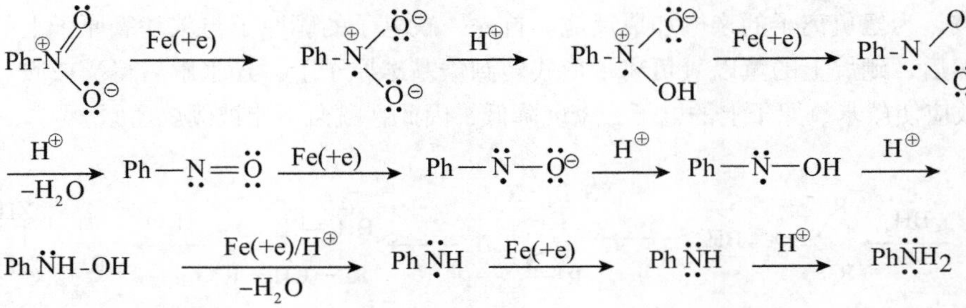

3. 活泼金属作用下的氢解反应　在活泼金属（如锂、钠）等作用下脱卤或脱硫氢解反应历程如下：首先发生电子转移，形成自由基负离子，然后分子裂解为卤离子和自由基，再转移1个电子形成碳负离子，最后经质子化得烃。

第二节　碳－碳不饱和键的还原

含有碳-碳不饱和键的底物（如烯烃、炔烃和芳烃）均可被还原为饱和烃。其中，烯烃和炔烃多用催化氢化法还原，芳烃常选用化学还原法。

一、烯、炔的还原反应

（一）催化氢化反应

催化氢化是将碳-碳不饱和键还原为碳-碳单键的首选方法，烯烃和炔烃易于催化氢化，且具有较好的官能团选择性。

1. 非均相催化氢化

（1）反应通式及机理

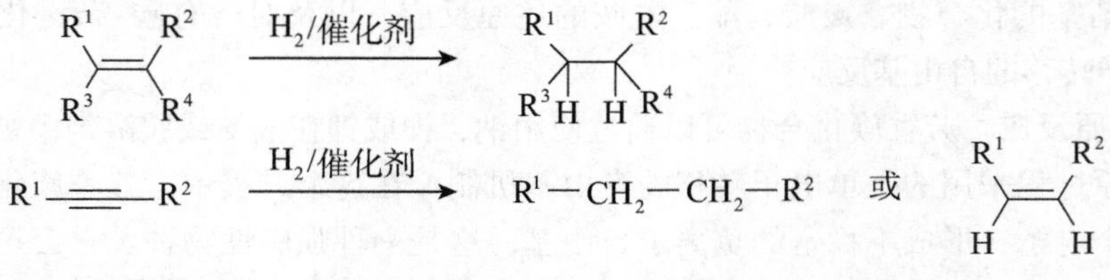

烯烃、炔烃的非均相催化氢化还原反应多为非均相催化氢化机理。

（2）反应影响因素及应用实例 可用于氢化反应的催化剂种类繁多，常用的有镍、钯、铂。镍催化剂主要有活性镍（Raney镍）和硼化镍。Raney镍是将含镍40%～50%的镍铝合金加入至一定浓度的氢氧化钠溶液中得到的多孔状骨架镍，分为W_1～W_8等不同型号，活性大小次序为$W_6>W_7>W_3$、W_4、$W_5>W_2>W_1>W_8$。干燥的Raney镍在空气中会剧烈氧化而燃烧，因此应浸没于乙醇或蒸馏水中贮存。向Raney镍中加入少量的氯化铂、二氯化镍、硝酸铜或二氯化锰等，可提高其催化活性。在中性或弱碱性条件下，可用于烯键、炔键、硝基、氰基、羰基、芳杂环和芳稠环的氢化，以及碳-卤键、碳-硫键的氢解，对苯环和羧基的催化活性弱，对酯、酰胺无活性。在酸性条件下活性下降或消失，含硫、磷、砷等催化毒剂可导致Raney镍中毒。

硼化镍可由乙酸镍在水（P-1型）或醇（P-2型）中经硼氢化钠还原，或者用氯化镍在乙醇中经硼氢化钠还原制得。硼化镍活性高且选择性好，还原双键不产生异构化，对顺式烯烃的还原活性大于反式烯烃，随烯烃双键取代基数目的增加而催化活性下降。

钯催化剂主要有钯黑、钯碳（Pd-C）和Lindlar催化剂。钯黑是钯的水溶性盐经还原制得的极细黑色金属粉末。将钯黑吸附在载体活性炭上称为钯碳，其中钯的含量通常为5%～10%。5%的钯碳可有效还原烯键和炔键，还可在温和条件下还原硝基、氰基、肟、希夫碱、二硫键等官能团；在高压条件下可催化氢化含有酚羟基、醚键的芳环，还可用于氢解反应。

Lindlar催化剂是将钯吸附在催化毒剂（如碳酸钙或硫酸钡）上，并加入少量抑制剂（乙酸铅或喹啉）得到的部分中毒的催化剂，常用的有Pd-CaCO$_3$/PbO与Pd-BaSO$_4$/喹啉2种，其中，钯的含量为5%～10%。Lindlar催化剂可选择性地还原炔键为烯键、还原酰卤为醛。

铂催化剂主要有铂黑、铂碳（Pt-C）和二氧化铂（PtO$_2$）。铂黑是铂的水溶性盐经还原制得的极细黑色金属粉末。将铂黑吸附在载体活性炭上称为铂碳，可增强催化活性并减少催化剂用量。二氧化铂也称为Adams催化剂，被还原为铂而产生催化作用。铂催化剂活性高，应用范围十分广泛，除可用于Raney镍催化的底物外，还可用于酯和酰胺的还原，对苯环及共轭双键的还原能力较钯催化剂强。碱性物质可使其钝化而失活，因此铂催化剂应在酸性介质中使用。

通常，活性较高的催化剂往往会牺牲选择性。为了调节这一性能，添加助催化剂可以提升催化剂的活性并加速反应过程；而引入抑制剂则可以降低催化活性，此举反而有助于增强反应的选择性。当反应物中含有的微量杂质显著降低或完全消除催化剂的活性或选择性时，这种情况被称为催化剂中毒。若这些杂质只是暂时抑制催化剂的活性，通过适当的活化处理，催化剂可能恢复活力，这种情况则被称为催化剂阻化。致催化剂中毒的物质被称为催化毒剂，常见的有硫、磷、砷、铋、碘等元素的离子和某些有机硫化物及有机胺类；而引起阻化的则被称为催化抑制剂。催化毒剂与抑制剂之间没有严格的区分。除了酰卤和硝基外，催化氢化反应可优先还原分子中的碳-碳不饱和键，而其他官能团不受影响。例如，治疗失眠症的药物雷美替胺（ramelteon）中间体的制备。

烯烃、炔烃的催化氢化反应为同面加成，一般是在分子中空间位阻较小的一面发生氢化，产物以顺式为主。但因存在向更稳定的反式体转化的动力，仍有一定量的反式产物。例如，抗雄性激素药戊双氟酚（bifluranol）中间体是通过反式烯烃中间体经钯催化氢化发生顺式加成反应而得到的。

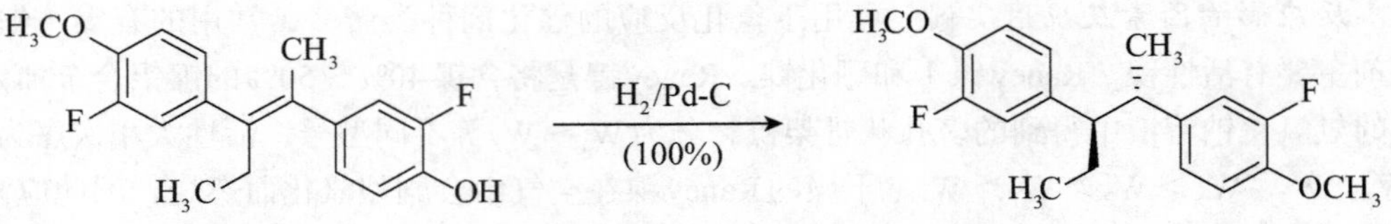

Lindlar催化剂可选择性还原炔烃为顺式烯烃。例如，在抗血栓药沃拉帕沙（vorapaxar）中间体的合成过程中，结构中的酯基不受影响。压力升高时，可加速反应并提高反应收率，但会使反应的选择性降低而得烷烃。

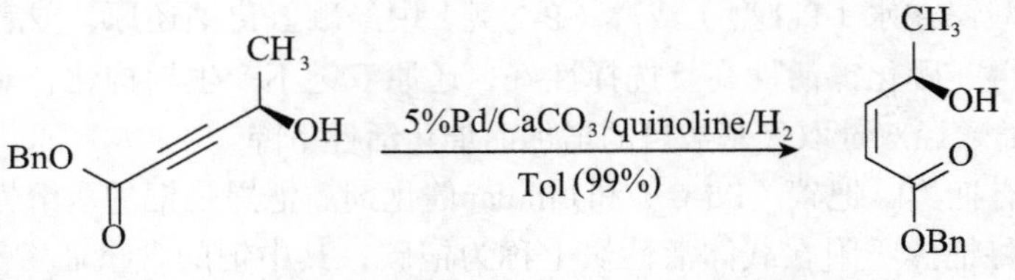

P-2型硼化镍能选择性还原炔键和末端烯键，而不影响其他双键，效果优于Lindlar催化剂。例如，4-乙烯基环己-1-烯在P-2型硼化镍催化下，结构中的末端烯键可被优先还原，而环内双键不受影响。

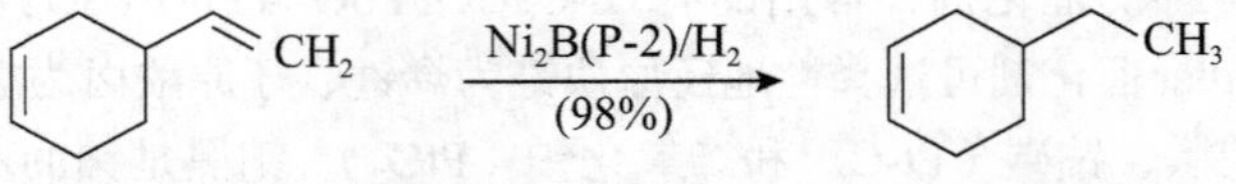

不对称多烯可被选择性还原，反应取决于双键的位置和取代基的空间位阻，位阻小的双键易于还原。当分子中同时存在共轭双键及非共轭双键时，共轭双键可被优先还原。例如，抗疟疾药青蒿素关键中间体香茅醛（citronellal）的合成。

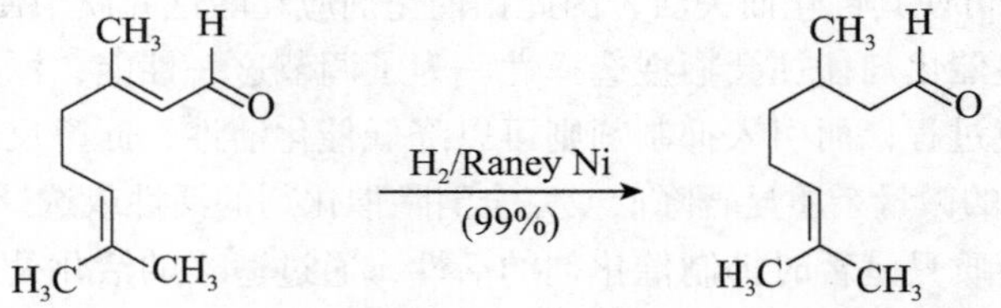

升高温度可加速氢化反应，催化剂活性较高时，会导致反应选择性降低，并增加副反应。例如，Raney镍催化下的6-苯基-3,5-二烯-2-酮的加氢还原，随着温度升高，对官能团的选择性变差。

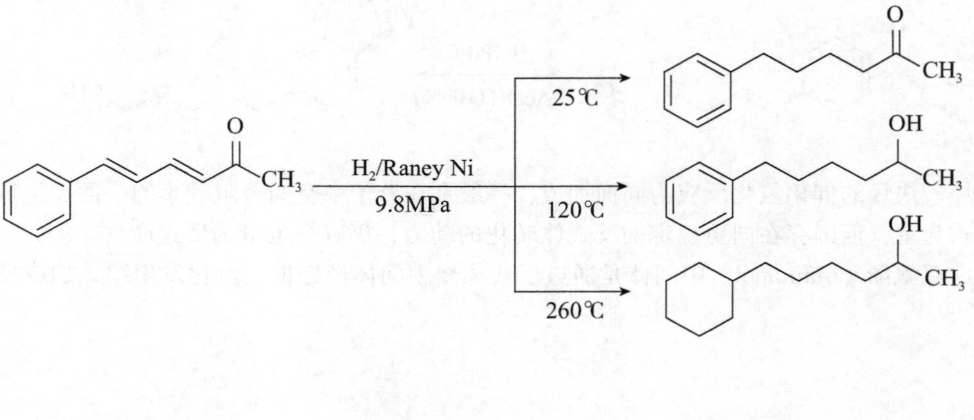

溶剂的极性、沸点、对反应物的溶解度等因素均可影响氢化反应的速率和选择性。选用溶剂的沸点应高于反应温度，并对产物有较大的溶解度，以利于产物从催化剂表面解吸。低压氢化常用的溶剂及活性顺序为乙酸＞甲醇＞水＞乙醇＞丙酮＞乙酸乙酯＞醚＞烷烃；高压氢化常用溶剂有水、甲基环己烷和二氧六环等。溶剂的酸碱度可影响反应速率和选择性，对产物构型也有较大影响。一般来说，有机胺或含氮芳杂环的氢化通常选用乙酸作溶剂，可使碱性氮原子质子化而防止催化剂中毒；二氧六环用于活性镍氢化，反应温度应控制在150℃以下，防止引发事故；醇在高温下可与伯胺、仲胺发生 N-烃化反应，还可引起酯和酰胺的醇解。

2. 均相催化氢化 是指催化剂呈配合分子状态溶于反应介质中的催化氢化反应，可实现碳-碳不饱和键的选择性还原，反应活性高、条件温和且选择性好，一般不伴随氢解反应和双键异构化。

（1）反应通式及机理

烯键的均相催化还原反应机理为均相催化氢化。

（2）反应影响因素及应用实例 均相催化剂多数为能溶于有机溶剂的过渡金属配合物，最常用的是铑、钌、铱、钴、铁。常见的配位基有 Cl⁻、OH⁻、CN⁻ 和 H⁺ 等离子，手性配体主要包括手性膦、手性胺与手性硫等化合物，如（1R, 2R）-二[（2-甲氧基苯基）苯基膦]乙烷（DIPAMP）、2,2′-双-（二苯膦基）-1, 1′-联萘（BINAP）、（S）-1, 1′-联-2-萘胺（BINAM）、（R）-叔丁基甲基膦-二叔丁基膦甲烷（TCFP）等，实现了高立体选择性和高催化活性。

DIPAMP　　BINAP　　BINAM　　TCFP

由三氯化铑和三苯基膦作用而得的氯化三苯基膦合铑[(Ph₃P)₃RhCl]称为Wilkinson催化剂（TTC），其他常见的催化剂还有氯氢三苯基膦合钌[(Ph₃P)₃RuClH]、氯氢羰基三苯基膦合铱[(Ph₃P)₂Ir(CO)ClH]、氰化钴｛[Co(CN)₅]³⁻｝等。

均相催化氢化反应可实现碳-碳不饱和键的选择性还原。例如，在α-山道年（α-santonin）双键的还原中，如采用非均相催化氢化，则生成四氢山道年；如使用Wilkinson催化剂还原，可实现选择性氢化生成驱虫剂二氢山道年。

（α-山道年）

均相催化氢化反应优先还原位阻小或端基烯、炔，对末端双键和环外双键的氢化速率较环内

双键大 $10\sim10^4$ 倍。例如，天然产物 Pavidolide B 中间体的合成中，双烯底物在 Wilkinson 催化剂的作用下，仅末端烯烃被还原。

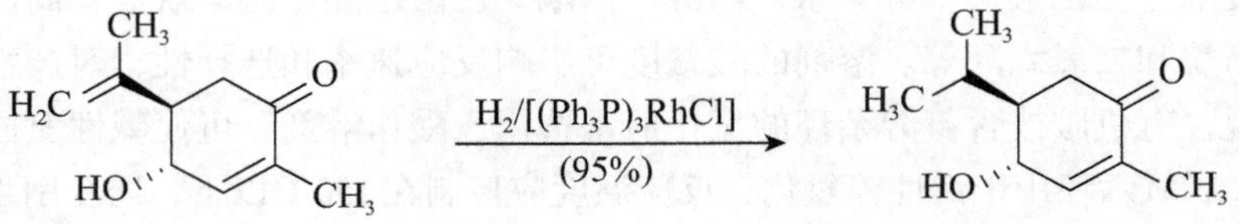

在均相催化氢化反应中，可实现对非共轭双键和三键的选择性还原，这样的还原倾向生成顺式加成的产物。在此过程中，分子内的羰基、氰基、酯基、芳香族、硝基及氯代基等官能团不会发生还原反应。例如，在合成普瑞巴林（一种治疗神经痛的药物）中间体时，使用 Rh(TCFP)(COD)BF$_4$ 作为催化剂可以实现对双键的选择性还原，同时不影响氰基及分子中的其他基团。

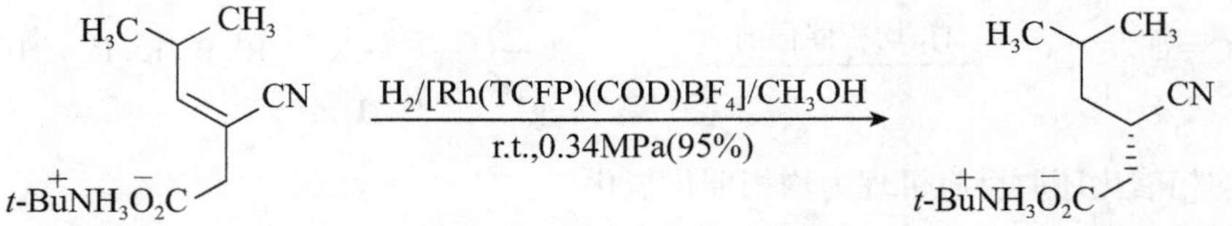

通常情况下，炔烃在 Wilkinson 催化下的加氢还原产物是饱和烷烃。但含有硫原子官能团的炔烃底物因能与 Wilkinson 催化剂配位使催化剂活性降低，最终高选择性地得到烯烃产物。

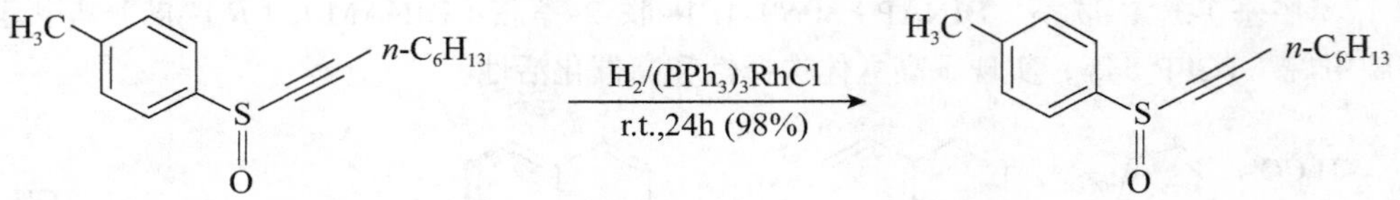

BINAP 与金属铑和钌形成的配合物可催化前手性反应底物生成高立体选择性产物。例如，（S）-萘普生（naproxen）中间体的合成中，通过 BINAP 催化氢化实现了烯键的高立体选择性，还原得 S-构型产物（e.e. > 98%）。

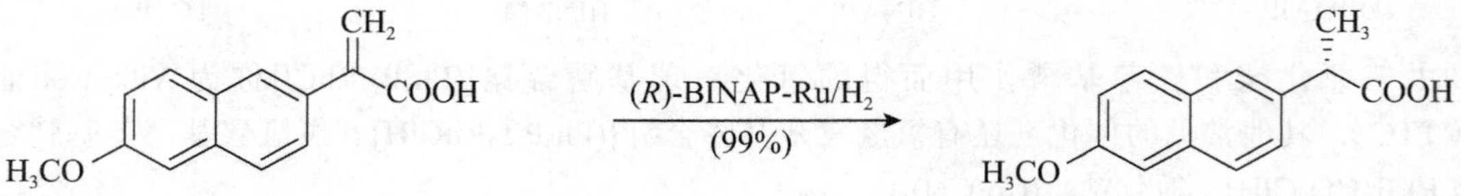

3. 催化转移氢化 在金属催化剂的存在下，用某种化合物（主要是有机物）作为供氢体代替气态氢为氢源而进行的还原反应，属于非均相催化氢化反应。

（1）反应通式及机理

烯烃的催化转移氢化机理为催化转移氢化。

（2）反应影响因素及应用实例 常用的催化剂为钯黑和钯碳，铂、铑等催化剂的活性较低。由于供氢体可定量地加入，使催化转移氢化程度易于控制，选择性好。常用的供氢体有不饱和环脂肪烃、不饱和萜类和醇类，如环己烯、环己二烯、四氢化萘、2-蒎烯、乙醇、异丙醇和环己醇等，其中环己烯和四氢化萘的应用最为普遍。此外，无水甲酸铵、肼、二氮烯、次磷酸钠也可作为供氢体。例如，β_1受体拮抗剂艾司洛尔（esmolol）中间体3-对羟基苯丙酸为在Raney镍催化下，以肼为供氢体还原双键得到的。

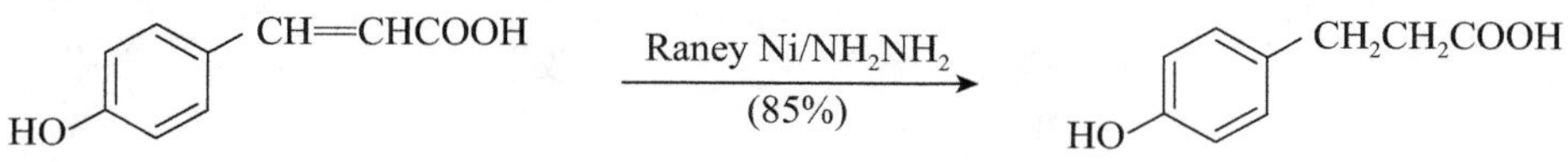

催化转移氢化可用于烯键、炔键等非极性不饱和键的氢化。分子中含有共轭双键和孤立双键时，共轭双键更容易被还原，羰基、酯基等不受影响。例如，茶螺烷（theaspirane）中间体的合成。

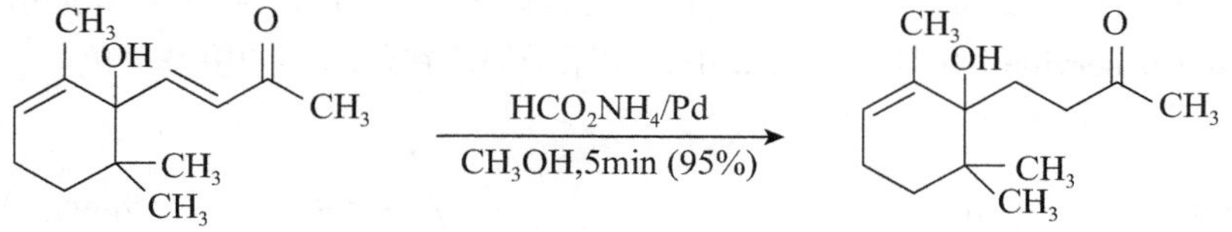

对炔类化合物的转移氢化反应，如控制加氢的量，可得顺式烯烃。甾体化合物可以选择性地还原环外双键，而不影响分子中其他易还原的基团。例如，皮质激素甲泼尼龙（methylpre-dnisolone）中间体的合成。

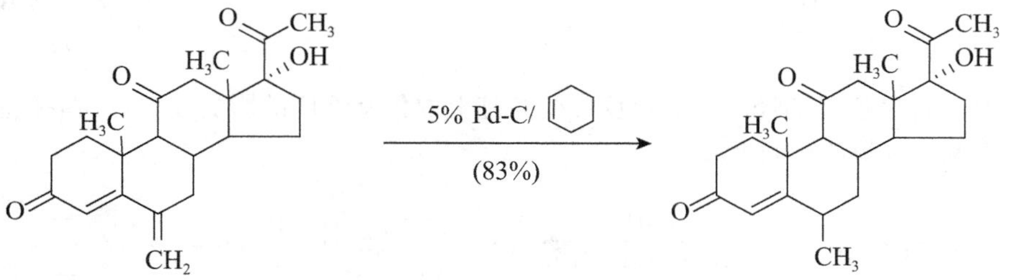

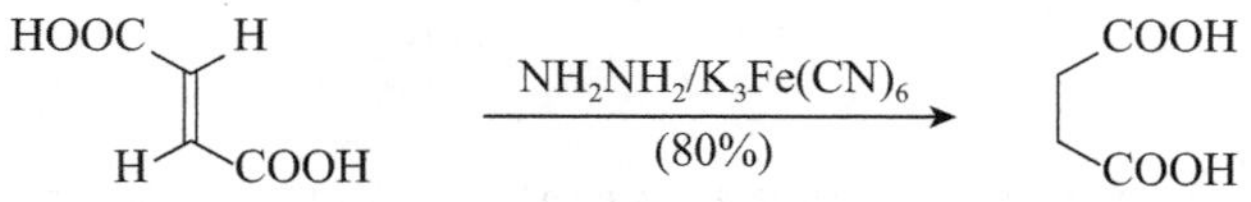

（二）硼氢化反应

乙硼烷在醚类溶液中以硼氢键与烯烃、炔烃进行加成，生成有机硼化合物的反应称为硼氢化反应。

1. 反应通式及机理

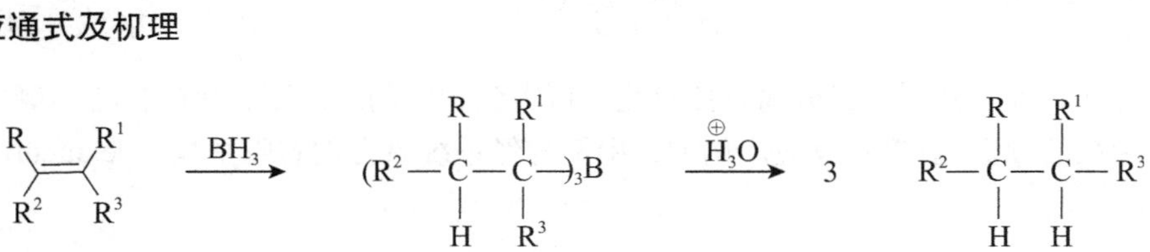

硼烷对烯烃的硼氢化反应机理为硼烷的亲电反应。

2. 反应影响因素及应用实例 乙硼烷，一种有毒气体，通常在醚类溶剂溶解后使用，在这种情形下，可以将氟化硼的醚溶液添加到硼氢化钠和烯烃的混合物中反应，乙硼烷一旦形成便立即与烯烃进行反应。这类硼氢化反应是一种顺式加成，遵循反马氏规则。为了提高反应的立体选择性，可以使用已经进行了烃基取代的硼烷，如9-BBN。使用二异丁基硼烷进行还原反应的一个例子是，将（E）-4-甲基戊-2-烯顺应反马氏规则还原，可以得到高达95%收率的选择性还原产物。

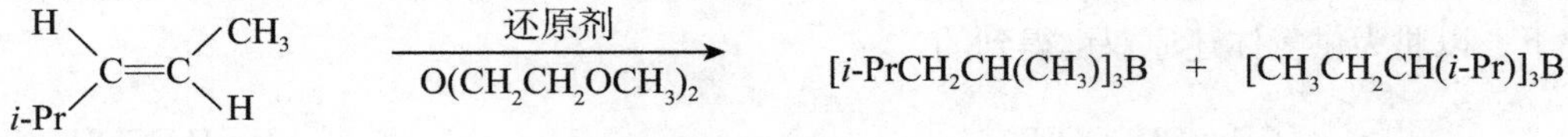

还原剂	收率	收率
2BH₃	57%	43%
[(Me)₂CHCH₂]₂BH	95%	5%

硼烷与不对称烯烃加成时，硼原子主要加成到取代基较少的碳原子上，若烯烃碳原子上的取代基数目相等，硼原子主要加成到空间位阻较小的碳原子上。例如，在具有解热镇痛作用的天然产物三脉马钱碱（trinervine）中间体的合成中，硼原子加成在位阻小的甲基一侧。

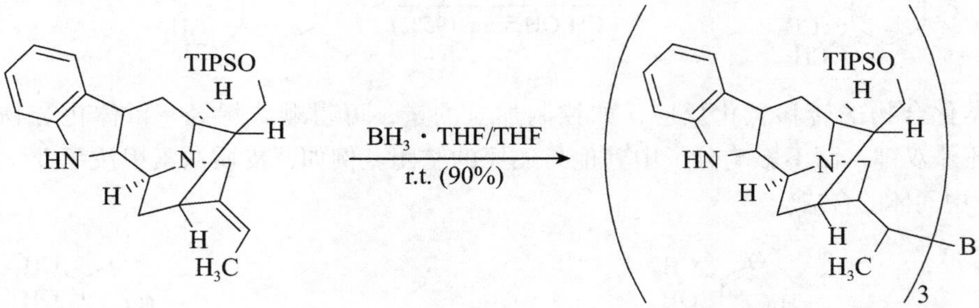

对于芳基乙烯来说，烯烃的硼氢化反应受芳基上取代基性质的影响较大。当取代基为供电子基团时，更有利于优势产物的生成。

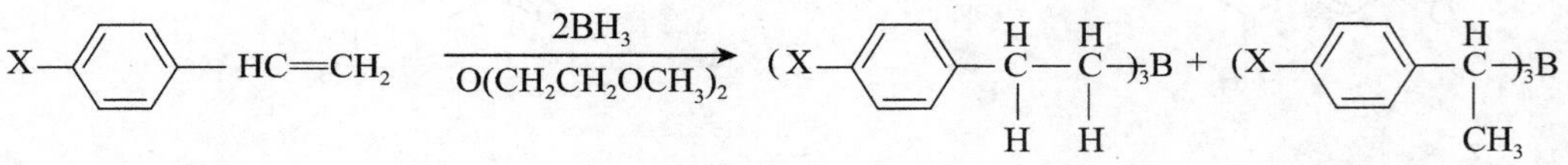

利用硼烷与烯烃加成生成烃基硼烷，在酸性条件下水解可得到饱和烷烃，称为烯烃的硼氢化-还原反应。例如，具有抗病毒作用的芳樟醇（linalool）中间体蒎烷的合成。

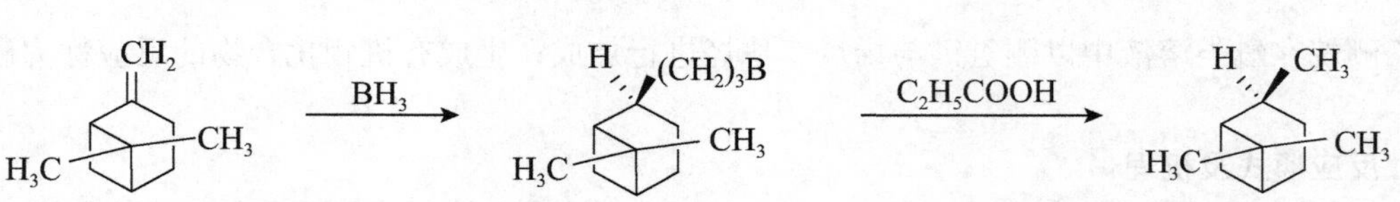

烃基硼烷在碱性条件下不经分离直接氧化，可得到相应的醇或酮，氧的位置与硼原子的位置一致，称为烯烃的硼氢化-氧化反应。例如，中枢神经系统兴奋剂右哌甲酯（dexmethylphenidate）中间体的合成。

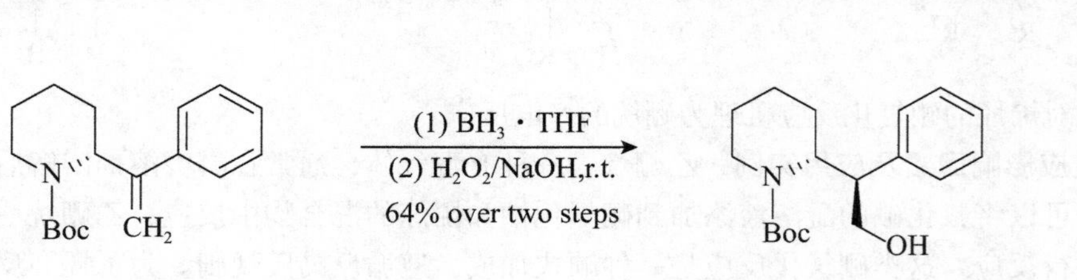

二、芳烃的还原反应

芳烃可采用催化氢化和化学还原法进行还原，其中催化氢化还原反应条件较为苛刻，化学还原在芳烃的还原中应用较为广泛。

（一）催化氢化反应

1. 反应通式及机理

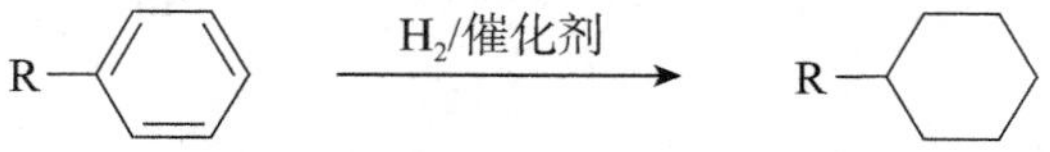

芳烃的催化氢化还原机理为非均相催化氢化。

2. 反应影响因素及应用实例 常用的催化剂有镍、钯、铂、钌和铑，其中 Raney 镍、钯和钌需要高温、高压的反应条件。苯环一般难以氢化，芳稠环如萘、蒽、菲等较苯环易氢化。若要实现苯环的催化氢化，须采用活性催化剂及较高的压力。例如，抗胆碱药奥芬溴铵（oxyphenonium bromide）中间体的合成。

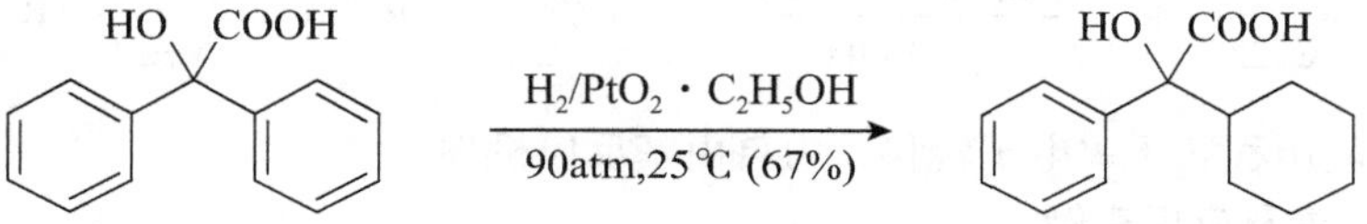

取代苯（如苯酚、苯胺等）由于取代基的引入，苯环极性增加，比苯易于发生催化氢化反应。取代苯在乙酸中用铂作催化剂时，取代基的活性顺序为 ArOH > ArNH$_2$ > ArH > ArCOOH > ArCH$_3$。例如，对乙酰氨基酚在 Raney 镍催化下可被还原，得镇咳祛痰药氨溴索（ambroxol）的关键中间体。

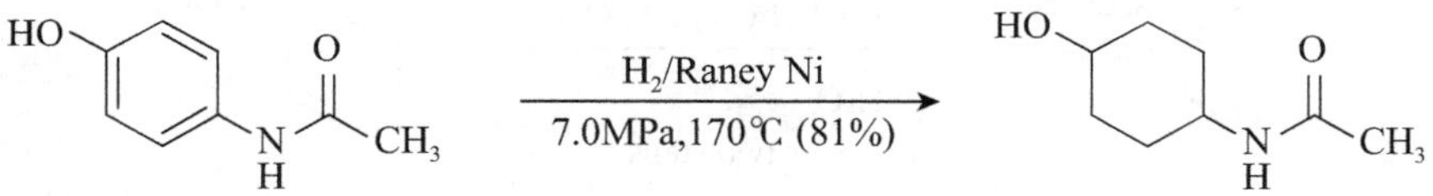

酚类化合物经催化氢化反应可得到环己酮类化合物，该方法是制备取代环己酮的简捷方法。例如，镇吐药昂丹司琼（ondansetron）中间体1,3-环己二酮的制备。

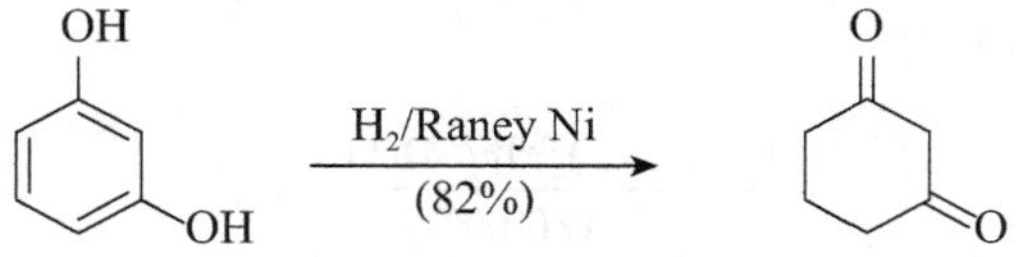

芳杂环化合物，由于含有诸如氮、氧、硫等原子，比普通的芳环更易于进行氢化反应。在含有芳环和芳杂环的结构中，通过精确控制氢化条件，可以实现选择性的还原。举个例子，在合成抗胃溃疡药物曲昔派特（troxipide）时，通过在钯碳催化剂的作用下调节氢气的供应量，可以实现吡啶环的优先还原，而保持苯环不受影响。

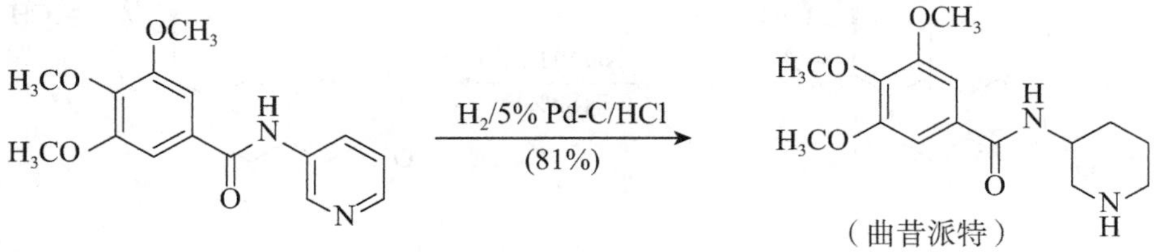

含氮杂环的氢化通常在强酸性条件下进行；含氧、硫的芳杂环在酸性条件下可发生开环反应，因此，应选用活性较高的催化剂如 Raney 镍等，在中性条件下顺利完成还原反应。例如，抗高血压药特拉唑嗪（terazosin）中间体的合成。

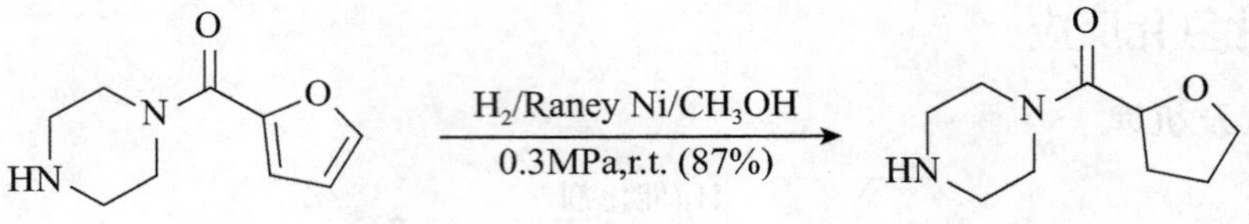

（二）Birch 还原反应

芳香族化合物在液氨-醇体系中，用碱金属钠（锂或钾）还原，生成非共轭二烯的反应称为 Birch 还原反应。

1. 反应通式及机理

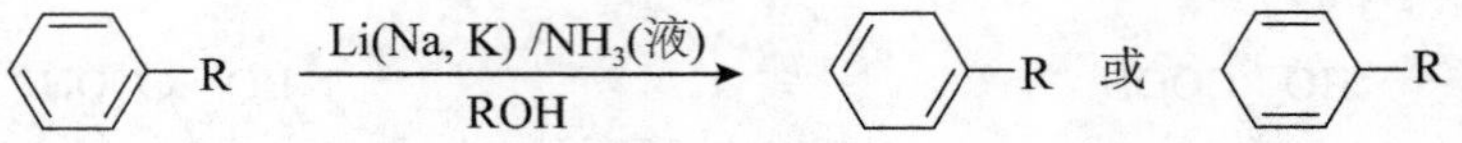

Birch 还原反应历程属于单电子转移，为自由基反应机理。

2. 反应影响因素及应用实例

1）碱金属钠、锂、钾都可用于 Birch 反应，反应速率为 Li ＞ Na ＞ K。当芳环被吸电子基团取代时有利于反应进行，生成 1-取代-2, 5-环己二烯。例如，在抗菌药平板霉素（platensimycin）中间体的合成过程中，苯甲酸经钠、液氨还原得 2, 5-环己二烯-1-甲酸。

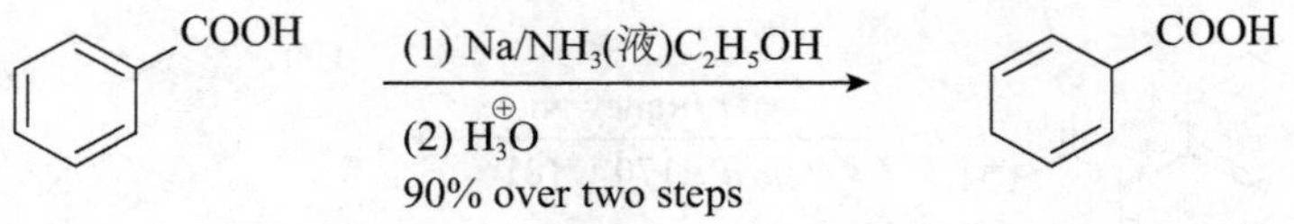

2）当芳环被供电子基团取代时，不利于反应进行，生成 1-取代-1, 4-环己二烯。例如，脑动脉硬化症治疗药溴长春胺（brovincamine）中间体的制备。

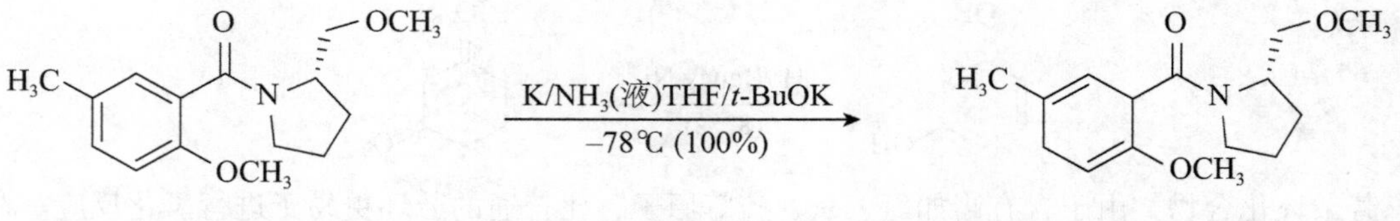

3）苯甲醚和苯胺的 Birch 反应可用于合成环己烯酮衍生物。例如，口服孕激素类药物诺美孕酮（nomegestrol）中间体的合成。

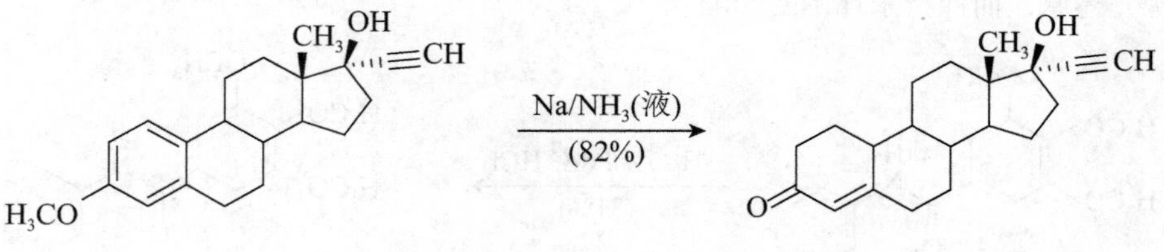

第三节　醛、酮的还原反应

醛、酮经还原反应可以得到醇或烃，是合成醇及烃类化合物的常用方法。

一、还原成醇

最常见的将羰基化合物转化为醇的手段包括催化氢化和金属复氢化物还原，它们在生成手性药物时尤其关键，因为它们可以涉及不对称还原。另外，醛和酮也可以通过醇铝、活性金属或含硫氧化物等试剂进行还原。

（一）催化氢化还原

1. 反应通式及机理

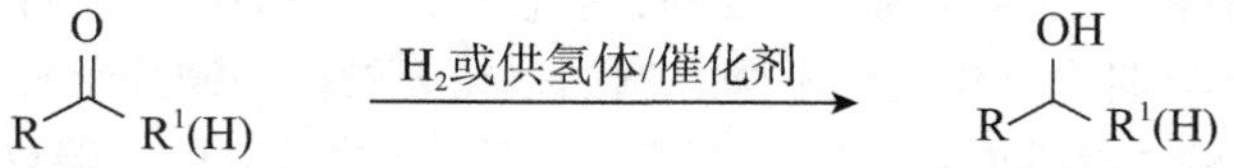

醛、酮的催化氢化反应机理为非均相催化氢化。

2. 反应影响因素及应用实例　醛、酮的催化氢化活性通常强于芳烃，但弱于烯烃、炔烃。常用的催化剂有 Raney 镍、铂、钯等过渡金属。

芳香族醛、酮用催化氢化还原时，若以钯为催化剂，生成的醇可进一步氢解为烃；若以 Raney 镍为催化剂可在温和条件下得到醇。例如，抗帕金森病治疗药左旋多巴（levodopa）中间体的合成。

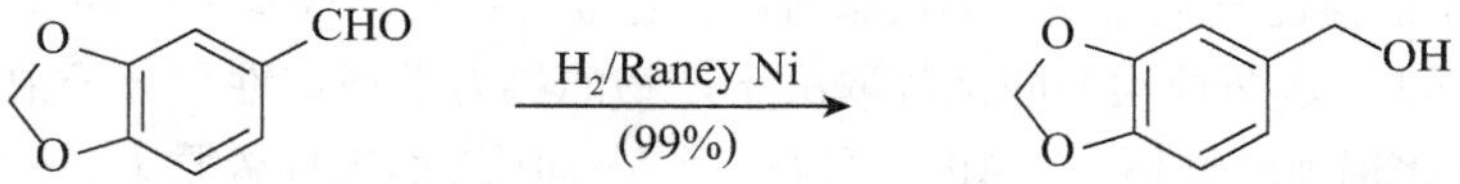

脂肪族醛、酮的还原活性较芳香族醛、酮低，通常用 Raney 镍或铂催化，若以钯催化，一般须在较高的温度和压力下还原。例如，抗过敏药氯雷他定（loratadine）中间体的合成。

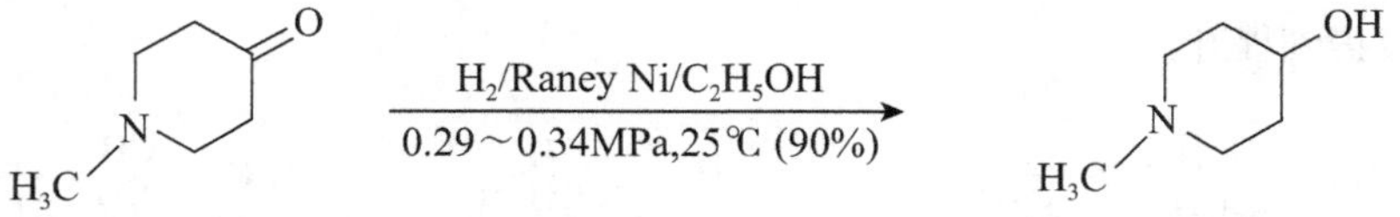

以无水甲酸铵作为供氢体，钯碳催化下可选择性地还原羰基为醇。例如，在选择性 β_2 受体激动剂沙丁胺醇（salbutamol）的合成过程中，醛、酮羰基均被还原为醇。

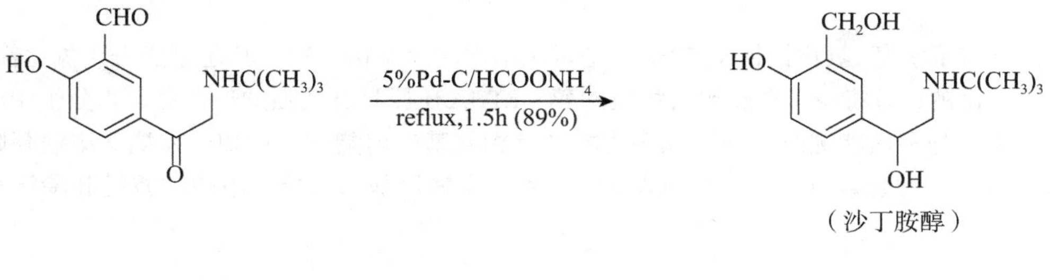

（沙丁胺醇）

（二）金属复氢化物还原

当涉及将羰基化合物还原为醇时，金属复氢化物是优先考虑的试剂，因为它们可在温和的反应条件下进行，且副反应少，产率高。常用的金属复氢化物包括氢化铝锂（$LiAlH_4$）及硼氢化钠、硼氢化锂、硼氢化钾（$NaBH_4/LiBH_4/KBH_4$）。特定的取代金属复氢化物，如硫代硼氢化钠（$NaBH_2S_3$）和三仲丁基硼氢化锂 $\{LiBH[(CH_3)_3C]_3\}$，因其更优的官能团和立体选择性而备受青睐。

1. 反应通式及机理

反应机理为氢负离子对羰基的亲核加成。

2. 反应影响因素及应用实例

1）氢化铝锂对含有极性不饱和键的化合物具有较高的还原活性，但对孤立的碳碳双键和三键一般无活性，这一特点与催化氢化反应不同。例如，在天然抗肿瘤药紫杉醇（paclitaxel）中间体的合成过程中，氢化铝锂选择性的还原羰基为羟基，而分子中孤立的碳碳双键不受影响。

2）AlH_4在氢化铝锂还原脂环酮时，羰基可以被还原为两种不同构型的仲醇，分别为直立的 a-羟基和平伏的 e-羟基。这两种构型的优势取决于产物的热力学稳定性和分子中的立体位阻大小。以樟脑为例，在氢化铝锂的作用下，$AlH_4^\ominus$ 可以选择从 a 面或 b 面进攻碳原子。尽管 a 面由于甲基的位阻使得反应相对困难，从这一面得到的龙脑（1）是热力学上更稳定的产物。而从 b 面进攻受到的空间位阻较小，尽管得到的异龙脑（2）在热力学上不太稳定。这个还原过程主要由立体因素决定，因此异龙脑以约90%的比例占主导。然而，如果采用反应性较低的还原试剂并增加反应温度，龙脑的产量可以得到提升。

3）三(叔丁氧基)氢化铝锂（LTBA）是氢化铝锂的烃基衍生物，其还原能力比氢化铝锂弱，但强于硼氢化钠，可将醛、酮还原为相应的醇。LTBA还原具有较强的选择性，当分子中同时存在醛基、酮羰基和内酯键时，还原顺序为醛基＞酮羰基＞内酯键。例如，在抗艾滋病药阿扎那韦（atazanavir）的合成过程中，酮羰基被LTBA还原为羟基，而分子中的酰胺键和酯键均不受影响。

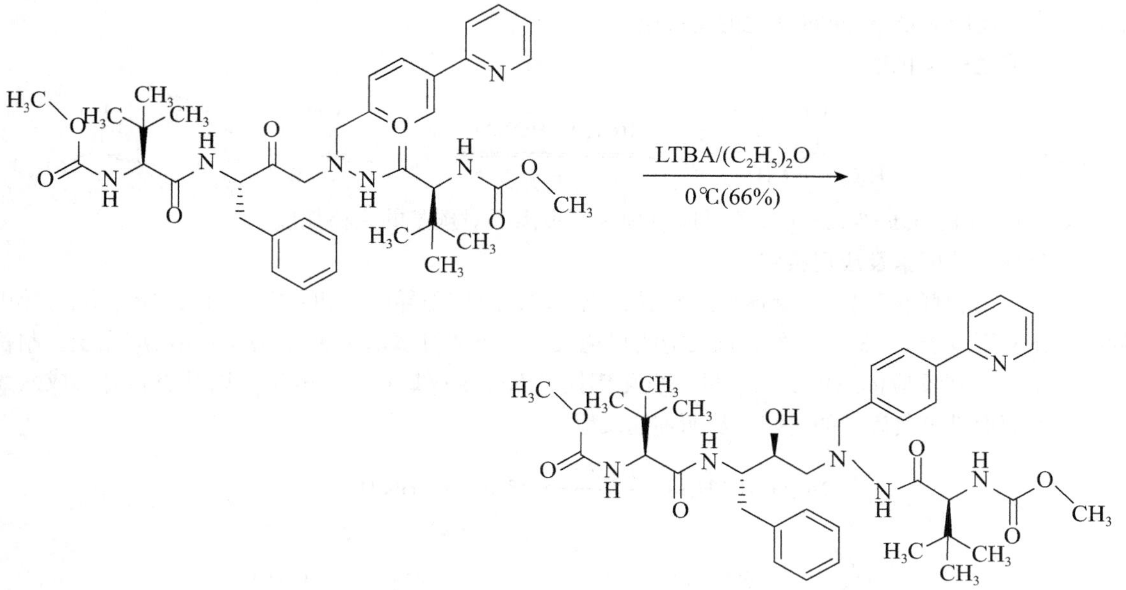

（阿扎那韦）

4）硼氢化钠为还原羰基的首选试剂，能选择性地还原醛为伯醇、还原酮为仲醇，产率较高。在醛、酮羰基同时存在时，可优先还原醛基。例如，在支气管扩张药维兰特罗（vilanterol）中间体的制备过程中，采用硼氢化钠能选择性地将醛基还原为伯醇，而酮羰基不会被还原。

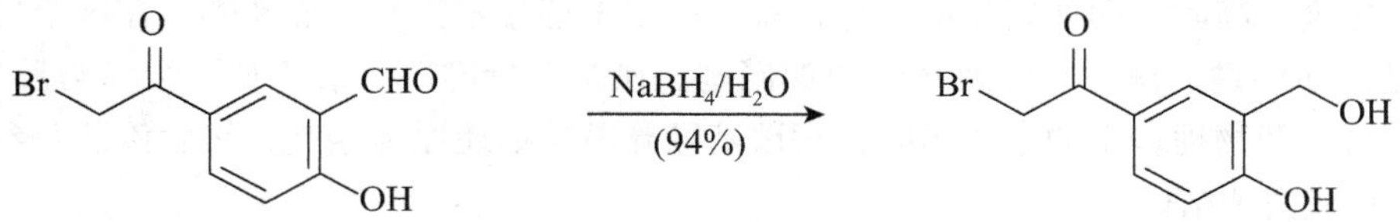

5）硼氢化钠可对具有前手性的羰基化合物进行不对称还原，将脂环酮立体选择性地还原成手性环醇类化合物。例如，青光眼治疗药多佐胺（dorzolamide）中间体的合成。

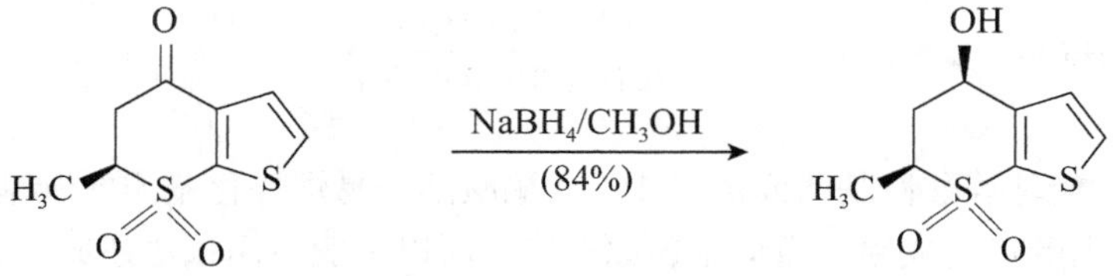

6）硼氢化钠（钾）对孤立醛、酮的反应活性往往大于 α, β-不饱和醛、酮，控制硼氢化钠（钾）的用量，可实现对孤立羰基的选择性还原。例如，在天然产物石松属生物碱magellanine中间体的合成过程中，硼氢化钠可选择性还原孤立酮羰基，分子中的共轭羰基及硫醚键均不会受到影响。

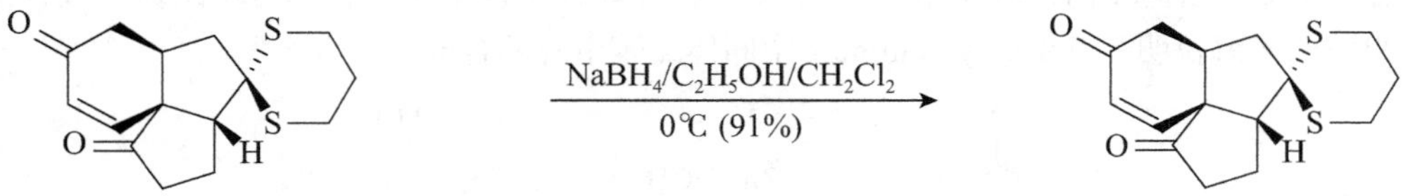

（三）醇铝还原

醛、酮等羰基化合物与异丙醇铝在异丙醇中还原为醇的反应称为Meerwein-Ponndorf-Verley还原反应，该反应为Oppenauer氧化的逆反应。

1. 反应通式及机理

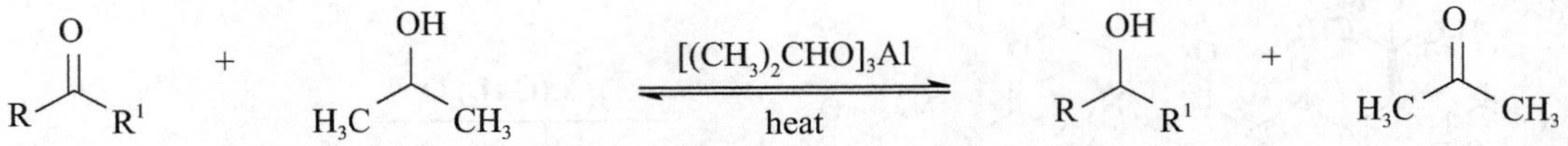

Meerwein-Ponndorf-Verley还原反应机理为氢负离子对羰基的亲核加成。

2. 反应影响因素及应用实例

1）由于新制的醇铝以三聚体形式与醛、酮配位，反应中异丙醇和异丙醇铝须过量（酮与醇铝的摩尔比应不少于1∶3）。此外，该反应为可逆反应，可通过蒸出生成的丙酮促使反应完全。制备异丙醇铝时，在反应体系中加入少量三氯化铝使之部分生成氯化异丙醇铝，因其更容易形成六元环过渡态而促进氢负离子的转移，从而加速反应。

$$2Al[OCH(CH_3)_2]_3 \xrightarrow{AlCl_3} 3ClAl[OCH(CH_3)_2]_2$$

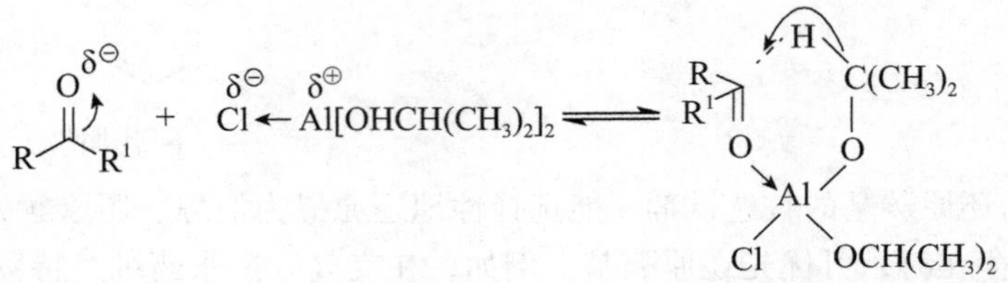

2）异丙醇铝是一种高选择性的还原试剂，主要用于将醛和酮转换成相应的醇。这一反应以其快速的反应速度、高收率和低副反应著称，特别适用于还原不饱和的醛和酮。在这个过程中，底物中的双键，如烯键、炔键，以及官能团如硝基、氰基、醚键、卤素等都不会参与反应。例如，在合成抗高血压药物地舍平的中间体时，酮羰基经异丙醇铝还原为羟基，然后该羟基参与分子内酯化反应，形成内酯结构。

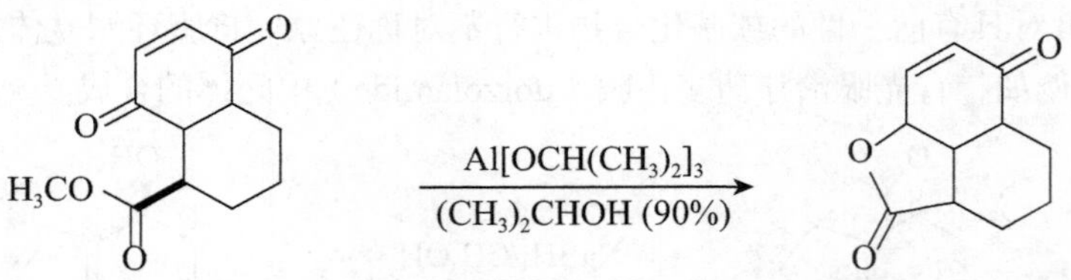

3）含酚羟基、羧基等酸性基团或β-二酮、β-酮酸酯等易烯醇化基团的羰基化合物，其羟基、羧基等基团易与异丙醇铝生成铝盐而抑制还原反应，所以一般不用该法还原。含氨基的羰基化合物也易与异丙醇铝形成铝盐而影响反应进行，可改用异丙醇钠为还原剂。

（四）其他还原剂

1. 金属还原 钠或钠汞齐在乙醇溶液中或锌粉在碱性条件下均可将二芳基酮还原成仲醇。例如，抗组胺药苯海拉明（diphenhydramine）中间体二苯甲醇的合成。

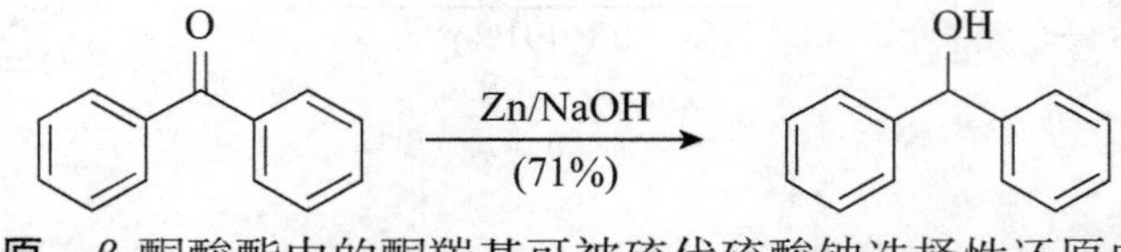

2. 含硫化合物还原 β-酮酸酯中的酮羰基可被硫代硫酸钠选择性还原成羟基，如食品用香料3-羟基丁酸乙酯的合成。

$$
\text{H}_3\text{C} \underset{\text{O}}{\overset{\text{O}}{\text{C}}} \text{OCH}_2\text{CH}_3 \quad \xrightarrow[85℃, 3\text{h}]{\text{Na}_2\text{S}_2\text{O}_3/\text{NaHCO}_3/1,4\text{-dioxane}} \quad \text{H}_3\text{C} \underset{\text{OH}}{\overset{\text{O}}{\text{C}}} \text{OCH}_2\text{CH}_3
$$

二、还原成烃基

常见的将醛、酮羰基还原为烃基的反应有 Clemmensen 还原反应、Wolff-Kishner-黄鸣龙还原反应，还可采用催化氢化还原和金属复氢化物还原等方法。

（一）Clemmensen 还原

在酸性条件下，用锌汞齐或锌粉还原醛基、酮基为甲基或亚甲基的反应称为 Clemmensen 还原。

1. 反应通式及机理

$$
\underset{\text{R}}{\overset{\text{O}}{\underset{}{\text{C}}}} \text{R}^1 \quad \xrightarrow[\text{HCl}]{\text{Zn-Hg}} \quad \text{RCH}_2\text{R}_1
$$

Clemmensen 还原反应的常见机理有两种，其中自由基反应机理参见本章第一节相关内容，碳正离子中间体机理如下：

$$
\underset{\text{R}}{\overset{\text{O}}{\underset{}{\text{C}}}} \text{R}^1 \xrightarrow{\text{Zn/HCl}} \left[\text{R}-\underset{\text{ZnCl}}{\overset{\text{OH}}{\underset{|}{\overset{|}{\text{C}}}}}-\text{R}^1 \right] \xrightarrow[-\text{H}_2\text{O}]{\text{HCl}} \left[\text{R}-\underset{\text{ZnCl}}{\overset{\oplus}{\underset{|}{\text{C}}}}-\text{R}^1 \right] \xrightarrow{2\text{Zn}}
$$

$$
\left[\text{R}-\underset{\text{ZnCl}}{\overset{\ominus}{\underset{|}{\text{C}}}}-\text{R}^1 \right] \xrightarrow{\text{HCl}} \left[\text{R}-\underset{\text{ZnCl}}{\overset{\text{H}}{\underset{|}{\overset{|}{\text{C}}}}}-\text{R}^1 \right] \xrightarrow[-\text{ZnCl}]{\text{HCl}} \text{R}-\text{CH}_2-\text{R}^1
$$

2. 反应影响因素及应用实例

1）Clemmensen 还原反应几乎可用于所有芳香脂肪酮的还原，反应易于进行且收率较高，反应底物的羧酸、酯、酰胺等羰基不受影响，还原醛时产率较低。该还原反应速率较慢、时间长，在反应进行一段时间后须补加盐酸以维持酸度，锌用量须过量 50%。例如，脑代谢改善药艾地苯醌（idebenone）中间体的合成。

$$
\begin{array}{c} \text{H}_3\text{CO} \\ \text{H}_3\text{CO} \end{array} \underset{\text{OH}}{\overset{\text{CH}_3}{\bigcirc}} \underset{\text{O}}{\overset{}{\text{C}}}(\text{CH}_2)_8\text{COOCH}_3 \xrightarrow[\text{reflux (78\%)}]{\text{Zn-Hg/HCl}} \begin{array}{c} \text{H}_3\text{CO} \\ \text{H}_3\text{CO} \end{array} \underset{\text{OH}}{\overset{\text{CH}_3}{\bigcirc}} (\text{CH}_2)_8\text{COOCH}_3
$$

对 α-酮酸及其酯来说，Clemmensen 反应仅能将酮羰基还原成羟基，而对 β-酮酸或 γ-酮酸及其酯类则可还原羰基为亚甲基。

2）还原不饱和酮时，一般情况下分子中的孤立双键不受影响，与羰基共轭的双键可同时被还原，与酯基、羧基共轭的双键中仅双键被还原。例如，帕金森病治疗药雷沙吉兰（rasagiline）中间体的合成。

3）采用锌汞齐还原脂肪醛、酮或脂环酮时，容易产生双分子还原反应生成频哪醇等副产物，收率较低。一些对酸和热敏感的羰基化合物或结构复杂的甾体化合物不能用锌汞齐还原。若采用较温和的条件，如干燥的氯化氢与锌在无水有机溶剂（醚、四氢呋喃、乙酸酐）中低温反应，即可还原羰基为亚甲基，扩大该反应的应用范围。例如，5α-胆甾烷类化合物的合成。

（二）Wolff-Kishner-黄鸣龙还原

水合肼在碱性条件下，还原醛或酮羰基成甲基或亚甲基的反应称为Wolff-Kishner-黄鸣龙反应。

1. 反应通式及机理

Wolff-Kishner-黄鸣龙反应的机理为氢负离子的亲核加成。

2. 反应影响因素及应用实例

1）Wolff–Kishner-黄鸣龙反应最初的方法是将羰基转变为腙或缩氨基脲后，与醇钠置于封管或高压釜中，于200℃左右长时间加压分解，操作烦琐、收率低，缺少实用价值。1946年，我国化学家黄鸣龙对Wolff-Kishner还原反应进行了突破性的改进，只须将醛、酮和85%（或50%）水合肼及氢氧化钾（或氢氧化钠）混合，在二甘醇（DEG）或三甘醇（TEG）等高沸点溶剂中加热形成腙，蒸出过量的肼和生成的水，再升温至180～200℃，常压反应2～3小时，经常规方法处理即得高收率的烃。黄鸣龙还原法操作简便，原料价廉易得，收率高（一般为60%～95%），可放大生产，因此，该还原法已被广泛应用。

该反应条件被不断优化，采用极性非质子性溶剂DMSO可加速反应，加入叔丁醇钾时反应甚至可以在室温下进行；应用无水条件，在沸腾甲苯中用叔丁醇钾处理腙，亦可使反应在较低温度下进行；在相转移催化剂PEG600存在下，腙与固体氢氧化钾在甲苯中回流2～4小时，可得到高收率的产物。

反应条件	收率
t-BuOK/DMSO, 25℃	90%
t-BuOK/C$_6$H$_5$CH$_3$, reflux	85%
PEG600/KOH/C$_6$H$_5$CH$_3$, reflux	93%～95%

该反应应用范围广，作为还原羰基成亚甲基的方法，其弥补了Clemmensen反应的不足，可用于脂肪族、芳香族及杂环羰基化合物及对酸敏感的吡啶、四氢呋喃衍生物的还原，对难溶于水、立体位阻大的甾体羰基化合物尤为适合。例如，抗抑郁药米氮平（mirtazapine）的合成。

$$\xrightarrow[80\,^{\circ}\text{C}\ (85\%)]{H_2NNH_2 \cdot H_2O/KOH/TEG}$$

2）酮酯、酮腈及含活泼卤原子的羰基化合物不宜采用该还原法。

3）水合肼还原羰基时，底物中的酯、酰胺等羰基将发生水解；结构中的碳碳双键、羧基等官能团不受影响；立体位阻较大的酮羰基也能被还原；还原共轭羰基时常伴随双键的位移。例如，在抗肿瘤药苯丁酸氮芥（chlorambucil）中间体的合成过程中，在强碱性条件下以85%水合肼还原羰基的同时，酰胺水解成胺。

$$\xrightarrow[TEG\ (74\%)]{85\%H_2NNH_2 \cdot H_2O/KOH}$$

（三）其他还原法

1. 催化氢化还原 钯是还原芳香醛、芳香酮为烃的首选催化剂，在加压或酸性条件下，还原生成的醇羟基可进一步氢解得到烃。例如，平喘药茚达特罗（indacaterol）中间体的合成。

$$\xrightarrow[CH_3COOC_2H_5\ (87\%)]{H_2/10\%\ Pd\text{-}C}$$

2. 金属复氢化物还原 二芳基酮或烷基芳基酮可在三氯化铝存在下，用氢化铝锂或硼氢化钠将羰基还原成烃基。例如，尿失禁治疗药达非那新（darifenacin）中间体的合成。

$$\xrightarrow[(74\%)]{NaBH_4/AlCl_3/THF}$$

在三氟乙酸存在下，硼氢化钠可选择性地还原羰基为烃基。例如，在抗抑郁药维拉佐酮（vilazodone）中间体的合成过程中，硼氢化钠还原羰基为亚甲基的同时，分子中的氰基、双键和卤素均未受到影响。

$$\xrightarrow[(73\%)]{NaBH_4/CF_3COOH}$$

3. 三乙基硅烷还原　芳基烷基酮或二芳基酮结构中的羰基可被三乙基硅烷还原成烃基，分子中的硝基、酯基、氰基、卤素等不受影响。例如，前列腺增生症治疗药赛洛多辛（silodosin）中间体的合成。

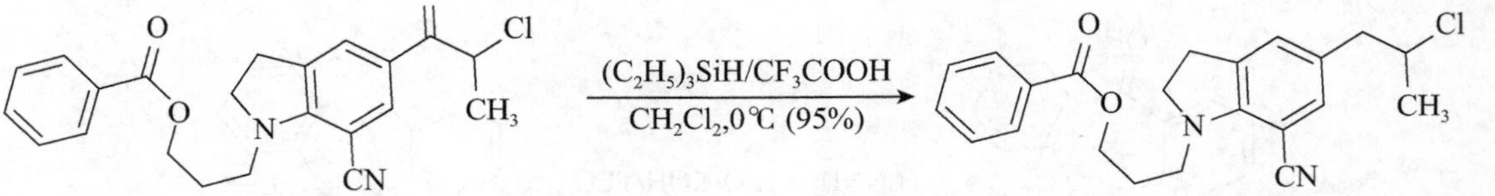

$$\xrightarrow[\text{CH}_2\text{Cl}_2, 0{}^\circ\text{C} \ (95\%)]{(\text{C}_2\text{H}_5)_3\text{SiH}/\text{CF}_3\text{COOH}}$$

4. 醛、酮衍生化后还原为亚甲基　对于有些结构复杂且含有多种敏感官能团的醛、酮，可将其衍生化后再经催化氢化或金属复氢化物还原为烃。例如，在Caglioti反应中，可将醛、酮与对甲苯磺酰肼反应制得腙，再用DIBAL-H或NaBH（AcO）$_3$还原得到亚甲基化合物。

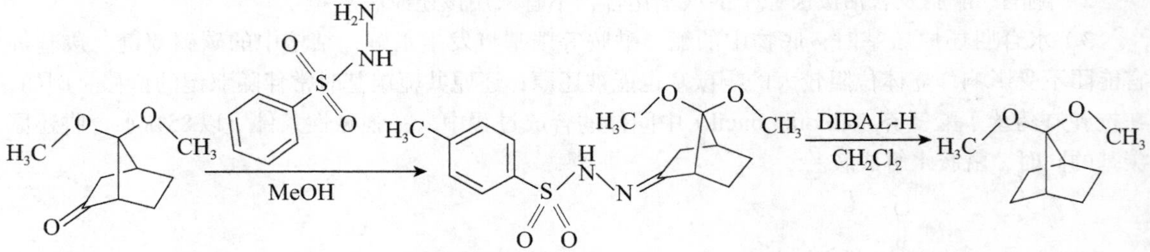

第四节　羧酸及其衍生物的还原反应

羧酸及其衍生物（酰卤、酸酐、酯、酰胺）具有较高的氧化态，易被还原成醛或醇，当采用选择性还原剂并控制反应条件时，可制得相应的醛。

一、羧酸、酸酐的还原

（一）硼烷还原

1. 反应通式及机理

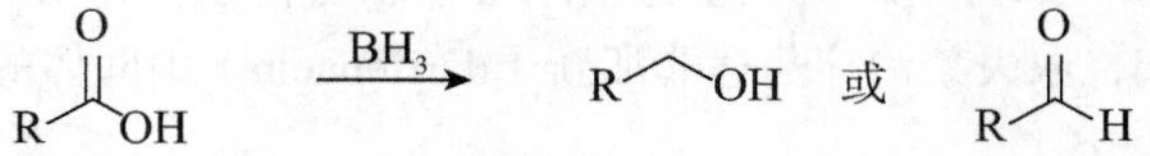

$$\xrightarrow{\text{BH}_3}$$

硼烷可选择性地将羧酸还原成醇或醛，羧酸在硼烷作用下首先生成三酰氧基硼烷，然后氧原子上的未共用电子对与缺电子的硼作用，硼原子上的氢以氢负离子的形式转移到羰基碳原子上，经水解得醛，醛进一步经硼烷还原得醇，反应机理如下：

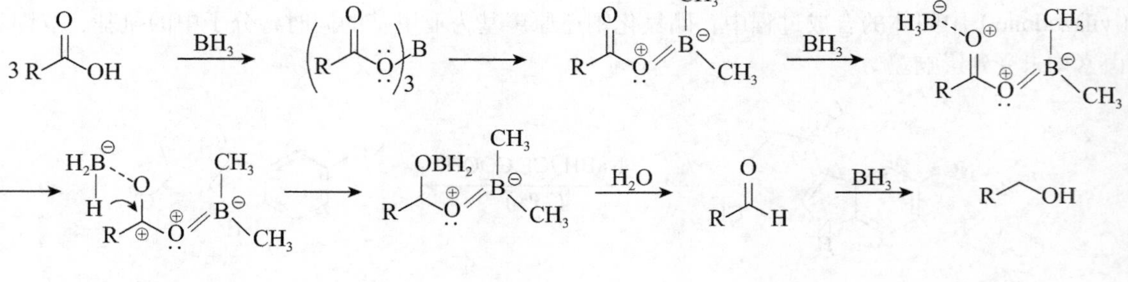

2. 反应影响因素及应用实例

1）硼烷是还原羧酸的优良试剂，还原羧基的速率较其他基团快，控制硼烷的用量和反应温度（主要在低温）可选择性地还原羧基成醇，分子中的其他基团（如羰基、硝基、氰基、酯基、卤素、醚键等）均不受影响。硼烷对脂肪酸的还原速率大于芳香酸，对位阻较小的酸还原能力更强，羧酸盐不能被还原。例如，在抗肿瘤药曲贝替定（trabectedin）中间体的合成过程中，硼烷可选择性地还原羧酸为伯醇。

$$\text{（结构式）} \xrightarrow[\text{(83\%)}]{\text{BH}_3\text{-THF}} \text{（结构式）}$$

2）在硼氢化钠还原体系中加入适量的碘单质可生成乙硼烷，可用于脂肪羧酸的还原。例如，镇痛药布托啡诺（butorphanol）中间体环丁甲醇的合成。

$$\text{（环丁基）—COOH} \xrightarrow[\text{(87\%)}]{\text{NaBH}_4/\text{I}_2/\text{THF}} \text{（环丁基）—CH}_2\text{OH}$$

（二）金属复氢化物还原

1. 反应通式及机理

$$\underset{R}{\overset{O}{\parallel}}\text{C—O—C}\underset{R^1}{\overset{O}{\parallel}} \quad \text{或} \quad \underset{R}{\overset{O}{\parallel}}\text{C—OH} \xrightarrow{\text{LiAlH}_4} \text{R—CH}_2\text{OH}$$

用金属复氢化物可还原羧酸、酸酐为相应的醇，反应机理为氢负离子对羰基的亲核加成机理。

2. 反应影响因素及应用实例

1）氢化铝锂是还原羧酸为伯醇的常用试剂，可在温和条件下进行，一般不会生成相应的醛。例如，镇痛药苏芬太尼（sufentanil）中间体噻吩-2-乙醇的合成。

$$\text{（噻吩—CH}_2\text{COOH）} \xrightarrow[\text{(56\%)}]{\text{LiAlH}_4/(\text{C}_2\text{H}_5)_2\text{O}} \text{（噻吩—CH}_2\text{CH}_2\text{OH）}$$

2）氢化铝锂对位阻较大的羧酸亦有强还原能力，收率较高。例如，具有抗肿瘤活性的天然产物白藜芦醇（resveratrol）中间体3,5-二甲氧基苄醇的合成。

$$\text{（结构式，COOH）} \xrightarrow[\text{(92\%)}]{\text{LiAlH}_4/(\text{C}_2\text{H}_5)_2\text{O}} \text{（结构式，CH}_2\text{OH）}$$

3）用氢化铝锂还原含有碳碳三键的共轭羧酸时，三键与羧基可同时被还原得到烯醇。例如，在利尿药西氯他宁（cicletanine）中间体的合成过程中，丁炔二酸在室温下被氢化铝锂还原成反（E）-丁烯二醇。

$$\text{HOOC—C}\equiv\text{C—COOH} \xrightarrow[\text{(84\%)}]{\text{LiAlH}_4/(\text{C}_2\text{H}_5)_2\text{O}} \underset{\text{HOH}_2\text{C}}{\overset{\text{H}}{\diagdown}}\text{C}=\text{C}\underset{\text{H}}{\overset{\text{CH}_2\text{OH}}{\diagup}}$$

4）氢化铝锂可还原链状酸酐为两分子醇，还原环状酸酐为二醇。例如，在抗高血压药普拉地平（pranidipine）中间体的合成过程中，α,β-不饱和酸酐经四氢铝锂还原得到肉桂醇，分子中碳碳双键不受影响。

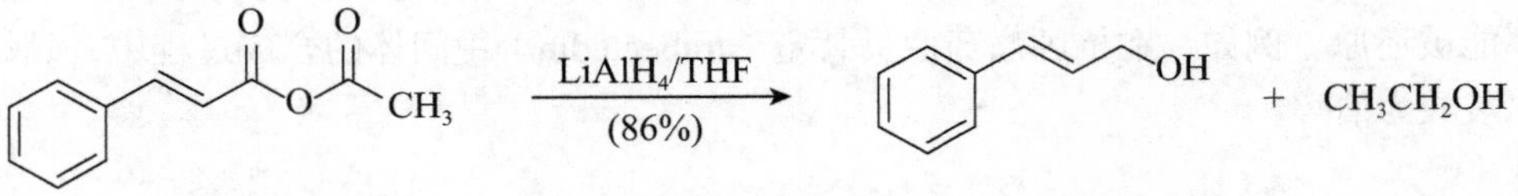

5）硼氢化钠通常不能还原羧酸，但在Lewis酸存在下，其还原能力大大提高，可还原羧酸为醇。例如，广谱抗菌药芬替康唑（fenticonazole）中间体的合成。

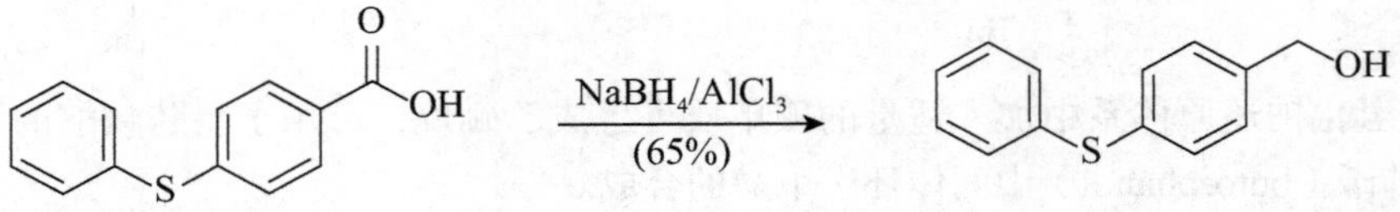

6）硼氢化钠不能还原链状酸酐，但能还原环状酸酐为内酯。例如，新型免疫抑制剂麦考酚钠（mycophenolic acid sodium）中间体的合成。

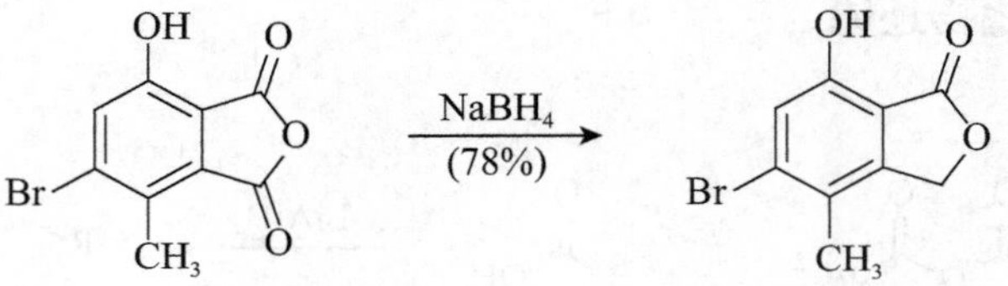

二、酰卤的还原

（一）催化氢化还原

在Lindlar催化剂的作用下，酰卤被氢气选择性还原为醛的反应称为Rosenmund还原。

1. 反应通式及机理

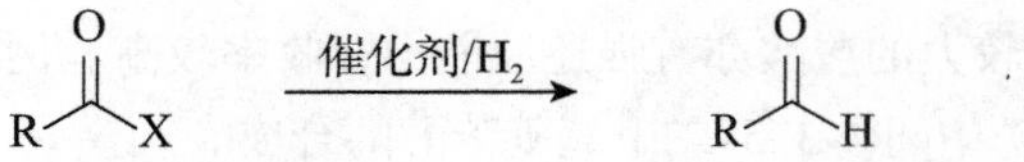

Rosenmund还原反应机理为非均相催化氢化。

2. 反应影响因素及应用实例 Lindlar催化剂为具有活性抑制剂（如喹啉、硫脲等），且负载于硫酸钡（或碳酸钙）的钯催化剂。Rosenmund还原常用于制备一元脂肪醛或芳香醛，反应条件温和，适用于敏感酰氯的还原，底物结构中的卤素、硝基、酯基等基团均不受影响，羟基则需要保护。例如，抗菌药溴莫普林（brodimoprim）中间体的合成。

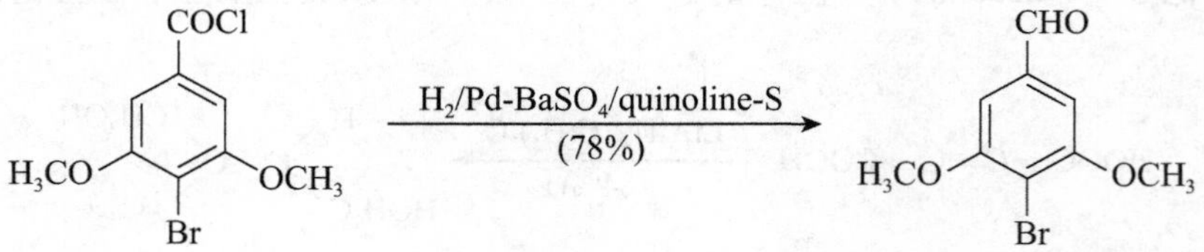

该方法可实现从不饱和酰氯到不饱和醛的转化，碳碳双键不被还原，但有时会发生双键的移位。有些酰氯不用抑制剂，通过控制通入氢气量也可得到醛。例如，具有抑菌作用的天然产物肉桂醛（cinnamaldehyde）的合成。

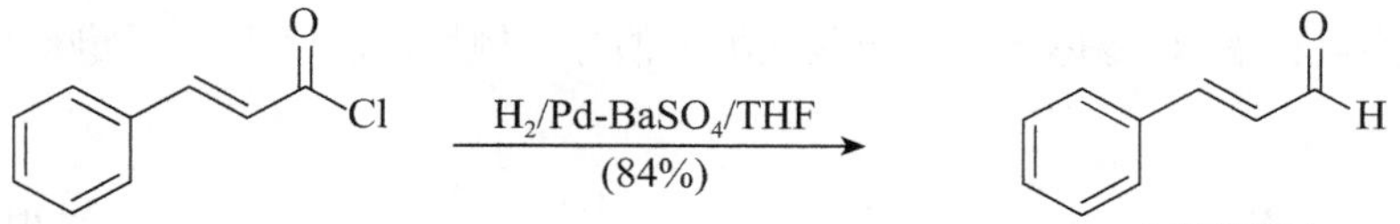

（肉桂醛）

（二）金属氢化物还原

1. 反应通式及机理

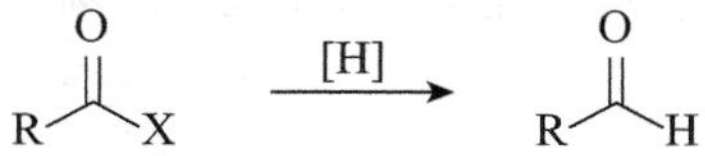

酰卤可被金属氢化物还原成醛，反应机理为氢负离子转移的亲核加成机理。

2. 反应影响因素及应用实例 酰卤还原成醛一般用只含一个氢的金属氢化物作还原剂，否则生成的醛易被继续还原，当用氢化铝锂或 DIBAL-H 还原酰氯时，会生成相应的伯醇。三丁基锡氢（Bu₃SnH）、三（叔丁氧基）氢化铝锂｛LiAlH[OC(CH₃)₃]｝、LTBA 是还原酰氯为醛的优良试剂，分子中的硝基、氰基、酯基、烯键、醚键不受影响。例如，抗生素氯霉素（chloramphenicol）中间体 4-硝基肉桂醛的合成。

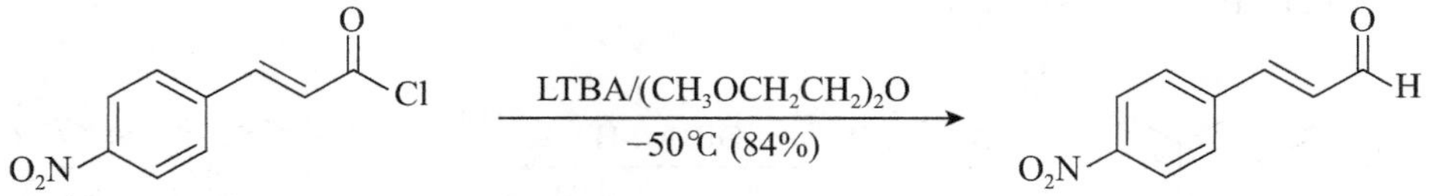

三、酯的还原

（一）还原成醇

酯还原成醇的方法有很多，常见的还原剂有金属钠和金属复氢化物。

1. 反应通式及机理

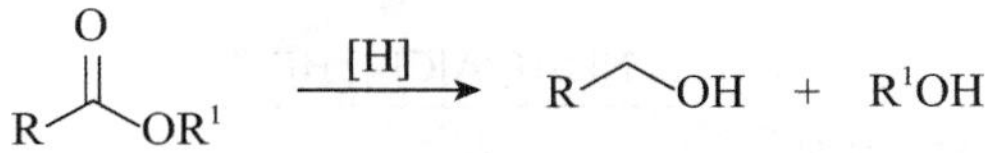

碱金属钠在醇溶液中将羧酸酯还原成醇的反应称为 Bouveault-Blanc 还原，该反应机理为自由基加成；以金属复氢化物为还原剂的反应机理为氢负离子转移的亲核加成。

2. 反应影响因素及应用实例

1）Bouveault-Blanc 还原反应中钠提供电子，醇或酸作为供质子剂，主要用于高级脂肪羧酸酯的还原，对芳酸酯和甲酸酯的还原效果不好。反应须完全无水，且醇、钠均须过量。醇过量可降低体系中酯的浓度，亦可加入尿素或氯化铵以分解生成的醇钠，从而减少酯自身缩合副反应的发生。例如，抗癫痫药非尔氨酯（felbamate）中间体的合成。

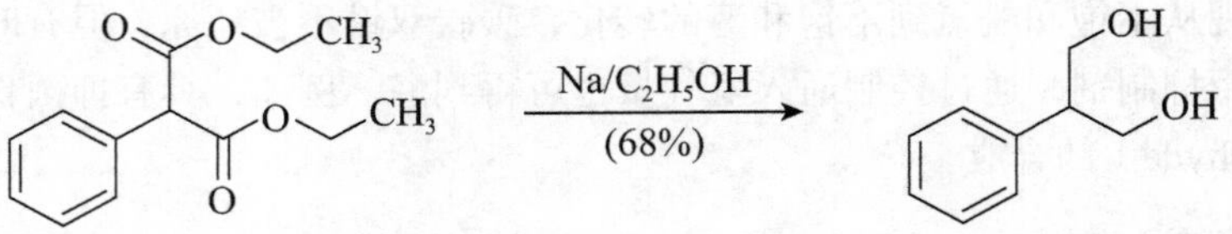

2）金属钠亦可在液氨-醇体系中还原羧酸酯为伯醇。例如，抗胃溃疡药西咪替丁（cimetidine）中间体的合成。

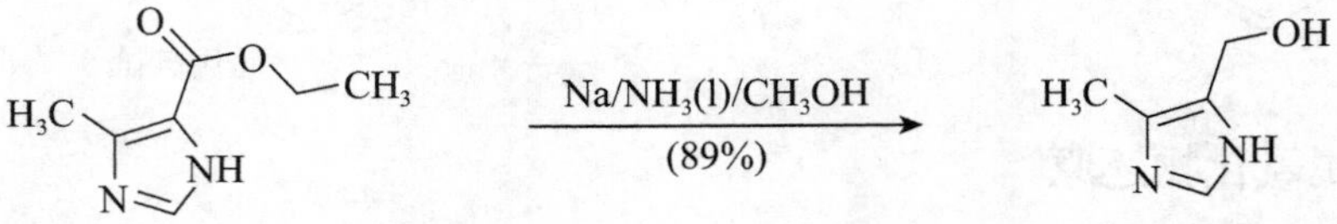

3）当采用0.5当量的氢化铝锂还原羧酸酯时，可得到伯醇，分子中的卤素、烯键、羟基、烷氧基、硝基、氰基、杂环等均不受影响，且反应收率较高。例如，镇静药阿芬太尼（alfentanil）中间体的合成。

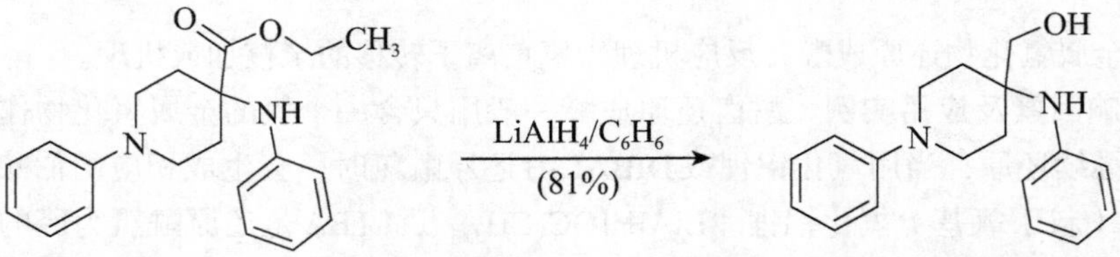

4）氢化二异丁基铝 ｛AlH[CH_2CH(CH_3)_2]_2，DIBAL-H｝可在较温和的条件下还原羧酸酯为醇，收率较高，且分子中卤素、碳碳双键等不受影响。例如，在肺结核治疗药贝达喹啉（bedaquiline）中间体的合成过程中，仅酯基被还原。

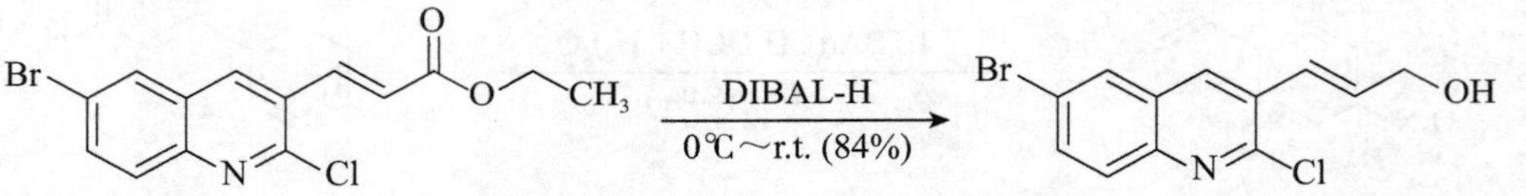

5）单独使用硼氢化钠（钾）很难还原羧基、酯基、酰胺等官能团，但在Lewis酸的催化下，其还原能力大大提高，可顺利地还原酯为醇，常见的还原体系包括NaBH_4-BF_3和NaBH_4-AlCl_3体系。例如，在降血脂药匹伐他汀钙（pitavastatin calcium）中间体的合成过程中，酯基可采用NaBH_4-AlCl_3体系还原。

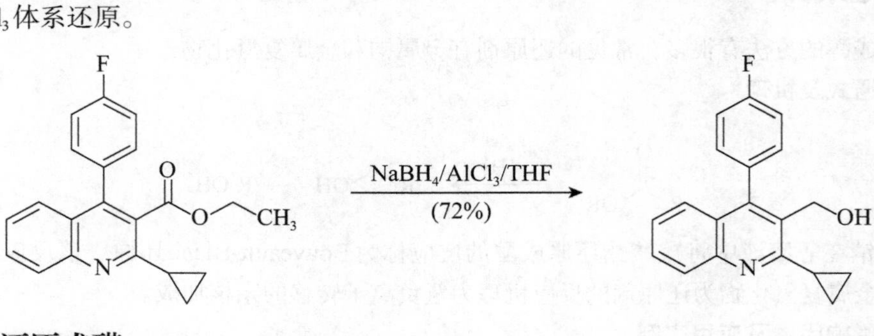

（二）还原成醛

1. 反应通式及机理

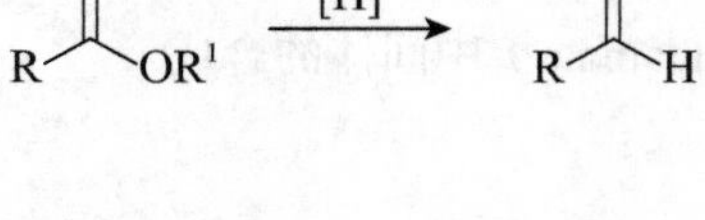

用金属复氢化物可还原酯为醛，反应机理为氢负离子转移的亲核加成。

2. 反应影响因素及应用实例

1）采用0.25当量的氢化铝锂在低温下反应，或加入适当比例的无水$AlCl_3$或乙醇$[LiAlH_2(OC_2H_5)_2]$以降低氢化铝锂的还原能力，可使酯的还原反应停留在醛阶段。LTBA 一般用于羧酸苯酯和丙二酸酯的还原。

2）控制DIBAL-H的量，可在低温条件下选择性地将羧酸酯还原为醛，对分子中的卤素、硝基、碳碳双键等均无影响，反应收率较高，为羧酸酯还原为醛的最佳方法。例如，抗精神病药物丁苯那嗪（tetrabenazine）中间体的合成。

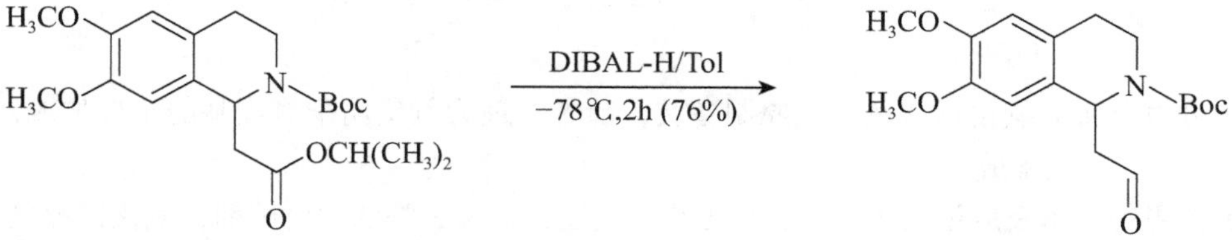

（三）双分子还原偶联反应

羧酸酯在非质子溶剂中与金属钠发生还原偶联，生成α-羟基酮的反应称为偶姻缩合（acyloin condensation）。

1. 反应通式及机理

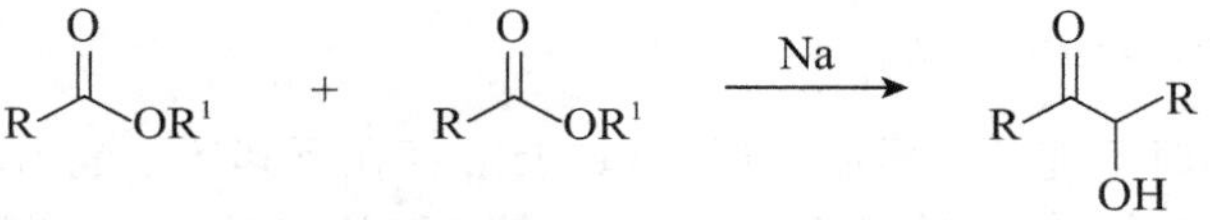

偶姻缩合的反应机理为电子转移性的自由基加成机理，还原生成的负离子自由基经二聚形成双负离子，再与供质子剂作用形成偶姻缩合产物。

2. 反应影响因素及应用实例

1）偶姻缩合是制备α-羟基酮的重要反应，常用的还原剂有金属钠、锂、镁-碘化镁等；反应需要在非质子性溶剂（如乙醚、甲苯、二甲苯）中进行，如在质子性溶剂中反应，则会得到单分子还原产物（Bouveault-Blanc反应）。甾族α-羟基酮可采用钠-液氨-乙醚还原体系来合成，一般效果较好。例如，前列腺增生治疗药奥生多龙（oxendolone）中间体的合成。

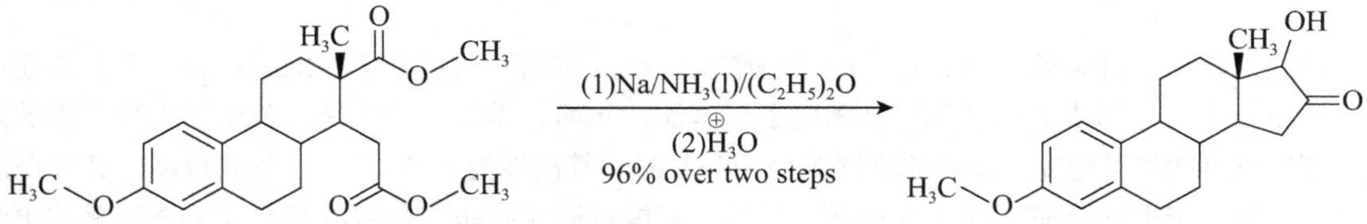

2）利用二元羧酸酯进行分子内的还原偶联反应，可有效合成五元以上的α-羟基环酮，对于大环化合物的合成具有重要意义。例如，具有扩张冠状动脉作用的天然产物麝香酮（muscone）中间体的合成。

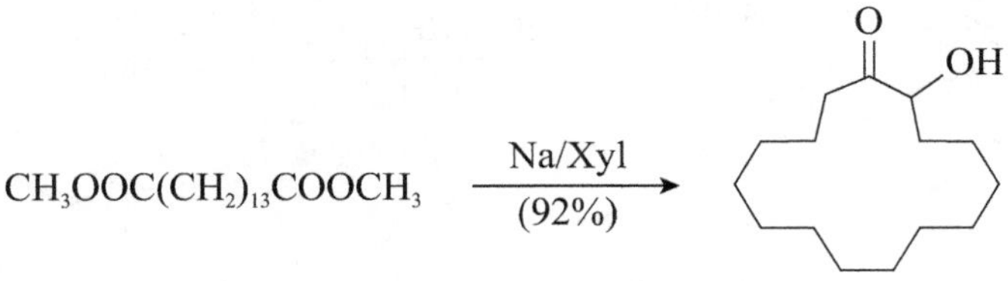

四、酰胺的还原

酰胺可被还原成伯、仲、叔胺，也可发生碳-氮键断裂生成醛。

（一）还原成胺

1. 反应通式及机理

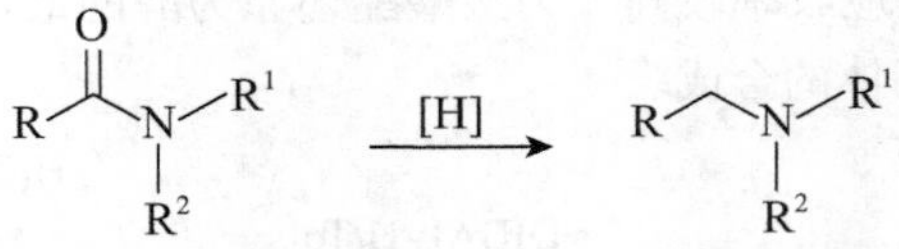

酰胺可由金属复氢化物或硼烷还原制备胺，前者机理为氢负离子对羰基的亲核加成，后者机理为氢负离子的亲电加成。

2. 反应影响因素及应用实例　金属复氢化物是还原酰胺为胺的主要试剂，氢化铝锂最为常用，可在温和条件下进行反应。例如，帕金森病治疗药罗替高汀（rotigotine）中间体的合成。

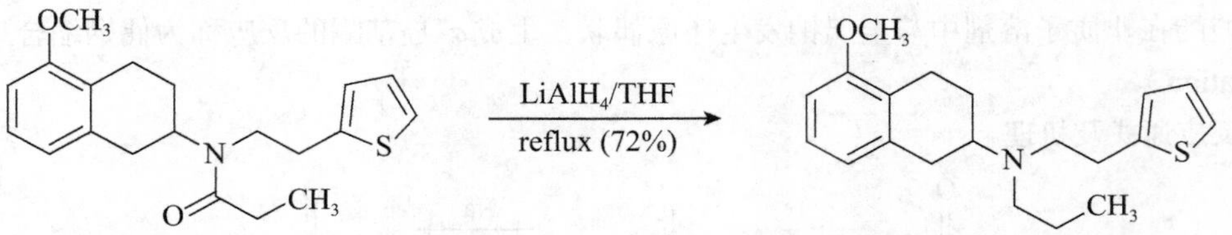

硼氢化钠单独使用时不能还原酰胺，但在 Lewis 酸存在下其还原能力增强，可将酰胺还原为胺，此外，其衍生物三乙酰氧基硼氢化钠（STAB）等也可用于酰胺的还原。例如，利尿药吡咯他尼（piretanide）中间体的合成。

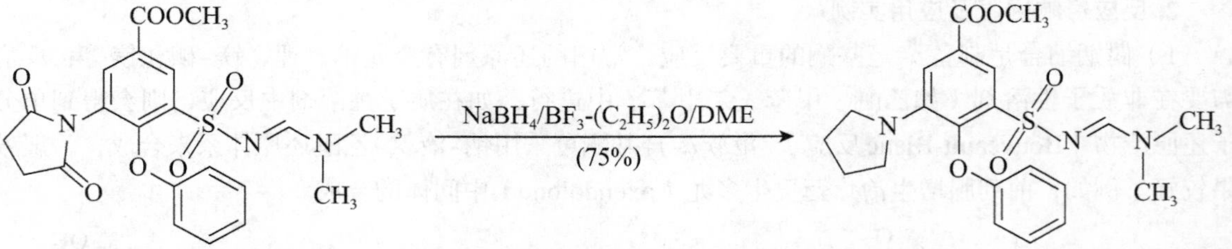

硼烷被视为一种高效的还原剂，能够将酰胺转换为胺而不通过生成醛的副产物，并且在还原过程中不会干扰底物中的烷基氧羰基和卤素等基团。然而，需要注意的是，若底物中含有碳碳双键，硼烷也可能将其还原。在还原不同类型的酰胺时，其活性以 N,N-二取代酰胺最高，其次是 N-单取代酰胺，未取代酰胺还原速率最低。此外，硼烷对还原脂肪族酰胺的效果比芳香族酰胺更为显著。一个应用实例是在合成抗抑郁药物文拉法辛（venlafaxine）的中间体时会用到硼烷。

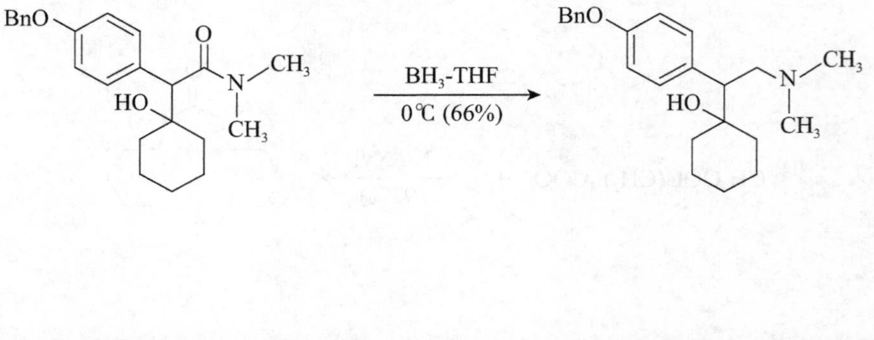

（二）还原成醛

1. 反应通式及机理

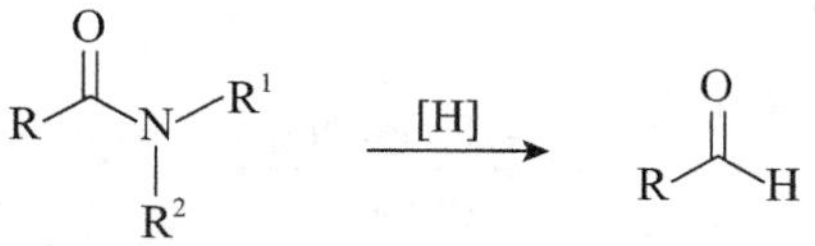

控制反应条件，金属复氢化物及其衍生物可还原酰胺为醛，反应机理为氢负离子对羰基的亲核加成。

2. 反应影响因素及应用实例 酰胺难以还原成醛，采用氢化铝锂、二/三乙氧基氢化铝锂、双（2-甲氧基乙氧基）氢化铝锂等强还原剂，控制较低温度并减少还原剂用量，可高收率地将酰胺还原为相应的醛，其中二/三乙氧基氢化铝锂的还原效果最佳。例如，抗高血压药福辛普利（fosinopril）中间体环己甲醛即可由三乙氧基氢化铝锂还原酰胺制得。

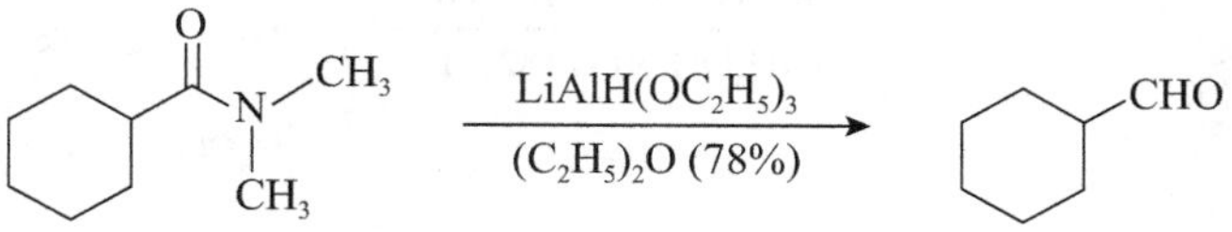

第五节　含氮化合物的还原

一、硝基、亚硝基化合物的还原

硝基化合物可还原成胺，通常经过亚硝基、羟胺、偶氮化合物等中间过程，因而还原硝基的方法均适用于上述中间体的还原。还原硝基常用的方法有催化氢化还原、金属/供质子体还原、含硫化合物还原及肼类还原等。

（一）催化氢化还原

催化氢化还原是还原含氮不饱和键的常用方法，可将硝基或亚硝基化合物还原为相应的伯胺。

1. 反应通式及机理

$$R—NO_2 \quad 或 \quad R—NO \xrightarrow{H_2/催化剂} R—NH_2$$

反应机理为非均相催化氢化。

2. 反应影响因素及应用实例

1）催化氢化是一种通过加氢还原硝基的方法，它因快速的反应速度、温和的条件和简单的后期处理而受到青睐。常用催化剂包括Raney镍、钯和铂。使用镍作为催化剂通常需要更高的温度和压力，而钯和铂则能够在相对温和的条件下实施加氢还原，同时保持分子中的酯、酰胺和醚键结构不受损害。例如，抗凝血药达比加群酯（dabigatran etexilate）中间体的合成。

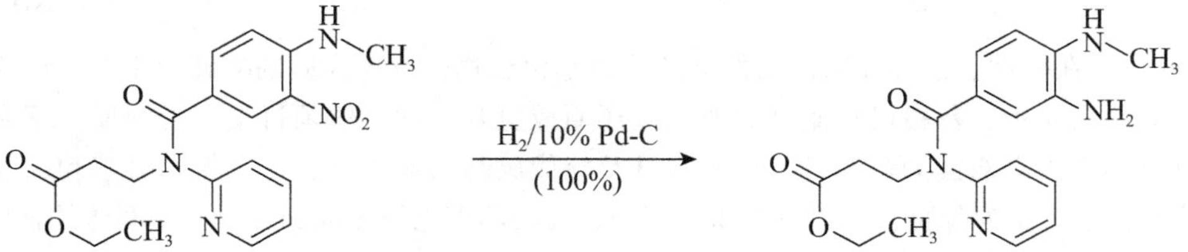

2）催化氢化亦可还原亚硝基化合物，收率较高。例如，解热镇痛药氨基比林（aminophenazone）中间体的合成。

3）以供氢体代替氢气，经催化转移氢化也可实现对硝基的还原。例如，在抗肿瘤药卡波替尼（cabozantinib）中间体的合成过程中，以甲酸为供氢体，在钯催化下可将硝基苯还原为苯胺。

（二）金属还原

1. 反应通式及机理

$$R—NO_2 \quad 或 \quad R—NO \xrightarrow{\text{活泼金属/供质子体}} R—NH_2$$

酸性条件下，活泼金属（铁、锌、锡等）可将硝基或亚硝基还原为胺，反应机理为电子转移的自由基机理。

2. 反应影响因素及应用实例

1）常见的用于硝基还原的活泼金属有铁、锌、锡或氯化亚锡。铁还原剂一般以含硅、锰的铸铁粉较好，铁粉的硅含量应在30%以上，硅与碱生成硅酸钠能溶于水，从而增大铁粉的表面积，使反应顺利进行。铁粉的细度越小，反应越快，一般为60～100目，使用前应用稀盐酸活化以去除表面的氧化铁。常加入少量稀酸或电解质（氯化铵、氯化亚铁、硫酸铵）使铁粉活化，促进还原反应的进行。

2）铁-酸还原体系是还原硝基的优选方法，铁粉在盐类电解质的水溶液中具有强还原能力，可将芳硝基、脂肪硝基或其他含氮氧功能基（如亚硝基、羟氨基等）还原成相应的胺，一般对卤素、碳碳双键、羰基、酯基或醚键无影响。还原芳硝基化合物时，芳环上有吸电子基团时易于还原且收率高。例如，白血病治疗药博舒替尼（bosutinib）中间体的合成。

3）锌粉可在酸性、中性或碱性条件下还原硝基化合物，反应介质的酸碱度不同，还原能力也不同。在酸性介质中，锌粉可将硝基或亚硝基还原成氨基，酸一般须过量，否则反应不完全。同时，还可以还原碳碳双键为饱和键、还原羰基及硫代羰基为亚甲基、还原氯磺酰基和二硫键为巯基、还原芳香重氮基为芳肼、还原醌为酚。例如，强心药多巴胺（dopamine）中间体的合成。

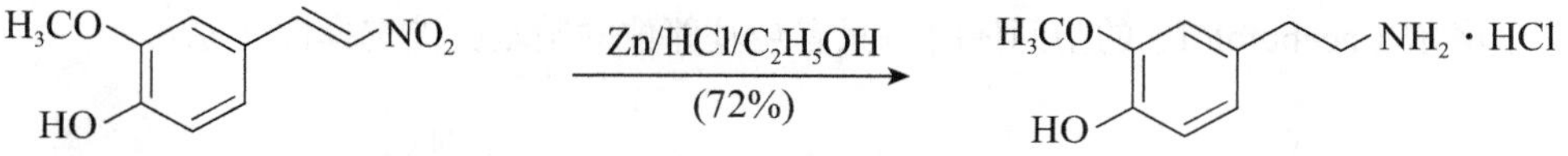

4）锌粉在醇溶液或氯化铵、氯化镁水溶液等中性介质中，可将硝基还原为氨基或苯基羟胺；在碱性条件下，可将硝基还原为氨基、偶氮苯、氧化偶氮苯或二苯肼。例如，局部麻醉药苯佐卡因（benzocaine）的合成。

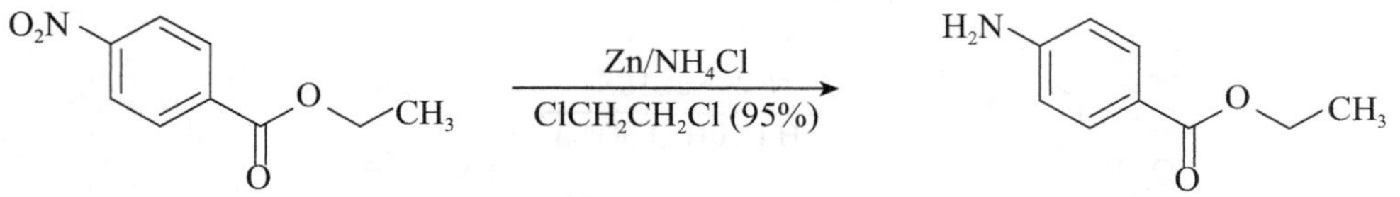

5）锡-盐酸及氯化亚锡也可将硝基还原为氨基。氯化亚锡更为常用，通常在醇溶液中进行还原反应，分子中的酰胺基、酯基、氰基及碳碳双键均不受影响。例如，抗高血压药坎地沙坦（candesartan）中间体的合成。

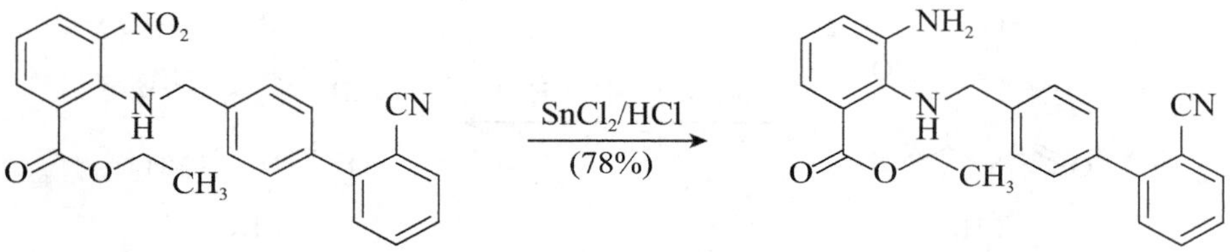

6）在还原多硝基化合物时，通过加入定量的锡或氯化亚锡，可进行硝基的选择性还原。例如，在抗肿瘤药马赛替尼（masitinib）中间体的合成过程中，2-位硝基被优先还原。

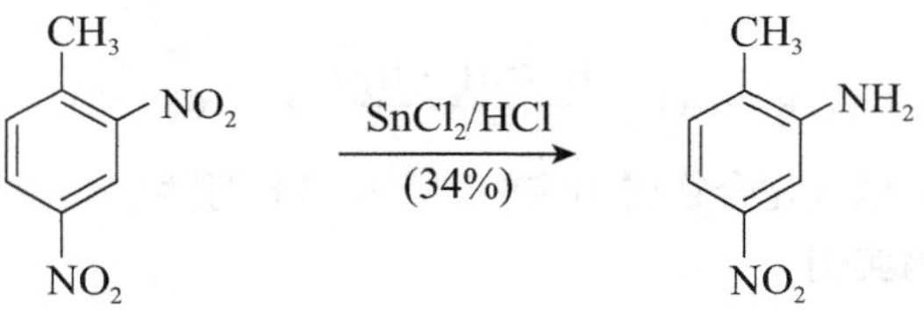

（三）含硫化合物还原

可用于硝基还原的含硫化合物主要有硫化钠（Na_2S）、多硫化钠（Na_2S_2），以及含氧硫化物如连二亚硫酸钠（$Na_2S_2O_4$，保险粉）、亚硫酸（氢）盐等。

1. 反应通式及机理

$$R—NO_2 \ 或 \ R—NO \xrightarrow{\text{含硫化合物}} R—NH_2$$

硫化物或含硫氧化物可还原硝基为相应的氨基，反应机理为电子转移的自由基反应。

2. 反应影响因素及应用实例

1）当使用硫化物作为还原剂时，可以实现多硝基化合物的选择性还原过程；通常，对二硝基苯类衍生物的反应中，只有一个硝基会被还原形成单硝基苯胺。芳香体系上吸电子基团的存在有助于提升还原反应的效率，且通常是对位的硝基会优先进行还原。而当芳基底物上带有给电子基团如羟基或氨基时，则通常不利于该还原反应的发生，且在这种情况下，通常是邻位的硝基会首先被还原。在硝基偶氮类的化合物中进行还原时，偶氮基通常会保持不变。例如，在合成抗心绞痛药物醋丁洛尔（acebutolol）的中间体时，只有羟基邻位的硝基会被选择性还原。

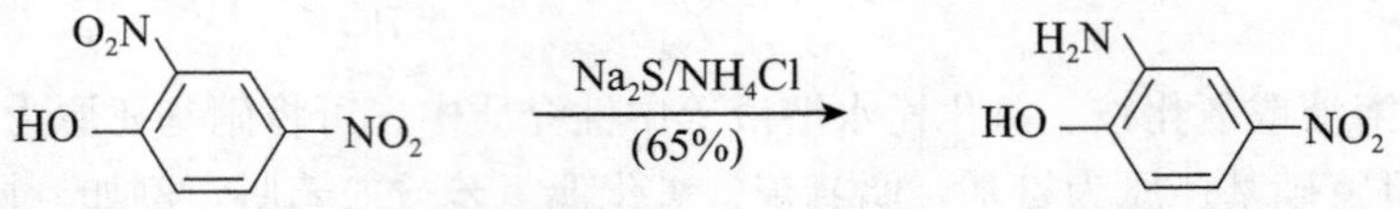

2）硫化钠还原含有活泼甲基或次甲基的芳硝基化合物时，在硝基被还原成氨基的同时，甲基或次甲基被氧化成醛或酮。例如，结核病治疗药氨硫脲（thioacetazone）中间体的合成。

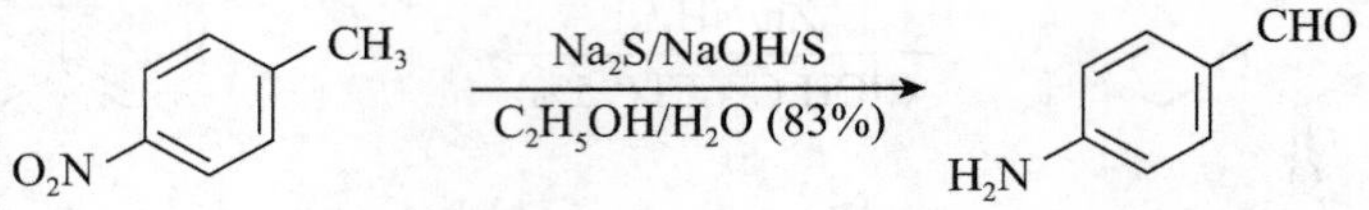

3）连二亚硫酸钠还原性较强，主要用于将硝基、亚硝基、重氮基等还原成氨基，因其性质不稳定，在受热条件下或在水、酸性溶液中往往迅速分解，故须在碱性条件下临时配制。例如，2型糖尿病治疗药利格列汀（linagliptin）中间体的合成，即采用保险粉在氨水中进行亚硝基的还原。

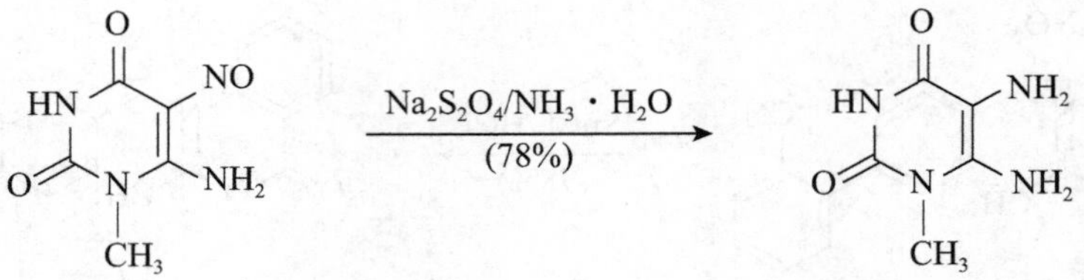

（四）肼类还原

1. 反应通式及机理

$$R-NO_2 \text{ 或 } R-NO \xrightarrow{H_2NNH_2 \cdot H_2O} R-NH_2 + N_2\uparrow$$

水合肼能还原硝基、亚硝基化合物成相应的胺，反应机理为氢负离子的亲核加成。

2. 反应影响因素及应用实例

水合肼可在常压下还原硝基，操作简便，选择性高，底物中所含的羰基、氰基等基团均不受影响。水合肼具有碱性，适用于碱性条件下硝基化合物的还原。反应中加入少量钯碳、活性镍或三氯化铁/活性炭等催化剂，可增加反应活性，反应快且收率高。例如，抗丙型肝炎病毒药西美瑞韦（simeprevir）中间体的合成。

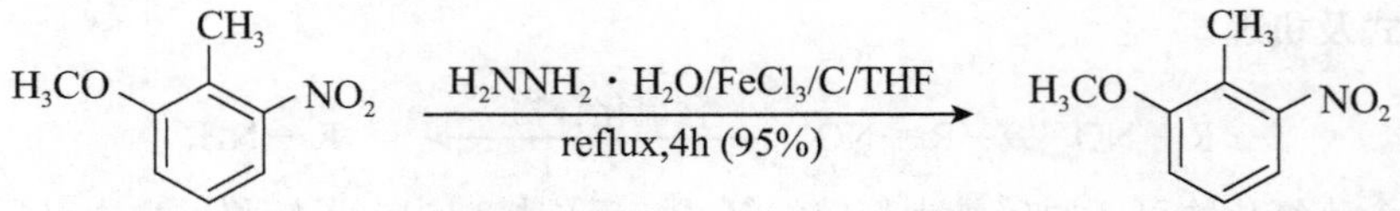

对于二硝基化合物，可采用不同的反应温度进行选择性还原。例如，抗肿瘤药物马赛替尼（masitinib）中间体的合成。

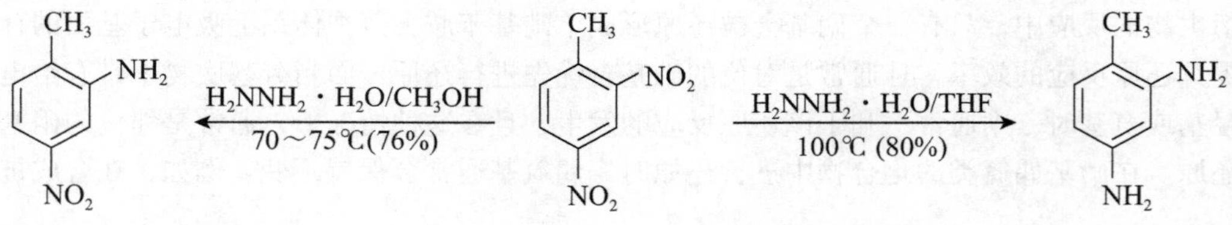

二、腈的还原

（一）还原成伯胺

1. 反应通式及机理

$$R—CN \xrightarrow{[H]} R^1 \diagdown NH_2$$

腈可采用催化氢化或金属氢化物还原，前者机理为非均相催化氢化加氢；后者机理为氢负离子的亲核加成反应。

2. 反应影响因素及应用实例

1）在制备伯胺的过程中，腈的催化氢化是一种常见方法，其中钯或铂常作为催化剂，在标准温度和压力条件下进行反应，虽然也可以于 Raney 镍的催化下在加压条件下实施。该反应不仅产生伯胺，也因为新形成的伯胺和中间产物亚胺相互作用，经常得到仲胺的副产物。在镍催化的腈还原过程中，为了减少仲胺的形成，通常会添加过量的氨水以抑制脱氨反应。如果底物中存在其他反应性基团，它们也可能在还原过程中被转化。例如，在合成止血药氨甲环酸（tranexamic acid）的中间体时，催化氢化可使分子中的氰基和碳碳双键同时被还原。

$$\text{（H}_3\text{C—O—CO—（环己烯）—CN）} \xrightarrow[\text{NH}_3\text{—CH}_3\text{OH}]{\text{H}_2/\text{Raney Ni}} \text{（H}_3\text{C—O—CO—（环己烷）—CH}_2\text{NH}_2\text{）}$$

2）氢化铝锂可将腈还原为伯胺，通常加入过量的氢化铝锂促使反应完全。例如，抗肿瘤药长春碱（vinblastine）中间体的合成。

$$\text{（吲哚—CH}_2\text{CH}_2\text{CN）} \xrightarrow[\text{(92\%)}]{\text{LiAlH}_4/(\text{C}_2\text{H}_5)_2\text{O}} \text{（吲哚—CH}_2\text{CH}_2\text{CH}_2\text{NH}_2\text{）}$$

3）腈和硝基化合物在活性镍、氯化钯、氯化锆、碘等的催化下才能被硼氢化钠还原。例如，降血糖药乙双胍（phenformin）中间体苯乙胺的合成。

$$\text{（苯—CH}_2\text{CN）} \xrightarrow[\text{C}_2\text{H}_5\text{OH (91\%)}]{\text{NaBH}_4/\text{ZrCl}_2} \text{（苯—CH}_2\text{CH}_2\text{NH}_2\text{）}$$

4）硼烷可在温和条件下还原腈为胺，分子中硝基、卤素等不受影响。例如，心绞痛治疗药伊伐布雷定（ivabradine）中间体的合成。

$$\text{（NC—苯并环丁烷—OCH}_3\text{,OCH}_3\text{）} \xrightarrow[\text{r.t. (90\%)}]{\text{BH}_3/\text{THF}} \text{（H}_2\text{N—CH}_2\text{—苯并环丁烷—OCH}_3\text{,OCH}_3\text{）}$$

（二）还原成醛

1. 反应通式及机理

$$R—CN \xrightarrow[\text{H}_2\text{O}]{[H]} R^1\diagup CHO$$

控制反应条件，腈可经催化氢化还原制备亚胺，经水解得醛，反应机理为非均相催化氢化。

2. 反应影响因素及应用实例

1）在钯碳或 Raney 镍催化下，控制氢的用量及反应条件，腈可被还原成亚胺，进一步水解可制备醛。例如，抗心绞痛药奈必洛尔（nebivolol）中间体的合成。

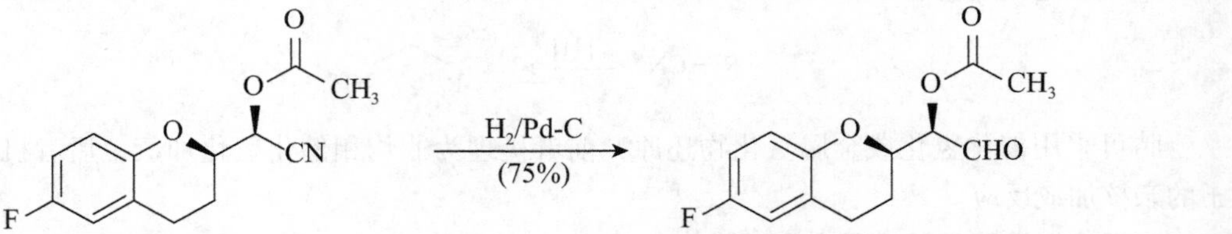

2）将干燥的氯化氢通入腈和无水氯化亚锡的干燥乙醚（或三氯甲烷）溶液中，经加成、还原、水解得到相应的醛，称为 Stephen 法。该法适用于高级腈的还原，收率高。例如，甲状腺素（thyroxine）中间体的合成。

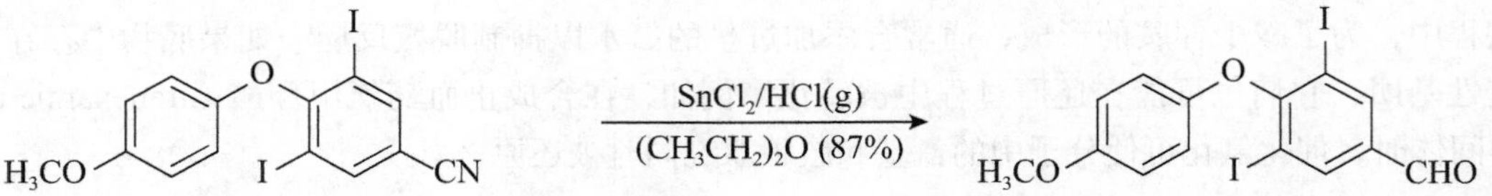

3）DIBAL-H 也可将腈还原为醛，分子中硝基等易被还原基团不受影响。例如，抗生素格尔德霉素（geldanamycin）中间体的合成。

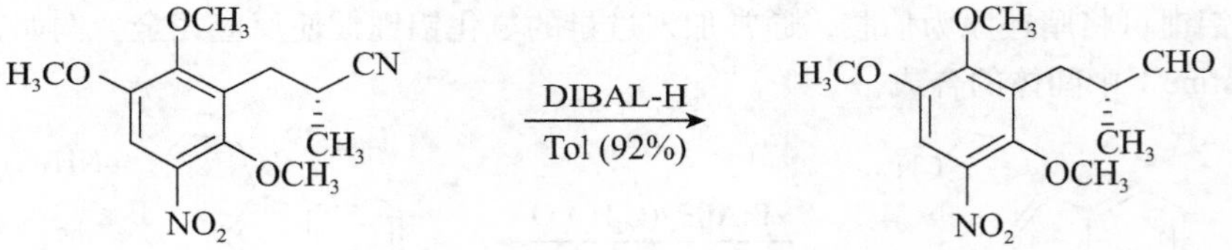

三、其他含氮化合物的还原

（一）偶氮化合物的还原

1. 反应通式及机理

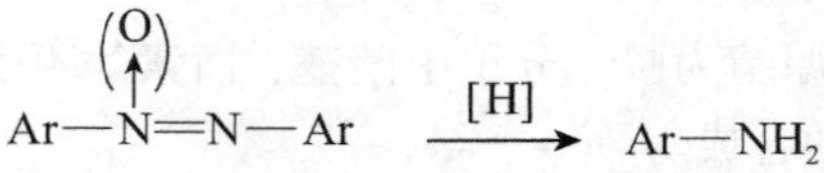

$$\overset{(O)}{\underset{}{Ar-N=N-Ar}} \xrightarrow{[H]} Ar-NH_2$$

采用催化氢化法或金属、硼烷、连二亚硫酸钠等还原剂，可将偶氮、氧化偶氮及其衍生物还原为氨基化合物。

2. 反应影响因素及应用实例

1）偶氮化合物可被氯化亚锡/酸、连二亚硫酸钠、催化氢化法等还原为伯胺。例如，胆囊炎治疗药利胆酚（oxophenamide）中间体对氨基苯酚的合成。

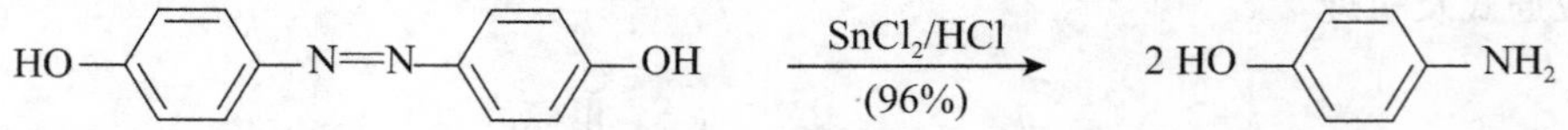

2）偶氮化合物的催化氢化还原提供了一个间接定位引入氨基至活泼芳香族化合物的方法，常

用Raney镍和钯催化，不易产生位置异构体。例如，抗高血压药利奥西呱（riociguat）中间体的合成。

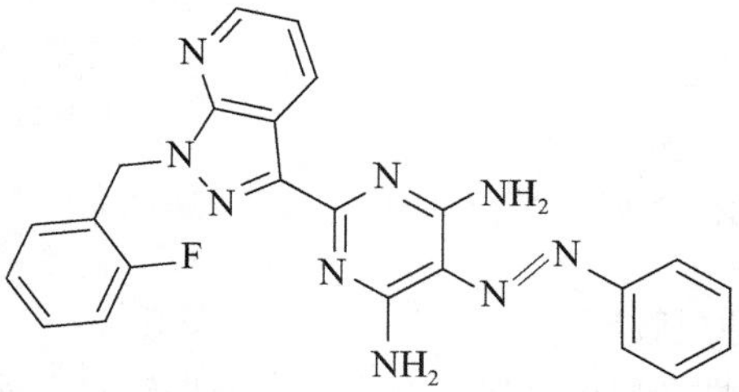

3）作为供氢体，水合肼可用于偶氮化合物的氢化反应，不易产生异构体。例如，溃疡性结肠炎治疗药美沙拉秦（mesalazine）中间体的制备。

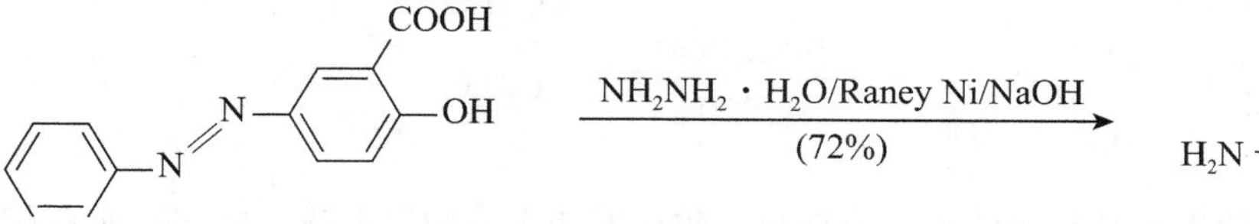

4）偶氮、氧化偶氮化合物可被锌粉在碱性介质中选择性还原，严格控制反应条件可制得二苯肼衍生物。例如，消炎镇痛药地夫美多（difmedol）中间体的合成。

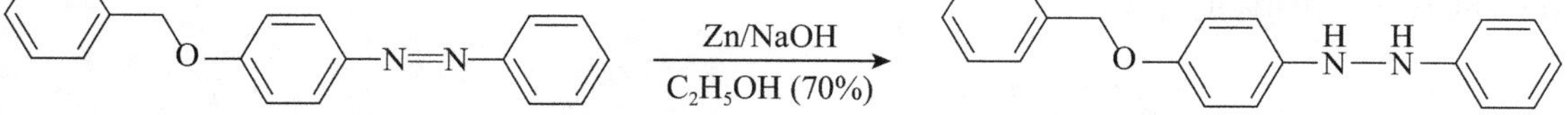

（二）叠氮基的还原

1. 反应通式及机理

$$R\!-\!N_3 \xrightarrow{[H]} R\!-\!NH_2$$

叠氮化合物可采用金属复氢化物、金属还原剂及催化氢化法还原制得相应的伯胺。

2. 反应影响因素及应用实例

1）叠氮化合物可经催化氢化或被氢化铝锂、硼氢化钠等金属复氢化物还原为伯胺，收率较高，化学选择性较好。例如，抗丙型肝炎病毒药物替拉瑞韦（telaprevir）中间体的合成。

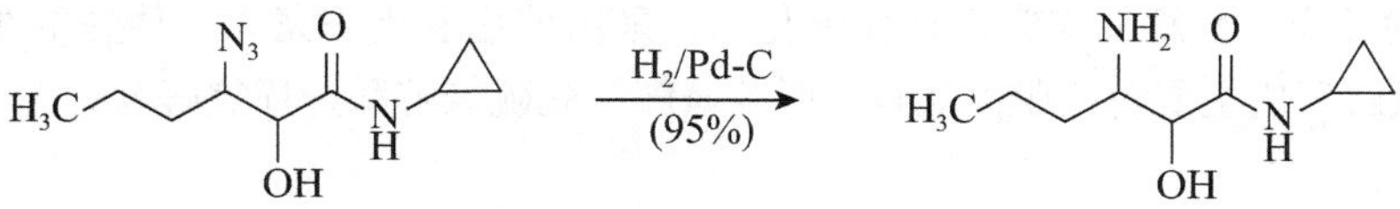

2）有机叠氮化物可与三烷基膦或三芳基膦反应得到相应的氮杂膦叶立德（膦亚胺），进一步经水解可得到相应的胺和氧化磷，该反应被称为Staudinger还原反应。例如，抗肿瘤药伊沙匹隆（ixabepilone）中间体的合成。

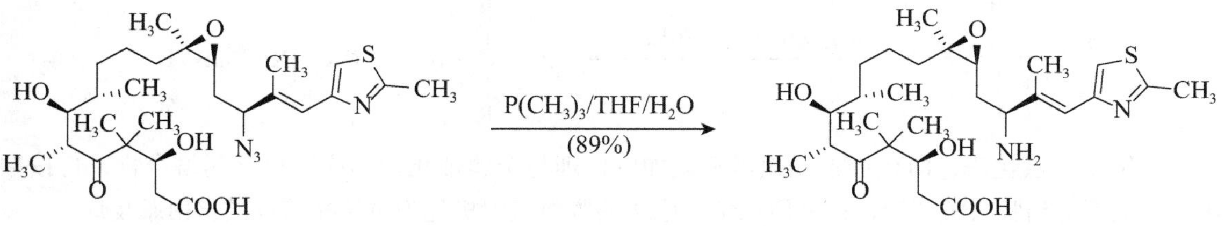

(三)肟的还原

1. 反应通式及机理

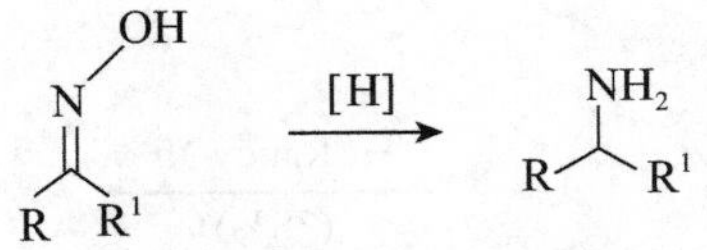

肟可被金属还原剂、金属复氢化物或催化氢化法还原成胺。

2. 反应影响因素及应用实例   金属钠、锌粉可在酸性介质中将肟还原为胺，效果较好，反应中酸一般须过量。例如，抗肿瘤药福莫司汀（fotemustine）中间体的合成。

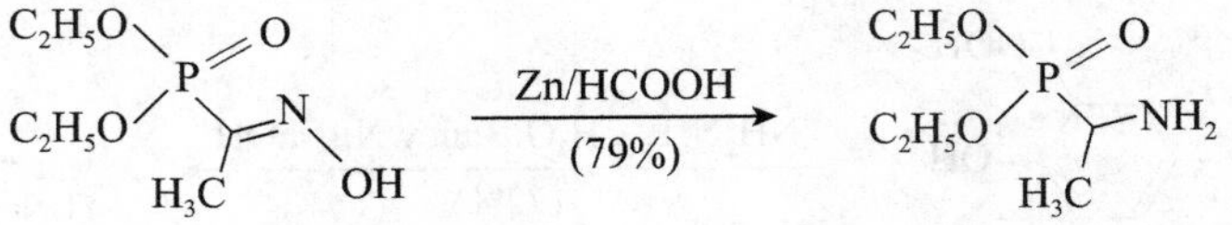

肟经催化氢化还原可得到相应的伯胺或烯胺。肟在酸性溶液中以钯或铂催化，或者在加压条件下用 Raney 镍催化还原可制得伯胺；在常温、低压条件下还原可制得烯胺。

氢化铝锂或硼烷也可将肟还原为伯胺。例如，瘙痒症治疗药盐酸纳呋拉啡（nalfurafine hydrochloride）中间体的合成。

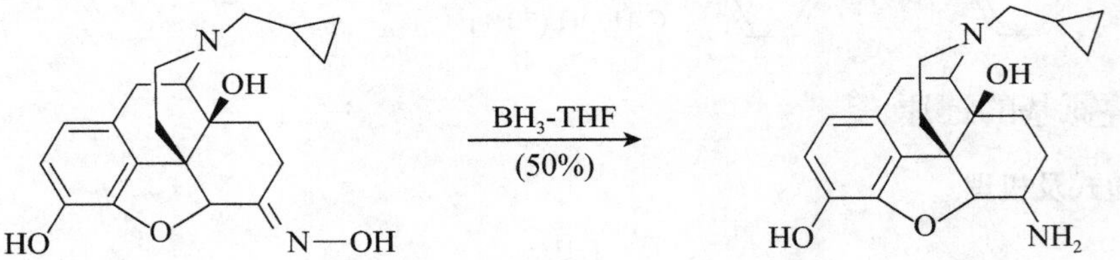

第六节   氢 解 反 应

氢解反应通常是指在还原反应中碳-杂键（或碳-碳键）断裂，由氢取代杂（或碳）原子或基团生成相应烃的反应。氢解反应常以钯作催化剂，采用催化氢化法完成，某些条件下也可用化学还原法完成。氢解反应主要包括脱卤氢解、脱苄氢解、脱硫氢解和开环氢解。

一、脱 卤 氢 解

1. 反应通式及机理

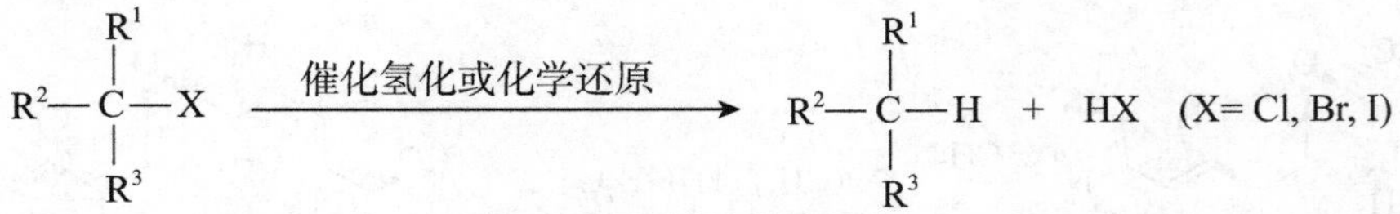

采用催化氢化法，卤代烃首先通过氧化加成机理与金属催化剂形成有机金属络合物，再按催化氢化机理得到脱卤氢解产物；采用化学还原法的脱卤氢解机理为电子转移性的自由基反应。

2. 反应影响因素及应用实例　卤原子活性对氢解反应有较大影响，氢解活性顺序为碘代烃＞溴代烃＞氯代烃＞＞氟代烃。钯为脱卤氢解的首选催化剂，在温和条件下可催化芳卤、烷基卤的氢解，收率较高。镍由于易受卤原子毒化，一般须增大用量。例如，抗生素舒他西林（sultamicillin）的合成。

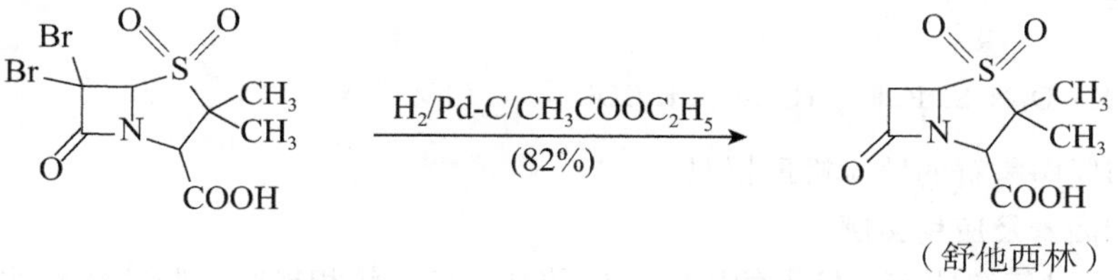

（舒他西林）

酰卤、苄卤、烯丙基卤、芳环上电子云密度较低的卤原子和α-位有吸电子基团（如酮、腈、硝基、羧基、酯基、磺酰基等）的活泼卤原子更易发生氢解反应。一般来说，卤代烷较难氢解。反应中通常加入碱以中和生成的卤化氢，否则会减慢反应速率，甚至终止反应。例如，低血压治疗药甲硫阿美铵（amezinium metilsulfate）中间体的合成。

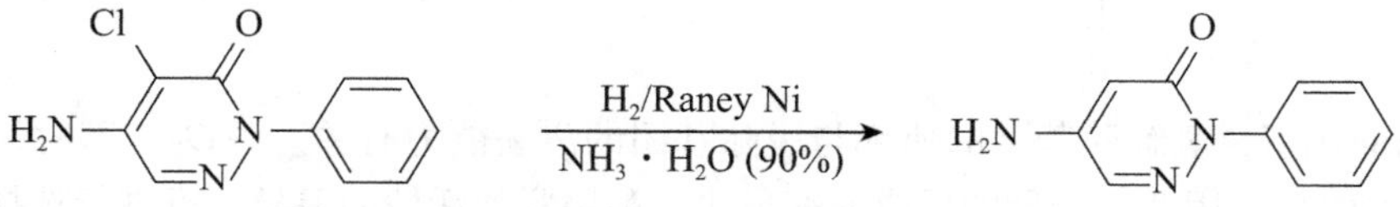

金属复氢化物在非质子溶剂中也可用于卤代烃的氢解。氟易使催化剂中毒，故碳-氟键的氢解一般不采用催化氢化法，而采用还原能力更强的氢化铝锂。例如，镇咳祛痰药氨溴索（ambroxol）中间体的合成。

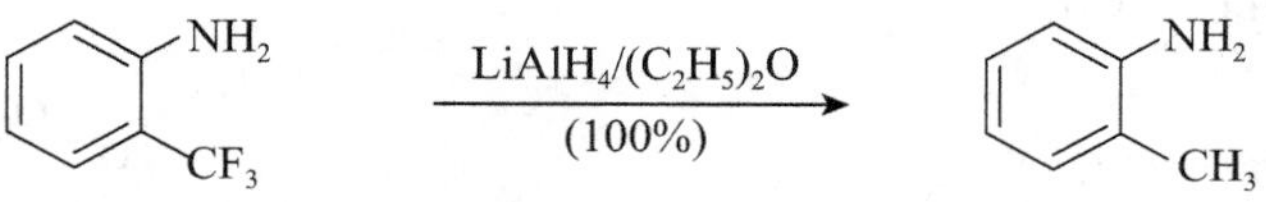

活泼金属（如锌、锡、镍-铝合金等）、含硫化合物在一定条件下也可催化脱卤氢解，并具有选择性。例如，质子泵抑制剂奥美拉唑（omeprazole）中间体的合成。

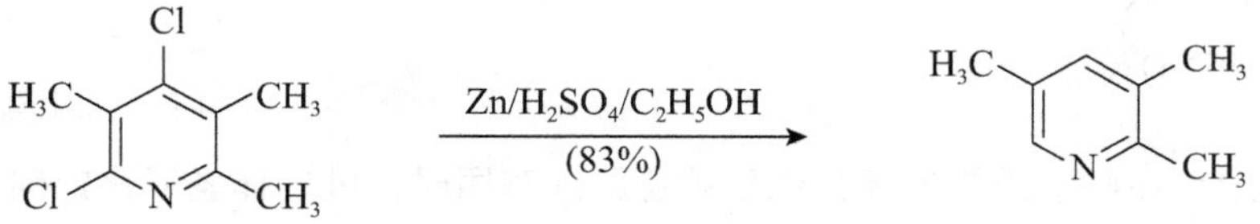

在芳杂环化合物中，卤原子的选择性氢解与其位置有关，电子云密度低的卤原子更易发生氢解反应。例如，2-羟基-4,7-二氯喹啉分子中的两个氯原子中，4-位氯原子由于氮原子的吸电作用而电子云密度降低，优先被氢解。

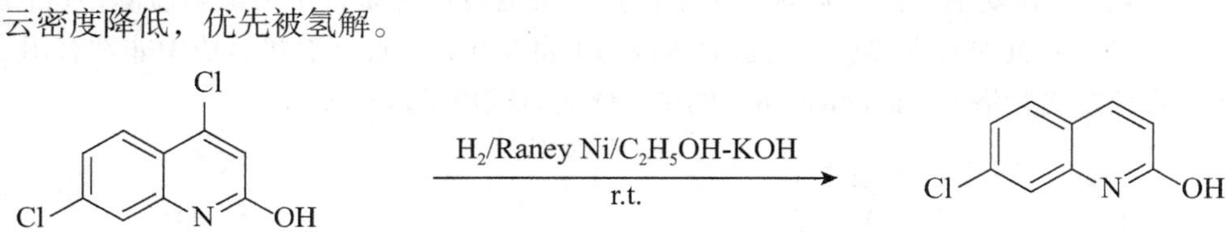

二、脱苄氢解

苄基或取代苄基可作为保护基与氧、氮、硫原子连接而形成醇、醚、酯、苄胺和硫醚，可通过氢解反应脱除苄基而生成相应的烃、醇、酸、胺等化合物，称为脱苄氢解。

1. 反应通式及机理

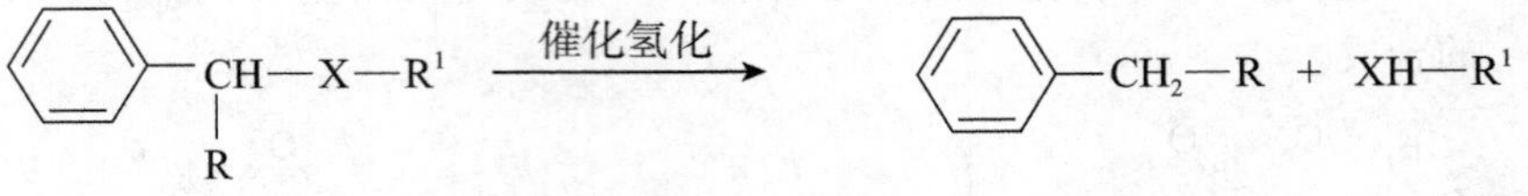

X = O, N, S; R, R¹ = H, CH₃, CH₃COO等

脱苄氢解与脱卤氢解的反应机理相似。

2. 反应影响因素及应用实例

1）底物结构对氢解速率有较大的影响，当苄基与氧、氮相连时，脱苄活性按下列顺序递减，可据此进行选择性脱苄反应。

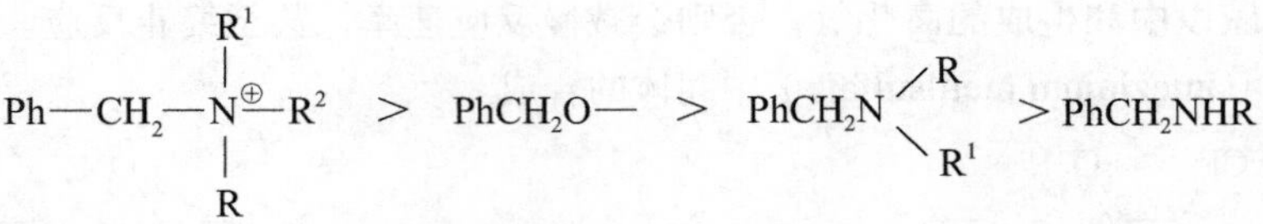

2）在钯催化下，氢解脱苄基的速率与脱除基团的离去能力有关。脱 *O*-苄基时，氢解速率为 OR＜OAr＜COCOR，因此，苄酯的反应速率最快。利用脱苄活性的差异，可进行选择性脱苄。例如，在白血病治疗药高三尖杉酯碱（omacetaxine mepesuccinate）的合成过程中，可选择性氢解脱除 *O*-苄基，而保留 *O*-甲基。

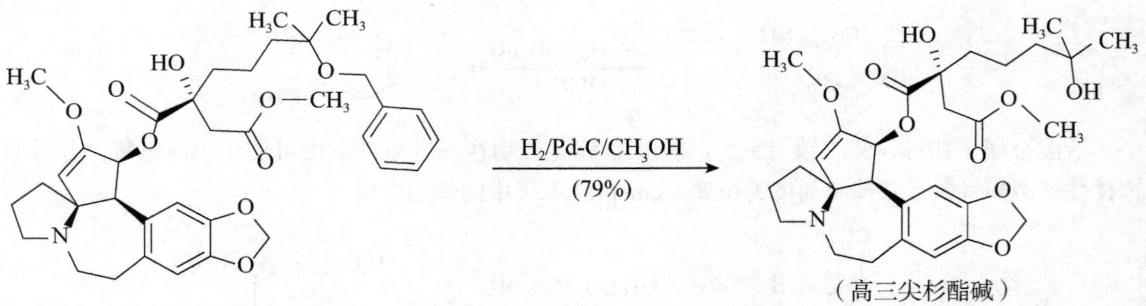

（高三尖杉酯碱）

3）当结构中存在卤素或烯烃等其他易被还原的基团时，可选择氢氧化钯碳（Pearlman 催化剂）催化氢解反应，收率高。该试剂还可用于 *N*-苄氧羰基、*N*-苄基和 *O*-苄基的氢解，特点是当存在其他官能团时，优先脱去 *N*-苄基。

4）在合成多肽和复杂天然产物时，苄基保护基可通过中性条件下的氢解脱除，这种脱苄反应不会引起肽键或者其他对水解反应敏感的结构的不良变化，因此在有机合成中非常有用。例如，在制作抗病毒药物更昔洛韦（ganciclovir）的中间体时就应用了这一技术。

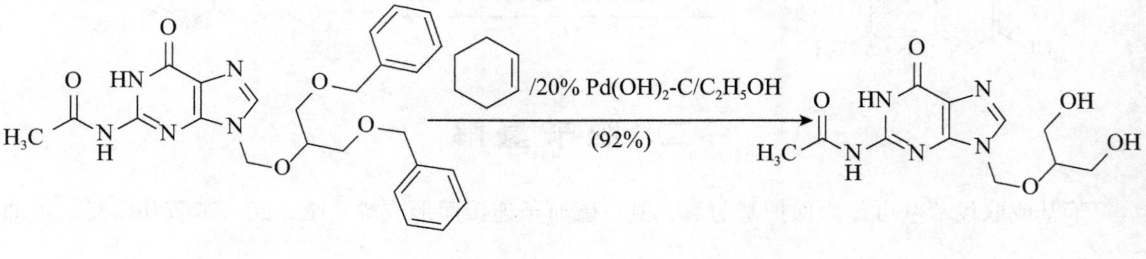

5）有机锡化合物如$(C_6H_5)_3SnH$、$(n\text{-}C_4H_9)_3SnH$可在较温和条件下选择性氢解苄基和卤素，而不影响分子中其他易还原的基团。例如，抗凝血药依前列醇钠（epoprostenol sodium）中间体的合成中，$O\text{-}$苄基与碘原子被同时氢解，而底物中的酯键不受影响。

$$\xrightarrow{(n\text{-}C_4H_9)_3SnH}$$

三、脱硫氢解

硫醇、硫醚、二硫化物、亚砜、砜及某些含硫杂环可在Raney镍或硼化镍催化下发生脱硫氢解，从分子中除去硫原子。脱硫氢解的常用方法有催化氢化法和化学还原法。

1. 反应通式及机理

$$\left.\begin{array}{l} R\!-\!S\!-\!R^1 \\ R\!-\!S\!-\!S\!-\!R^1 \end{array}\right\} \xrightarrow{\text{催化氢化或化学还原}} \left\{\begin{array}{l} R\!-\!H \ + \ R^1\!-\!SH \\ R\!-\!SH \ + \ R^1\!-\!SH \end{array}\right. \quad R, R^1 = H, \text{Alkyl, Aryl等}$$

脱硫氢解与脱卤氢解的反应机理相似。

2. 反应影响因素及应用实例

1）二硫化物可经氢解还原为两分子硫醇，是制备硫醇最常用的方法。例如，降血脂药普罗布考（probucol）中间体的合成。

$$\xrightarrow[(95\%)]{\text{Zn/HCl}}$$

2）硫醚可发生催化氢解，用来合成烃类化合物。例如，喹诺酮类抗菌药格帕沙星（grepafloxacin）中间体的合成。

$$\xrightarrow[(67\%)]{\text{H}_2/\text{Raney Ni/C}_2\text{H}_5\text{OH}}$$

3）在硼化镍的催化下，硫代酯类化合物可氢解得到伯醇；硫杂环可氢解，脱硫开环。例如，抗艾滋病药达芦那韦（darunavir）中间体的合成。

$$\xrightarrow[(68\%)]{\text{H}_2/\text{Ni}_2\text{B}}$$

4）硫代缩酮（醛）经催化氢化法或在活泼金属作用下可氢解脱硫，是间接将羰基转变为次甲基的有效方法，特别适用于α,β-不饱和酮及α-杂原子取代酮的选择性还原，条件温和、收率较好。例如，避孕药去氧孕烯（desogestrel）的合成。

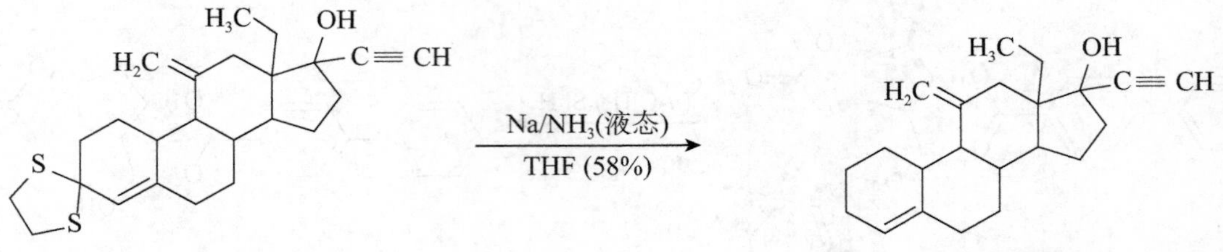

（去氧孕烯）

四、开环氢解

1. 反应通式及机理

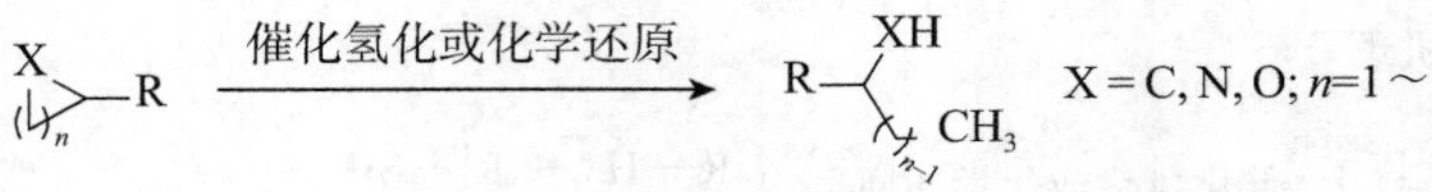

$$X = C, N, O; n=1\sim3$$

碳环及含氮、氧的杂环化合物均可被氢解开环，分别生成烷烃、伯胺及仲醇。开环氢解与脱卤氢解的反应机理相似。

2. 反应影响因素及应用实例

1）开环氢解反应可以通过催化氢化或是使用金属氢化物、硼烷等还原剂实施化学还原。在这个过程中，碳环化合物发生开环的倾向性受到其结构的显著影响：三元环的环丙烷较容易发生开环反应，四元环的环丁烷也能参与反应，尽管其稳定性高于环丙烷。然而，五元环及更大的环状脂烃通常在常规条件下不易发生开环氢解。

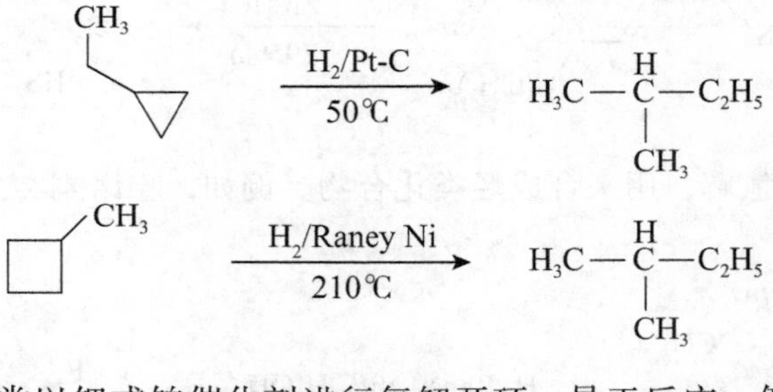

2）环氧乙烷衍生物常以钯或铂催化剂进行氢解开环，易于反应。例如，降血糖药恩格列酮（englitazone）中间体的合成。

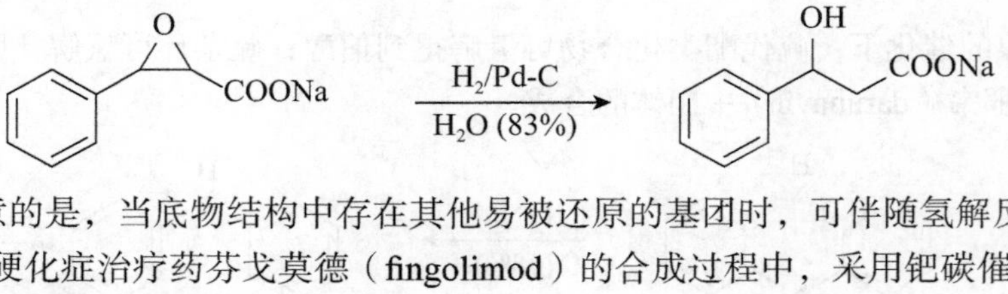

3）值得注意的是，当底物结构中存在其他易被还原的基团时，可伴随氢解反应同时被还原。例如，在多发性硬化症治疗药芬戈莫德（fingolimod）的合成过程中，采用钯碳催化，除发生开环氢解外，羰基、硝基也被同时还原。

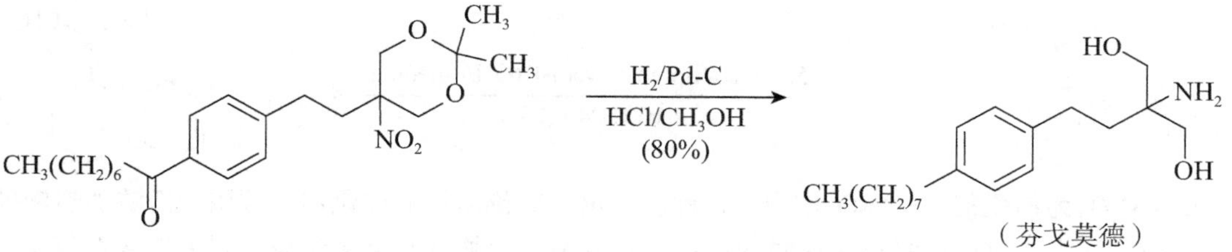

（芬戈莫德）

4）氢化铝锂等金属复氢化物在 Lewis 酸存在下，可实现缩酮的开环氢解。硼烷可实现含氧杂环的氢解，如慢性丙型肝炎治疗药波普瑞韦（boceprevir）中间体的合成。

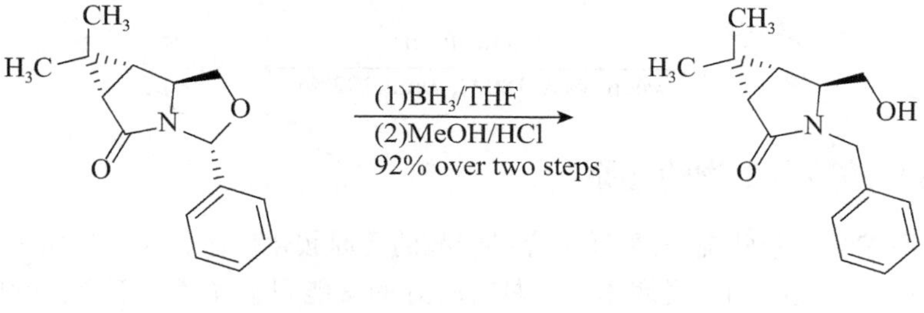

第七节　还原反应新进展

随着化学合成技术的飞速发展，新的还原试剂和方法被不断发现，微波、超声等物理辅助技术与生物催化技术也被广泛应用于还原反应中。应用新试剂或新技术的还原反应普遍具有反应效率高、环境友好、节约能源等优点，是对经典还原反应的有力补充。

一、新型还原反应

（一）Meerwein-Ponndorf-Verley（MPV）还原

经典的 MPV 还原反应速率相对较慢，通常需要加入过量的异丙醇铝。近年来，许多新型的铝催化剂或辅助技术被应用于 MPV 还原反应，在提升反应效率的同时大大拓展了反应的应用范围。

1. 铝配合物为催化剂　通过将三甲基铝与具有 7, 7″-二环己基取代的多齿配体 VANOL 反应，可制备高效的手性铝催化剂（R）-precatalyst。这种催化剂适用范围广泛，特别适合对多种类型的脂肪酮和芳香酮进行立体选择性还原。在生产治疗高钙血症药物西那卡塞（cinacalcet）的中间体时，先在正戊烷中将 VANOL 配体和三甲基铝混合以形成预催化剂，这个预催化剂随后应用在 α-萘乙酮的 MPV 还原反应中。这一步鉴别了酰胺官能团的立体选择性还原，生成了（R）-α-甲基-1-萘甲醇，e.e. 值为 98%，收率为 95%。

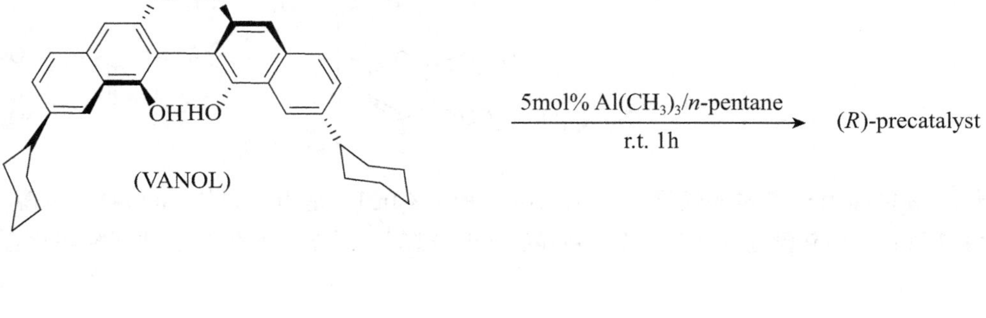

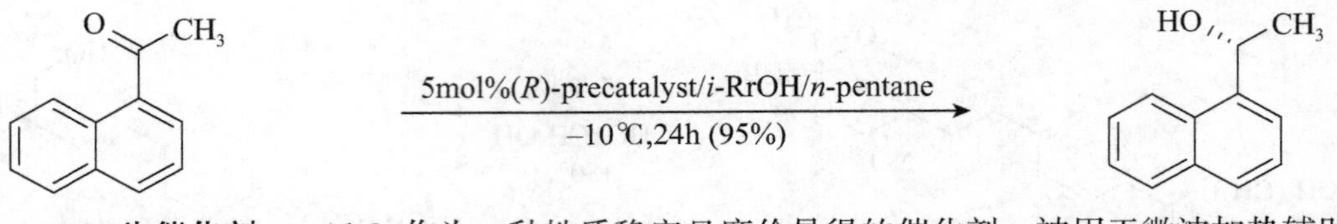

2. γ-Al₂O₃为催化剂 γ-Al₂O₃作为一种性质稳定且廉价易得的催化剂，被用于微波加热辅助的 MPV 反应。该方法可提高醛还原成醇的选择性和收率，无须过渡金属参与，可用于芳香醛及不饱和醛的还原。例如，在抗抑郁药瑞波西汀（reboxetine）中间体的合成过程中，利用微波加热仅需 40 分钟即可完成醛基的选择性还原，可大大缩短反应时间且反应收率较高。

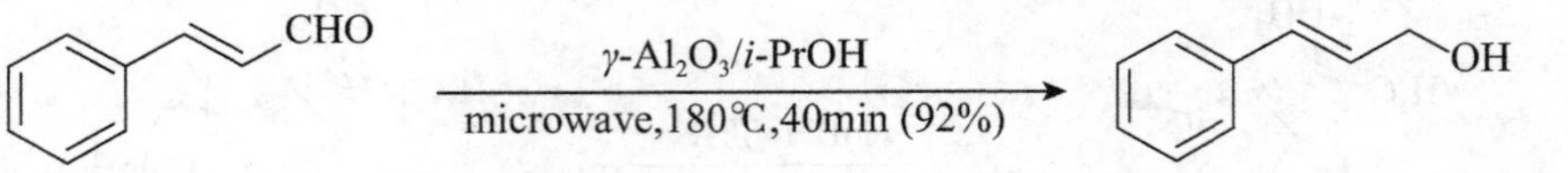

（二）羧酸及羧酸衍生物的还原

1. 羧酸的还原胺化 苯硅烷/乙酸锌可介导羧酸的还原胺化反应，大大拓展了还原胺化反应的应用范围，广泛适用于羧酸和胺类底物，且具有较好的官能团选择性，不会影响底物结构中的硝基、卤素等。该反应利用了苯硅烷的双重反应性，首先是苯硅烷介导的酰化反应，然后进行乙酸锌催化的还原反应。例如，抗艾滋病药马拉韦罗（maraviroc）的合成过程中，在苯硅烷/乙酸锌的还原条件下可顺利实现羧酸的还原胺化，极大地缩短了工艺路线，产率明显提高。

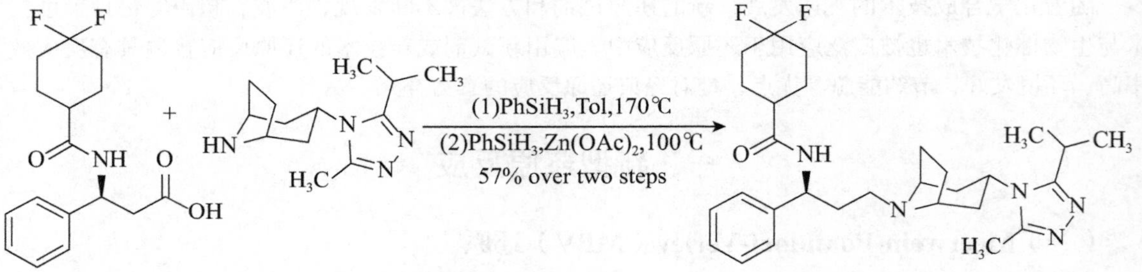

2. 酰胺的选择性还原 三[N, N-双（三甲基硅基）氨基]镧｛La[N(SiMe₃)₂]₃，La^{NTMS}｝是一种高效的选择性均相催化剂，可在温和条件下催化以频哪醇硼烷（HBpin）为还原剂的酰胺的还原，产物为胺。该反应具有较强的官能团选择性，分子中硝基、氰基、卤素均不受影响，且不会发生烯键的硼氢化反应。例如，冠状动脉扩张药维拉帕米（verapamil）的合成。

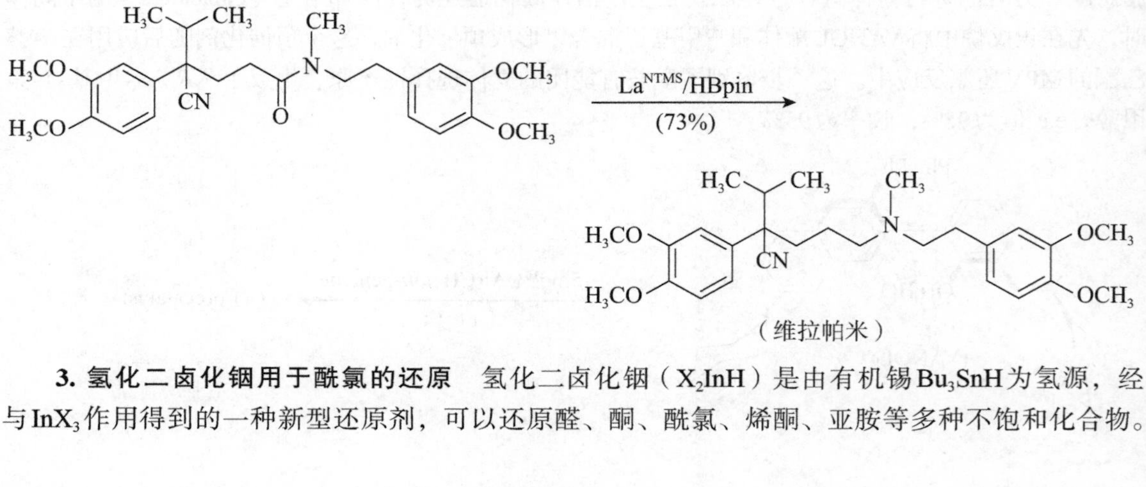

（维拉帕米）

3. 氢化二卤化铟用于酰氯的还原 氢化二卤化铟（X₂InH）是由有机锡Bu₃SnH为氢源，经与InX₃作用得到的一种新型还原剂，可以还原醛、酮、酰氯、烯酮、亚胺等多种不饱和化合物。

以 X₂InH 为还原剂、有机膦（如三苯基膦）为催化剂可还原酰氯为醛。例如，抗肿瘤药丙卡巴肼（procarbazine）中间体 4-甲基苯甲醛的合成过程中，使用 X₂InH 作还原剂可高收率制得醛。因无须使用过渡金属催化剂，可避免酰基-过渡金属络合物的脱羰基副产物的生成，因而收率较高。

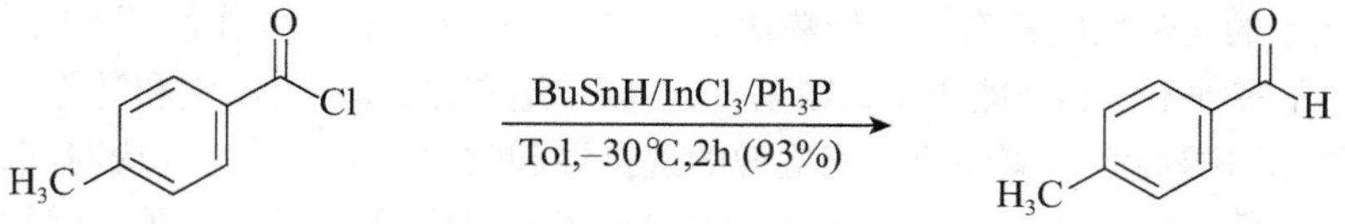

（三）以硼烷为还原剂的还原反应

1. Corey-Bakshi-Shibata（CBS）还原反应 CBS 反应是酮在手性硼杂噁唑烷（CBS 试剂）和乙硼烷的醚溶液催化下被立体选择性还原为醇的反应，具有反应快、操作简便、产率高、对映选择性好等优点。例如，阿尔茨海默病治疗药卡巴拉汀（rivastigmine）中间体的合成过程在 CBS 催化下可以高收率获得手性醇。

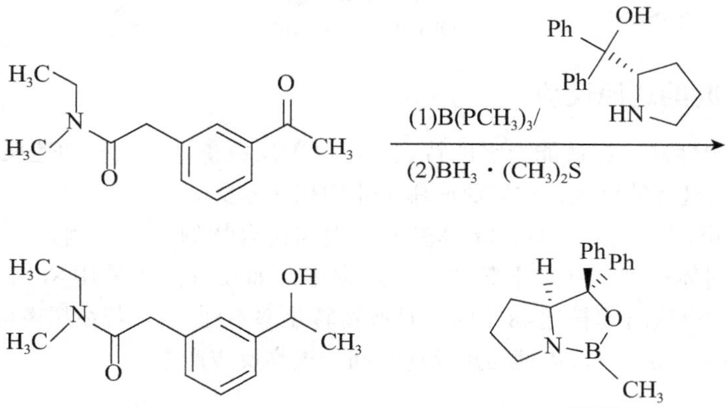

CBS 试剂

2. Midland 还原反应 利用 α-蒎烷-硼烷（alpine-borane）还原不对称酮的反应称为 Midland 还原反应，可立体选择性地还原潜手性酮，并以高收率、高 e.e. 值得到产物。例如，具有抗疟活性的常山碱（febrifugine）中间体的合成。

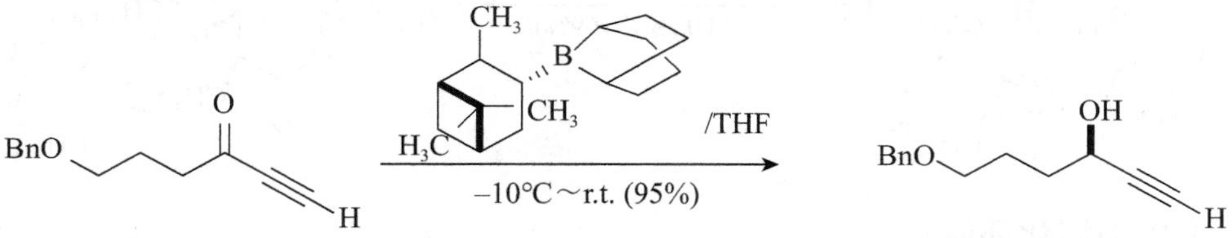

3. 氨基硼烷钠 氨基硼烷钠 [NaNH₂(BH₃)₂、NaADBH] 的还原能力介于硼氢化钠和氢化铝锂之间，可将醛、酮、羧酸及羧酸酯直接还原为醇，具有较好的官能团选择性，分子中的酰胺键及其他不饱和键（如碳碳双键、硝基、氰基等）均不受影响。例如，在抗真菌药 fosmanogepix 中间体的合成过程中，醛基和羧基可同时被 NaADBH 还原成羟基，收率较高。

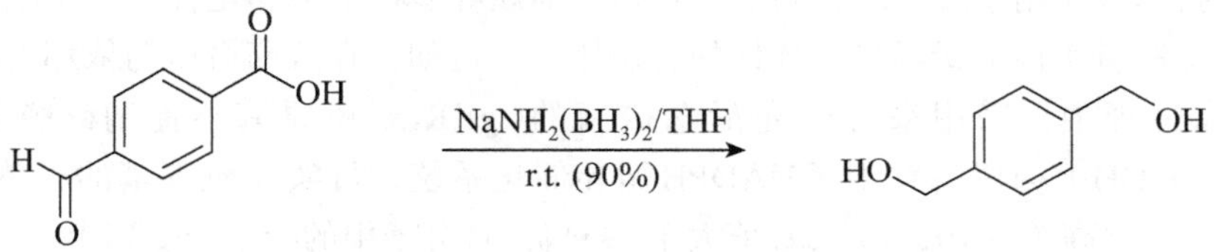

二、新型还原技术

（一）微波辅助的还原反应

微波辅助技术的化学反应具有体系受热快速均匀、反应速率快、操作简便、收率高、产品易纯化等优点，可用于多种不饱和官能团（如羰基、碳-碳不饱和键、碳-氮不饱和键等）的还原反应。

微波辅助技术可提高醛、酮还原为相应醇的选择性和收率，大大缩短反应时间，可用于 Wolff-Kishner- 黄鸣龙还原反应、Meerwein-Ponndorf-Verley 还原反应等。例如，在广谱抗菌药联苯苄唑（bifonazole）中间体的合成过程中，二苯酮与水合肼于微波条件下反应 20 分钟后即可得到二苯甲酮腙，与氢氧化钾在微波条件下反应 30 分钟，即可以 90% 的总收率得到二苯甲烷，否则该反应时间将长达 6 小时。

（二）超声辅助的还原反应

超声因具有方向性好、穿透能力强的特点，可改善反应条件，显著加速反应进行，甚至引发某些传统条件下无法进行的反应，被广泛应用于非均相还原反应。

超声辅助技术可用于硝基、肟、酯等多种不饱和化合物的还原。例如，在抗生素地红霉素（dirithromycin）中间体 9（S）-红霉素胺的合成过程中，如在室温下采用 NaBH$_4$/ZrCl$_4$ 对 9（E）-红霉素 A 肟进行还原，反应时间长达 48 小时，且产物转化率不到 1%；若在超声促进下仅需 1 小时即可以 69% 的收率获得产物，可极大地缩短反应时间，提高反应产率。

（三）生物催化还原

生物催化技术是利用酶、微生物细胞或动植物细胞作为生物催化剂进行催化反应的技术，具有官能团及立体选择性强、反应专一等优点，可用于不对称还原反应，极大地促进了"绿色化学"的发展。

生物催化技术多应用于醛、酮、硝基化合物、烯烃等多种不饱和化合物的还原。生物催化酮的不对称还原是制备手性醇最经济、环保的方法之一。例如，在抗高血压药依那普利（enalapril）中间体的合成过程中，采用来源于光滑念珠菌的 CgKR$_2$ 酮还原酶与葡萄糖脱氢酶（glucose dehydrogenase，GDH）构建的辅因子 NADPH 循环催化系统，可实现酮羰基的立体选择性还原，反应条件温和、产率高（～100%），e.e. 值大于 99.9%，且分子中的酯基未受到影响。

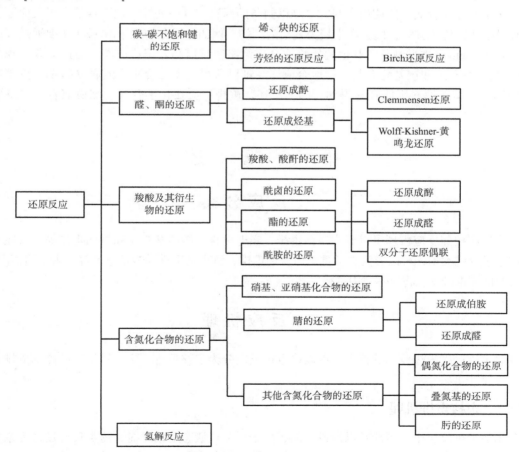

硝基还原反应经过多个中间阶段，包括亚硝基、羟胺、偶氮化合物等。应用生物催化剂还原硝基时可以有效地把控反应过程，在某一中间阶段进行停止。例如，在合成抗肿瘤药物甲氨蝶呤（methotrexate）的中间体时，能利用烯烃还原酶ERED-103作为催化剂。通过使用葡萄糖、葡萄糖脱氢酶，以及还原型和氧化型辅酶Ⅱ（NADPH/NADP⁺）循环系统，可以使硝基在羟胺阶段稳定并维持，并且达到95%的高转化率。通过进一步在该系统中引入羰基还原酶，可以完成硝基到氨基的转换。

思维导图

第八章 重 排 反 应

本章要点

　　掌握 Wagner-Meerwein 重排、Pinacol 重排、Beckmann 重排、Hofmann 重排、Curtius 重排、Schmidt 重排、Favorskii 重排和 Claisen 重排等人名反应及其应用。

　　理解 Benzil 重排、Wolff 重排、Baeyer-Villiger 重排、Wittig 重排、Sommelet-Hauser 重排和 Cope 重排等，各类重排反应的机制和影响因素。

　　了解 不同机制的重排反应中基团的迁移能力，各类重排反应中新型催化剂的应用。

　　重排反应（rearrangement reaction）是化学合成中一个关键的过程，它们往往以发现者的姓氏被命名，如诸多人名反应，这类反应在药物和日常化工产品的生产中发挥了关键作用。利用重排反应，化学家能够合成一些使用常规方法难以制备的药物或其中间体，这通常是由于反应原料的获得有局限或以传统方法合成会产生较为复杂的产物。例如，尼龙 6（己内酰胺）主要通过环己酮肟进行 Beckmann 重排来制备，其他起始物或合成策略很难以高效率或成本效益的方式实现。另一实例是 γ，δ- 不饱和羰基化合物，一般合成途径难以获得这类化合物，但通过 Claisen 重排烯丙基乙烯基醚类型的原料则能轻易得到。综上所述，重排反应在化学合成领域扮演着至关重要的角色。

第一节 概　　述

一、反 应 分 类

　　重排反应按照反应机理可以分为亲核重排、亲电重排、游离基重排和协同重排等；按照参与重排的原子及键类型，可以分为碳烯重排、氮烯重排、游离基重排、芳基重排等。由于篇幅限制，所涉及的部分重排反应将在本章中进行阐述。

二、反 应 机 理

　　按照重排反应中过渡态的特点，可以将重排反应分为亲核重排、亲电重排、游离基重排和协同重排四种机理。

（一）亲核重排机理

　　在化学重排反应中，当涉及以碳或氮的正离子作为过渡态的情况时，这类反应被称为亲核重排。在这种重排中，往往是碳正离子形式占据主导，但也包括 Hofmann 重排这样的氮正离子中间体反应。在这一过程中，反应条件会导致底物失去易离去的基团（如羟基、羟基磺酸酯、氨基或卤素），产生缺电子的电正性中间体，或者烯烃通过与质子的加成生成碳正离子。随后，基团迁移产生新的带电中间体，并触发接下来的反应序列。不稳定的产物会持续分解，直至形成稳定的最终产物。例如，在Schmidt和Curtius重排反应里，初始生成不稳定的异氰酸酯，它之后进一步分解为更稳定的氨基化合物。在重排的过程中，迁移基团跃迁至缺电子的正离子中心，基团尤其是迁移原子上的电荷密度，是决定其迁移能力的关键因素。

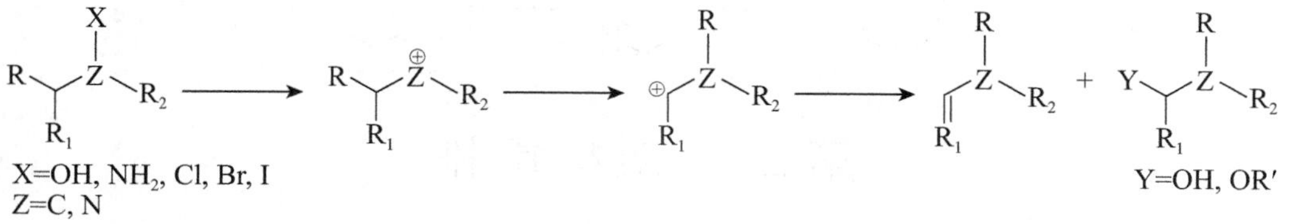
X=OH, NH2, Cl, Br, I
Z=C, N
Y=OH, OR′

（二）亲电重排机理

带有吸电子取代基的底物在强碱作用下失去氢形成碳负离子，有时通过三元环过渡态进行重排，这类反应称为亲电重排。例如，季铵盐或醚中，氮或氧的吸电子作用使得其邻位烷基在强碱作用下失去质子，进而发生基团迁移，形成叔胺或醇。

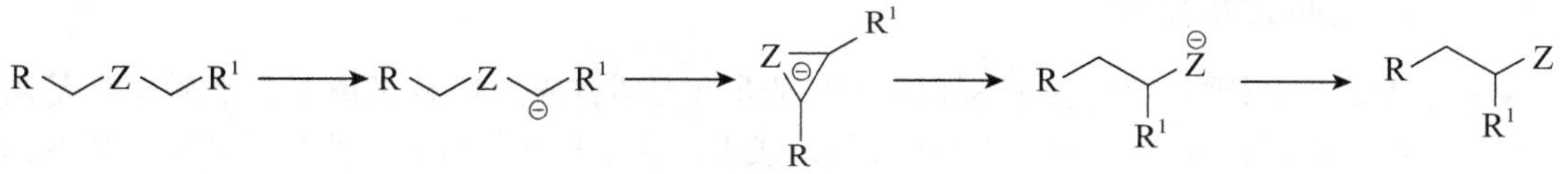

Z=羰基、氧、季铵盐等

（三）游离基重排机理

游离基重排反应的研究较少，主要集中在含芳基化合物的重排。底物在自由基引发剂的作用下产生游离基，然后迁移基团带着单电子转移到原有单电子原子上产生新的游离基，进一步转化为产物。

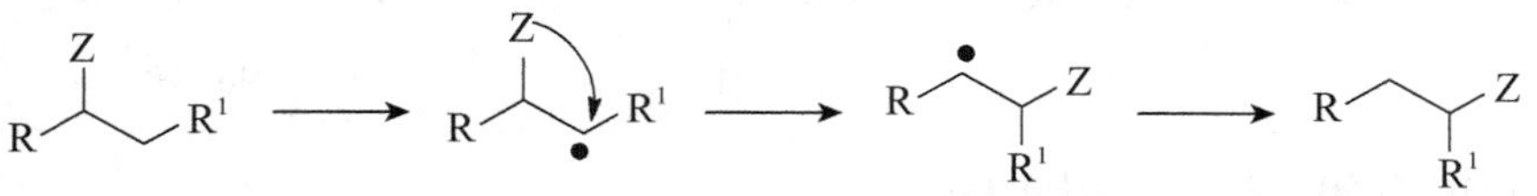

有些重排反应虽然被列在亲核重排或亲电重排中，但实际上是按照游离基机理完成的。例如，[1, 2]-Wittig重排和[1, 4]-Wittig重排都可以看作游离基重排。

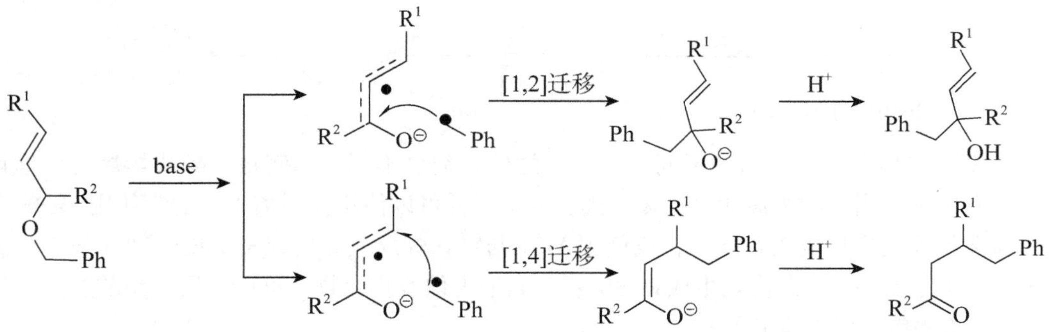
base
[1,2]迁移
[1,4]迁移
H+

（四）协同重排机理

在某些重排反应中，没有离子或自由基中间体的生成，它们通过一个环状的中间结构进行，其中一条 δ 键的断裂伴随着一条新的 δ 键的形成。这类过程被称为 δ-迁移重排或协同重排，其性质类似于环加成反应。Cope 重排和 Claisen 重排就是这种反应机理的例子。这类重排反应的发生主要受温度控制，通常不受催化剂的影响。

第二节 亲核重排

一、Wagner-Meerwein 重排

各种醇在质子酸作用下失去水分子生成碳正离子，然后邻位碳原子上的芳基、烷基、氢向该碳正离子迁移的反应称为 Wagner-Meerwein 重排反应。以伯胺经重氮化反应产生碳正离子的 Wagner-Meerwein 重排称为 Demyanov 重排，这两种重排反应均属于碳正离子的亲核重排。

（一）反应通式及机理

Wagner-Meerwein 重排反应按照 S_N1 反应机理进行，即首先形成碳正离子，然后发生基团迁移，亲核试剂再进攻正碳离子形成新的化合物，或失去质子形成烯烃。但当反应物中迁移基团可以通过与离去基所在的碳产生邻基效应时，还能经邻基参与的方式促进离去基团的离去，重排反应的速度较快，这时，重排反应按照 S_N2 反应机理进行。另外，在碳正离子发生重排前，也可能与亲核试剂反应，形成类似于 S_N1 或 S_N2 的亲核取代反应产物，使反应产物变得复杂。

（二）反应影响因素及应用实例

能发生 Wagner-Meerwein 重排的底物包括醇及其磺酸酯、卤代烃、烯烃、伯胺化合物等。

如果底物为环状，同时侧链 α 位能形成碳正离子，则重排后得到环上增加一个碳原子的化合物。

X=OH, Cl, Br, NH₂

根据反应底物中活性基团的不同，所使用的催化剂也不同。当底物为醇或烯烃时，催化剂使用各种质子酸；当底物为卤代烃（氯、溴、碘）时，可以使用如银离子（通常使用 $AgBF_4$）或 $AgNO_3$ 与卤代烃反应形成碳正离子，或使用 $AlCl_3$ 与氯代烃反应先生成 $R^{\oplus}AlCl_4^{\ominus}$ 离子对；当卤素为 F 时，可以使用 SbF_5 与卤代烃生成 $R^{\oplus}SbF_6^{\ominus}$；如果为伯胺化合物，可以使用亚硝酸产生重氮离子，进一步失去氮气形成碳正离子。

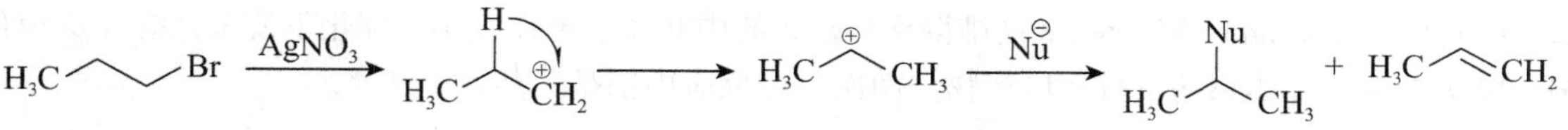

α-蒎烯在质子酸催化下经 Wagner-Meerwein 重排得到 α-萜品烯。

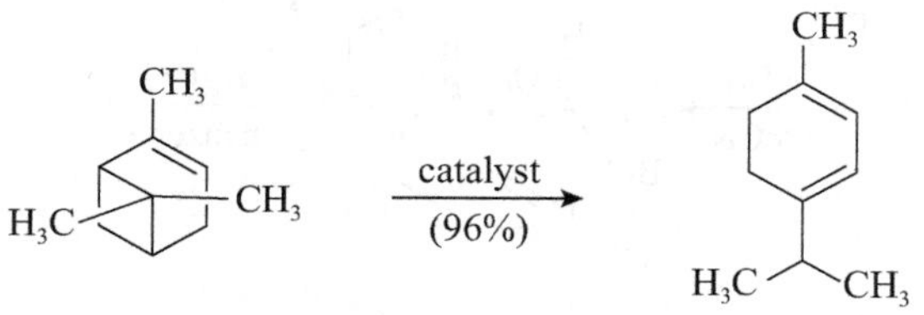

亚环丙基烯烃与正离子加成后形成的碳正离子经 Wagner-Meerwein 重排得到四元环化合物：

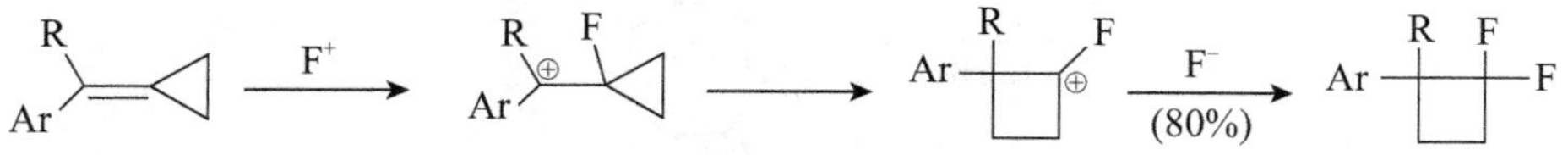

桦木醇（betulin）衍生物经 Wagner-Meerwein 重排为别桦木醇（allobetulin）：

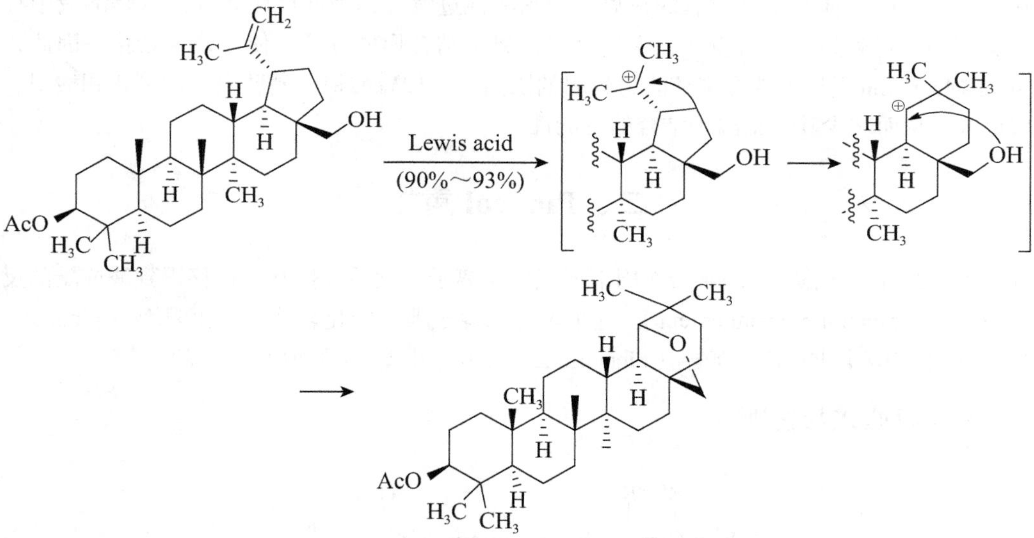

Demyanov 重排是由氨基经重氮化反应脱除氮气，生成碳正离子进行重排的反应。

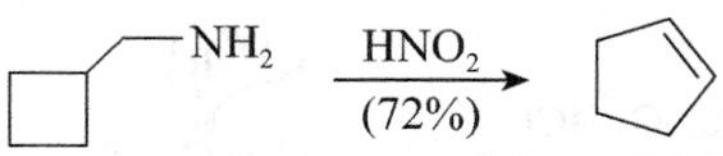

Wagner-Meerwein 重排和 Demyanov 重排中，基团的迁移能力按照下列顺序排列：

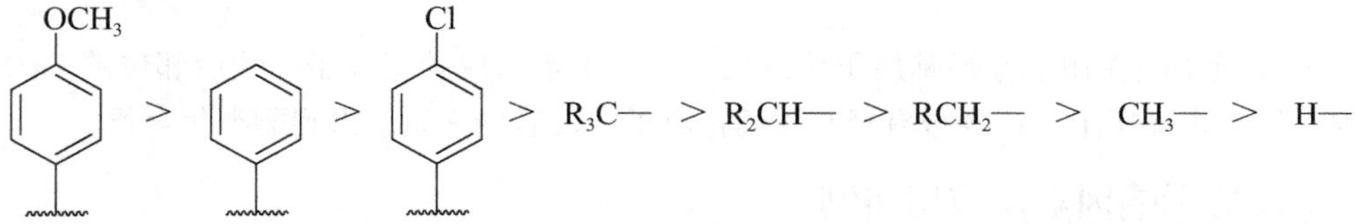

就苯基而言，其对位取代基供电子能力越强，则迁移能力也越强。如果重排基团为手性碳原子，则反应按 S_N1 机理进行，得到消旋体化的产物。

下文例子中，羟基碳原子上带有的环状烯烃，在 NBS 作用下，首先形成溴正离子加成的碳正离子中间体，经 Wagner-Meerwein 重排得到环扩大的中间体，再在 AgBF$_4$ 催化下使苯并螺环 β-溴代酮生成 n, 7, 6-三环体系的重排反应产物。两次重排反应中都是苯环发生迁移。

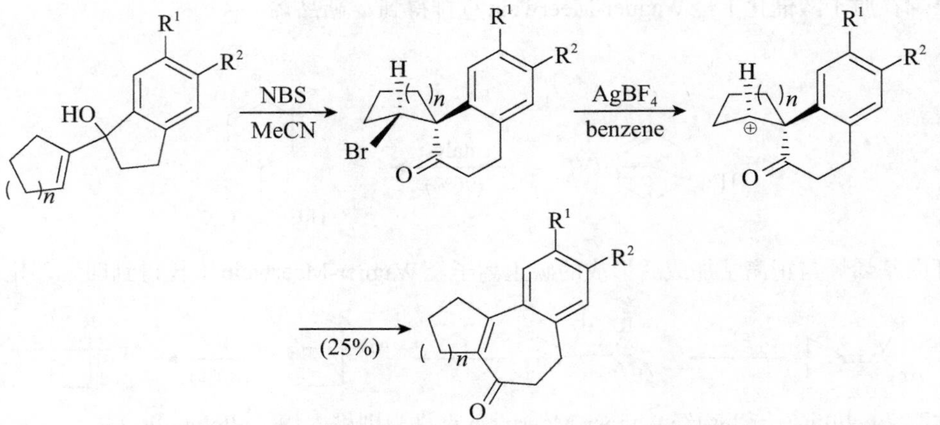

在重排过程中，涉及重排前后的正离子为高活性过渡态，因此反应条件尤其是溶液中存在的阴离子类型和数量就显得非常重要，它们会与正离子结合形成分子，使产物复杂化。因此，一般在 Wagner-Meerwein 重排中选择亲核能力较弱的阴离子，如硫酸根、硝酸根、四氟化硼酸根、对甲苯磺酸根等，从而减少其与正离子结合的可能性。

二、Pinacol 重排

取代乙二醇在质子酸或 Lewis 酸作用下形成碳正离子，然后发生基团迁移得到醛或酮的反应称为频哪醇重排（pinacol rearrangement）。这个名称来源于典型的化合物——频哪醇（pinacol，2, 3-二甲基-2, 3-丁二醇）重排成频哪酮（pinacolone，3, 3-二甲基-2-丁酮）的反应。

（一）反应通式与机理

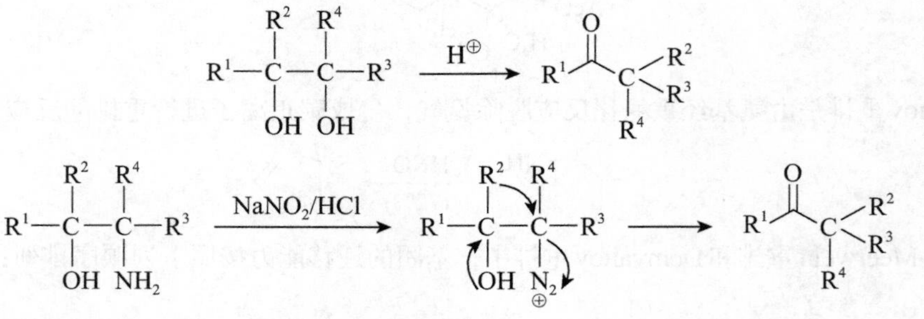

邻二醇在质子酸作用下经羟基质子化后失去一分子水形成碳正离子，然后邻位碳上的烷基或芳基迁移到该碳正离子上，得到带有羟基碳的正离子，最后失去质子得到酮类化合物。

（二）反应影响因素及应用实例

当频哪醇中的一个羟基变为其他易离去基团（氯、溴、碘、MsO—、TsO—、—SH、—NH$_2$）时，重排反应能够达到很好的区域选择性，这类反应被称为半频哪醇重排（semi-pinacol rearrangement）。这种反应的反应条件温和、产物结构可以预测，使得该反应在复杂的有机分子合成中被广泛应用。

反应物可以为1, 1, 2-三取代乙二醇或1, 1, 2, 2-四取代乙二醇, 重排后都能得到酮; 若为1, 2-二取代乙二醇, 其Pinacol重排的产物为醛。除了邻二醇能发生Pinacol重排外, α-氨基醇经重氮化反应, 继而失去氮气, 产生的碳正离子也可发生Pinacol重排。

如果邻二醇中一个羟基连接在脂环上, 另一个羟基在环外, 经过Pinacol重排可以得到扩环的酮类产物。

如果相连的两个环上各带有一个羟基, 且为邻二醇或α-氨基醇结构, 则重排后会得到螺环酮产物, 这种频哪醇重排反应在天然产物全合成中具有较大的应用价值。

当频哪醇中乙基连接的四个取代基完全相同时, 经Pinacol重排反应后产物较单一; 当这些取代基不同时, 优先生成稳定性高的碳正离子中间体, 得到最稳定的产物。

由于在半频哪醇重排中, 总是需要将非羟基易离去基团除去, 使其直接相连的碳转变为碳正离子, 故碳正离子的位置是确定的, 重排产物结构只受含羟基碳上所连接基团迁移能力的影响。

反应物的构型也会影响基团的迁移。例如, 在下文的重排反应中, 当反应物为苏型异构体 (*threo* isomer) 时, 主要是苯基迁移; 而当其为赤型异构体 (*erythro* isomer) 时, 则主要为对甲氧苯基迁移。

在Pinacol重排反应中, 顺-邻二醇和反-邻二醇的结构对重排速率有显著影响, 而顺式邻二醇的重排通常比反式邻二醇快。这种现象表明, 在重排过程中可能存在一个碳正离子的桥式过渡态, 这个过渡态中重排基团与离去羟基呈反式共平面排列。例如, 在稀硫酸作用下, 顺-1, 2-二甲基-1, 2-己二醇可以快速重排, 甲基迁移形成2, 2-二甲基环己酮; 而反式二醇在相同条件下则转变成一个环缩酮。这个现象揭示了一个原则: 不论亲核性如何, 那些与离去羟基呈顺式排列的基团都无法进行迁移。

　　Pinacol重排的底物为邻二醇时，所使用的催化剂一般为无机酸或有机酸，常用的有硫酸、盐酸、碘-乙酸等；底物为α-氨基醇时则使用亚硝酸；底物为α-卤代醇时一般使用$AgNO_3$或$AgBF_4$；底物为甲烷磺酸酯或对甲苯磺酸酯时，需要使用强碱如醇钠、氨基钠等。

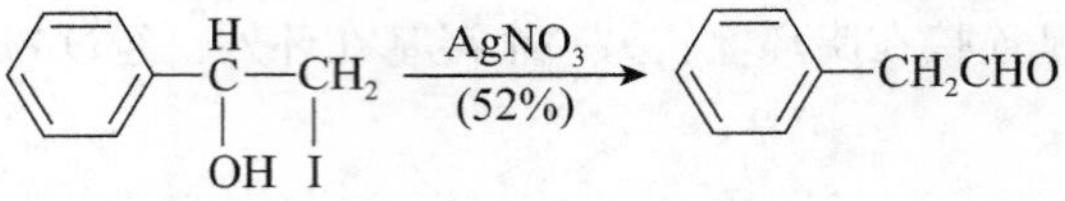

　　在频哪醇重排中，基团的迁移能力与Wagner-Meerwein重排反应中的基团迁移能力一致。但也有例外，如下文重排反应中发生迁移的是H，而不是苯环，因为苯基迁移后，形成的三苯甲基具有较大的位阻，限制了其迁移。

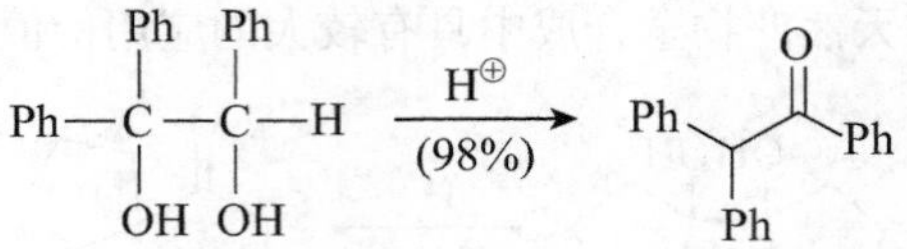

　　环氧化合物在BF_3催化下，开环形成碳正离子，然后发生类似的Pinacol重排。

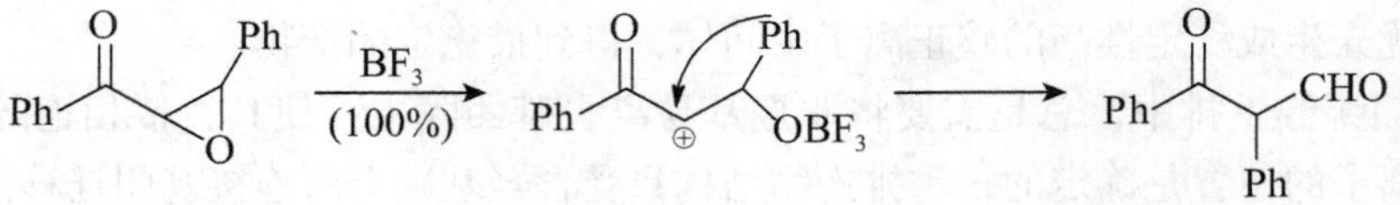

三、Benzil 重排（苯偶姻重排）

　　邻二酮在强碱作用下，重排生成α-羟基乙酸的反应称为Benzil重排或苯偶姻重排。

（一）反应通式与机理

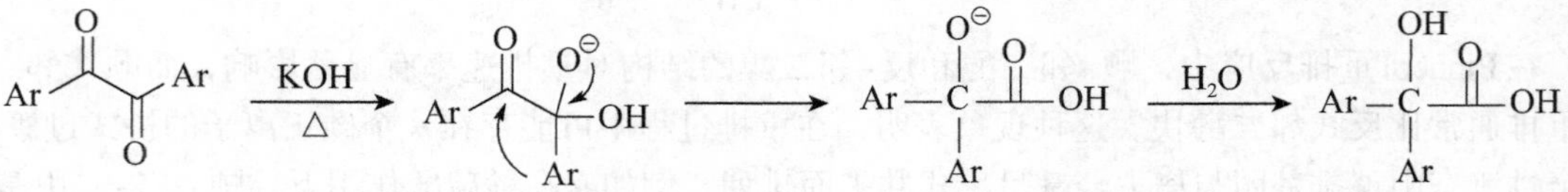

　　当使用乙醇钠、叔丁醇钾等有机碱时，产物为酯；另外，如果其中一个芳基带有吸电子基团，则带有吸电子基团的芳基发生迁移，这与其亲核重排的机理和产生中间体氧负离子有关。

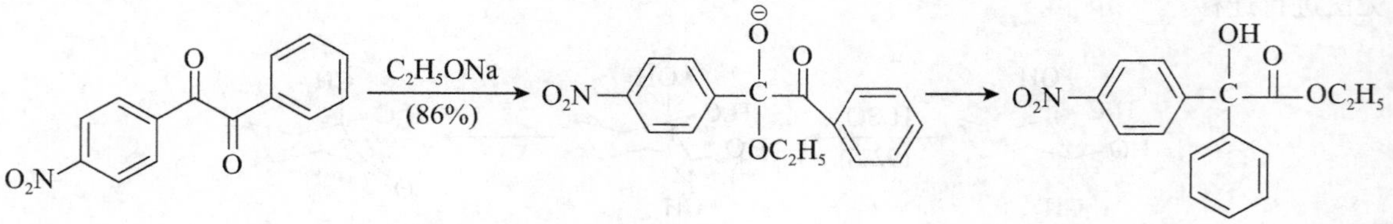

（二）反应影响因素及应用实例

　　Benzil重排反应物一般为二苯基乙二酮，其他二芳香族邻二酮也可以进行Benzil重排。

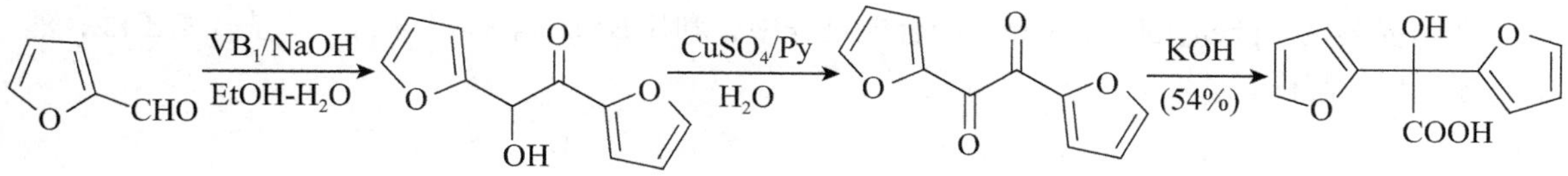

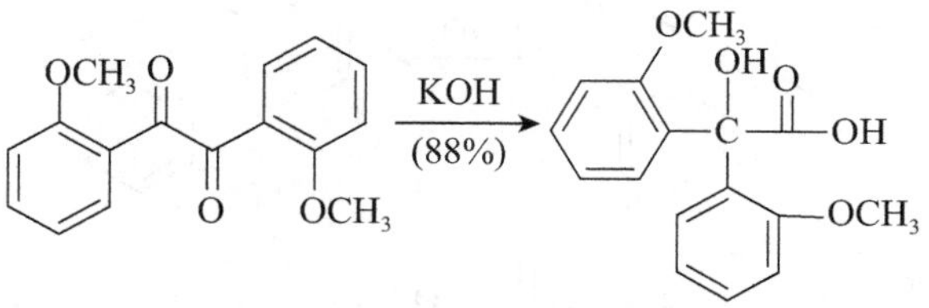

含有 α-氢的脂肪族邻二酮在强碱作用下发生该重排与缩合反应的竞争，有时甚至只生成缩合产物。环状邻二酮进行重排时，生成缩环的羟基酸。

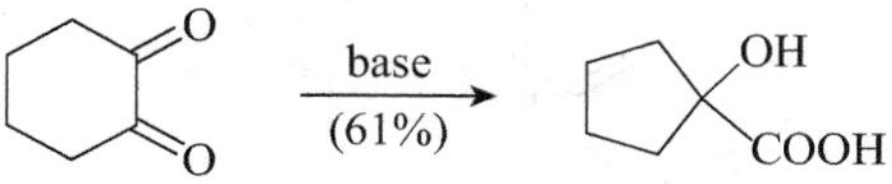

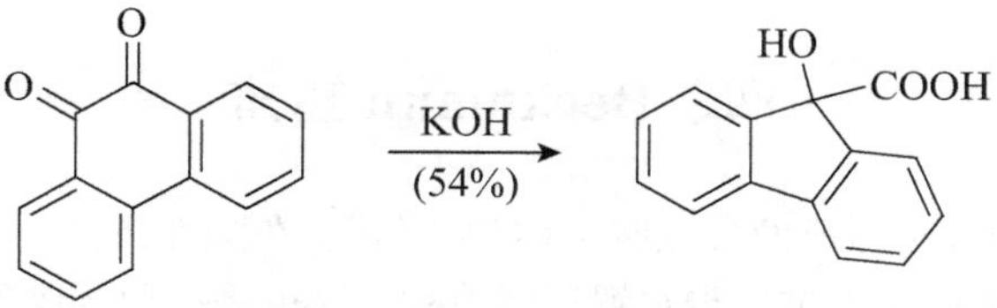

除了使用无机碱KOH外，也可以使用醇钠，此时生成酯而不是羧酸盐。醇钠的烷氧基部分不能含有 α-氢，否则得不到重排产物，而是发生氧化还原反应，烷氧部分被氧化为酮或醛。

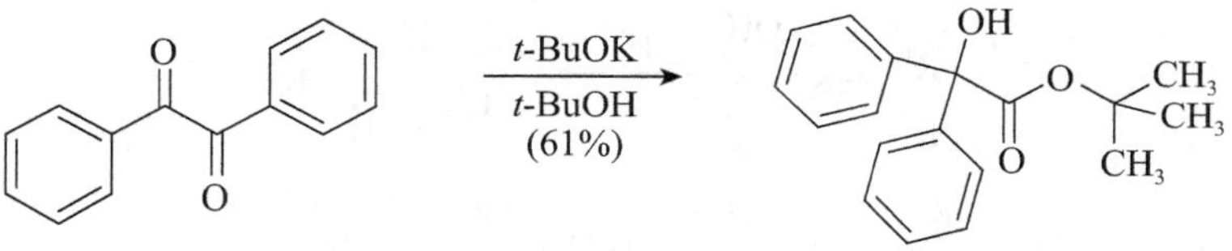

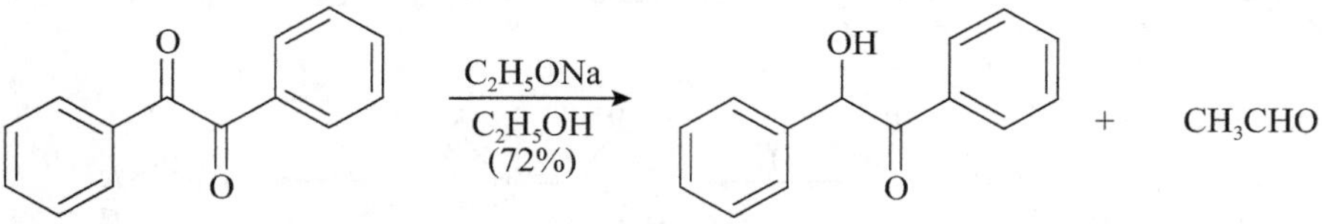

不对称二苯基乙二酮进行重排时，当苯环上取代基为吸电子基团时，则含有吸电子取代基的苯环优先迁移；反之，如果取代基为给电子的，则无取代基苯环优先迁移。这可以用中间体二醇负离子的电荷被吸电子基团分散而稳定加以解释。

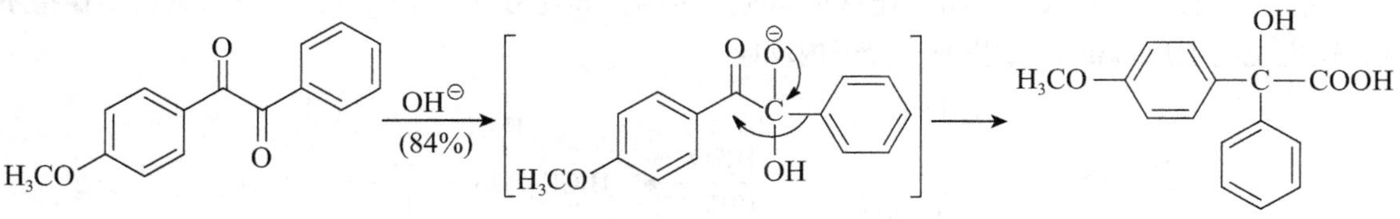

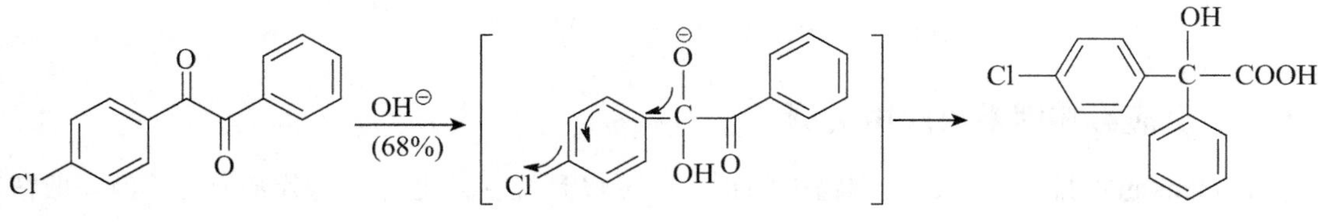

在苯妥英钠（phenytoin sodium）的合成过程中，利用Benzil重排可得到二苯基羟基乙酸，然后与尿素环合制得。

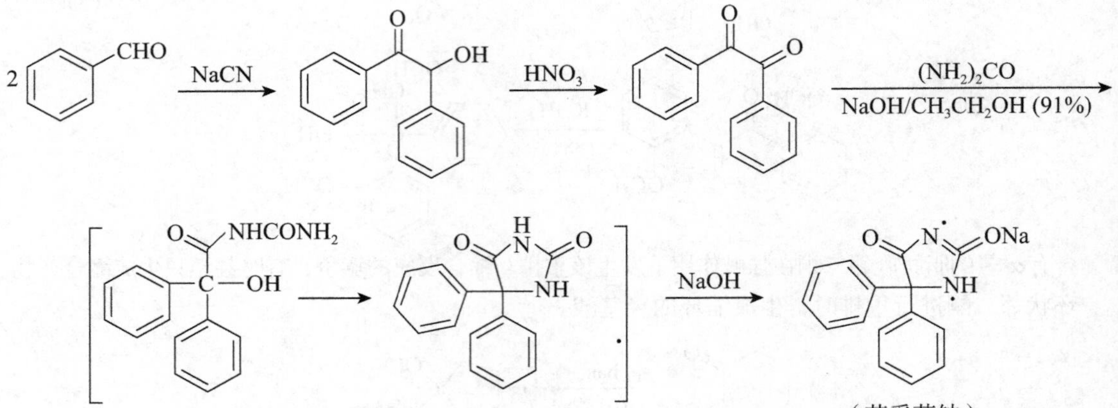

四、Beckmann 重排

酮类和醛类化合物与羟胺形成的羟亚胺（称为"肟"）在酸性条件下发生重排生成酰胺，该反应称为Beckmann重排，酰胺可以进一步水解得到羧酸，这也是一种合成羧酸和胺的方法。

（一）反应通式与机理

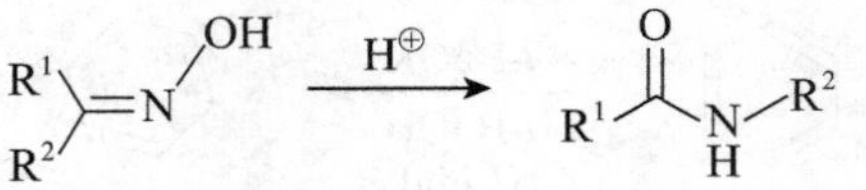

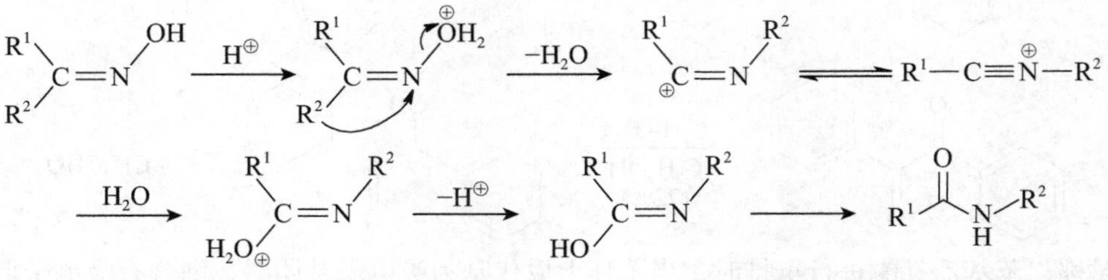

酮肟在质子酸作用下进行质子化，然后失去一分子水，同时与原来肟羟基处于反位的基团迁移到N原子上，得到亚胺正离子，与水结合再失去质子得到烯醇化酰胺，进一步转化为酰胺。

在迁移过程中，脱水和基团的迁移是同时发生的，如迁移基为手性时，迁移后其构型保持不变，这也说明了Beckmann重排属于分子内反应。

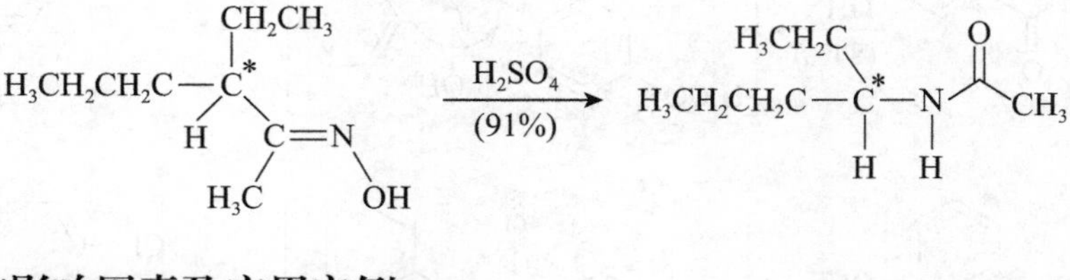

（二）反应影响因素及应用实例

在Beckmann重排反应中，反应物中的R^1、R^2可以是烷基，也可以是芳基或氢。但一般情况下，氢不发生迁移。因此，通常不能用醛来制备酰胺。脂-芳酮肟的重排中，通常是芳基发生迁移，得到芳胺的酰胺。

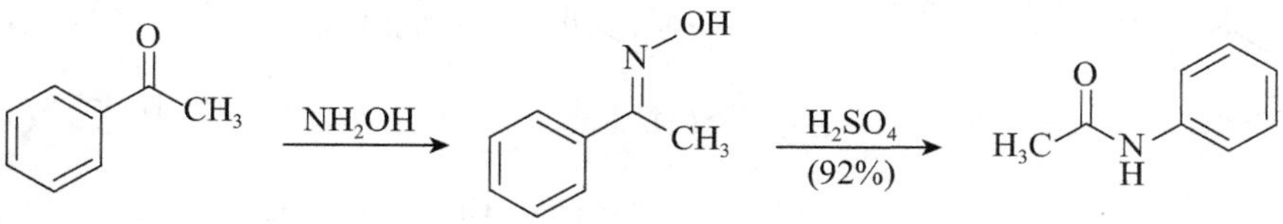

常用的催化剂有 H₂SO₄（浓）、PCl₅、PPA、TFAA、含 HCl 的 AcOH-Ac₂O 溶液、TsCl 等。通常情况下，使用 PPA（多聚磷酸）作催化剂时可得到很高的收率；如果产物为水溶性酰胺，则用 TFAA（三氟乙酸）。另外，硅胶、HCOOH、SOCl₂、P₂O₅—CH₃SO₃H 等也可以用作 Beckmann 重排的催化剂，还可以使用 H₂NOSO₃H—HCOOH 与酮反应一步得到 Beckmann 重排产物。

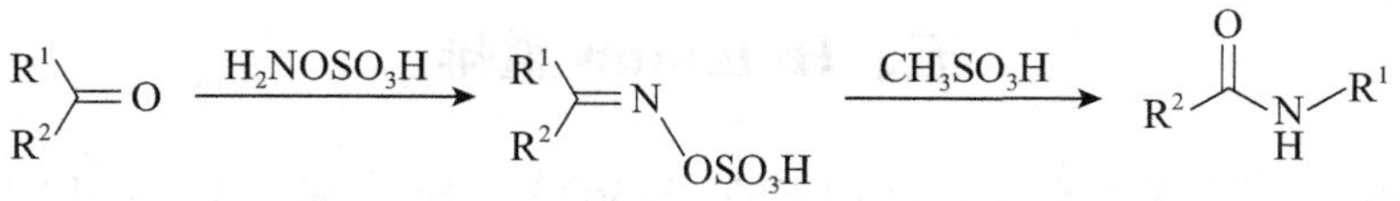

醛肟重排常用 Cu、Raney Ni、Ni(OAc)₂、BF₃、TFA、H₃PO₄ 等为催化剂。

Vilsmeier 试剂也可以作为 Beckmann 重排的催化剂。

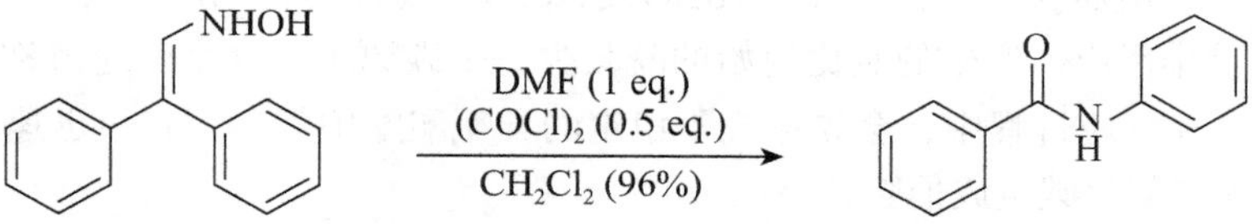

发生迁移的是与肟羟基处于反位的基团。由于大多数情况下在形成肟时，羟基都与酮的大位阻基团处于反式，故主要发生位阻大的基团迁移反应。有时候处于顺位的基团也会发生迁移，这可能与肟在质子酸催化下首先发生质子化进行了互变异构有关。

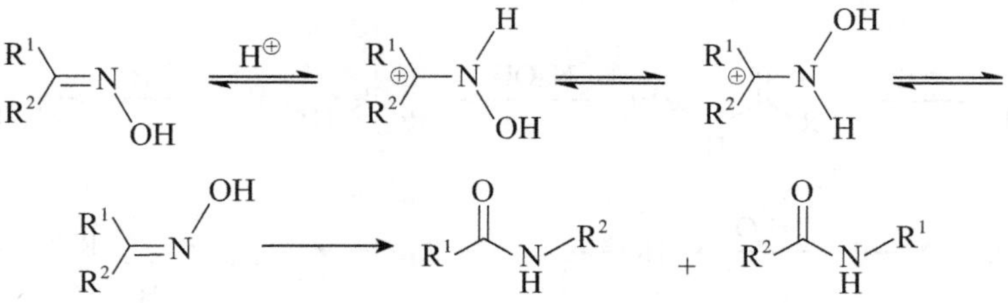

例如，齐墩果酸内酯（oleanolic acid lactone）的肟在 POCl₃ 的催化下发生重排。

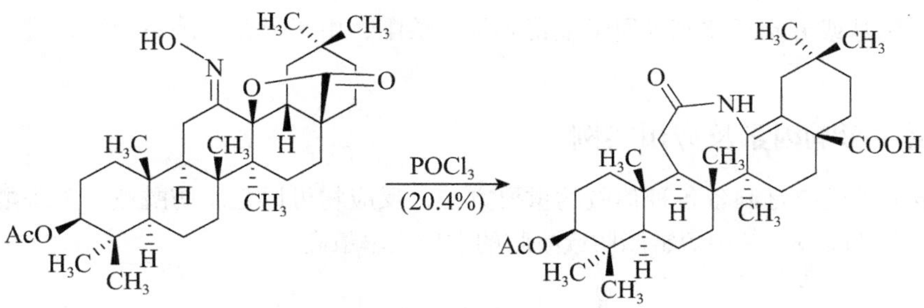

利用手性环己酮羟肟的重排可以制备具有特殊结构的化合物。

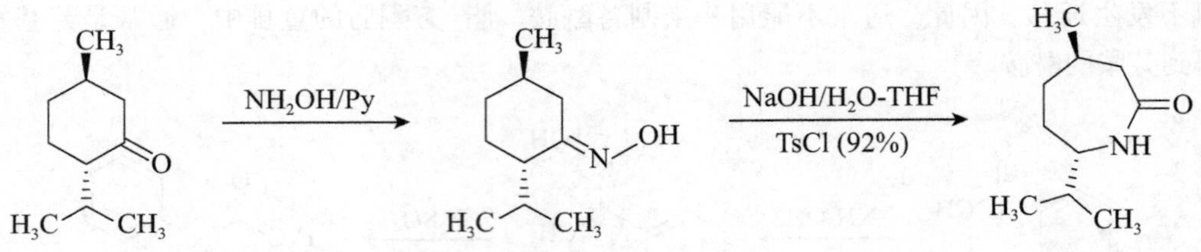

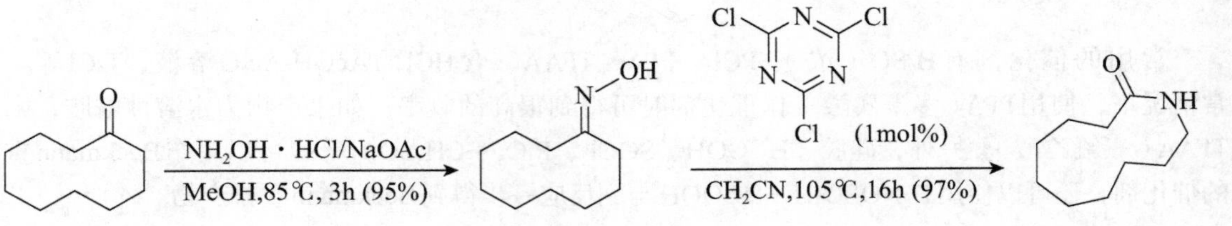

五、Hofmann 重排

氮原子上无取代基的酰胺在次卤酸（HClO、HBrO）或 Br₂ 与碱液（NaOH）作用下，重排成比原来酰胺少一个碳原子的胺的反应称为 Hofmann 重排，也称为 Hofmann 降解反应。重排过程中先得到异氰酸酯，由于其不稳定，进一步转化为氨基甲酸，最后失去二氧化碳得到伯胺。在氮原子上没有取代基团的酰胺接触次卤酸（如 HClO 或 HBrO）或者溴和碱性溶液（如 NaOH）时，会发生一种特定的重排反应，产生的胺比原始的酰胺少一个碳原子。这个反应被称为 Hofmann 重排或 Hofmann 降解。在反应过程中，会先形成不稳定的异氰酸酯中间体，它会迅速转化成氨基甲酸盐，并在最后脱去二氧化碳生成伯胺。

（一）反应通式与机理

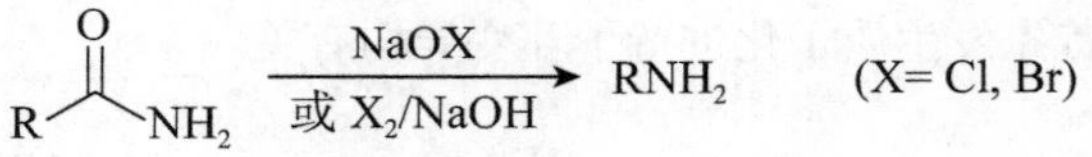

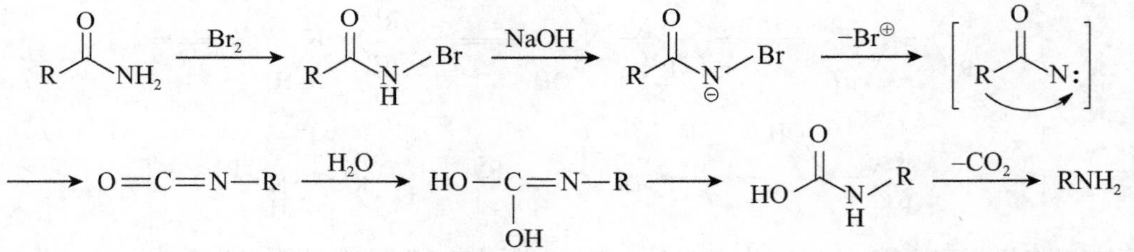

酰胺在次卤酸或卤素作用下发生取代，进一步在碱作用下脱去质子，形成 N-溴代酰胺负离子，失去卤素后，烷基或芳基迁移到 N 原子上得到异氰酸酯，由于异氰酸酯不稳定，进一步分解得到胺类化合物。

（二）反应影响因素及应用实例

Hofmann 重排反应是制备各种伯胺的重要方法，反应物可以是脂肪酰胺、芳香酰胺，也可以是脂环酰胺、杂环酰胺，其中短链脂肪族酰胺的重排收率最高。

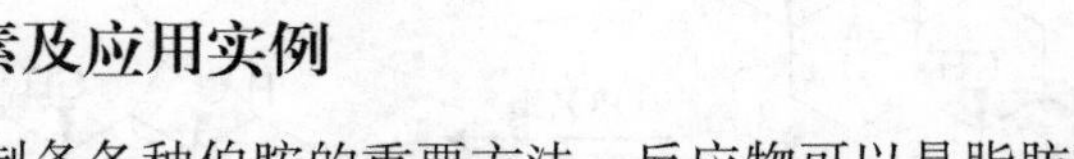

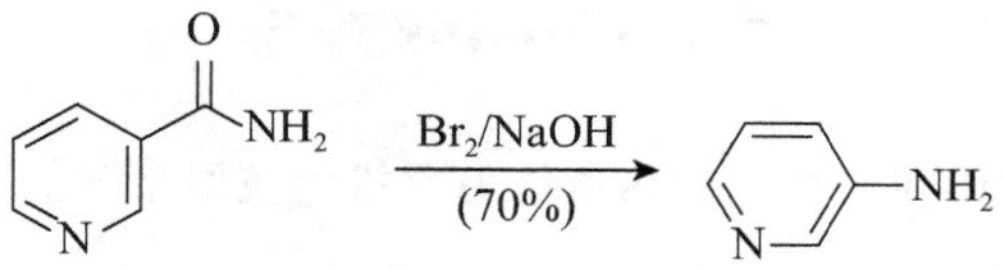

如果与酰胺相连的碳为手性的，经过Hofmann重排后，所得产物的构型保持不变。

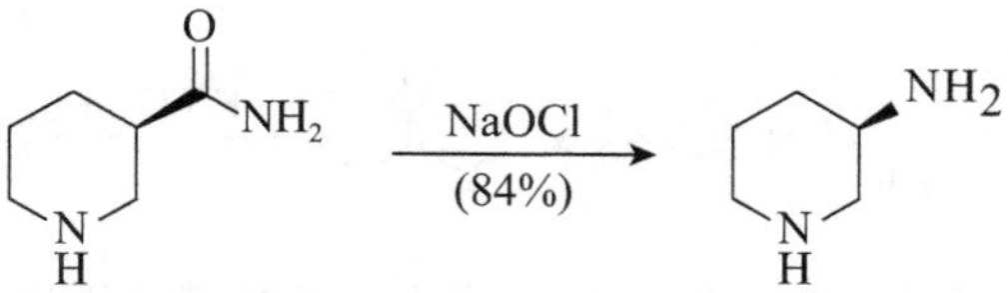

一般情况下是将酰胺溶解于NaOX（X=Cl、Br）的水溶液中，然后加热进行重排，生成的异氰酸酯中间体直接水解成胺。对于长链酰胺而言，因为其水溶性差，所以收率较低，此时采用醇钠代替NaOH可以增加收率。

$$C_{16}H_{33}CONH_2 \xrightarrow[(90\%)]{Br_2/NaOCH_3} C_{16}H_{33}NHCOOCH_3 \xrightarrow{OH^{\ominus}/H_2O} C_{16}H_{33}NH_2$$

在重排过程中所产生的异氰酸酯的水解速度决定了产物与副产物的比例。当采用Br_2和NaOH进行重排时，异氰酸酯可与生成的胺、原料酰胺进行反应，生成脲或酰脲。因此，加快异氰酸酯分解的速度可提高胺的收率。

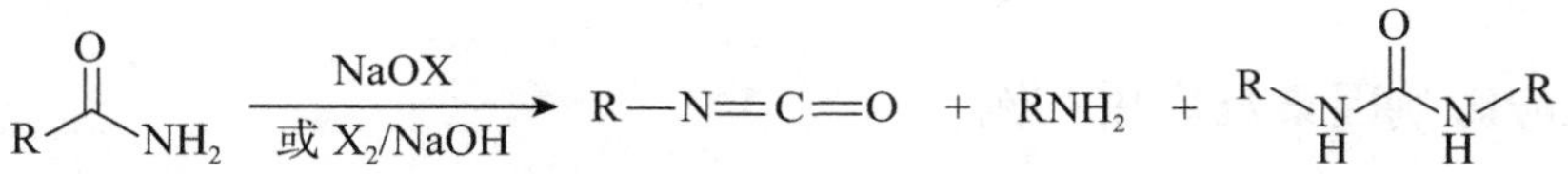

NaOBr具有氧化性，可以将生成的胺氧化成腈。此外，若酰胺羰基的α-位含有卤素、羟基，会有醛生成。

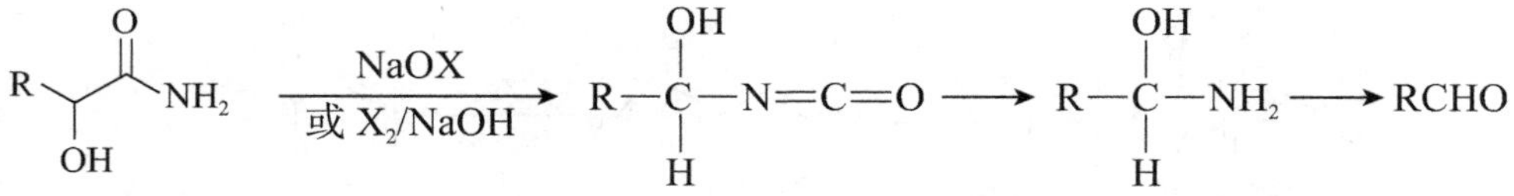

脲类化合物可通过Hofmann重排反应合成肼。

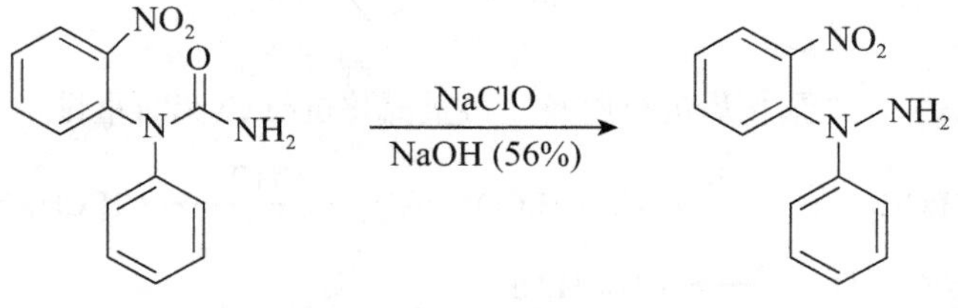

9-氧代-1-芴甲酸通过酰氯化形成酰胺，可经Hofmann重排反应得到1-氨基-9-氧代芴。

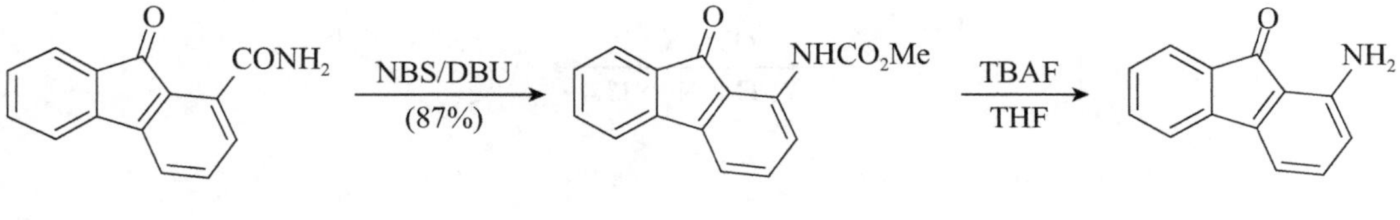

六、Curtius 重排

酰氯经过酰基叠氮中间体在光照或加热条件下重排为较原来酰氯少一个碳原子的胺的反应称为Curtius重排。

（一）反应通式与机理

$$R-\overset{O}{\underset{|}{C}}-Cl \ + \ NaN_3 \longrightarrow R-\overset{O}{\underset{|}{C}}-N_3 \overset{H_2O}{\longrightarrow} RNH_2$$

该化学过程中，可以通过酰氯与NaN₃直接作用来制备酰基叠氮化物；或者，酰氯先与肼作用形成酰肼，随后通过重氮化步骤转化为酰基叠氮化物。随着酰基叠氮化物分解并释放氮气，烷基或者芳基会迁移至氮原子处，形成异氰酸酯。这个异氰酸酯经水解并失去CO_2后，最终转化为胺。

$$R-\overset{O}{\underset{|}{C}}-Cl \ + \ R'OH \longrightarrow R-\overset{O}{\underset{|}{C}}-OR' \overset{NH_2NH_2}{\longrightarrow} R-\overset{O}{\underset{|}{C}}-NHNH_2 \overset{HNO_2}{\longrightarrow}$$

$$R-\overset{O}{\underset{|}{C}}-N_3 \overset{H_2O}{\longrightarrow} RNH_2$$

$$R-\overset{O}{\underset{|}{C}}-Cl \ + \ NaN_3 \longrightarrow R-\overset{\overset{\ominus}{O}}{\underset{|}{C}}\overset{\oplus}{N}-\overset{\oplus}{N}\equiv N \overset{-N_2}{\underset{heat}{\longrightarrow}} R-N=C=O \overset{H_2O}{\longrightarrow} RNH_2$$

（二）反应影响因素及应用实例

各种脂肪酸、脂环酸、芳香酸、杂环酸和不饱和酸都可以进行Curtius重排。长碳链酸，由于其酯生成酰肼的反应速度较慢，宜选择其酰氯与叠氮化钠反应制备酰基叠氮；不饱和酸，由于双键可能与肼反应，产生副产物，也宜选择此法。

不易形成酰氯的酸可以先酯化后进行肼解，再重氮化进行Curtius重排。

$$CH_3CH_2COOCH_2CH_3 \overset{NH_2NH_2}{\longrightarrow} CH_3CH_2CONHNH_2 \overset{HNO_2}{\longrightarrow} CH_3CH_2CON_3 \overset{\triangle}{\underset{(94\%)}{\longrightarrow}}$$

$$H_3CH_2C-N=C=O \overset{H_2O}{\longrightarrow} CH_2CH_3NH_2$$

如果羧基连接的碳为手性碳，那么经Curtius重排后，产物构型保持不变。

酰基叠氮化物在加热到100℃时即可发生重排，但许多情况下都是在Lewis酸或质子酸的催化下进行。重排反应可以在各种溶剂中进行，当在苯、三氯甲烷等非质子溶剂中反应时，产物为异氰酸酯；当在水、醇或胺中反应时，产物分别为胺、氨基甲酸酯或取代脲，这些化合物都可水解为胺。

保护的氨基酸经过Curtius重排反应可以合成二氨基化合物。

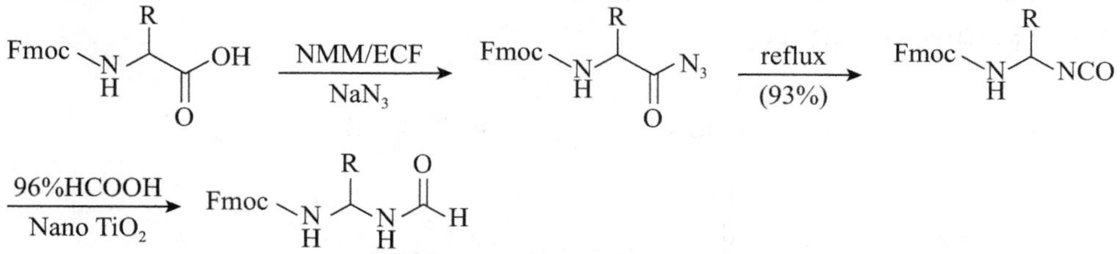

6-氮杂嘌呤（6-azapurine）衍生物的合成也可以采用Curtius重排反应。

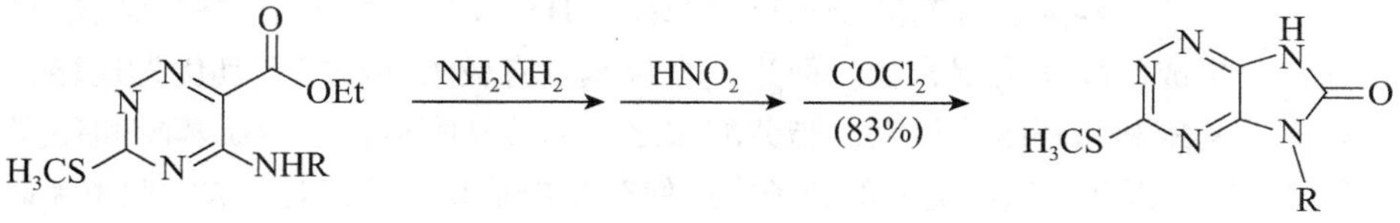

七、Schmidt 重排

经典的Schmidt重排是一种化学反应，其中羧酸、醛、酮在酸性环境下与叠氮酸（HN_3）发生作用，并经过重排生成胺、腈和酰胺。这种变换过程与Hofmann和Curtius重排相似，作为从羧酸到少一个碳的胺的转换方法之一，可根据不同的起始物料选择适宜的路径。Schmidt重排的一个显著优势在于能够通过一步反应完成转换，提供简化的操作流程；其主要局限在于反应所需条件较为苛刻。

（一）反应通式与机理

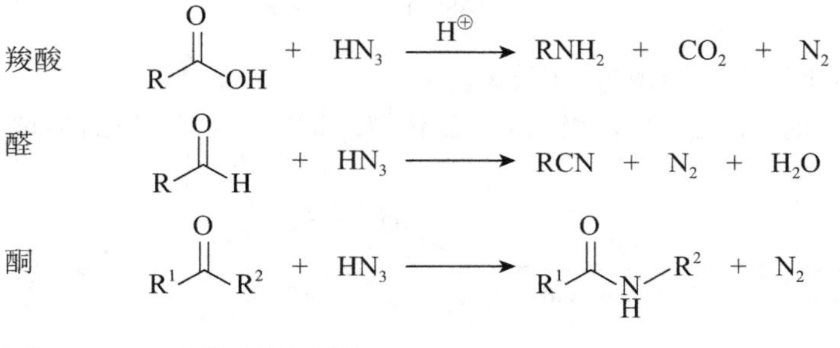

不同羰基化合物的Schmidt重排产物不同。

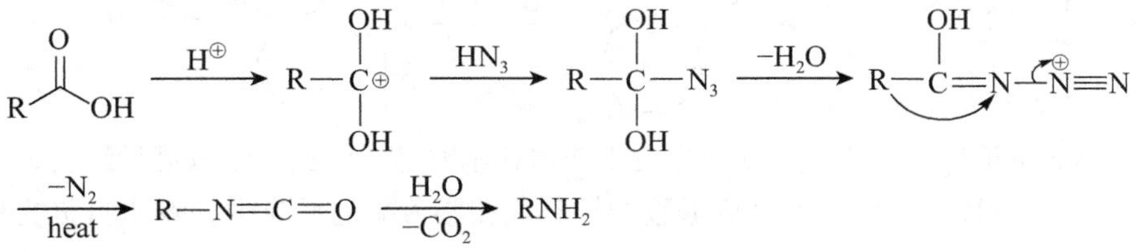

羧酸在质子酸催化下与叠氮酸反应形成叠氮基加成的产物，然后脱水失去氮气，并发生烷基或芳基的迁移，得到异氰酸酯，进一步水解并脱除CO_2得到胺。

醛的Schmidt重排中为氢迁移而不是烷基迁移，从而得到腈。

（二）反应影响因素及应用实例

采用Schmidt重排合成脂肪族胺，特别是长链的脂肪族胺，收率一般都很高。芳胺的产率差异较大，具有立体位阻的酸产率较高。

$$C_{16}H_{33}COOH \xrightarrow[(89\%)]{HN_3/H_2SO_4} C_{16}H_{33}NH_2$$

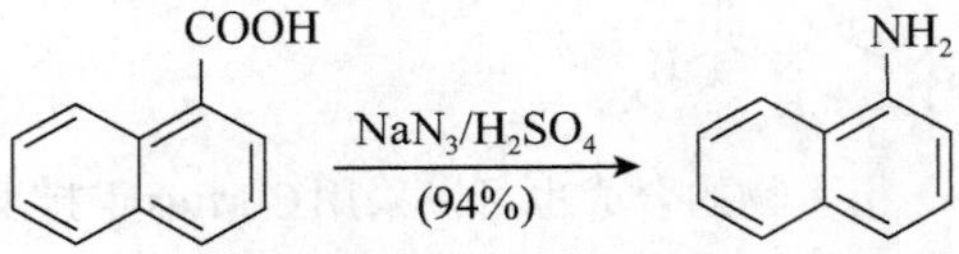

各种二烷基酮、芳香族酮、烷基芳酮和环酮都能与HN_3反应。由于不对称二烷基酮的两个烷基都能进行迁移，生成的酰胺为混合物。但当一个烷基具有较大体积时，其优先迁移。与HN_3反应的速度，以二烷基酮和脂环酮为最大，脂芳酮次之，二芳基酮最慢。二烷基酮和环酮的反应速度也比羧酸和羟基快，因此，这两类酮的分子中即使存在羧基和羟基，对形成酰胺也无影响。

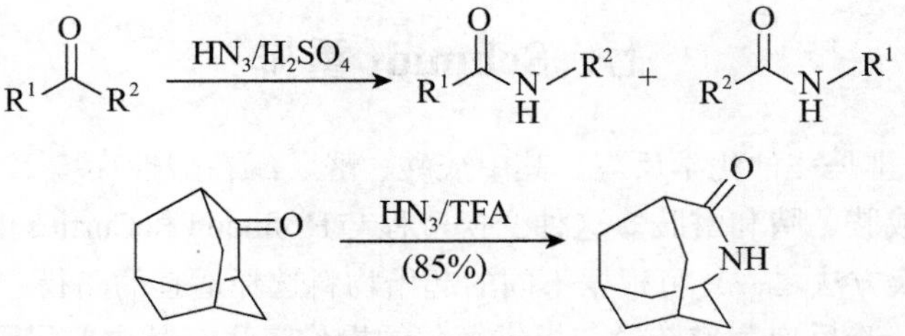

当底物中同时存在羰基和羧基时，羰基活性比羧基大，因此在羰基位置发生反应，生成酰胺。

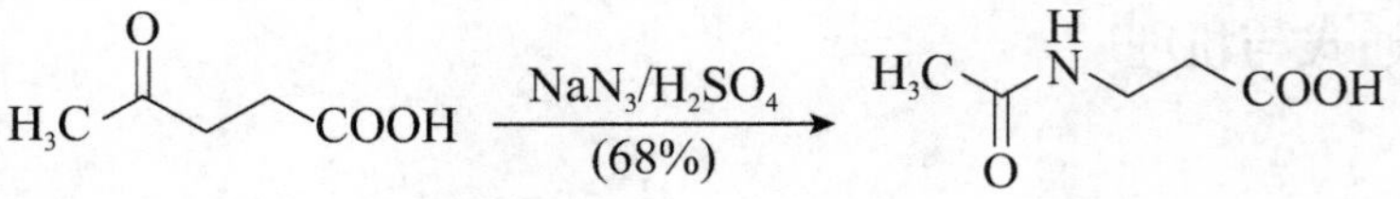

醛类进行Schmidt反应生成腈的应用较少。

除了使用叠氮化钠外，也可以使用烷基叠氮化物，此时可以直接得到 N-取代的酰胺。

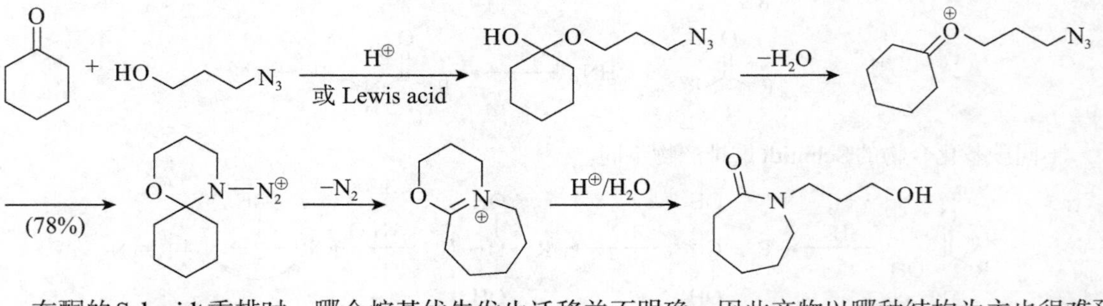

在酮的Schmidt重排时，哪个烷基优先发生迁移并不明确，因此产物以哪种结构为主也很难预测，这也是利用非对称性二烷基酮合成酰胺的缺陷。在脂芳酮的反应中，除非脂肪烷基的体积很

大，一般都是芳基优先迁移。

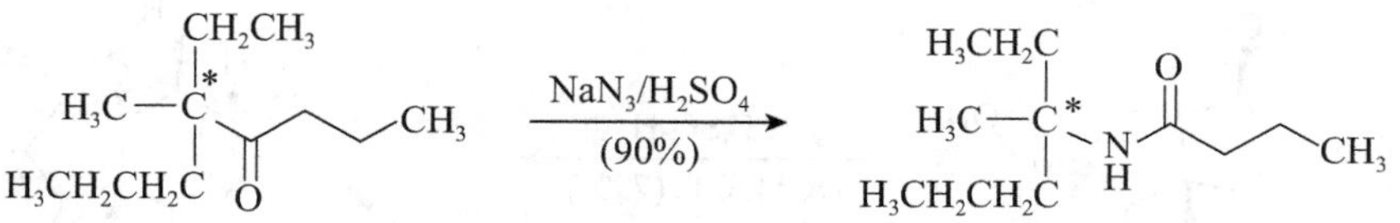

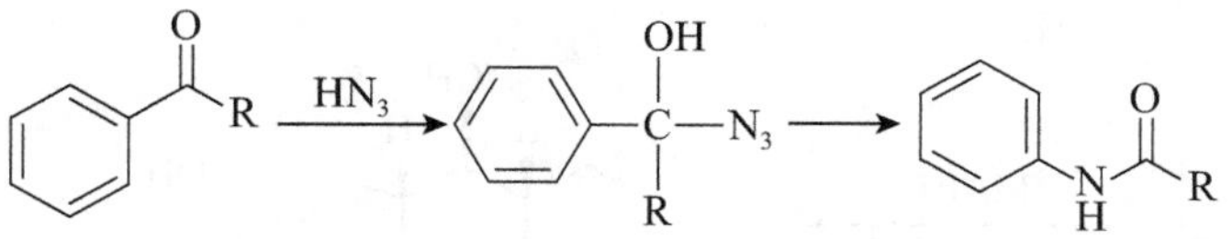

在重排反应中存在亚胺过渡态，亚胺具有顺反异构体，但反式异构体更稳定，由于大基团与重氮基处于反式，在进行重排时，可发生类似于Beckmann重排反应的反位迁移，即大的基团优先迁移。当迁移的基团具有手性时，经过重排后，其构型保持不变。

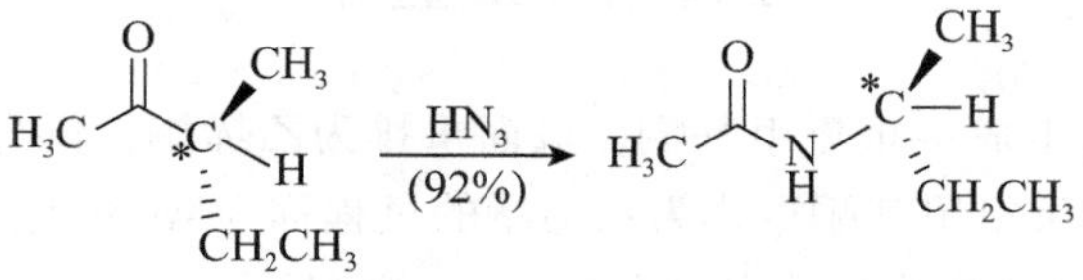

Schmidt重排反应是在酸催化下进行的，常用的酸为浓硫酸。但一些对酸敏感或易发生磺化的反应物则不宜使用。一种解决方法是将NaN₃与浓硫酸在三氯甲烷或苯中反应，分离出有机相，再与反应物进行反应；或者使用TFA和TFAA的混合物代替硫酸。

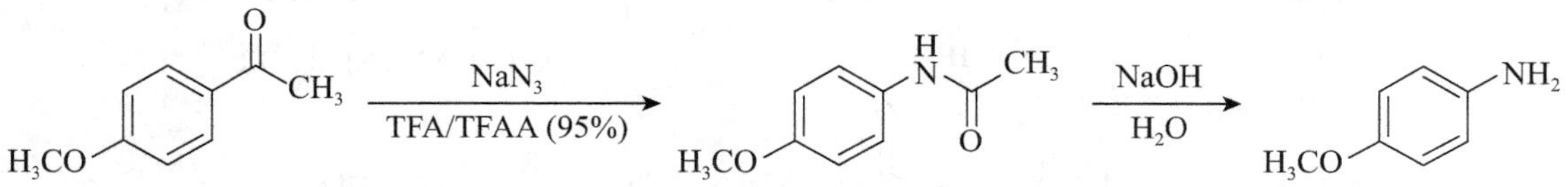

例如，以L-(+)-天冬氨酸[L-(+)-aspartic acid]为原料，经Schmidt重排，得到L-(+)-2,3-二氨基丙酸[L-(+)-2, 3-diaminopropionic acid]，再经环化反应得到重要的单环β-内酰胺（β-lactam）原料。

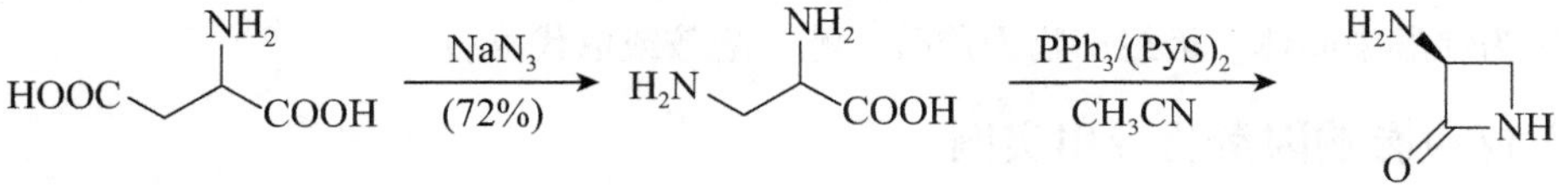

(L-aspartic acid) (β-lactam)

新的吗啡生物碱（morphine alkaloid）类似物也可以通过Schmidt反应制备。双环酮溶解在TFA之后，加入叠氮酸钠（NaN₃）水溶液，反应液加热到65℃，反应4小时，得到七元内酰胺环（88%）。稍微过量的HN₃会形成少量的四氮唑副产物。

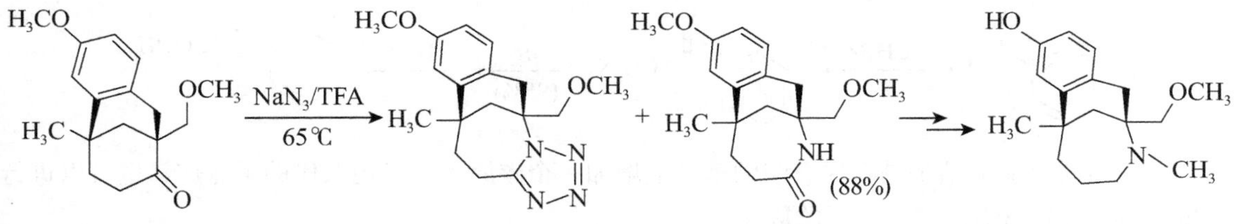

例如，以分子内的 Schmidt 反应作为关键步骤合成了天然生物碱（dendrobatid alkaloid 251F）。

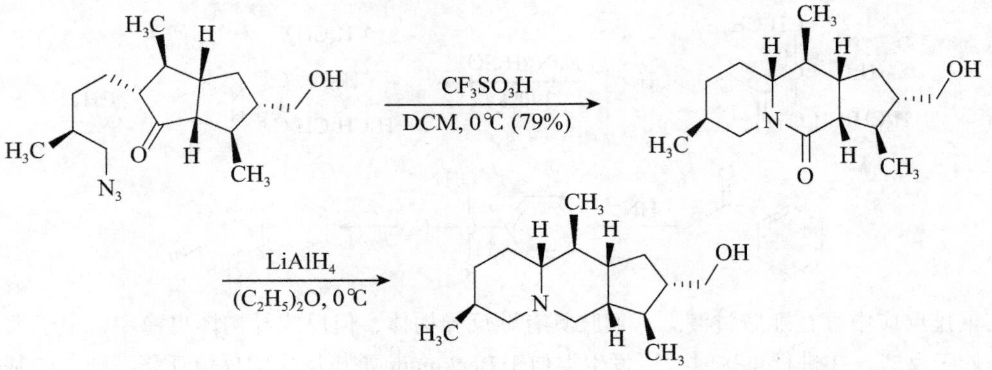

八、Wolff 重排

酰氯与重氮甲烷反应生成 α-重氮甲基酮，进而重排为乙烯酮，再与亲核试剂反应生成羧酸、酯、酰胺等。其中，由 α-重氮甲基酮重排为乙烯酮的过程称为 Wolff 重排，以 Wolff 重排合成比原有羧酸多一个碳的羧酸或其衍生物的反应称为 Arndt-Eistert 反应。

（一）反应通式与机理

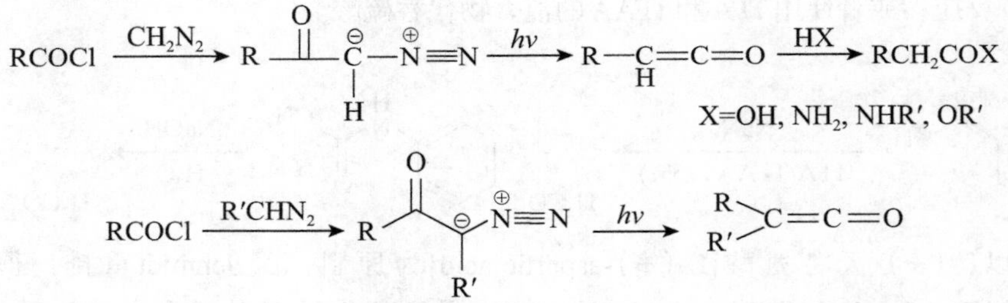

Wolff 重排反应可以在光、加热或过渡金属催化下进行。在 Wolff 重排中，羰基另一侧的基团迁移到亚甲基上形成羧酸。反应介质可以是惰性非质子溶剂、水、胺（氨水）或醇，α-重氮甲基酮首先重排为烯酮中间体，最终产物为羧酸、酯、酰胺或取代酰胺。

（二）反应影响因素及应用实例

Wolff 重排的反应物为各种脂肪酸、环烷酸、芳香酸等，只要其结构中不含有能与重氮烷或乙烯酮反应的基团，都适合用于 Wolff 重排反应。

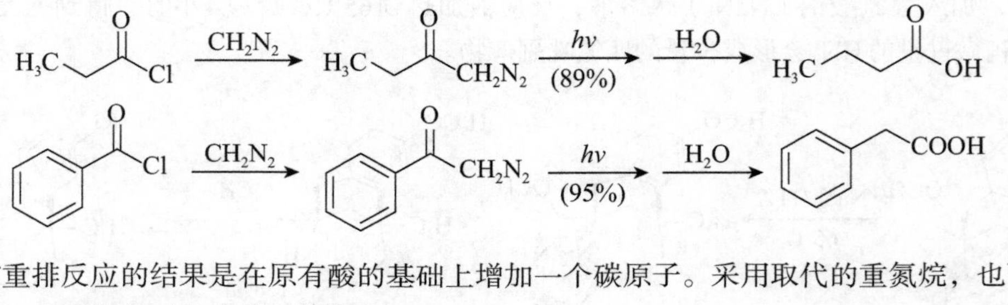

Wolff 重排反应的结果是在原有酸的基础上增加一个碳原子。采用取代的重氮烷，也可以进行 Wolff 重排，生成含有更多碳原子的羧酸。

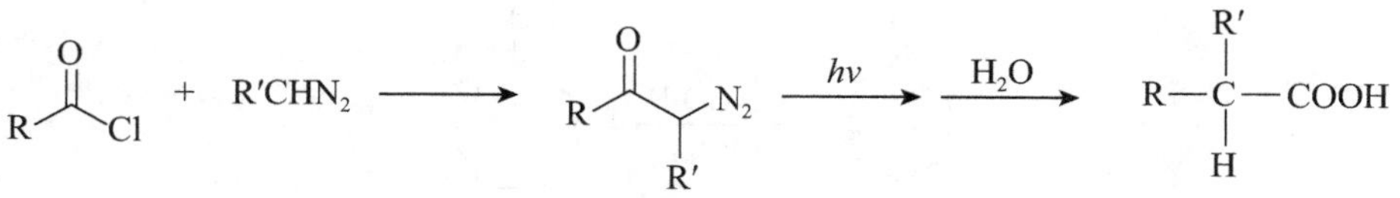

（S）-4-苯基-3-氨基丁酸衍生物也可以通过 Wolff 重排制得。

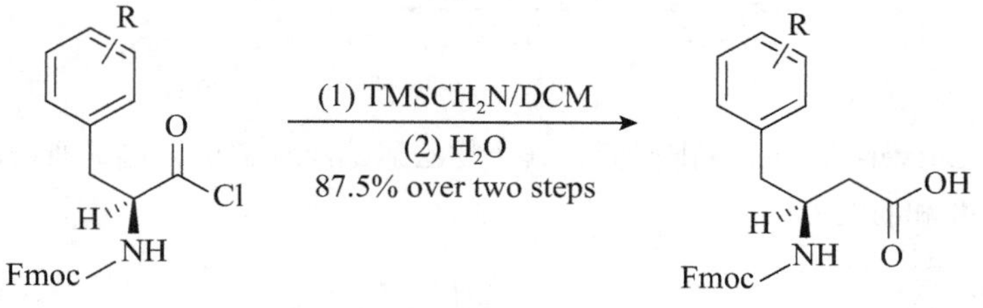

Wolff 重排在螺 [4, 5] 癸 -2, 7- 二酮的合成中也有应用。

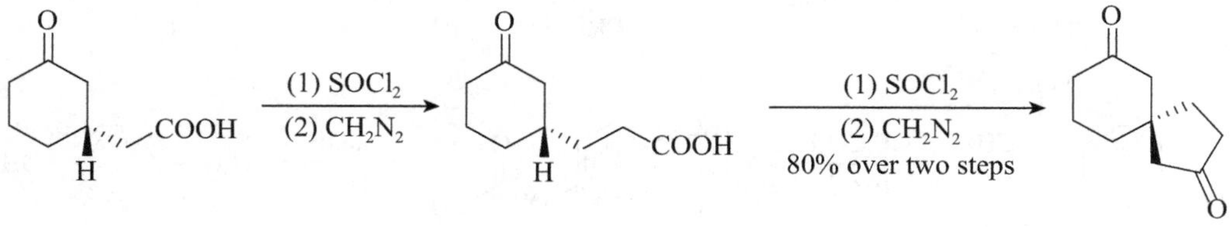

九、Baeyer-Villiger 重排

酮在酸的催化下与过氧酸反应生成酯称为 Baeyer-Villiger 氧化，在反应过程中，酮的一个基团迁移到氧原子上，该反应也称为 Baeyer-Villiger 重排反应。

（一）反应通式与机理

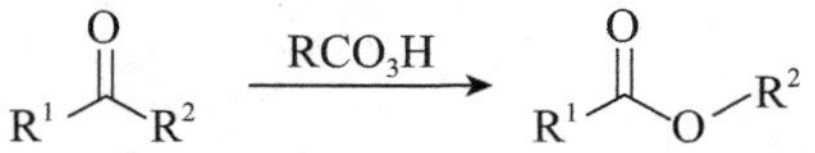

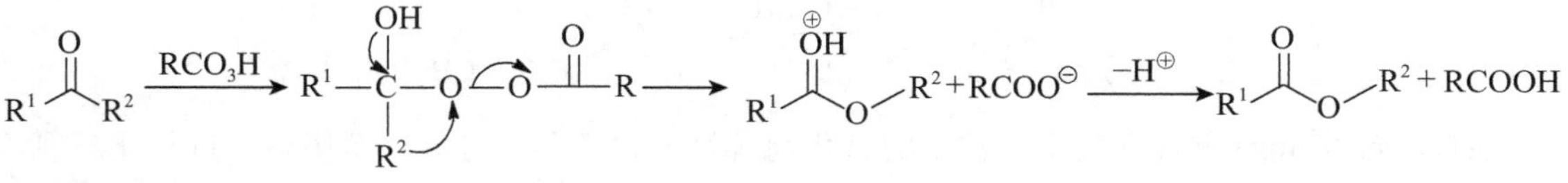

过氧酸对酮羰基进行加成，然后失去羧酸负离子，得到质子化酯，进一步失去质子得到酯。

（二）反应影响因素及应用实例

多种酮类化合物，包括线形和环状酮、α- 二酮及醛，均可参与 Baeyer-Villiger 重排反应。然而，易于形成烯醇的 β- 二酮通常较难发生 Baeyer-Villiger 重排。在非对称酮的 Baeyer-Villiger 重排过程中，产物的构造依赖于羰基邻位基团的迁移倾向；特别是当迁移的基团是手性中心时，其立体构型在迁移过程中保持不变。与此相反，当醛类化合物经历 Baeyer-Villiger 重排时，最终产物是羧酸而非甲酸酯，表明反应涉及氢原子的迁移，类似于醛直接被氧化成羧酸的过程。

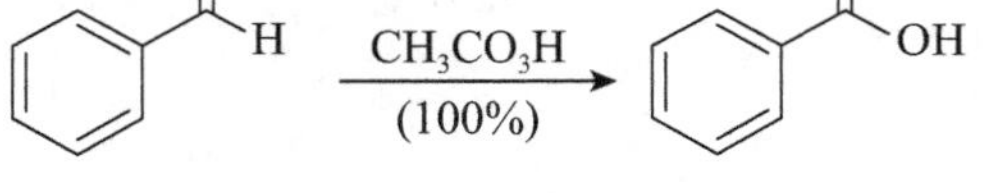

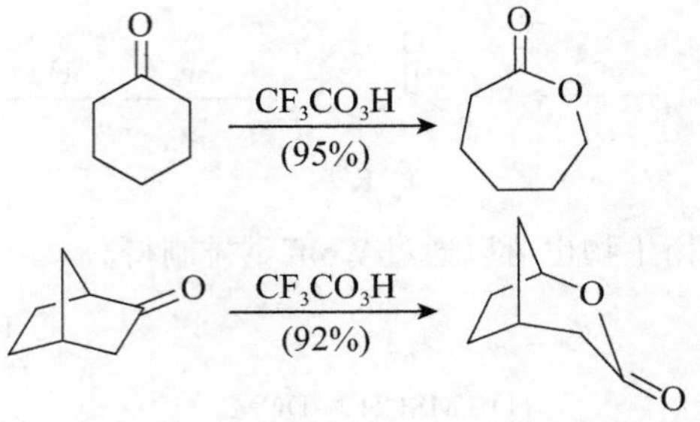

利用甲基酮的 Baeyer-Villiger 重排反应，其产物乙酸酯经水解可以得到所需的醇或酚，这也是一种制备乙酸酯、醇和酚的方法。

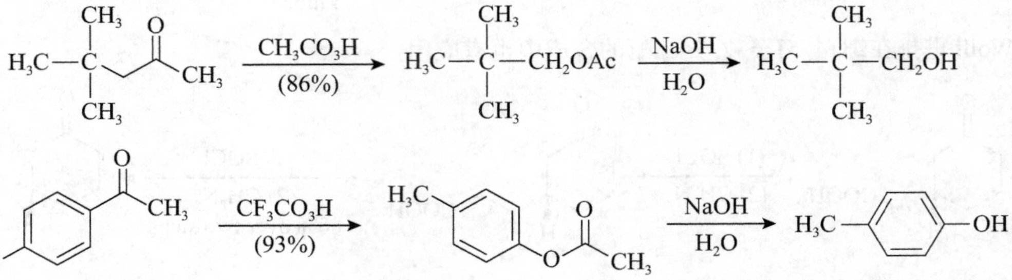

在 Baeyer-Villiger 重排反应中，不对称酮的重排产物结构取决于基团的迁移能力。在重排中，基团的迁移能力顺序为叔烃基＞仲烃基＞苄基、苯基＞伯烷基＞环丙基＞甲基。

就苯环而言，当对位带有取代基时，取代基对苯环迁移能力的影响顺序为—OCH₃＞—CH₃＞—H＞—Cl＞—NO₂，这与取代基的供电子能力一致。

上文中基团迁移顺序并非一成不变，如果两个基团的迁移能力相差不大，使用强氧化剂有时会得到两个基团都重排的混合产物，为了避免这种情况的发生，可以选择氧化能力弱的过氧化物，如过氧乙酸进行氧化。

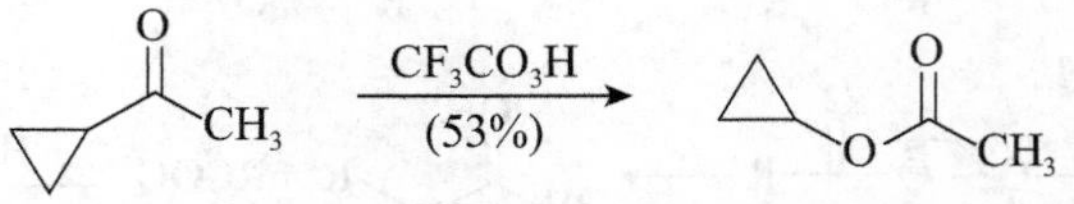

在 Baeyer-Villiger 重排反应中，常用的氧化剂有过氧化乙酸、过氧化苯甲酸、过氧化三氟乙酸、间氯过氧化苯甲酸（m-CPBA），其中过氧化三氟乙酸因氧化能力较强、后处理较简便而最优。如果反应在磷酸氢二钠缓冲溶液中进行，可以避免过氧化三氟乙酸与产物进行酯交换，产率可以达到80%～90%。但是使用有机过氧酸会对环境造成污染，因此，在工业化生产中，几乎不用有机过氧酸。

例如，在降血脂药环丙贝特（ciprofibrate）的合成过程中采用 Baeyer-Villiger 重排。

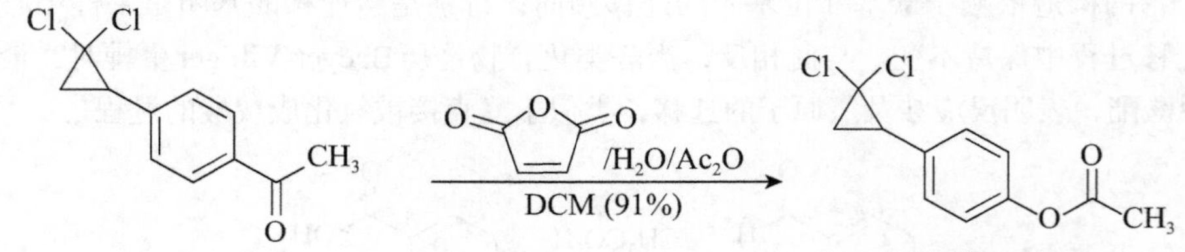

此外，酮用间氯过氧化苯甲酸氧化时，可以引入两个氧原子，形成碳酸酯。

环高柠檬醛具有红浆果样香气和花香香气，并具有青苹果样的青涩香气，广泛用于日化和食品等行业，可以使用 β-紫罗兰酮经 Baeyer-Villiger 重排反应制备。

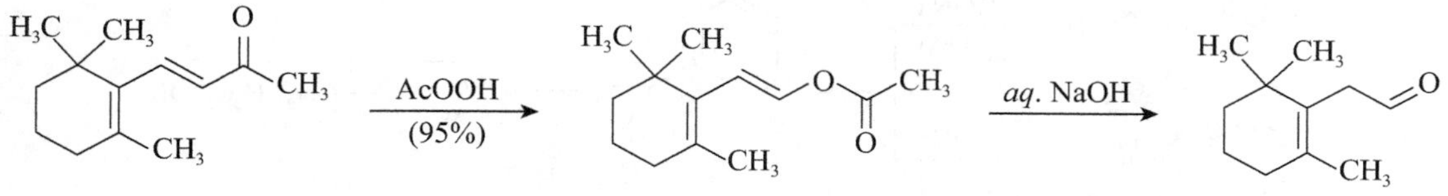

γ-丁内酯可以通过环丁酮的 Baeyer-Villiger 重排反应制备。

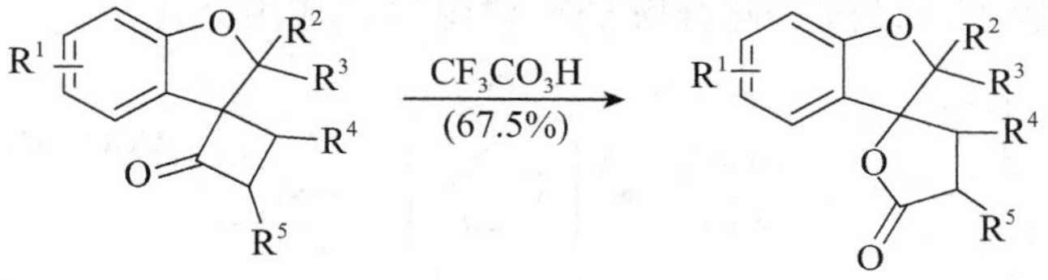

第三节 亲电重排

一、Favorskii 重排

α-卤代酮在碱性条件下，经重排生成羧酸或其衍生物的反应称为 Favorskii 重排。

（一）反应通式与机理

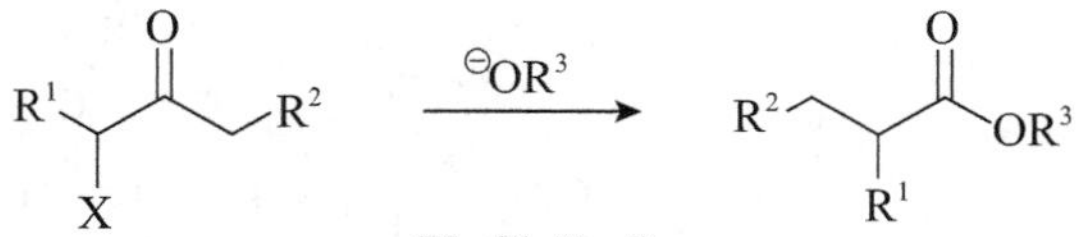

(X=Cl, Br, I)

α-卤代酮在碱作用下失去另一侧的 α-氢形成碳负离子，该碳负离子进攻卤素碳形成三元环过渡态，进一步在碱的作用下开环形成 β-位负离子的酯，从溶剂中捕获质子得到酯。在 Favorskii 重排反应中，可以使用醇钠、氨基钠、碱金属氢氧化物等，因此产物可以是酯、酰胺、羧酸等。

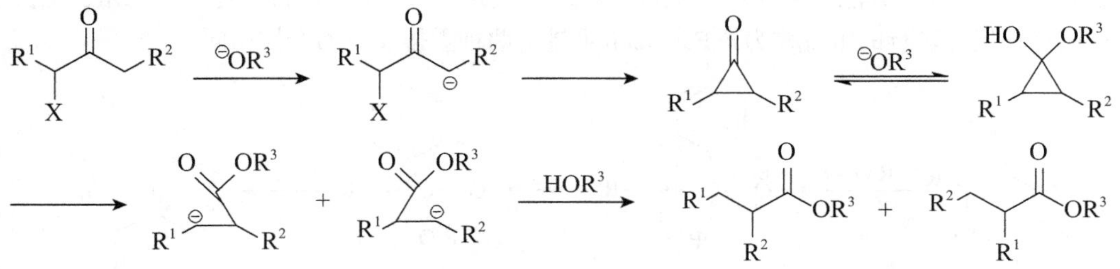

（二）反应影响因素及应用实例

Favorskii重排的反应物可以是含有α-氢的直链α-卤代酮、α, α'-二卤代酮、α-卤代环酮；也可以是α'-无氢的各种α-卤代酮。对于不对称α-卤代酮，如果一端为苯环、苄基，以形成更稳定的碳负离子为主或取代较少的碳负离子为主；假如两种断裂方式的产物稳定性相差不大，那么将生成两种产物。

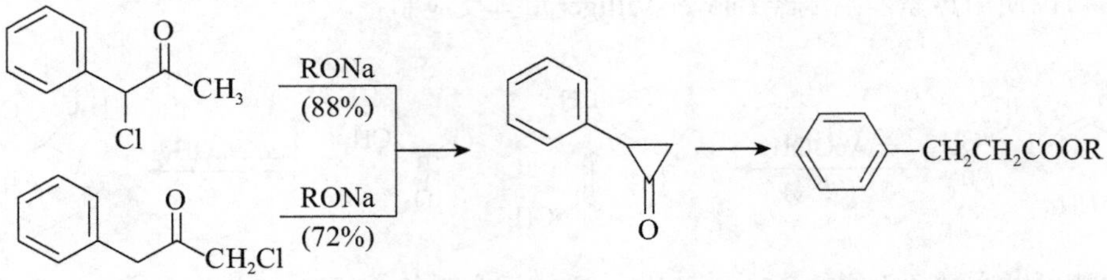

如果反应物是α-卤代环酮，则会发生缩环反应，生成环上少一个碳原子的环状羧酸或其衍生物，这在合成具有张力的环状羧酸类化合物方面具有较大的应用价值。

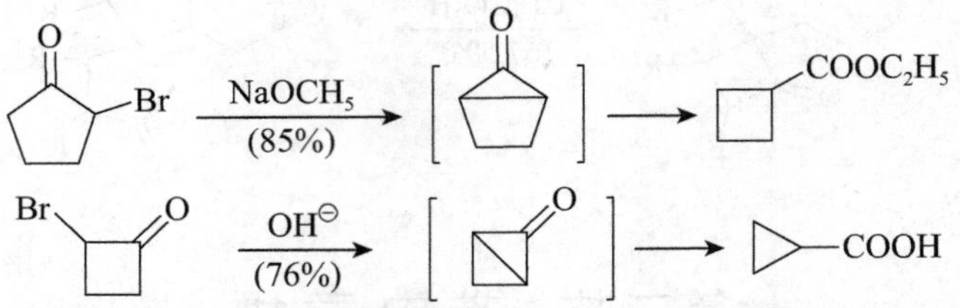

如反应物为具有α-氢的α, α'-二卤代酮或α, α-二卤代酮，则进行重排时，重排产物会进一步失去卤化氢，生成α, β-不饱和羧酸衍生物。

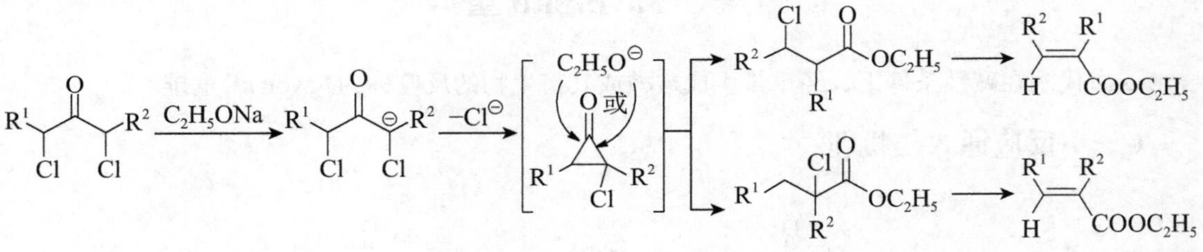

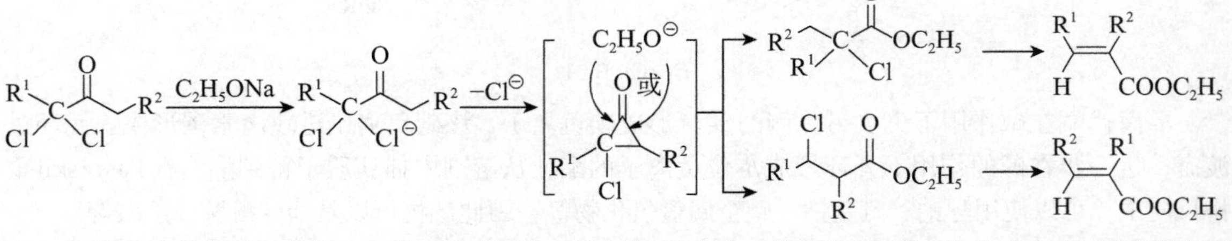

如果反应物是α'-无氢的各种α-卤代酮，反应将按照另一种机理进行，称为半二苯乙醇酸的机理。按照这种机理进行的重排称为拟Favorskii重排，两种重排反应的产物相同。

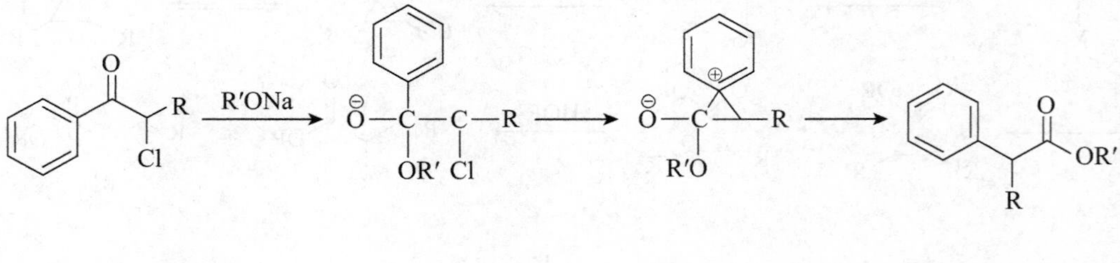

在反-1, 2-环戊二甲酸的合成中，也可应用Favorskii重排反应。

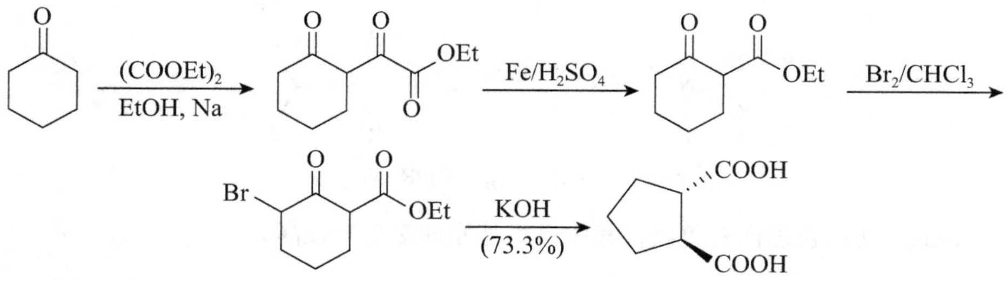

2-（2′-氯吡啶-5′-基）-7-氮杂双环[2, 2, 1]庚烷是一种生物碱，其是一种至少比吗啡效果强200倍的镇痛药。其中间体的合成可以通过Favorskii重排得到。

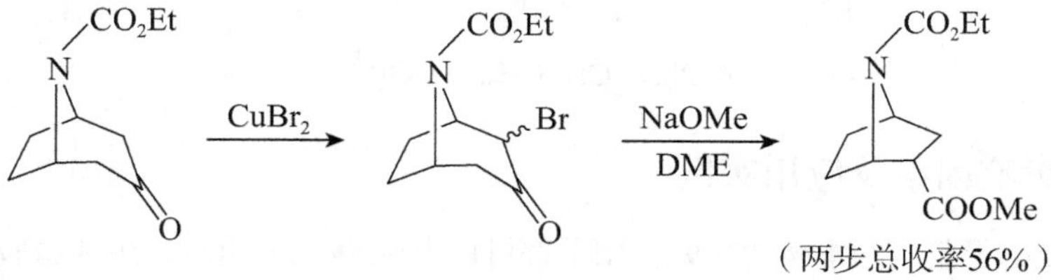

（两步总收率56%）

苯基环己基酮经卤代后进行拟Favorskii重排为1-苯基-1-环己基甲酸衍生物。

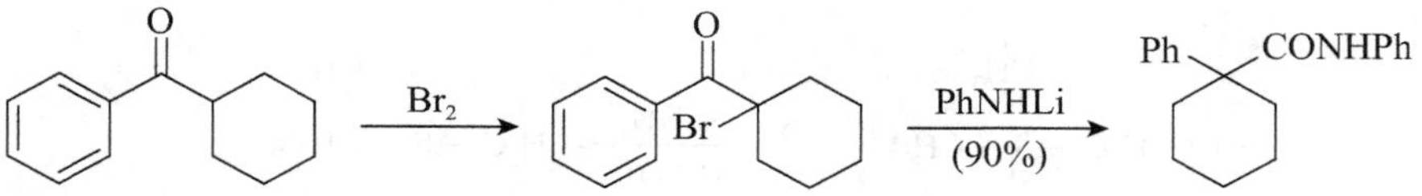

哌嗪羧酸是一些重要药物的基本骨架结构，如镇静药盐酸羟嗪等。在2-哌嗪羧酸的合成路线中，4-哌啶酮衍生物由叠氮化钠所参与的Curtius重排反应得到七元环中间体，再经溴代、还原得到单溴中间体，最后在强碱催化下发生Favorskii重排形成吡嗪甲酸。

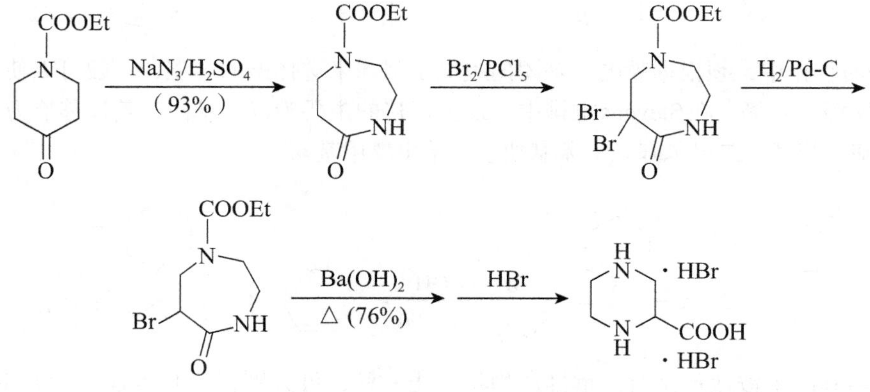

二、Stevens 重排

α-位带有吸电子基团的季铵盐或锍盐在强碱催化下，重排为叔胺或硫醚的反应称为Stevens重排。

（一）反应通式与机理

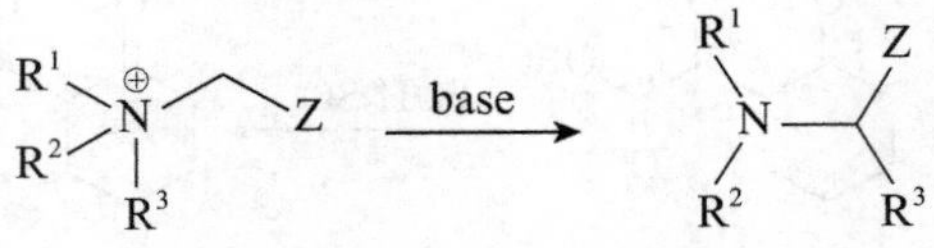

$$Z= Ph, \ —CH=CH_2, \ —COR, \ NO_2 \ 等$$

目前 Stevens 重排的机理尚有争议，其中自由基原理接受度较高。

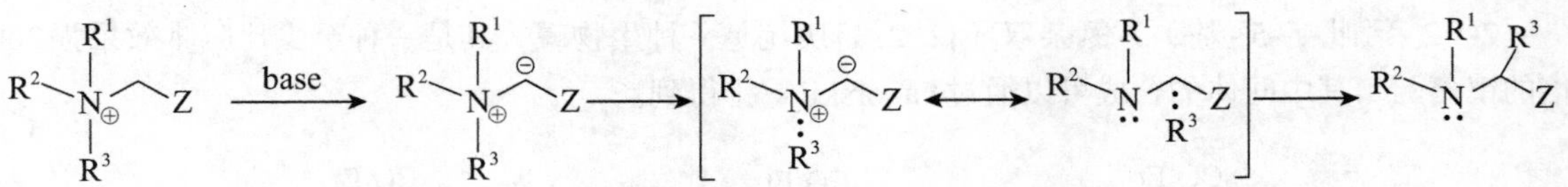

$$Z=Ph, \ —CH=CH_2, \ —COR 等$$

（二）反应影响因素及应用实例

各类含有 α-吸电子基团的季铵盐在碱作用下都可以发生 Stevens 重排，生成叔胺，吸电子基团可以是酰基、酯基、芳基、乙烯基、炔基、硝基等；如果没有吸电子基团或吸电子基团的能力较弱，也可以进行类似重排反应，但此时需要使用更强的碱。锍盐也可以进行 Stevens 重排，生成硫醚。

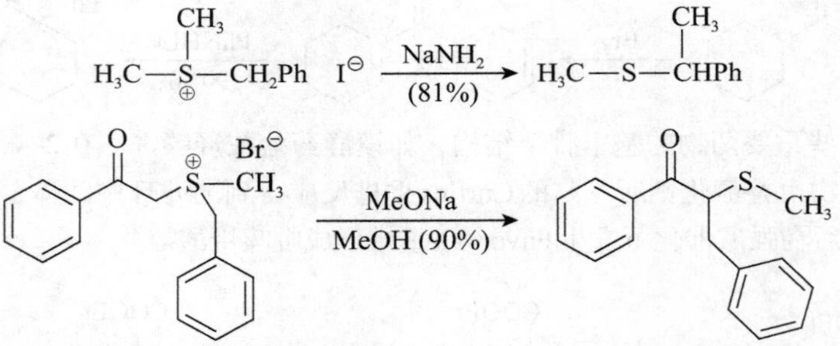

在 Stevens 重排中，须根据吸电子基团的吸电子强弱来选择碱的类型，一般可以使用醇钠、氢氧化钠、碳酸钾、胺等。在 Stevens 重排中，发生迁移的主要为以下基团，其迁移能力的大小排序如下：烯丙基＞苄基＞二甲苯基＞3-苯基炔基＞苯甲酰甲基。

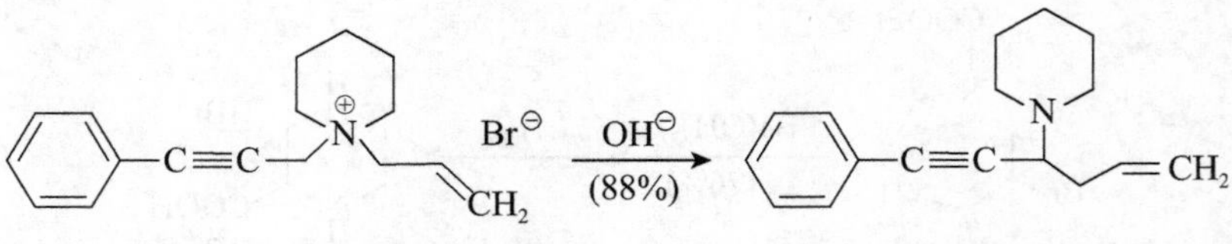

带有乙烯基的季铵盐重排时，重排产物将不止一种，可分别得到1, 2-迁移和1, 4-迁移产物，例如：

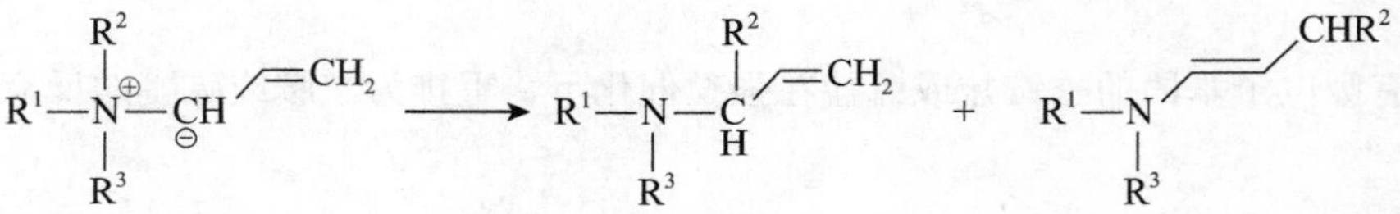

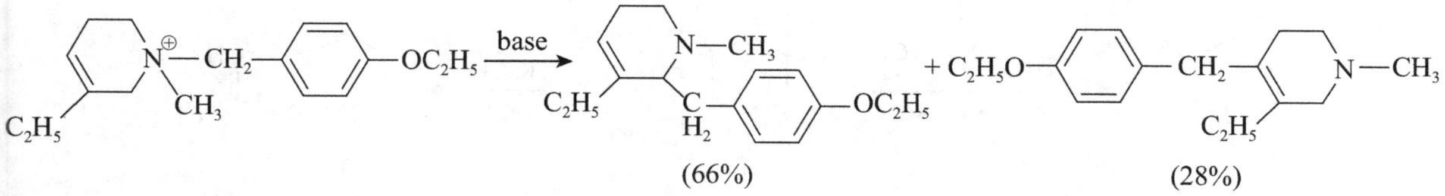

产物比例与反应条件有关，增加溶剂极性和提高反应温度将有利于1,4-迁移。当底物既存在叔胺也存在硫醚时，氨基经季铵盐化后，其吸电子能力大于氧，因此发生季铵盐的Stevens重排。

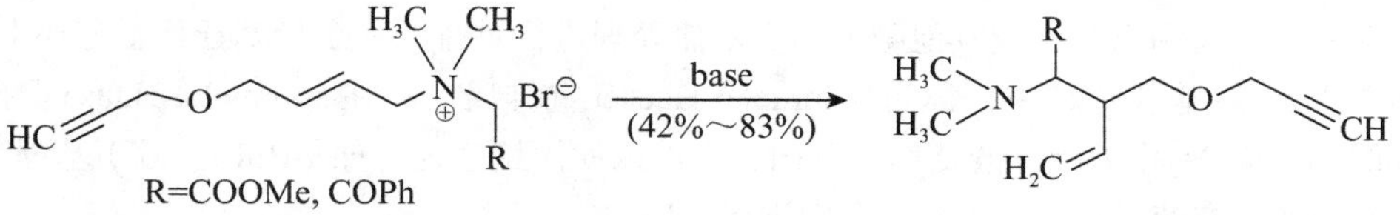

Stevens重排属于分子内的重排反应，如果迁移的基团为手性碳原子，迁移后其构型不发生变化。这也说明Stevens重排中，基团发生同面δ烷基迁移。

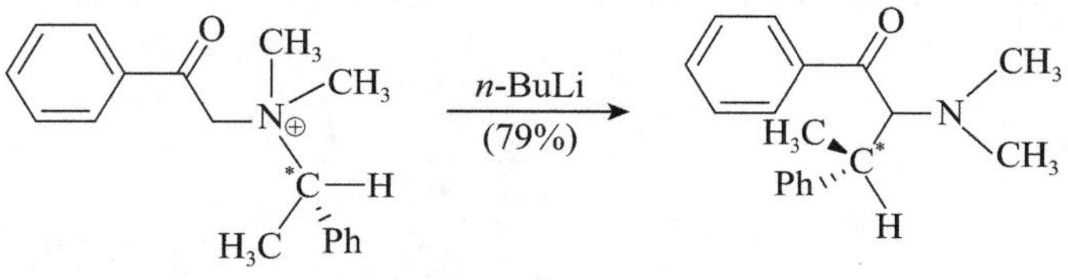

如季铵盐为环状的，在进行重排时，可能发生环的扩大或缩小。螺型季铵盐经Stevens重排后形成双环化合物，如娃儿藤碱（tylophorine）的合成。

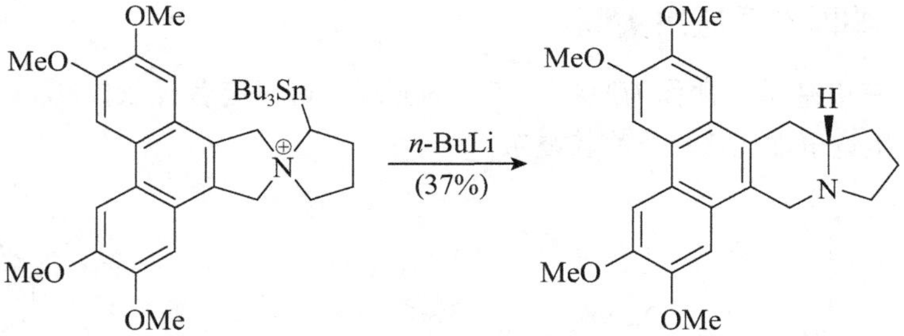

（娃儿藤碱）

哌啶衍生物与氯丙烯或苄氯反应形成季铵盐，然后在稀氢氧化钠溶液中加热回流实现Stevens重排。由于羰基和季铵的双重吸电子效应，使得羰基α-位形成碳负离子，因此苄基或烯丙基重排到α-位。

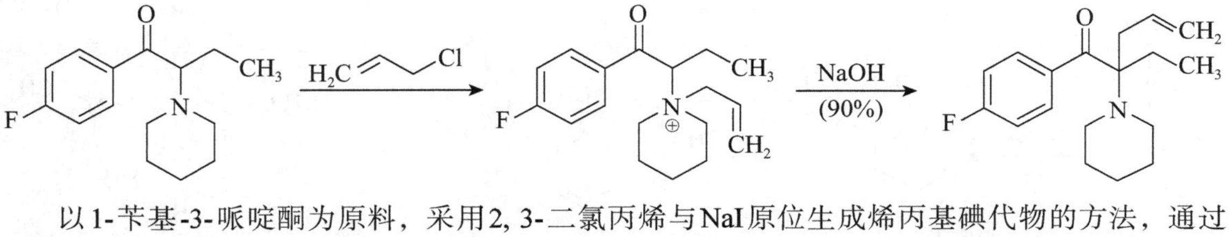

以1-苄基-3-哌啶酮为原料，采用2,3-二氯丙烯与NaI原位生成烯丙基碘代物的方法，通过Stevens重排反应实现了天然生物碱常山碱的重要中间体1-苄基-2-（2-氯代烯丙基）-3-哌啶酮的合成，使用碳酸钾为碱。

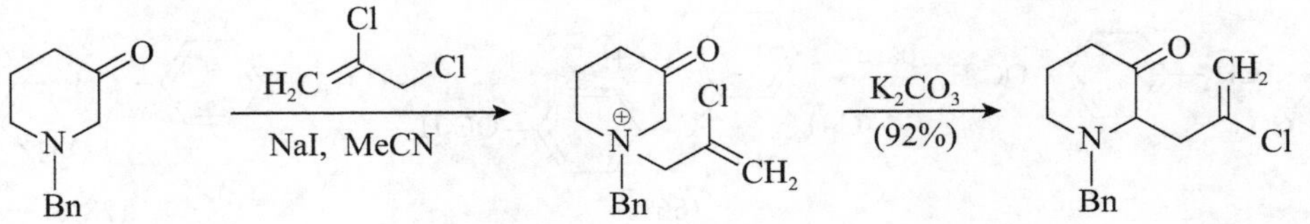

三、Sommelet-Hauser 重排

　　某些苄基季铵盐用氨基钠或其他碱金属氨基盐处理进行重排，一个烃基迁移至芳环上的邻位，得到相应的 N-二烃基苄基胺类，称为 Sommelet-Hauser 重排反应。在 Sommelet-Hause 重排中，一般采用 NaNH$_2$、KNH$_2$ 作为碱，液氨作为溶剂；也可以使用烷基锂（如 n-BuLi、异丁基锂）在惰性溶剂如己烷、四氢呋喃、1, 4-二氧六环等中进行反应。

（一）反应通式与机理

　　带有苄基的季铵盐在强碱作用下形成碳负离子，进攻苯环邻位碳，然后苄基从氮上脱除，形成邻甲基苄基叔胺。

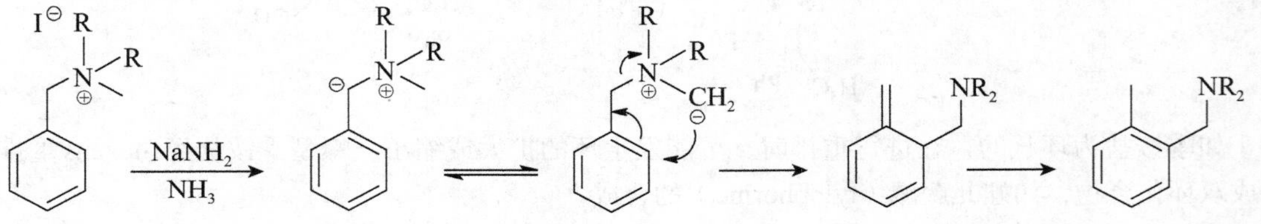

（二）反应影响因素及应用实例

　　一般使用苄基三甲基季铵盐作为原料，苄基的芳环上可以有各种取代基。当氮上的甲基为其他基团时，常常产生竞争性迁移，产物较复杂。

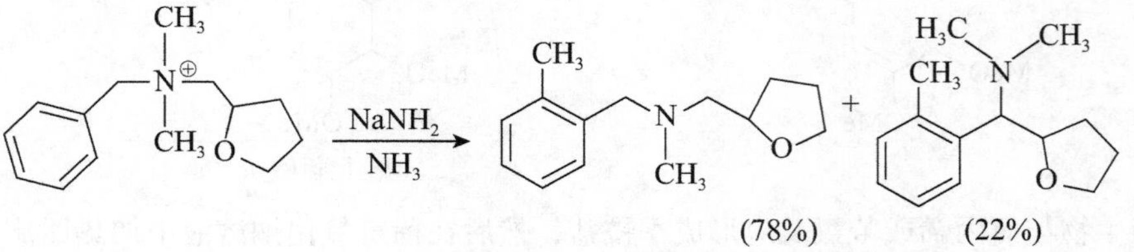

　　三甲基苄基季铵盐经重排后，所得到的胺可经进一步季铵化，再次重排可以得到多甲基苄胺，后经去氨基化，制备多甲基苯。

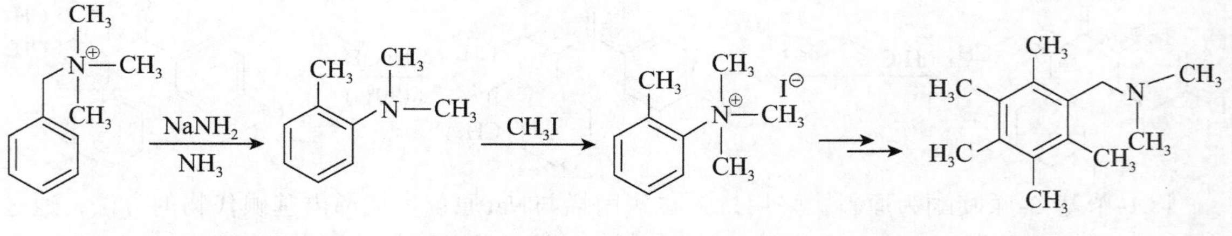

　　当季铵盐的氮在环上时，可以形成扩环产物。

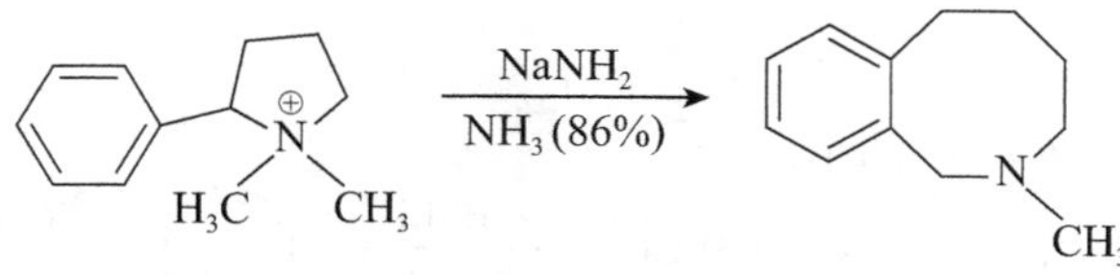

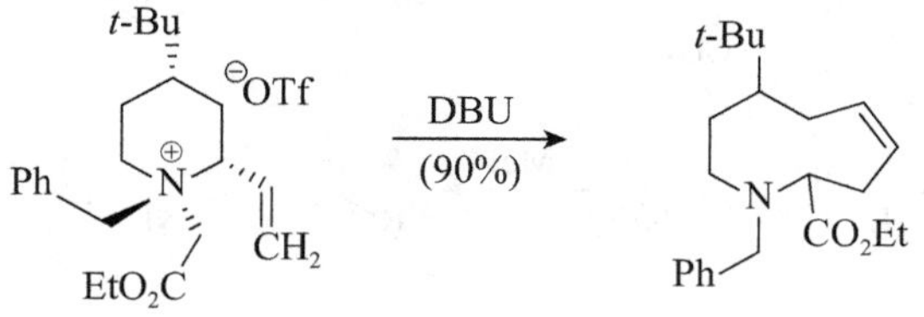

但是，季铵盐处于环上时，容易在多个位置即在环内或环外形成碳负离子，这取决于各个位置取代基的电负性差异，甚至在 β-位夺去质子发生 Hofmann 消除反应形成双键。

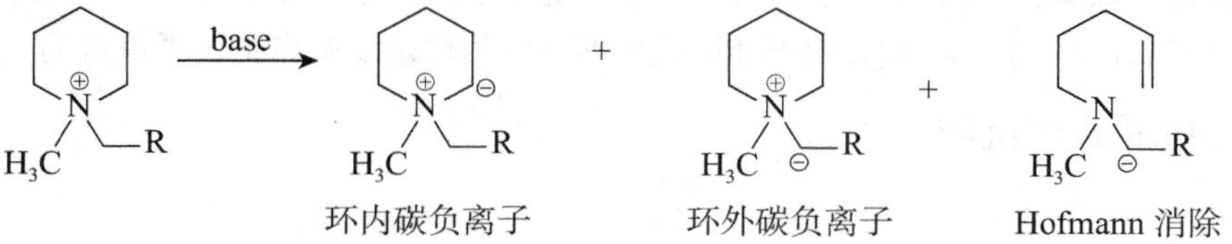

环内碳负离子　　　　环外碳负离子　　　　Hofmann 消除

除了苄基季铵盐能进行 Sommelet-Hause 重排，苄基锍盐也能进行类似的重排反应生成苄基硫醚。

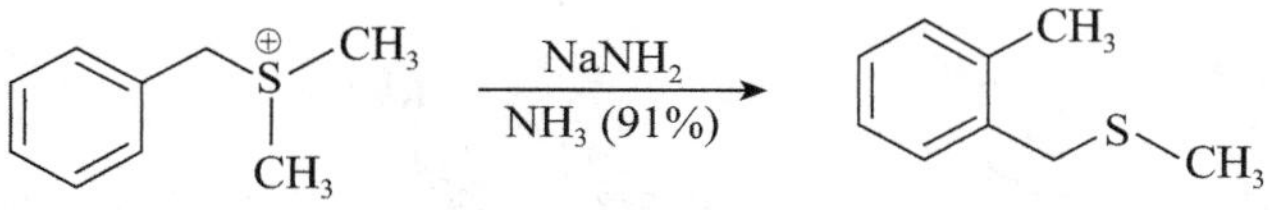

杂环的季铵盐也可以进行 Sommelet-Hause 重排。

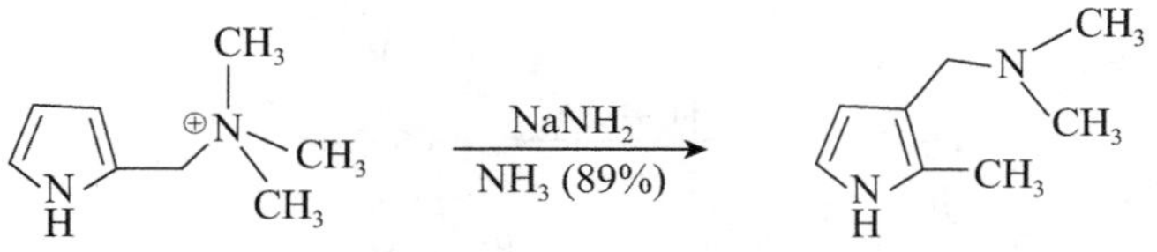

季铵盐的 Sommelet-Hause 重排时会发生 Stevens 重排竞争性反应，高温有利于 Stevens 重排，低温有利于 Sommelet-Hause 重排。

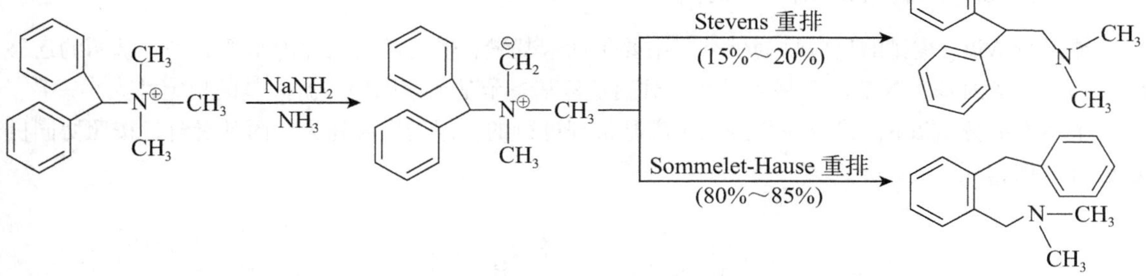

另外，如果 N 原子的 β-位带有氢，则产生烯烃产物，同时失去叔胺。例如，酮经过 Mannich 反应形成 β-氨基酮，经季铵盐化后，在强碱作用下原位生成 α,β-不饱和酮，即可进行后续的

Michael加成反应。

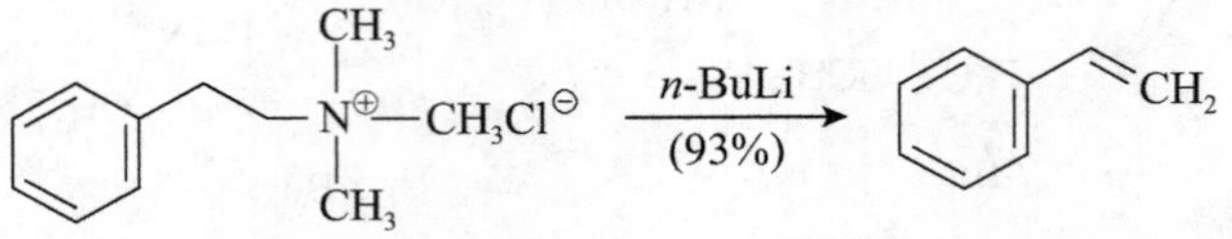

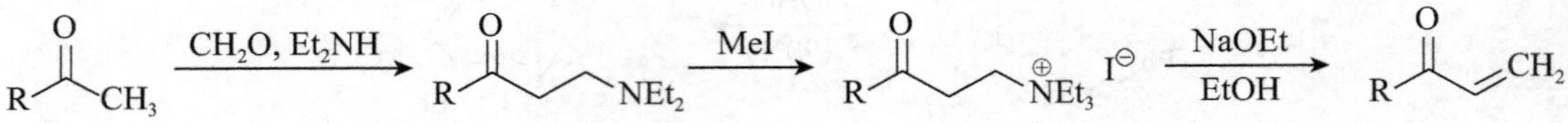

四、Wittig 重排

醚类化合物在氨基钠或烃基锂等强碱作用下，醚分子的一个烷基发生迁移生成醇的反应称为Wittig重排，包括[1, 2]、[2, 3]和[1, 4]-Wittig重排等，后两种是以游离基机理进行的。

（一）反应通式与机理

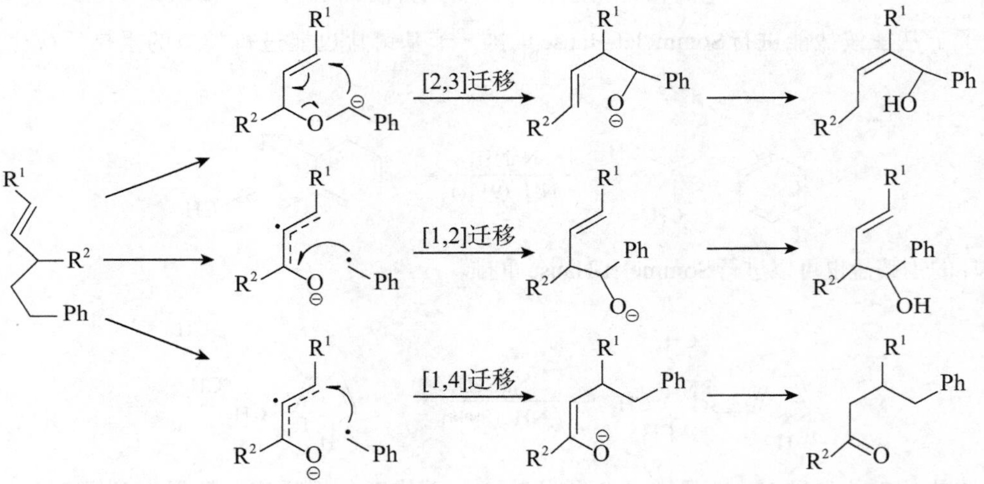

反应中既有分子内迁移（[2, 3]迁移），又有分子间迁移（[1, 2]迁移和[1, 4]迁移），因此，如果R^1或R^2为手性基团，进行重排后仅有30%的构型保持，而70%将发生消旋化。

（二）反应影响因素及应用实例

能进行Wittig重排的反应物为醚类，主要包括苄基醚、烯丙基醚或烯丙基苄醚等。基团的迁移顺序如下：烯丙基＞苄基＞乙基＞甲基＞对硝基苯基＞苯基，该顺序与游离基的稳定性大小一致。

虽然大部分Wittig重排反应是按照游离基机理进行的，但当反应物为烯丙基醚时，按照协同机理进行重排。

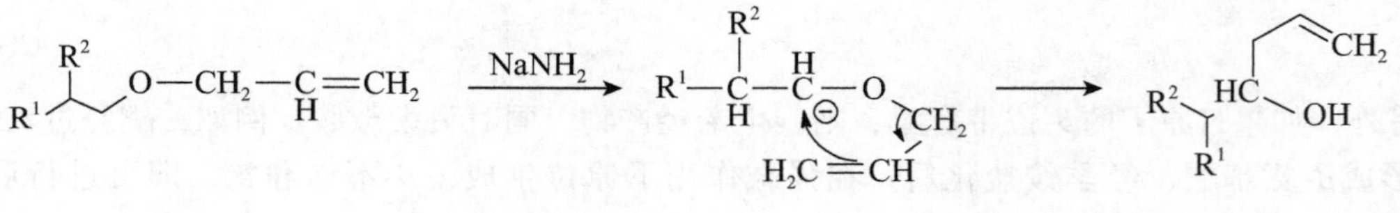

由于醚中氧的吸电子能力较弱，因此Wittig重排中使用的催化剂一般为超强碱，如n-BuLi、t-BuLi、LDA等，HMEDA等添加剂的加入也能促进反应的进行。利用Wittig[1, 2]重排可以制得一些有生物活性的喹啉衍生物。

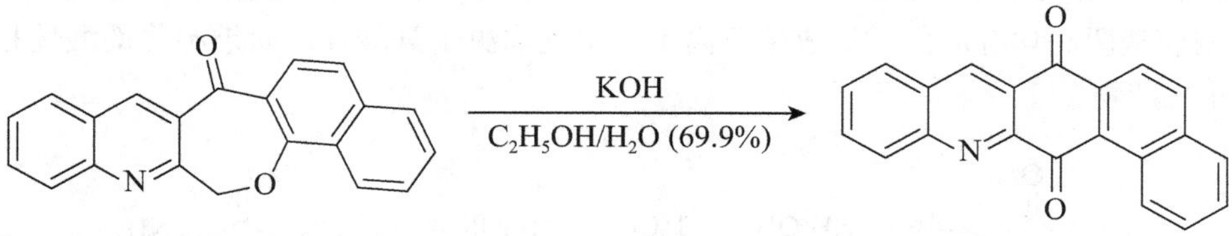

烯丙基苄醚经[2, 3]-Wittig重排可以得到β-羟基烯烃。

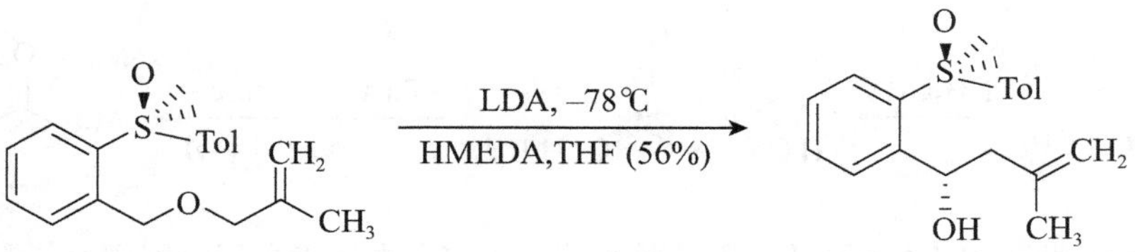

Wittig重排反应除了上面的[1, 2]重排和[2, 3]重排外，还有[1, 4]重排。

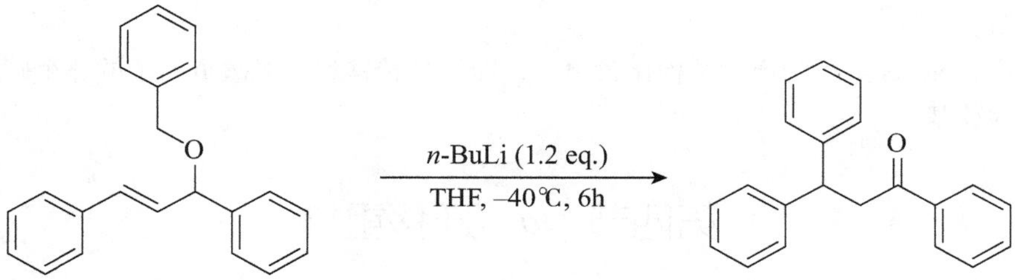

五、Neber 重排

酮用羟胺处理生成肟，肟转化为对甲苯磺酸酯，再经碱（如乙醇钠或吡啶）处理，发生重排得到α-氨基酮，该反应称为Neber重排反应。

（一）反应通式与机理

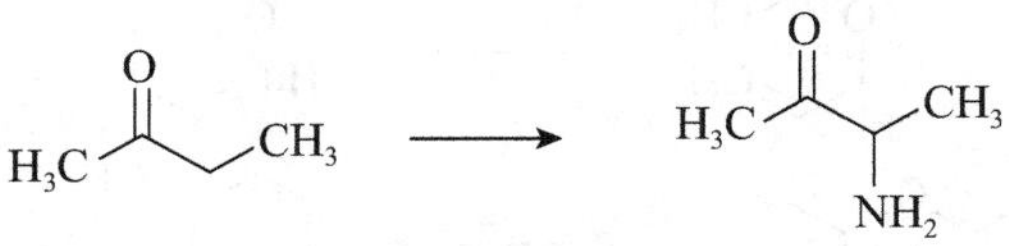

首先，酮与羟胺反应得到肟，使用TsCl对羟基进行磺酰化，然后在碱作用下，肟碳α-位失去氢，碳负离子进攻磺酰基脱除磺酸，形成三元环亚胺过渡态，与水加成后开环形成α-氨基酮。

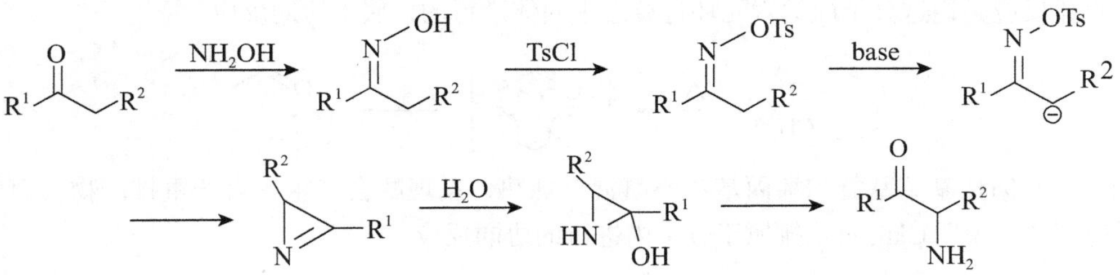

（二）反应影响因素及应用实例

Neber重排的反应物一般为脂肪酮、脂-芳酮。但是醛肟的对甲苯磺酸酯一般不能进行重排反应。Neber重排不是立体专一性反应，顺式和反式酮肟的对甲苯磺酸酯生成相同的产物。

如果酮羰基两侧均有α-氢，形成碳负离子的位置取决于其酸性，如果α-氢的酸性相差不大，则得混合重排产物。

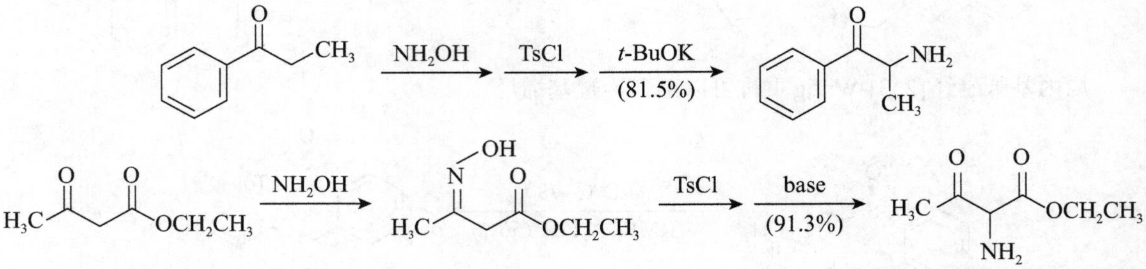

由于Neber重排的中间体为肟的对甲苯磺酸酯，当仅存在该吸电子官能团时，需要使用乙醇钠类的强碱；如果相邻位置还有吸电子基团，催化剂碱的强度可以适当降低，如使用氢氧化钠、碳酸钾之类的碱。

一般来说，Neber重排的产物结构比较单一，即氨基转移到形成碳负离子的那个碳上，原来的肟基碳转化为羰基。

第四节　δ- 迁移重排

一、Claisen 重排

烯醇或酚的烯丙基醚在加热条件下，经[3, 3]-σ迁移，重排成γ，δ-不饱和醛、酮或邻烯丙基酚的反应，称为Claisen重排反应。酚的烯丙醚重排与Fries重排类似。

（一）反应通式与机理

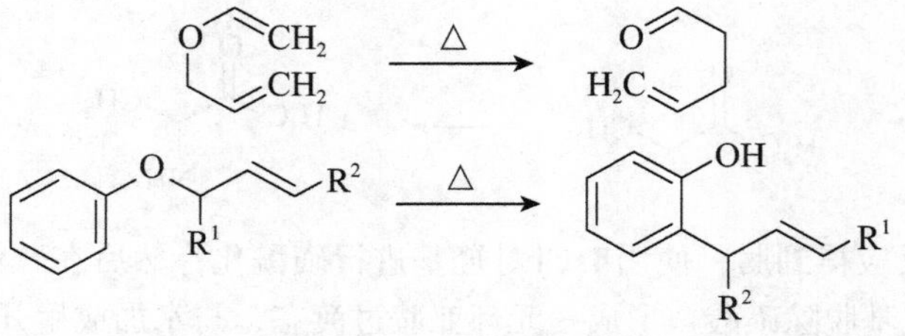

该重排反应是通过分子内的六元环过渡态中间体进行的，属于协同反应。

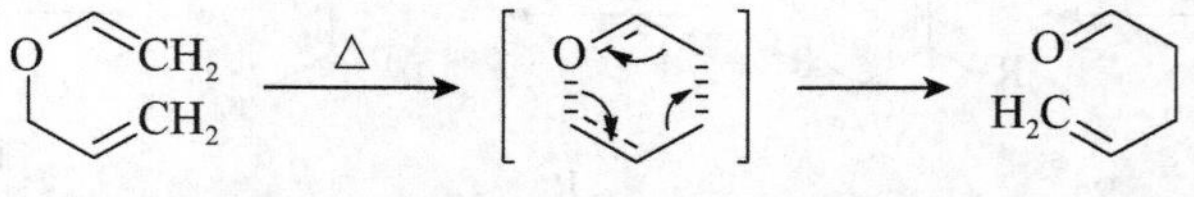

例如，将肉桂基苯基醚和烯丙基β-萘醚混合加热，发现酯会产生各自的重排产物，而未发现交叉反应产物，说明Claisen重排属于分子内进行的协同反应。

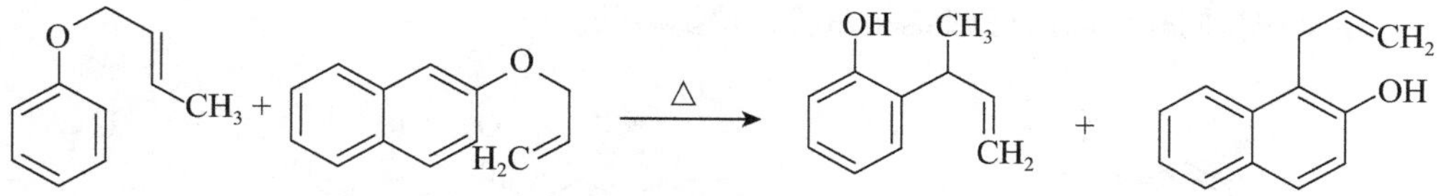

（二）反应影响因素及应用实例

对于酚的烯丙基醚而言，只要苯基的两个邻位和对位没有完全被取代基占据，这类酚的烯丙基醚就可以发生Claisen重排，该类反应可以看作Fries重排的特例，不过，Claisen重排中无须Lewis酸催化。如果两个邻位被占据，则生成对位烯丙基苯酚；如果苯基没有其他取代基，则生成的2-烯丙基苯酚占优势，但也会生成少量的4-烯丙基苯酚。

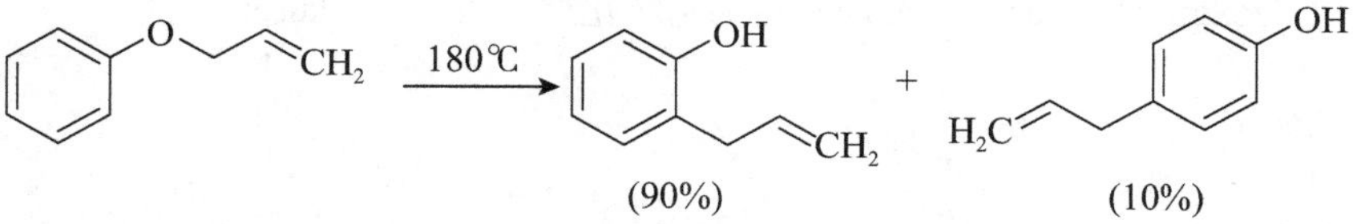

酚的烯丙基醚重排到对位时，实际上是经过两次[3, 3]-σ迁移，如果以同位素标记的烯丙基为例，重排到邻位时，烯丙基发生反转；而重排到对位时，烯丙基没有发生反转，实际上是经过两次Claisen重排得到的，即首先重排到邻位，形成烯丙基反转的苯酚，进一步重排到对位上，烯丙基再一次反转。

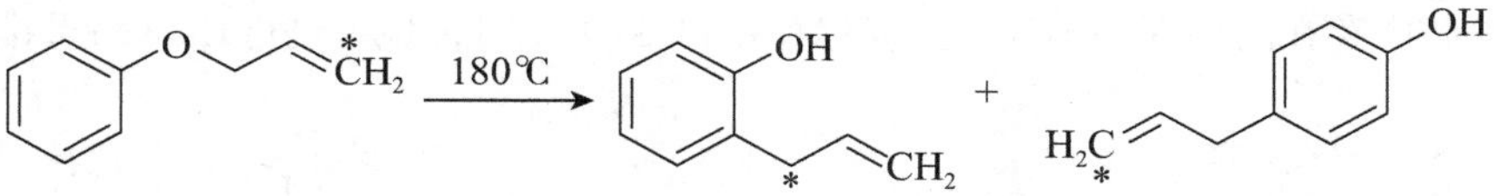

炔丙基的乙烯基醚在加热条件下也可以进行Claisen重排，得到丙二烯基醛或酮。

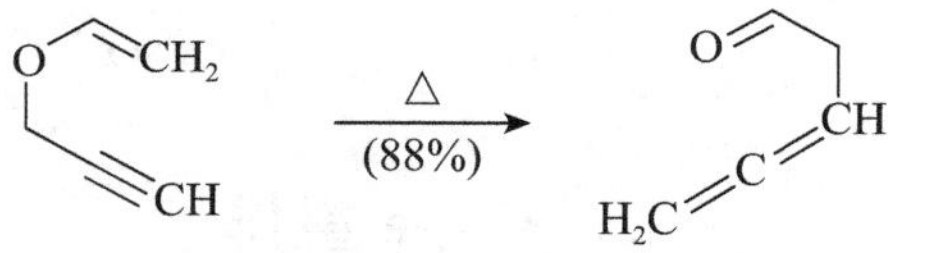

烯丙基苯基硫醚也可以进行Claisen重排，得到硫酚。

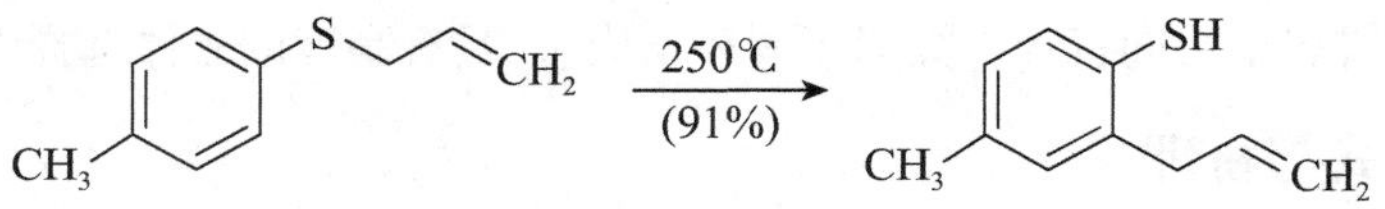

N-炔丙基-α-萘胺同样也可以进行Claisen重排，得到丙二烯基取代的α-萘胺。继而发生双键移位，最后进行Diels-Alder反应。

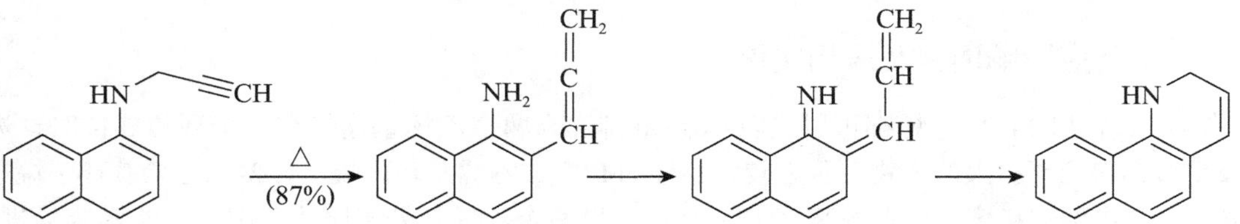

N-烯丙基季铵盐同样可以进行Claisen重排，得到叔胺。

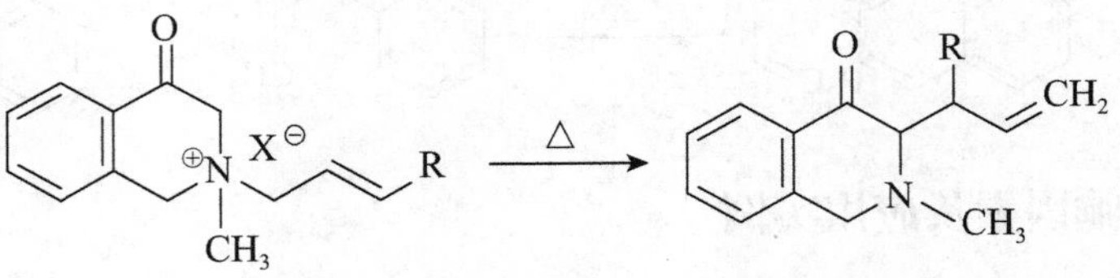

Claisen重排反应通常可以在无溶剂和催化剂的条件下直接加热进行。有时可在*N*,*N*-二甲基苯胺或*N*,*N*-二乙基苯胺中进行，当有NH₄Cl存在时，有利于反应进行。

虽然烯丙基芳基醚在加热条件下即可发生重排，但是使用Lewis酸，如各种三烷基铝、烷基氯化铝、BF₃、SnCl₄等催化剂，可以使反应在室温或较低温度下以较高收率进行重排。

脱氧核苷（deoxgnucleoside）经过羟基乙烯基醚化后也可进行Claisen重排。

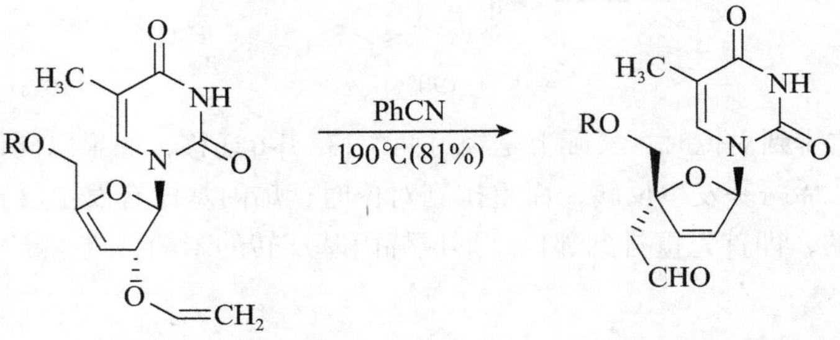

双环内酰胺中存在的烯丙基醚与环上双键存在[3, 3]关系时，也可进行Claisen重排。

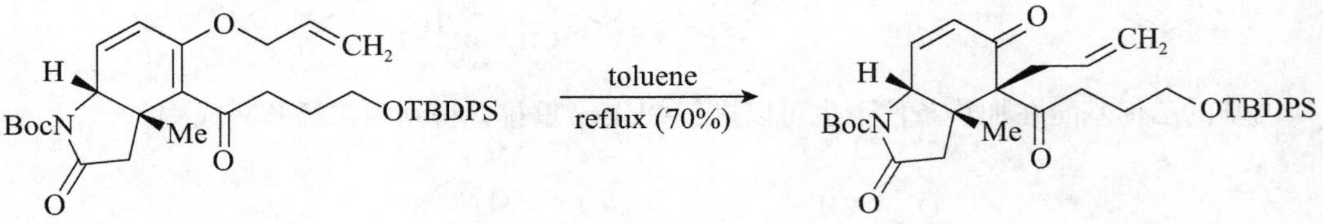

二、Cope 重排

C[1, 3]迁移反应中，碳链上不含杂原子的1, 5-二烯通过C[3, 3]δ迁移，发生异构化的反应称为Cope重排。Cope重排属于协同机理（类似于周环反应），具有高度的立体选择性。

（一）反应通式与机理

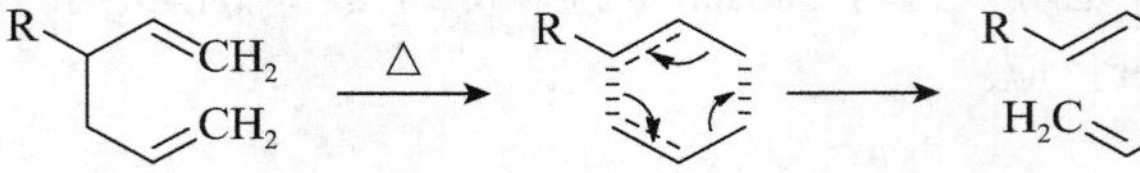

（二）反应影响因素及应用实例

链状或环状的1, 5-二烯都可以进行Cope重排。当两个乙烯基连接在一个环的邻位时，进行Cope重排，得到环扩大的产物。张力较大的环如1, 2-二乙烯基环丙烷、1, 2-二乙烯基环丁烷进行重排时，产物更加稳定，因此收率也非常高；如果两个乙烯基处于顺式，则反应非常容易进行，所需温度较低；而两个乙烯基处于反式时，需较高的温度才能进行，因为需要在较高温度下实现顺反结构的转化。

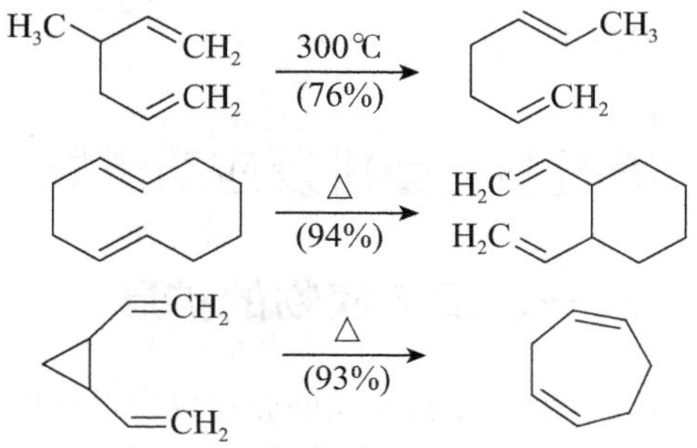

如果在 1, 5-二烯的 3-位带有能与烯烃共轭的基团，重排反应进行的温度可以大大降低，这可能与产物含有共轭双键更加稳定有关，同时，含有这些基团的反应物进行重排时，收率也非常高（90%～100%）。

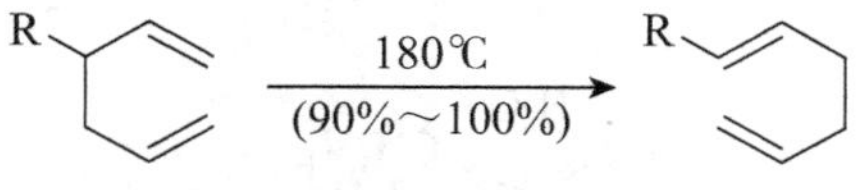

R=COOR′, COR′, CN, CH=CH₂, Ph

如果在 1, 5-二烯的 3-位有羟基，由于产物为烯酮（醛），酮的稳定性远远大于烯醇，因而重排产物的收率也非常高。此时，在反应介质中加入碱（如 KH、NaH），能显著增加反应速度，重排生成的烯醇盐水解后变为醛或酮。

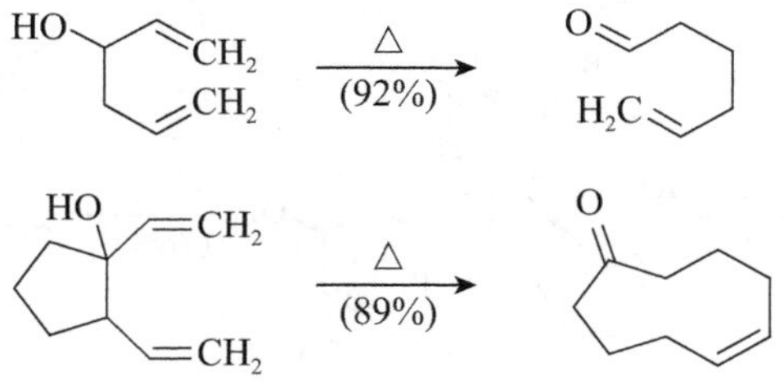

Cope 重排一般在加热条件下进行，但是很多化合物需要非常高的温度才能进行重排，此时可以加入过渡金属化合物或强碱作为催化剂，此方法可显著降低重排温度，甚至在室温下即可进行。

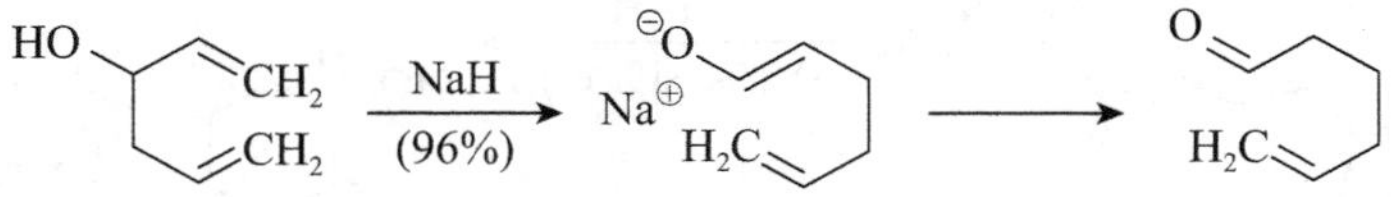

由 3-甲基-2-环己烯酮与 3-甲基丁烯-2-锂进行 1, 2 加成，再经 Cope 重排得到倍半萜。

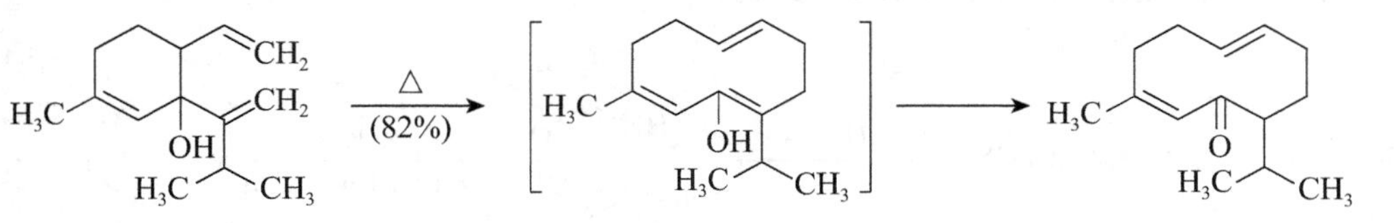

Cope 重排在天然产物的合成中具有较大的应用价值。β-乙烯基取代的双环烯通过 Cope 重排得到扩环的顺式二烯烃。

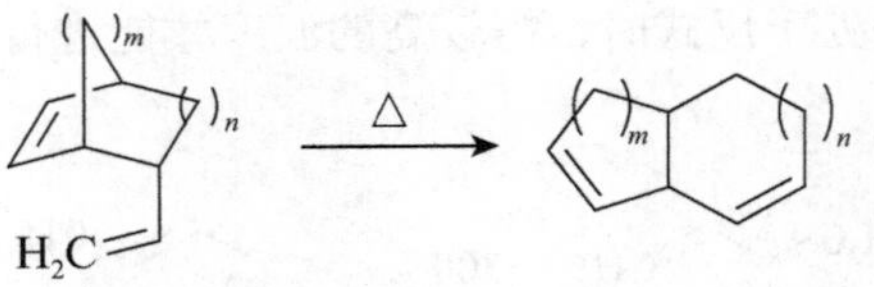

第五节　重排反应新进展

一、反应底物的扩展

与传统重排反应中的底物相比，有些重排反应的底物也会得到扩展。如在 Wagner-Meerwein 重排中的底物由单纯的醇扩展到伯胺、卤代烃、磺酸酯、烯烃等；Pinacol 重排中的邻二醇扩展到 α-氨基醇、α-氯代醇、邻二醇单磺酸酯，这样的底物在形成碳正离子时位置是固定的，从而达到区域选择性的目的，增加反应收率。

在 Cope 重排中，当 3-位碳上带有卤素取代基时，也能得到重排产物，同时消除卤素。

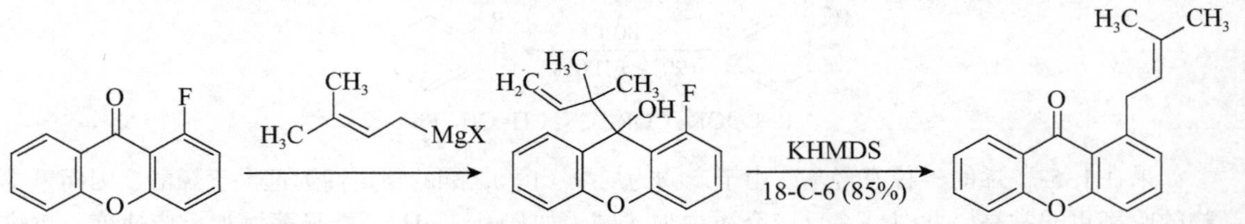

邻二胺形成的双亚胺也可以进行 Cope 重排，也称为双氮杂-Cope 重排（diaza-Cope rearrangement）。这样可以方便地从易得的邻二胺制备手性邻二胺。

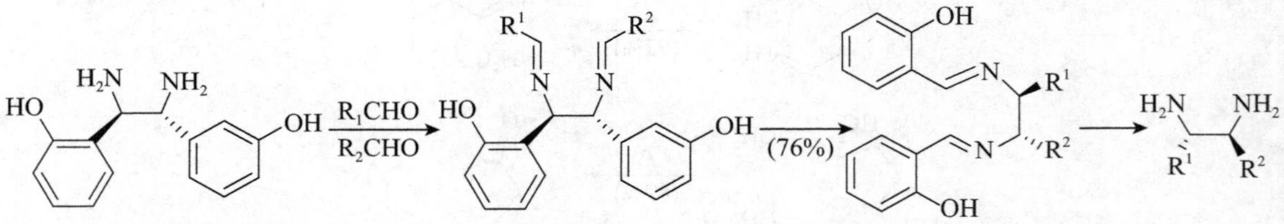

若 3，4-位存在环丙化的 1，5-双烯，在进行 Cope 重排时，环丙基打开形成七元环产物。

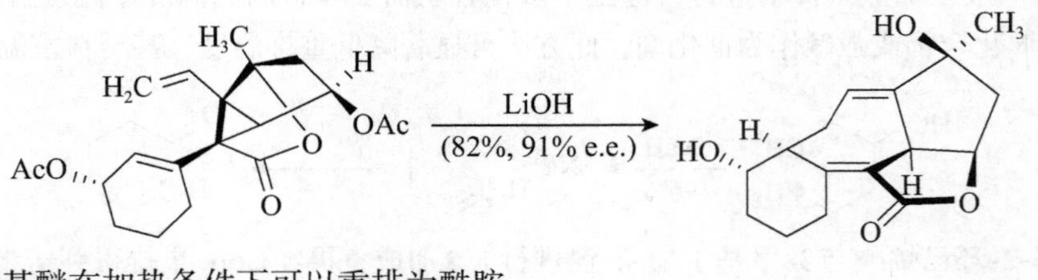

亚胺烯丙基醚在加热条件下可以重排为酰胺。

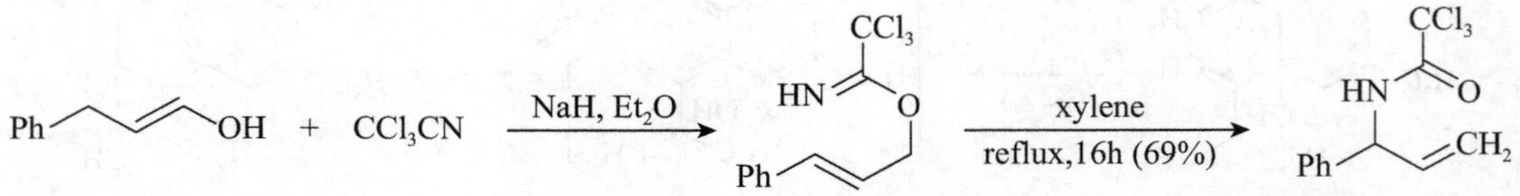

β-位带有强吸电子基团的 α-重氮基酮在加热条件下发生烷基或芳基重排形成烯酮，进而在氨基或醇类化合物存在下得到酰胺或酯。

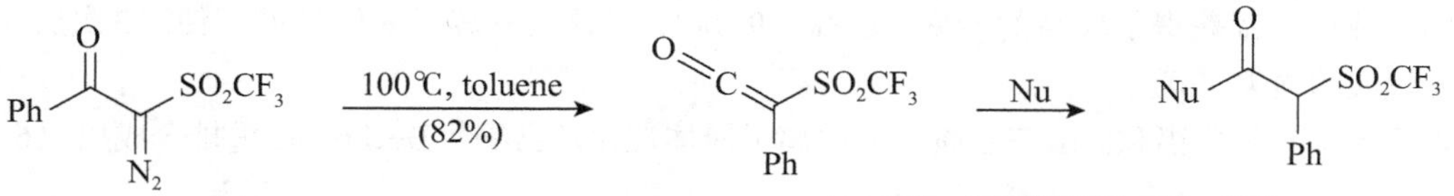

Nu=芳胺、脂肪族伯胺和仲胺，醇等

酮经 α, α'-二卤代后进行 Favorskii 重排，再脱除卤化氢得到 α, β-不饱和羧酸衍生物。

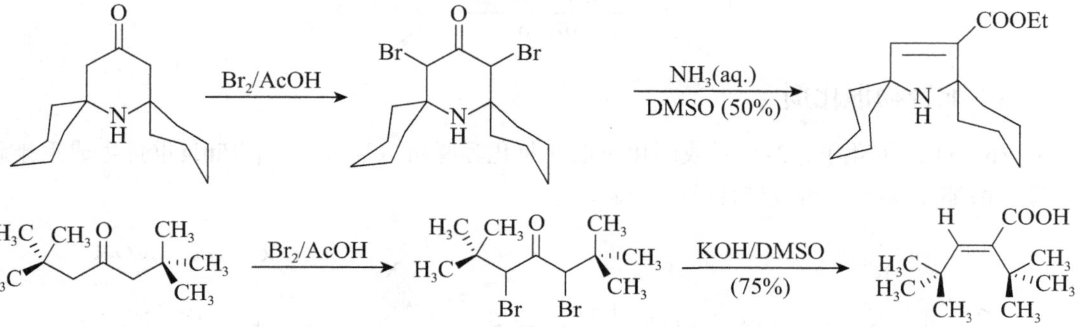

二、重排反应中的催化剂

（一）Lewis酸催化剂

Baeyer-Villiger 重排反应一般都是在酸性条件下进行的，酸起催化剂作用。另外，也可以用 Lewis 酸类，如 $SnCl_4$ 等，它们能够与酮羰基之间发生络合作用，进而活化酮羰基，使 H_2O_2 或 O_2 容易进攻酮羰基，促进重排反应的进行。

传统的 Sommelet-Hauser 重排中需要使用强碱条件，但是在 KF 催化下可以温和地实现重排，添加 18-冠-6 进行催化，可以进一步缩短反应时间和提高收率。

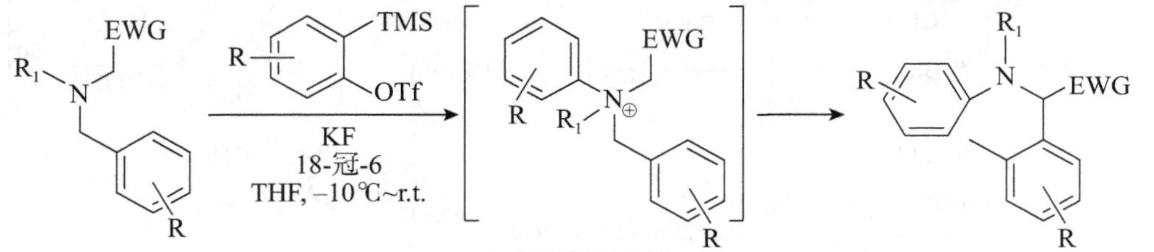

EWG=吸电子基团　　　　　　　（38%～74%）

（二）固体酸/碱催化剂

固体酸/碱催化剂在反应中具有可以循环利用的特点。固体碱性水滑石及类水滑石对 Baeyer-Villiger 重排反应具有比较高的催化活性，不仅反应的产率较高，而且催化剂在反应后可以很好地分离回收再利用。因为 Fe^{3+}、Cu^{2+} 等变价金属离子可以和水滑石类的碱性中心发生协同作用，所以 Fe^{3+}、Cu^{2+} 等变价金属离子的加入能明显提高 Baeyer-Villiger 重排反应的转化率和产率。

添加能产生 CO_2 气体的物质制备出的介孔硅酸盐型分子筛，在环己酮肟的 Beckmann 重排中显示出较高的选择性和转化率；掺杂硒的碳对肟的 Beckmann 重排也有较好的效果。

（三）离子液体

离子液体在许多重排反应中也有应用，其中离子液体 [Bmim]BF_4 和 HmimOAc 应用于其他内酯和酯的合成中，都获得了较高的产率（65%～95%）。且这两种离子液体被循环使用3次后，催化活性无较大的损失。

采用无水三氯化铝和盐酸三乙胺组成的离子液体催化环己酮肟Beckmann重排合成尼龙6。

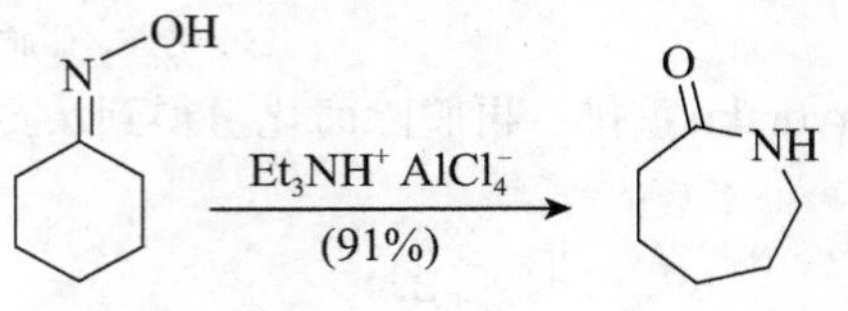

（四）配合物催化剂

在 Rh$_2$(OAc)$_4$ 催化下，3-硫醚或硒化物取代氧化吲哚可以通过 [2, 3]-Wittig 重排生成重排到4-位。苯乙酸酯-2-硫醚也可以进行类似重排反应。

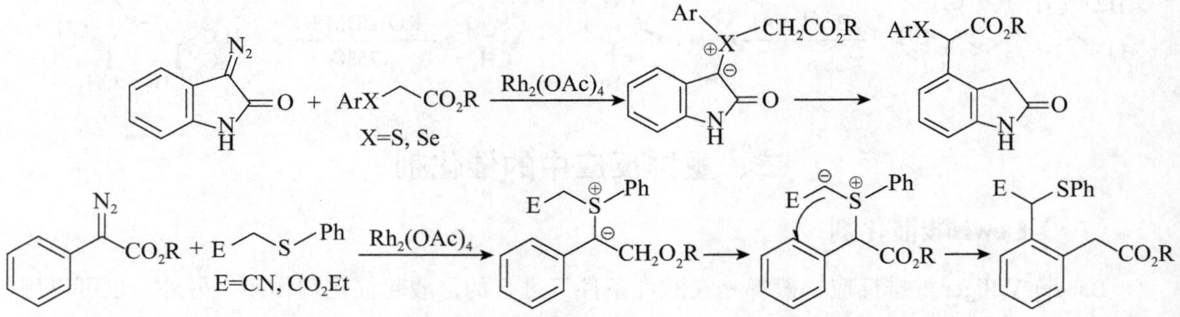

在手性催化剂的作用下，烯丙基乙烯基醚在进行Claisen重排时生成手性酮。

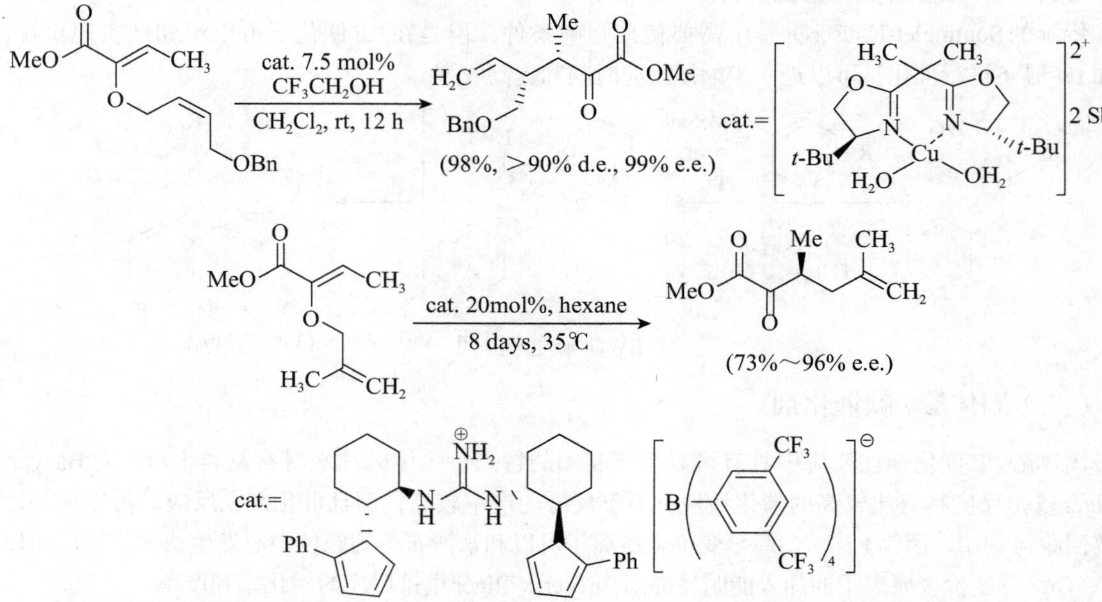

同样，可以使用过渡金属络合物为催化剂，如以手性铂作催化剂催化不对称的Baeyer-Villiger重排反应；或以Co（Ⅲ）（salen）作催化剂催化手性的3-取代的环丁酮生成相应的内酯，同样取得了较好的产率和较高的e.e.值。

Cope重排在手性催化剂的作用下，能高收率高光学纯度地得到重排产物。

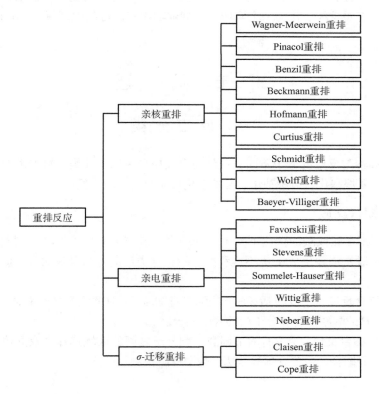

（五）微生物酶催化剂

自然界中氧化还原酶也有许多应用于化学合成中。最早被应用于催化氧化Baeyer-Villiger重排反应的微生物酶为环己酮单加氧酶（CHMO），应用于Baeyer-Villiger重排反应的单酶有20多种。常见的微生物酶催化剂有 *E.coli* Top 10[pQR 239]、NCIMB 9871、环戊酮单过氧化酶（CPMO）及4-羟基苯己酮单过氧化酶（HAPMO）等催化活性较高的微生物酶类。从反应的立体选择性角度来讲，微生物酶催化的Baeyer-Villiger重排反应立体选择性较化学法更高。目前，由于该方法在反应中有代谢副产物的生成，应用于工业化生产还有一定的局限性。

思维导图

第九章 缩合反应

本章要点

掌握 缩合反应的机制，即亲核加成-消除反应：Claisen-Schmidt 反应、Knoevenagel 反应、Wittig 反应、Reformatsky 反应、Perkin 反应、Stobbe 反应等；亲核加成反应：Michael 反应；亲电取代反应：Blanc 反应、Mannich 反应等。

理解 亲核试剂除了具有活性氢的化合物（如含 α-H 的醛或酮、活性亚甲基化合物、脂肪酸酐、丁二酸酯等）外，还有 a-卤代酸酯、Wittig 试剂等。

了解 缩合反应的新试剂、新方法，如 Suzuki 偶联反应、Grubbs 反应、Hantzsch 反应等。

缩合反应是一类涉及两个或更多有机化合物分子结合形成一个较大分子的化学反应，或是单个分子通过内部反应转变为新分子的过程。这种反应通常伴随着小分子的脱除，如水、醇或氢氯酸等，然而在某些加成缩合反应中，不会排除任何小分子。在形成新的化学键方面，缩合反应有助于构建碳-碳键和碳-杂原子键，本讨论着重于形成碳-碳键的缩合反应类型。在制药工业中，缩合反应的用途极为广泛，它是一种关键的方法，用于延长碳链并构建分子框架，同时它对于合成药物及其中间体也至关重要。作为一个实例，抗抑郁剂帕罗西汀的生产就涉及 Prins 缩合反应等的运用。

第一节 概　述

一、反应分类

按反应历程和参与反应的分子不同，可将缩合反应分为以下几类：羟醛缩合反应；形成碳碳双键的缩合反应；氨烷基化、卤烷基化、羟烷基化反应及其他缩合反应。

（一）羟醛缩合反应

含 α-H 的醛、酮在碱或酸的催化下发生自身缩合，或与另一分子的醛、酮发生缩合，生成 β-羟基醛、酮，再经脱水消除生成 α, β-不饱和醛、酮，这类反应称为羟醛缩合反应，又称为醛醇缩合反应（Aldol 缩合反应）。

1. 经典羟醛缩合反应 主要包括 α-H 的醛酮自身缩合、α-H 的醛酮之间缩合、甲醛与 α-H 的醛酮缩合、芳醛与 α-H 的醛酮缩合和分子内的羟醛缩合。

2. 选择性羟醛缩合反应 含 α-H 的不同醛、酮分子之间的区域选择性及立体选择性的羟醛缩合称为选择性的羟醛缩合，主要有烯醇盐法、烯醇硅醚法和亚胺法。

（二）形成碳碳双键的缩合反应

1. Wittig反应　醛、酮与磷叶立德（phosphorus Ylide）合成烯烃的反应称为羰基烯化反应，又称Wittig反应。其中，磷叶立德称为Wittig试剂。

2. Knoevenagel反应　具有活性亚甲基的化合物在碱的催化下，与醛、酮发生缩合，再经脱水而得α, β-不饱和化合物的反应，称为Knoevenagel反应。

3. Perkin反应　芳香醛和脂肪酸酐在相应脂肪酸碱金属盐的催化下缩合，生成β-芳基丙烯酸类化合物的反应称为Perkin反应。

4. Stobbe反应　在强碱条件下，醛、酮与丁二酸酯或α-取代丁二酸酯进行缩合而得亚甲基丁二酸单酯的反应称为Stobbe反应。该反应常用的催化剂为醇钠、叔丁醇钾、氢化钠和三苯甲烷钠等。

（三）氨烷基化、卤烷基化、羟烷基化反应

1. Mannich反应　具有活性氢的化合物与甲醛（或其他醛），以及氨或胺（伯胺、仲胺）进行缩合，生成氨甲基衍生物的反应称为Mannich反应，亦称α-氨烷基化反应。其反应产物常称为Mannich碱或Mannich盐。

2. Pictet-Spengler反应　β-芳乙胺与醛在酸性溶液中缩合生成1, 2, 3, 4-四氢异喹啉的反应称为Pictet-Spengler反应。最常用的羰基化合物为甲醛或甲醛缩二甲醇。Pictet-Spengler反应实质上是Mannich反应的特殊例子。

3. Prins反应　烯烃与甲醛（或其他醛）在酸催化下加成而得1, 3-二醇或其环状缩醛1, 3-二氧六环及α-烯醇的反应称为Prins反应。

4. Blanc反应　芳烃在甲醛、氯化氢及无水$ZnCl_2$（或$AlCl_3$、$SnCl_4$）或质子酸（H_2SO_4、H_3PO_4、HOAc）等缩合剂的存在下，在芳环上引入氯甲基（—CH_2Cl）的反应，称为Blanc氯甲基化反应。此外，多聚甲醛/氯化氢、二甲氧基甲烷/氯化氢、氯甲基甲醚/氯化锌、双氯甲基醚或1-氯-4-（氯甲氧基）丁烷/Lewis酸也可作氯甲基化试剂。

（四）其他缩合反应

1. 安息香缩合反应　芳醛在含水乙醇中，以氰化钠（钾）为催化剂，加热后发生双分子缩合生成α-羟基酮的反应称为安息香缩合（benzoin condensation）。

2. Michael加成反应　活性亚甲基化合物和α, β-不饱和羰基化合物在碱性催化剂的存在下发生加成而缩合成β-羰烷基类化合物的反应，称为Michael反应。

3. Darzens反应　醛或酮与α-卤代酸酯在碱催化下缩合生成α, β-环氧羧酸酯（缩水甘油酸酯）的反应称为Darzens反应。

4. Reformatsky反应　醛、酮与α-卤代酸酯在金属锌粉存在下缩合而得β-羟基酸酯或脱水得α, β-不饱和酸酯的反应称为Reformatsky反应。

5. Strecker反应　脂肪族或芳香族醛、酮类与氰化氢和过量氨（或胺类）作用生成α-氨基腈，再经酸或碱水解得到（d, l）-α-氨基酸类的反应称为Strecker反应。

二、反 应 机 理

（一）亲核加成-消除反应

在形成新碳-碳键的缩合反应中，不同种类的亲核试剂与醛、酮的缩合反应多数属于亲核加

成-消除机制，包括含有 α-H 的醛或酮间的加成-消除反应，α-卤代酸酯对醛、酮的加成-消除反应，Wittig 试剂对醛、酮的加成-消除反应，活性亚甲基化合物对醛、酮的加成-消除反应等。

1. 含有 α-H 的醛或酮间的亲核加成-消除反应 含 α-H 的醛、酮自身缩合属亲核加成-消除反应。羟醛缩合反应既可被酸催化，也可被碱催化，但碱催化应用最多。

碱催化反应机理如下：

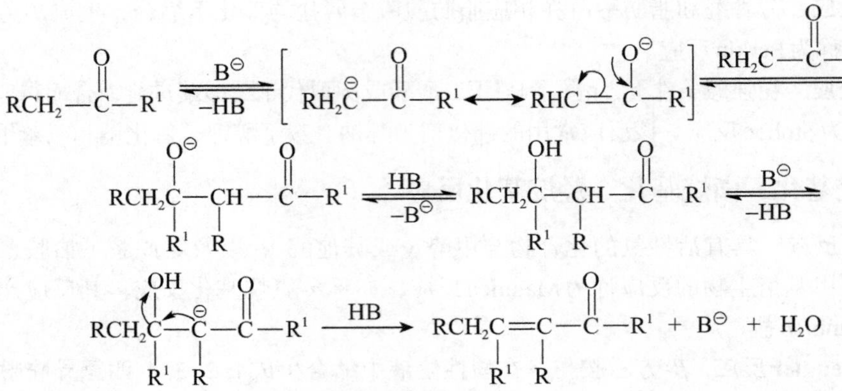

（R^1=H, 脂肪基或芳香基）

碱首先夺取 1 个 α-H 生成碳负离子，碳负离子作为亲核试剂进攻另一分子醛、酮的羰基，生成 β-羟基化合物，后者在碱的作用下失去 1 分子水，生成 α,β-不饱和醛、酮。

酸催化反应机理如下：

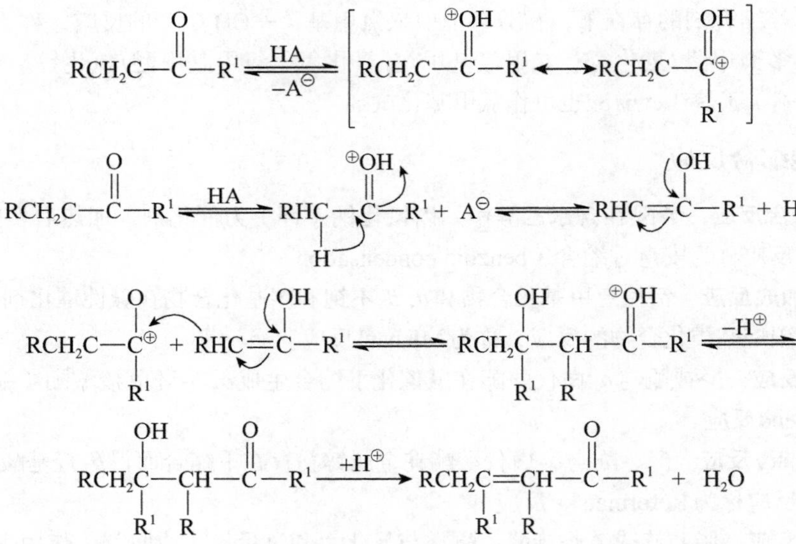

酸催化首先是醛、酮分子的羰基氧原子接受 1 个质子生成鎓盐，从而提高羰基碳原子的亲电活性，另一分子醛、酮的烯醇式结构的碳碳双键碳原子进攻羰基，生成 β-羟基醛、酮，而后失去 1 分子水生成 α,β-不饱和醛、酮。

2. α-卤代酸酯对醛、酮的加成-消除反应 首先，α-卤代酸酯与锌发生作用，通过一个氧化加成过程生成有机锌中间体。其次，这一中间体通过亲核加成向醛或酮羰基发起攻击，形成 β-羟基酸酯的锌卤化物。最后，通过酸的水解作用，可以获得 β-羟基酸酯。在 β-羟基酸酯 α 位置存在氢原子的情况下，若反应在提高的温度下或在脱水剂（如酸酐或质子酸）的条件下进行，将会促成脱水，从而生成 α,β-不饱和酸酯。

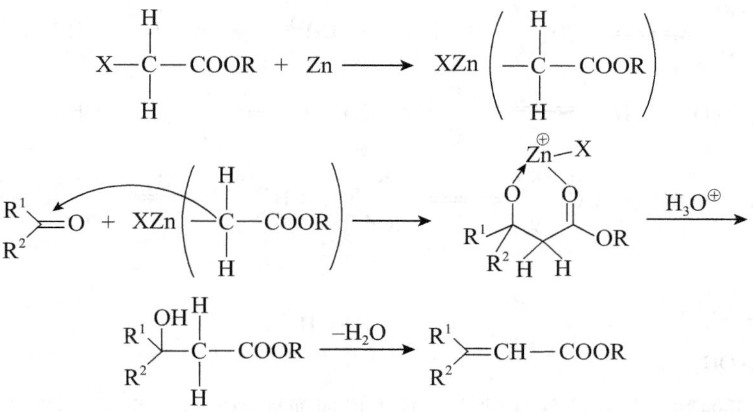

3. Wittig 试剂对醛、酮的加成-消除反应　Wittig 试剂中带负电荷的碳原子具有很强的亲核性，对醛、酮的羰基做亲核进攻，形成内鎓盐或氧磷杂环丁烷中间体，进而经顺式消除得到烯烃及氧化三苯膦。

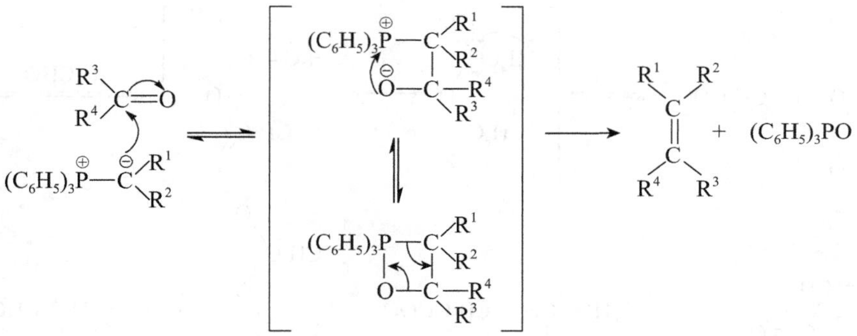

4. 活性亚甲基化合物对醛、酮的加成-消除反应　活性亚甲基化合物对醛、酮的加成-消除反应机理的解释甚多，主要有2种。一种是羰基化合物在伯胺、仲胺或铵盐的催化下形成亚胺过渡态，然后与活性亚甲基的碳负离子加成，其过程如下：

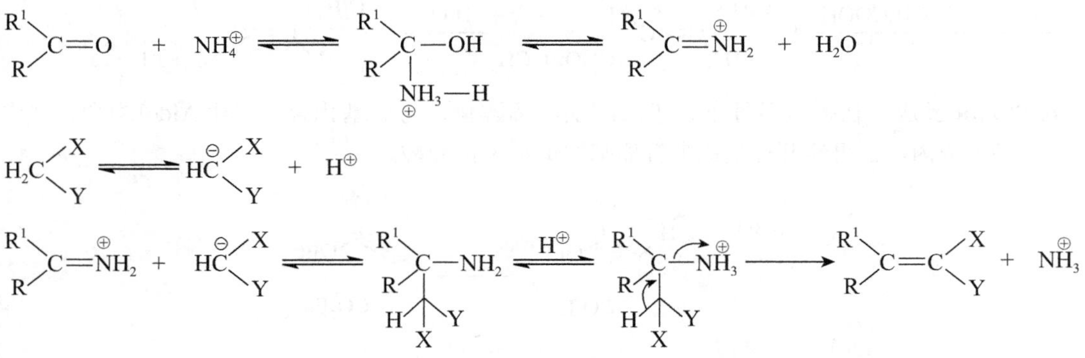

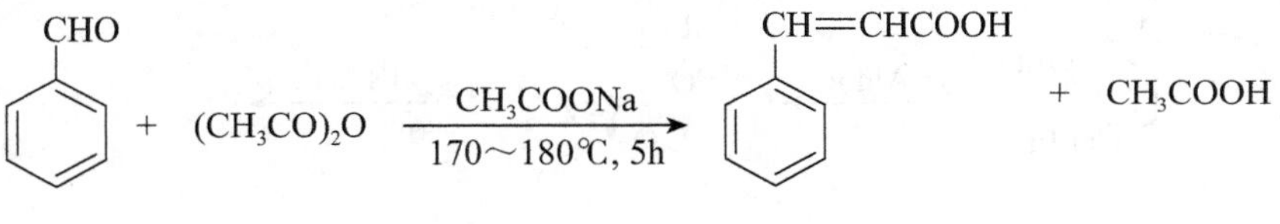

另一种机制类似羟醛缩合，反应在极性溶剂中进行，在碱性催化剂（B）的存在下，活性亚甲基形成碳负离子，然后与醛、酮缩合。

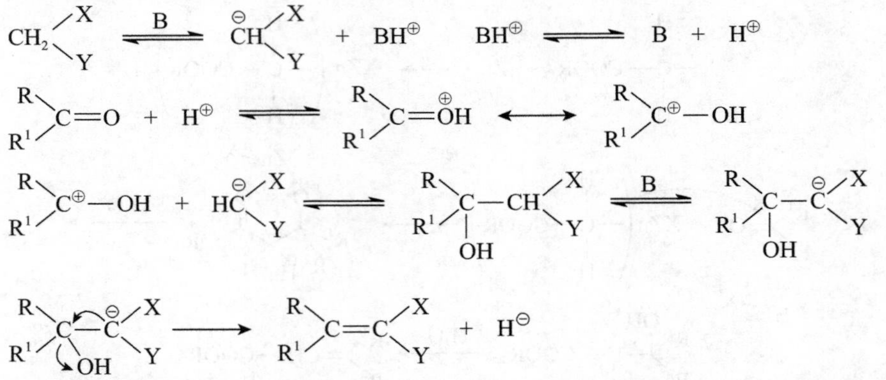

一般认为采用伯胺、仲胺或铵盐催化有利于形成亚胺中间体，反应可能按前一种机制进行；反应如在极性溶剂中进行，则类似羟醛缩合的机制可能性较大。

5. Perkin 反应　在碱作用下，酸酐经烯醇化后与芳醛发生 Aldol 缩合，酰基转移、消除、水解得 β-芳基丙烯酸类化合物。

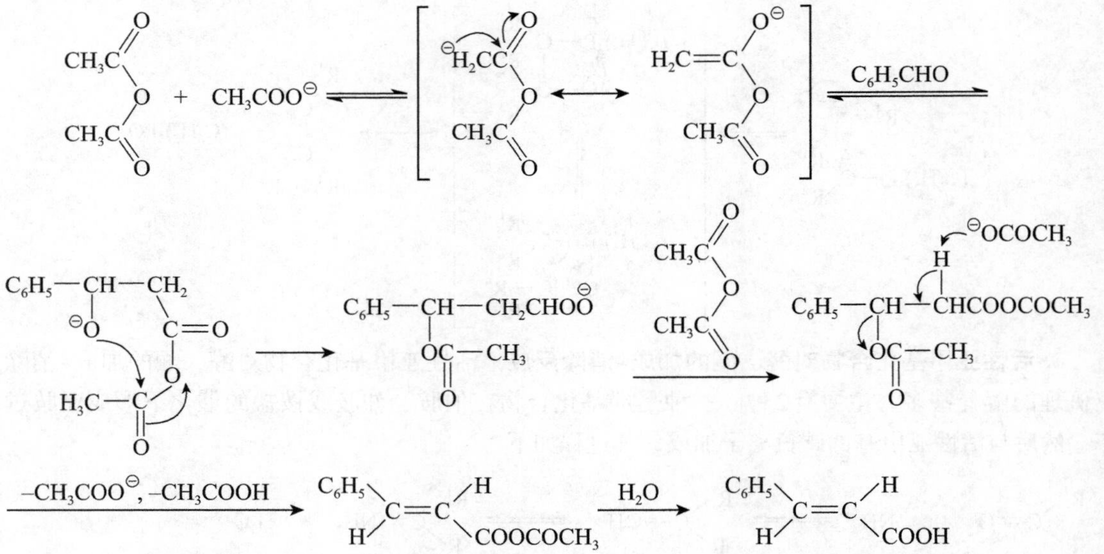

6. Stobbe 反应　在强碱条件下，丁二酸酯经烯醇化，与羰基化合物发生 Aldol 缩合，并失去 1 分子乙醇形成内酯，再经开环生成带有酯基的 α,β-不饱和酸。

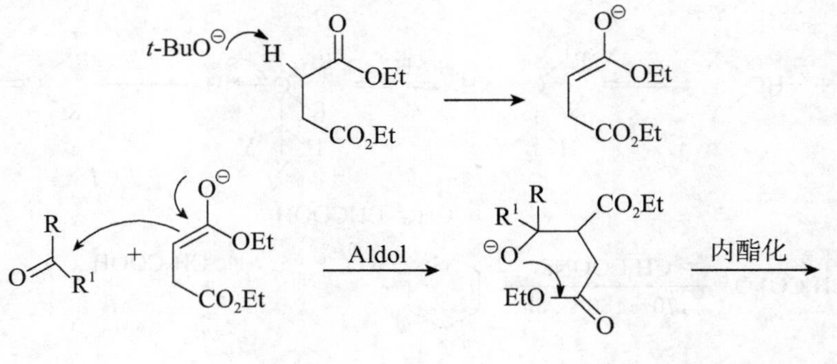

7. Strecker反应 在弱酸性条件下，氨（或胺）向醛、酮羰基碳原子亲核进攻，生成α-氨基醇，α-氨基醇不稳定，经脱水成亚胺离子，进而氰基负离子与亚胺发生亲核加成，生成α-氨基腈，再水解成α-氨基酸。

（二）亲核加成反应

在亲核加成的反应机理下，活性亚甲基化合物与α, β-不饱和羰基化合物的加成反应可以发生。在催化剂（如微量碱）的促进下，活性亚甲基化合物可生成一个碳负离子，这一负离子进一步与α, β-不饱和羰基化合物进行亲核性的攻击，导致这两种化合物缩合，形成β-羰烷基类型的产物。

Y= CHO, C=O, COOR
B= NaOH, KOH, EtONa, t-BuOK

（三）亲电反应

α-卤烷基化反应（如Blanc反应）、Prins反应、α-氨烷基化反应（如Mannich反应、Pictet-Spengler反应）等属于亲电取代反应。例如，在α-卤烷基化反应中，甲醛在氯化氢存在下，形成一种稳定的正离子，进而与芳环发生亲电取代，生成的羟甲基在氯化氢存在下，经S_N2反应，得到氯甲基产物。

Prins反应：在酸催化下，甲醛经质子化形成碳正离子，然后与烯烃进行亲电加成。根据反应条件的不同，加成物脱氢得α-烯醇，或与水反应得1, 3-二醇，后者可再与另一分子甲醛缩醛化得到1, 3-二氧六环型产物。此反应可看作不饱和烃经加成引入1个α-羟甲基的反应。

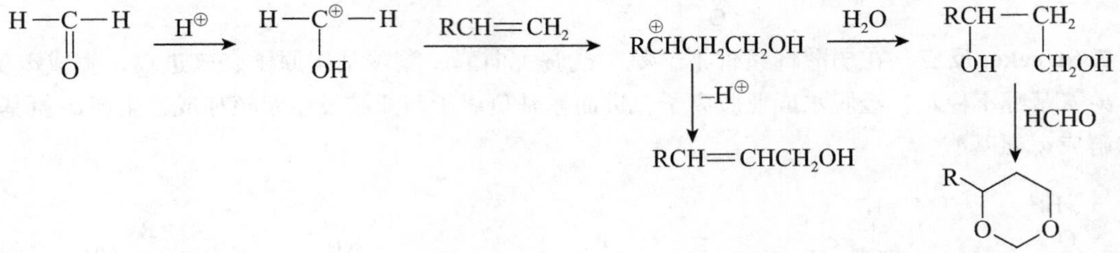

第二节 羟醛缩合反应

一、经典羟醛缩合反应

（一）含 α-H 的醛、酮自身缩合

含α-H的醛、酮在碱或酸的催化下可发生自身缩合，生成β-羟基醛、酮类化合物，或进而发生消除脱水生成α, β-不饱和醛、酮。

1. 反应通式及机理

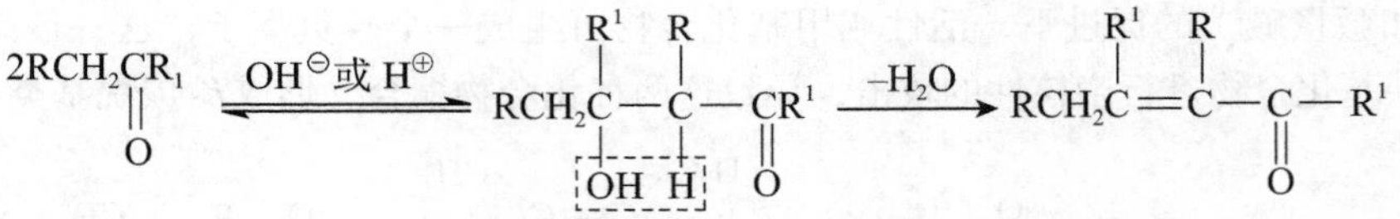

（R^1= H，脂肪基或芳烃基）

含α-H的醛、酮自身缩合及其他醛酮缩合反应均属亲核加成-消除反应机理，见本章第一节。

2. 反应影响因素及应用实例 含α-H的酮分子间自身缩合的反应活性较醛低，速率较慢。例如，当丙酮的自身缩合反应到达平衡时，缩合物的浓度仅为丙酮的0.01%，为了打破这种平衡，可用索氏（Soxhlet）抽提等方法除去反应中生成的水，从而提高收率。

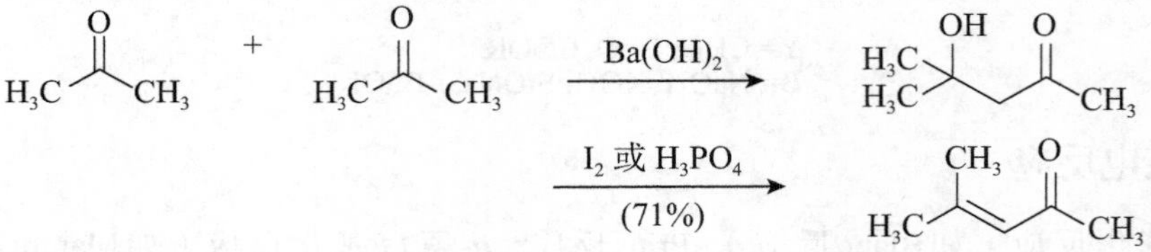

含α-H的脂肪酮自身缩合，常用强碱来催化，如氢氧化钠、醇钠、叔丁醇铝等。例如，大鼠肝脏中HMOX1有效诱导剂的合成。

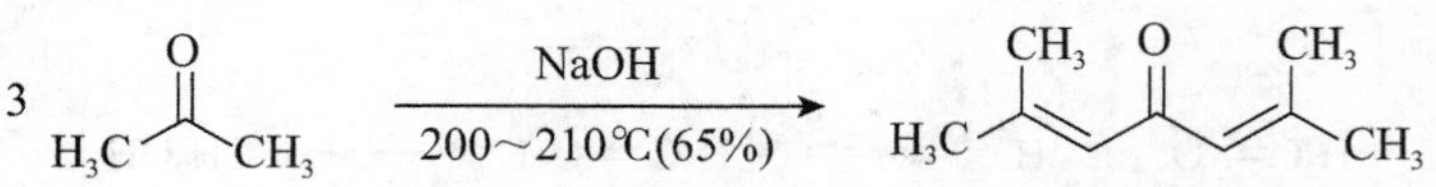

酮的自身缩合若是对称酮，则产品较单纯；若是不对称酮，则不论是碱催化还是酸催化，反应主要发生在羰基α-位取代基较少的碳原子上，得到β-羟基酮或其脱水产物。例如，治疗晚疫病

和霜霉病的氰霜唑（cyazofamid）中间体的合成。

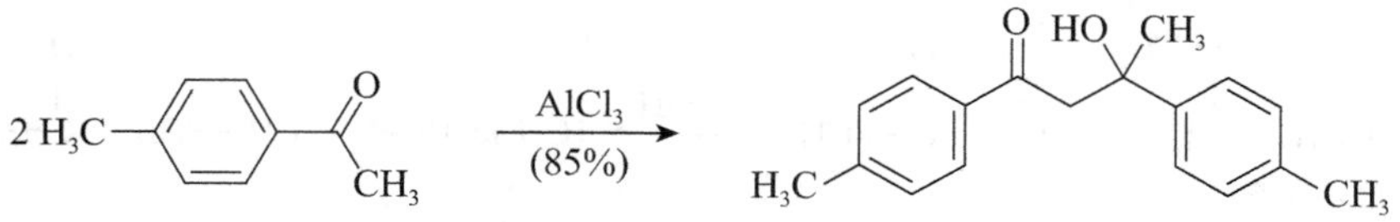

反应温度对该反应的速率及产物类型有一定影响。对含 α-H 的醛而言，反应温度较高或催化剂的碱性较强，有利于打破平衡，进而脱水得 α, β-不饱和醛，生成的 α, β-不饱和醛一般以 E 构型异构体为主。例如，丙醛在不同温度下的自身缩合反应：

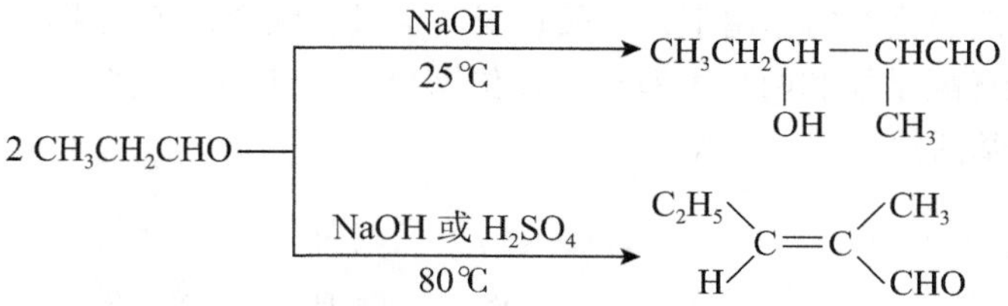

醛和酮的自身缩合反应受到催化剂种类的显著影响。碱性催化剂的常见选择包括磷酸钠、乙酸钠、碳酸钠（或碳酸钾）、氢氧化钠（或氢氧化钾）、乙醇钠、铝叔丁醇酸盐、氢化钠、氨基钠等，有时碱性离子交换树脂也会被使用。对于那些活性不高、空间位阻较大的底物之间的缩合反应，如酮与酮的缩合，通常会使用氢化钠等较强的碱，并在非质子性溶剂中进行。至于酸性催化剂，常见的有盐酸、硫酸、对甲苯磺酸及如三氟化硼等 Lewis 酸。例如，在合成镇静催眠药物甲丙氨酯的中间体时，便会用到这些催化剂。

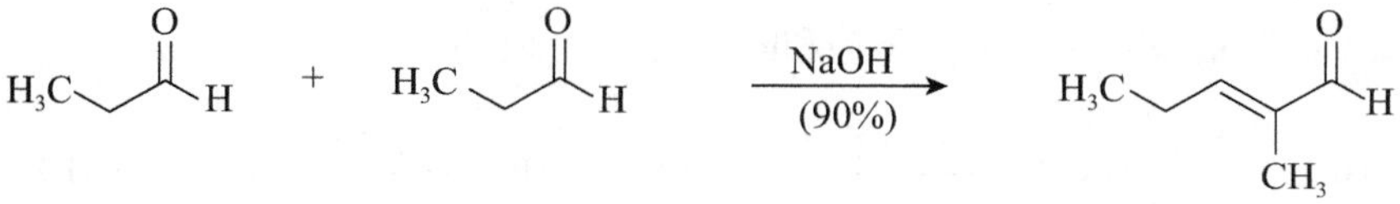

（二）含 α-H 的醛、酮之间缩合

含 α-H 的不同醛、酮分子之间的缩合反应情况比较复杂，理论上有 4 种产物，如果继续脱水，产物更复杂。实际上，根据反应物性质和反应条件的不同，所得产物仍有主次之分，甚至可以使某一种产物占绝对优势。

含 α-H 的 2 种不同醛进行缩合时，若活性差异较大，利用不同的反应条件，可以得到某一个主要产物。例如：

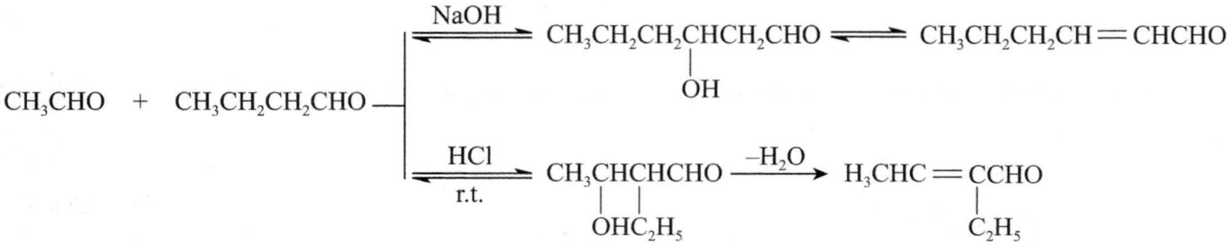

当一种反应物为含 α-H 的醛，另一种为含 α-H 的酮时，在碱催化的条件下缩合，醛作为羰基组分，酮作为亚甲基组分，主要产物为 β-羟基酮，或再经脱水生成 α, β-不饱和酮。例如，异戊醛与丙酮的缩合，主要产物为解痉药辛戊胺（octamylamine）的中间体。由于醛比酮活泼，在反应时醛会发生自身缩合，得到副产物，而酮一般不会自身缩合，过量的酮还可以回收使用。若将醛慢慢滴加到含有催化剂的过量酮中，可有效抑制醛自身缩合。

$$(CH_3)_2CHCH_2{-}CH + H_3C{-}C{-}CH_3 \xrightarrow{NaOH} (CH_3)_2CHCH_2{-}CH{-}CH{-}CH{-}CH_3$$

$$\xrightarrow[30℃(60\%)]{-H_2O} (CH_3)_2CHCH_2{-}CH{=}CH{-}C{-}CH_3$$

在酮类中，甲基酮和脂环酮空间阻碍较小，比较活泼，容易进行缩合。甲基脂肪酮（CH_3COCH_2R）在碱性催化剂的作用下，一般在甲基上进行缩合；若用甲醇钠为催化剂，则缩合在亚甲基处进行；脂环酮常能和两分子醛在 α, α' 位缩合。苄基酮的 α- 亚甲基特别活泼，因为亚甲基同时受到羰基和苯基活化。

（三）甲醛与含 α-H 的醛、酮缩合

甲醛本身不含 α-H，不能自身缩合，但在碱 [如 $Ca(OH)_2$、K_2CO_3、$NaHCO_3$、R_3N 等] 的催化下，可与含 α-H 的醛、酮进行醛醇缩合，在醛、酮的 α- 碳原子上引入羟甲基，此反应称为羟甲基化反应（Tollens 缩合），其产物是 α, β- 不饱和醛、酮。例如：

$$HCHO + CH_3CHO \xrightarrow{NaOH} CH_2(OH)CH_2CHO \xrightarrow{-H_2O} H_2C{=}CHCHO$$

在氯霉素（chloramphenicol）的合成中，甲醛与对硝基-(α-乙酰胺基)苯乙酮在碳酸氢钠的催化下，缩合得到硝基-(α-乙酰胺基-β-羟基)-苯丙酮。

$$+ HCHO \xrightarrow[pH\ 7.2\sim7.5,\ 35\sim40℃]{NaHCO_3}$$

利尿药依他尼酸（ethacrynic acid）的合成是以 2, 3- 二氯 -4- 丁酰基苯氧乙酸为原料与甲醛缩合制得。

$$\xrightarrow[\substack{(2)HCl \\ 55\%\ over\ two\ steps}]{(1)\ HCHO/K_2CO_3/EtOH}$$

（依他尼酸）

甲醛和不含 α-H 的醛在浓碱中能发生歧化反应（Cannizzaro 反应），因此甲醛的羟甲基化反应

和交叉Cannizzaro反应能同时发生，这是制备多羟基化合物的有效方法，如血管扩张药硝酸戊四醇酯（pentaerythritol tetranitrate）中间体的合成。

$$3\text{ HCHO} + \text{CH}_3\text{CHO} \xrightarrow[14\sim16℃]{25\%\ \text{Ca(OH)}_2} \underset{\underset{\text{CH}_2\text{OH}}{|}}{\overset{\overset{\text{CH}_2\text{OH}}{|}}{\text{HOCH}_2\text{C}}}{-}\text{CHO} \xrightarrow[55\sim60℃(55\%\sim57\%)]{\text{HCHO/Ca(OH)}_2} \underset{\underset{\text{CH}_2\text{OH}}{|}}{\overset{\overset{\text{CH}_2\text{OH}}{|}}{\text{HOCH}_2\text{C}}}{-}\text{CH}_2\text{OH}$$

（四）芳醛与含 *α*-H 的醛、酮的缩合

芳醛与含有*α*-活泼氢的醛、酮在碱的催化下缩合成*α, β*-不饱和醛、酮的反应称为Claisen-Schmidt反应。

1. 反应通式及机理

$$\text{ArCHO} + \text{RCH}_2{-}\overset{\overset{O}{\|}}{C}{-}R^1 \rightleftharpoons \text{ArCH}{-}\overset{H}{\underset{R}{C}}{-}\overset{OH}{C}R^1 \xrightarrow{-\text{H}_2\text{O}} \text{ArCH}{=}\overset{\overset{O}{\|}}{\underset{R}{C}}{-}C{-}R^1$$

反应先形成中间产物*β*-羟基芳丙醛（酮），但它极不稳定，立即在强碱催化下脱水生成稳定的芳基丙烯醛（酮）。

$$\text{RH}_2\text{C}{-}\overset{\overset{O}{\|}}{C}{-}R^1 \xrightarrow{H^\ominus} \text{RHC}^\ominus{-}\overset{\overset{O}{\|}}{C}{-}R^1 \xrightarrow{\overset{\overset{O}{\|}}{Ar-C-H}} \text{ArCH}{-}\underset{R}{\overset{O^\ominus}{|}}{CH}{-}\overset{\overset{O}{\|}}{C}{-}R^1 \xrightarrow{\text{H}_2\text{O}}$$

$$\text{ArCH}{-}\underset{H}{\overset{OH}{C}}{-}\overset{\overset{O}{\|}}{C}R^1 \xrightarrow{-\text{H}_2\text{O}} \text{ArCH}{=}\underset{R}{\overset{\overset{O}{\|}}{C}}{-}C{-}R^1$$

2. 反应影响因素及应用实例 经Claisen-Schmidt反应得到的*α, β*-不饱和羰基化合物以*E*构型为主。

（1）　　　　　　　　　（2）

不同反式构型产物的生成取决于过渡态脱水的难易。

过渡态（1）中苯基与PhC═O基处于邻位交叉，相互影响大；而在过渡态（2）中呈对位交叉，比过渡态（1）稳定，对消除脱水有利，结果生成反式构型的产物。

$$\text{Ph}{-}\overset{\overset{O}{\|}}{C}{-}H + \text{H}_3\text{C}{-}\overset{\overset{O}{\|}}{C}{-}H \xrightarrow[34\sim36℃(39\%)]{\text{NaOH}} \underset{\text{Ph}}{\overset{H}{C}}{=}\underset{H}{\overset{CHO}{C}}$$

若芳香醛与不对称酮缩合，如不对称酮中仅1个*α*-位有活性氢原子，则产品单纯，不论酸催

化还是碱催化，均得到同一产物。

$$O_2N-\text{C}_6H_4-CHO + Ph-\overset{O}{\underset{\|}{C}}-CH_3 \xrightarrow[\text{(94%)}]{NaOH/H_2O/C_2H_5OH} O_2N-\text{C}_6H_4-\overset{H}{\underset{|}{C}}=CHCOPh$$

若酮的2个α-位均有活性氢原子，则可能得到2种不同的产物。当苯甲醛与甲基脂肪酮（CH₃COCH₂R）缩合时，以碱催化，一般得到甲基位上的缩合产物（1-位缩合）；若用酸催化，则得到亚甲基位上的缩合产物（3-位缩合）。

因为在碱催化时，1位比3位较容易形成碳负离子；而在酸催化时，形成烯醇异构体的稳定性为 CH₃(HO)CH=CHCH₂CH₃ > CH₃CH₂CH₂(HO)CH=CH₂，因而缩合反应主要发生在3位上，所得缩合物为带支链的不饱和酮。

芳醛、不含α-H的芳酮及芳杂环酮也可发生类似的缩合。例如，糖尿病治疗药物依帕司他（epalrestat）的中间体α-甲基肉桂醛的合成。

（五）分子内的羟醛缩合

含α-H的二羰基化合物在催化量碱的作用下，可发生分子内的羟醛缩合反应，生成五元、六元环状化合物，因此该法常用于成环反应。成环的难易次序为六元环＞五元环＞七元环≫四元环。例如，2,6-庚二酮在二异丙基氨基锂（lithium diisopropylamide，LDA）的催化下可生成4-羟基-4-甲基环己酮。

脂环酮与α,β-不饱和酮的共轭加成产物所发生的分子内缩合反应，可以在原来环结构的基础上再引入1个新环，该反应称为Robinson环化反应。

实际上，Robinson环化反应是Michael加成反应与分子内羟醛缩合反应的结合，是合成稠环化合物的方法之一，主要用于甾体、萜类化合物的合成。例如，天然产物carainterol A具有较强的降血糖作用，它的全合成中涉及了此类反应。

加成反应生成的中间体是1个新的碳负离子,可导致许多副反应的发生。因此,在进行Robinson环化反应时,为了减少由于α,β-不饱和羰基化合物较大的反应活性带来的副反应,常用其前体代替。例如,环己烯酮类衍生物的合成涉及此类反应。

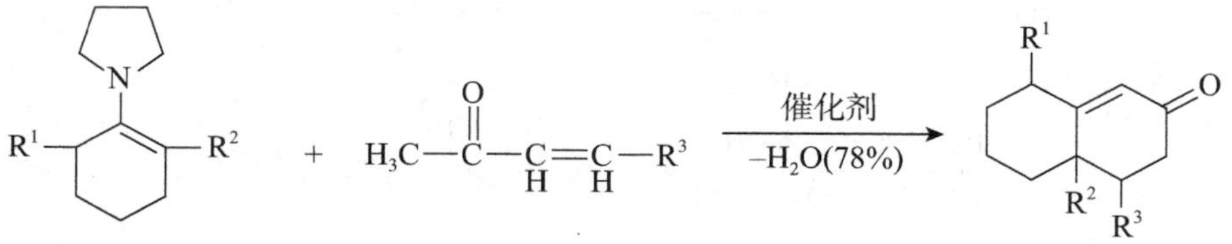

二、选择性羟醛缩合反应

含α-H的不同醛、酮分子之间可以发生自身的羟醛缩合,也可以发生交叉的羟醛缩合,产物复杂,因而没有应用价值。近年来,含α-H的不同醛、酮分子之间的区域选择性及立体选择性的羟醛缩合已发展为一类形成新碳碳键的重要方法,这种方法称为选择性羟醛缩合。选择性羟醛缩合主要有以下几种方法。

(一)烯醇盐法

先将醛、酮中的某一组分在具有位阻的碱(lithium diisopropylamide,LDA)的作用下形成烯醇盐,再与另一分子的醛、酮反应,实现区域或立体选择性羟醛缩合。不对称酮转变成烯醇盐时优先脱掉位阻较小的α-碳上的氢。例如,2-戊酮用LDA处理后成烯醇盐,然后再与苯甲醛反应,形成专一的加成产物1-羟基-1-苯基-3-己酮。

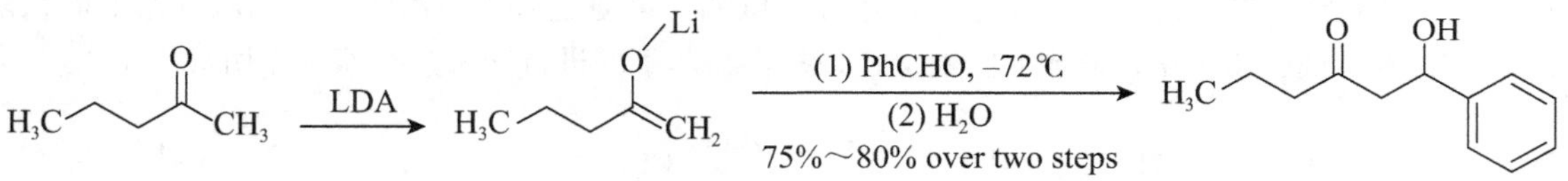

(二)烯醇硅醚法

将醛、酮中的某一组分转变成烯醇硅醚,然后在四氯化钛等Lewis酸的催化下,与另一醛、酮分子发生羟醛缩合。

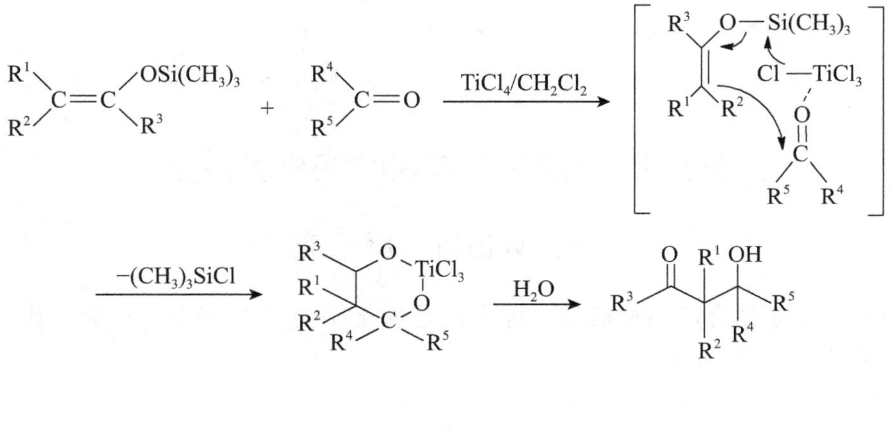

例如，丁烯醛与三甲基氯化硅反应生成烯醇硅醚，再与肉桂醛的二甲基缩醛发生缩合反应生成二烯醛。

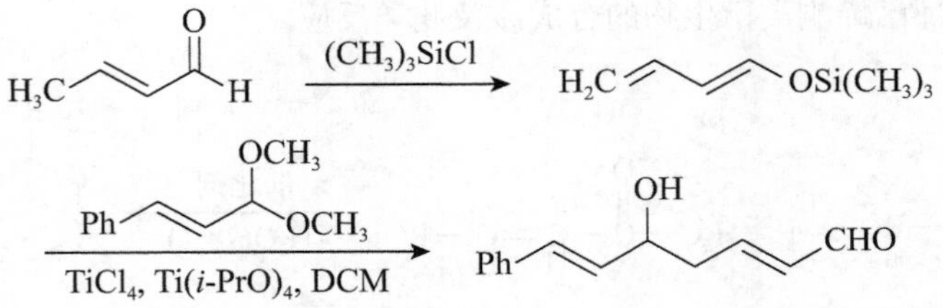

在此类反应中，常用的催化剂除了四氯化钛外，还有三氟化硼、四烃基铵氟化物等。

（三）亚胺法

醛类化合物一般较难形成相应的碳负离子，因而可先将醛与胺类反应形成亚胺，亚胺再与LDA作用转变成亚胺锂盐，然后与另一醛、酮分子发生羟醛缩合，生成β-羟基醛或α,β-不饱和醛。

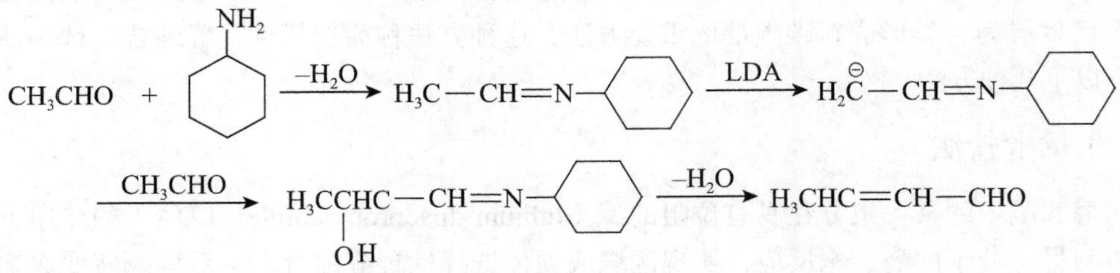

当醛与胺反应生成亚胺后，亚胺的亲电性降低，使得它自身缩合倾向减少。此外，当亚胺形成锂盐时，醛的α-碳变得更加亲核，这有助于它与另一个分子的醛或酮的羰基进行加成缩合。生成的产物由于形成螯合物中间体而稳定性增强。例如，可通过首先将丙醛转化为叔丁基亚胺，随后使用LDA实现去质子化，形成亚胺锂盐，该盐再与苯丁醛进行交叉羟醛缩合作用。

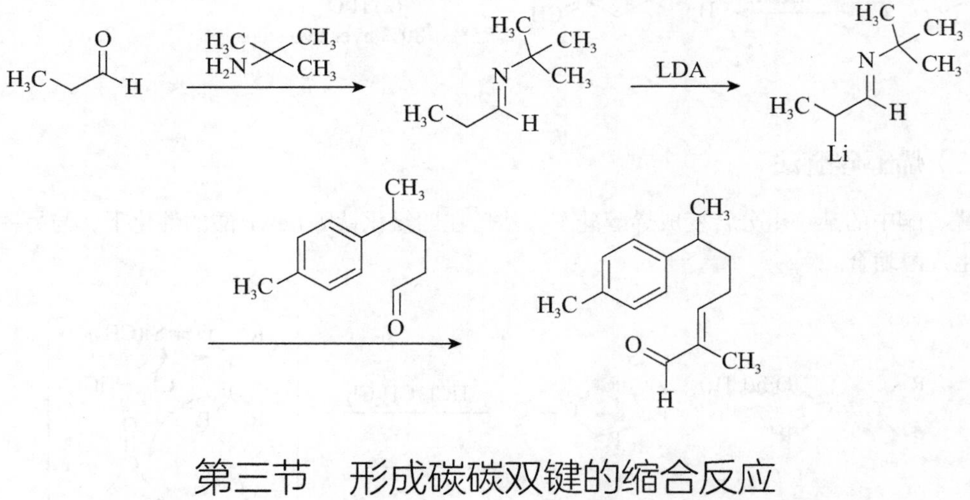

第三节　形成碳碳双键的缩合反应

一、Wittig 反应

醛、酮与磷叶立德合成烯烃的反应称为羰基烯化反应，又称Wittig反应，其中磷叶立德（phosphorus Ylide）称为Wittig试剂。

（一）反应通式及机理

$$\underset{R^3}{\overset{O}{\underset{\displaystyle C}{\parallel}}}\underset{R^4}{} \quad + \quad (C_6H_5)_3\overset{\oplus}{P}-\overset{\ominus}{\underset{R^2}{\overset{R^1}{C}}} \quad \longrightarrow \quad \underset{R^4}{\overset{R^3}{C}}=\underset{R^2}{\overset{R^1}{C}} \quad + \quad (C_6H_5)_3P=O$$

Wittig试剂（磷叶立德）可由三苯基磷与有机卤化物作用，在非质子溶剂中加碱处理，失去1分子卤化氢而成。磷叶立德具有内盐的结构，其结构可用其共振式叶林（Ylene）的磷化物表示。

常用的碱有正丁基锂、苯基锂、氨基钠、氢化钠、醇钠、氢氧化钠、叔丁醇钾、叔胺等；非质子溶剂有 THF、DMF、DMSO、乙醚等。

$$(C_6H_5)_3P \; + \; XC\overset{R^1}{\underset{R^2}{\overset{|}{\underset{|}{H}}}} \longrightarrow (C_6H_5)_3\overset{\oplus}{P}-CH\overset{R^1}{\underset{R^2}{}}X^{\ominus} \xrightarrow{C_6H_5Li} \left[(C_6H_5)_3\overset{\oplus}{P}-\overset{\ominus}{\underset{R^2}{\overset{R^1}{C}}} \longleftrightarrow (C_6H_5)_3P=\overset{R^1}{\underset{R^2}{C}} \right]$$
$$\text{(Ylide)} \qquad\qquad \text{(Ylene)}$$

反应在无水条件下进行，所得Wittig试剂对水、空气都不稳定，因此在合成时一般不分离出来，直接进行下一步与醛、酮的反应。反应机理为亲核加成-消除反应，见本章第一节。

（二）反应影响因素及应用实例

在Wittig反应中使用的Wittig试剂的α-碳携带负电荷，并与相邻的磷原子的空轨道形成d-p π共轭体系，因此比一般的碳负离子更为稳定；尽管如此，其稳定性也有一定的相对性。Wittig试剂的反应性和稳定性取决于α-位置上的取代基种类。如果取代基为氢原子、脂肪烃基或脂环烃基等，试剂的稳定性较低而反应活性较高；相反，如果取代基是吸电子基团，则亲核性下降，稳定性相应提高。例如，含对硝基苄基的三苯基膦远比亚乙基三苯基膦的稳定性高；其中，前者可以通过在三乙胺中处理对应的三苯基（对硝基苄基）卤化膦来制备，而后者则需要在非质子溶剂（如THF）中使用强碱正丁基锂处理相应的三苯基乙基卤（溴或碘）化膦才能得到。

$$(C_6H_5)_3\overset{\oplus}{\underset{X^{\ominus}}{P}}-CH_2-\!\!\!\left\langle\!\!\!\bigcirc\!\!\!\right\rangle\!\!\!-NO_2 \xrightarrow{Et_3N/CH_2Cl_2} (C_6H_5)_3P=CH-\!\!\!\left\langle\!\!\!\bigcirc\!\!\!\right\rangle\!\!\!-NO_2$$

$$(C_6H_5)_3\overset{\oplus}{\underset{Br^{\ominus}}{P}}-CH_2CH_3 \xrightarrow{n\text{-BuLi/THF}} (C_6H_5)_3P=CHCH_3$$

醛、酮的活性可影响Wittig反应的速率。一般来讲，醛反应最快，酮次之，酯最慢。同一个Wittig试剂分别与丁烯醛和环己酮在相似的条件下反应，醛容易亚甲基化，收率高，而酮的收率低。

$$(C_6H_5)_3P=CHCOOC_2H_5 \begin{cases} \xrightarrow[\triangle(81\%)]{CH_3CH=CHCHO/C_6H_5} CH_3CH=CHCH=CHCOOC_2H_5 \\[2em] \xrightarrow[\triangle(25\%)]{\bigcirc=O/C_6H_5} \bigcirc=CHCOOC_2H_5 \end{cases}$$

利用羰基活性的差别，可以进行选择性亚甲基化反应。例如，在治疗维生素A缺乏症药物维生素A乙酸酯（retinyl acetate）的合成过程中，仅醛基参与反应，而酯羰基不受影响。

在 Wittig 反应中，反应产物烯烃可能存在 Z 型、E 型 2 种异构体。影响 Z 型与 E 型 2 种异构体组成比例的因素很多，如 Wittig 试剂和羰基反应物的活性、反应条件（如配比、溶剂、有无盐存在等）等。利用不同的试剂，控制反应条件，可获得一定构型的产物。Wittig 反应在一般情况下的立体选择性可归纳于表 9-1。

表 9-1　Wittig 反应立体选择性参数表

反应条件		稳定的活性较小的试剂	不稳定的活性较大的试剂
极性溶剂	无质子	选择性差，但以 E 型为主	选择性差
	有质子	生成 Z 型异构体的选择性增强	生成 E 型异构体的选择性增强
非极性溶剂	无盐	高度选择性，E 型占优势	高度选择性，Z 型占优势
	有盐	生成 Z 型异构体的选择性增强	生成 E 型异构体的选择性增强

例如，当用稳定性大的 Wittig 试剂与乙醛在无盐条件下反应时，主要得到 E 型异构体；若苯甲醛与稳定性小的 Wittig 试剂在无盐条件下反应，则 Z 型异构体增加，Z 型和 E 型异构体的组成比例接近 1：1。

与一般的合成方法相比，Wittig 反应在烯烃的合成中展现出若干显著的优势：首先，该反应在较为温和的条件下进行，通常能获得较高的产率，且生成的烯键保持在原始羰基的位置上，很少发生位置异构化，允许合成那些环外双键的化合物，即便其结构在能量上不是最优化的；其次，这一反应的适用范围非常广泛，多种含有不同取代基的羰基化合物都可以作为反应的底物；然后，通过选择适当的反应试剂和调整条件，可以实现对烯烃产物构型的立体选择性，方便地合成 Z 型或 E 型异构体；最后，当反应底物为 α, β- 不饱和羰基化合物时，不会发生 1, 4 加成反应，这样双键位置就可以固定不变，利用此性质可以合成各类共轭多烯化合物，如胡萝卜素和番茄红素等天然产物。在萜类、甾体、维生素 A 和维生素 D、前列腺素、昆虫信息素及新抗生素等天然产物的合成中，Wittig 反应具有其独特的作用，如维生素 A（vitamin A）的合成。

Wittig试剂除了与醛、酮反应外，也可和烯酮、异氰酸酯、亚胺、酸酐等发生类似的反应。

$$H_2C=C=O + (C_6H_5)_3P=C\begin{smallmatrix}R^1\\R^2\end{smallmatrix} \longrightarrow H_2C=C=C\begin{smallmatrix}R^1\\R^2\end{smallmatrix}$$

用 α-卤代醚制成的Wittig试剂与醛、酮反应可得到烯醚化合物，再经水解而生成新的醛、酮，这是合成醛、酮的一种新方法。

$$ROCH_2Cl \xrightarrow{Ph_3P} ROCH=PPh_3 \xrightarrow{R^1COR^2} \underset{\underset{R^1}{|}}{ROCH=CR^2} \xrightarrow{H_2O} \underset{\underset{R^2}{|}}{R^1CHCHO}$$

Wittig试剂的制备比较麻烦，而且后处理比较困难，很多人对其进行了改进，可用下列膦酸酯、硫代膦酸酯和膦酰胺等代替内鎓盐。

膦酸酯 硫代膦酸酯 膦酰胺

利用膦酸酯与醛、酮类化合物在碱存在下作用生成烯烃的反应称为Wittig-Horner反应，反应机理与Wittig反应相似。

膦酸酯可通过Arbuzow重排反应制备，即亚膦酸酯在卤代烃（或其衍生物）作用下异构化而得。一般认为是按 S_N2 机理进行的分子内重排反应。

该法广泛用于各种取代烯烃的合成，α, β-不饱和醛、双醛、烯酮等均能发生Wittig-Horner反应。例如，白藜芦醇（resveratrol）中间体的合成。

利用膦酸酯进行 Wittig 反应，其产物烯烃主要为 E 型异构体，但金属离子、溶剂、反应温度及膦酸酯中醇的结构均会影响其立体选择性。例如，膦酸酯与苯甲醛在溴化锂存在下可得到单一的 E 型异构体；而膦酸酯与醛在低温下反应，产物主要是 Z 型异构体。

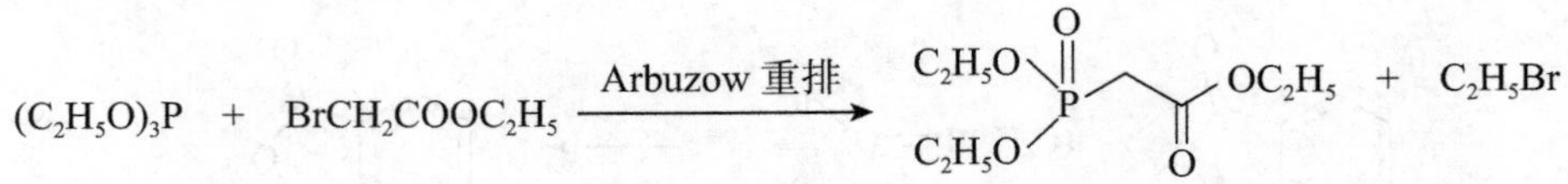

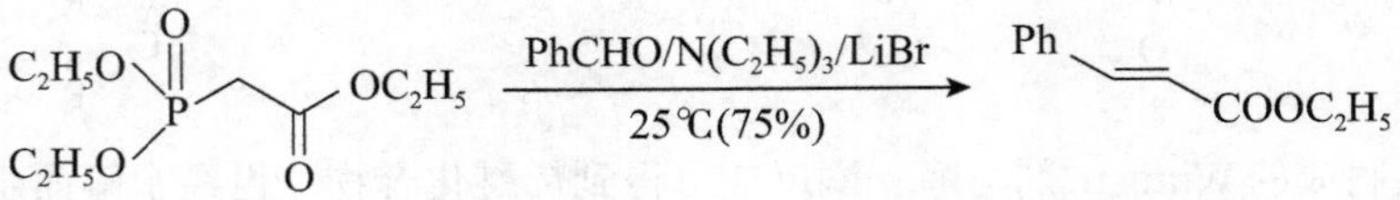

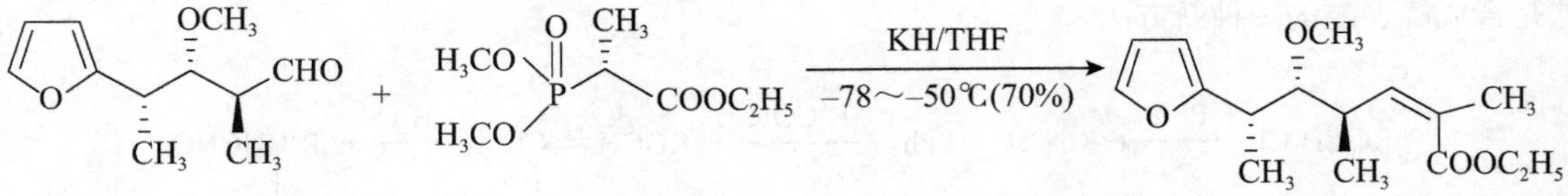

例如，治疗重度痤疮的药物异维 A 酸（isotretinoin）的合成中涉及 Wittig 反应，主要得到 Z 型产物。

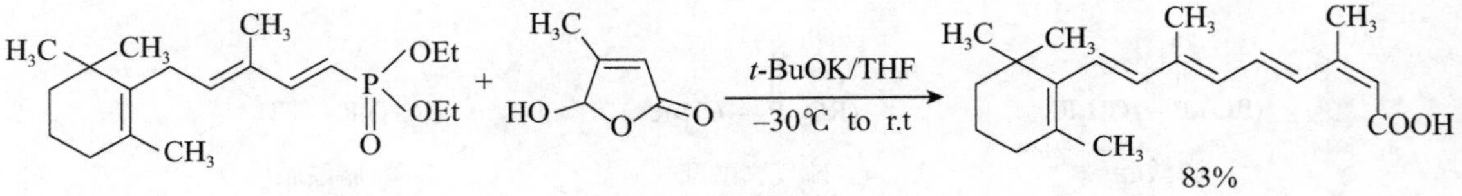

Wittig-Horner 反应亦可采用相转移反应，避免了无水操作。例如：

二、Knoevenagel 反 应

具有活性亚甲基的化合物在碱的催化下，与醛、酮发生缩合，再经脱水而得 α, β-不饱和化合物的反应，称为 Knoevenagel 反应。

（一）反应通式及机理

$$(X, Y = —CN, —NO_2, —COR^2, —COOR^2, —CONHR^2)$$

对该反应机理的解释主要有 2 种。一种是羰基化合物在伯胺、仲胺或铵盐的催化下形成亚胺过渡态，然后与活性亚甲基的碳负离子加成；另一种机理类似羟醛缩合，反应在极性溶剂中进行，在碱性催化剂的存在下，活性亚甲基形成碳负离子，然后与醛、酮缩合。

（二）反应影响因素及应用实例

Knoevenagel反应中，一般活性的亚甲基化合物具有2个吸电子基团时，活性较大。常用的活性亚甲基化合物有丙二酸及其酯、β-酮酸酯、氰乙酸酯、硝基乙酸酯、丙二腈、丙二酰胺、苄酮、脂肪族硝基化合物等。

常用的碱性催化剂有吡啶、哌啶、二乙胺等有机碱或它们的羧酸盐，以及氨或乙酸铵等。反应时常用苯、甲苯等有机溶剂共沸除去生成的水，以促使反应完全。

Knoevenagel反应所得烯烃的收率与反应物结构类型、催化剂种类、配比、溶剂、温度等因素有关。例如，在同一条件下，位阻大的醛、酮比位阻小的醛、酮反应要更困难，收率也更低。

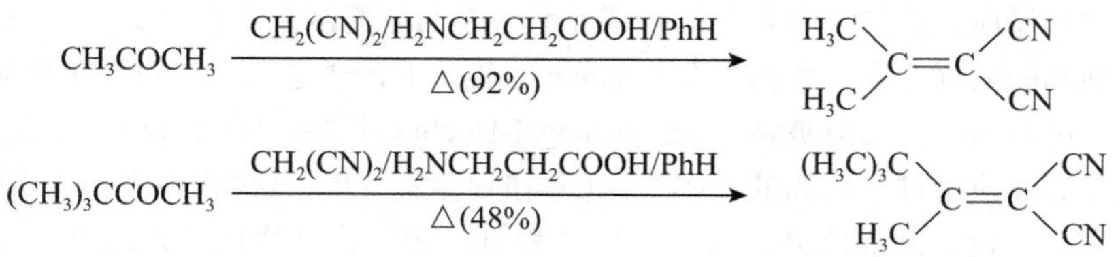

$$CH_3COCH_3 \xrightarrow[\triangle(92\%)]{CH_2(CN)_2/H_2NCH_2CH_2COOH/PhH}$$

$$(CH_3)_3CCOCH_3 \xrightarrow[\triangle(48\%)]{CH_2(CN)_2/H_2NCH_2CH_2COOH/PhH}$$

芳醛、脂肪醛与活性亚甲基化合物均可顺利地进行反应，其中芳醛的收率较高。例如，2型糖尿病治疗药洛贝格列酮（lobeglitazone）的合成。

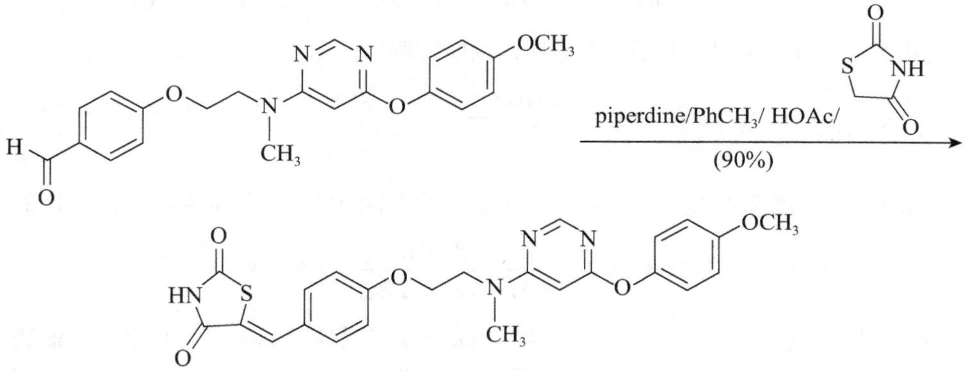

又如，降血脂药瑞舒伐他汀（rosuvastatin）中间体的合成。

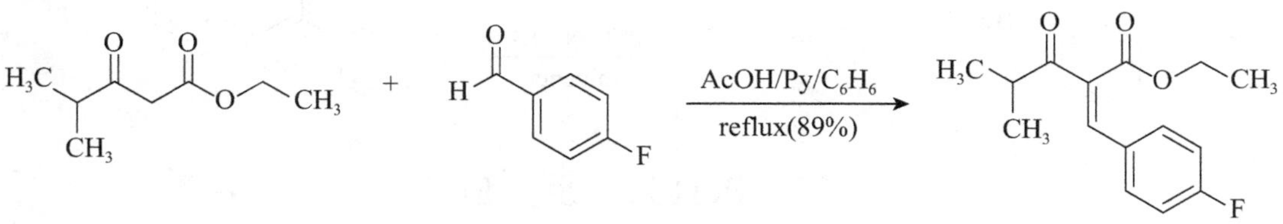

位阻小的酮（如丙酮、甲乙酮、脂环酮等）与活性较高的亚甲基化合物（如丙二腈、氰乙酸酯、脂肪族硝基化合物等）可顺利地进行反应，收率较高。例如，抗癫痫药乙琥胺（ethosuximide）中间体的合成。

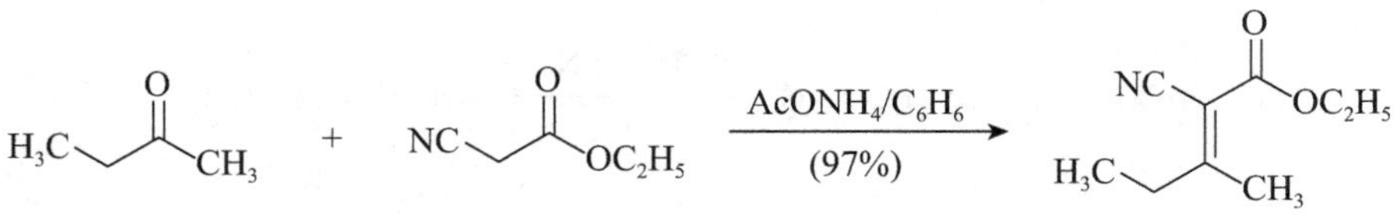

但与丙二酸及其酯、β-酮酸酯、β-二酮等活性较低的亚甲基化合物反应时收率不高。位阻大的酮反应困难、速率慢、收率低。若用 TiCl$_4$-吡啶催化剂，不仅可与醛顺利反应，亦可以和酮顺利反应。

$$RCHO \ + \ CH_3COCH_2COOC_2H_5 \xrightarrow[(52\%\sim92\%)]{TiCl_4/Py} RHC=C \begin{matrix} COCH_3 \\ COOC_2H_5 \end{matrix}$$

$$\underset{R}{\overset{O}{\underset{\shortparallel}{R^1}}} \ + \ CH_2(COOC_2H_5)_2 \xrightarrow[(73\%\sim100\%)]{TiCl_4/Py} \begin{matrix} R^1 \\ R \end{matrix} C=C(COOC_2H_5)_2$$

在制备 β-取代丙烯酸衍生物的过程中，丙二酸活性亚甲基化合物通过碱作用催化与脂肪醛或芳香醛发生缩合反应，这是一条重要的合成路线。在与脂肪醛进行缩合的情况下，往往会产生 α, β- 和 β, γ-不饱和酸的混合物。然而，在 Doebner 的改良下，通过丙二酸和醛在吡啶或吡啶-哌啶混合物的催化下进行的缩合反应被称为 Knoevenagel-Doebner 反应。该反应的主要优点包括快速的反应速率、温和的反应条件、较高的产率、纯度高的产品，以及极少或根本不含 β, γ-不饱和酸异构体，同时适用性广泛。除此之外，丙二酸单酯和氰乙酸等化合物也可以进行类似的缩合反应，进一步拓展了这种方法的应用范围。例如：

$$Ar-CHO \ + \ \underset{HO}{\overset{O}{\parallel}} \underset{OH}{\overset{O}{\parallel}} \xrightarrow[pyridine]{piperdine} Ar\diagdown\diagup\overset{O}{\underset{\parallel}{C}}OH$$

用吡啶作溶剂或催化剂时，其缩合发生脱羧反应。例如：

$$\underset{O}{\overbrace{}}CHO \ + \ NCCH_2COOH \xrightarrow[C_6H_6]{Py/AcONH_4} \underset{O}{\overbrace{}}\underset{H}{\overset{}{C}}=CHCN \ + \ CO_2 \ + \ H_2O$$

据文献报道，采用微波催化可极大促进该类反应的进行，并缩短反应时间，提高收率。例如：

$$RCHO \ + \ CH_2(COOH)_2 \xrightarrow[MW(70\%\sim96\%)]{AcONH_4} R\diagdown\diagup COOH$$

苯乙腈与苯甲醛在相转移催化条件下，经 Knoevenagel 反应可制备芪类化合物。该法与 Wittig 反应、Grignard 反应比较具有反应条件简单、收率高等特点。

$$\underset{}{\overbrace{}}CH_2CN \ + \ \underset{}{\overbrace{}}CHO \xrightarrow[toluene]{PTC/NaOH} \underset{}{\overbrace{}}\overset{CN}{\underset{}{C}}=\underset{}{\overbrace{}}$$

三、Perkin 反应

芳香醛和脂肪酸酐在相应的脂肪酸碱金属盐的催化下缩合，生成 β-芳基丙烯酸类化合物的反应称为 Perkin 反应。

（一）反应通式及机理

$$ArCHO \ + \ (RCH_2CO_2)_2O \xrightarrow{RCH_2CO_2Na} ArCH=\underset{R}{\overset{|}{C}}COOH$$

在碱作用下，酸酐经烯醇化后与芳醛发生 Aldol 缩合，经酰基转移、消除、水解得 β-芳基丙烯酸类化合物。

（二）反应影响因素及应用实例

该反应通常局限于芳香族醛类，带有吸电子取代基的芳醛活性增强，反应易于进行；反之，连有给电子取代基时，反应速率减慢，收率也低，甚至不能发生反应。例如，抗肿瘤药考布他汀（combretastatin）中间体的合成。

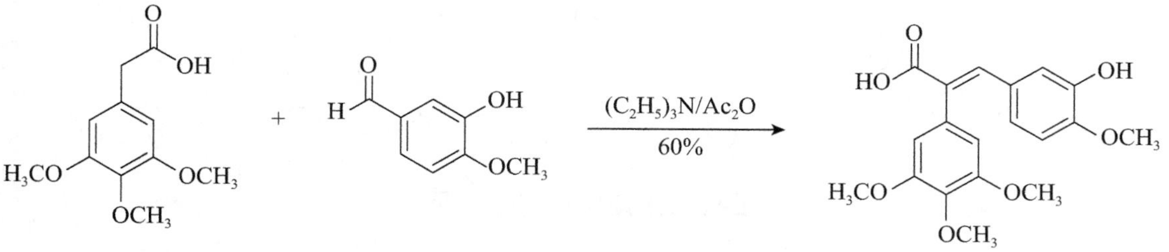

当邻羟基、邻氨基芳香醛进行反应时，常伴随闭环反应。例如，水杨醛与乙酸酐发生 Perkin 反应，顺式异构体可自动发生内酯化生成香豆素，而反式异构体发生乙酰基化生成乙酰香豆酸。

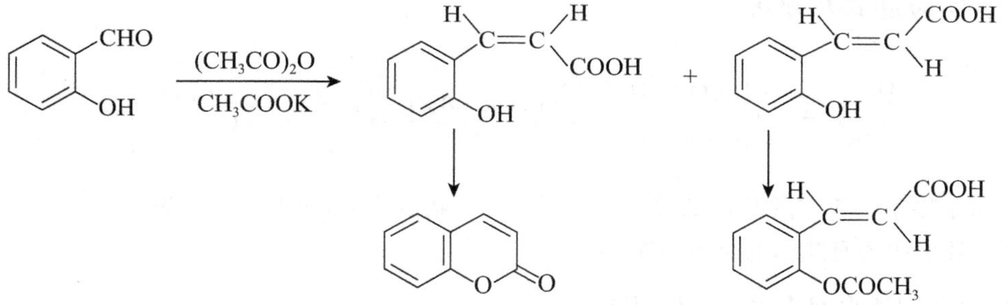

某些芳杂醛如呋喃甲醛、2-噻吩甲醛亦能进行该反应。例如，血吸虫病治疗药呋喃丙胺（furapromide）原料呋喃丙烯酸的合成。

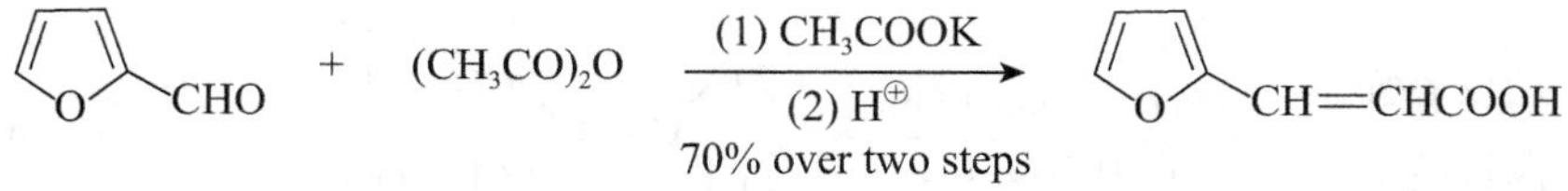

若酸酐具有 2 个 α-氢，则其产物均是 α,β-不饱和羧酸。某些高级酸酐制备较难，来源亦少，但可将该羧酸与乙酸酐反应制得混合酸酐再参与缩合。

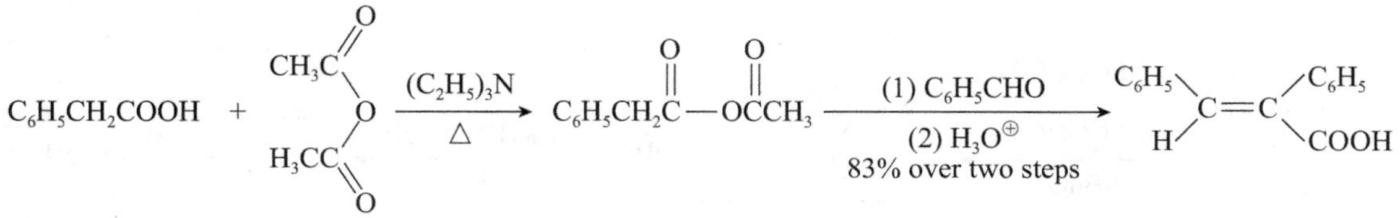

催化剂常用相应羧酸的钾盐或钠盐，但铯盐的催化效果更好，反应速率快，收率也较高。因为羧酸酐是活性较弱的亚甲基化合物，而催化剂羧酸盐又是弱碱，所以对反应温度要求较高（150～200℃）。例如，心绞痛治疗药普尼拉明（prenylamine）中间体肉桂酸的合成。

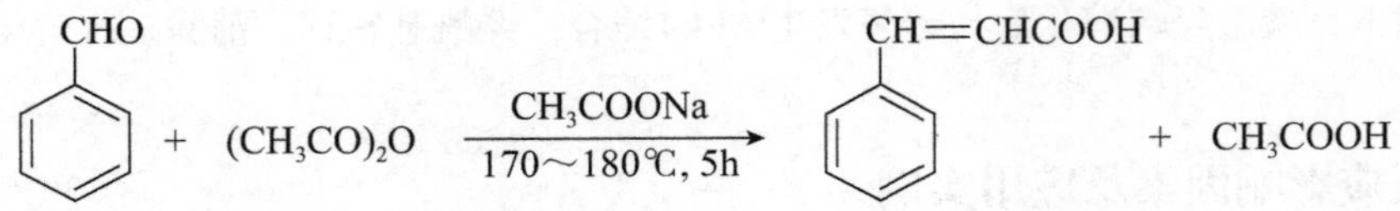

Perkin反应优先生成 *E* 型异构体的产物。

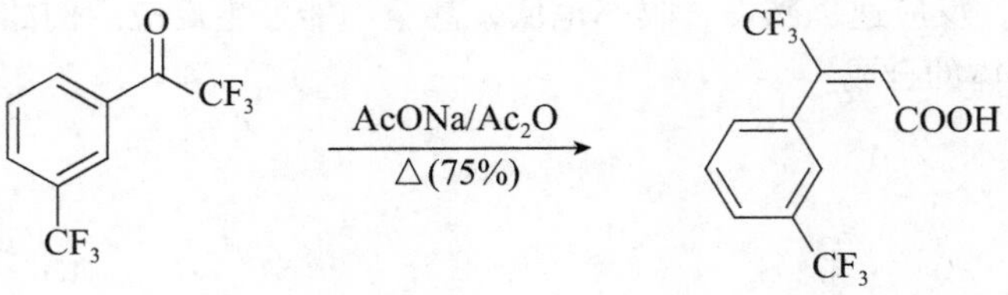

(*E*：*Z*=91：7)

四、Stobbe 反 应

在强碱条件下，醛、酮与丁二酸酯或α-取代丁二酸酯进行缩合而得亚甲基丁二酸单酯的反应称为Stobbe反应。该反应常用的催化剂为醇钠、叔丁醇钾、氢化钠和三苯甲烷钠等。

（一）反应通式及机理

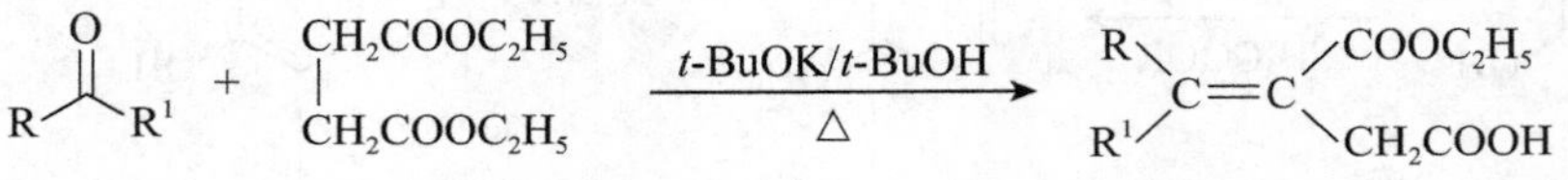

在强碱条件下，丁二酸酯经烯醇化，与羰基化合物发生Aldol缩合，并失去1分子乙醇形成内酯，再经开环生成带有酯基的α,β-不饱和酸。

（二）反应影响因素及应用实例

在Stobbe反应中，若反应物为不含α-H的对称酮，则仅得1种产物，收率较高；若反应物为含有α-H的不对称酮，则产物是 *Z* 型、 *E* 型异构体的混合物。例如：

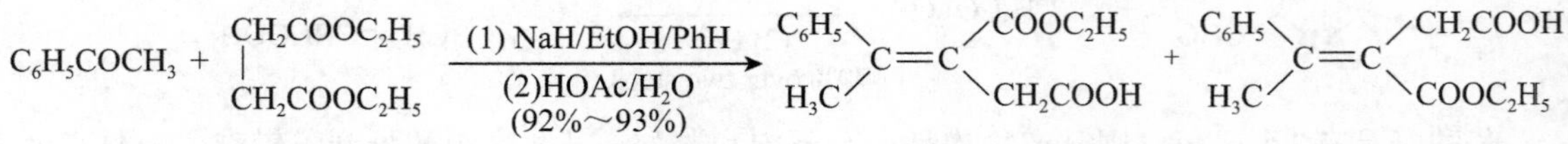

Stobbe反应产物在酸中加热水解并脱羧，生成较原来的起始原料醛、酮增加3个碳原子的不饱和酸。

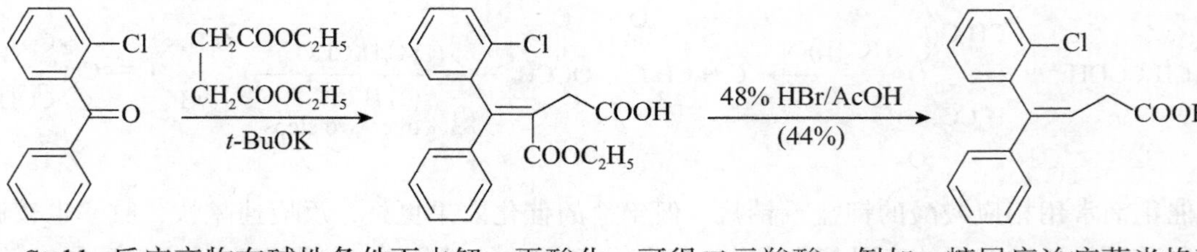

Stobbe反应产物在碱性条件下水解，再酸化，可得二元羧酸。例如，糖尿病治疗药米格列奈（mitiglinide）中间体苄基丁二酸的合成。

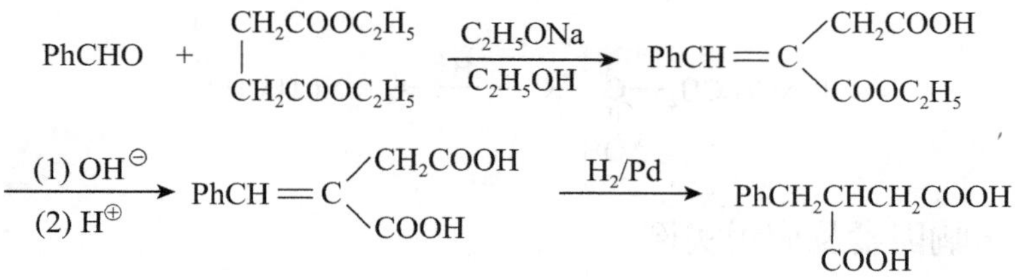

$$PhCHO + \begin{matrix} CH_2COOC_2H_5 \\ | \\ CH_2COOC_2H_5 \end{matrix} \xrightarrow[C_2H_5OH]{C_2H_5ONa} PhCH = C \begin{matrix} CH_2COOH \\ \diagdown \\ COOC_2H_5 \end{matrix}$$

$$\xrightarrow[(2)\ H^{\oplus}]{(1)\ OH^{\ominus}} PhCH = C \begin{matrix} CH_2COOH \\ \diagdown \\ COOH \end{matrix} \xrightarrow{H_2/Pd} PhCH_2CHCH_2COOH \\ \qquad\qquad\qquad\qquad\qquad\qquad\qquad\qquad | \\ \qquad\qquad\qquad\qquad\qquad\qquad\qquad\qquad COOH$$

若以芳香醛、酮为原料，生成的羧酸经还原后，再经分子内的 Friedel-Crafts 酰化反应，可生成环己酮的衍生物。例如，α-萘满酮（α-tetralone）的合成。

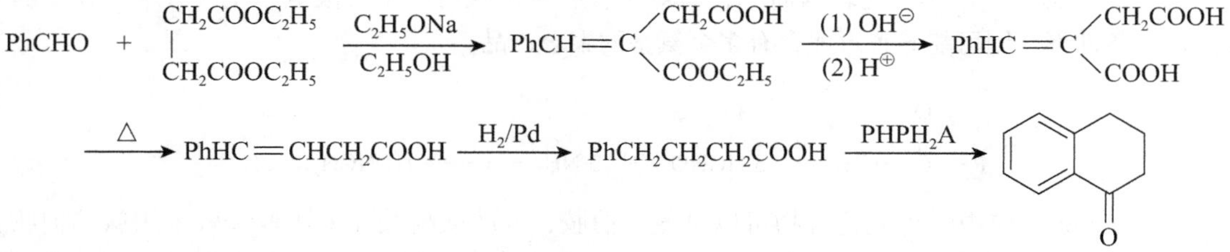

$$PhCHO + \begin{matrix} CH_2COOC_2H_5 \\ | \\ CH_2COOC_2H_5 \end{matrix} \xrightarrow[C_2H_5OH]{C_2H_5ONa} PhCH = C \begin{matrix} CH_2COOH \\ \diagdown \\ COOC_2H_5 \end{matrix} \xrightarrow[(2)\ H^{\oplus}]{(1)\ OH^{\ominus}} PhHC = C \begin{matrix} CH_2COOH \\ \diagdown \\ COOH \end{matrix}$$

$$\xrightarrow{\triangle} PhHC = CHCH_2COOH \xrightarrow{H_2/Pd} PhCH_2CH_2CH_2COOH \xrightarrow{PHPH_2A}$$

除丁二酸外，某些 β-酮酸酯及其醚类似物亦可在碱催化下与醛、酮缩合得 Stobbe 反应产物。例如：

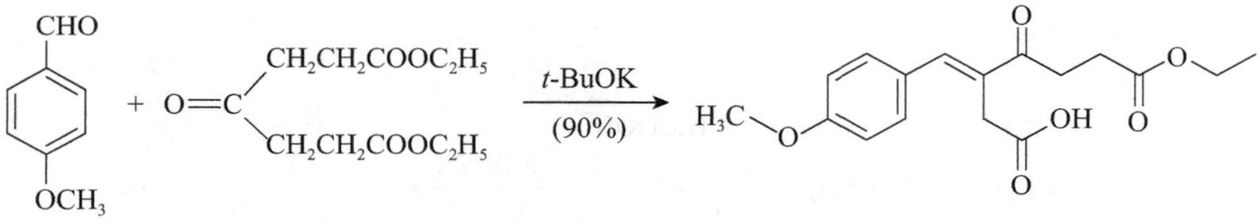

第四节　氨烷基化、卤烷基化、羟烷基化反应

一、Mannich　反　应

具有活性氢的化合物与甲醛（或其他醛）及氨或胺（伯胺、仲胺）进行缩合，生成氨甲基衍生物的反应称为 Mannich 反应，亦称 α-氨烷基化反应。其反应产物常称为 Mannich 碱或 Mannich 盐。

（一）反应通式及机理

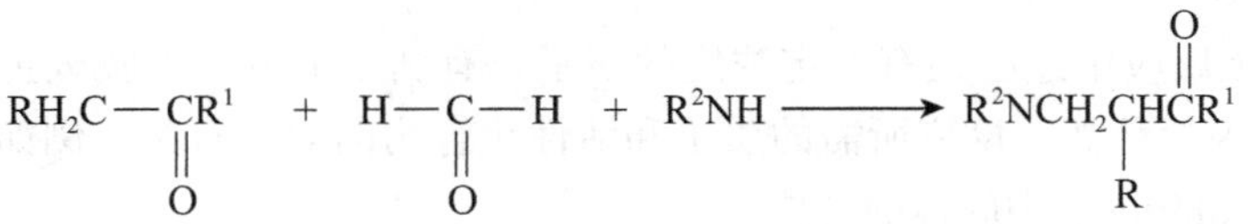

$$RH_2C-CR^1 + H-C-H + R^2NH \longrightarrow R^2NCH_2CHCR^1 \\ \quad\ \| \qquad\qquad \| \qquad\qquad\qquad\qquad\qquad\qquad | \\ \quad\ O \qquad\qquad O \qquad\qquad\qquad\qquad\qquad\quad R$$

亲核性较强的胺与甲醛反应，生成 N-羟甲基加成物，并在酸催化下脱水生成亚甲胺离子，进而与烯醇式的酮进行亲电反应，得到产物。

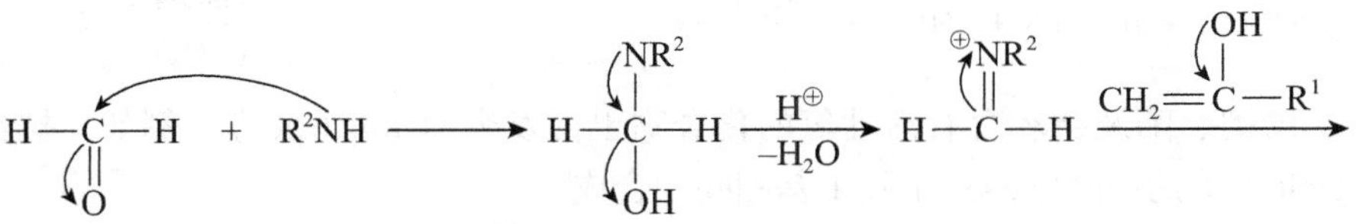

$$R^2NCH_2CH_2-\overset{\underset{OH^{\oplus}}{|}}{C}-R^1 \xrightarrow{-H^{\oplus}} R^2NCH_2CH_2\overset{\underset{\|}{O}}{C}R^1$$

（二）反应影响因素及应用实例

能参与Mannich反应的含有活泼氢的化合物种类繁多，包括醛、酮、羧酸及其衍生物，如酯、腈、含硝基的烷烃、具有活泼羟基的酚类，以及一些杂环化合物等。在化合物分子只含有一个活泼氢原子时，其反应产物往往较为简单；而对于含有两个或更多个活泼氢原子的分子，在甲醛和胺的过量条件下，则可能导致形成含有多个氨基的聚合产品。

$$R-\overset{\underset{\|}{O}}{C}-CH_3 \ + \ 3\,HCHO \ + \ 3\,NH_3 \longrightarrow (H_2NCH_2)_3CCR$$

在Mannich反应中，含氮化合物可以是氨、伯胺、仲胺或酰胺。采用仲胺较采用氨和伯胺会获得更高的收率，仲胺氮原子上仅有1个氢，生成产物单纯，应用较多。当用氨或伯胺时，若活性氢化物和甲醛过量，则所有氨上的氢均可参与缩合反应。例如，镇吐药盐酸格拉司琼（granisetron hydrochloride）中间体的合成。

参加反应的醛可以是甲醛（甲醛水溶液或多聚甲醛），也可以是活性较大的其他脂肪醛（如乙醛、丁醛、丁二醛、戊二醛等）和芳香醛（如苯甲醛、糠醛），但它们的活性均比甲醛低。例如，抗真菌药盐酸萘替芬（naftifine hydrochloride）中间体的合成。

典型的Mannich反应中还必须有一定浓度的质子，有利于形成亚甲胺碳正离子，因此反应所用的胺（或氨）常为盐酸盐。反应所需的质子和活性化合物的酸度有关。例如，镇痛药盐酸曲马多（tramadol hydrochloride）中间体的合成。

除酮外，酚类、酯及杂环含有活性氢的化合物也可发生Mannich反应。例如，抗炎药吲哚美辛（indometacin）等的中间体3-二甲胺甲基吲哚的合成。

含多个α-活泼氢的不对称酮进行Mannich反应，所得产物往往是一个混合物，用不同的Mannich试剂，可获得区域选择性的产物。利用烯氧基硼烷与碘化二甲基铵盐反应，可提供区域选择性合成Mannich碱的新方法。

$$(C_2H_5)_2CHC \!\!=\!\! CHCH_2CH_3 \quad + \quad (CH_3)_2\overset{\oplus}{N} \!\!=\!\! CH_3I^{\ominus} \xrightarrow{\ (94\%)\ } (C_2H_5)_2CHC\!-\!CHCH_2N(CH_3)_2$$

将环己酮转变成烯醇锂盐，然后分批投入亚铵三氟乙酸盐与之反应，可以区域选择性地合成Mannich碱。

如用亚甲基二胺为Mannich试剂，预先用三氟乙酸处理，即能得到活泼的亲电试剂亚甲胺正离子的三氟乙酸盐，经分离后与活性氢化物反应，可直接制备Mannich碱。

$$(CH_3)_2NCH_2N(CH_3)_2 \quad + \quad 2CF_3COOH \longrightarrow (CH_3)_2\overset{\oplus}{N}\!\!=\!\!CH_2 \quad + \quad H_2\overset{\oplus}{N}(CH_3)_2 \quad + \quad 2CF_3COO^{\ominus}$$

$$(CH_3)_2CHOCOCH_3 \quad + \quad (CH_3)_2\overset{\oplus}{N}H\!\!=\!\!CH_2 \xrightarrow{\ CF_3COOH\ } (CH_3)_2CHOCOCH_2CH_2N(CH_3)_2$$

在手性催化剂的诱导下，可进行不对称Mannich反应。例如，α-氟代酮酸酯和亚胺经手性硫脲催化的Mannich反应合成Mannich碱，经一步反应得β-内酰胺衍生物。

Mannich反应在有机合成方法上的意义，不仅在于制备多种氨甲基化产物，也可作为中间体，通过消除和加成、氢解等反应而制备一般难以合成的产物。由于Mannich碱不稳定，加热后易脱去1个胺分子而形成烯键，利用这类化合物进行加成反应，可制得有价值的产物。例如，镇吐药昂丹司琼（ondansetron）中间体的合成。

二、Pictet-Spengler 反应

β-芳乙胺与醛在酸性溶液中缩合生成 1, 2, 3, 4-四氢异喹啉的反应称为 Pictet-Spengler 反应。最常用的羰基化合物为甲醛或甲醛缩二甲醇。

（一）反应通式及机理

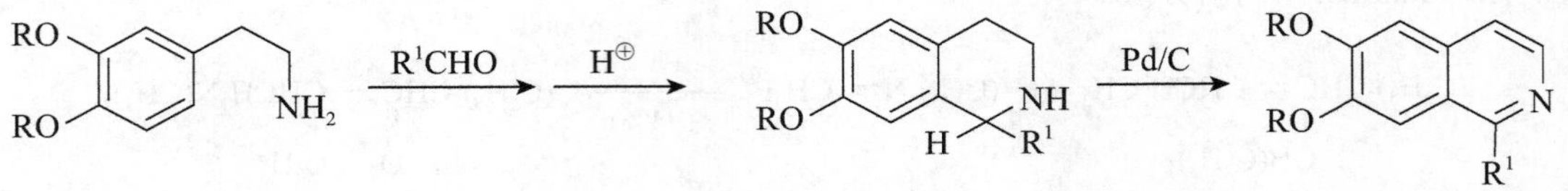

Pictet-Spengler 反应实质上是 Mannich 反应的特殊例子。β-芳乙胺与醛首先作用得到 α-羟基胺，再脱水生成亚胺，然后在酸催化下发生分子内亲电取代反应而闭环，所得四氢异喹啉以钯碳脱氢而得异喹啉。

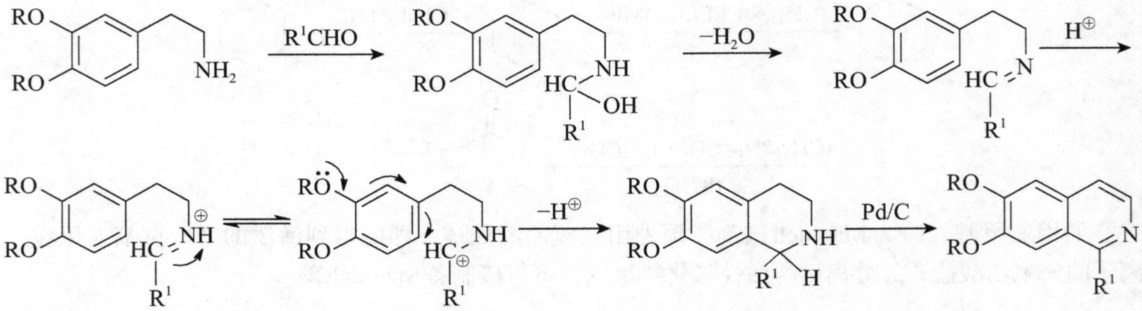

（二）反应影响因素及应用实例

β-芳乙胺的芳环反应性能对反应的难易有很大影响，如果芳环闭环位置上电子云密度较高则有利于反应进行；反之亦然。一般情况下，在该反应中，芳环上均需有供电子基团如烷氧基、羟基等存在。例如，生物碱育亨宾（yohimbine）中间体 6-甲氧基-1, 2, 3, 4-四氢异喹啉可以以间甲氧基苯胺和甲醛为起始原料，经 Pictet-Spengler 反应制得。

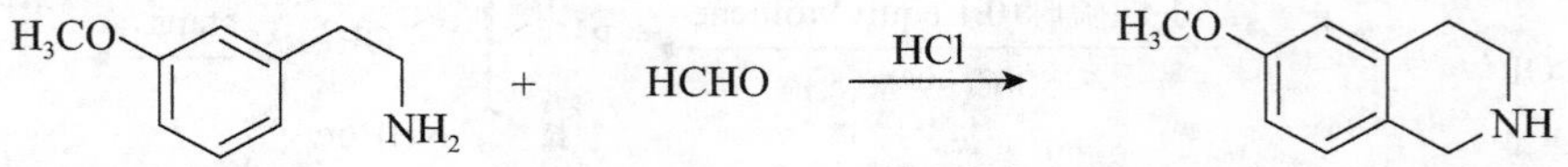

当苯甲醛等与芳乙胺环合时，反应温度不同，产物顺、反异构体比例不同，一般认为在低温下反应选择性提高。例如：

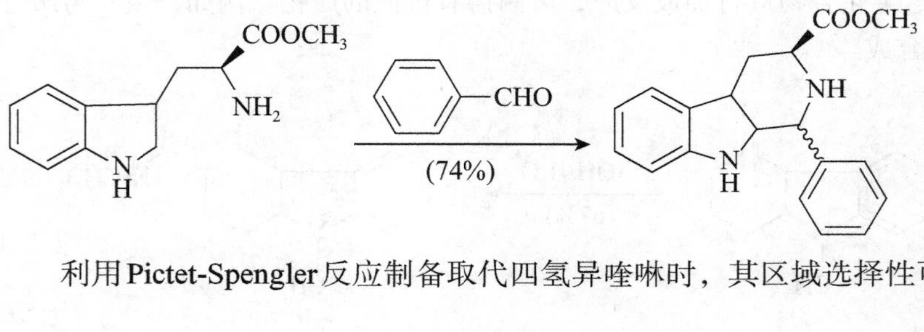

反应温度	顺式：反式
CH$_2$Cl$_2$, 0℃	82：18
PhH, reflux	37：63

利用 Pictet-Spengler 反应制备取代四氢异喹啉时，其区域选择性可经芳环上环合部位取代基的

诱导而获得。例如，3-甲氧基苯乙胺与甲醛-甲酸反应，主要生成6-甲氧基四氢异喹啉。

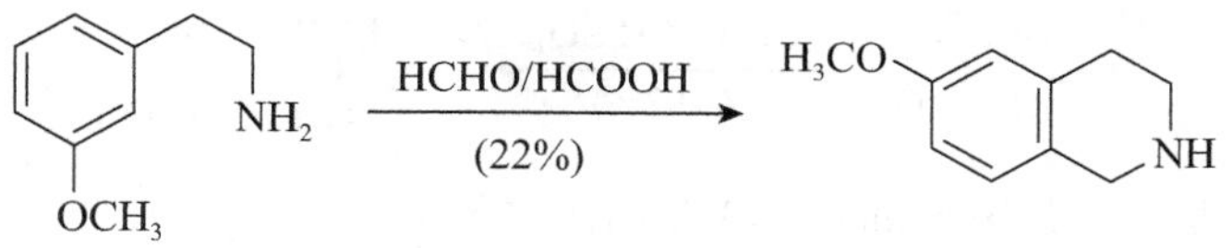

当在其2-位引入三甲基硅烷基后，则生成8-甲氧基四氢异喹啉。

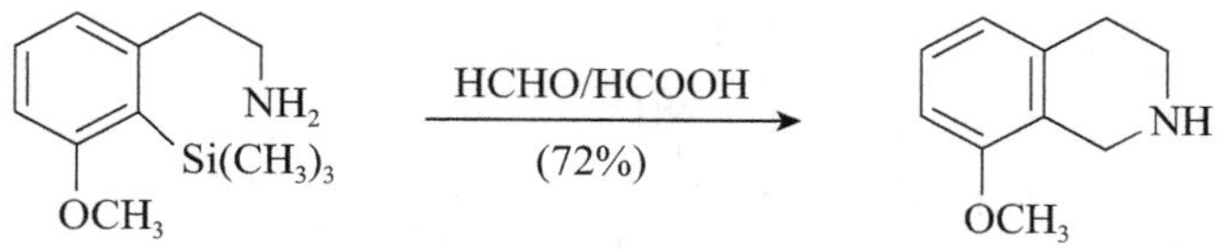

Pictet-Spengler反应除可用于制备四氢异喹啉外，还常用于制备其他不同类型的稠环化合物。例如，心脏病治疗药硫酸氢氯吡格雷（clopidogrel bisulfate）中间体的合成。

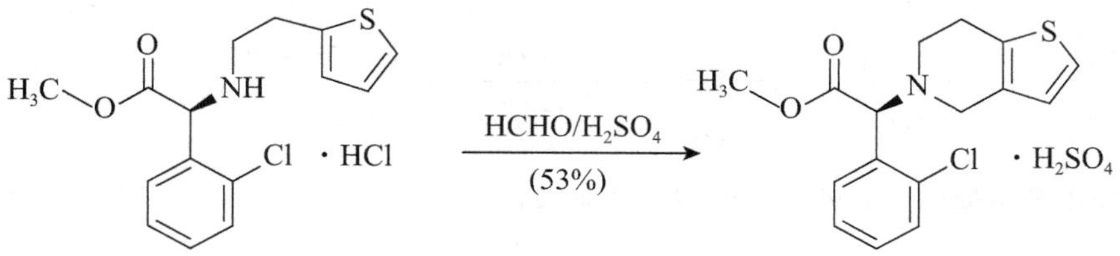

三、Prins 反 应

烯烃与甲醛（或其他醛）在酸催化下加成而得1,3-二醇或其环状缩醛1,3-二氧六环及α-烯醇的反应称为Prins反应。

（一）反应通式及机理

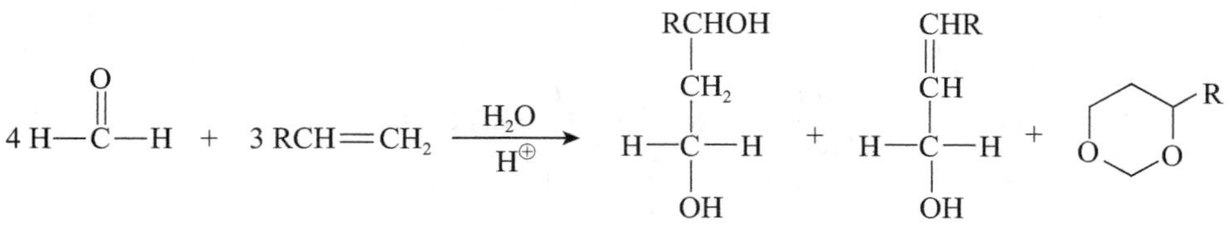

在酸性条件下催化，甲醛会经历质子化反应，形成一个碳正离子中间体，随后该中间体可以和烯烃发生亲电加成反应。依据反应的具体条件，这一加成产物可以通过脱氢反应生成α-烯醇，或者与水作用生成1,3-二醇。这种1,3-二醇还有可能进一步与另一分子的甲醛通过缩醛化反应得到环状结构的1,3-二氧六环化合物。

（二）反应影响因素及应用实例

生成1,3-二醇和环状缩醛的比例取决于烯烃的结构、酸催化的浓度及反应温度等因素。乙烯反应活性较低，而烃基取代的烯烃反应比较容易。$RCH=CHR$型烯烃经反应主要得到1,3-二醇，但收率较低；而$R_2C=CH_2$或$RCH=CH_2$型烯烃反应后主要得到环状缩醛，收率较好。

某些环状缩醛，特别是由$R_2C=CH_2$或$RCH=CHR^1$形成的环状缩醛，在酸液中于较高温度下水解，或在浓硫酸中与甲醇一起回流醇解均可得到 1, 3-二醇。例如：

$$H_3C\text{-（1,3-dioxane）} \xrightarrow[\triangle(92\%)]{CH_3OH/H_2SO_4} \begin{array}{c} CH_3CH_2\text{-}CH_2 \\ | \qquad\quad | \\ OH \qquad CH_2OH \end{array}$$

又如，抗菌药氯霉素（chloramphenicol）中间体的合成。

$$PhCH=CH_2 + Cl_2 \xrightarrow{H_2O} \begin{array}{c} PhCH\text{-}CH_2Cl \\ | \\ OH \end{array} \xrightarrow{TsOH} PhCH=CHCl \xrightarrow{2HCHO}$$

$$\text{（dioxane, Ph, Cl）} \xrightarrow{NH_3} \text{（dioxane, Ph, NH}_2\text{）} \xrightarrow[\triangle(55\%)]{H^\oplus} \begin{array}{c} PhCH\text{-}CHCH_2OH \\ | \qquad\quad | \\ OH \qquad NH_2 \end{array}$$

反应通常用稀硫酸催化，亦可用磷酸、强酸性离子交换树脂，以及 BF_3、$ZnCl_2$ 等 Lewis 酸作催化剂。例如，用盐酸催化，则可能发生 γ-氯代醇的副反应。例如：

$$\text{（cyclohexene）} + \begin{array}{c} H\text{-}C\text{-}H \\ \| \\ O \end{array} \xrightarrow[(23\%)]{HCl/ZnCl_2} \begin{array}{c} \text{（cyclohexane）} \text{-}Cl \\ \text{-}CH_2OH \end{array}$$

Prins 反应中除了使用甲醛外，亦可使用其他醛。

$$(CH_3)_2C=CH_2 + 2CH_3CHO \xrightarrow[(98\%)]{25\% H_2SO_4} \text{（1,3-dioxane, H}_3C, CH_3, CH_3\text{）}$$

苯乙烯与甲醛进行 Prins 反应，如在有机酸（如甲酸）中进行，则生成 1, 3-二醇的甲酸酯，经水解得 1, 3-二醇。

$$\text{（Ph）}\text{-}CH=CH_2 + HCHO \xrightarrow[(51\%)]{HCOOH} \begin{array}{c} \text{（Ph）}\text{-}CH\text{-}CH_2CH_2OCHO \\ | \\ OCHO \end{array}$$

$$\xrightarrow[(100\%)]{H_2O} \begin{array}{c} \text{（Ph）}\text{-}\overset{H}{\underset{OH}{C}}\text{-}CH_2CH_2OH \end{array}$$

若反应在酸性树脂催化下进行，则得 4-苯基-1, 3-二氧六环。

$$\text{（Ph）}\text{-}CH=CH_2 \xrightarrow[\text{酸性树脂}(91\%)]{HCHO} \text{（4-phenyl-1,3-dioxane）}$$

四、Blanc 反 应

（一）反应通式及机理

$$\text{（benzene）} + \begin{array}{c} H \\ | \\ H\end{array}C=O + HCl \xrightarrow{ZnCl_2} \text{（Ph）}\text{-}CH_2Cl + H_2O$$

芳烃可在甲醛、氯化氢和无水 $ZnCl_2$（或可选用 $AlCl_3$、$SnCl_4$）等缩合剂的作用下，在其苯环上发生取代，引入氯甲基（—CH_2Cl）。除此之外，也可利用氯化氢与多聚甲醛、二甲氧基甲烷、氯甲基甲醚或氯化锌等、双氯甲基醚，或 1-氯-4-（氯甲氧基）丁烷结合 Lewis 酸等，作为氯甲基化试剂。另外，如果用溴化氢或碘化氢取代氯化氢，则可以实现溴甲基化或碘甲基化。质子酸如硫酸（H_2SO_4）、磷酸（H_3PO_4）或乙酸（HOAc）也能有效促进这种缩合反应。

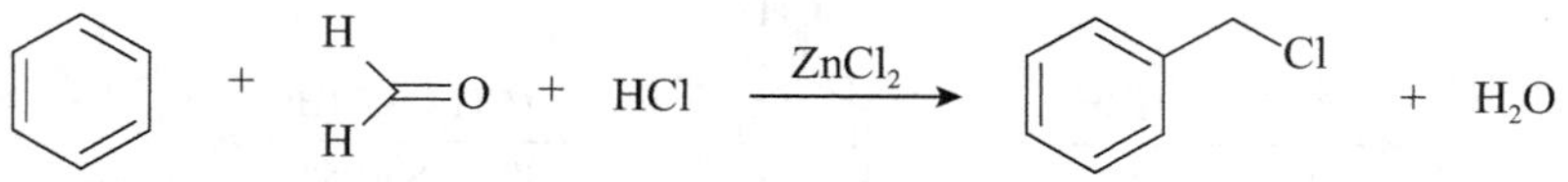

氯甲基化反应机理为芳香环上的亲电取代反应：

$$ArH + {}^{\oplus}CH_2OH \longrightarrow ArCH_2OH + H^{\oplus}$$
$$ArCH_2OH + HCl \rightleftharpoons ArCH_2Cl + H_2O$$

如用氯甲基甲醚/氯化锌：

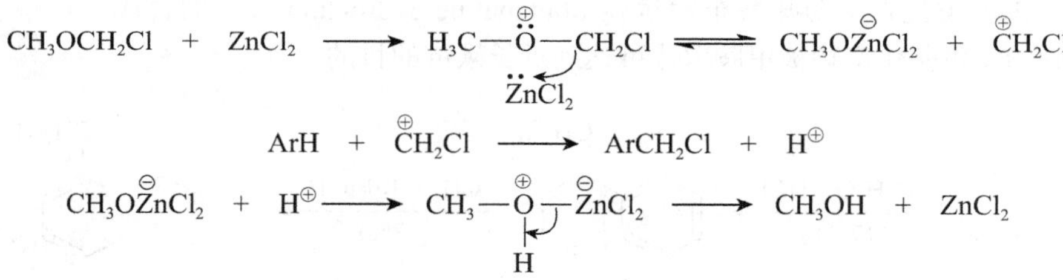

$$ArH + \overset{\oplus}{C}H_2Cl \longrightarrow ArCH_2Cl + H^{\oplus}$$

（二）反应影响因素及应用实例

芳环上氯甲基化的难易程度与芳环上的取代基有关。若芳环上存在给电子基团（如烷基、烷氧基等），则有利于反应进行。对于活性大的芳香胺类、酚类，反应极易进行，但生成的氯甲基化产物往往进一步缩合，生成二芳基甲烷，甚至得到聚合物。而吸电子基团（如硝基、羧基、卤素等）则不利于反应进行，如间二硝基苯、对硝基氯苯等不能发生反应。例如：

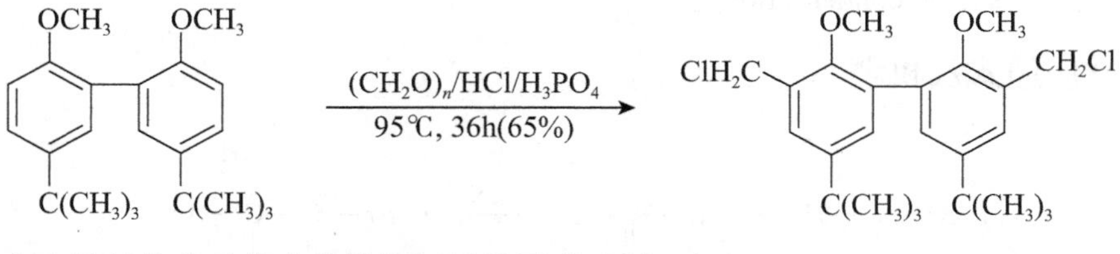

电子云密度较低的芳香化合物常用氯甲基甲醚试剂，如：

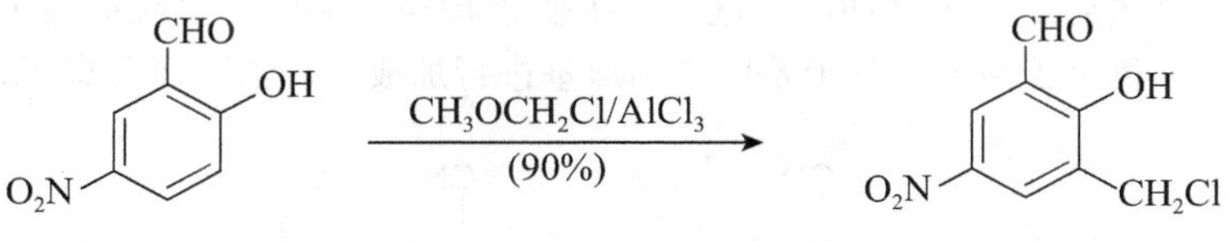

若用其他醛如乙醛、丙醛等代替甲醛，则可得到相应的氯甲基衍生物。

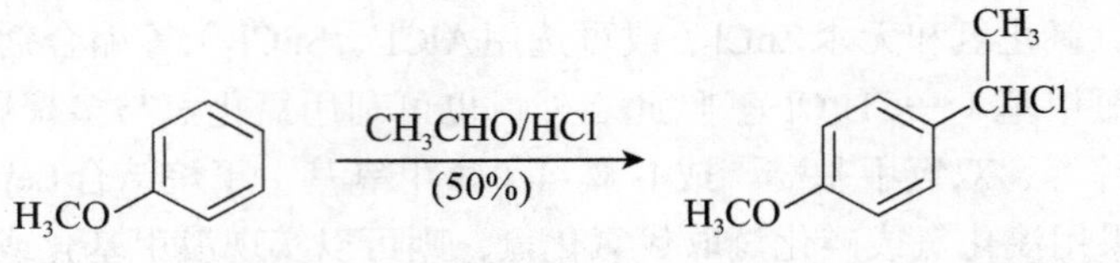

随着反应温度的升高，反应条件不同，可引入两个或多个氯（溴）甲基基团。

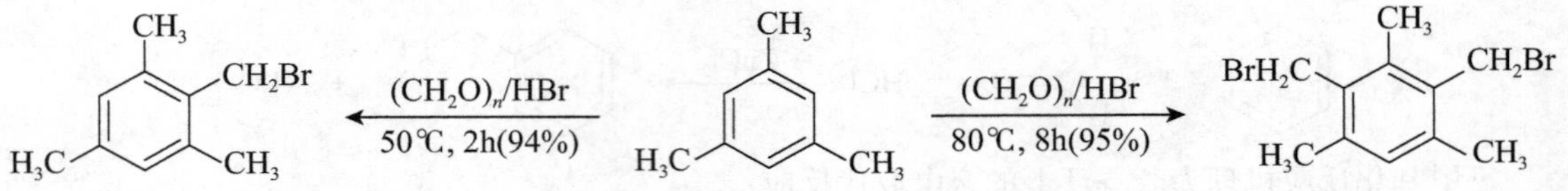

氯甲基化反应在有机合成中很重要，因引入的氯甲基可以转化成—CH₂OH、—CH₂OR、—CH₂CN、—CHO、—CH₂NH₂（NR₂）及—CH₃等基团，还可以延长碳链。

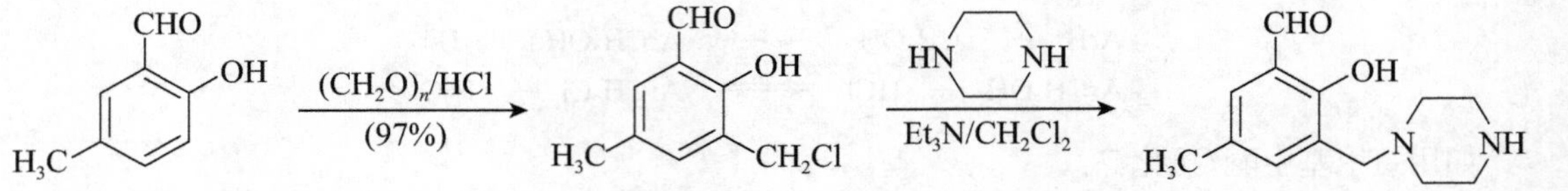

例如，烯丙胺类抗真菌药盐酸布替萘芬（butenafine hydrochloride）的合成过程中涉及氯甲基化反应，得到的氯甲基化产物被甲胺取代可达到延长碳链的目的。

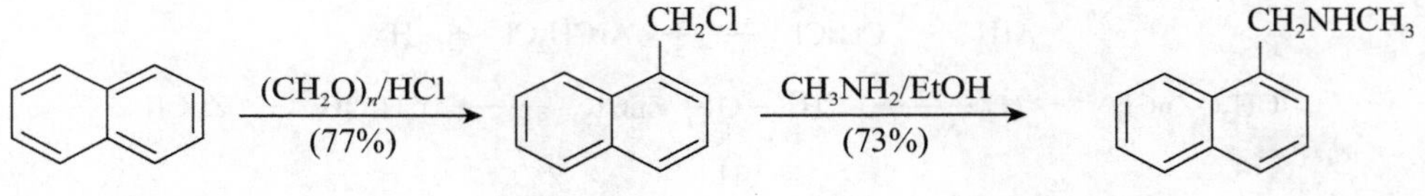

第五节 其他缩合反应

一、安息香缩合反应

芳醛在含水乙醇中，以氰化钠（钾）为催化剂，加热后发生双分子缩合生成 α-羟基酮的反应称为安息香缩合（benzoin condensation）。

（一）反应通式及机理

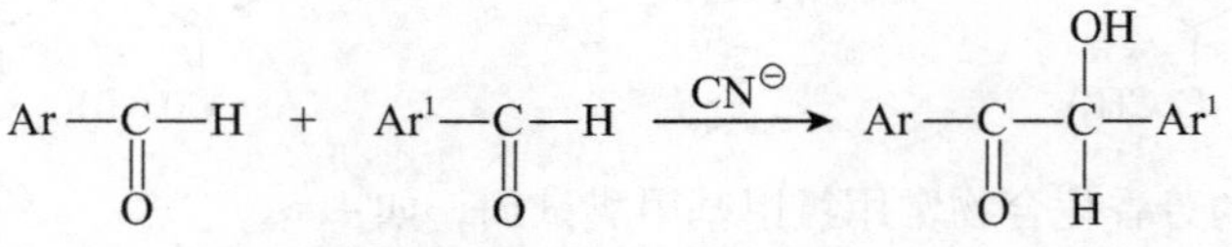

反应过程首先是氰离子对羰基加成，进而发生质子转移，形成苯甲酰负离子等价体（benzoyl anion equivalent）。该负离子与另一分子苯甲醛的羰基进行加成，后消除氰负离子，得到 α-羟基酮。

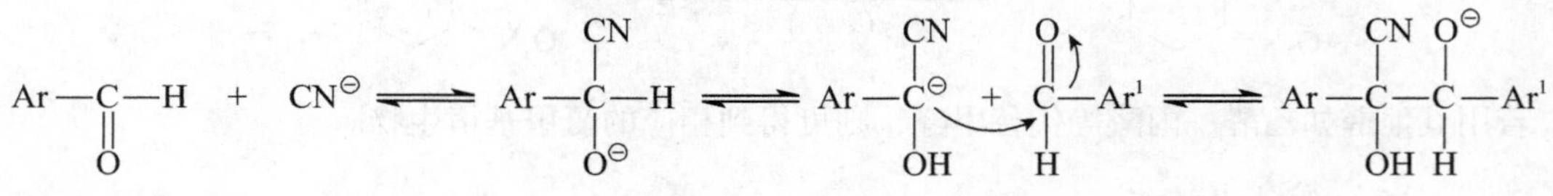

$$\Longleftrightarrow Ar-\overset{\overset{CN}{|}}{\underset{\underset{O^{\ominus}}{|}}{C}}-\overset{\overset{OH}{|}}{\underset{\underset{H}{|}}{C}}-Ar^1 \Longleftrightarrow Ar-\overset{}{\underset{\underset{O}{\|}}{C}}-\overset{\overset{OH}{|}}{\underset{\underset{H}{|}}{C}}-Ar^1$$

（二）反应影响因素及应用实例

某些具有烷基、烷氧基、卤素、羟基等给电子基团的苯甲醛可发生自身缩合，生成对称的 α-羟基酮。

$$2 \ CH_3O-\bigcirc-CHO \xrightarrow[(44\%)]{KCN/C_2H_5OH} CH_3O-\bigcirc-\underset{O}{\overset{}{C}}-\underset{OH}{\overset{}{CH}}-\bigcirc-OCH_3$$

$$2 \ H_2C=HC-\bigcirc-CHO \xrightarrow[(62\%)]{KCN/C_2H_5OH} H_2C=HC-\bigcirc-\underset{O}{\overset{}{C}}-\underset{OH}{\overset{}{CH}}-\bigcirc-CH=CH_2$$

4-（二甲氨基）苯甲醛的自身缩合反应难以进行，但其可与苯甲醛反应生成不对称的 α-羟基酮。

$$(H_3C)_2N-\bigcirc-CHO + \bigcirc-CHO \xrightarrow[(65\%)]{CN^{\ominus}/C_2H_5OH/H_2O} (H_3C)_2N-\bigcirc-\underset{O}{\overset{}{C}}-\underset{OH}{\overset{}{CH}}-\bigcirc$$

安息香缩合反应同样能够在相转移催化剂的助力下进行。例如，仅需向室温下的50%甲醇水溶液中添加少量的氰化四丁基铵，就能顺利地将苯甲醛转化为安息香。除氰离子外，*N*-烷基噻吩铵盐、咪唑铵盐或维生素 B_1 等化合物也能作为有效的安息香缩合催化剂。

$$2 \ \bigcirc-CHO \xrightarrow[(C_2H_5)_3N/CH_3OH(79\%)]{\underset{S}{\overset{PhCH_2-\overset{\oplus}{N}-CH_3 \quad Cl^{\ominus}}{\parallel}}} \bigcirc-\underset{O}{\overset{}{C}}-\underset{OH}{\overset{}{CH}}-\bigcirc$$

例如，抗癫痫药苯妥英钠（phenytoin sodium）是以苯甲醛为起始原料，在维生素 B_1 的催化下，经安息香缩合，再经氧化及与尿素缩合，水解而制得。

$$\bigcirc-CHO \xrightarrow{维生素 B_1} \bigcirc-\underset{O}{\overset{}{C}}-\underset{OH}{\overset{}{CH}}-\bigcirc \xrightarrow{HNO_3 \ 或 FeCl_3} \bigcirc-\underset{O}{\overset{}{C}}-\underset{O}{\overset{}{C}}-\bigcirc$$

$$\xrightarrow[(2) \ HCl]{(1) \ H_2NCONH_2/NaOH} \underset{\underset{Ph \quad Ph \ O}{}}{\overset{\overset{O}{\parallel}}{HN-NH}} \xrightarrow[(31\%)]{NaOH/H_2O} \underset{\underset{Ph \quad Ph \ O}{}}{\overset{\overset{ONa}{|}}{HN=N}}$$
（苯妥英钠）

二、Michael 加成反应

活性亚甲基化合物和 α, β-不饱和羰基化合物在碱性催化剂的存在下发生加成而缩合成 β-羰烷基类化合物的反应，称为 Michael 加成反应。

（一）反应通式及机理

$$R^1CCHR_2 \quad + \quad -C=C-X \quad \xrightarrow{\text{base}} \quad R^1-C-C-C-CH$$

一般认为，Michael 加成反应机理如下：在催化量碱的作用下，活性亚甲基化合物转化成碳负离子，进而与 α,β-不饱和羰基化合物发生亲核加成而缩合成 β-羰烷基类化合物。

（二）反应影响因素及应用实例

在 Michael 加成反应中，活性亚甲基化合物称为 Michael 供电体，包括丙二酸酯类、β-酮酯类、氰乙酸酯类、乙酰丙酮类、硝基烷类、砜类等；而 α,β-不饱和羰基化合物及其衍生物则称为 Michael 受电体，是一类亲电的共轭体系，包括 α,β-烯醛类、α,β-烯酮类、α,β-炔酮类、α,β-烯腈类、α,β-烯酯类、α,β-烯酰胺类、α,β-不饱和硝酸化合物等。

通常情况下，当供体的酸性更强时，形成碳负离子的倾向更大，其反应活性也相应更高；反之，受体的活性则取决于 α,β-不饱和键上所连接官能团的性质，这些官能团的电子吸引能力越强，其活性也相对更大。这意味着相同的加成产物可以通过两种不同的反应配对，即供体和受体。例如，在丙二酸二乙酯（酸性 $pK_a = 13$）和苯乙酮（酸性 $pK_a = 19$）作为供体的例子中，通过使用弱碱如哌啶或吡啶作为催化剂，在相同反应条件下，前者由于其更高的酸性，可以高收率得到加成产物，而后者形成加成产物的过程相对更为困难。

$$C_6H_5CH=CHCOC_6H_5 \quad + \quad CH_2(COOC_2H_5)_2 \quad \xrightarrow[\triangle(98\%)]{\text{NH/EtOH}} \quad C_6H_5COCH_2\overset{C_6H_5}{CH}CH(COOC_2H_5)_2$$

$$C_6H_5CH=C(COOC_6H_5)_2 \quad + \quad C_6H_5COCH_3 \quad \xrightarrow[\triangle(35\%)]{\text{NH/EtOH}} \quad C_6H_5COCH_2\overset{C_6H_5}{CH}CH(COOC_2H_5)_2$$

不对称酮的 Michael 加成主要发生在取代基多的碳原子上，因烷基取代基的存在大大增强了烯醇负离子的活性，故有利于加成。例如，2-甲基环己烷-1,3-二酮与 3-戊烯酮的合成。

$$\xrightarrow[\text{(92\%)}]{\text{Et}_3\text{N/EtOAc/70℃/10h}}$$

Michael 加成反应常用的催化剂有醇钠（钾）、氢氧化钠（钾）、金属钠、氨基钠、氢化钠、哌啶、吡啶、三乙胺及季铵碱等。碱催化剂的选择与供电体的活性和反应条件有关。除了碱催化外，该反应亦可在质子酸（如三氟甲磺酸）、Lewis 酸、氧化铝等催化下进行。例如，2-氧代环己基甲酸乙酯与丙烯酸乙酯在三氟甲磺酸（TfOH）催化下，可高产率地生成 1,4-加成产物。

$$\xrightarrow[\text{r.t., 0.5h(92\%)}]{\text{0.3equiv.TfOH}}$$

经典的 Michael 反应常于质子性溶剂中在催化量碱的作用下进行，但近年的研究表明，等摩尔量的碱可将活性亚甲基转化成烯醇式，反应收率更高，选择性强。例如，消炎镇痛药卡洛芬（carprofen）中间体的合成。

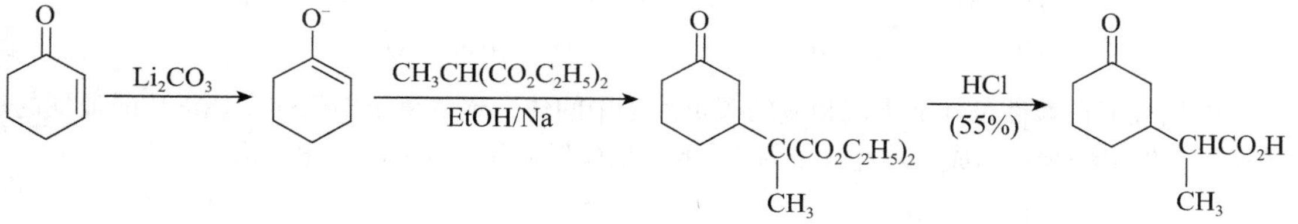

一些简单的无机盐如氯化铁、氟化钾等亦可催化 Michael 反应。例如，治疗脑血管疾病的药物巴氯芬（baclofen）中间体的合成。

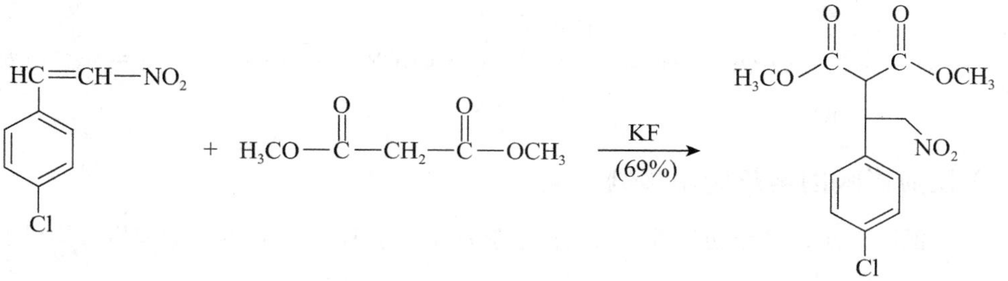

通过 Michael 加成反应可在活性亚甲基上引入含多个碳原子的侧链。例如，嘌呤衍生物中间体的合成。

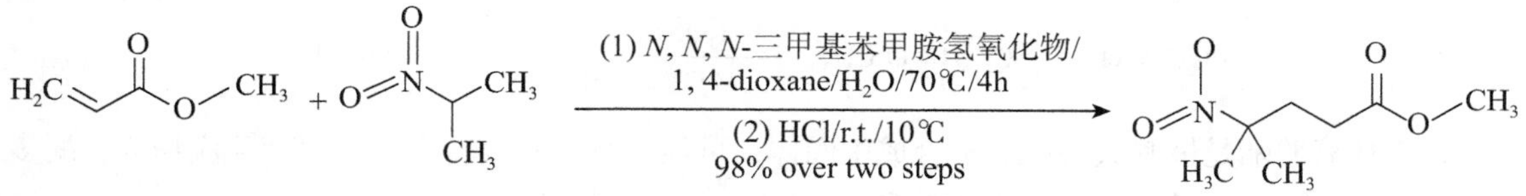

环酮与 α, β-不饱和酮进行 1, 4-加成继而闭环生成环化合物的反应被广泛用于甾族、萜类化合物的合成。例如，镇静催眠药格鲁米特（glutethimide）的合成。

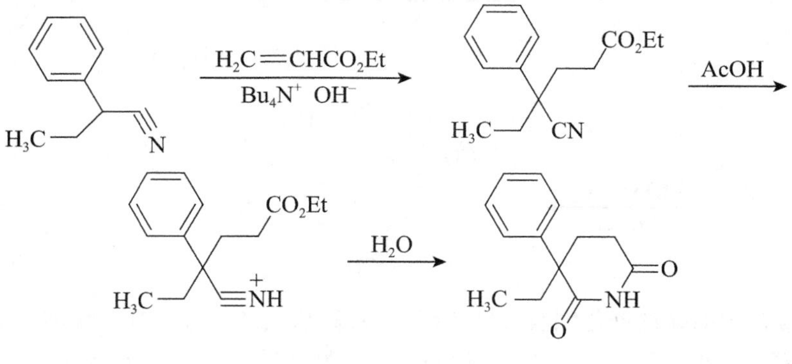

三、Darzens 反应

醛或酮与 α-卤代酸酯在碱催化下缩合生成 α, β-环氧羧酸酯（缩水甘油酸酯）的反应称为 Darzens 反应。

（一）反应通式及机理

$$R^1(H)R \underset{R(H)}{\overset{R^1}{C}}=O + X-\underset{R^2}{\overset{H}{C}}-COOR^3 \xrightarrow{RONa} \underset{(H)R}{\overset{R^1}{C}}\underset{O}{\overset{}{\diagdown}}\underset{}{\overset{R^2}{C}}-COOR^3$$

α-卤代酸酯在碱性条件下生成相应的碳负离子中间体，碳负离子中间体亲核进攻醛或酮的羰基碳原子，发生醛醇型加成，再经分子内 S_N2 取代反应形成环氧丙酸酯类化合物。

$$X-\underset{R^2}{\overset{H}{C}}-COOR^3 \underset{}{\overset{RONa}{\rightleftharpoons}} \overset{\ominus}{\underset{R^2}{C}}-COOR^3 + ROH$$

$$\underset{R^1}{\overset{(H)R}{C}}=O + \overset{\ominus}{\underset{R^2}{C}}-COOR^3 \rightleftharpoons \underset{R^1}{\overset{(H)R}{C}}\underset{}{\overset{\overset{\ominus}{O}\quad R^2}{|\quad|}}\underset{X}{C}-COOR^3 \xrightarrow{-X^\ominus} \underset{R^1}{\overset{(H)R}{C}}\underset{O}{\overset{}{\diagdown}}\underset{}{\overset{R^2}{C}}-COOR^3$$

（二）反应影响因素及应用实例

参与反应的醛、酮，除脂肪醛外，芳香醛、脂肪酮、脂环酮及 α,β-不饱和酮等均可顺利进行该反应。

除常用的 α-氯代酸酯外，有时也可用 α-卤代酮、α-卤代腈、α-卤代亚砜和砜、α-卤代 -N,N-二取代酰胺及苄基卤代物等。例如，肺动脉高压治疗药物安立生坦（ambrisentan）中间体的合成。

$$Ph_2C{=}O + ClCH_2CO_2CH_3 \xrightarrow[MTB]{CH_3ONa} \underset{Ph}{\overset{Ph}{C}}\underset{O}{\overset{}{\diagdown}}\overset{}{C}-CO_2CH_3$$

α,β-环氧酸酯是极其重要的有机合成中间体，可经水解、脱羧转变成比原有反应物醛、酮多 1 个碳原子的醛、酮。例如，镇吐药大麻隆（nabilone）中间体的合成。

$$\xrightarrow[C_6H_6]{ClCH_2CO_2C_2H_5/t\text{-}BuOK}$$

$$\xrightarrow[(95\%)]{EtONa/HCl}$$

Darzens 反应常用的碱性催化剂有醇钠（钾）、氨基钠、LDA 等，其中醇钠最常用，对活性差的反应物常用叔醇钾和氨基钠。例如，治疗心绞痛药物乳酸心可定（prenylamine lactate）中间体的合成。

$$\underset{H_3CO}{\overset{CHO}{\diagdown}} + CH_3CHClCO_2CH_3 \xrightarrow[(83\%)]{MeONa/MeOH/HCl} \underset{H_3CO}{\overset{CH_2COCH_3}{\diagup}}$$

在不对称Darzens反应中，当使用手性试剂时，可以实现较高的立体选择性。例如，对称或不对称酮与α-氯乙酸的（－）-8-苯基薄荷酯衍生物在叔丁醇钾的催化下进行反应时，产物的对映体纯度可以达到77%～96%。

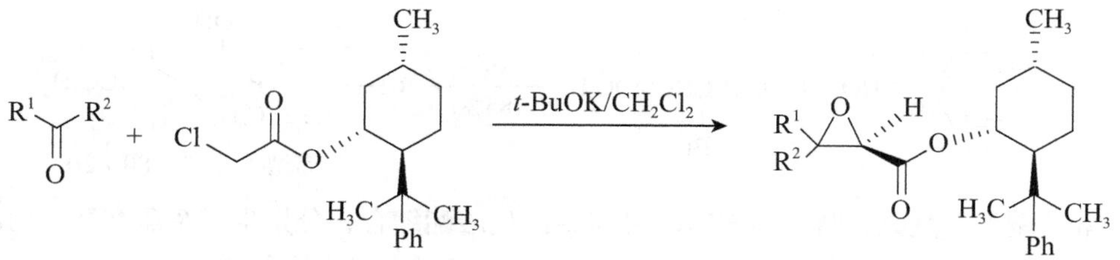

手性相转移催化剂（chiral phase transfer catalyst，chiral PTC）在氢氧化铷（RbOH）存在的条件下，亦可催化不对称Darzens反应。

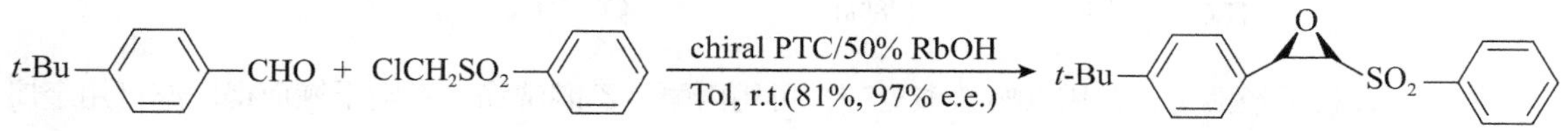

四、Reformatsky 反 应

醛、酮与α-卤代酸酯在金属锌粉存在下缩合而得β-羟基酸酯或脱水得α,β-不饱和酸酯的反应称为Reformatsky反应。

（一）反应通式及机理

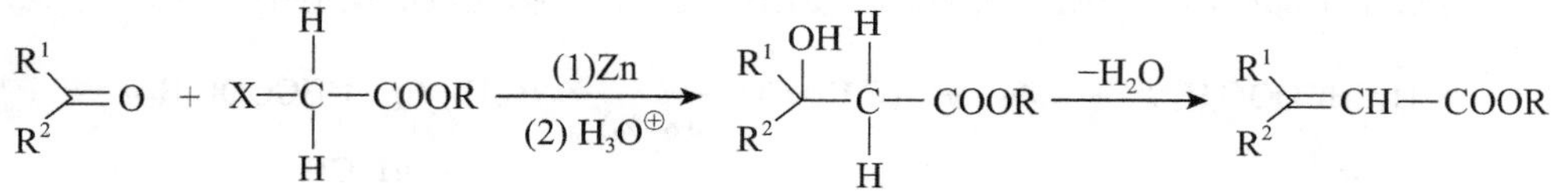

（二）反应影响因素及应用实例

Reformatsky反应中，α-碘代酸酯的活性最大，但稳定性差；α-氯代酸酯的活性小，与锌的反应速率慢，甚至不反应；α-溴代酸酯使用最多。α-卤代酸酯的活性次序为

$$ICH_2COOC_2H_5 > BrCH_2COOC_2H_5 > ClCH_2COOC_2H_5$$

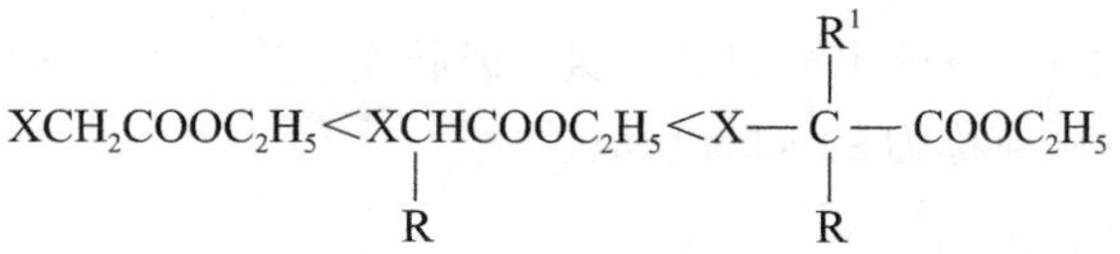

α-多卤代酸酯亦可与醛、酮发生Reformatsky反应。例如：

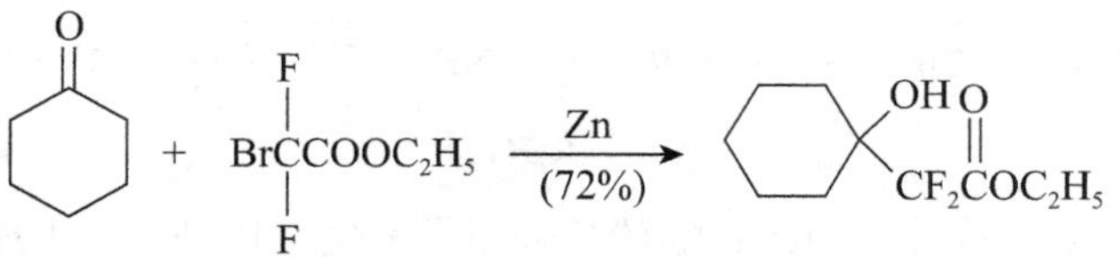

各种醛、酮均可进行 Reformatsky 反应，醛的活性一般比酮大，但活性大的脂肪醛在此反应条件下易发生自身缩合等副反应。当芳香醛与 α-卤代酸酯在 Sn^{2+}、Ti^{2+}、Cr^{3+} 等金属离子的催化下进行 Reformatsky 反应时，常得到赤型产物。例如：

$$Cl\text{—}C_6H_4\text{—CHO} + C_6H_5CHCOOC_2H_5 \xrightarrow[(85\%)]{Sn^{2+}} Cl\text{—}C_6H_4\text{—CH(OH)—CH(C_6H_5)—COOC_2H_5}$$

（Br 在 α 位）

赤型：苏型 = 80：20

除了醛、酮外，酰氯、腈、烯胺等均可与 α-卤代酸酯缩合，分别生成 β-酮酸酯、内酰胺等。例如，高血压治疗药物奥美沙坦酯（olmesartan medoxomil）中间体的合成。

$$\text{TMSO—C(CH}_3)_2\text{—CN} \xrightarrow[(78\%)]{Zn/BrCH_2CO_2C_2H_5} \text{HO—C(CH}_3)_2\text{—CO—CH}_2\text{—COOC}_2H_5$$

催化剂锌粉须经活化，常用 20% 盐酸处理，再用丙酮、乙醚洗涤，真空干燥而得。亦可用金属钾、钠、锂-萘等还原无水氯化锌制得，这种锌粉活性很高，可使反应在室温下进行，收率良好。

$$\text{BrCH}_2\text{COOC}_2H_5 + \text{环己酮}=O \xrightarrow[\text{r.t.}(95\%\sim98\%)]{Zn/(C_2H_5)_2O} \text{环己烷(OH)(CH}_2\text{COOC}_2H_5)$$

制备活化锌粉的进阶方法包括将其与铜形成 Zn-Cu 复合物，或通过石墨作为载体制备 Zn-Ag 复合物。这类复合物表现出较高的活性，使得它们可以在较低的温度下促进反应，并且提供较高的产率及便捷的后处理过程。除锌试剂之外，还可以采用金属镁、锂、铝等替代试剂。镁的活性优于锌，通常被用于那些由于位阻较大而难以使用有机锌化合物完成的反应中。例如：

$$\text{CH}_3\text{CHCOOC}_4H_9\text{-}t + Mg + (C_6H_5)_2CO \xrightarrow{(81\%)} (C_6H_5)_2C\text{(OH)}\text{—CH(CH}_3)\text{COOC}_4H_9\text{-}t$$

（Br 在 α 位）

α-卤代酸酯与锌的反应基本上与制备格氏试剂（RMgX）的条件相似，需要无水操作且在有机溶剂中进行，常用的有机溶剂有乙醚、苯、四氢呋喃、二氧六环、二甲氧甲（乙）烷、二甲基亚砜、二甲基甲酰胺等。不同溶剂极性对反应的选择性有一定影响。

五、Strecker 反 应

脂肪族或芳香族醛、酮类与氰化氢和过量氨（或胺类）作用生成 α-氨基腈，再经酸或碱水解得到 (d,l)-α-氨基酸类的反应称为 Strecker 反应。

（一）反应通式及机理

$$R^1\text{—C(=O)—R(H)} + HCN + NH_3 \longrightarrow R^1\text{—C(CN)(NH}_2)\text{—R(H)} \xrightarrow{2H_2O/HCl} R^1\text{—C(COOH)(NH}_2)\text{—R(H)} + NH_4Cl$$

在弱酸性条件下，氨（或胺）向醛、酮羰基碳原子发生亲核进攻，生成 α-氨基醇，进而脱水生成亚胺离子，然后氰基负离子与亚胺发生亲核加成，最终水解成 α-氨基酸。

（二）反应影响因素及应用实例

反应中若用伯胺或仲胺代替氨，则得 N-单取代或 N, N-二取代的 α-氨基酸。若采用氰化钾（或氰化钠）和氯化铵的混合水溶液代替 HCN/NH_3，则操作简便、安全，反应后也生成 α-氨基腈。

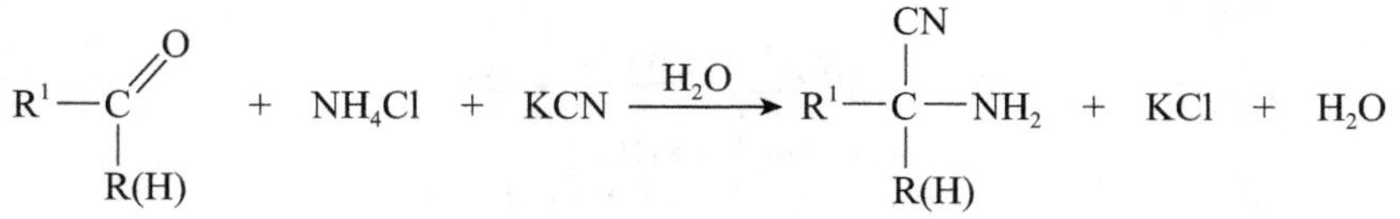

亦可用氰化三甲基硅烷代替剧毒的氰化氢进行 Strecker 反应。

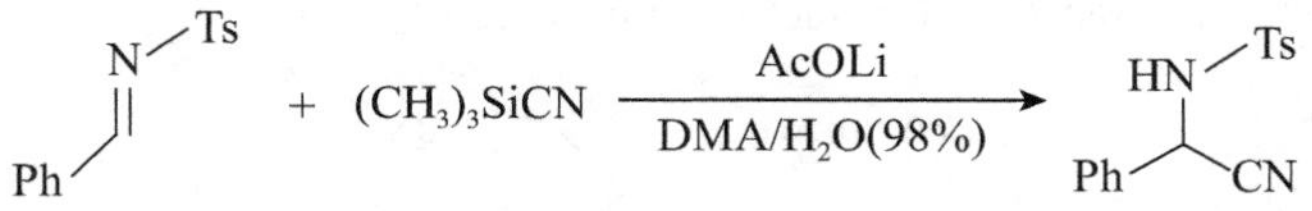

多种有机催化剂可促进 Strecker 反应的进行，如有机磷酸、氨基磺酸、盐酸胍、脲、硫脲衍生物等。

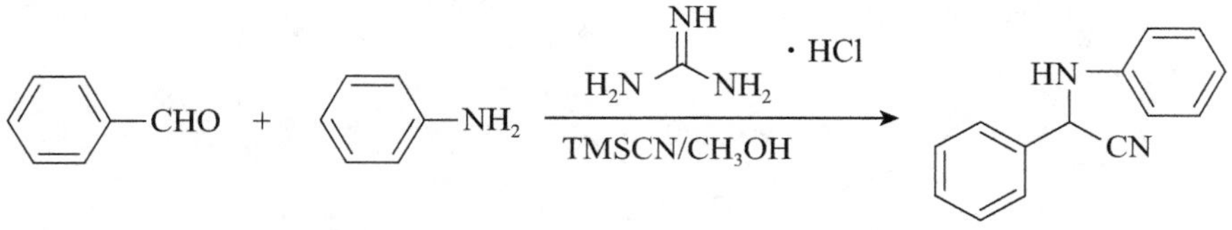

Strecker 反应广泛用于制备各种（d,l）-α-氨基酸，如（d,l）-α-氨基苯乙酸的合成。

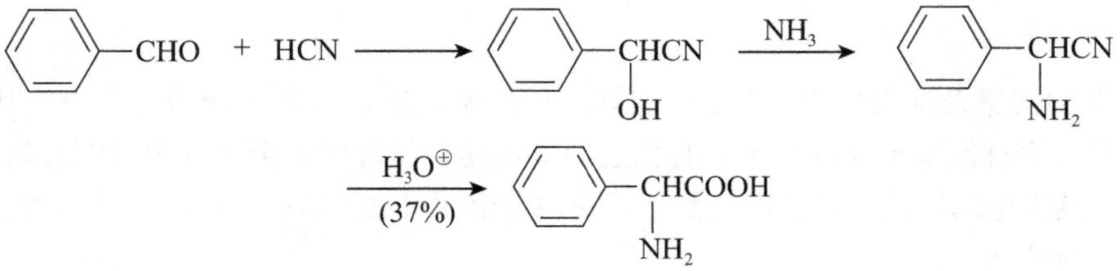

近年来，应用不对称 Strecker 反应合成具有光学活性的 α-氨基酸取得了较大进展。在不对称 Strecker 反应中，手性源可来自胺、醛（酮）或手性催化剂。利用（R）-α-氨基苯乙醇为手性源，经不对称 Strecker 反应可制备一系列光学活性纯的 α-氨基酸。

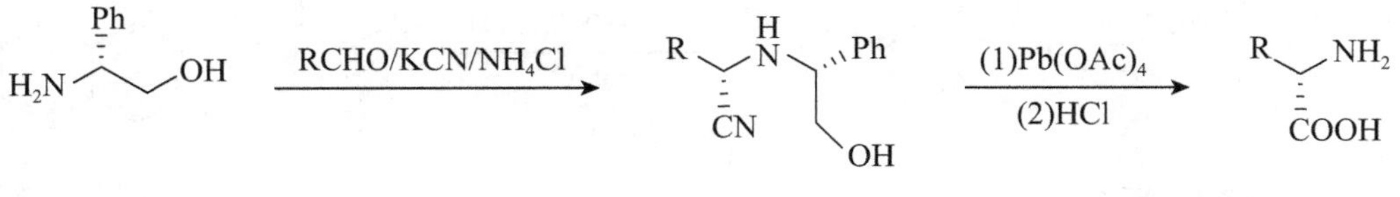

第六节　缩合反应新进展

随着缩合反应的飞速发展，新试剂、新方法不断被发现，如 Suzuki 偶联反应、Grubbs 反应、

Hantzsch反应等，这些反应的发现对药物合成的发展起到了非常重要的作用。

（一）Suzuki 偶联反应

Suzuki偶联反应是在零价钯配合物催化下，芳基或烯基硼酸或硼酸酯与氯、溴、碘代芳烃或烯烃发生交叉偶联。

1. 反应通式及机理

$$RX \ + \ R^1BY_2 \ \xrightarrow{\text{Pd Cat.}} \ R—R^1$$

$$(R=aryl, vinyl, aikyl)$$
$$(X=Cl, Br, OTf; Y=OH, OR^2 \text{ 等})$$

Suzuki偶联反应机理为一个三步历程的催化循环：①氧化加成（oxidative addition）；②金属转移（transmetalation）；③还原消除（reductive elimination）。

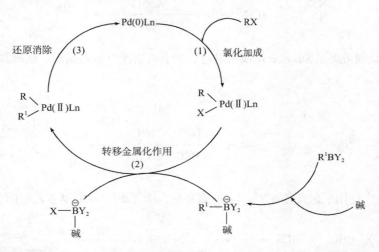

2. 反应影响因素及应用实例　Suzuki偶联所用的亲核试剂为各类硼酸衍生物，其性质稳定、低毒、易保存。而且硼原子与碳原子具有相近的电负性，使得该类亲核试剂可以有其他功能基团存在。另外，其产生的硼化合物副产品易于后处理。由此可见，各类硼酸衍生物作为其亲核试剂，是奠定其地位的基础。

拉帕替尼（lapatinib）是一种口服的小分子表皮生长因子酪氨酸激酶抑制剂，联合卡培他滨治疗erb-B2过度表达。拉帕替尼合成的关键步骤包括Suzuki反应。

（二）Grubbs 反应

Grubbs反应即烯烃复分解反应，是指烯烃在金属卡宾催化剂的作用下，发生碳碳双键的断裂，然后重新组成新的烯烃分子的过程。Grubbs反应的主要特点是缩短了合成路线，不仅副产物少、效率高，而且原子经济性好，提高了化学合成的效率，是"绿色化学"的典范。

1. 反应通式及机理

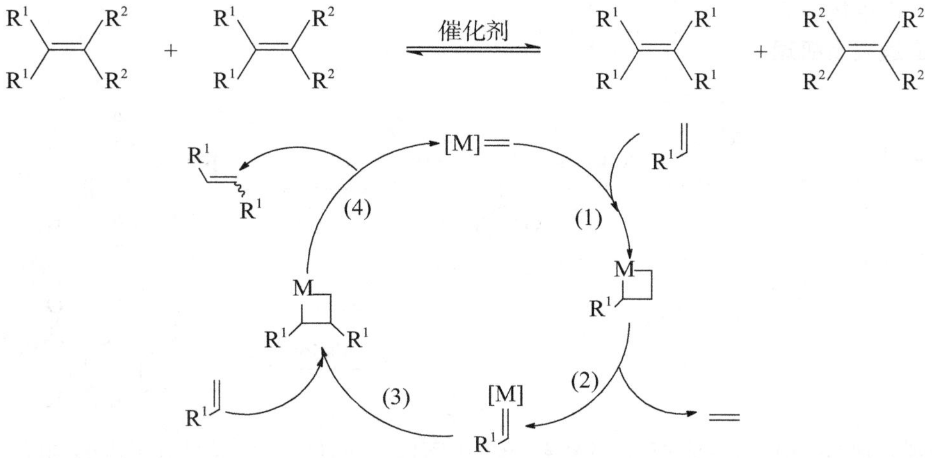

反应第一阶段：金属卡宾和一个烯烃分子结合形成一个四元环，这个环由金属原子和三个碳原子单键连接而成；反应第二阶段：四元环中的两个单键断裂得到一个乙烯分子和一个新的金属卡宾；反应第三阶段：新得到的金属卡宾结合最初反应物中的一个烯烃分子形成一个新的金属四元环；反应第四阶段：过渡分子分裂得到一个复分解产物和一个重构的金属卡宾分子。重构的金属卡宾分子继续参加上述循环，由此，催化的烯烃复分解反应连续进行下去。反应的最终产物为一个带两个R^1基团（双键两侧的碳上各有一个）的烯烃和一个乙烯。

2. 反应影响因素及应用实例　随着温度提高，Grubbs催化剂活性会大大增加，但这个规律只有在温度较低时才成立，因为高温会使Grubbs催化剂分解，使其失活。引发速率常数与溶剂的介电常数近似成正比，由于中间体的极性比最初状态的催化剂强，故极性大的溶剂有利于中间态分子稳定，进而提高引发速率常数。随着单体与催化剂摩尔比的增大，产率略有降低，分子质量增大，分子质量分布基本不变。

Balanol是一种有效的蛋白激酶C（protein kinase C，PKC）和蛋白激酶A（protein kinase A，PKA）的ATP竞争性抑制剂，是肿瘤学研究的重要靶标。Balanol合成的关键步骤包括烯烃复分解反应。

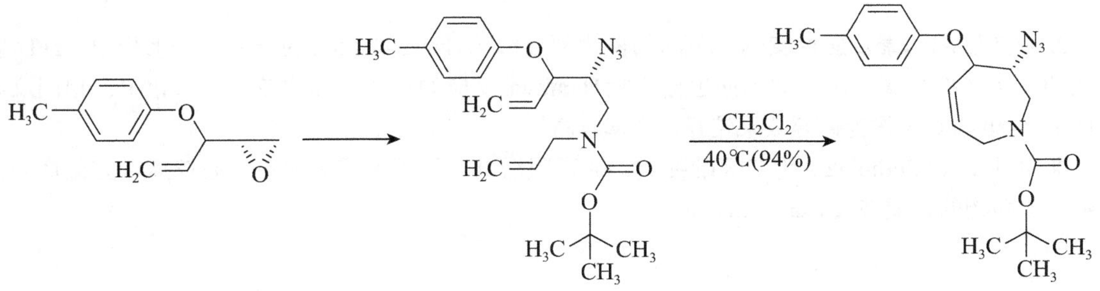

（三）Hantzsch反应

Hantzsch反应由一分子醛、两分子β-酮酸酯及一分子氨发生缩合反应，得到二氢吡啶衍生物，再经氧化或脱氢得到取代的吡啶-3,5-二甲酸酯，后者可经水解、脱羧得到相应的吡啶衍生物。该

反应的特点是可由 β-酮酸酯和醛在氨存在下一步环化形成二氢吡啶环系，进而氧化得到2, 4, 6-三取代的吡啶衍生物。

1. 反应通式及机理

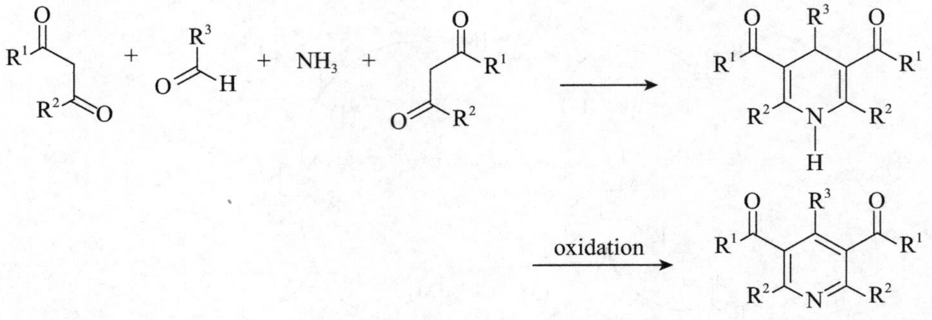

醛和氨分别与一分子 β-酮酸酯反应得到相应中间体，两种中间体通过分子内的加成-消除反应发生环化形成二氢吡啶化合物，最后在氧化剂作用下芳构化形成吡啶环。

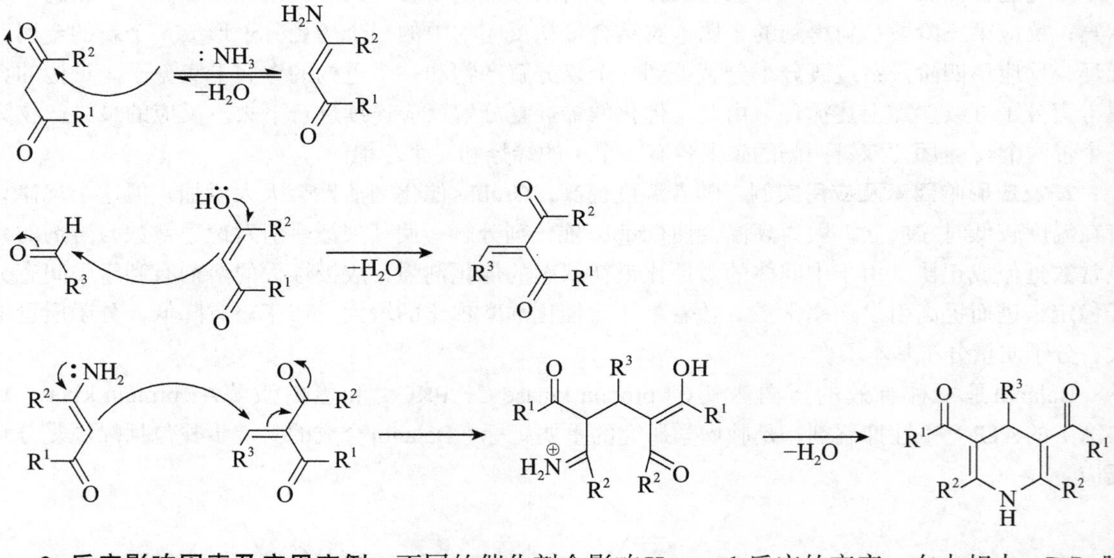

2. 反应影响因素及应用实例　　不同的催化剂会影响Hantzsch反应的产率。在水相中，D/L-脯氨酸的催化产率最高。铵源的不同也会影响Hantzsch反应的产率。经比较，在水相中，相同反应条件下，$(NH_4)_2CO_3$ 作为铵源效果较好，产率较高。

非洛地平（felodipine）为二氢吡啶类钙通道阻滞剂，用于治疗高血压、心绞痛、充血性心力衰竭，该药物的合成涉及Hantzsch反应。

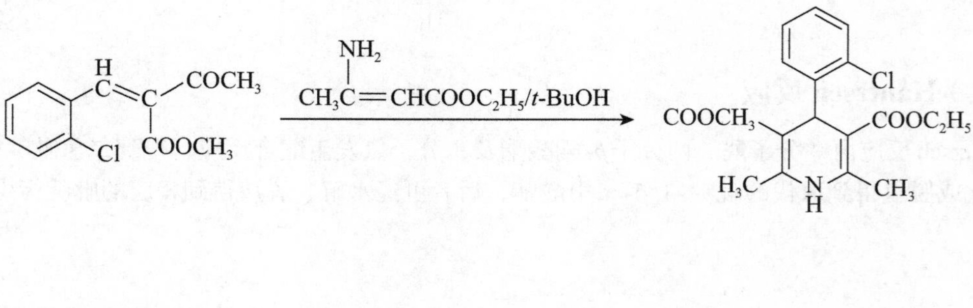

思维导图

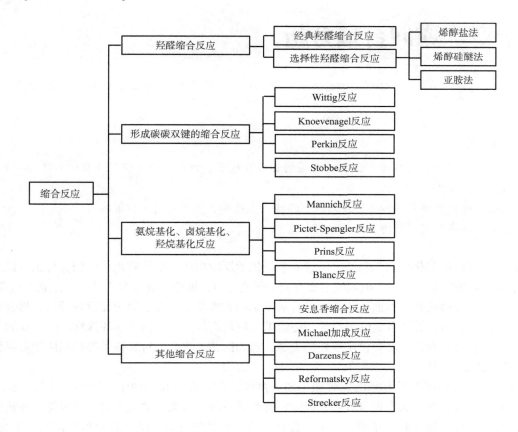

第十章 逆向合成分析

本 章 要 点

掌握 合成子、合成等价试剂、常见的逆向合成子、极性反转、逆向合成分析原理、官能团转换的常见形式。

理解 逆向合成分析的方法（切断、连接、重排和官能团转换）和策略。

了解 逆向合成分析的应用。

有机合成以简单化合物为起始，经过一系列化学反应构建复杂的有机化合物。有机合成是有机化学最重要的方面，有机合成领域主要有两个研究方向，即全合成和方法学。全合成是从简单、市场易得的化合物或者天然前体化合物来合成复杂的有机分子。方法学研究旨在开发有机合成新反应、新路径，不仅关注合成的可行性，还追求反应的高效性、选择性和环保性。全合成和方法学的研究为有机化学的发展提供了重要的支撑，也为医药、农药、材料科学等领域的发展提供了源源不断的创新动力。

合成的化合物可以具有小的碳骨架，如香草醛，它是食品和药物中常用的矫味剂；也可以具有更复杂的碳骨架，如青霉素G和紫杉醇，前者是一种天然来源的抗生素，后者是一种抗肿瘤药物，可以治疗乳腺癌和卵巢癌。然而，设计合成一个特定化合物的过程中需要面对三个挑战：①目标化合物中存在的碳原子组成的骨架能够被装配；②官能团能够被引入或者在合适的位置上通过其他基团转化；③如果存在手性中心，它们必须以合适的方式确定。

香草醛   青霉素 G   紫杉醇

因此，为理解复杂分子的合成，我们需要先熟悉形成碳-碳键的反应、官能团相互转换和立体化学控制等。形成碳-碳键的反应是构建有机分子骨架的最重要工具，包括烃化、缩合和重排等反应。官能团相互转换能够扩展化合物的种类和应用范围，常见的官能团转换包括氧化、还原、加成、消除等反应。新药研究通常要求制备高对映体纯度的手性药物，因此需要合理地利用化学反应制备具有特定手性结构的化合物，包括利用不对称合成技术。在此基础上如何合理地进行合成设计，综合利用形成碳-碳键的反应、官能团相互转换反应及立体化学控制得到目标化合物，是有机合成研究的主要目标。逆向合成分析（retrosynthetic analysis）或者切断法（disconnection approach）是由E. J. Corey创立的一种重要的合成设计方法；其核心思想是从目标分子出发，逆向推导出可能的合成路径，从而找到实现目标分子合成的起始原料和反应步骤。逆向合成分析是一种强大的工具，可以帮助化学家设计和优化复杂的有机合成路线。然而，它也需要深厚的有机化学知识和经验，以便能够正确地选择和组合反应步骤，以及有效地控制反应的立体化学和选择性。通过逆向合成分析，可以将一个相对复杂的产物作为起点，反向逆推导至市售相对简单的起始原料。在这一过程中，需要考虑靶分子（target molecular）碳骨架的构建、官能团的引入和对立体化学进行控制。

逆向合成分析的思维方式与正向反应不同，需要注意的是逆向合成设计中使用的箭头与正向合成路线中不同，这是为了避免逆向合成分析设计与实际的合成路线混淆。

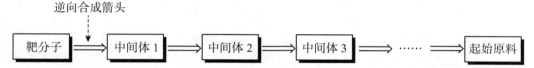

如何通过缜密的逻辑思维设计合成路线，是药物合成的一大任务。通过学习本章内容，将能够通过一系列逆向思维合理地进行合成设计，而不是盲目地寻找反应路线，这种逆向思维的实施方法就是切断法。

第一节　逆向合成分析的方法

逆向合成分析的基本过程是采用一定的策略，将靶分子转化为合成子（synthon）。靶分子指的是任何所需要合成的有机分子或中间体，或者是最终产物；合成子是指组成靶分子或中间体骨架的各个单元结构的活性形式，即进行切断时得到的概念性碎片，并非可直接应用的试剂；与合成子相对应的化合物则是等价试剂（equivalent reagent）或等价体（equivalent），可直接购买或由合成得到。

以苯乙酮为例，经切断（disconnection）后得到乙酰基正离子和苯基负离子两个离子型的合成子，它们的等价体分别是乙酰氯和苯，将乙酰氯和苯反应，即可得到靶分子。

逆向合成分析主要包括切断、连接、重排和官能团转换等四种方法，其中切断和官能团转换经常采用。下面主要叙述切断和官能团转换。

一、切　断　法

切断分析法在合成路线设计中发挥着至关重要的作用。这一方法的核心在于通过精确识别和选择性断裂分子中的化学键，将复杂的目标分子逐步拆解成更小、更易于操作的分子片段。这一过程不仅能够简化合成步骤，还能显著提高合成效率，从而推动药物研发进程。

在应用切断分析法时，化学家需深入洞察目标分子的结构特性，特别是那些可通过特定反应形成的关键化学键。借助精准的判断和策略性的切断，逐步将目标分子转化为一系列前体分子或亚目标分子。这些前体分子作为合成过程中的关键中间体，可为下一步的合成提供明确的方向。通过反复应用切断分析法，能够逐步推导出一系列简单的起始原料。这些原料通常是市售的化学物质，或者可以通过简单反应轻松制备。通过将这些简单原料按设计出的反应路线逐步组装和转化，最终能够高效地得到复杂的目标分子。例如，吡非尼酮（pirfenidone）是一种抗肺纤维化药物，通过分析它的结构可以发现，其结构中吡啶环的 N 原子和苯环通过 C-N 键相连。根据骨架特征，选择 C-N 键进行切断，这样就得到了两个合适的起始原料吡啶酮和卤代芳烃。

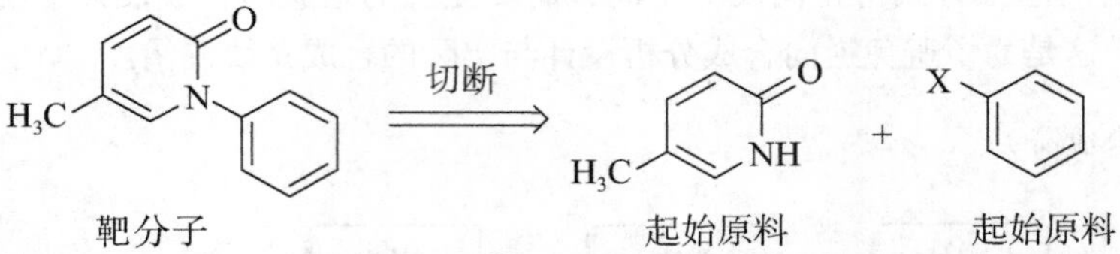

在应用切断法进行分析的过程中，关键是寻找靶分子中是否具有有机单元反应产物的特征结构，这就要求对经典的有机反应非常熟悉。例如，在莨菪碱类化合物托品酮的结构中，可以寻找到 Mannich 反应产物的特征结构，故而可将其切断为三个等价物：丁二醛、甲胺、丙酮二甲酸。

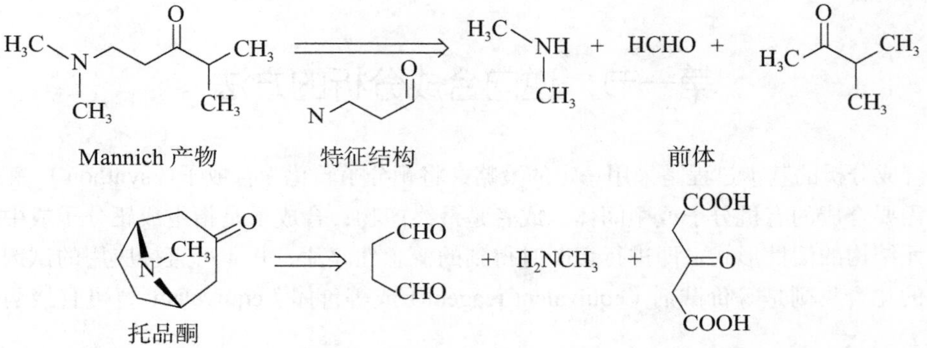

如果靶分子具有与特定天然产物或易得试剂结构相似的骨架片段，也应作为切断参考。例如，东莨菪碱的骨架片段与天然产物蒂巴因相似，应尝试通过合适的切断推衍得到蒂巴因这个等价试剂，从而能以蒂巴因作为起始原料，设计出制备东莨菪碱的合成路线。

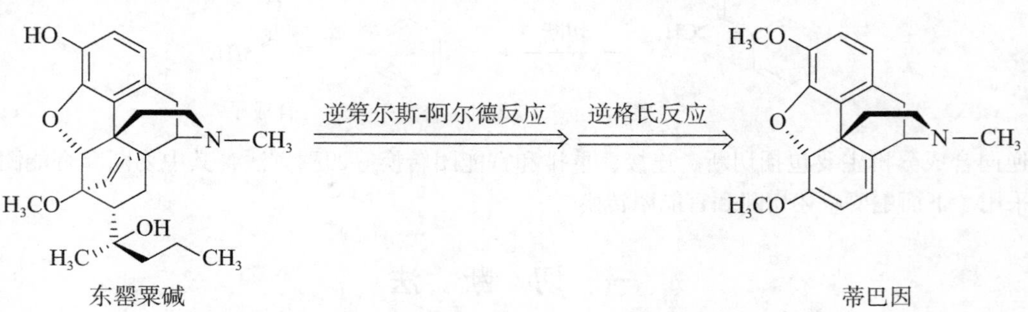

此外，逆向合成分析切断的基本原则还包括：①对称部分优先切断，可简化合成路线；②不稳定结构优先切断，或者先转化官能团；③影响反应活泼性或者选择性的基团先转化；④切断点优先选择中间部分，可提高合成汇聚性；⑤C—C 键优先切断多分叉点；⑥策略键优先切断。

　　例如，2-甲基-6-苯基-3-己酮的结构逆向合成分析如下。其中，切断a给出的是溴代乙苯与甲基异丙基酮的碳负离子的反应；切断b给出的是碘甲烷与6-苯基己酮的碳负离子的反应；切断c给出的是丙基负离子与苯基丁酰基的碳正离子的反应；切断d给出的是4-甲基戊烯酮与苄基碳负离子的反应。综合分析，切断d是最合适的。

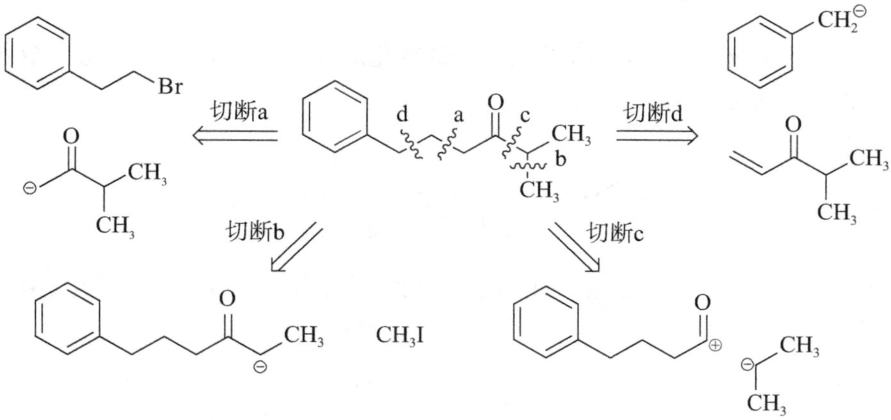

　　上述切断的基本原则中，策略键（strategic bond）是指逆向合成分析中须考虑切断的优选化学键，通常也是化学键稳定性较低的化学键。例如，C-C（Ar）键、C-X键、C-Z键（酰胺键、酯键）、C=C键等就属于策略键。下面举例介绍常见部分策略键的切断，以及官能团转换、极性反转在逆向合成分析切断中的应用。

（一）C-C 键切断

　　苯乙酮在许多药物合成中经常使用，为确定合成苯乙酮的起始原料和合成途径，需要进行切断打开碳骨架，那么如何切断这些键呢？这里不考虑切断芳环上键的任何可能性，因为从简单的起始原料合成芳环是不容易的。这样只存在两个位置的切断，即羰基与芳环之间的键，或者羰基与甲基之间的键，须依次思考每一个切断。

　　首先是切断羰基与芳环之间的C-C键，这里用波浪线标明。生成的两个片段称为合成子，其中之一给出负电荷，另一个给出正电荷。因为大多数反应包括两种试剂，一种作为亲核试剂，另一种作为亲电试剂。应该意识到这里的合成子不是真正的物质或试剂，需要将其分别转化为对应的等价试剂。

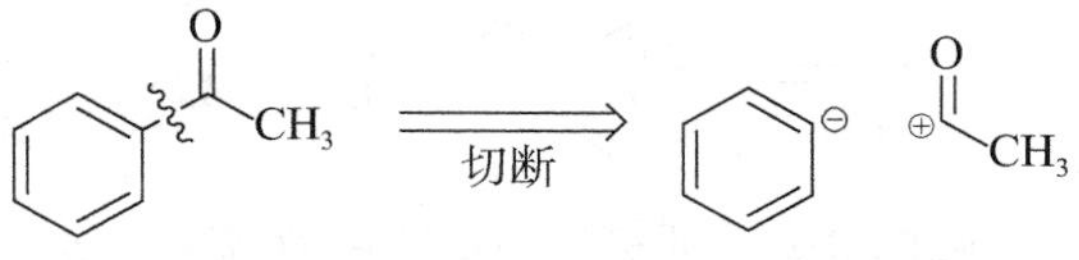

　　因此，向亲核性合成子加氢或金属原子，向亲电性合成子加离去基团如卤素或羟基进行转化。在这个例子中，亲核性合成子加氢得到苯，亲电性合成子加氯得到亲电试剂乙酰氯。

乙酰氯含亲电的酰氯基团，而苯事实上是一个亲核基团。因此，它们可以发生 Friedel-Crafts 酰化反应得到靶分子苯乙酮，因此这个切断对逆向合成分析流程是正确的。

现在，已经注意到这一反应能够给出合成子的变化形式，其中电荷发生交换，这也能够分析观察是否存在相应的试剂。

再次开始，向亲核性合成子加氢，同时向亲电性合成子加离去基团，这样就得到一个芳基卤化物和一个醛。

芳基卤化物   醛

这些试剂是否能代表符合要求的合成子？如果芳基卤化物作为亲电试剂起作用，它可能须经历亲核取代。但是芳环不易于经历这一反应，除非环上存在其他的吸电子取代基。因此，芳基卤化物作为一个亲电试剂可能是不合适的。再来看醛，如果醛作为亲核性合成子起作用，就必须丧失醛的质子。换言之，醛的质子必须带有弱酸性。然而，酸性质子实际在羰基的α-C上，于是醛更可能在甲基碳而不是在羰基上作为亲核试剂起作用。羰基碳稍显正电性使得其亲电性大于亲核性，因此很难作为亲核试剂进行反应。通过逆向合成分析，这一切断方案并不合理，可以不加以考虑。

这个实例说明对每一逆向合成步骤分析如何有利于正向反应是重要的，实例中第一对合成子能够容易用常用试剂表示，并且使用这些合成子进行切断是有意义的。相反，另一对合成子难以用常用试剂表示，因此可以忽略。

上述合成分析包括芳环和羰基的切断，但是在羰基和甲基之间切断是否合理？我们可以重复逆向合成分析以产生两对合成子。

对于第一对合成子，向亲电性合成子加氯得到亲电试剂酰氯。向亲核性合成子加氢，只会得到甲烷，不能作为亲核试剂；但如果用金属取代氢来连接甲基，金属可使键极化，以至于甲基碳显负电性并作为亲核试剂起作用。因此，有机金属试剂是合适的。现在可以考虑几种可能的有机金属试剂，如 Grignard 试剂、有机锂试剂或有机铜试剂。哪一种有机金属试剂是最合适的呢？

有机金属试剂与酰氯反应的知识告诉我们，格氏试剂和有机锂试剂与酰氯反应两次，得到最终产物叔醇。相反，有机铜试剂与酰氯仅反应一次，就可以得到所需的酮。

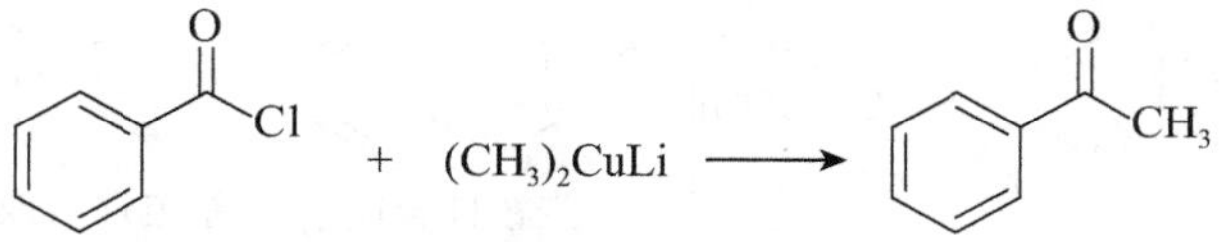

第二对合成子是否可行呢？亲电性合成子是可行的，并且能够通过简单的卤代烃表示。然而，另一个合成子与羰基键的天然极性相违背，这一切断应被忽略。

（二）C-X 键切断

在前面部分，我们通过切断 C-C 键来研究苯乙酮的逆向合成。然而当目标分子中含有杂原子（X）时，我们一般会考虑在碳原子与杂原子之间进行切断，即对 C-X 策略键进行切断。C-X 键不如 C-C 键稳定，也易生成，且切断后可以提供对应于本身就是亲核试剂的亲核性合成子，因此，在逆向合成分析中，对于含有杂原子的结构，应该优先关注 C-X 键切断的可能性。

例如，考虑第一代 β 受体阻滞剂普萘洛尔（propranolol）如何切断。

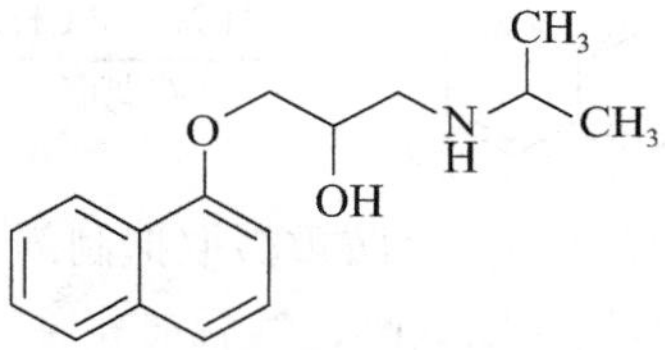

普萘洛尔

通过选择切断 C-N 键，可以直接得到一个良好的亲核试剂——异丙胺。同时，可以向亲电性合成子的亲电中心引入离去基团来获得合适的亲电试剂，更简洁的办法是将亲电性合成子转变为环氧化物结构的等价试剂。

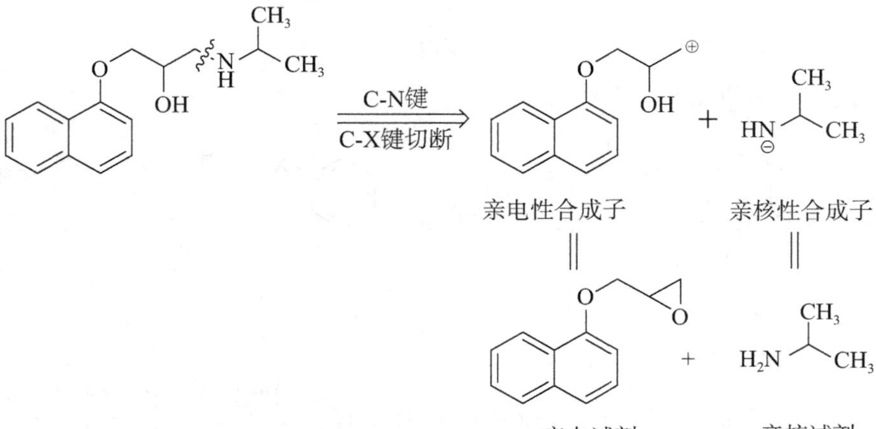

亲电性合成子　　　　亲核性合成子

亲电试剂　　　　亲核试剂

因此，与 C-X 键的逆向合成切断相对应的合成步骤是用胺处理环氧化物。胺可以与环氧化物取代基少的位置优先反应得到目标产物，这属于区域选择性的一个范例。

由于该环氧化物不能在市场上直接获得，需对其进一步进行逆向合成分析。合理的是切断 C-O 键，因为这可以再次提供自然的亲核性合成子等价试剂（α-萘酚）作为亲核试剂。而氯代环氧丙烷是亲电性合成子的等价物，这两种试剂都可以在市场上得到。

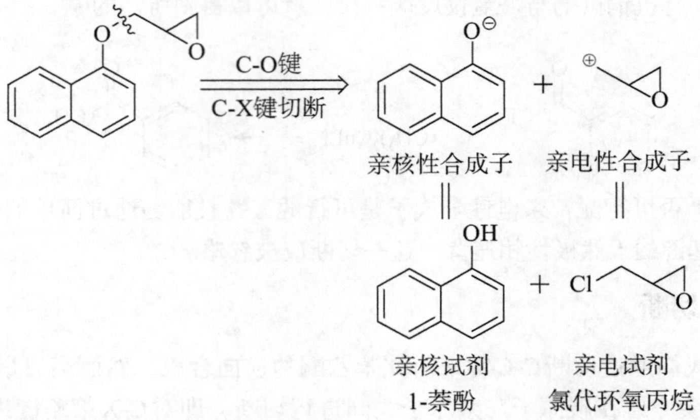

普萘洛尔的正向合成路线如下所示：

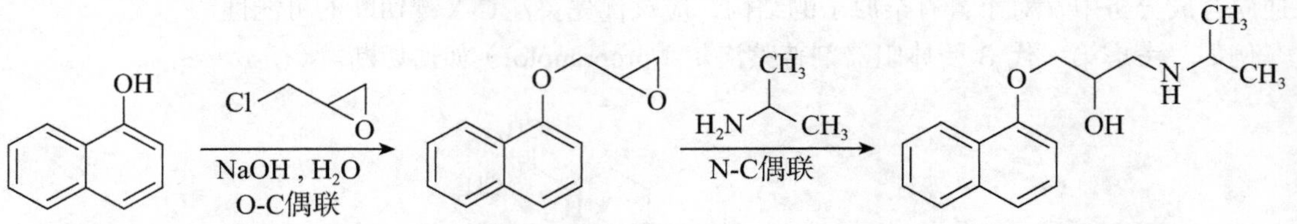

氟西汀（fluoxetine）是一种选择性5-羟色胺重摄取抑制剂，临床用于治疗抑郁症。分析其具有芳基醚的结构，因此可以先将C-O键切断成醇，然后把醇通过官能团互换（FGI）成酮。然后酮经历逆Mannich反应，生成三个等价试剂：苯乙酮、甲醛和甲胺。

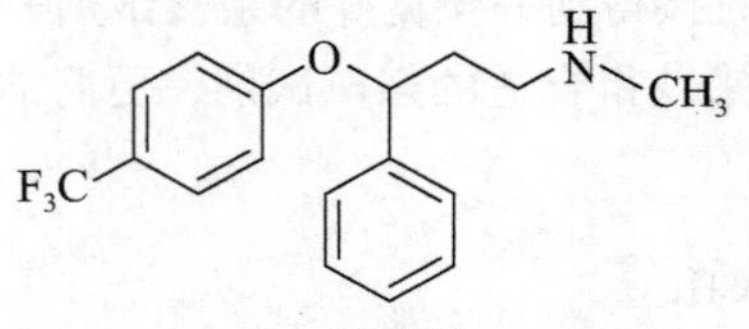

氟西汀

氟西汀的逆合成分析如下：

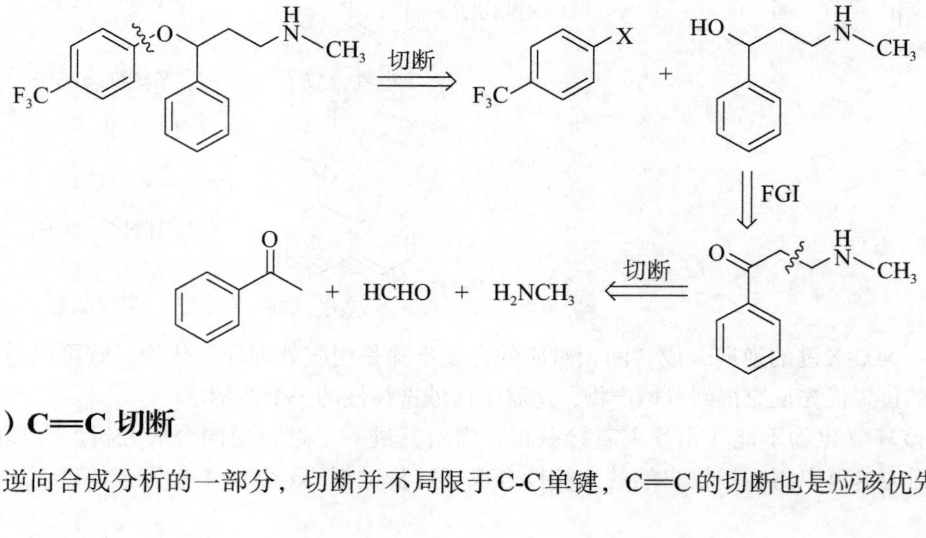

（三）C═C 切断

作为逆向合成分析的一部分，切断并不局限于C-C单键，C═C的切断也是应该优先关注的。

C═C的形成主要包括羰基亲核加成后的脱水消除（羟醛缩合、Knoevenagel反应等）及羰基的Wittig反应等。下面我们以天然产物肉桂酸乙酯为例进行逆向合成分析。

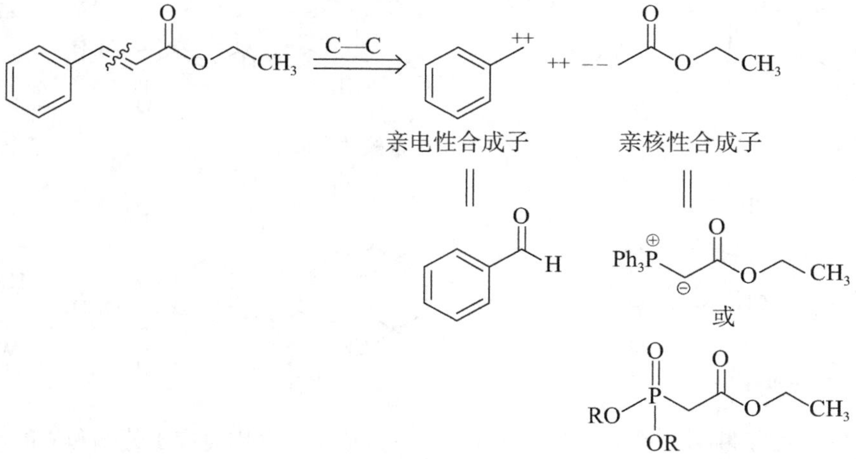

亲电性合成子　　　亲核性合成子

或

由于切断了一个双键，生成的合成子均带有双电荷，双正电荷通常指的是羰基，对应的试剂为苯甲醛。双电荷亲核性合成子的亲核中心在酯羰基的 α 位，加氢给出乙酸乙酯，其可以方便地与醛反应。

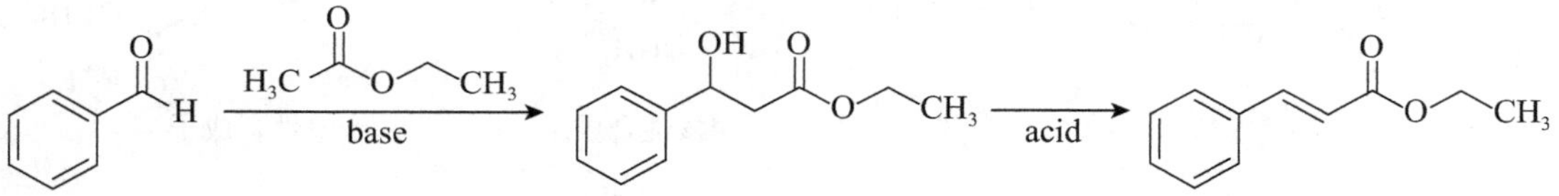

此外，双电荷亲核性合成子对应的亲核试剂也可以是有机膦试剂，对应采用Wittig反应或Horner-Wadsworth-Emmons反应是制备靶分子肉桂酸乙酯更好的方法。

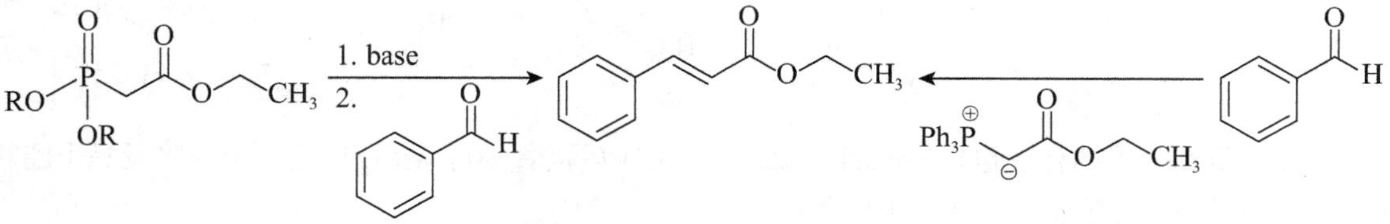

贝沙罗汀（bexarotene）是一个抗肿瘤药物，靶分子结构中含一个末端烯烃和羧酸，思考如何切断。

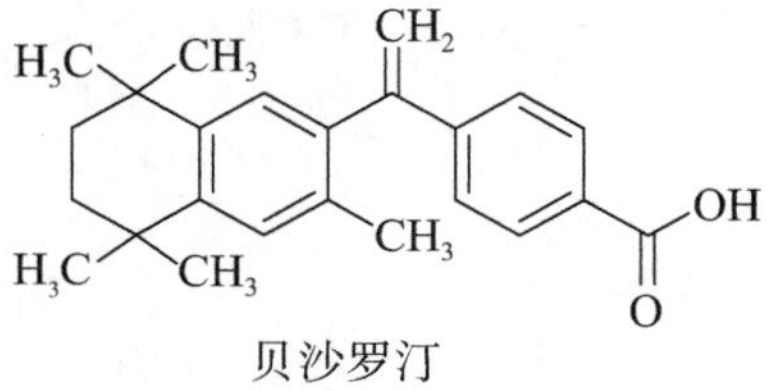

贝沙罗汀

羧酸具有酸性质子，可能会与合成中使用的碱性或者中性试剂发生反应。因此，我们在推导合成路线时需要考虑使用保护基团，并且脱除保护发生在最后阶段。所以，贝沙罗汀的逆向合成分析第一步应该是将羧酸变化为甲酯。

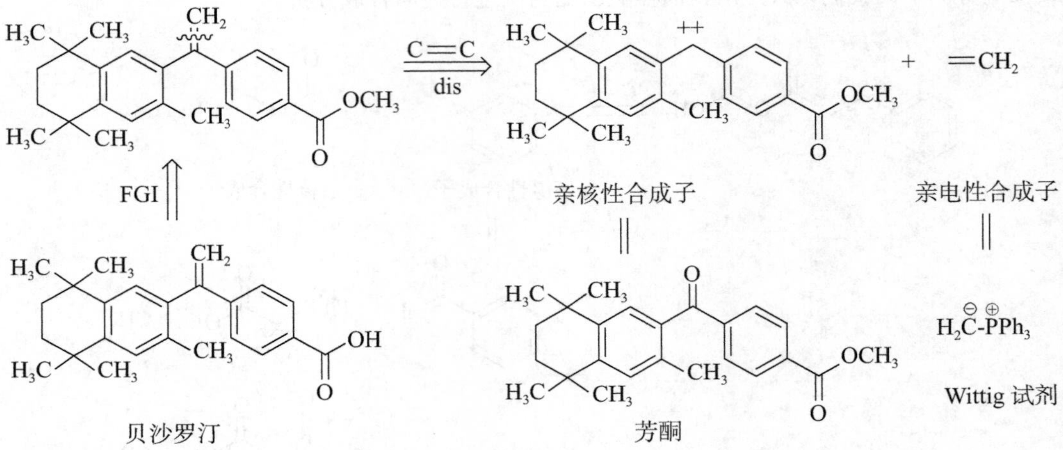

贝沙罗汀　　　　　　　　　芳酮　　　　　　　　Wittig 试剂

　　末端烯烃 C=C 切断后，得到两个带有双电荷的合成子，分别对应于芳酮和 Wittig 试剂。由于该芳酮不是市售试剂，需要进一步切断。

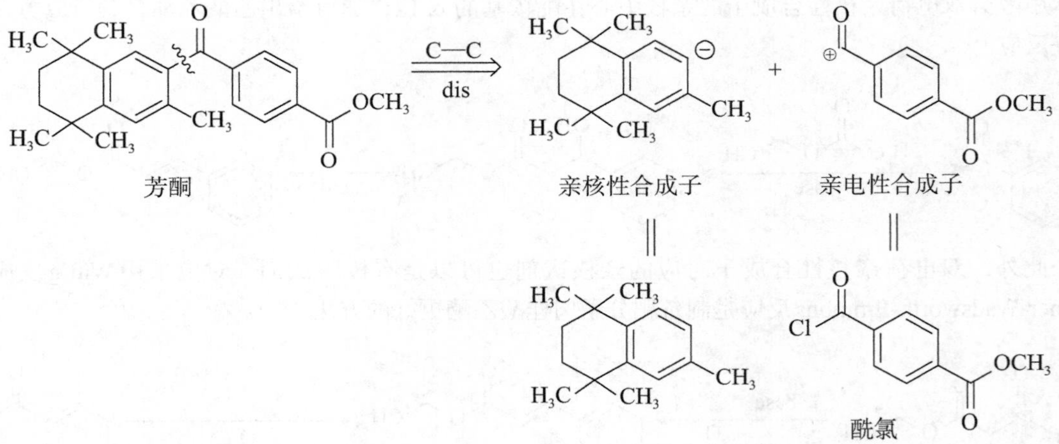

芳酮　　　　　　　　　亲核性合成子　　　　　亲电性合成子

酰氯

　　因此，目标分子的合成包括 Friedel-Crafts 酰化反应后接着进行 Wittig 反应，最后阶段是甲酯转化为羧酸。贝沙罗汀的合成路线如下所示：

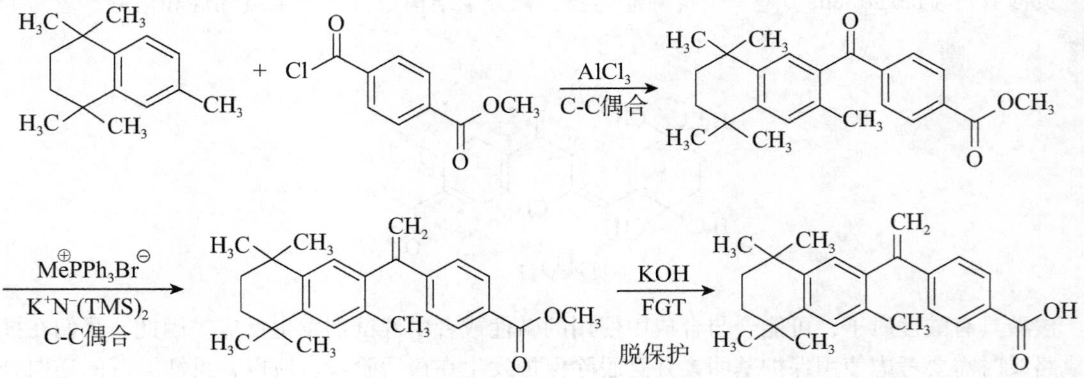

二、官能团转换

在逆向合成分析中，可以通过取代、加成、消除、氧化和还原等反应类型，把一个官能团转换成另一个官能团。官能团转换的主要形式包括官能团互换（functional group interconversion，FGI）、官能团添加（functional group addition，FGA）和官能团消除（functional group removal，FGR）等。

官能团转换的主要目的包括：①将靶分子变换成在合成上更易于制备的前体，即替代目标分子。②为了实现切断、连接和重排等变换，将靶分子的原有不合适的官能团转换成所需要的形式，或者暂时添加某些需要的官能团。③添加某些活化基团、保护基团、阻断基团或诱导基团，以提高化学选择性、区域选择性和立体选择性。

在逆向合成分析中，官能团转换可以给我们提供更加丰富的合成路径。在前面苯乙酮的例子中，我们通过切断羰基与芳环间的C—C键确定了合适的合成子及苯乙酮的合成方法。如果采用官能团转换的思维，由于酮可以由仲醇氧化得到，于是经逆向合成官能团互换（FGI）将酮基团变化为仲醇。

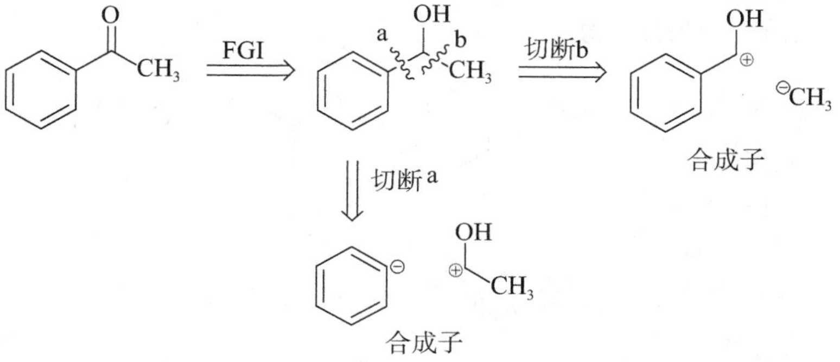

确定了仲醇，我们就可以进一步拓展可能的切断。对应的四个合成子的试剂如下：两个亲电性合成子引入离去基团会产生醛的等价试剂，两个亲核性合成子可用格氏试剂等有机金属试剂表示。

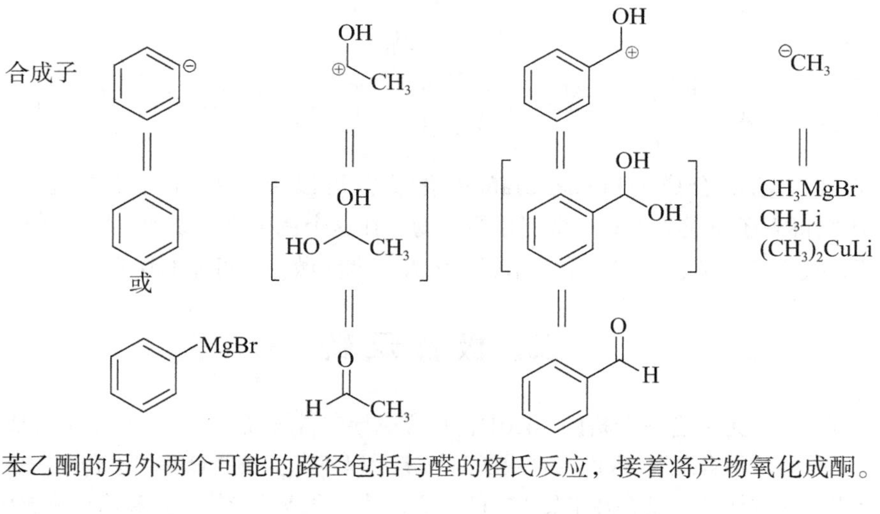

因此，苯乙酮的另外两个可能的路径包括与醛的格氏反应，接着将产物氧化成酮。

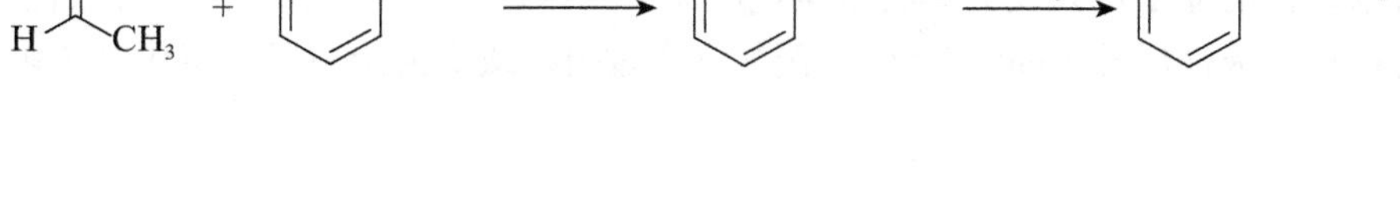

　　通过官能团转换，我们提出了苯乙酮的另外两条合成路线。随着目标分子的结构越来越复杂，通过官能团转换和逆向合成分析能够得到大量可能的合成路线。这时候就要对合成路线进行评价和选择，哪一条合成路线是最佳的取决于多种因素，如在合成路线中反应步骤的数目、试剂的成本和可用性，以及参与反应的实用性和安全性等。在苯乙酮的合成中，直接切断羰基与芳环间的C-C键，通过乙酰氯对苯环进行 Friedel-Crafts 酰化反应显然更加简洁，试剂的成本也更低。

　　在苯乙酮的合成中，尽管直接切断比官能团转换中提出的路线更优，然而并不能否认官能团转换在逆向合成分析中的价值。除了提供更多的合成路径供选择，在一些例子中，官能团转换可以让合成路线更加高效可行。异丁基苯是合成布洛芬的原料，如果直接切断烷基与苯之间的C-C键，通过苯与异丁基氯发生 Friedel-Crafts 烷基化来制备，那么反应过程中形成的碳正离子将会重排，最终得到叔丁基苯而非目标产物。

　　当通过官能团添加（FGA）转换为异丁酰基苯后，再切断，就变成了苯环上的 Friedel-Crafts 酰化反应，这样就不会引起重排的问题，而且酰基作为吸电子基团引入苯环后可以钝化产物，避免多取代产物的生成。

　　通过类似于苯乙酮合成的 Friedel-Crafts 酰化反应可以很容易得到异丁酰基苯，再通过 Clemmensen 还原将酮还原成亚甲基，得到目标产物。在这个例子里，添加的官能团可以用已知可靠的反应除掉，我们选择把它放在与苯环相邻的位置，方便做一个可靠的切断。

三、极性反转

　　在前面描述的基于逆向合成分析的切断中，只考虑导向常规极性（反应性）的合成子对，而导向与潜在极性不符的"不合理"（极性）合成子对均未予以考虑。发展具有"不合理"极性（或称特种反应性）合成子的试剂与合成等效体及相应的反应，药物合成的可能方式和途径将成倍地增加。

　　通过杂原子的引入或交换、添加另一碳基团，原本具有亲电性的原子将变得具有亲核性，或者原本具有亲核性的原子可以变为具有亲电性的原子，这种将某一合成子的正常极性转化为其相反性质的过程称为极性反转（umpolung）。例如，通过引入或交换杂原子，卤代烃转化为 Wittig 试剂或Grignard试剂、羰基转化为1, 3-二噻烷、双键氧化成环氧基等，都会使得碳原子的极性发生反转，这在较大程度上扩大了合成等效体的选择范围。

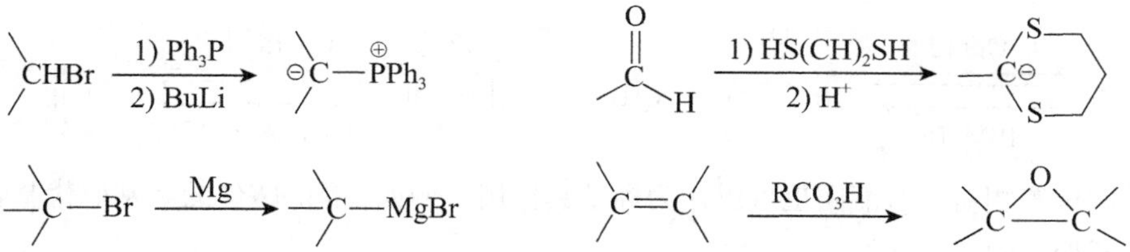

应用极性反转原理，可以为合成苯乙酮提供其他可能的方法，如

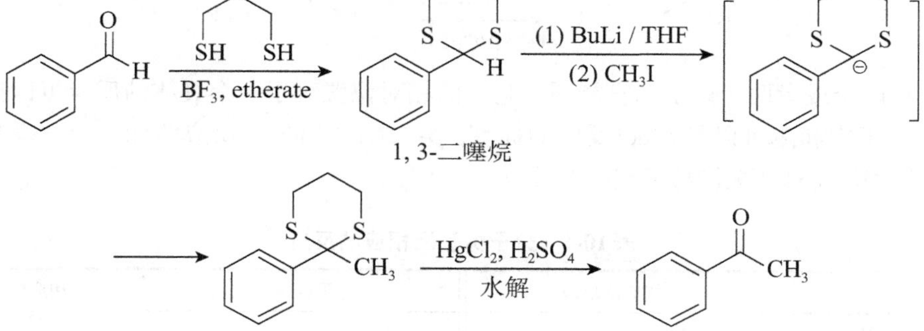

由于电负性的差异，羰基（C＝O）中的碳原子具有亲电性，但从醛合成二噻烷结构，再用强碱处理可以得到阴离子中间体，此时原羰基中的碳原子发生极性反转，具有了亲核性。通过亲核取代反应，烷基化后再水解，即得到苯乙酮。

通过添加碳基团，也可以实现醛羰基的极性反转，如安息香缩合反应中，通过CN⁻对C＝O双键的加成，实现了羰基C的极性反转，形成了苯甲酰负离子等价体，可以进一步与其他的亲电试剂发生反应，极大地丰富了羰基化合物的应用。

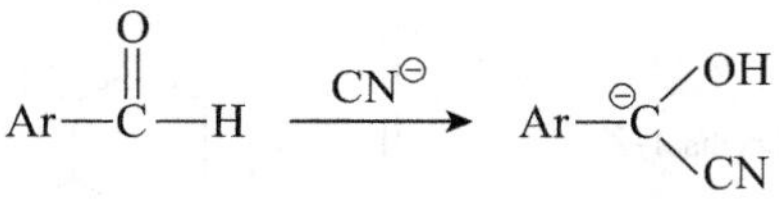

实现极性反转有时需要多步骤反应，有意识地设计极性反转的方法并进行合成方法学的研究，可以帮助解决合成的难题，拓展合成的手段。

四、分子标签

靶分子的结构越大或者越复杂，可能切断的数目就越多，会导致大量的可能的逆向合成流程。这时，需要通过结构的关键特征（分子标签）推断出哪些切断是最合理的。

化合物的主要特征是官能团，因此确定靶分子中的官能团的来源即哪一种反应可以产生这些官能团很重要。例如，靶分子中的仲醇基团可以从酮还原得到（官能团转换）或从格氏反应（C-C键形成）中得到。

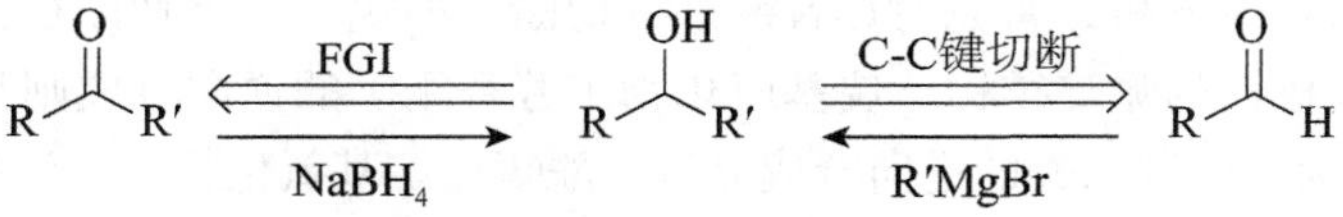

具体反应的分子标签包括不仅仅一个官能团。例如，带有两个完全相同的烷基的叔醇可视为在酯基上进行格氏反应的"标签"。六元环上的双键如环己烯结构是 Diels-Alder 反应可识别的标签。

取代基的位置相对于官能团也可以作为标签起作用。例如，酮的 β 位的烷基取代基就是对 α,β-不饱和酮亲核加成的一个标签。

如果存在两个或者两个以上的官能团，它们的相对位置对于一个具体的反应可以提供一个标签；包括 α,β-不饱和酮可以是 Aldol 反应的标签，β-二酮是 Claisen 反应的标签等。表 10-1 列出了多个分子标签和使用这些关键特征相应的反应。

表 10-1　分子标签及相应的反应

分子标签	相应的反应	分子标签	相应的反应
（β-羟基酮）	Aldol 反应	（顺式双键）	Wittig 反应
（α,β-不饱和酮）	Aldol 或 HWE 反应	（反式双键）	Peterson 反应
（β-二酮）	Claisen 反应	（叔醇）	Grignard 反应
（1,4-二酮）	Michael 反应	（环己烯二取代）	Diels-Alder 反应
（1,6-二酮）	臭氧化反应	（环己二烯二取代）	Diels-Alder 反应

第二节　逆向合成分析实例

一、氟哌啶醇的逆向合成分析

氟哌啶醇（haloperidol）是经典的丁酰苯类抗精神分裂药物，具有芳香酮、哌啶醇、叔胺等结构。对其进行逆向合成分析，首先对 C-N 键进行切断，即优先考虑切断 C-X 策略键，得到亲电性的烷基卤化物和亲核性的哌啶结构。烷基卤化物（芳香酮）的逆向合成则是对芳环与羰基之间 C-C 键的切断，类似前文中苯乙酮的逆向合成分析。酰氯比烷基氯化物反应活性更强，因此反应是化学选择性的，烷基氯不会对 **Friedel-Crafts** 酰化反应造成干扰。哌啶醇中间体的逆向合成应该切断哌啶和芳环之间的C-C键，对应于4-哌啶酮和4-氯苯基溴化镁的合成子，这两者都是简单分子；但为避免与NH发生反应，在格氏反应之前有必要保护4-哌啶酮的胺基。

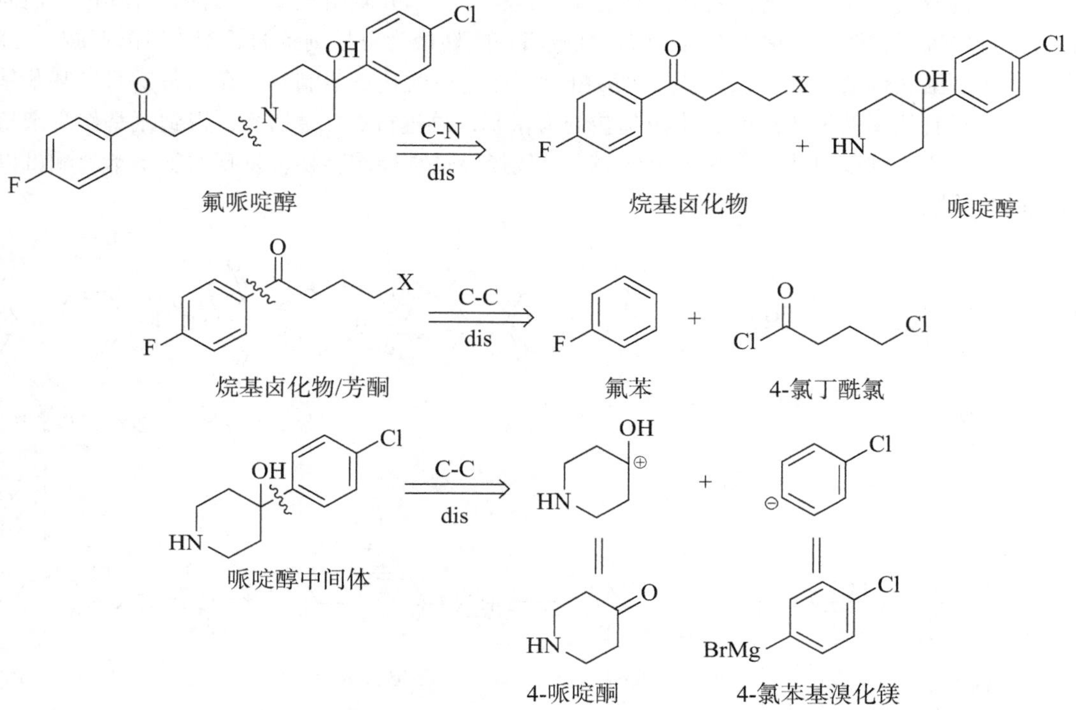

因此，氟哌啶醇的正向合成路线如下。

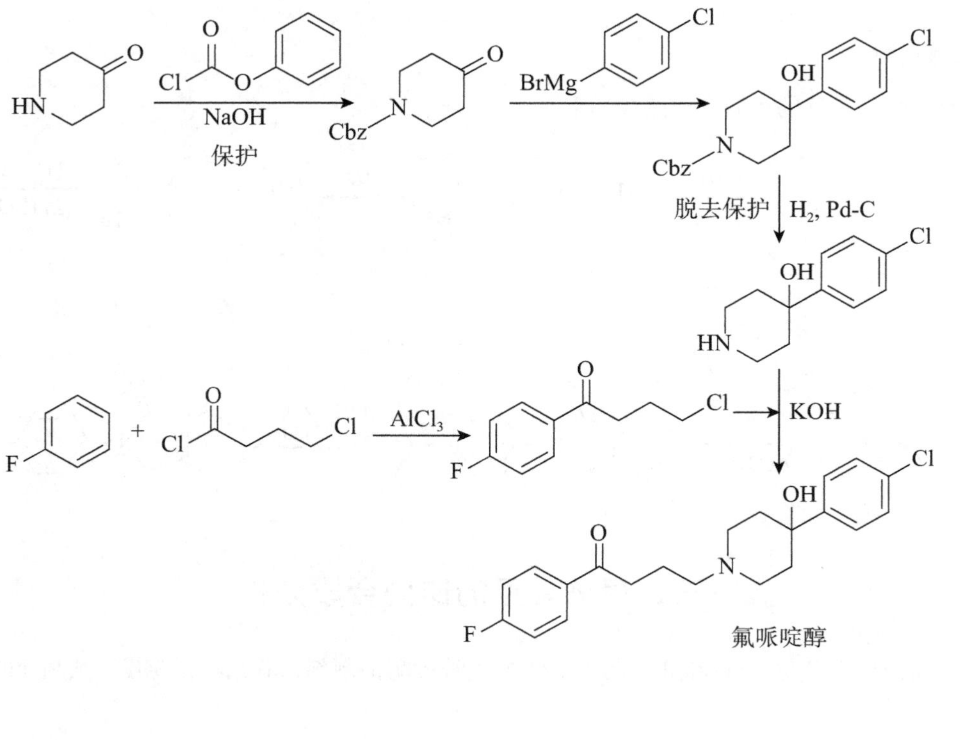

二、吲哚布芬的逆向合成分析

吲哚布芬（indobufen）是一种抗血小板药物，可以抑制血小板聚集，预防血栓的形成和血管阻塞。其结构既具有布洛芬的主要特征官能团，也包含了苯并吡咯烷酮的结构。对其进行逆向合成分析，首先进行官能团添加（FGA）将苯并吡咯烷酮转换为更易制备的邻苯二甲酰亚胺。此时，很容易地想到酰胺键的切断，以邻苯二甲酸酐对芳胺进行酰化反应制备。在制备2-对氨基苯基丁酸时，先进行官能团转换（FGI），将羧基转变为氰基，再进行C-C键切断，得到氰基作为亲核试剂，而亲电合成子则以卤代烃作为等价试剂。卤代烃经过官能团转换，发现对氨基苯丙酮可以作为合成的起始原料。

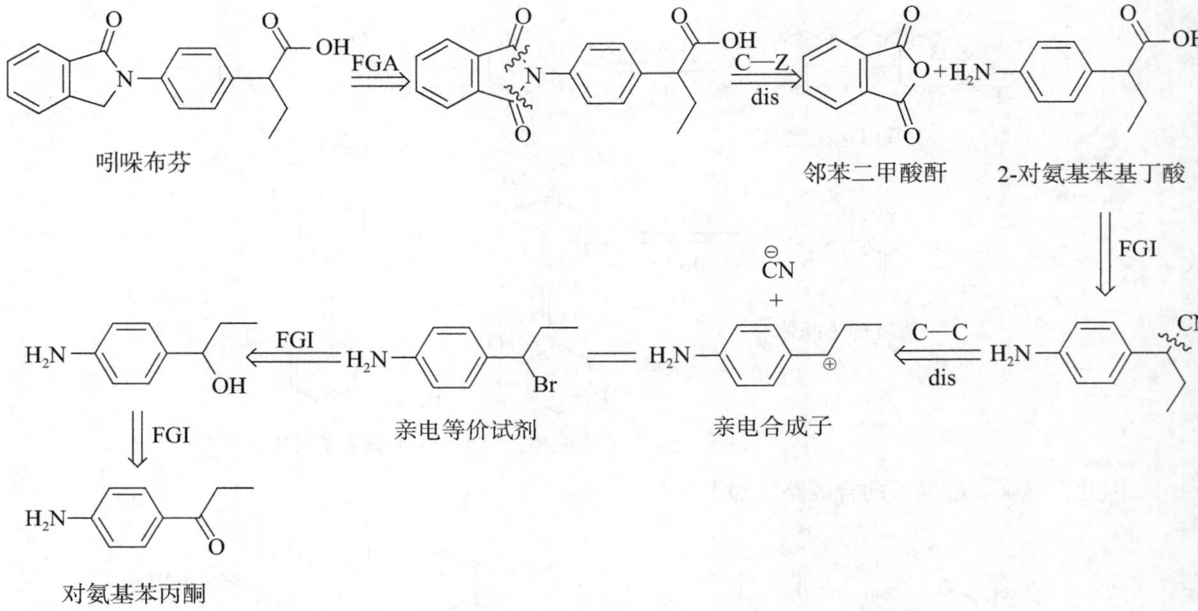

吲哚布芬   邻苯二甲酸酐   2-对氨基苯基丁酸

亲电等价试剂   亲电合成子

对氨基苯丙酮

因此，吲哚布芬的正向合成路线如下。

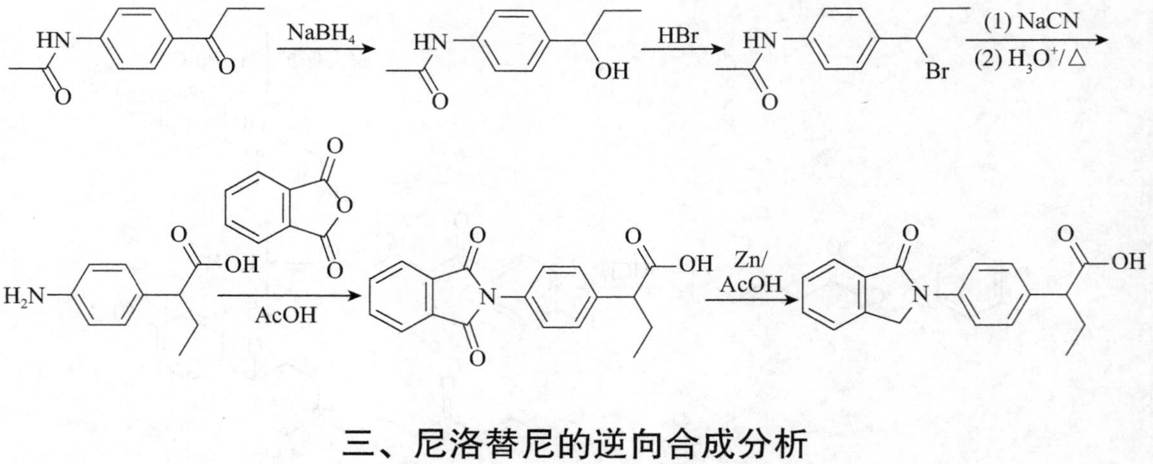

三、尼洛替尼的逆向合成分析

抗肿瘤药尼洛替尼（nilotinib）属于受体酪氨酸激酶抑制剂，其结构由嘧啶、吡啶和咪唑等多个芳香族杂环及苯环通过C-杂原子键和酰胺键连接而成。对其进行逆向合成分析，首先切断酰胺键，得到取代苯甲酰卤的核心结构和三氟甲基咪唑基取代的苯胺。三氟甲基咪唑基苯胺的切断显而易见，断裂C-N键，生成甲基咪唑和三氟甲基溴苯胺。取代苯甲酰卤含苯胺基吡啶基嘧啶片段，于是在苯环与嘧啶环之间的C-N键切断，生成芳基卤化物和胺基吡啶基取代的嘧啶两个等价体。其中，芳基卤化物对应的试剂是市场上可以得到的。胺基吡啶基嘧啶不易获得，须进一步切断，得到常用的试剂吡啶丙烯酮和胍。

尼洛替尼　　三氟甲基咪唑基苯胺　　取代苯甲酰卤

甲基咪唑　　三氟甲基溴苯胺

芳基卤化物　　胺基吡啶基嘧啶

吡啶丙烯酮　　胍

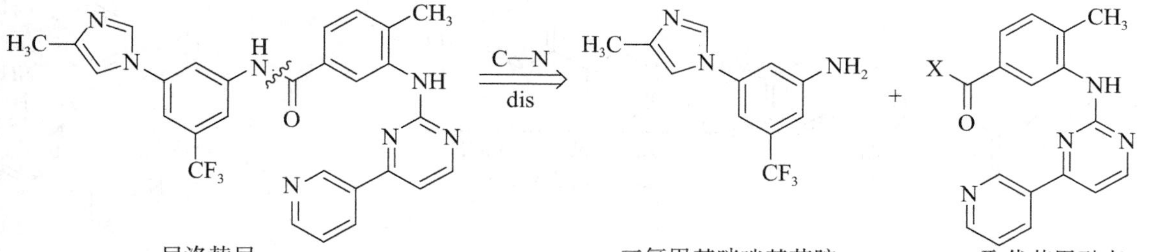

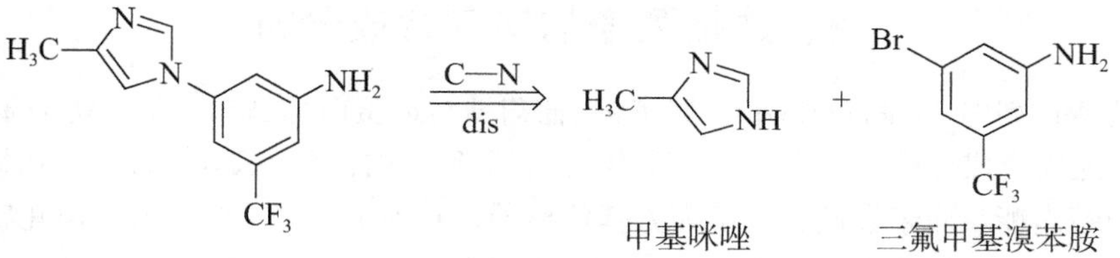

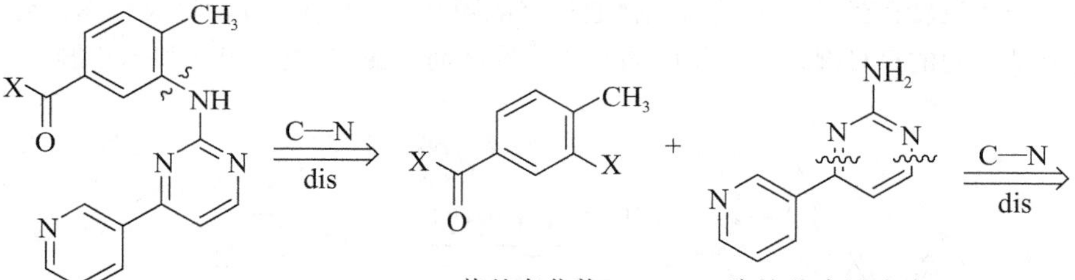

为防止芳基卤化物中的酰卤与氨基嘧啶反应，在实际合成中会让芳基卤化物先与三氟甲基咪唑基苯胺形成酰胺，再与胺基吡啶基嘧啶反应制备尼洛替尼。因此，尼洛替尼的正向合成路线如下。

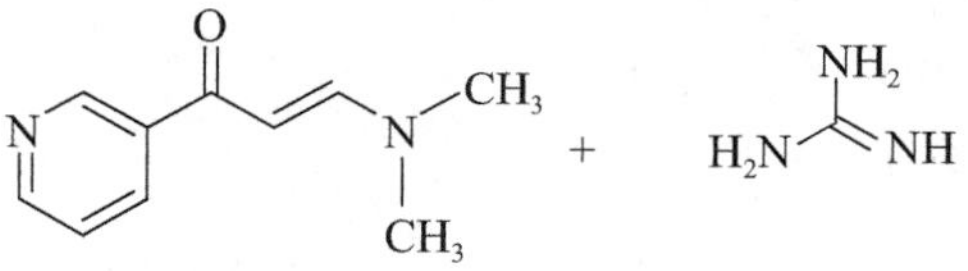

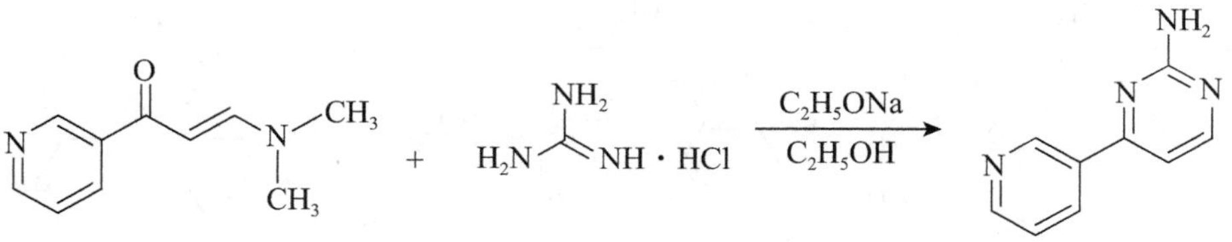

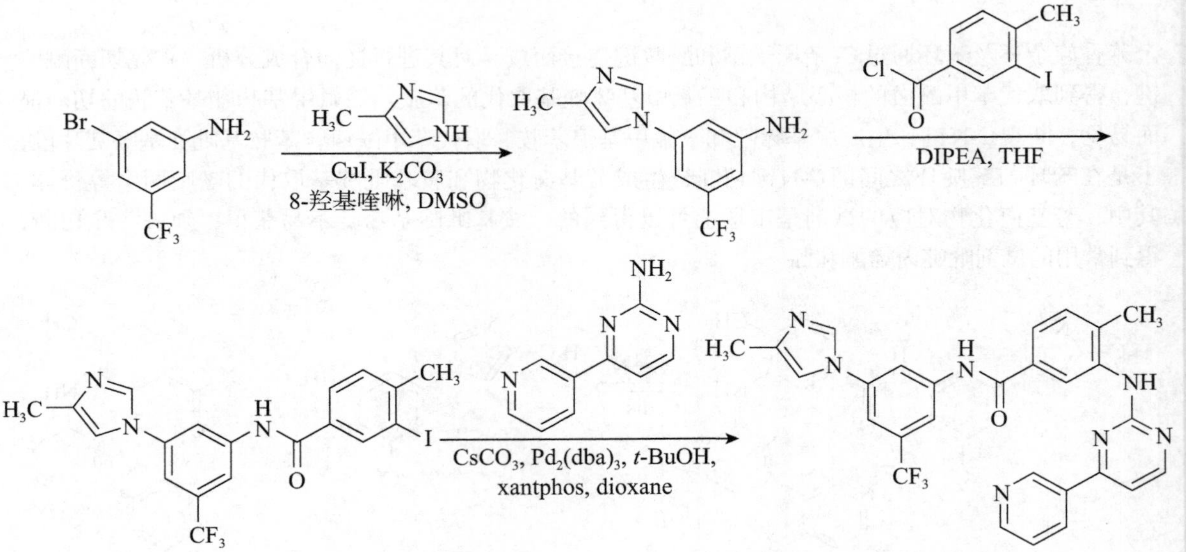

四、达格列净的逆向合成分析

　　降血糖药达格列净（dapagliflozin）属于钠-葡萄糖转运蛋白抑制剂，其结构为苯基C-葡萄糖苷。对其进行逆向合成分析，首先对C-糖苷键进行切断，这样得到亲电性合成子葡萄糖片段，等价试剂为葡糖酸内酯。而亲核性合成子为芳基负离子，其等价试剂可以由芳基卤化物在有机锂试剂作用下发生极性反转得到。该芳基卤化物通过官能团互换（FGI）可转化成芳酮，易于制备。切断羰基与乙氧基苯间的C-C键，得到相应的两个等价试剂2-氯-5-溴苯甲酸和苯乙醚。

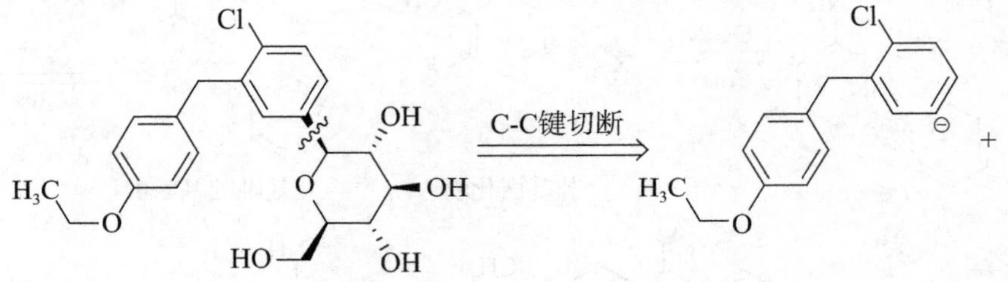

达格列净　　　　　亲核性合成子

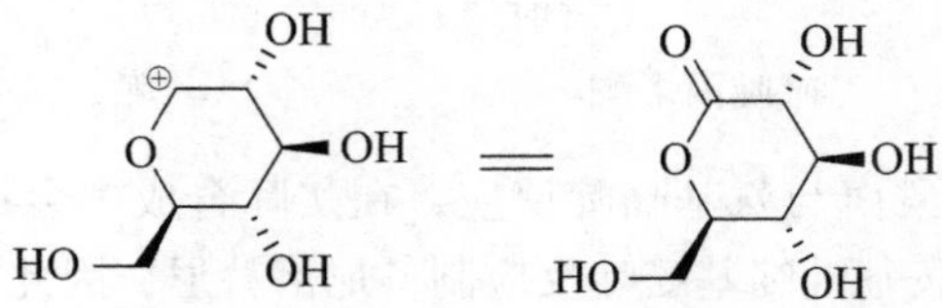

亲电性合成子　　　　葡糖酸内酯

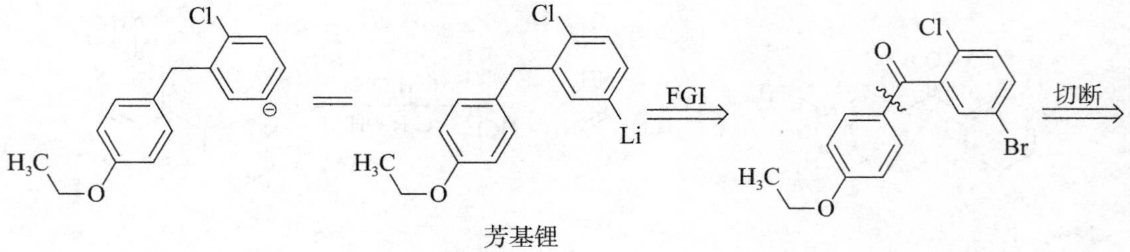

芳基锂

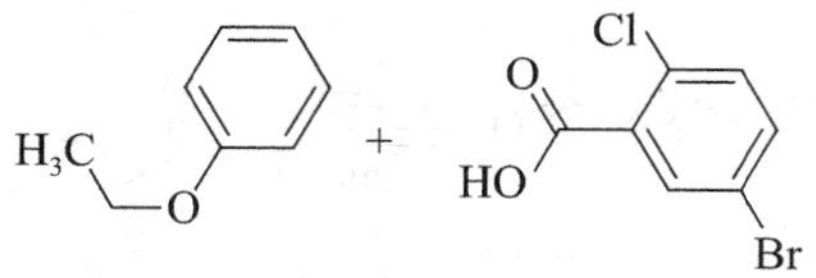

苯乙醚　　　　　　2-氯-5-溴苯甲酸

实际反应中芳基锂非常活泼，需要对葡萄糖片段的羟基进行保护；与葡糖酸内酯缩合形成的甲醚同样需要在保护中脱除。因此，达格列净的正向合成路线如下。

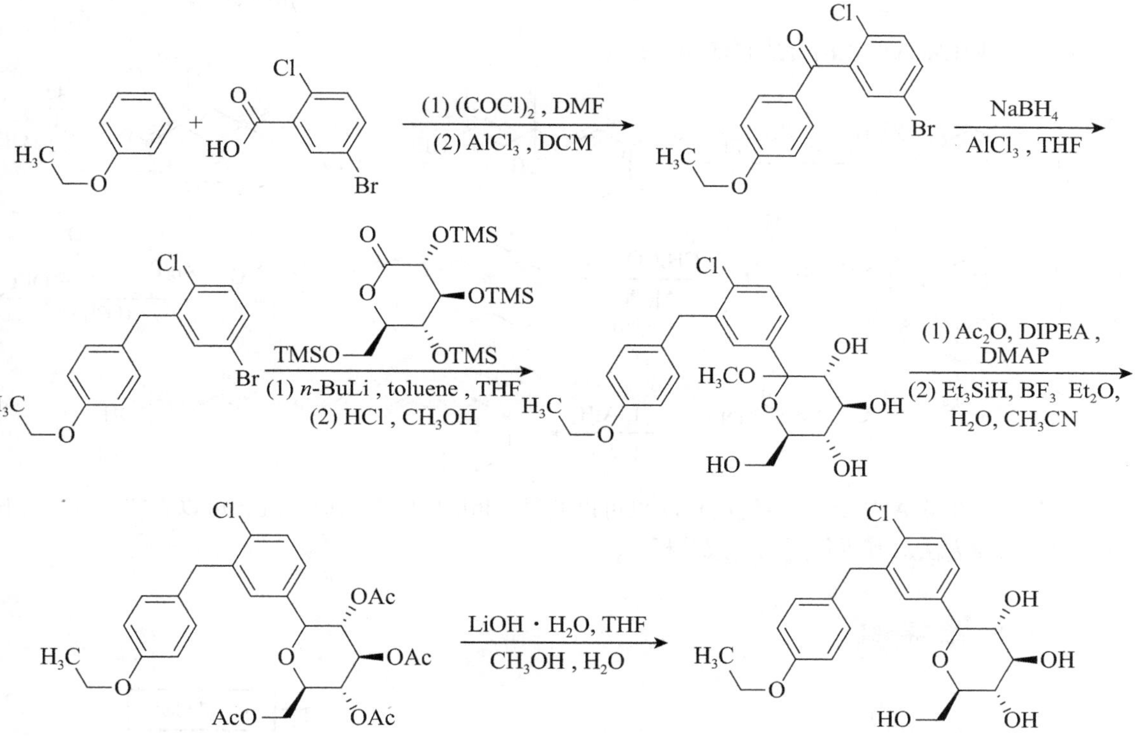

五、维生素 A 的逆向合成分析

维生素 A（vitamin A）是一种脂溶性维生素，具有多种生理功能，缺乏时会造成生长迟缓和夜盲症。在结构上看，维生素 A 是 β-紫罗兰酮的衍生物，包含六元脂环结构和全反式的共轭四烯，属于不饱和醇。对其进行逆向合成分析，首先通过官能团转换（FGI），将目标分子中的醇转化为羧酸酯。这样得到的末端结构为 α, β-不饱和羧酸酯，具有 Reformatsky 反应产物的特征。对 α, β-不饱和羧酸酯中的 C═C 双键进行切断，得到 α-卤代酸酯和对应的甲基酮。对应的酮是 α, β-不饱和酮，具有羟醛缩合（Aldol）反应产物的特征，因此再次对 C═C 双键切断，得到丙酮和 α, β-不饱和醛，而 α, β-不饱和醛可以通过官能团转换再次转化为 α, β-不饱和羧酸酯，按照同样的思路，继续切断，便可追溯到容易获得的天然产物 β-紫罗兰酮。

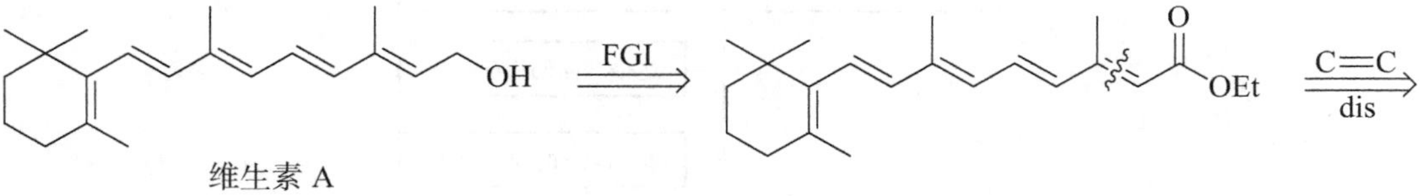

维生素 A

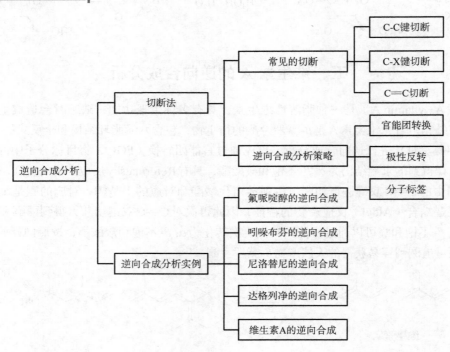

因此，维生素A的正向合成路线如下：

当然，维生素A中C=C双键的切断也可以通过Wittig反应等反应实现，可以查阅文献，尝试以不同的切断方法对其进行逆向合成分析。

思维导图

第十一章　合成路线设计与天然药物全合成

本 章 要 点

掌握　合成路线的设计及其评价方法。
理解　合成路线设计在复杂有机分子合成中的重要作用。
了解　青蒿素、利血平、秋水仙碱和高三尖杉酯碱等天然产物的合成设计。

　　无论是实验室制备还是工业化生产，药物合成的终极目标都是以最少的反应步骤、最高的收率，方便安全地获得目标药物分子。药物合成的过程一般会涉及药物分子骨架的构建、官能团的引入及立体构型的确立等。学习药物合成反应的目的就在于熟练掌握药物合成反应的基本原理和方法，并把它们灵活而巧妙地运用到药物合成中。就前面章节已经学过的药物合成反应类型而言，卤化反应、烃化反应、酰化反应、氧化反应和还原反应主要提供了官能团引入或转换的一般方法；缩合反应和重排反应则主要提供了分子骨架构建的有效途径。

　　合成路线的设计在复杂药物分子特别是天然药物分子合成中具有举足轻重的作用。其不仅涉及对现有药物合成反应的合理选用，而且还包含对合成中拟采用的各种方法的评价和比较，从而最终确定最合理可行、安全高效的合成路线。本章内容将主要围绕药物合成中合成路线的设计及其评价展开，并精选了几个天然药物的全合成案例，以便读者加深理解。

第一节　合成路线的设计及其评价

　　药物合成是利用化学方法将廉价易得的原料合成高附加值的药物分子。与经典的有机合成相比，药物合成对反应的原料、试剂、溶剂、催化剂及条件均有特殊要求，如要求明确合成过程中可能发生的副反应及其所产生副产物的理化性质，注意合成过程中所用催化剂特别是重金属催化剂的残留问题，考虑最终产品的晶型等。因此，在药物合成具体实施之前，应该明确以什么样的原料，在什么条件下，经由哪些反应步骤，运用什么样的分离方法才能满足目标药物分子在结构和性能上的要求，这个过程就是所谓的"药物合成路线设计"。某一具体药物分子合成路线的设计一般包括以下几个方面。

一、相关文献资料的收集与整理

　　药物合成路线的设计是以药物合成反应为基础的，而药物合成反应作为有机合成领域中重要的分支，经历了漫长的发展历程，文献资料浩如烟海。如何从卷帙浩繁的文献资料中吸取经验、获得灵感，是快速获取一条理想合成路线的基础和关键。当确定一个具体的药物合成分子之后，首先要对涉及目标分子结构、理化性质和相关合成方法的相关文献资料进行广泛的收集和整理。在对相关文献资料进行收集和整理的过程中，对于已经有合成路线报道的目标分子，可以参照现有合成路线进行有针对性的改进和提高，也可以根据现有的药物合成新方法和新技术设计全新的合成路线；对于那些没有合成路线报道的目标分子，则要重点关注其类似分子骨架或类似物的合成方法，因为这些方法所提供的信息能帮助我们少走弯路、减少试探过程，从而大幅提高成功的可能性。例如，已有报道广谱抗肿瘤药多柔比星中间体柔红酮合成的最后一步用"溴化和水解反应"引入苄位上的羟基。如果将此法用于其类似物醌类抗肿瘤药阿克拉霉素中间体阿克拉菌酮合成的最后一步，亦可取得较好的效果。

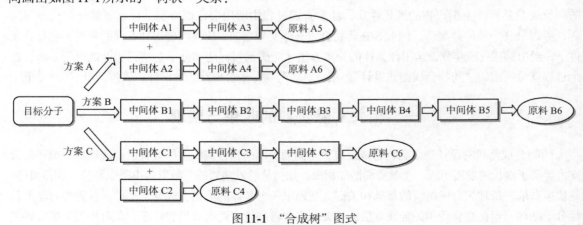

此外，对于相关文献资料的收集和整理，目前国内外可用的网络检索类数据有很多。如果想要了解某一具体药物分子的相关信息，建议可以选用美国化学文摘社 SciFinder 数据库进行相关检索查询；如果想要了解某一类药物分子或某一药物合成反应的相关信息及最新研究成果，建议可以选用美国科技信息所 Web of Science 数据库进行相关检索查询。

二、合成树的构建和修剪

根据相关文献资料的收集和整理，对于确实需要设计合成路线的药物分子，一般可以运用逆向合成分析中所提供的切断方法和策略，对所需要合成的药物分子（即目标分子）进行逆向合成分析。根据切断方式的不同，各可能合成路线所经历的中间过程或中间体就会有很大的差异，所用到的起始原料也会千差万别。我们可以在经由不同切断方式推导出来的各种原料与目标分子之间画出如图 11-1 所示的"树状"关系：

图 11-1 "合成树"图式

这种图式通常称为"合成树"。

除结构极为简单的药物分子外，每个药物分子的合成都有不止一条合成路线。目标分子结构越复杂，可能的合成路线就越多。根据逆向合成分析完成合成树的构建，不仅有利于对合成目标分子的各种可能路线了然于心，而且还能够为下一步合成路线的评价和最终确定提供较为便捷的途径。当然，在这一过程中，还可以从药物合成反应的一般原理出发，对合成树中所涉及的各种可能路线的合理性进行一个初步判断。对于那些包含不稳定中间体、不容易获取原料或试剂及难以实现转化过程的合成路线应予以否定。这也就完成了所谓的对合成树的修剪过程。通过对合成树的修剪或取舍，一般建议留下2～3条最有可能成功的合成路线，为下一步合成路线的评价和最终确定提供筛选。

三、合成路线的评价与优化

通过对目标药物分子合成树的构建和修剪，根据其提供的备选方案，从起始原料出发逐级往下推演，就可以获得几条正向的从原料到目标药物分子的备选合成路线（图11-2）。

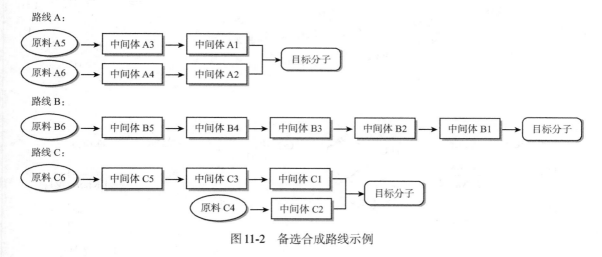

图11-2　备选合成路线示例

如果说对"备选合成路线"的罗列只是完成了"合成路线"可能性方面的探究，那么接下来的"合成路线评价"部分就必须把重点着眼于可行性方面的审视。从总体上看，一条理想的合成路线应具备以下几个特征：①合成路线简洁且总产率较高；②原料和试剂简单易得；③每步反应合理且较为高效；④反应条件温和且操作简便安全；⑤尽可能满足绿色化学的基本要求等。具体可以从以下几个方面进行考量和优化。

1. 直线式和汇聚式合成路线　如图11-2中路线B所示，原料B6经第一步反应生成中间体B5，B5又经第二步反应生成中间体B4，依次直线顺序，共经过六步合成目标分子。这样的合成路线通常被称为直线式合成路线。如路线A或路线C所示，先以直线式合成路线生成各自的中间体，然后再汇聚成最终的目标分子。这样的合成路线则通常被称为汇聚式合成路线。就逆向合成分析而言，一般选择在目标分子的中间或分支点上进行切断，大致可以获得汇聚式合成路线。与直线式合成路线相比，汇聚式合成路线具有合成路线较短、线性总产率高和便于分工合作等优点，因此经常被药物合成者优先选用。例如，降脂药阿托伐他汀钙（立普妥）经Paal-Knorr反应的合成路线就是典型的汇聚式合成路线。

逆向合成分析：

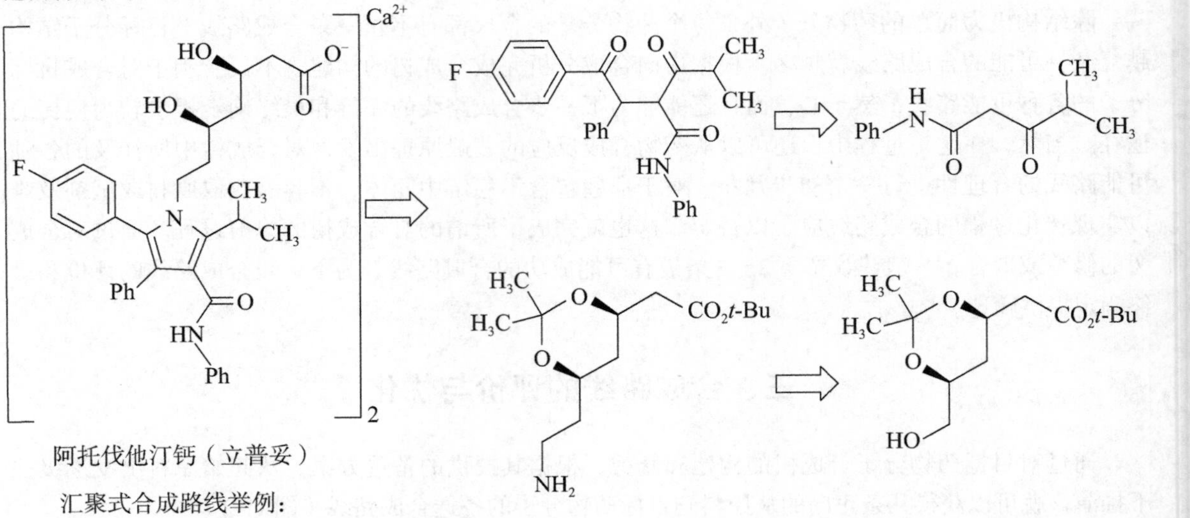

阿托伐他汀钙（立普妥）

汇聚式合成路线举例：

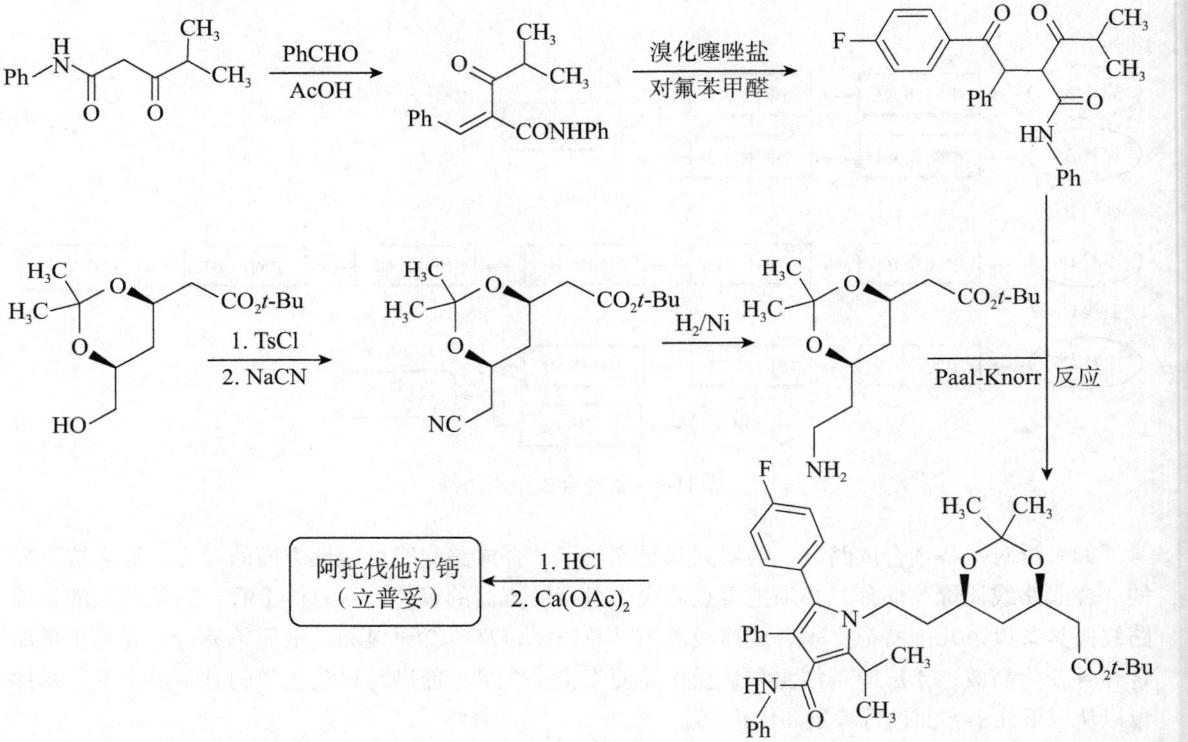

　　逆向合成分析及正向汇聚式合成路线如上图所示，先由市售原料1, 3-二羰基化合物经Knoevenagel反应和极性逆转的Michael加成合成重要中间体1, 4-二酮化合物（即Paal-Knorr反应所需的一个原料）；再由市售原料手性醇经磺酰化、氰根取代和催化加氢反应合成多一个碳的另一重要中间体手性胺（即Paal-Knorr反应所需的另一个原料），最后经Paal-Knorr反应汇聚成目标分子阿托伐他汀钙（立普妥）。

　　2. 易得起始原料和试剂的策略　一条合成路线如果所选用的原料或试剂非常昂贵甚至在市场上难以买到，那么即使它的设计再巧妙、合成效率再高，也是难以付诸实施的。因此，一条理想的合成路线必须考虑用市场上容易买到的、廉价的原料及试剂才有可操作性和应用价值。国内外各种化工原料和试剂公司的目录或手册可为选择合适的原料和试剂提供重要线索。同时，也可以通过网络了解化工原料和试剂企业的生产信息，特别是相关许多有用的医药中间体的情况，亦可对原料的选用提供很大帮助。此外，对于一些结构复杂的药物分子，还可以优先考虑来源于易得的天然产物及其降解产物为起始原料的半合成。例如，氨苄西林的合成就是以制备青霉素类衍生物的起始原料6-氨基青霉烷酸出发，通过氨基酰化和脱保护两步反应快速获取的。

随着研究的不断深入，这种以易得可再生资源为基础的合成复杂结构药物分子的半合成策略将越来越受到药物合成工作者的关注。

3. 提高反应效率和选择性的常用方法　"如何提高反应的效率和选择性"一直以来都是合成化学工作者所关注的重点领域之一。为此，有机合成化学家们开发了一系列行之有效的方法，如串联反应、多组分反应、酶促反应、不对称催化反应及无保护基的全合成研究等。这些有机合成化学中提高反应效率和选择性的常用方法都非常值得我们在药物合成路线的优化过程中学习与借鉴。

4. 反应溶剂安全性的考量　当今制药工业中溶剂的使用量十分可观，而其所用溶剂大多都具有易挥发、易爆炸和对人体及环境有毒害等缺点。这不仅给它们的运输和存放带来巨大的麻烦，而且还会带来相应的环境问题。对于一条理想合成路线的评价和优化，如果能够遵循"从源头上消除或减少化学危害或污染"的绿色化学理念，尽量避免或减少易燃易爆、有毒有害溶剂的使用，将会使合成路线本身具有更高的现实意义和社会价值。

事实上，很多国际知名制药企业（如辉瑞、葛兰素史克、赛诺菲和阿斯利康等）及美国化学会绿色化学研究所制药圆桌会议等都根据溶剂对人体的危害程度、安全性能（如可燃性、易爆性和稳定性等）和环境友好程度等指标给出了各自的"溶剂选用指南"。Prat等根据以上指南进行归纳总结，将常规溶剂分为推荐使用、次推荐使用、有问题、可能存在危害、有危害和非常有危害六大类（表11-1）。

表11-1　常规溶剂分类

溶剂类型	溶剂名称
推荐使用	水、乙醇、异丙醇、正丁醇、乙酸乙酯、乙酸异丙酯、乙酸正丁酯、苯甲醚、环丁砜
次推荐使用	甲醇、叔丁醇、苄醇、乙二醇、丙酮、甲基乙基酮、甲基异丁基酮、环己酮、乙酸甲酯、乙酸、乙酸酐
有问题	甲基四氢呋喃、庚烷、甲基环己烷、甲苯、二甲苯、氯苯、乙腈、二羟甲基丙基脲、二甲基亚砜
可能存在危害	甲基叔丁基醚、四氢呋喃、环己烷、二氯甲烷、甲酸、吡啶
有危害	二异丙醚、1,4-环氧六烷、二乙醇二甲醚、戊烷、己烷、二甲基甲酰胺、二甲基乙酰胺、N-甲基吡咯烷酮、二乙醇单甲醚、三乙胺
非常有危害	乙醚、苯、氯仿、四氯化碳、1,2-二氯乙烷、硝基甲烷

根据表11-1，对于合成路线的评价和优化，可以尽量优先选择使用"推荐使用"这一类型溶剂，而尽量避免使用"非常有危害"这一类型溶剂。在经典药物合成反应中，乙醚、苯、氯仿和二甲基甲酰胺都是常用的溶剂；而在现代药物合成反应中，这些危害性较高的溶剂已经很少被使

用，同时苯甲醚、甲苯、乙酸乙酯、丙酮、乙醇甚至水等都常作为它们的替代品，被优先考虑使用。这些都充分体现了当今制药工业对"反应溶剂安全性考量"的重视程度与日俱增。

第二节　天然药物全合成选例

一、青蒿素的全合成

青蒿素及其衍生物双氢青蒿素是继乙氨嘧啶、氯喹和伯氨喹之后最有效和低毒的抗疟特效药，曾经挽救过撒哈拉以南非洲地区的无数生命，被很多非洲民众尊称为"东方神药"。作为抗疟疾药，青蒿入药在我国已经有2000多年的历史。1972年，以屠呦呦为代表的我国科学家从中药菊科植物黄花蒿中首次分离提取得到抗疟有效成分青蒿素，并在4年之后确定了其分子结构。

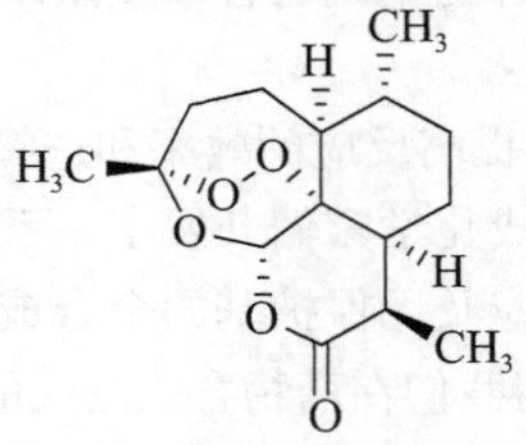

青蒿素 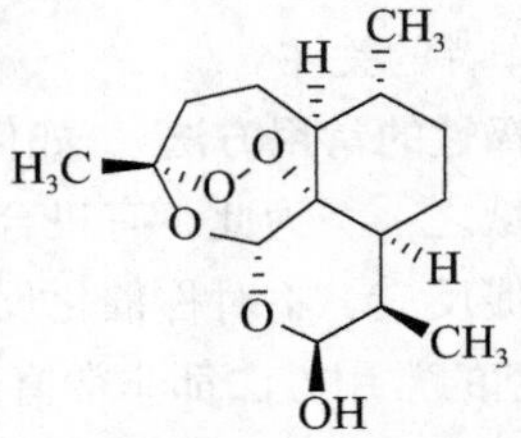　　　　　双氢青蒿素

青蒿素在结构上属于倍半萜类化合物，分子含有一个十分罕见的内型过氧桥缩醛缩酮结构，过氧基团是其具有高抗疟活性的关键结构单元。同时，分子中的5个氧原子在同一平面上，且分子上含有7个手性中心。因此，青蒿素的全合成成为一件极富挑战性的事情。1983年，我国化学家周维善等以（R）-香草醛为天然起始原料，完成了青蒿素的全合成，成为从天然手性源出发合成复杂手性目标分子的经典之作。其合成路线的逆向合成分析如下。

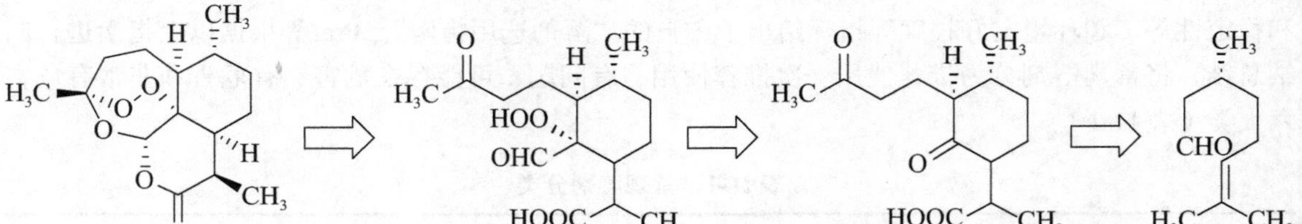

青蒿素　　　　　　　　1　　　　　　　　2　　　　　　（R）-香草醛

首先对目标分子的环内缩醛和缩酮键进行切断，获得关键中间体 1；接着，通过官能团转换切断法获得关键中间体 2；最后利用逆 Michael 加成和逆 Ene 反应将中间体 2 断开，得到易得的天然手性化合物（R）-香草醛。

周维善等以（R）-香草醛为天然手性源的正向合成路线如下图所示。

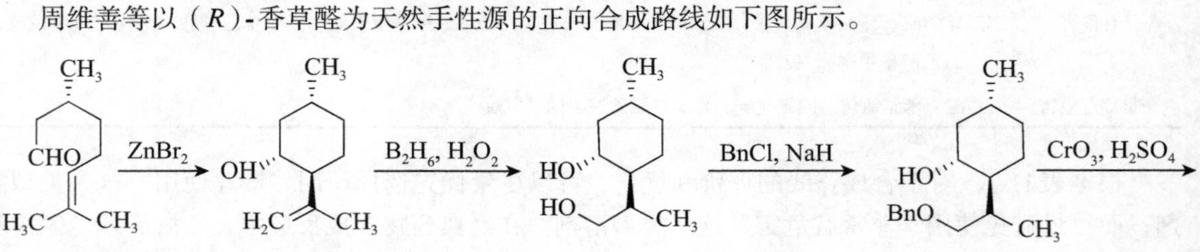

（R）-香草醛　　　　　　3　　　　　　　　4　　　　　　　　5

6 →(CH₂=C(Me₃Si)COCH₃ / LDA)→ **7** →(1. Ba(OH)₂　2. (COOH)₂)→ **8** →(NaBH₄)→

9 →(CrO₃ / H₂SO₄)→ **10** →(CH₃MgI)→ **11** →(p-TsOH)→ **12**

→(Na-liq.NH₃)→ **13** →(CrO₃ / H₂SO₄)→ **14** →(CH₂N₂)→ **15** →(O₃)→

16 →(HS(CH₂)₃SH / BF₃·Et₂O)→ **17** →(HC(OCH₃)₃ / p-TsOH)→ **18** →(HgCl₂ / CaCO₃)→

19 →(O₂, hv / rose bengal)→ **20** →(70%HClO₄)→ 青蒿素

首先以（R）-香草醛为天然手性源在Lewis酸ZnBr₂催化下，通过分子内Ene反应合成六元环中间体**3**；硼氢化-氧化反应、NaH条件下对伯醇的苄基选择性保护及Jones氧化反应，获得酮中间体**6**；LDA条件下的Michael加成和脱硅基反应，得到1,5-二酮中间体**7**；Ba(OH)₂和草酸条件下的羟醛缩合反应，合成α,β-不饱和酮中间体**8**；NaBH₄还原和Jones氧化反应，获得酮中间体**10**；对羰基化合物的格氏试剂亲核加成及对甲苯磺酸条件下的脱水反应，得到中间体**12**；金属钠-液氨条件下的苄基脱保护、Jones氧化及与重氮甲烷的甲酯化反应，合成中间体**15**；臭氧对环己烯结构单元的双键氧化开环反应，获得1,6-二醛中间体**16**；1,3-丙二硫醇对立体位阻较小醛基的选择性保护及对甲苯磺酸条件下与草酸三甲酯的甲基化反应，得到中间体**18**；HgCl₂和CaCO₃条件下的脱保护，合成关键中间体**19**；合成路线中最具特征也是最后关键步骤：甲醇溶液体系中以光敏剂玫瑰红为催化剂、高压汞灯光照及通氧气条件下，利用光氧化反应引入过氧桥，获得重要中间体**20**；最后酸性条件下经分子内醇醛缩合、醇酮缩合及内酯化等一系列串联反应，获得目标分子青蒿素。

在探索青蒿素的全合成路线过程中，周维善等还提出并实现了从较为易得的青蒿酸经过甲酯

化和NaBH$_4$还原反应直接合成中间体**15**的转化过程。

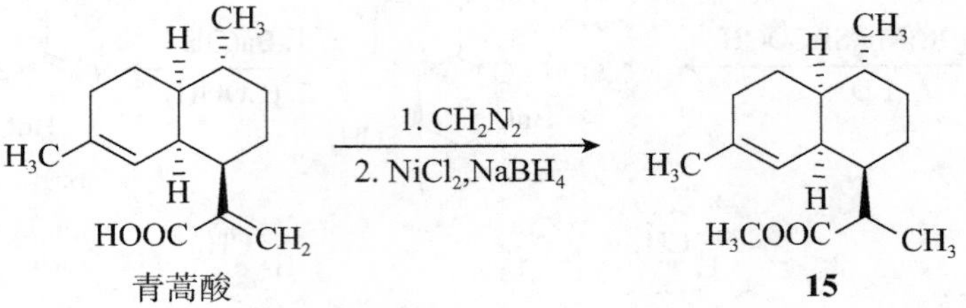

受到这一转化过程的启发，国际知名制药企业赛诺菲公司实现了年产60吨的以青蒿酸为起始原料的半合成青蒿素的新工艺路线。其中，2006年Keasling等开发的从单糖出发以酵母菌发酵的生物合成青蒿酸的新方法为该工艺路线的实现提供了坚实的原料基础。

二、利血平的全合成

利血平（reserpine）是一种脂溶性吲哚型生物碱，对中枢神经系统有持久的镇静作用，是一种温和而持久的天然抗高血压药。它广泛存在于萝芙木属多种植物中，其中在催吐萝芙木中含量最高（可高达1%）。1952年，利血平由Schlittler等从印度蛇根草中分离得到并确定了相应的分子结构。

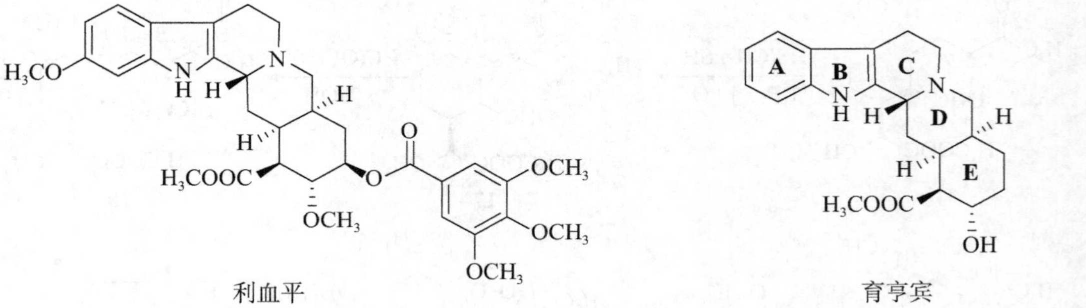

从分子结构上看，利血平具有育亨烷骨架结构，含2个氮的五环体系（A/B/C/D/E=6/5/6/6/6）；同时，分子内含有6个手性中心，其中5个手性中心在同一个六元环（E环）上并且依次相连。因此，被誉为当时相似分子量级别上最为复杂的天然产物之一。从20世纪50年代开始，利血平的全合成就受到了世界范围内的广泛关注，合成路线主要可以分为两大类型：其一是以Woodward等为代表的构建E环为关键中间体的合成路线；其二是以Wender等为代表的构建D、E环为关键中间体的合成路线。

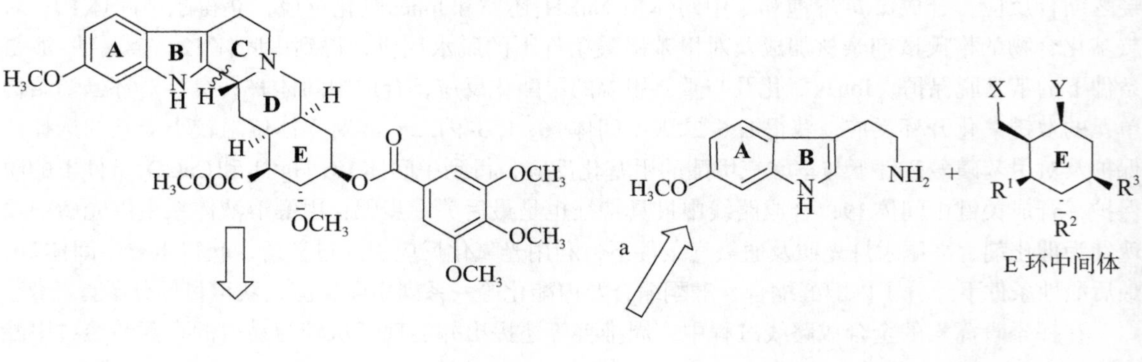

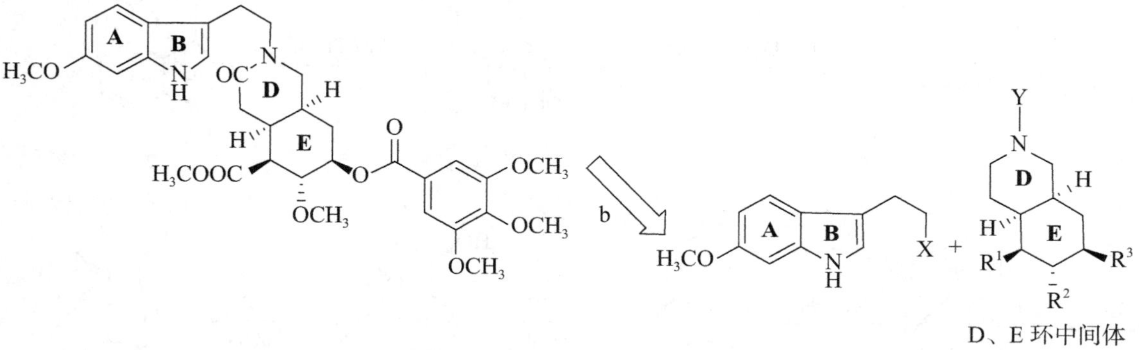

其中，1956年合成大师Woodward等以Diels-Alder反应为合成关键步骤，首次完成了利血平的全合成，成为天然产物全合成的经典之作，具有里程碑式的意义。其合成路线的逆向合成分析如下。

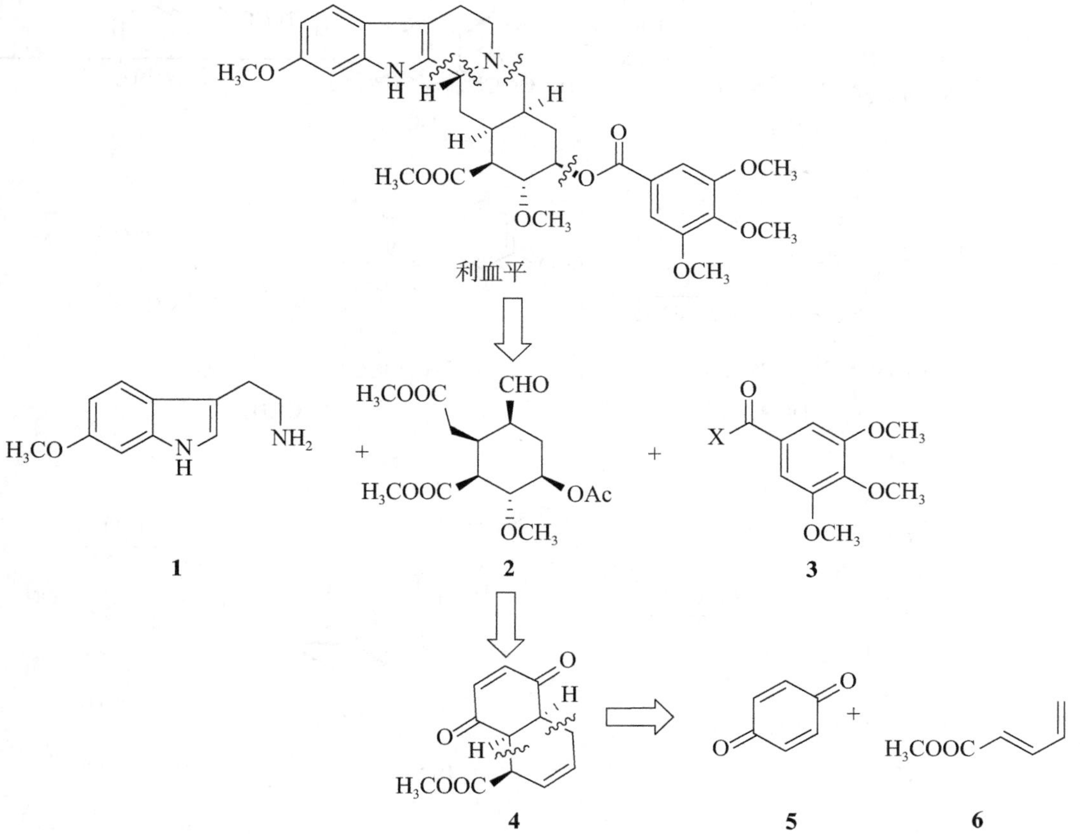

利血平

1   2   3

4   5   6

首先，对目标分子利血平中4个化学键如上图那样切断，得到3个合成中间体1、2和3，其中1和3是廉价易得的原料；然后，含多个手性中心的E环关键中间体2可以通过官能团转换和碳链增长的反应从中间体4得到；最后，利用逆Diels-Alder反应将合成中间体4断开，得到简单的起始原料5和6。

Woodward等以Diels-Alder反应为合成关键步骤的正向合成路线如下图所示。

（±）-利血平

首先，以对苯醌**5**和乙烯基丙烯酸甲酯**6**为起始原料，通过Diels-Alder反应得到中间体**4**，一步法构建3个所需的手性中心；Lewis酸Al(*i*-PrO)₃存在下的羰基选择性还原和分子内酯化反应，获得内酯中间体**7**；在Br₂条件下对双键选择性双官能团化，得到溴醇化中间体**8**；在CH₃ONa条件下形成甲醚、NBS和稀硫酸条件下对另一个双键的双官能团化及CrO₃氧化反应，合成α-溴代酮中间体**11**；Zn/AcOH条件下的脱溴/内酯开环/环醚开环、重氮甲烷的甲酯化及乙酸酐的乙酰化反应，获得α, β-不饱和酮中间体**12**；四氧化锇的双羟化、高碘酸的氧化及重氮甲烷的甲酯化反应，得到E环关键中间体**2**；与6-甲氧基色胺缩合、NaBH₄还原及分子内酰胺化反应，合成中间体**13**，完成E环基础上D环的构建；Bischer-Napieraiski关环及NaBH₄还原反应，获得中间体**14**，完成C环构建，同时完成利血平基本骨架的构建。然而值得注意的是，中间体**14**中与氮相连的手性碳与目标分子利血平中的手性碳在立体化学上恰好相反。其次，为了解决一个问题，合成路线通过KOH条件下酯的碱性水解及DCC条件下的酯化反应，合成桥环内酯中间体**15**；同时巧妙地利用该桥环内酯的轴向立体位阻扭曲力，在三甲基乙酸条件下完成分子骨架中与氮相连手性碳的差向异构化反应，得到中间体**16**，顺利解决该手性碳所遇到的立体化学问题。最后，通过对桥环内酯的醇解反应及与3, 4, 5-三甲基苯甲酰氯**3**的酯化反应，获得外消旋的利血平。天然药物光学纯的（−）-利血平经由（＋）-樟脑磺酸的手性拆分获得。

Woodward等的利血平全合成过程向人们展示了合成化学在天然药物合成中应用的诱人魅力和广阔前景，后续的研究工作主要围绕如何缩短合成步骤及如何避免手性拆分展开。

三、秋水仙碱的全合成

秋水仙碱是一种重要的生物碱，作为最古老的药物之一，其在2000多年前就被人们用来治疗痛风且一直沿用至今。早在1820年，它就被Pelletier和Caventou等从百合科植物秋水仙中分离得到并因此而得名。由于当时对于有机化合物结构分析与鉴定的技术相对落后，而且七元碳环的结构并不被人们所熟知，秋水仙碱三环体系（A/B/C = 6/7/7）的正确分子结构直到1945年才被Dewar等确定。

1924年Windaus提出的结构　　1945年Dewar提出的结构　　　　秋水仙碱

虽然与其他复杂的天然产物相比，只含有一个手性中心的秋水仙碱分子结构看似比较简单，但是即使是用现代药物合成方法来合成这样一个含有拥挤的环庚三烯酚酮结构单元的特殊分子也是极具挑战性的一项工作。1959年，Eschenmoser课题组与van Tamelen课题组相继报道了秋水仙碱外消旋体的全合成，被认为是当时有机合成界具有轰动效应的重大事件。之后，世界范围内很多课题组都加入了对秋水仙碱全合成的研究，这在一定程度上推动了有机合成方法学特别是构建七元碳环方法学的发展。其中，1996年Banwell等以三元环扩环反应为关键步骤的合成路线，不仅具有合成路线较为简洁的特点，而且顺利完成了光学纯的天然药物（−）-秋水仙碱的全合成。其合成路线的逆向合成分析如下。

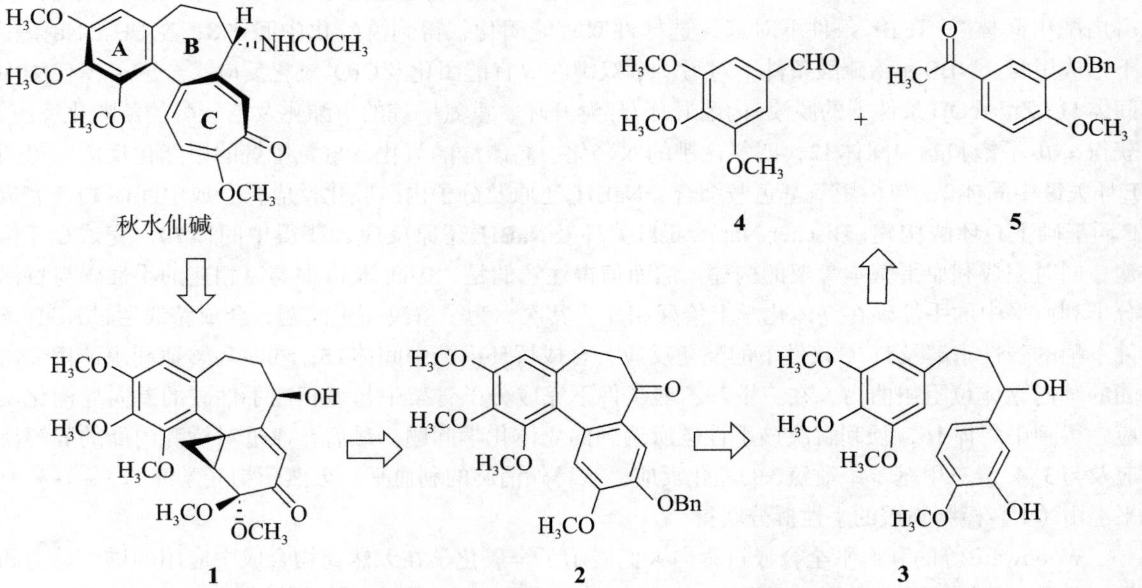

秋水仙碱

4　　　5

1　　　2　　　3

首先，参考秋水仙碱的生物合成路线，其C环环庚三烯酚酮由关键中间体1的三元环扩环反应构建得到；其次，通过官能团转换切断法获得中间体2；然后，从2个苯环连接处切开七元B环得到中间体3；最后，利用逆Claisen-Schmidt反应将中间体3断开，获得简单易得的起始原料4和5。

Banwell等以三元环扩环反应为合成关键步骤的正向合成路线如下图所示。

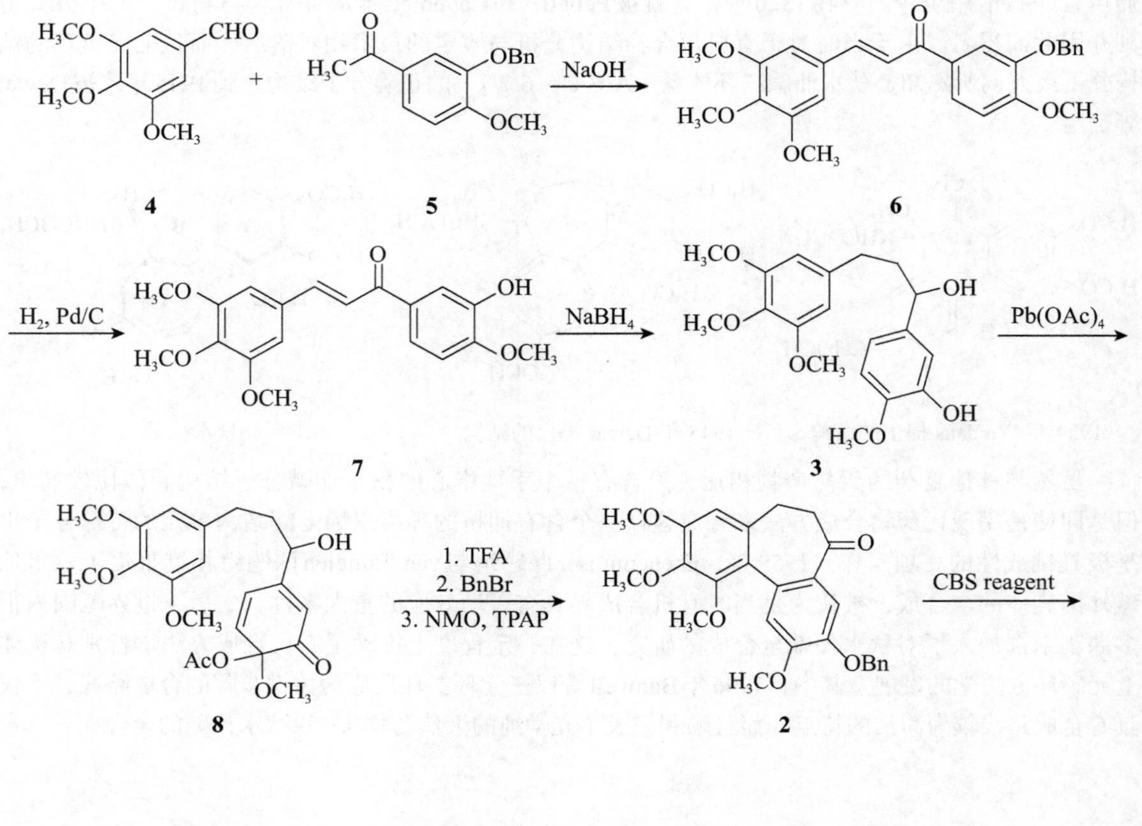

4　　　5　　　6

7　　　3

8　　　2

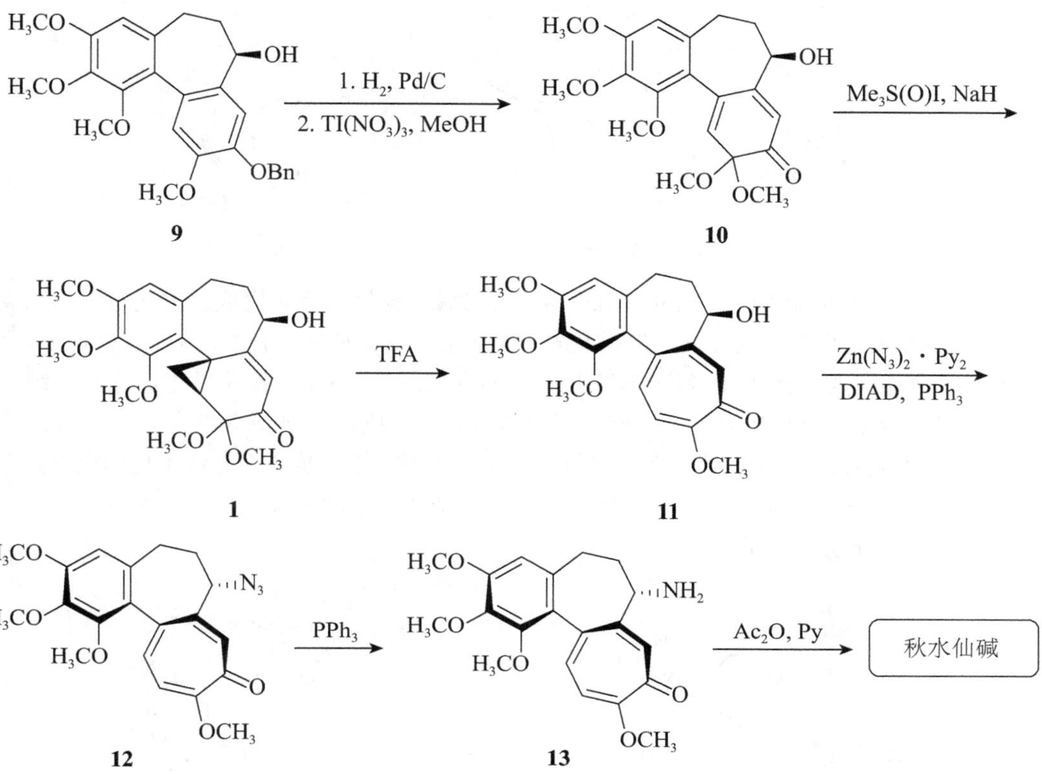

9 → **10** → **1** → **11** → **12** → **13** → 秋水仙碱

Pd/C 和 H₂ 条件下的脱苄基及 NaBH₄ 还原反应，得到醇中间体 3；Wessely 氧化反应，获得环己共轭二烯酮中间体 8；三氟甲酸（TFA）条件下的碳正离子型关环、与苄溴的苄基保护、N-甲基氧化吗啉（NMO）和四正丙基过钌酸铵（TPAP）的氧化反应，合成七元环中间体 2，完成 B 环的构建；Corey-Bakshi-Shibata 试剂（CBS 试剂）的不对称还原反应，得到手性醇中间体 9；Pd/C 和 H₂ 条件下的脱苄基及 Tl(NO₃)₃ 条件下的氧化反应，获得中间体 10；与二甲基亚砜亚甲基叶立德的亚甲基化反应，合成关键中间体 1；通过合成路线关键步骤三元环扩环反应，得到中间体 11，完成环庚三烯酚酮结构单元 C 环的构建；Zn(N₃)₂ 存在下的 Mitsunobu 反应，获得立体构型反转的叠氮中间体 12，完成秋水仙碱唯一一个手性中心的确立；通过 Staudinger 还原反应，最终完成从手性醇到手性胺的转化，合成中间体 13；最后，通过乙酸酐和吡啶存在下的乙酰化反应，完成光学纯的天然药物（−)-秋水仙碱的全合成。

四、高三尖杉酯碱的全合成

高三尖杉酯碱由 Paudler 和 Powell 等于 20 世纪 70 年代从三尖杉属植物中分离获得，该类植物属亚热带特有植物，分布于我国东部及西南各省区。高三尖杉酯碱的分子结构由母核三尖杉碱和侧链两部分组成，其中，母核三尖杉碱几乎没有药物活性，而其酯类衍生物高三尖杉酯碱具有显著的抗肿瘤活性，作为治疗急性非淋巴性白血病的药物于 1990 年载入我国药典，并一直临床应用至今。

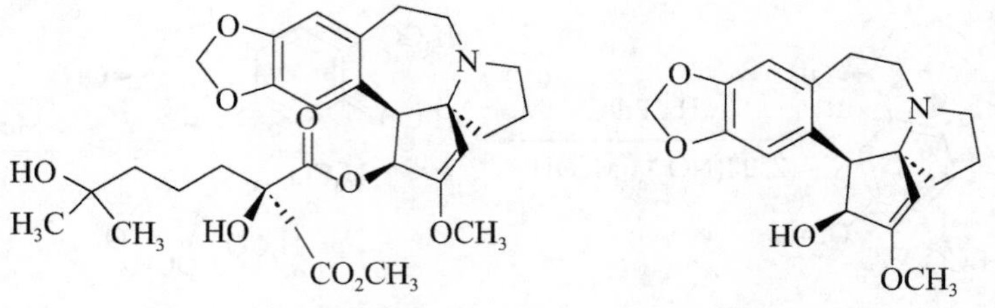

高三尖杉酯碱　　　　　三尖杉碱

　　一般认为高三尖杉酯碱的合成可以由母核三尖杉碱和侧链的酯化完成，因此对于高三尖杉酯碱的全合成研究主要集中在其母核三尖杉碱的全合成上。三尖杉碱含有3个五元环、1个六元环和1个七元环，其中包含1个[4, 4]-氮杂螺环并苯并环庚胺，以及3个连续手性中心的独特结构。早在1972年，Weinreb等就首次完成了消旋体三尖杉碱的全合成，而Mori等则在1995年首次完成了天然（−）-三尖杉碱的全合成。在三尖杉碱和高三尖杉酯碱的全合成方面，我国化学家也做出了自己的贡献。其中，李卫东等分别于2003年和2011年完成了三尖杉碱和高三尖杉酯碱的全合成，其合成路线的逆向合成分析如下。

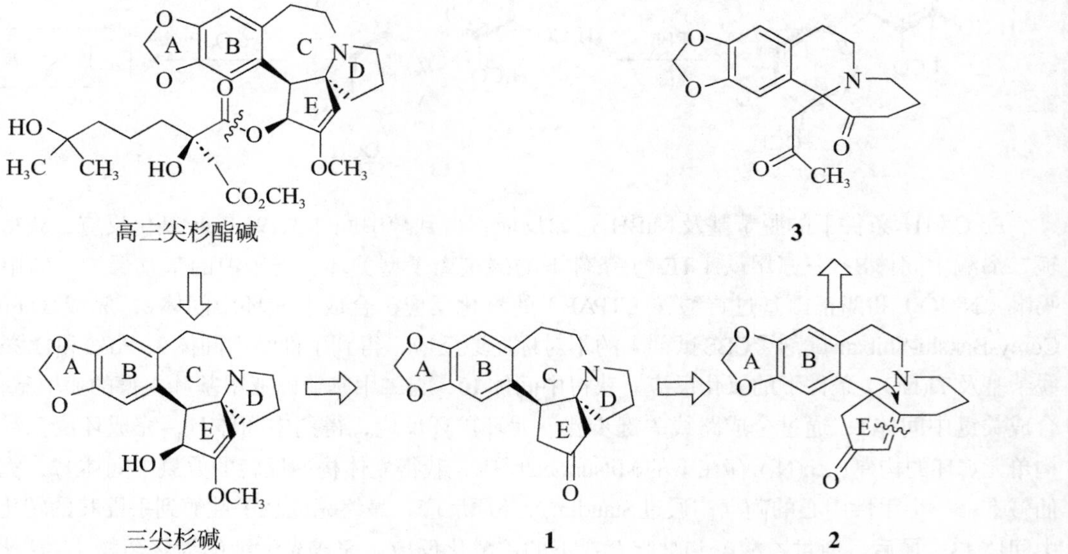

高三尖杉酯碱　　　　　　　　　　　　　　　　　　　　3

三尖杉碱　　　　　　　　　　　　1　　　　　　　　　2

　　首先，对母核和侧链进行切断，得到母核三尖杉碱；然后，通过官能团转换切断法获得关键中间体1；中间体1可以通过中间体2进行分子内重排反应获得；最后，利用逆羟醛缩合反应将E环断开，得到较为简单的四氢异喹啉并六元环结构的中间体3。

　　李卫东等以Clemmensen类还原-重排反应为合成关键步骤的正向合成路线如下图所示。

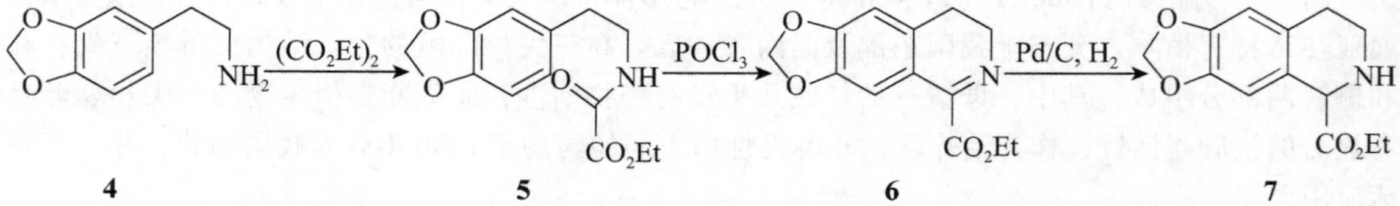

4　　　　　　　　　　5　　　　　　　　　6　　　　　　　　　7

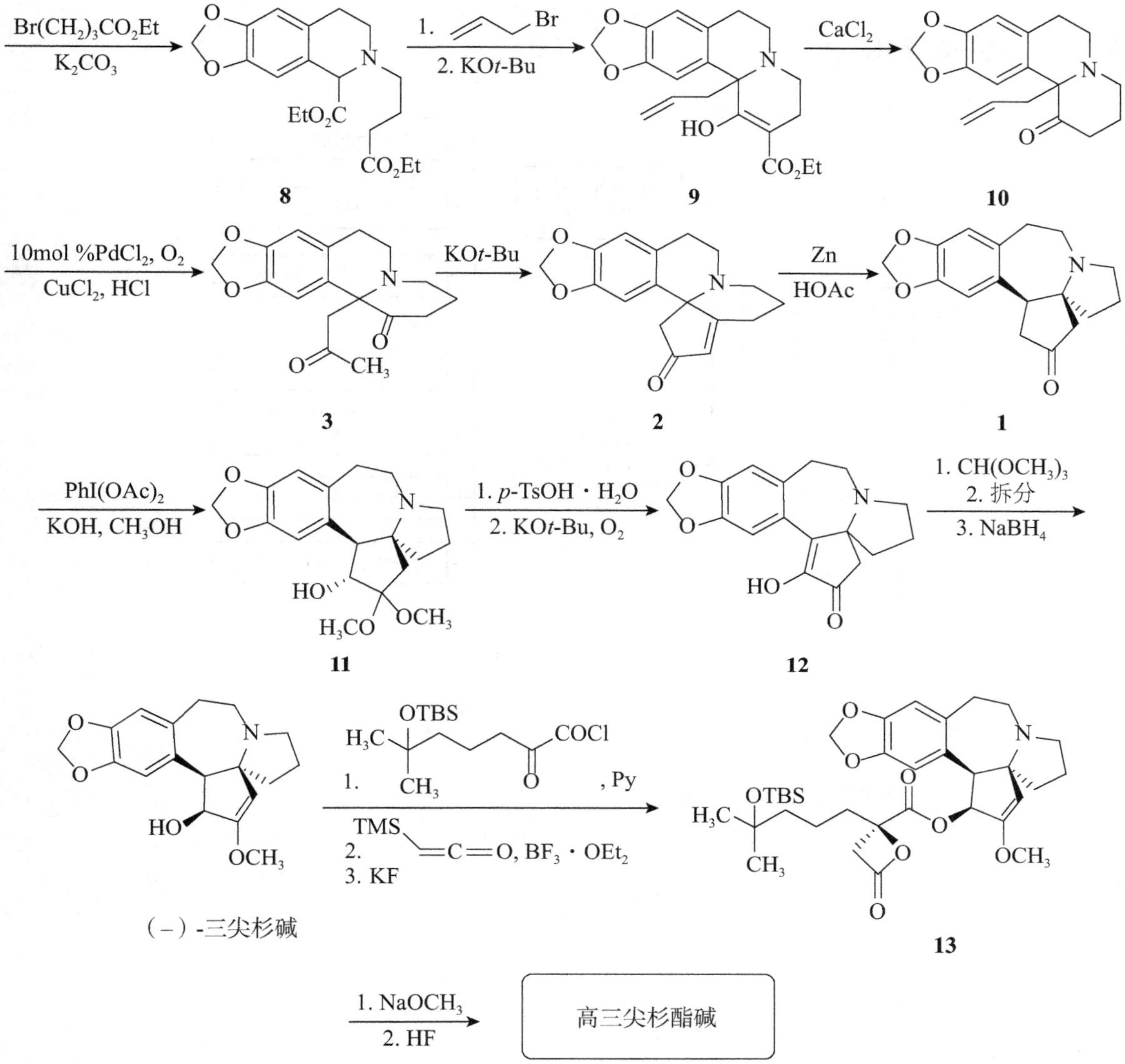

8

9

10

3

2

1

11

12

（−）-三尖杉碱

13

$$\xrightarrow[\text{2. HF}]{\text{1. NaOCH}_3}$$ 高三尖杉酯碱

　　首先，以亚甲二氧基苯乙胺4和草酸二乙酯为起始原料，通过酰胺化反应得到中间体5；Bischer-Napieraiski环化及Pd/C加氢反应，得到四氢异喹啉中间体7；4-溴代正丁酸乙酯的烷基化、烯丙基溴的烯丙基化，以及KOt-Bu条件下的Dieckmann关环反应，合成六元环中间体9；CaCl₂条件下的脱羧及Wacker氧化反应，获得1,4-二酮中间体3；KOt-Bu条件下的羟醛缩合反应，得到α,β-不饱和酮中间体2，完成E环的构建；Clemmensen还原条件下的还原-重排反应，合成关键中间体1，一步完成C/D环的构建，是该合成路线的关键特征反应；Moriarty氧化反应，得到邻羟基二甲基缩酮中间体11；对甲苯磺酸条件下的水解及空气与KOt-Bu条件下的脱氢反应，获得去甲基三尖杉酮碱12；与元酸三甲酯的甲基化、与L-酒石酸的手性拆分及NaBH₄还原反应，可以合成光学纯的（−）-三尖杉碱，至此完成高三尖杉酯碱母核部分的构建。然后，三尖杉碱与酮酰氯的酯化、Lewis酸催化下与三甲基硅烯酮的环化，以及KF条件下的脱硅基（TMS）反应，获得四元环内酯中间体13；最后，与NaOCH₃的酯交换及HF条件下的脱硅基（TBS）反应，完成天然药物光学纯（−）-高三尖杉酯碱的全合成。

思维导图

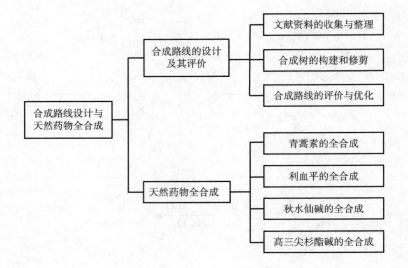

第十二章 现代药物合成技术

本 章 要 点

掌握 组合化学、固相合成技术、光化学合成技术、流动化学技术、微波促进合成技术、绿色合成技术、相转移催化技术、生物催化合成技术的概念及应用。

理解 组合化学、固相合成技术、光化学合成技术、流动化学技术、微波促进合成技术、相转移催化技术、生物催化合成技术的基本原理。

了解 机械化学合成、DNA 编码化合物库技术。

现代药物合成技术（modern technology for drug synthesis）着重关注在药物合成领域发展的具有重要应用价值的有机合成新技术。近年来，随着有机化学、药物化学、生物等学科的飞速发展，一些新概念、新方法、新反应不断被提出，并得到快速发展。现代药物合成的发展趋势包括寻找高效高选择性的催化剂、简化反应步骤、开发和应用环境友好的绿色反应介质、减少"三废"排放等，尤其是发展绿色、高效、经济的合成路线及合成工艺。近年来，组合化学、固相合成技术、光化学合成技术、流动化学技术、微波促进合成技术、绿色合成技术、相转移催化技术、生物催化合成技术、机械化学合成、DNA 编码化合物库技术、人工智能合成等新技术、新方法获得了迅猛的发展，每种方法都具有独特的性能和优势。这些新方法和新技术是对经典药物合成方法的补充和发展。因此，本章将对近年来发展较为迅速和成熟的几种新合成技术及其在药物合成中的应用进行简要介绍。

第一节 组合化学

一、概　　述

组合化学（combinatorial chemistry）是一门将化学合成、组合理论、计算机辅助设计、自动化及高通量筛选技术融合为一体的综合性技术。它是一种根据组合原理在短时间内将不同的结构模块、一定的反应步骤同步合成多种化合物的技术，构建的化合物集合体被称为化合物库（compound-library）。

组合化学最早由 Furka 等在 20 世纪 80 年代首先提出，起源于多样性药物合成，继而发展到有机小分子合成、分子构造分析、分子识别研究、受体和抗体的研究及材料科学等领域。组合化学是一项新型的化学技术，是集分子生物学、药物化学、有机化学、分析化学、组合数学和计算机辅助设计等学科交叉而形成的一门前沿学科，在药学、有机合成化学、生命科学和材料科学中扮演着越来越重要的角色。

传统的药物合成中，科研工作者往往通过线性逐个合成成千上万个化合物，再从中筛选出一个或几个具有生物活性的化合物作为候选药物，进行药物开发。这使得大量的时间被浪费在合成化合物上，造成药物开发的成本提高，周期延长。组合化学的出现恰好弥补了传统合成的不足，能够快速地合成出具有结构多样性的化合物库，因此能够加快先导化合物的发现。此外，在没有任何靶标结合模型对先导化合物进行优化时，组合化学通过平行地合成大量化合物来达到优化先导化合物类药性的目的。即使药物化学家已经了解先导化合物与靶标的作用模式，组合化学仍然有助于加速对构效关系的理解和验证。该方法与传统先导化合物类似物合成和筛选的比较如图12-1所示。

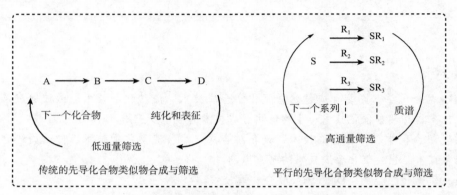

图 12-1　传统线性方法与平行的先导化合物优化与筛选的比较

（一）组合化学的特点

传统合成方法专注于合成一个化合物，通常一个合成步骤只发生一步反应。例如，化合物A和化合物B反应得到化合物AB，之后通过柱层析、重结晶、蒸馏或其他方法进行分离纯化得到单一化合物AB。与传统的"一次合成一个产物"相比，组合化学通过平行合成仪采用相同或类似条件的反应同步合成得到多种产物。因此，反应时需要使用分子结构不同但反应基团相同的化合物以平行或交叉的方式进行同一步反应。在组合化学合成中，系列化合物A_1到A_l的每一个组分（共计l个）都能够与系列化合物B_1到B_m的组分（共计m个）发生反应，相应地得到$l \times m$个化合物（图12-2）。经统计，一名化学家用组合化学方法2～6周的工作量，十名化学家用传统合成方法要花费一年的时间才能完成。所以，组合化学可以快速得到大量化合物，从而大幅提高新化合物的合成效率，减少时间和资金的消耗，加快药物研发的进度。

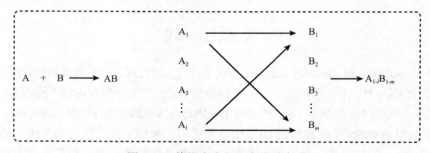

图 12-2　传统合成与组合化学合成

（二）组合化学的构成

组合化学主要由三部分组成：组合库的合成、库的分析表征和库的筛选。

组合库的合成包括固相合成和液相合成两种技术，一般模块的制备以液相合成为主，而库的建立以固相合成为主，其特点如表12-1所示。

表 12-1　化合物库中固相技术与液相技术的比较

	固相技术	液相技术
优点	纯化简单，过滤即达到纯化目的；反应物可过量，以促使反应完全；操作过程易实现自动化	反应条件成熟；无多余步骤；适用范围宽
缺点	发展不完善；反应中连接和切断连接是多余步骤；载体与连接的范围有限	反应可能不完全；纯化困难；不易实现自动化

组合化学可以一次合成大量结构类似的化合物，通常不需要很高的纯度，满足活性评价的基本要求即可，随之采用高通量筛选的方法进行活性筛选。如果筛选中发现活性化合物，则可以通过重新合成、纯化、表征，用传统方法进行活性评价的验证。如果生物活性得到证实，发现的先导化合物和构效关系（SAR）可用来设计、合成新化合物用于进一步筛选。在随机筛选中，任意一种新化合物表现出生物活性的概率是很小的，随着组合化学和高通量筛选的发展，找到一种有价值化合物的概率就大大增加了。以组合化学为基础，人们进一步开发了 DNA 编码化合物库技术（DNA Encoded Compound Library，DEL）。

二、组合化学在药物发现中的应用

组合化学在药物发现中被广泛使用，已有较多成功的案例。例如，研究发现，对位取代的肉桂酸衍生物具有中等蛋白酪氨酸磷酸酶-1B（protein tyrosine phosphatase-1B，PTP-1B）抑制活性。基于此，Armstrong 等利用组合化学的概念，采用固相合成的方法，构建了 125 个肉桂酸对位取代的类似物化合物库。在此化合物库中，利用亮氨酸代表亲脂性氨基酸、酪氨酸代表芳香性氨基酸、谷氨酸代表含阴离子的氨基酸、赖氨酸代表含阳离子的氨基酸，以及甘氨酸代表构象灵活的氨基酸，每个 R^1、R^2 和 R^3 都可以是以上 5 种氨基酸类型。随后的活性筛选发现了两个活性最高的化合物，其 IC_{50} 分别为 1.3μmol/L 和 44μmol/L，其 K_i 活性为 490nmol/L 和 79nmol/L。

IC_{50}=1.3μmol/L, K_i=490nmol/L　　　IC_{50}=44μmol/L, K_i=79nmol/L

第二节　固相合成技术

一、概　　述

固相合成法（solid phase synthesis）通常是指利用连接在固相载体上化合物的活性官能团与溶

解在有机溶剂中的不同试剂之间的连续多步反应，得到的合成产物最终与固相载体之间通过水解断裂进行分离的合成方法，其在多肽合成中的应用目前已比较成熟。固相肽合成法（solid phase peptide synthesis，SPPS）是一种在固相载体上快速大量合成肽链的技术，于20世纪60年代由Merrifield等发展而来。例如，采用常规的液相合成法合成缓激肽（bradykinin）的九肽化合物，一般需要1年时间才能完成，而Merrifield用固相合成法合成同样的化合物仅仅用了8天的时间。固相合成法以其特有的快速、简便、收率高等特点引起人们的极大兴趣和关注，获得飞速发展，目前在多肽及蛋白的合成中得到广泛应用。

（一）固相肽合成的原理

固相肽合成以固相载体为基础，这些固相载体包含反应位点（或反应基团），以使肽链连在这些位点上，并在合成结束后方便除去，其中最常用的载体是氯甲基苯乙烯和二乙烯基苯的共聚物树脂。为了防止副反应的发生，参加反应的氨基酸侧链需被保护，羧基端游离且在反应之前需要活化。图12-3中所示的是一种叔丁氧羰基（Boc）多肽合成法，即以Boc作为氨基酸α-氨基的保护基用于固相肽合成的方法。另外，还有一种常用的方法是9-芴基甲氧基羰基（Fmoc）多肽合成法，即采用Fmoc作为氨基酸α-氨基的保护基。反应步骤1是在碱性条件下分子间脱去HCl，以酯基将氨基酸与固相载体树脂相连接，在载体上构成一个反应增长点；步骤2是在酸性条件下将Boc

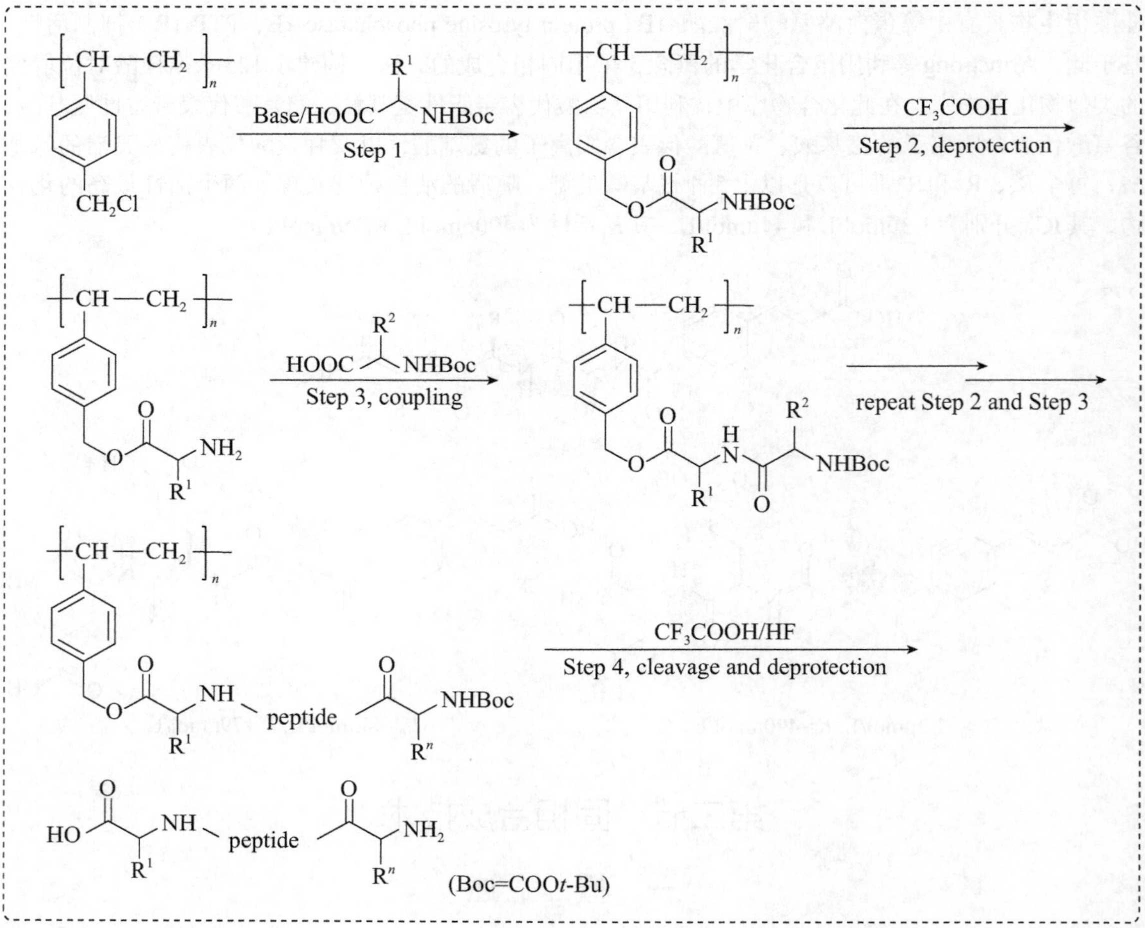

图12-3　Boc固相肽合成法

保护基脱除以得到伯胺基；步骤3是酸胺缩合反应，常用缩合试剂或者酸酐的方法将羧基活化，然后与步骤2中游离的氨基反应形成肽键；之后重复步骤2和步骤3可以得到肽链延长的产物；步骤4在脱掉氨基保护基的同时将多肽从载体树脂上切割下来，从而得到游离的多肽。实际操作时，一般在密闭的反应器中按照设计顺序（序列，一般从C端向N端进行）不断添加氨基酸，经反应、切断而最终得到多肽，整个合成过程也可以使用多肽合成仪进行。

（二）固相肽合成的特点

相比传统液相合成多肽的方法，固相肽合成法具有以下显著优点。

1）操作简单。固相合成可通过快速的抽滤、洗涤进行反应的后处理，避免液相的多肽合成中复杂冗长的重结晶或柱层析等步骤，减少了中间体分离纯化时的损失，同时极大地提高了合成效率。

2）通过使用大为过量的液体反应试剂，促进反应完全，减少副产物，提高了产率和纯度。

3）反应可以在玻璃容器中进行，便于控制反应条件，还可避免因物质的多次转移而造成的损失。

二、固相肽合成在药物合成中的应用

固相肽合成因其合成方便、迅速而成为多肽合成的首选方法，对化学、医药、材料等学科和领域的发展起到了巨大的推动作用。亮丙瑞林（leuprorelin）是一个促性腺素释放素（GnRH）的多肽类似物，包含9个氨基酸片段，其合成可以使用固相合成技术方便地实现。其中一种方法是使用Merrifield树脂，采用Boc法固相合成全保护九肽片段，在低温下用乙胺氨解树脂，再经HF脱除侧链保护基，从而得到目标产物；另一种方法是先采用Fmoc固相合成法合成全保护的九肽，从树脂上切割之后，再在液相反应中进行乙胺修饰得到产物。

（亮丙瑞林）

第三节 光化学合成技术

一、概 述

光化学（photochemistry）主要研究光与物质相互作用所引起的化学效应。光化学反应是指物质由光的作用而引起的化学反应，即物质在激发光照射下吸收光能而发生的化学反应。激发光会使电子从基态跃迁到激发态，然后这一激发态再进行其他的光物理和光化学过程。光化学反应中的激发光通常使用紫外光和可见光。

由于分子中某些基团能吸收特定波长的光子,光化学提供了使分子中某特定位置发生反应的最佳手段。对于那些使用传统热化学反应缺乏选择性,或反应物因稳定性差可能被破坏的反应体系,光化学反应更具优势。光化学反应广泛用于药物分子合成,已成为有机合成中的一个热点。许多有机光合成反应已在工业上,特别是在流动化学合成中得到了应用。

(一)光化学反应的原理

当一个反应体系被光照射时,光可以透过、散射、反射或被吸收。光化学反应第一定律指出,只有当激发态分子的能量足够使分子内的化学键断裂时,亦即光子的能量大于化学键能时,才能引起光解反应;此外,为使分子产生有效的光化学反应,光还必须被所作用的分子吸收,即分子对某特定波长的光要有特征吸收光谱,才能产生光化学反应。光化学过程可分为初级过程和次级过程。初级过程是分子吸收光子使电子激发,分子由基态提升到激发态,激发态分子的寿命一般较短。光化学主要与低激发态有关,激发态分子可能发生解离或与相邻的分子反应,也可能过渡到一个新的激发态上去,这些都属于初级过程,其后发生的任何过程均称为次级过程。

有机物键能一般在200～500kJ/mol,所以当有机分子在吸收波长为239～700nm的光之后可能发生化学键的断裂,进而发生化学反应(表12-2)。

表12-2 不同波长光子的能量与不同化学键断键所需的能量

波长(nm)	能量(kJ/mol)	单键	键能(kJ/mol)
200	598	H—OH	498
250	479	H—Cl	432
300	399	H—Br	366
350	342	Ph—Br	332
400	299	H—I	299
450	266	Cl—Cl	240
500	239	CH_3—I	235
600	199	HO—OH	193
650	184	Br—Br	180
700	171	$(CH_3)_2N$—$N(CH_3)_2$	151
		I—I	151

在选择光源波长时,光源的波长要与反应物的吸收波长相匹配。常见有机化合物的吸收波长见表12-3。

表12-3 常见有机化合物的吸收波长

有机化合物	波长(nm)	有机化合物	波长(nm)
烯	190～200	苯乙烯	270～300
共轭脂环二烯	220～250	酮	270～280
共轭环状二烯	250～270	共轭芳香醛、酮	280～300
苯及芳香体系	250～280	α,β-不饱和酮	310～330

(二)光化学反应的特点

1)光是一种非常特殊的生态学上的清洁"试剂"。

2）光化学反应条件一般比热化学温和。

3）光化学反应能提供较为安全的工业生产环境，反应基本上在室温或低于室温下进行。

4）光化学反应经常涉及激发态和自由基。

（三）光化学反应类型

1. 光氧化反应　即分子氧对有机分子的光加成反应。光氧化过程有以下两种途径。

（1）Ⅰ型光敏氧化　有机分子M的光激发态M·和氧分子的加成反应。通过激发三线态的敏化剂（sensitizer）使M生成自由基，自由基将O_2活化成激发态后，激发态氧分子与反应分子M反应。

$$M \xrightarrow[\text{敏化剂}]{hv} M\cdot \xrightarrow{O_2^{\cdot}} MO_2$$

（2）Ⅱ型光敏氧化　基态分子M与氧分子激发态$O_2\cdot$的加成反应。通过激发三线态的敏化剂将激发能转移给基态氧，使氧生成激发单线态$^1O_2$，$^1O_2$与反应分子生成过氧化物，对于不稳定的过氧化物可进一步分解。

$$O_2 \xrightarrow[\text{敏化剂}]{hv} {}^1O_2 \xrightarrow{M} MO_2$$

常用的光氧化敏化剂主要是氧杂蒽酮染料，如玫瑰红、亚甲蓝和芳香酮等。

2. 光还原反应　一般指光促进的还原反应。例如，有机染料UBA在二氧化钛催化下，在紫外光照射时会发生光还原反应，夺取溶剂中的氢生成还原产物，这个过程中，溶液颜色会由蓝色变成黄色。

UBA

3. 光消除反应　即光激发引起分子中一种或多种碎片损失的光反应。光消除反应可导致叠氮、偶氮化合物失去氮分子或氧化氮，羰基化合物失去一氧化碳，砜类化合物失去二氧化硫等。

例如，在Norrish Ⅰ型反应中，激发态的酮类化合物里，邻近羰基的碳-碳键容易断裂，生成酰基自由基和烷基自由基，之后会发生进一步反应，生成烯烃及烷基二聚产物。

Norrish Ⅰ型

激发态的羰基化合物失去一氧化碳，属于光消除反应。

铱光催化剂及钯试剂联合催化下的二氧化碳挤出反应，也是消除反应。

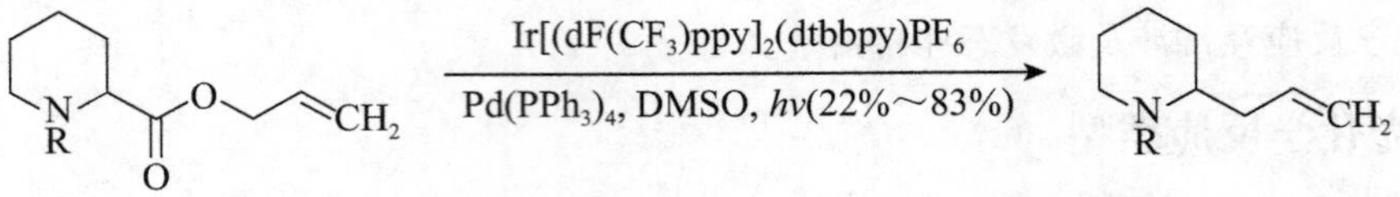

4. 光重排反应 在光照下，芳香族化合物侧链可发生重排，产物与热反应重排相同，但反应历程不同。光重排反应是指基态分子吸收光能后，发生结构片段重排生成另一个化合物的过程。例如，光催化的 Fries 重排、Claisen 重排反应、Arbuzov 重排反应等。

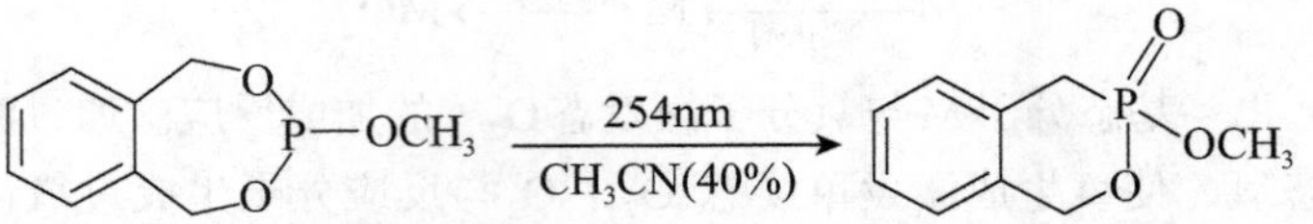

5. 光催化的加成反应 在光催化条件下产生的自由基会对双键进行加成反应。例如，光催化下，Umemoto 试剂会产生三氟甲基自由基，随后对烯烃进行加成反应。

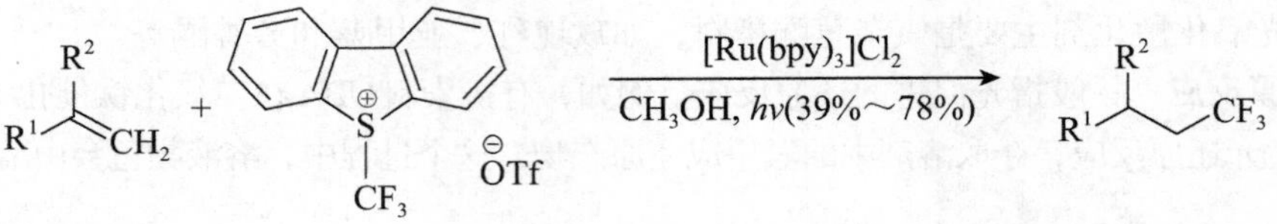

二、光化学合成在药物合成中的应用

光化学反应已成为有机合成中的一个热点，广泛用于药物分子的合成，维生素 D_3（vitamin D_3）的合成就是一个成功例子。从 7-脱氢胆固醇开始，利用光开环反应，通过控制光的波长和反应进度，可以得到以二烯维生素 D_3 前体为主的开环产物，再进一步通过 1, 7-氢迁移而获得维生素 D_3。

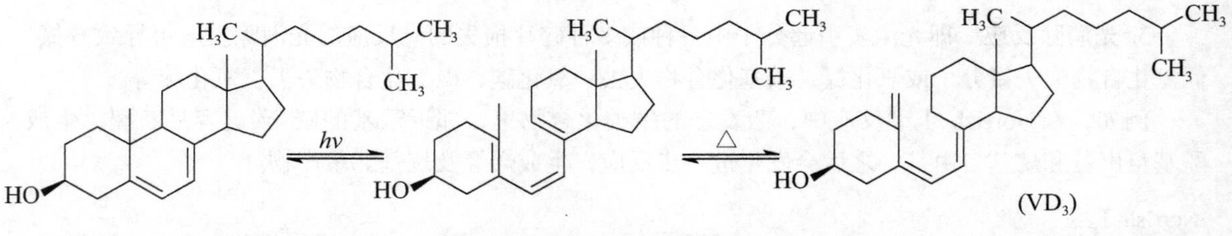

再如，性激素中的孕酮（progesterone）可由相应的烯胺与单线态氧（$^1O_2$）发生氧化反应获得。

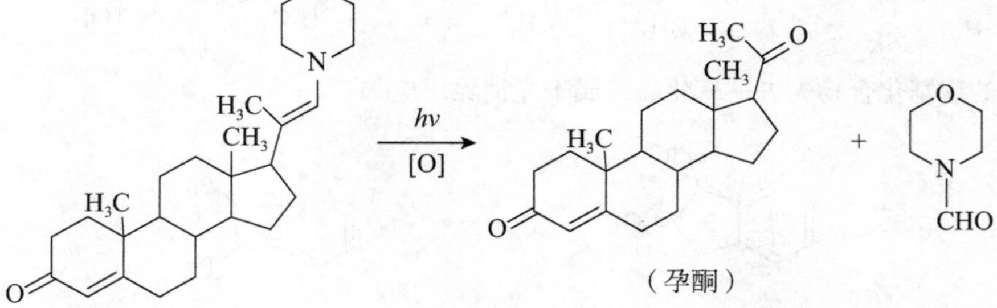

第四节　流动化学技术

一、概　　述

流动化学是指发生在连续流动相中的化学过程。与传统的间歇工艺不同，流动化学通过泵等进料系统连续地将原料、试剂/催化剂等输送至反应器中发生反应，从反应器连续流出的产品经过在线淬灭后进入连续或间歇的后处理单元完成整个工艺过程。

流动化学技术具有在线物料体积小、传热传质高效、工艺控制精确等特点，可以从安全、质量、效率等角度全面地提升原料药生产的绿色水平。近年来，流动化学技术在原料药工艺研发与生产中的应用不断增加，并因其经济和社会效益显著而得到越来越多制药公司的青睐和推崇，2019年入选IUPAC化学领域十大新兴技术。

（一）流动化学的原理

在流动化学中，经常使用泵将两种或两种以上的起始反应物以设定流速送入内部体积为毫升至升级别的反应器中反应。物料在流动的过程中可以接受反应器输入的热能、光能、电能、微波能等能量形式，从而推动反应在适合的条件下快速高效进行。根据反应动力学，通过调节物料流速，保证反应物料在反应器中达到所需的停留时间，从而获得预期的反应转换率。之后，从反应器连续流出的产品经过在线淬灭后进入连续或间歇的后处理单元完成整个工艺过程（图12-4）。

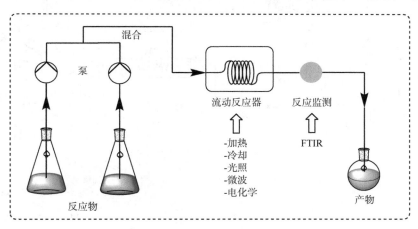

图12-4　流动化学示意图

由于反应是在连续流动的流体中进行，为了实时监控反应的条件状况，包括稳定状态、扩散特性、反应中间体的存在等状况，通常使用在线傅里叶变换红外光谱仪（Fourier transform infrared spectrometer，FTIR）技术进行监测。FTIR技术能检测化合物的特定红外波长，从而在流动的流体中分辨不同反应组分。

（二）流动化学的特点

与传统间歇工艺相比，流动化学反应工艺具有以下特点。

1）工艺安全性高：连续流反应器因在线体积小，反应过程中处于高危风险的物料量小，事故危害程度相应降低。一些因危险性高而无法以间歇方式进行的反应可以使用流动化学工艺，如使用有毒气体的反应、重氮化反应、硝化反应、臭氧化反应等。

2）传质、传热快：微反应器比表面积大，扩散距离短，传质传热效率高。

3）收率高、重现性好：通过精确控制混合、加热、停留时间等关键反应参数，可减少副产物，提高产品质量和收率。

4）流动化学仪器设备自动化程度较高，占地面积小，节能环保。

二、流动化学在药物合成中的应用

由于流动化学所具有的优点，其在精细化工和药物中间体合成中的应用越来越广泛。

维罗司他（verubecestat）是一种用于治疗阿尔茨海默病的Ⅲ期候选药物。2018年，化学家使用流动化学的方法成功实现了100kg的维罗司他前体合成。通过对流速、反应温度、混合条件等因素的精细控制，化学家成功合成了有机锂化合物中间体，并用于后续对手性亚胺中间体的加成反应，之后通过一系列转化得到维罗司他，如图12-5所示。与传统方法相比，流动化学方法提高了收率，并且无须使用专门的冷却装置，降低了能耗。

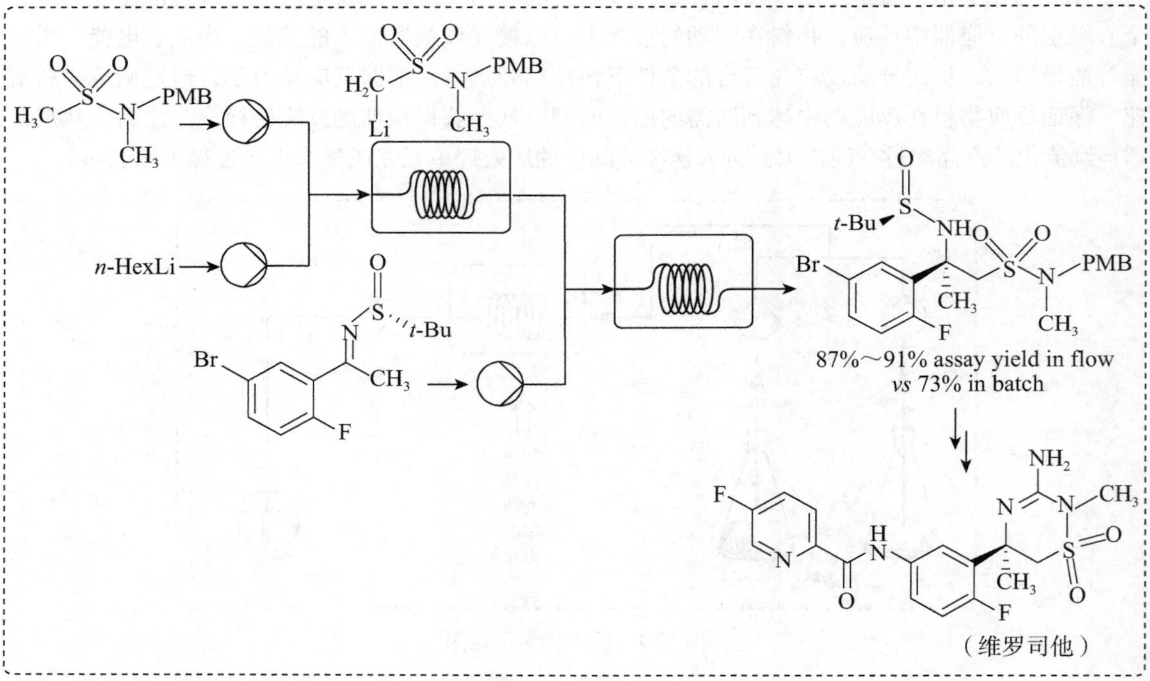

图12-5　流动化学技术用于维罗司他合成的流程图

硝化反应是工业中十分重要的单元反应之一。硝化反应往往是水和油两相，大多属于强放热反应，对换热和搅拌要求很高。传统的硝化生产工艺为间歇生产，混酸滴加时间长，效率低下。如果换热不及时，容易造成反应失控，甚至爆炸。而且混酸使用量大，后期处理困难。而使用流动化学技术能够较好地解决硝化反应存在的问题，具有明显的优势（图12-6）。连续流反应器因在线体积小，所以反应过程中处于高危风险的物料量少。同时换热效率高，反应失控的风险降低。另外，反应温度能够精确控制，通过升温和直接混合的方式可以极大缩短反应时间，降低物料使用量。

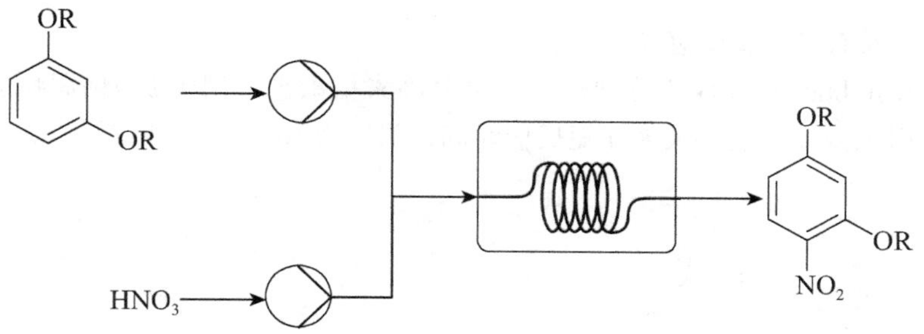

图 12-6 流动化学技术用于硝化反应的流程图

第五节 微波促进合成技术

一、概 述

微波（microwave，MW）是指波长在 1mm～1m 范围内的电磁波，频率范围是 300MHz～300GHz。微波促进合成技术是指在微波条件下，利用其加热快速、均质与选择性高等优点，广泛应用于现代有机合成研究中的一种技术。

1986 年，劳伦森大学的 Gedye 教授及其同事发现在微波中进行的 4-氰基酚盐与氯苄的反应比传统加热回流要快 240 倍，这一发现引起了人们对微波加速有机反应这一科学问题的广泛注意。自 1986 年以来，微波促进有机反应中的研究已成为有机化学领域中的一个热点。大量的实验研究表明，借助微波技术进行有机反应，反应速率较传统的加热方法快数十倍甚至上千倍，且具有操作简便、产率高及产品易纯化、安全卫生等特点。目前实验规模的专业微波合成仪已有商品供应，但是由于现有技术的限制，目前微波促进反应尚难放大，工业化仍有待研发。

（一）微波促进反应的原理

微波能实现微波场内物体的快速均匀加热，是因为微波发生器产生高频交流电场，在电场作用下，分子产生不同程度的剧烈振动而导致热效应，一部分能量转化为分子热能，造成分子运动的加剧，分子的高速旋转和振动使分子处于亚稳态，这有利于分子进一步电离或处于反应的准备状态，因此被加热物质的温度在很短时间内得以迅速升高。

（二）微波促进反应的特点

1. 加热速度快 微波能够深入物质的内部，而不依靠物质本身的热传导，因此只需要常规方法 1/100～1/10 的时间就可完成整个加热过程。

2. 热能利用率高 节省能源，有利于改善反应条件。

3. 反应灵敏 常规的加热方法，无论是电热、蒸汽还是热空气等，要达到一定的温度都需要一段时间，而利用微波加热，调整微波输出功率，物质加热情况立即随着改变，便于自动化控制。

4. 产品质量高 微波加热的均匀性比其他加热方法好，能减少受热不均匀引起的副反应的发生。

二、微波合成在药物合成中的应用

目前，微波已应用于有机合成反应中，如环合反应、重排反应、酯化反应、缩合反应、烃化反应、脱保护反应及有机金属反应等。

罗格列酮（rosiglitazone）属于噻唑烷二酮类胰岛素增敏剂，用于2型糖尿病患者。在合成罗格列酮的过程中引入微波，能够大大缩短反应时间，只需要10~20分钟就能以大于90%的收率得到产物。

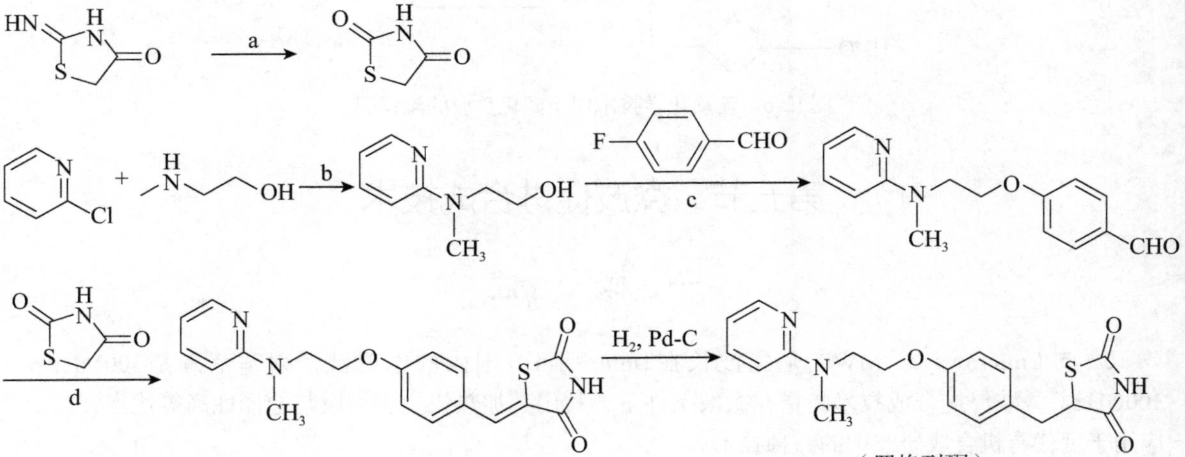

作为对比，传统方法需要反应多个小时，且反应收率低。微波法与传统方法的比较如表12-4所示。

表12-4 微波法及传统方法合成罗格列酮的比较

反应步骤	微波法			传统方法		
	反应条件	时间（min）	收率（%）	反应条件	时间（h）	收率（%）
a	水，140℃	10	90	水，100℃	12	82
b	无溶剂，140℃	20	92	无溶剂，140℃	15	85
c	氢氧化钾、四丁基硫酸氢铵、水、甲苯，85℃	20	90	N,N-二甲基甲酰胺、氢化钠，80℃	8	80
d	甲苯、哌啶、乙酸、二氧化硅，回流	10	93	甲苯、哌啶、乙酸，回流	15	85

Dayal等利用微波技术完成了多种胆汁酸与牛磺酸和甘氨酸的缩合反应，整个过程只需要4~10分钟，收率可高达90%，而传统合成方法需要加热回流16~40小时，且收率更低。

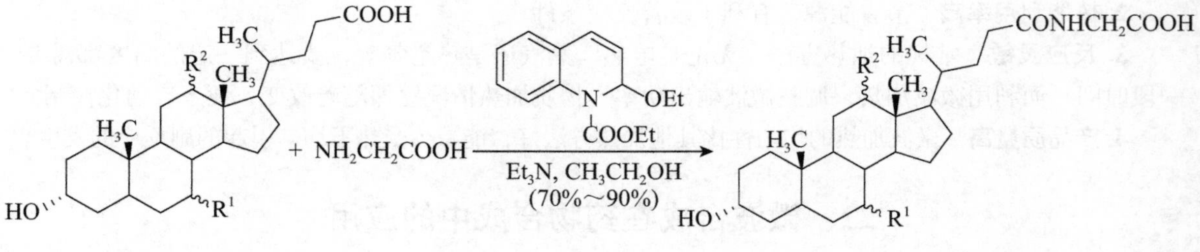

$R^1, R^2 = OH, H$

对于 Claisen-Schmidt 缩合反应，应用微波方法可以在 8 分钟获得 81% 的收率。而用传统的加热方法，反应 24 小时的收率只有 67%。

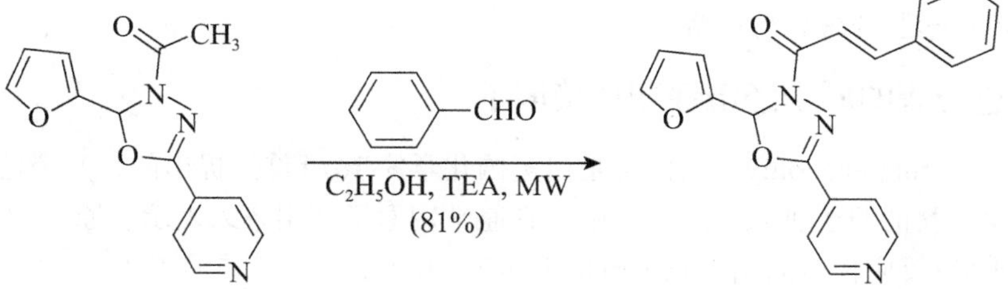

吡啶是常见的药物骨架结构。通过微波催化的三组分反应，可以一步得到吡啶衍生物。而且这个反应可以在水中高效率地进行，绿色环保。

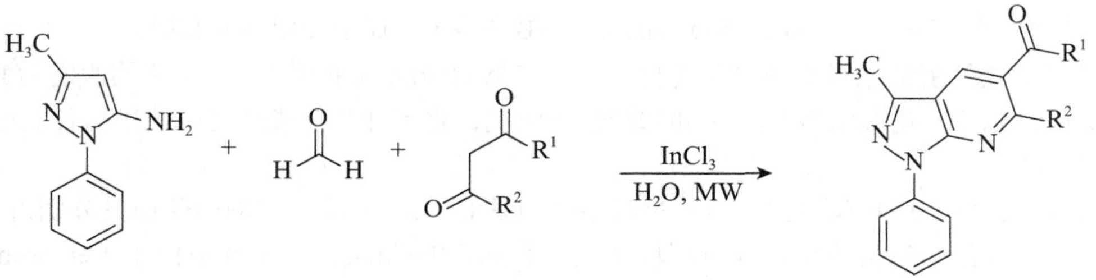

非甾体抗炎药奥沙普秦（oxaprozin）的合成过程可采用微波来实现，可使反应时间由 5 小时缩短至 10 分钟，收率由 63% 提高至 72%。

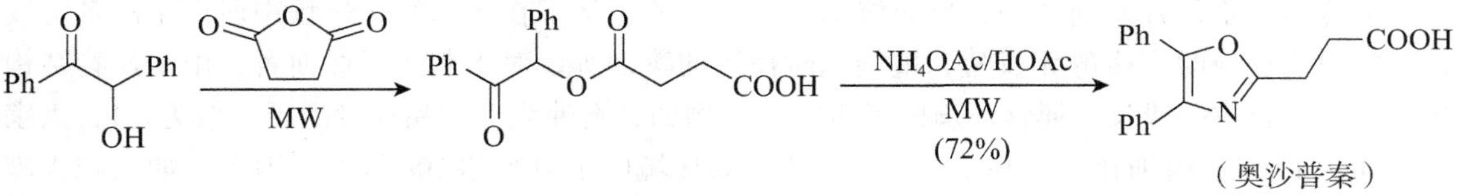

（奥沙普秦）

第六节　绿色合成技术

一、概　　述

绿色化学（green chemistry）又称环境无害化学、环境友好化学或清洁化学，是以"原子经济性"为原则，研究如何在生产过程中充分利用原料及能源、减少有害物质释放的新兴学科，是一门从源头上减少或消除污染的化学学科。

早在 1991 年，当时的捷克斯洛伐克学者 Drasar 和 Pavel 就已经提出了"绿色化学"的概念，呼吁研究和采用"对环境友好的化学"。1993 年，美国化学会正式提出了"绿色化学"的概念，其核心内涵是从源头上尽量减少甚至消除在化学反应过程和化工生产中产生的污染。由于传统化学更关注如何通过化学的方法得到更多的目标产物，而此过程中对环境的影响则考虑较少，着眼于事后的治理而不是事前的预防。绿色化学是对传统化学和化学工业的革命，是以生态环境意识为指导，从源头上研究对环境没有（或尽可能小）不良影响，在技术上和经济上又可行的化学和化工生产过程。

绿色化学的目标是要求任何有关化学的活动，包括使用的化学原料、化学和化工过程及最终的产品，都不会对人类的健康和环境造成不良影响，这与药物研发的宗旨一致。因此，药物合成中应贯彻"绿色化学"的思想与策略。

（一）绿色合成的原子经济性和环境因子

原子经济性（atom economy）的概念是由美国化学家 Trost 首先提出的，其考虑的是在化学反应中究竟有多少原料的原子进入了产品之中。它通常用原子利用率来表示。原子利用率 =（目标产物的相对分子质量 / 反应物质的相对原子质量之和）×100%。

例如，在下列类型的反应中：

$$A+B \longrightarrow C+D$$

C 为目标产物，D 为副产物。

对于理想的原子经济性反应，则 D = 0，即 A+B $\longrightarrow$ C，原子利用率为 100%。

原子经济性仅衡量原料中的原子转化为目标产物的情况，并不考虑产率（均假定为 100%）、原料之间的摩尔比（均假定为 1：1）和选择性等情况，也不计算合成过程中使用的各类催化剂、助剂及溶剂等。

但据分析，反应原料仅占药物生产过程中使用量的 7%，而水和溶剂的使用量分别占 32% 和 56%。为了考查化学品制造全过程对环境造成的影响，Sheldon 提出了环境因子（environmental factor，E factor）的概念。环境因子定义为产品生产全过程中所有废物质量与目标产物质量的比值。

$$E \text{ factor} =（废物质量之和 / 目标产物质量）×100\%。$$

环境因子不仅针对副产物、反应溶剂和助剂，还包括了在产品纯化过程中所产生的各类废物，如中和反应时产生的无机盐、重结晶时使用的溶剂等。对于制药行业而言，由于药物结构相对复杂、合成路线长，通常环境因子也较高。例如，石油化工产品环境因子一般为 0.1，大宗化学品为 1～5，精细化学品在 5～50，而药品的环境因子可高达 100 以上。因此，如何减少废物中比例较高的溶剂使用量对于绿色制药尤为重要。

（二）绿色化学 12 项原则

绿色化学 12 项原则是由 Anastas 和 Warner 于 1998 年提出的，包含如下内容。

1. 预防　尽量不要产生废物，这样就不需要处理废物。

2. 原子经济性　最终产品应包含加工过程中使用的所有原子。

3. 危害性较小的化学合成　只要有可能，生产方法应该对人体或环境危害更小。

4. 设计更安全的化学品　化学产品的设计应确保在实现其功能的同时尽可能减少对人类或环境的危害。

5. 更安全的溶剂　生产时应尽量不要使用溶剂或其他不必要的化学物质。如果确实需要溶剂，则使用的溶剂不应以任何方式对环境造成危害。

6. 能效设计　应尽量减少进行反应所需的能源，以减少环境和经济影响。如果可能，加工过程应在环境温度和压力下进行。

7. 使用可再生原料　原材料应尽可能可再生。

8. 减少衍生物　反应过程尽量不要包含太多步骤，因为这意味着需要更多试剂，并且会产生更多废物。

9. 催化　催化的反应比未催化的反应更有效。

10. 降解设计　化学产品使用寿命终结以后应能分解成无毒且不会在环境中残留的物质。

11. 旨在防止污染的实时分析　需要制订方法，确保有害产品在生产出来之前就被检测到。

12. 本质上更安全的化学　化学工艺中所用物质的选择应尽量降低发生化学事故（包括爆炸和火灾）的风险，预防事故发生。

（三）绿色合成途径

对于一个有机合成反应，要使之绿色化，首先是要有绿色的原料，要能设计出绿色的新产品替代原来的产品；其次还涉及催化剂、溶剂、反应方法和反应手段等诸多方面的绿色化。

1. 改变反应的原料　以环己酮的 Baeyer-Villiger 反应为例，如果采用传统的工艺，如使用间氯过氧苯甲酸为氧化剂，则产生间氯苯甲酸这一副产物，原子利用率仅有 42%。而采用过氧化氢作为氧化剂，在 Lewis 酸催化剂作用下同样可以得到目标产物，原子利用率为 86%，且副产物为水。

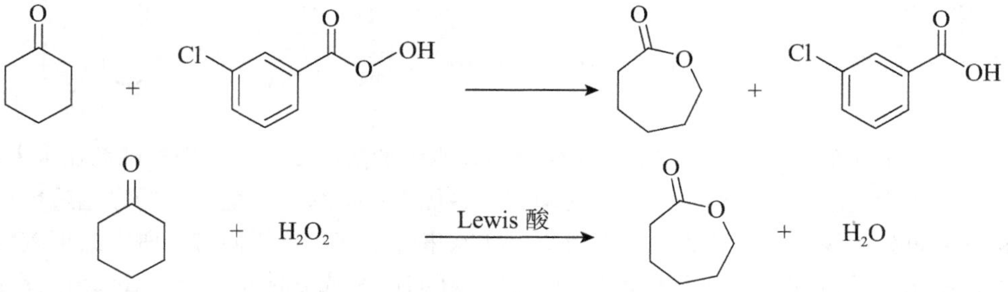

甲基丙烯酸甲酯（MMA）的传统合成法主要是以丙酮和氢氰酸为原料，经三步反应合成，原子利用率仅有 47%，并且第二步反应的副产物也是氢氰酸，因此对环境不友好。

$$CH_3COCH_3 \xrightarrow[40℃]{HCN/OH^\ominus} \xrightarrow[80\sim140℃]{98\% \ H_2SO_4} \xrightarrow[H_2SO_4, \ 80℃]{CH_3OH} CH_3CCOOCH_3 + NH_4HSO_4$$

（式中 CH_2 为侧链双键）

新的绿色合成方法采用金属钯催化剂体系，将丙炔在甲醇存在下羰基化，一步制得甲基丙烯酸甲酯。新合成路线避免使用氢氰酸和浓硫酸，且原子利用率可达到 100%，环境友好。

$$H_3CC{\equiv}CH + CO + CH_3OH \xrightarrow[6MPa, 60℃]{Pd} CH_3CCOOCH_3$$

2. 改变反应方式和试剂　硫酸二甲酯是一种常用的甲基化试剂，但有剧毒且具有致癌性。目前，在甲基化反应中，可用非毒性的碳酸二甲酯（DMC）代替硫酸二甲酯。

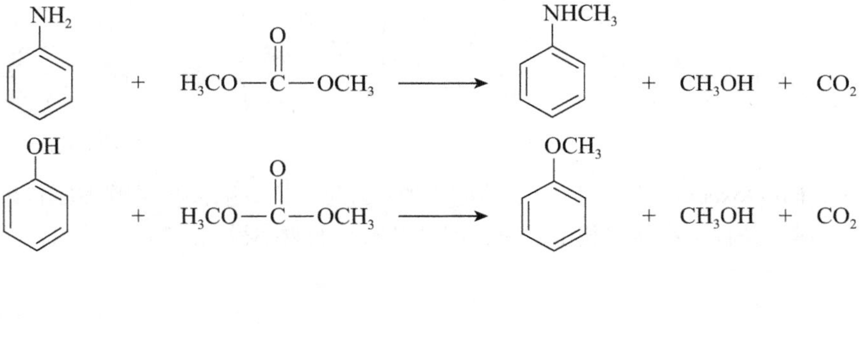

而碳酸二甲酯也曾用剧毒的光气来合成，现在可以用甲醇的氧化羰基化反应来合成。

$$2CH_3OH + CO_2 \longrightarrow H_3CO-\overset{\overset{O}{\|}}{C}-OCH_3 + H_2O$$

$$4CH_3OH + O_2 + 2CO \longrightarrow 2H_3CO-\overset{\overset{O}{\|}}{C}-OCH_3 + 2H_2O$$

3. 改变反应条件 由于有机反应大部分以有机溶剂为介质，尤其是挥发性有机溶剂，这成为环境污染的主要原因之一。因而，不使用溶剂，用含水的溶剂或以离子液体为溶剂代替有机溶剂作为反应介质，成为发展绿色合成的重要途径和有效方法。

（1）不使用溶剂 理论上，不使用溶剂能够减少废物产生，降低环境污染。有报道称，从1,3-二羰基化合物出发，与醛及脲反应，在无溶剂及无催化剂条件下，加热反应1小时，通过三组分的 Biginellis 缩合反应可以高收率得到二氢嘧啶酮骨架产物。

（2）以水为反应介质 由于大多数有机化合物在水中的溶解度差，且许多试剂在水中会分解，一般避免用水作为反应介质。但水相反应的确有许多优点：①水是环境友好的绿色溶剂；②水反应处理和分离容易；③水不会着火，安全可靠；④水来源丰富、价格便宜。研究结果表明，在某些反应中，用水作溶剂比在有机相中反应可得到更高的产率或立体选择性。Grieco 发现在 Diels-Alder 环加成反应中，以水为溶剂可以在4小时内以定量的收率、3∶1的选择性得到产物；用苯作溶剂，则需要288小时，收率仅为52%，选择性也很低（1∶1.2）。两相比较，水为溶剂会使反应时间大大缩短，且产率和选择性也会提高。

齐拉西酮（ziprasidone）是一种非典型抗精神病药，其化学合成可以在碳酸钠水溶液中进行，以90%～94%的收率得到目标产物。

达氟沙星（danofloxacin）是一类喹诺酮类广谱杀菌药。从二氟代喹诺酮类原料出发，通过一步胺化反应，在碱性条件下高压水相中反应，即可以91%的收率得到产物。

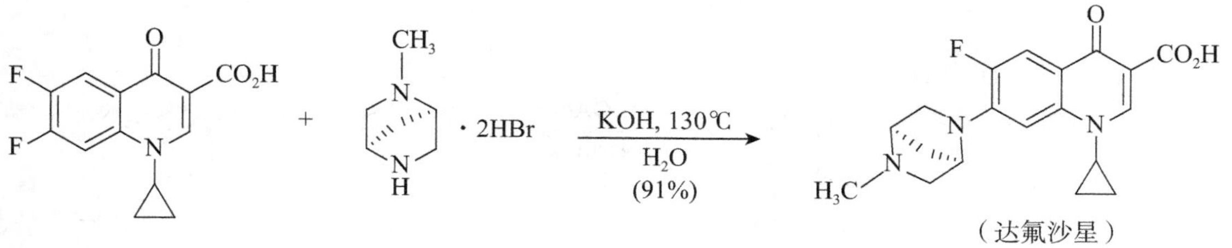

（达氟沙星）

（3）以离子液体为介质 离子液体是指全部由离子组成的液体，如高温下的KCl和KOH呈液体状态。它是一类独特的反应介质，可用于过渡金属催化反应，利用其不挥发的优点，可方便地进行产物的蒸馏分离。离子液体可在许多场合减少有机溶剂用量和催化剂的使用，是一种绿色溶剂。DuPont公司开发了在离子液体1-丁基-3-甲基咪唑四氟硼酸盐（1-butyl-3- methylimidazolium tetrafluoroborate，[Bmim]BF$_4$）和异丙醇两相体系中不对称催化氢化合成手性萘普生的方法，产物的对映体过量可达80%，且催化剂可循环使用。

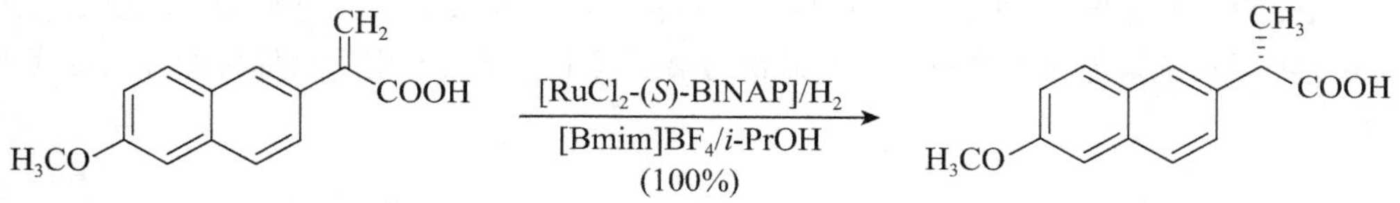

二、绿色合成在药物合成中的应用

随着环保意识的提高，人们在药物合成中越来越多地践行绿色化学的理念。

西格列汀（sitagliptin）传统的合成工艺如下所示。从原料出发，与（S）-苯甘氨酰胺反应得到烯胺中间体，之后经二氧化铂氢化，再经氢氧化钯脱除，最终得到西格列汀。该路线须使用（S）-苯甘氨酰胺作为辅基来实现手性诱导，反应步骤多，且需要使用贵重金属试剂及高压反应条件。

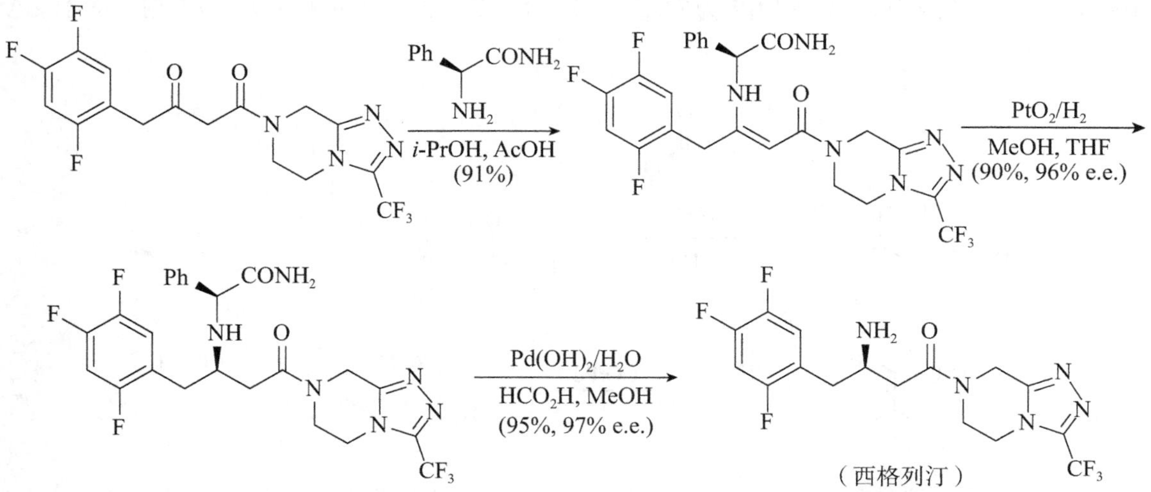

（西格列汀）

之后，进行工艺改进，开发了第二代工艺——原料与乙酸铵反应，生成烯胺中间体，之后经过Rh催化的不对称氢化直接得到西格列汀。与原始路线相比，不使用辅基（S）-苯甘氨酰胺，路线缩短，大大降低了成本。

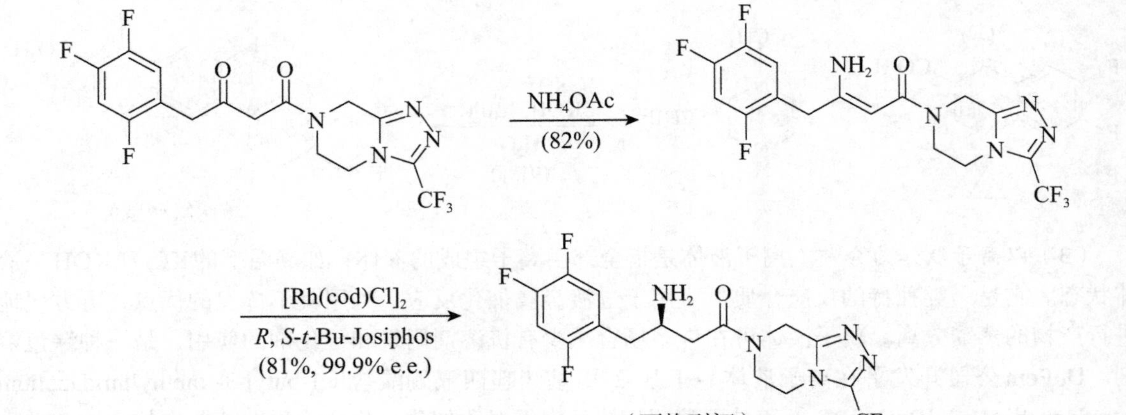
NH4OAc
(82%)
[Rh(cod)Cl]2
R, S-t-Bu-Josiphos
(81%, 99.9% e.e.)

（西格列汀）

随后，化学家对此工艺进行了进一步的改进和优化。通过$Ru(OAc)_2$催化的还原胺化反应，可以直接以91%的收率和99.5%的对映选择性得到目标产物，且减少了反应步骤。该项工艺改进获得了2006年美国总统绿色化学挑战奖。而最新的第三代工艺路线使用生物催化的方法替代贵重金属催化剂。

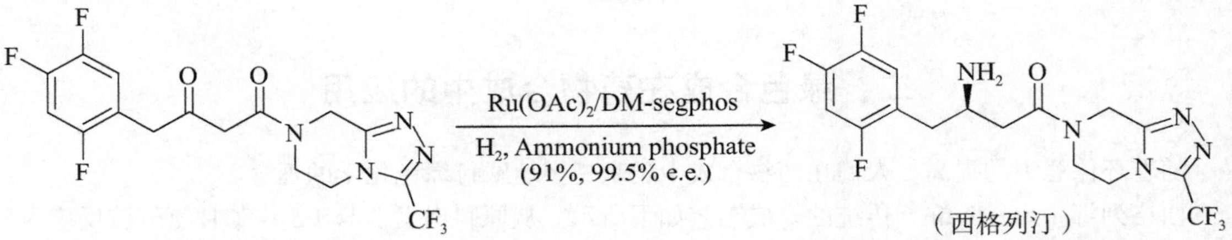
Ru(OAc)2/DM-segphos
H2, Ammonium phosphate
(91%, 99.5% e.e.)

（西格列汀）

布洛芬（ibuprofen）是一种非甾体抗炎药。传统生产工艺由6步化学反应组成，原料消耗大、成本高，原子利用率为40%。BHC公司改进布洛芬的合成路线，该法合成路线短，只需3步，其中两步未使用任何溶剂，原子利用率为77.4%，第一步反应中的乙酸酐还可以回收利用，符合绿色化学的思想。

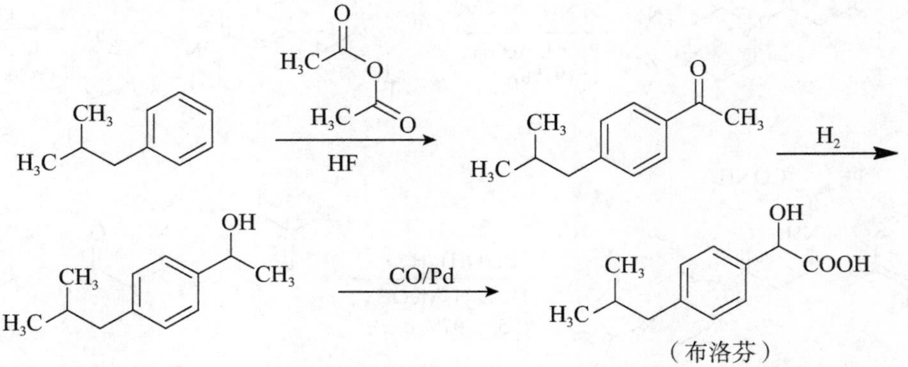
HF
H2
CO/Pd

（布洛芬）

正丁醛及异丁醛是重要的医药中间体。工业上用于大量合成正丁醛及异丁醛的Ruhrchemie/Rhône-Poulenc工艺是一个典型的绿色工艺。丙烯跟高压合成气（一氧化碳和氢气）在水溶性铑的催化下，在水中反应就可以得到正丁醛及异丁醛的混合物。此过程原子利用率达到100%，而且采用水作为反应介质，绿色环保。

$$H_3C-CH_2 + CO + H_2 \xrightarrow{Rh(I),\ H_2O} H_3C\!\!-\!\!CHO + H_3C\!\!-\!\!CHO(CH_3)$$

舍曲林（sertraline）用于治疗抑郁症的相关症状。旧的舍曲林合成工艺需要使用正己烷、甲苯、四氢呋喃、乙酸乙酯和乙醇5种溶剂，每生产1吨的舍曲林需要使用10万升的溶剂，污染严重，且会对操作工人的健康造成影响。而随后开发的工艺则只使用乙酸乙酯和乙醇这两种相对绿色的溶剂，同时，每生产1吨的舍曲林只需要使用2.4万升的溶剂，大大减少了污染。

（扁桃酸舍曲林）

第七节　相转移催化技术

一、概　述

在有机合成中经常会遇到非均相有机反应，离子型反应物往往可溶于水相，不溶于有机相，而有机底物则可溶于有机溶剂之中，但不溶于水相。两相相互隔离，反应物无法接触，导致反应进行得很慢。相转移催化剂（phase transfer catalyst，PTC）可以帮助反应物从一相转移到能够发生反应的另一相当中，从而加快异相系统反应的速率，使反应能顺利进行。

相转移催化是20世纪70年代后发展起来的一种新型催化技术，是有机合成中应用日趋广泛的一种新合成技术。在药物合成中，经常遇到非均相反应，因为反应物之间接触面积小，所以反应速率慢，甚至不反应。传统解决方法是加入另外一种溶剂，使整个体系混溶，从而加快反应速率，但这种方法不仅会增加成本，也可能引入新的杂质，不是一种理想的方法，而采用相转移催化技术就能很好地解决这一问题。相转移催化使许多用传统方法很难进行或无法实现的反应得以顺利进行，而且具有选择性好、条件温和、操作简单和反应速率快等优点，具有很强的实用性。目前相转移催化技术已广泛应用于有机合成的绝大多数领域，如卡宾反应、取代反应、氧化反应、还原反应、重氮化反应、置换反应、烷基化反应、酰基化反应、聚合反应，甚至高聚物修饰等。

（一）相转移催化的原理

相转移催化剂能加速或能使分别处于互不相溶的两种溶剂（液-液两相体系或固-液两相体系）中的物质发生反应。反应时，催化剂把一种实际参加反应的实体（如负离子）从一相转移到另一相中，以便使它与底物相遇而发生反应。相转移催化作用能使离子型化合物与不溶于水的有机物质在低极性溶剂中进行反应，从而加速这些反应。

以季铵盐型相转移催化剂催化的亲核取代反应为例，其机制如图12-7所示，此反应是只溶于水相的亲核试剂二元盐 $M^{\oplus}Nu^{\ominus}$ 与只溶于有机相的反应物 $R—X$ 作用，由于两者在不同的相中而不能互相接近，反应难以进行。$Q^{\oplus}X^{\ominus}$ 为季铵盐型相转移催化剂，由于季铵盐既溶于水又溶于有机溶剂，能够在有机相与水相中自由移动。在水相中，$M^{\oplus}Nu^{\ominus}$ 与 $Q^{\oplus}X^{\ominus}$ 接触时，可发生 $X^{\ominus}$ 与 $Nu^{\ominus}$ 的交换反应生成 $Q^{\oplus}Nu^{\ominus}$ 离子对。$Q^{\oplus}Nu^{\ominus}$ 由于含有季铵部分，可以转移到有机相中。随后在有机相中，$Q^{\oplus}Nu^{\ominus}$ 与 $R—X$ 发生亲核反应，生成目标产物 $R—Nu$，同时再生 $Q^{\oplus}X^{\ominus}$。之后 $Q^{\oplus}X^{\ominus}$ 回到水相，完成催化循环。从上述循环可以看到，相转移催化剂加快了相间传质速率，而本身不发生变化。

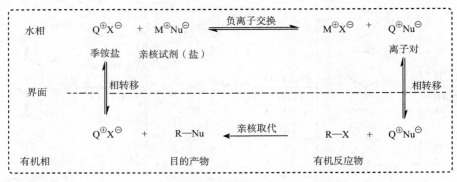

图12-7　相转移催化反应过程

（二）相转移催化剂

相转移催化剂是指能够把一种实际参加反应的化合物从一相转移到另一相中，以便使它与底物相互接触而发生反应的物质。常用的相转移催化剂主要有以下几类。

1. 季铵盐类　主要由中心原子、中心原子上的取代基和负离子三部分组成，具有价格低廉、毒性小的特点，应用广泛。常用的季铵盐相转移催化剂有十六烷基三甲基溴化铵（CTMAB）、苄基三乙基氯化铵（TEBA）、四丁基溴化铵（TBAB）、四丁基氯化铵（TBAC）、三辛基甲基氯化铵（TOMAC）、十二烷基三甲基氯化铵（DTAC）和十四烷基三甲基氯化铵（TTAC）等。

2. 冠醚类　又称非离子型相转移催化剂，冠醚的特殊结构使其有与电解质阳离子络合的能力，而将阴离子自离子对中分开而单独"暴露"出来，使电解质在有机溶剂中能够溶解，"暴露"出来的负离子具有更强的亲核性。常用的有18冠6聚醚（18-冠-6）、15冠5聚醚（15-冠-5）和环糊精（cyclodextrin，CD）等。

$$1\text{-}C_8H_{17}Cl \ + \ KCN \ \xrightarrow{\ 18\text{-}冠\text{-}6\ } \ 1\text{-}C_8H_{17}CN \ + \ KCl$$

有机相　　　　　　水相或固相　　　　　　　　　　有机相　　　　　水相或固相

3. 聚醚类　属于非离子型表面活性剂，是一种中性配体，具有价格低、稳定性好、合成方便等优点。聚乙二醇（PEG）是一种常用的聚醚类催化剂，它可用于杂环化学反应、过渡金属配合物催化的反应及其他许多催化反应中。根据PEG的平均分子量不同，可分为PEG 200、PEG 400、PEG 600、PEG 800等。

二、相转移催化技术在药物合成中的应用

相转移催化技术广泛应用于药物合成中。酮洛芬（ketoprofen）是一类非甾体抗炎药，合成报道较多。但是最后一步合成为非均相体系，存在反应时间长、收率低等缺点。若采用季铵盐度米芬（domiphen bromide）为相转移催化剂，则可以69%的收率、99.5%的纯度获得产品，不经重结晶即可达到质量要求。

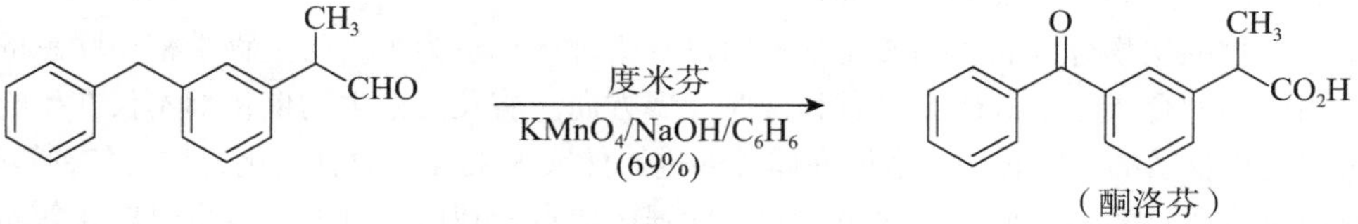

贝凡洛尔（bevantolol）是一种选择性肾上腺素受体拮抗剂。其关键中间体环氧丙烷的合成可以采用苄基三乙基氯化铵（TEBA）作为相转移催化剂来实现，反应时间可由24小时缩短到3小时，收率超过70%。

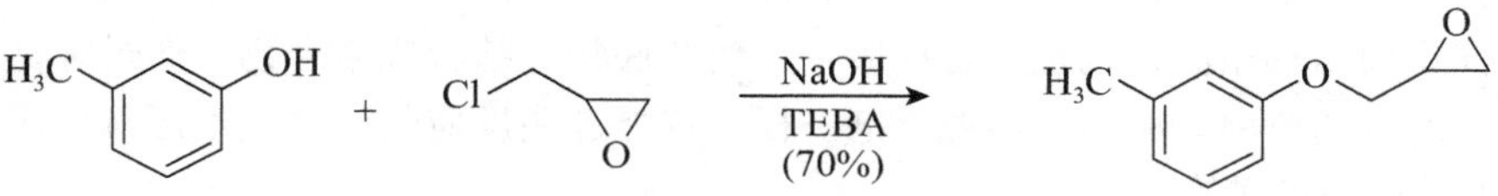

二氢苯并呋喃是药物分子中常见的骨架结构，从氯代烃出发，使用四丁基羟胺作为相转移催化剂，在氢氧化钠水溶液中反应，可以大于90%的收率得到烯烃产物。

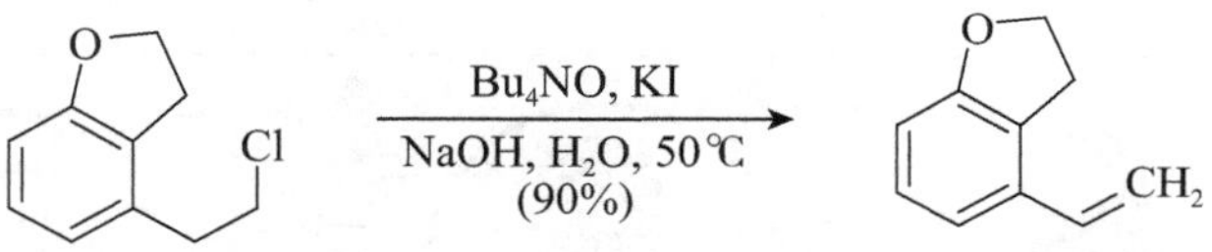

扁桃酸可以由苯甲醛和三氯甲烷在氢氧化钠水溶液中反应获得，加入TEBA作为相转移催化剂，能够大大缩短反应时间，提高反应收率。

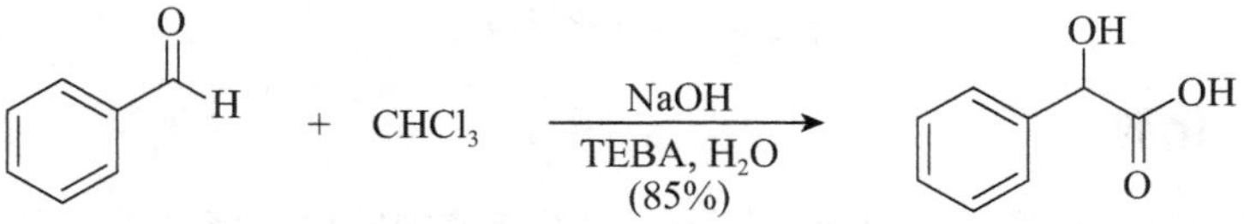

使用手性相转移催化剂还可以在反应中引入手性，如下文所示。在水和甲苯混合溶液中，使用10%的手性季铵盐催化剂，可以在底物中引入甲基，获得98%的收率及92%的对映选择性。

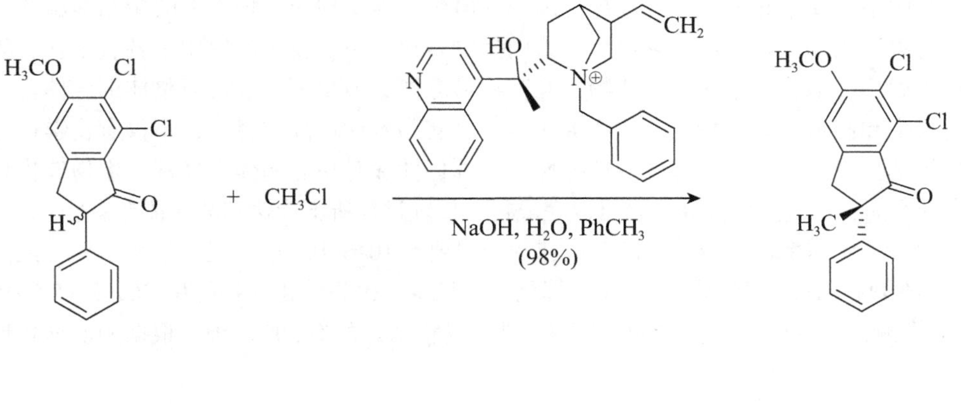

第八节 生物催化合成技术

一、概 述

生物催化（biocatalysis）是指以酶或有机体（细胞、细胞器）作为催化剂催化完成化学反应的过程，又称生物转化（biotransformation）。

有机化合物的生物合成和生物转化是一门以有机合成化学为主，与生物学密切联系的交叉学科，它是当今药物合成化学的研究热点和重要发展方向。酶及其他生物催化剂不仅在生物体内可以催化天然有机物质的生物转化，也能在体外促进天然或人工合成的有机化合物的各种转化反应。酶催化具有反应条件温和、催化效率高和专一性强的优点，利用生物催化或生物转化等生物方法来合成药物组分已成为当今生物技术研究的热点。

（一）生物催化的原理

生物催化的本质是酶催化，酶是一种具有高度专一性和高催化效率的蛋白质。酶的催化机制与一般化学催化剂基本相同，也是先与反应物（酶的底物）结合成络合物，通过降低反应的活化能来提高化学反应的速率。酶与其他催化剂一样，仅能加快反应的速率，不影响反应的热力学平衡，酶催化的反应是可逆的。

Koshland 在 1958 年提出酶的活性中心在结构上具柔性，当底物接近活性中心时，可诱导酶与底物契合结合成中间产物，引起催化反应进行（图 12-8）。

酶　　　　底物　　　　　中间产物　　　　　酶　　　　产物

图 12-8　酶催化反应原理

（二）生物催化剂

生物催化剂是指生物反应过程中起催化作用的游离或固定化的酶或活细胞的总称，包括从生物体主要是微生物细胞中提取出的游离酶或经固定化技术加工后的酶；也包括游离的、以整体微生物为主的活细胞及固定化活细胞。两者的实质都是酶，但前者酶已从细胞中分离纯化，后者酶则保留在细胞中。简单起见，一般选择游离酶，但对于需要利用一种以上的酶和辅酶的复杂反应或酶不能游离使用的反应，通常采用全细胞的生物转化。两者在实际应用中各有千秋。酶催化剂具有反应步骤少、催化效率高、副产物少和产物易分离、纯化等优点，而整体细胞催化剂具有不需要辅酶再生和制备简单等特点。生物催化过程具有高效性和高选择性，不仅有化学选择性和非对映异构体选择性，一般也具有区域选择性、面选择性和对映异构体选择性。生物催化易于得到相对较纯的产品，反应条件温和，且可以完成很多传统过程所不能达到的立体专一性。

酶催化的反应速率比非酶催化的反应速率一般要快 $10^6 \sim 10^{12}$ 倍，且一般化学催化剂的用量为催化底物的 0.1%～1%（摩尔分数），而酶催化剂用量少，仅为催化底物的 0.0001%～0.001%（摩尔分数）。据推测，自然界中约有 25 000 种酶，其中已被认定的有 300 多种。根据酶所催化反应的性质不同，可将酶分成以下六大类。

1. 氧化还原酶类（oxidoreductases） 氧化还原酶是一类促进底物进行氧化或还原反应的酶类。被氧化的底物就是氢或电子供体，这类酶都需要辅助因子参与。据估计，所有的生物转化过程涉及的生物催化剂有25%为氧化还原酶。根据受氢体的物质种类，可将其分为4类：脱氢酶、氧化酶、过氧化物酶和加氧酶。

2. 转移酶类（transferases） 转移酶是指能促进不同物质分子间某种化学基团的交换或转移的酶类。转移酶能催化一种底物分子上的特定基团（如酰基、糖基、氨基、磷酰基、甲基、醛基和羧基等）转移到另一种底物分子上。在很多场合，供体是一种辅助因子（辅酶），它是被转移基团的携带者，所以大部分转移酶需有辅酶的参与。在转移酶中，转氨酶是应用较多的一类酶。

3. 水解酶类（hydrolases） 水解酶指在有水参加的条件下促进水解反应，把大分子物质底物水解为小分子物质的酶。催化过程大多不可逆，一般不需要辅助因子。此类酶的发现和应用数量逐渐增多，是目前应用最广的一种酶。据估计，生物转化利用的酶约2/3为水解酶。水解酶中，使用最多的是脂肪酶，其他还包括酯酶、蛋白酶、酰胺酶、腈水解酶、磷脂酶和环氧化物水解酶。

4. 异构酶类（isomerases） 异构酶又称异构化酶，是指在生物体内催化底物分子内部基团重新排列，使各种同分异构化合物之间相互转化的一类酶。按催化反应分子异构化的类型，又分为消旋和差向异构、顺反异构、醛酮异构，以及使某些基团（如磷酸基、甲基、氨基等）在分子内改变位置的变位酶等几个亚类。

5. 合成酶类（ligases） 合成酶又称连接酶，是指促进两分子化合物互相结合，并伴随ATP分子中的高能磷酸键断裂的一类酶。在酶反应中，必须有ATP（或GTP等）参与，此类反应多数不可逆。常见的合成酶有丙酮酸羧化酶（pyruvate carboxylase）、谷氨酰胺合成酶（glutamine synthetase）、谷胱甘肽合成酶（glutathione synthetase）等。

6. 裂合酶类（lyases） 裂合酶是催化从底物（非水解）移去一个基团并留下双键的反应或其逆反应的酶类。裂合酶可以催化小分子在不饱和键（C＝C、C≡N和C＝O）上的加成或消除。裂合酶中的醛缩酶、转羟乙醛酶和氧腈酶在形成C—C时具有高度的立体选择性，因而日渐引起关注。

二、生物催化在药物合成中的应用

西格列汀（sitagliptin）最新的第三代合成方法就是采用生物催化。通过转氨酶（transaminase）可以一步将羰基酰胺化合物转化为手性胺产物，之后通过进一步的磷酸化即可得到西格列汀。该项工艺改进也获得了美国总统绿色化学挑战奖。

（西格列汀）

阿托伐他汀（atorvastatin）是一种降血脂药，其中手性羟基氰基片段是合成阿托伐他汀的关键中间体。一种有效的合成方法就是使用酮还原酶（ketoreductase）将4-氯乙酰乙酸乙酯中的酮羰基还原，之后通过进一步转化得到手性羟基氰基片段。

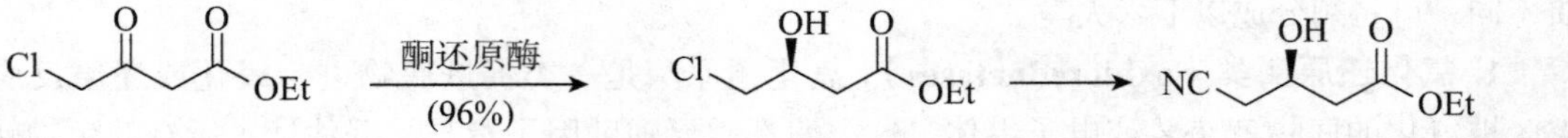

辛伐他汀（simvastatin）是一种口服降血脂药，其合成的最后一步可以通过酰基转移酶（acylase）催化来高效率地实现。

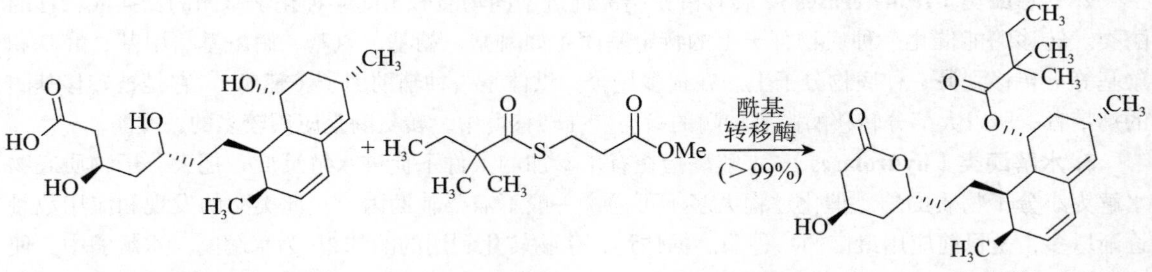

左乙拉西坦（levetiracetam）是一种抗癫痫药，其最新的合成工艺采用腈水合酶（nitrile hydratase）来实现，这一步涉及酶催化的动态动力学拆分过程。

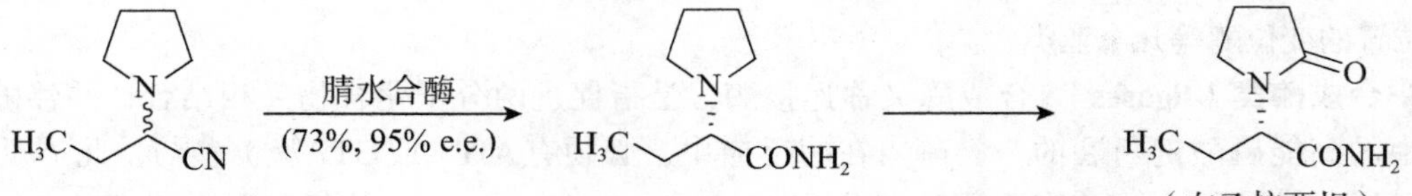

（R）-3-（4-氟苯）-2-羟基丙酸是合成抗病毒药芦平曲韦（rupintrivir）的关键中间体，其合成可以通过乳酸脱氢酶（lactate dehydrogenase）来实现。

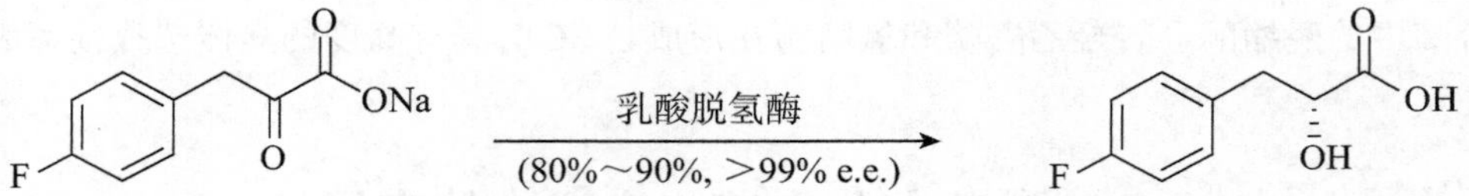

手性的2-硝基苯丙烷是合成司来吉兰（selegiline）和坦洛新（tamsulosin）的关键中间体，其高效合成可以通过烯烃还原酶（ene-reductase）实现。

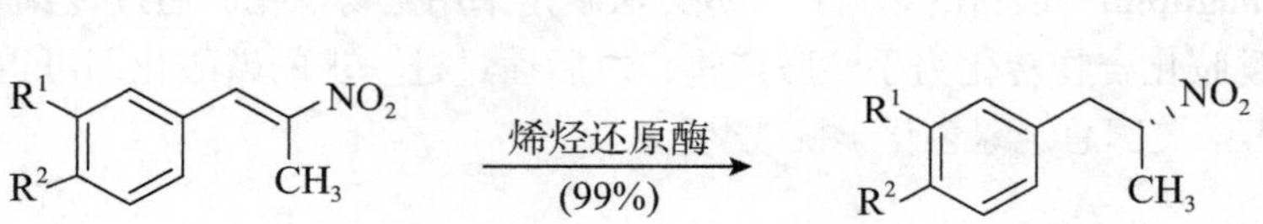

第九节　现代合成技术新进展

一、机械化学合成概述

机械化学（mechanochemistry）亦称机械力化学或力化学，是机械加工和化学反应在分子水平的结合，其原理是利用机械能诱发化学反应和诱导材料组织、结构和性能的变化，来制备新材料或对材料进行改性处理。

　　机械力作用于固体物质时，不仅引发劈裂、折断、变形、体积细化等物理变化，而且随颗粒的尺寸逐渐变小，比表面积不断增大，产生能量转换，其内部结构、物理化学性质及化学反应活性也会相应地产生变化。与普通热化学反应不同，机械化反应的动力是机械能而非热能，因而反应无须高温、高压等苛刻条件即可完成。

　　尽管目前对机械能的作用和耗散机制还不清楚，对众多的机械化学现象还不能定量和合理地解释，也无法明确界定其发生的临界条件，但对物料在研磨过程中的机械化学作用已达成如下较一致的看法。

　　1. 粉体表面结构变化　粉体在研磨过程所产生的剧烈碰撞、摩擦等机械力作用下，晶粒尺寸减小，比表面积增大，同时不断形成表面缺陷，导致表面电子受力被激发产生等离子，表面键断裂引起表面能量变化，表面结构趋于无定形化。

　　2. 粉体晶体结构变化　随着研磨的进一步进行，在机械力的强烈作用下，粉体颗粒表面无定形化层加厚，晶格产生位错、变形、畸变等体相缺陷，导致晶体结构发生整体改变，如晶粒非晶化和晶型转变等。

　　3. 粉体物理化学性质变化　由于机械力作用使粉体比表面积和晶体结构发生较大的变化，相应其物理、化学性质也发生明显的改变，包括密度减小、熔点降低、分解和烧结温度降低、溶解度和溶解速率升高、离子交换能力提高、表面能增加、表面吸附和反应活性增大及导电性能提高等。

　　4. 粉体机械力化学反应　粉体在机械力作用下诱发化学反应，即机械化学反应，从而导致其化学组成发生改变。已经被研究证实能够发生的化学反应有分解反应、氧化还原反应、合成反应、晶型转化、溶解反应、金属和有机化合物的聚合反应、固溶化和固相反应等。

　　机械化学合成具有如下特点。

　　1. 提高反应效率　机械力作用可以诱发产生一些利用热能难以或无法进行的化学反应。机械化学反应条件下的合成反应体系的微环境不同于溶液反应，会造成反应部位的局部高浓度，提高反应效率，可使产物的分离提纯过程变得较容易进行。有些反应完成后用少量水或有机溶剂将原料洗净即可，有的反应需加入计量比的反应物，且转化率达到100%时得到的是单一的纯净产物，不必进行分离提纯。

　　2. 控制分子构型　机械化学反应与热化学反应有不同的反应机理。在机械力作用下，反应物分子处于受限状态，分子构象相对固定，而且可利用形成包结物、混晶、分子晶体等手段控制反应物的分子构型，尤其是通过与光学活性的主体化合物形成包结物控制反应物分子构型，实现对映选择性的固态不对称合成。

　　3. 低污染、低能耗、操作简单　机械化学反应可沿常规条件下热力学不可能发生的方向进行，利用摩擦、搅拌或研磨等机械操作，不需要对反应物质进行加热，节能方便；在机械化学合成中减少了溶剂的挥发和废液的排放，也就减少了污染。

　　4. 较高的选择性　与热化学相比，机械化学受周围环境的影响较小。机械化学合成为反应提供了与传统溶液反应不同的新分子环境，有可能使反应的选择性、转化率得到提高。

　　研磨反应是较为常见的一种机械化学合成反应，实际上是在无溶剂或极少量溶剂作用下及新颖化学环境下进行的反应，有时比溶液反应更为有效且有更好的选择性。研磨反应机理与溶液中的反应一样，反应的发生起源于两个反应物分子的扩散接触，从而生成产物分子。此时生成的产物分子作为一种杂质和缺陷分散在母体反应物中，当产物分子聚集到一定大小时，出现产物的晶核，从而完成成核过程，随着晶核的长大，出现产物的独立晶相。以下列举其在药物合成中的应用实例。

叠氮与炔的1, 3-偶极环加成反应（Huisgen反应）是一种常用的点击化学（click chemistry），在化学生物学及药物化学中广泛使用。Huisgen反应一般由铜试剂催化完成，如CuI。而使用铜做成的研磨装置，则可以在不使用催化剂的情况下高效完成Huisgen反应，这表明反应可以在研磨装置表面的铜催化下发生。

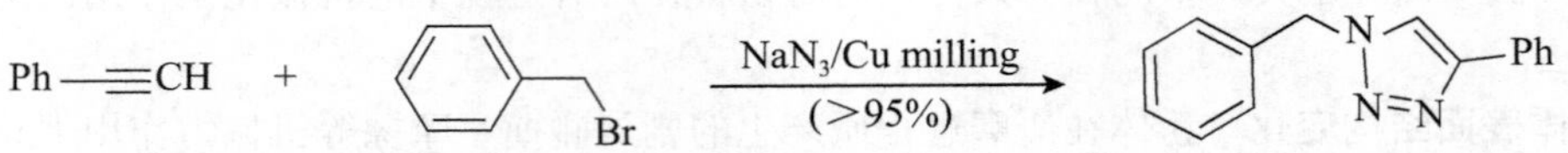

类似地，在研磨装置中加入银箔，可以催化重氮跟烯烃的加成反应，得到环丙烷产物。

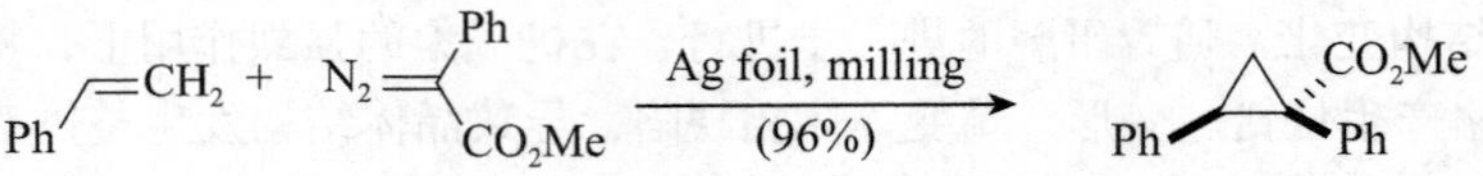

使用简单的球磨技术，可以在空气中实现格氏试剂的机械化学合成。而且这些亲核试剂可在无溶剂条件下直接与各种亲电试剂进行一锅法亲核加成反应，如格氏试剂与醛的加成反应。

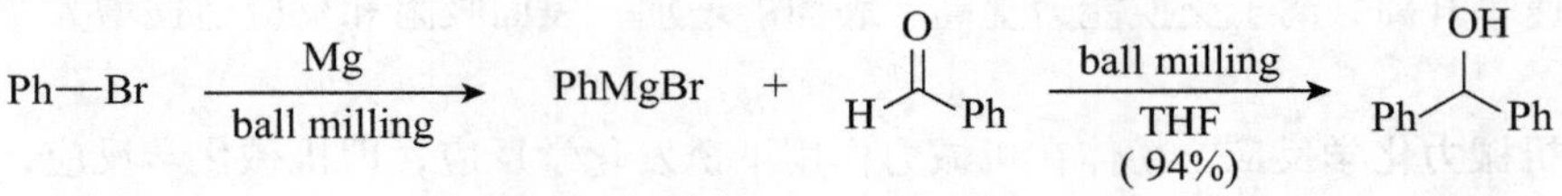

芳基硼酸酯是常用的药物合成中间体。从芳基重氮盐出发，以钛酸钡（BaTiO₃）作压电催化剂，通过球磨的方式可以实现芳基呋喃类化合物和芳基硼酸酯的合成。该方法具有条件温和、操作简单、底物兼容性较好等优点。

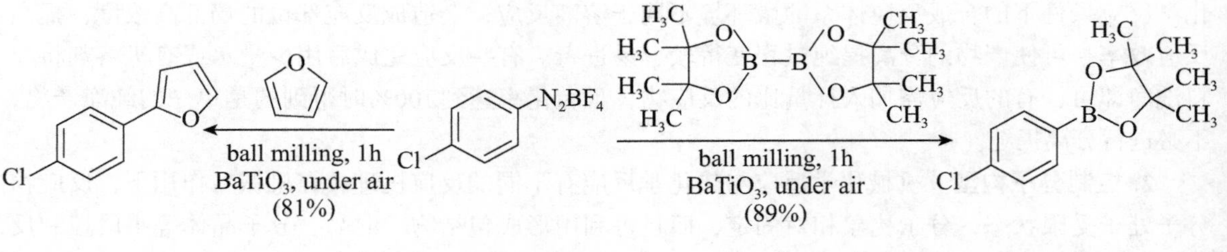

二、DNA 编码化合物库技术概述

DNA编码化合物库（DNA Encoded compound Library，DEL）的概念最早是由美国Scripps研究所的Sydney Brenner和Richard Lerner于20世纪90年代提出的。DEL技术是组合化学和分子生物学的完美结合。近年来，随着高通量测序技术的迅速发展，DEL在国际大型制药企业原创新药研发中得到了广泛的应用。

利用组合化学的方法可以快速合成数量巨大的化合物库，但在筛选过程中无法得知起作用的化合物的结构信息。DEL是在组合化学的基础上，将一个具体的化合物与一段独特序列的DNA连接（即对小分子化合物进行DNA编码）。在与相应靶点进行亲和筛选后，由于化合物与DNA编码信息一一对应，可以通过对DNA序列的识别得到高亲和力化合物的结构信息，这有效解决了组合化学产生的巨型化合物库无法用于先导化合物筛选的问题。

DEL通常采用Split & Pool的方法进行合成，其合成方法如图12-9所示。第一步，将DNA编码与化学片段（BB）连接，得到不同的DNA编码化合物。然后将这些DNA编码化合物（m个）形成的混合物（Pool）等分（n份）。接着将一组新的化合物片段（o个）通过化学方法连接到DNA编码化合物上的化学片段部分上，然后将相应的DNA编码连接到DNA编码化合物上的DNA片段部分。这样就形成了新的DNA编码化合物（共有$m \times n \times o$个）。由于每个化学片段对应相应的DNA编码，相当于对每个小分子化合物进行了DNA编码。每通过一次Split & Pool，化合物的数量便急剧增加，从而实现巨型化合物库的合成。

目前，DNA编码化合物库作为新药筛选的一种强有力的工具，已经越来越被制药公司及科研院所重视。DNA编码化合物库筛选技术主要基于亲和力筛选，将活性靶点蛋白和极少量的DNA编码化合物库共孵育，亲和力强的化合物与蛋白结合，亲和力弱或不结合的化合物被除去。留下的与靶标有吸附的DNA编码化合物再洗脱下来。由于化合物与DNA编码信息——对应，可以通过高通量测序技术得到高亲和力化合物的结构信息。化学家重新合成不带DNA标签的化合物后进行活性验证及结构优化，从而得到苗头化合物。由于DNA编码化合物库化合物数量巨大，这种方法大幅提高了新药筛选的效率。

DNA编码化合物库筛选技术相对于传统筛选技术有如下优势。

1）DEL库化合物数量巨大，可达亿级以上，而传统的化合物库化合物多小于1000万。

2）DEL库化合物可在较短时间内建成，大大缩短了周期，同时提高了筛选效率。

3）DEL筛选技术能够对传统筛选技术较难筛选到药物的靶点进行筛选。

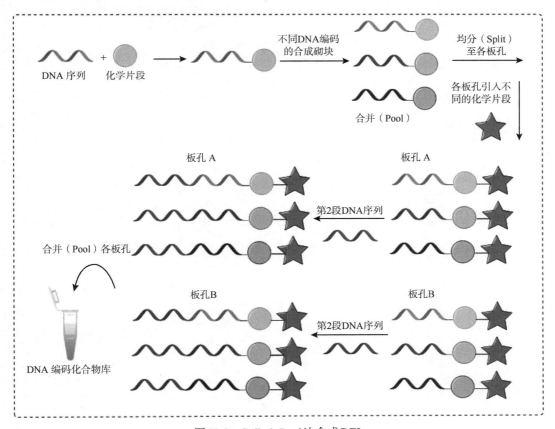

图12-9　Split & Pool法合成DEL

思维导图

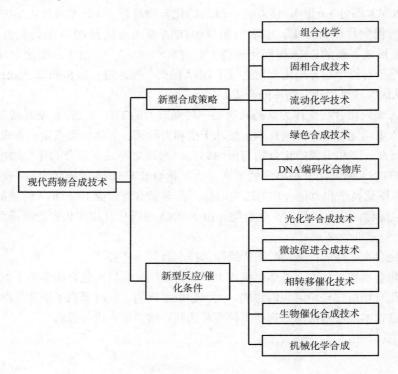

主要参考书目

1. 孙昌俊，曹晓冉，王秀菊，2007. 药物合成反应——理论与实践. 北京：化学工业出版社.

2. 闻韧，2017. 药物合成反应. 第4版. 北京：化学工业出版社.

3. 孙昌俊，李文保，孙波，2015. 有机卤化反应原理及应用. 北京：化学工业出版社.

4. 小野升（日），2011. 有机合成中的硝基官能团. 李斌栋，葛忠学，译. 北京：化学工业出版社.

5. Olah GA，Malhotra R，Narang SC，1989. Nitration：Methods and Mechanisms. New York：VCH Publisher.

6. Bräse S，Banert K，2010. Organic Azides：Syntheses and Applications. New York：John Wiley & Sons，Ltd.

7. 胡跃飞，林国强，2008. 现代有机反应：氧化反应. 北京：化学工业出版社.

8. 陈仲强，陈虹，2008. 现代药物的制备与合成. 北京：化学工业出版社.

9. 陆国元，2009. 有机反应与有机合成. 北京：科学出版社.

10. Greene TW，Wuts PGM，2004. 有机合成中的保护基. 华东理工大学有机化学教研组，译. 上海：华东理工大学出版社.

11. 武钦佩，李善茂，2007. 保护基化学. 北京：化学工业出版社.

12. Hudlicky M，1990. Oxidations in Organic Chemistry. Washington DC：American Chemical Society.

13. 孙昌俊，王秀菊，陈檀，等，2013. 有机氧化反应原理与应用. 北京：化学工业出版社.

14. 孙昌俊，李文保，王秀菊，2014. 有机还原反应原理与应用. 北京：化学工业出版社.

15. Carey FA，Sundberg RJ，2007. Advanced Organic Chemistry Part B. Reactions and Synthesis. New York：Springer.

16. László K，Barbara C，2007. 有机合成中命名反应的战略性应用. 北京：科学出版社.

17. Carruthers W，Coldham I，2006. 当代有机合成方法. 王全瑞，李志铭，译. 上海：华东理工大学出版社.

18. Warren S，Wyatt P，2020. 有机合成——切断法（原书第二版）. 药明康德新药开发有限公司，译. 北京：科学出版社.

19. 刘守信，2012. 药物合成反应基础. 北京：化学工业出版社.

20. 高桂枝，陈敏东，2007. 有机合成化学. 北京：科学出版社.

21. 张万年，盛春泉，2020. 药物合成——路线设计策略和案例解析. 北京：化学工业出版社.

22. 薛永强，张蓉，2007. 现代有机合成方法与技术. 第2版. 北京：化学工业出版社.

全书习题及答案请扫描